Holzfrei

Nr. 33 1953
S. 5125—5284 19. August

Chemisches Zentralblatt

Vollständiges Repertorium für alle Zweige der reinen und angewandten Chemie

Im Auftrage der Deutschen Akademie der Wissenschaften zu Berlin, der Akademie der Wissenschaften zu Göttingen und der Gesellschaft Deutscher Chemiker

herausgegeben von

Prof. Dr. Maximilian Pflücke

Chefredakteure: Dr. Eugen Klever und Prof. Dr. Maximilian Pflücke

124. Jahrgang

1953

Akademie-Verlag GmbH., Berlin — Verlag Chemie, GmbH., Weinheim/Bergstr.

Inhalt

Bibliographien: 5126. 5129. 5137. 5150. 5193. 5226. 5283.

Namenregister

Chemisches Zentralblatt

1953 Nr. 33 19. August

Geschichte. Unterricht.

Sven Lennander, *Die Nobelpreisträger für Physik für 1952.* Würdigung der Arbeiten der beiden amerikan. Nobelpreisträger FELIX BLOCH (geb. 1905 in Zürich) u. EDWARD M. PURCELL (geb. 1912 in Taylorville, Ill.) auf dem Gebiete kernmagnet. Präzisionsmeßverfahren. (Kosmos [Stockholm] **30.** 5—8. 1952.) GERHARD SCHMIDT. 1

W. M. Rodionow und **M. M. Schemjakin,** *Ssofja Iossifowna Kanewskaja.* Würdigung der Arbeiten von KANEWSKAJA (geb. am 25/6. 1891; gest. 27/3. 1952) über Herzglucoside, Opiumderivv., HOFMANNsche Rk. in Anwendung auf die Synth., ferner über die Opian- u. Hemipinsäure. — Bild. (Успехи Химии [Fortschr. Chem.] **21.** 1279—82. Okt. 1952.) LEBTAG. 1

William Lloyd Evans, *William McPherson (2. Juli 1864 bis 2. Oktober 1951).* 1897—1937 Prof. der Chemie an der Ohio State Univ.; sehr bekannt als Vf. von chem. Lehrbüchern (zusammen mit W. E. HENDERSON). — Schriftenverzeichnis u. Bildnis. (J. Amer. chem. Soc. **74.** 859—62. 20/2. 1952.) ZAUNICK. 1

O. Mellis und **E. Jérémine,** *Nachruf auf B. A. Popoff.* Nachruf auf den am 11. Aug. 1871 in Riga geborenen u. am 11. Mai 1950 in Uppsala verstorbenen Mineralogen u. Petrographen. (Bull. Soc. franç. Minéralog. Cristallogr. **75.** 385—90. Juli/Sept. 1952.) GOTTFRIED. 1

Joseph R. Zietz jr., *„Die Pyrotechnia" von Vannoccio Biringuccio.* Leben des BIRINGUCCIO (1480—1539; Siena; Reisen) u. Besprechung seiner italien. geschriebenen „Pyrotechnia" (1540, Venedig; Verhältnis zu „De re metallica" von AGRICOLA; Inhalt der 10 Bücher usw.). (J. chem. Educat. **29.** 507—10. Okt. 1952. New Orleans, La., Tulane Univ.) BLUMRICH. 1

A. F. Holleman, *Erinnerungen an van't Hoff.* (Chem. Weekbl. **48.** 638—40. 30/8. 1952. — C. **1953.** 1913.) MOSLÉ. 1

Paul Walden, *Alte naturphilosophische Ideen in der modernen Chemie.* Betrachtungen über die Unvergänglichkeit u. ständige Wiederkehr von Ideen altgriech. Philosophen (einschließlich dualist. Gegensätze) in der Geschichte der Naturwissenschaften, bes. in der Entw. der neueren Chemie, u. Erklärung dieser Erscheinung aus der Begrenzung des menschlichen Geistes. (J. chem. Educat. **29.** 386—91. Aug. 1952. Tübingen-Gammertingen.) BLUMRICH. 2

W. R. van Wijk, *Die Entwicklung der Naturkunde in den letzten fünfundsiebzig Jahren.* Übersicht über die in der genannten Zeit gewonnenen neuen Erkenntnisse auf dem Gebiete der Physik. (Landbouwkund. Tijdschr. **64.** 439—46. Juli 1952. Wageningen, Landbouwhogeschool.) WESLY. 2

D. J. Doeglas, *Die Entwicklung der Geologie in den letzten 75 Jahren.* Übersicht über die in der genannten Zeit gewonnenen neuen Erkenntnisse auf den Gebieten der Mineralogie, Petrologie u. Geologie. (Landbouwkund. Tijdschr. **64.** 447—50. Juli 1952. Wageningen, Landbouwhogeschool.) WESLY. 2

Arthur L. Levy, *Schwierigkeiten bei der Methode von Hittorf zum Bestimmen von Überführungszahlen.* Im Unterricht auftretenden Fragen über den Zweck der Entnahme der ganzen Fl. des Elektrodenraums, des Nachwaschens mit ursprünglicher Lsg., des Wägens usw. wird durch eine klare theoret. Behandlung u. Erläuterungen begegnet. (J. chem. Educat. **29.** 384—85. Aug. 1952. Troy, N. Y., Rensselaer Polytechn. Inst.) BLUMRICH. 6

W. J. Blaedel, J. H. Jefferson und **H. T. Knight,** *Unterrichtsfehler in der quantitativen Analyse.* Aufdecken von größeren Fehlern, die nicht von den ausführenden Studenten, sondern von mangelhaften Einrichtungen, Chemikalien, Proben u. Anleitungen herrühren, durch Sichtung der Analysenergebnisse z. B. hinsichtlich des Verhältnisses der Richtigkeit zur Genauigkeit (Reproduktion) der Werte unter Berücksichtigung der sonstigen Bewährung der Studenten usw. Diese Fehler können größer sein als die der Meth. selbst (Beispiel: Cl^--Best. als AgCl) u. als die Arbeitsfehler u. verhindern dann jede Leistungswertung. Nach Verbessern der Einrichtung (Trockenschränke, Waagen, Analysensubstanzen) u. Vorschriften verminderten sich die relativen Fehler bei guten Studenten, z. B. auf 0,1% bei der Cl^--Bestimmung. — Zweckmäßig ist eine logarithm. Fehlerskala. (J. chem. Educat. **29.** 480—86. Okt. 1952. Madison, Wis., Univ. of Wisconsin.) BLUMRICH. 6

A. Allgemeine und physikalische Chemie.

Frank Brescia, General college chemistry. New York: Blakiston. 1953. (590 S. m. Abb. u. Diagr.) $ 6,00.

A_1. Kernphysik und Kernchemie.

Banesh Hoffmann, *Diracs neue klassische Theorie der Elektronen.* Vf. weist auf Ähnlichkeiten zwischen der DIRACschen Theorie u. einigen Gleichungen der projektiven Relativitätstheorie hin. Unter bestimmten Voraussetzungen schließen letztere ein festumrissenes elektromagnet. Potential ein. Da dieses Potential Null sein kann, ohne im Widerspruch zu den Feldgleichungen zu stehen, ist die Forderung eines Äthers aus Gründen, die sich aus der DIRACschen Theorie ergeben, nicht erforderlich. (Physic. Rev. [2] **87.** 703—05. 1/9. 1952. Flushing, N. Y., Queen's Coll.) GERHARD SCHMIDT. 80

Banesh Hoffmann, *Die Relativität der Größe.* (Vgl. vorst. Ref.) Eine gleichmäßige Größenänderung aller Raum-Zeit-Intervalle läßt sich nicht wahrnehmen, da die Meßinstrumente ebenfalls Änderungen unterworfen sind. Vf. schlägt ein Abbildungsprinzip vor, nach dem die Grundgleichungen der Physik bei solchen Änderungen invariant sind. (Physic. Rev. [2] **89.** 49—52. 1/1. 1953.) GERHARD SCHMIDT. 80

Banesh Hoffmann, *Die Abbildungstheorie der Relativität und die Dirac-Schrödinger-Elektronentheorie.* (Vgl. vorvorst. Ref.) Nach quantenmechan. Überlegungen des Vf. scheint die Abbildungstheorie der Relativität die DIRAC-SCHRÖDINGER-Theorie von Elektronen (vgl. u. a. SCHRÖDINGER, C. **1953.** 2065) als Sonderfall zu enthalten. (Physic. Rev. [2] **89.** 52—59. 1/1. 1953.) GERHARD SCHMIDT. 80

Lloyd Motz, *Eichinvarianz und klassische Elektrodynamik.* Ausgehend von einem allg. Tensor mit einem symm. u. antisymm. Term wird eine LAGRANGE-Gleichung zur Ableitung der MAXWELL-LORENTZ-Feldgleichungen erhalten. Mittels der eichinvarianten Theorien von WEYL u. EDDINGTON wird eine Beziehung zwischen diesem Tensor u. dem eichinvarianten RICCI-EINSTEIN-Tensor aufgestellt. Diese Beziehung führt direkt zu der relativen Wellengleichung nach KLEIN-GORDON für eine Punktladung, die sich in einem elektromagnet. Feld bewegt. Für den stat. Fall wird gezeigt, daß die Feldgleichungen zu Lösungen für die Felder u. Potentiale führen, die überall endlich sind; die Eigenenergie der Punktladung ist ebenfalls endlich. (Physic. Rev. [2] **89.** 60—66. 1/1. 1953. New York, N. Y., Columbia Univ., Rutherford Obs.) GERHARD SCHMIDT. 80

W. B. Fretter, M. M. May und **M. P. Nakada**, *Eine Untersuchung neutraler V-Teilchen.* Mit einer Nebelkammer, die sieben ½ in. dicke Pb-Platten enthielt, wurden die in durchdringenden Schauern erzeugten V-Teilchen untersucht. Von 855 beobachteten durchdringenden Schauern hatten zwei ihren Ursprung im Gas der Nebelkammer. Von 34 als Zweiteilchenzerfälle gek. Ereignissen war in 18 Fällen ein Teilchen schwerer als das andere. Die Messungen der Winkel, Ionisation u. der Streuung stimmen mit der Annahme eines $p + \pi$-Zerfalls mit einer Zerfallsenergie von 50—100 MeV überein. In 11 weiteren Fällen schlossen Winkel- u. Ionisationsmessungen diese Möglichkeit aus, eine Darst. auf der Grundlage eines $\pi + \pi$-Zerfalls erschien jedoch zulässig. Die Annahme von Massen von 2210 u. 2260 m_e für die V_1^0-Teilchen, die in ein Proton u. ein π-Meson zerfallen, führt zu im ganzen zu hohen Ionisationswerten. Wird eine M. von 800 m_e für die V_2^0-Teilchen, die in zwei π-Mesonen zerfallen, angenommen, so stimmen die Ionisationsberechnungen mit dem Experiment überein. Die Lebensdauer der V_1^0-Teilchen ergibt sich zu $(10 \pm 7) \cdot 10^{-10}$ Sek., diejenige der V_2^0-Teilchen zu $(4 \pm 3) \cdot 10^{-10}$ Sekunden. (Physic. Rev. [2] **89.** 168—80. 1/1. 1953. Berkeley, Calif., Univ. of California, Dep. of Phys.) GERHARD SCHMIDT. 85

R. B. Leighton, S. D. Wanlass und **C. D. Anderson**, *Der Zerfall von V^0-Teilchen.* (Vgl. C. **1952.** 5681.) Zahlenmäßige Auswertung der Beobachtungen von 134 Zerfällen neutraler V-Teilchen u. von 18 Zerfällen geladener V-Teilchen aus 23000 Nebelkammeraufnahmen. Folgende Schlüsse werden gezogen: 1. V-Teilchen rühren vom Stoß von Mesonen u. wahrscheinlich auch von Nucleonen auf Kerne her; 2. V-Teilchen werden im allg. einzeln u. nicht in Paaren erzeugt; 3. mehr als 80% der neutralen V-Teilchen zerfallen unter Bldg. eines schweren positiven u. eines leichten negativen Teilchens; 4. für die Mehrzahl der neutralen V-Teilchen gilt die Annahme eines Zweikörperzerfalls; 5. unter der Annahme des Zerfalls in ein Proton u. in ein π^--Meson erstrecken sich die Q-Werte von 10 MeV bis ca. 100 MeV. In der Mehrzahl der Fälle liegen jedoch diskrete Q-Werte von 35 ± 3 MeV u. 75 ± 5 MeV vor; 6. für die Lebensdauer der V^0-Teilchen wird ein Mittelwert von $(2,5 \pm 0,7) \cdot 10^{-10}$ Sek. gefunden; 7. zwischen einem Zweikörper- u. Mehrkörperzerfall kann nicht endgültig entschieden werden. Die verschied. möglichen Zerfallsschemata des neutralen V-Teilchens werden diskutiert. (Physic. Rev. [2] **89.** 148—67. 1/1. 1953. Pasadena, Calif., California Inst. of Technol.) GERHARD SCHMIDT. 85

C. A. Hurst, *Die Diagramme für den Kern der Bethe-Salpeter-Gleichung.* (Vgl. BETHE u. SALPETER, C. **1952.** 7601.) Der Kern des Zweiteilchenstreuprozesses setzt sich aus irreduziblen Teilen zusammen, die es jedoch nicht ermöglichen, das Diagramm für den Kern der BETHE-SALPETER-Gleichung in 2 Teile aufzuspalten, so daß jeder Teil genau 4 äußere Spinorlinien hat. (Physic. Rev. [2] **85.** 920. 1/3. 1952. Cambridge, Univ., Trinity Coll.) GERHARD SCHMIDT. 90

Max Born, *Diracs neue Theorie des Elektrons.* Vf. kommentiert DIRACs Formulierung (vgl. Proc. Roy. Soc. [London], Ser. A **209.** [1951.] 19), wonach einige Eigg. der Elektronen, die bisher klass. behandelt worden sind, als Quanteneffekte betrachtet werden sollen. Als Beispiel führt Vf. die Streuung elektromagnet. Strahlung durch freie Elektronen an u. weist auf die von ihm vorgeschlagene Arbeitshypothese zur Lösung dieses Problems hin (Rev. mod. Physics **21.** [1949.] 463). (Nature [London] **169.** 1105. 28/6. 1952. Edinburgh, Univ., Dep. of Math. Phys.) GERHARD SCHMIDT. 90

P. Bassi und **A. M. Bianchi,** *Technische Fragen bezüglich der Zähler von Čerenkov-Strahlung.* 1. Mitt. Die Messung der durch den ČERENKOV-Effekt ausgestrahlten Energie ergibt ihre Abhängigkeit vom Brechungsindex. In Plexiglas (I) u. in geringerem Maß in dest. W. (**II**) wird eine Fluorescenz nachgewiesen, die sich mit dem ČERENKOV-Effekt vergleichen läßt. Das Verhältnis der Frequenzen MgO : geschwärzter Hohlraum beträgt bei **I** 4,00 : 1,30, bei **II** 2,00 : 0,45. (Nuovo Cimento [9] **9.** 1087—91. 1/11. 1952. Padova, Univ., Ist. di Fis., Ist. Naz. di Fis. Nucl.) R. K. MÜLLER. 90

R. Ascoli, *Nichtlokalisierbare Wechselwirkungen. Beispiel des Compton-Effektes.* (Vgl. WATAGHIN, C. **1952.** 7281.) Unter der Voraussetzung der Nichtlokalisierbarkeit der Wechselwirkungen werden die Invarianten bestimmt, von denen die Abschnittsfaktoren abhängen, u. Gleichungen zu ihrer Berechnung abgeleitet. Als Beispiel werden an Hand eines FEYNMAN-Diagramms die Matrixelemente für den COMPTON-Effekt gewonnen. (Nuovo Cimento [9] **9.** 757—63. 1/9. 1952. Torino, Univ., Ist. di Fis.) R. K. MÜLLER. 90

A. S. Dolginow, *Winkelverteilung von Konversionselektronen.* Unter Verwendung der relativist. Wellenfunktion des Elektrons im Feld des Kerns werden Formeln für die räumliche Korrelation zwischen Konversionselektronen u. beliebigen anderen Teilchen, die in vorhergehenden oder nachfolgenden Übergängen ausgesandt oder absorbiert werden, abgeleitet. U. a. werden die Korrelation zwischen β-Teilchen u. Konversionselektronen, zwischen Strahlung bestimmten Multipols u. Konversionselektronen sowie mehrfache Konversion in derselben Elektronenschale u. Paarbldg. behandelt. (Известия Академии Наук СССР, Серия Физическая [Nachr. Akad. Wiss. UdSSR, physik. Ser.] **16.** 322—30. Mai/Juni 1952. Leningrad, Phys.-Techn. Inst. der Akad. der Wiss. der UdSSR.) WIEDEMANN. 90

Izabella Goldin Weinberg und **J. M. Blatt,** *Das gleichförmige Modell des Kerns.* Das von WIGNER (Physic. Rev. [2] **51.** [1937.] 106. 947) vorgeschlagene gleichförmige Modell des Kerns unterscheidet sich wesentlich von dem Schalenmodell des Kerns, bei dem von jedem Nucleon angenommen wird, daß es sich unabhängig von allen anderen bis zur ersten Approximation bewegt; die verschied. Nucleonen füllen eine reguläre Folge möglicher Bahnen (Schalen) aus. Durch eine Nachprüfung der Gültigkeit des gleichförmigen Modells unter Berücksichtigung der seit Aufstellung des Modells gewonnenen Daten soll gezeigt werden, ob die Übereinstimmung zwischen den Voraussagen des gleichförmigen Modells u. den experimentellen Bindungsenergien ausreichend gut ist, um als ein Argument gegen das Schalenmodell zu dienen. Dieses ist jedoch nicht der Fall; das gleichförmige Modell liefert qualitative Übereinstimmung mit dem Vers., die quantitative Übereinstimmung ist nur teilweise befriedigend. Es besteht dennoch kein Grund, das gleichförmige Modell völlig auszuschalten; es soll vielmehr zur Erklärung des von HURWITZ u. BETHE (Physic. Rev. [2] **81.** [1951.] 898) geforderten charakterist. Zustandes herangezogen werden. (Amer. J. Physics **21.** 124—38. Febr. 1953. Cambridge, Mass., MIT., Labor. for Nucl. Sci. and Engng.; Urbana, Ill., Univ. of Illinois.) GERHARD SCHMIDT. 95

L. K. Peker, L. A. Sliw und **A. W. Solotawin,** *Analyse angeregter Kernniveaus mit Hilfe des Schalenmodells.* Unter Zugrundelegung der Kernkonfigurationen von GOEPPERT-MAYER (C. **1951.** I. 959) u. Angabe der Intensitäten der dabei auftretenden Zwischenstufen entwickeln Vff. die Kernschemata von 1. ^{131}Ba, 3 $s_{1/2}$ (2 $d_{3/2}$)-Niveau → ^{131}Cs, 2 $d_{5/2}$; 2. ^{131}J, 1 $g_{7/2}$ → ^{131}Xe, 2 $d_{3/2}$; 3. ^{95}Tc, 2 $p_{1/2}$ → ^{95}Mo, 2 $d_{5/2}$. Für die Bahn-Spin-Aufspaltung angeregter Kernniveaus finden Vff. in 30 untersuchten Fällen ($p^{1}/_{2}$ — $p^{3}/_{2}$, $d^{3}/_{2}$ — $d^{5}/_{2}$, $f^{5}/_{2}$ — $f^{7}/_{2}$ u. $g^{7}/_{2}$ — $g^{9}/_{2}$) für alle l 500 ± 200 keV, während GOEPPERT-MAYER auf Werte von 2—3 MeV schließen. (Доклады Академии Наук СССР [Ber. Akad. Wiss. UdSSR] [N. S.] **88.** 781—84. 11/2. 1953.) AMBERGER. 95

E. R. Collins, C. D. McKenzie und **C. A. Ramm,** *Energiewerte einiger Protonen- und Deuteronenreaktionen mit ^6Li, ^7Li, ^9Be, ^{11}B und ^{15}N.* Mit Hilfe eines magnet. Spektrometers erhielten Vff. folgende Q-Werte (in MeV): ^{6}Li (p, α) ^3He 4,023, ^{6}Li (d, p) ^{7}Li 5,028, ^{6}Li (d, p) ^{7}Li* 4,553, ^{6}Li (d, α) α 22,396, ^{7}Li (p, α) α 17,352, ^{9}Be (p, α) ^{6}Li 2,126, ^{9}Be (p, d) ^{8}Be 0,560, ^{9}Be (d, α) ^{7}Li 7,153, ^{9}Be (d, α) ^{7}Li* 6,675, ^{11}B (p, α) ^{8}Be 8,589, ^{15}N (p, α) ^{12}C 4,962. Der mittlere Wert des ersten angeregten Niveaus in ^{7}Li wurde zu 0,477 ± 0,003 MeV bestimmt. Die Ergebnisse stimmen im wesentlichen mit den von anderen Autoren gefundenen Werten überein. (Proc. Roy. Soc. [London], Ser. A **216.** 242—46. 22/1. 1953.) E. Heinrich. 103

J. Hughes, *Die Winkelverteilung von Neutronen aus der (d,n)-Reaktion in leichten Elementen.* Vf. benutzt eine Protonenrückstoßkammer mit einer dicken Polythenschicht zur Best. der Winkelverteilung von Neutronen aus dem Beschuß von *Li, Be, B, C, O, Na, Mg, Al, Si* u. *S* mit 8 MeV-Deuteronen. In allen Fällen zeigt die Verteilung ein ausgeprägtes Maximum in der Einfallsrichtung, dessen Halbwertsbreite mit wachsendem Z abnimmt. Die absol. Neutronenintensität in der Vorwärtsrichtung nimmt ebenfalls mit Z ab, sie ist jedoch keine stetige Funktion von Z. Die meisten Elemente zeigen in der Vorwärtsrichtung mehrfache Maxima. In einigen Fällen wird der bei der Reduzierung der Deuteronenenergie auftretende Effekt untersucht. (Proc. physic. Soc., Sect. A **64.** 797—801. 1/9. 1951. Liverpool, Univ., Dep. of Phys.) Weigel. 103

J. O. Rasmussen jr., S. G. Thompson und **A. Ghiorso,** *α-Radioaktivität im 82-Neutronen-Gebiet.* (Vgl. C. **1950.** II. 1088.) Vff. berichten über ausführliche Unterss. α-radioakt. Isotope, bes. im Gebiet der Seltenen Erden. Für die Isotope ^{147}Eu, ^{148}Gd, ^{149}Gd, ^{150}Gd, ^{149}Tb, ^{151}Tb, *Dy* (Massenzahlen zwischen 149 u. 153), *Au* (183—187) u. *Hg* (195) werden die vollständigen Daten für die künstlichen α-Aktivitäten angegeben. Zur Erzeugung der α-akt. Isotope werden das 184 in.-, das 60 in.-Cyclotron u. der 32 MeV-Protonen-Linearbeschleuniger verwendet. Die α-Aktivität wird in Ar-gefüllten Ionisationskammern, die durch ein Oscilloskop justiert worden sind, nachgewiesen. Die α-Energien werden durch Messung der Ionisation erhalten, die in einer mit reinem Ar gefüllten Ionisationskammer erzeugt worden ist. Die Halbwertszeiten werden durch Auftragung des Logarithmus der Ausschlagsgröße in Abhängigkeit von der Zeit gemessen. Für die Bestimmungen der Massenzahlen werden zwei verschied. Methoden verwendet: 1. Ableitung aus den Aktivitätsausbeuten als eine Funktion der Beschußenergie (Anregungsfunktionen) u. 2. massenspektrograph. Isotopentrennung mit α-Aktivitätsnachw. durch Kernemulsionen. Die Beziehungen von α-Zerfallsgrößen u. Zerfallsenergien zeigen eine große Regelmäßigkeit, falls Kerne vom gerade–gerade-Typ allein betrachtet werden. α-Strahler mit ungerader Nucleonenzahl zeigen Zerfallsgrößen, die unterhalb der Relation für gerade–gerade-Kerne liegen. Die Neigungen der α-Zerfallsenergien bei den Seltenen Erden bzgl. des diskontinuierlichen Verlaufs der Neutronenbindungsenergien bei der abgeschlossenen Schale von 82 Neutronen werden diskutiert. (Physic. Rev. [2] **89.** 33—48. 1/1. 1953. Berkeley, Calif., Univ. of California, Dep. of Chem. and Radiat. Labor.) Gerhard Schmidt. 103

Erich Bagge, Friedrich Becker und **Günther Bekow,** *Die Bildungsgeschwindigkeit von Nebeltropfen in der Wilson-Kammer.* Aus kinematograph. Aufnahmen der Nebelbahnen eines α-Teilchens wurde die Bildungsgeschwindigkeit eines Tröpfchens in der Nebelkammer ermittelt. Es ergaben sich bei „langsamem" Betrieb der Kammer Kondensationszeiten bis zu $^1/_5$ Sekunden. Eine theoret. Unters. zeigt, daß die Kondensationszeit durch die Erwärmung des Tropfens (10—20°) während des Kondensationsvorgangs verlängert wird. Mit Berücksichtigung dieser Erwärmung u. durch ein Näherungsverf. im Bereich der Tropfendimensionen unterhalb der freien Weglänge der Gasmoll. wurde eine Formel für das Tröpfchenwachstum bis zur sichtbaren Größe abgeleitet. (Z. angew. Physik **3.** 201—09. Juni 1951. Hamburg, Physikal. Staatsinst.; Göttingen, Inst. für Film u. Bild.) Pollermann. 112

H. W. Lewis, W. W. Brown, D. O. Seevers und **E. W. Hones,** *Eine Nebelionisationskammer zur Untersuchung von Kernprozessen in der Höhenstrahlung.* Vff. beschreiben eine Nebelkammer, in die eine offene Ionisationskammer von ca. 9,5 cm Durchmesser u. 20 cm Länge koaxial eingebaut ist. Als Sammelelektrode dient ein 1,5 mm dicker Stahldraht. Die Kammer ist mit einem Gemisch von Ar u. gesätt. Isoamylalkohol gefüllt, in dem Elektronen nicht angelagert werden. Bei einem in der Ionisationskammer ausgelösten Ionisierungsprozeß werden die Elektronen gesammelt u. lösen über den Verstärker die Expansion aus. Dabei wird die Spannung an der Kammer (— 1800 V) so schnell abgeschaltet, daß sich die positiven Ionen nicht von der Stelle bewegen u. Nebelbahnen der bei dem Kernprozeß ausgelösten Teilchen liefern. Die ersten Aufnahmen zeigen Kaskadenschauer, Sterne bis zu 10 Zacken aus der Wand u. bis zu 5 Zacken aus dem Gas. (Rev. sci. Instruments **22.** 259—63. April 1951. Durham, N. C., Duke Univ., Dep. of Phys.) POLLERMANN. 112

D. H. Miller, E. C. Fowler und **R. P. Shutt,** *Betrieb einer Diffusionsnebelkammer mit Wasserstoff bis zu 15 at Druck.* Eine Diffusionsnebelkammer aus Metall, deren Wände zur Regelung der Temperaturverteilung elektr. geheizt werden konnten, ergab mit H_2 von 12—16,5, mit *He* von 3,1—8,9 u. Luft von 1—3,1 at beim Betrieb mit Methylaldampf Nebelbahnen von Rückstoßneutronen u. Elektronen aus γ-Strahlen. Außerhalb dieser Drucke traten entweder Wirbel oder ungeladene Tröpfchen auf. (Rev. sci. Instruments **22.** 280. April 1951. Upton, Long Island, N. Y., Brookhaven Nat. Labor.) POLLERMANN. 112

Donald J. Hughes, Pile neutron research. Cambridge, Mass.: Addison-Wesley. (339 S. m. Abb. u. Diagr.) $ 8,50.

A_2. Optisches Verhalten der Materie.

S. Deb, *Stickstoff in der oberen Atmosphäre.* Die Identifizierung der beiden verbotenen Linien $\lambda = 3466$ [$^2P - {^4S}$] u. $\lambda = 5198$ [$^2D - {^4S}$] im Nordlichtspektr. beweist eindeutig die Ggw. von atomarem N im Nordlichtgebiet. Zur Best. der wahrscheinlichen Verteilung von atomarem N in der oberen Atmosphäre außerhalb des Nordlichtbereichs werden zwei Erzeugungsmechanismen von atomarem N in Betracht gezogen, u. zwar 1. die von G. HERZBERG u. L. HERZBERG (vgl. C. **1949.** II. 727) angenommene Prädissoziation von N_2-Moll. in der LYMAN-BIRGE-HOPFIELD-Bande zwischen 1150 u. 1250 Å u. 2. die von MITRA (vgl. Nature [London] **167.** [1951.] 897) angenommene dissoziative Rekombination von N_2^+-Ionen u. Elektronen. Die Berechnungen zeigen, daß der von HERZBERG vorgeschlagene Mechanismus in 70—170 km Höhe Gültigkeit hat, der von MITRA vorgeschlagene Mechanismus dagegen in Höhen zwischen 200 u. 400 km. Die Dissoziation in dem niedrigeren Gebiet ist $< 1\%$; die Verteilung der N-Atome zeigt ein Maximum in einer Höhe von 90 km. In dem höheren Bereich nimmt die Dissoziation von 5% bei 170 km auf ca. 25% bei 400 km zu; ein Verteilungsmaximum tritt in diesem Höhenbereich nicht auf. Die Gesamtzahl von N-Atomen in einer vertikalen Säule mit 1 cm^2 Querschnitt beträgt ca. 10^{16}. (J. atmospheric terrestr. Physics **2.** 309—23. 1952. Calcutta, Univ., Inst. of Radio Phys. and Electronics.) GOTTFRIED. 113

Norman M. Kroll und **Franklin Pollock,** *Strahlungskorrekturen zweiter Ordnung an der Hyperfeinstruktur.* Ausgehend von einem endlichen renormalisierten exakten Ausdruck für die Energiekorrektur 2. Ordnung wird die Wrkg. der Strahlungsverschiebung 2. Ordnung der Energieniveaus eines gebundenen Elektrons auf die Hyperfeinstruktur untersucht u. die Korrektur $[\alpha/2\,\pi - \alpha^2\,Z\,(^5/_2 - \ln 2]\,E_H$ (E_H FERMI-Energie) an den FERMI-Formeln für die s-Niveaus für Atome mit kleinem α Z erhalten. Der Einfl. solcher Korrekturen auf die Feinstrukturkonstante α wird diskutiert. (Physic. Rev. [2] **86.** 876—88. 15/6. 1952.) F. W. KRÜGER. 114

A. L. Schnejersson und **Je. N. Jeremin,** *Über die Natur des gelbgrünen Leuchtens bei der Reaktion der Stickstoffoxydation in der elektrischen Entladung.* Vff. untersuchen (75—400 Torr, 120—240 mA u. 120—290 Watt in der Entladung) das in den peripheren Teilen der Entladung in Luft- oder N_2–O_2-Gemischen auftretende gelbgrüne Leuchten, dessen Nachleuchtdauer 10^{-2}—10^{-3} Sek. beträgt. Die Messung der Abhängigkeit der Intensität des Entladungsspektr. im Gebiet 640—550 mμ von der Gaszus. (57,5% N_2 + 42,5% NO; Luft + 2,07, 4,65 u. 7,65 NO) sowie der Vgl. der erhaltenen Ergebnisse mit den sich bildenden u. zerfallenden Mengen an Stickoxyd führen Vff. zu dem Schluß, daß die Entstehung des Leuchtens unmittelbar weder mit dem Bildungs- noch Zerfallsprozeß von Stickoxyd zusammenhängt. Es steht jedoch mit dem Vorhandensein von Stickoxyd in der Entladung in Zusammenhang u. erfolgt nach dem gleichen Mechanismus, wie das „Nachleuchten von Sauerstoff" bei niederen Drucken u. das gelbgrüne Leuchten von Stickoxyd enthaltenden Flammen, d. h. nach $NO + O = NO_2 + h\nu$. Im Zusammenhang mit der beobachteten starken Löschung der 1. (weniger stark der 2.) positiven Stickstoffgruppe vermuten Vff. die Bldg. von Sauerstoffatomen nach $O_2 + N_2' = 2\,O + N_2$, worin N_2' die Zustände $C\,{^3\Pi}$, $B\,{^3\Pi}$, möglicherweise auch $A\,{^3\Sigma}$ bedeuten. (Журнал Физической Химии [J. physik. Chem.] **26.** 1493—1503. Okt. 1952.) AMBERGER. 118

K. E. Shuler und **H. P. Broida,** *Kinetik von OH-Radikalen aus Flammenemissionsspektren.* 5. Mitt. *Eine Untersuchung der Acetylen–Sauerstoff-Flamme.* (4. vgl. C. **1952.** 6808.) Die C_2H_2/O_2-Flamme wird bei Atmosphärendruck u. bei Brennstoffverhältnissen von $C_2H_2 : O_2$ wie 1 : 5, 2 : 5 u. 4 : 5 spektroskop. darauf untersucht, ob die Nicht-Gleichgewichtsverteilung von OH ($^2\Sigma^+$), die bei niedrigen Drucken ($\leqq 10$ mm Hg) gefunden worden war, auch bei höheren Drucken bestehen blieb. Es wird die Rotations-, Schwingungs- u. Elektronenverteilung von OH ($^2\Sigma^+$) für jede Brennstoffmischung bestimmt. Es zeigt sich, daß eine Rotations-MAXWELL-BOLTZMANN-Verteilung mit einer Rotationstemp. von einigen 100° höher als die adiabat. Flammentemp. auftritt. Die Schwingungsverteilung war ganz deutlich nicht im Gleichgewicht mit einer Überschußbesetzung im Niveau $v' = 3$, analog der bei der H_2/O_2-Flamme beobachteten. Die Elektronenverteilung von OH zeigt, daß OH ($^2\Sigma^+$) in der Flamme bei Atmosphärendruck in seiner therm. Gleichgewichtskonz. vorhanden ist. Die Strahlung von OH ($^2\Sigma^+$) ist in einem großen Umfang chemoluminescent. (J. chem. Physics **20**. 1383—88. Sept. 1952. Silver Spring, Md., Johns Hopkins Univ., Appl. Phys. Labor.; Washington, D. C., Nat. Bur. of Stand.) D. HAHN. 118

A. G. Prodell und **P. Kusch**, *Die Hyperfeinstruktur von Wasserstoff und Deuterium.* (Vgl. C. **1952**. 4254.) Es wird ein Vers. zur Best. des Verhältnisses g_J ($^2S_{1/2}$, H)/g_I(H) beschrieben. Die magnet. Atomstrahlresonanzmeth., die Ergebnisse u. ihre Analysen werden angegeben. Für die Frequenzen werden erhalten: $\nu_H = (1420{,}4051 \pm 0{,}0002) \cdot 10^6\ sec^{-1}$ u. $\nu_D = (327{,}38424 \pm 0{,}00008) \cdot 10^6\ sec^{-1}$. Daraus wird dann $\Delta = (1{,}703 \pm 0{,}008) \cdot 10^{-4}$ bestimmt mit $(\nu_H/\nu_D)_{exp.} = (\nu_H/\nu_D)\ [1 - \Delta]$, wobei (ν_H/ν_D) aus dem Verhältnis der magnet. Momente des Protons u. Deuterons unter der Annahme berechnet ist, daß diese Teilchen Punktdipole sind, welche sich gegenseitig mit dem elektron. Magnetfeld beeinflussen. (Physic. Rev. [2] **88**. 184—90. 15/10. 1952. New York, N. Y., Columbia Univ.) D. HAHN. 118

G. F. Koster, *Die Wirkungen von Konfigurationswechselwirkung auf die atomare Hyperfeinstruktur von Gallium.* Vf. untersucht die Wirkungen von Mischungen höherer Konfigurationen mit der Grundkonfiguration (4 s) ^{2}4 p von Ga auf die Hyperfeinstruktur. Er findet als einzige wichtige Konfiguration 4 s 4 p 5 s. Ferner berechnet er eine HARTREE-Wellenfunktion des angeregten 5 s-Zustandes von Ga, bestimmt den Umfang der Mischungen von angeregter u. Grundkonfiguration u. berechnet die Kopplungskonstanten für magnet. u. elektr. Quadrupol-Hyperfeinstruktur von Ga. Es folgt eine Diskussion der Best. von Quadrupolmomenten aus atomaren Hyperfeinstrukturmessungen. Auch für *Al*, *In* u. *Cl* wird das Quadrupolmoment geschätzt. (Physic. Rev. [2] **86**. 148—54. 15/4. 1952. Cambridge, Mass., Massachusetts Inst. of Technol., Phys. Dep.) D. HAHN. 118

Kiyoshi Murakawa und **Shigeki Suwa**, *Hyperfeinstruktur in den Spektren von Iridium und Osmium.* Mit einem wassergekühlten Hohlkathodenentladungsrohr u. einem FABRY-PEROT-Etalon wird die Hyperfeinstruktur der Spektren von Ir I u. Os I untersucht. ^{191}Ir u. ^{193}Ir haben den Kernspin 3/2, u. das Verhältnis ihrer magnet. Momente ist $\mu^{193}/\mu^{191} = 1{,}04 \pm 0{,}04$ mit $\mu^{193} = +0{,}17 \pm 0{,}03$ nm. Ihre Quadrupolmomente lauten $Q^{193} = (+1{,}0 \pm 0{,}5) \cdot 10^{-24}\ cm^2$ u. $Q^{191}/Q^{193} = 1{,}2 \pm 0{,}4$. Es werden Linien beobachtet, die dem Übergang $d^7 s^2 - d^7 sp$ angehören u. einen Isotopieverschiebungseffekt von ca. 0,063—0,071 cm^{-1} besitzen. ^{189}Os hat ebenfalls den Kernspin 3/2, sowie ein Kernmagnetmoment $+0{,}70 \pm 0{,}09$ nm u. ein Quadrupolmoment $(+2{,}0 \pm 0{,}8) \cdot 10^{-24}\ cm^2$. Abbildungen zeigen die Hyperfeinstruktur von Ir I $\lambda = 3800$ Å u. $\lambda = 3513$ Å sowie Os I $\lambda = 4260$ Å. (Physic. Rev. [2] **87**. 1048—49. 15/9. 1952. Komaba-machi, Meguro-ku, Tokyo, Inst. of Sci. and Technol.) D. HAHN. 118

L. Couture-Mathieu, **J. A. A. Ketelaar**, **W. Vedder** und **J. Fahrenfort**, *Richtungsveränderung der Frequenz im Infrarotspektrum von Kristallen.* In mehreren piezoelektr. Kristallen konnte beobachtet werden, daß einige RAMAN-Frequenzen einen Wechsel der Frequenz mit der Orientierung des Kristalls hinsichtlich der einfallenden u. diffusen Strahlen zeigen. Als Ursache ist der Wechsel in der Frequenz der elast. Wellen mit dem Winkel φ zwischen dem Moment M u. dem Vektor k anzusehen. Vff. untersuchen das infrarote Reflexionsspektr. eines Quarzzylinders bei senkrechtem Einfall u. mit polarisiertem Licht. Zwischen 780 u. 800 cm^{-1} beobachten sie 2 Banden, die niedrige Frequenzkomponente bei 776,5 cm^{-1} u. die andere bei 796,5 cm^{-1}. Aus den Ergebnissen läßt sich folgern, daß die Frequenz mit anwachsendem longitudinalem Wellencharakter zunimmt. Das ist ein Effekt, der für alle Klassen von nichtkub. Kristallen erwartet werden kann. Unabhängig davon ist, ob sie piezoelektr. sind oder nicht, vorausgesetzt, daß das elektr. Moment genügend groß ist. (J. chem. Physics **20**. 1492—93. Sept. 1952. Amsterdam, Univ., Labor. for Gen. and Inorg. Chem.) D. HAHN. 120

Thomas L. Weatherly und **Dudley Williams**, *Verdoppelte Übergänge vom l-Typ in HCN und DCN.* Es wurden die direkten Übergänge zwischen Niveaus, die durch Verdopplung vom *l*-Typ aufgespalten sind, für J = 9, 10 u. 11 an HCN u. für J = 10, 11 u. 12 an DCN beobachtet. Der Koeff. für die Verdopplung vom *l*-Typ, berechnet aus der Frequenz der beobachteten Linien, zeigt für beide Moll. eine schwache Abnahme mit wachsendem J. Da die Werte für diesen Koeff. in guter Übereinstimmung mit den theoret. berechneten Werten ist, wurde dieser Gang mit J nicht erwartet. Diese Änderung des Koeff. mit wachsendem J enthält ein negatives Glied proportional zu J (J + 1) u. kann daher mit den Effekten in Beziehung stehen, die durch eine Zentrifugalstreckung der rotierenden Moll. bedingt sind. (Physic. Rev. [2] **87.** 517—18. 1/8. 1952. Columbus, O., Ohio State Univ., Dep. of Phys.) v. HARLEM. 121

M. T. Weiss und **A. G. Fox,** *Magnetische Doppelbrechung bei Mikrowellenfrequenzen.* Vff. berichten über die Beobachtung eines magnet. Doppelbrechungseffekts mit *Ferrit* bei Mikrowellenfrequenzen, der ähnlich den bekannten Effekten von VOIGT u. COTTON-MOUTON bei opt. Frequenzen war. Auf Grund theoret. Überlegungen kommen Vff. zu dem Ergebnis, daß weit oberhalb der Resonanz der Doppelbrechungseffekt sehr viel kleiner sein wird als die FARADAY-Rotation u. ferner umgekehrt proportional der Frequenz ist. Die relative Phasenverzögerung ist eine lineare Funktion des angelegten magnet. Feldes, nachdem das Material gesätt. ist, während die Effekte von VOIGT u. COTTON-MOUTON quadrat. Funktionen des magnet. Feldes sind. Messungen der Phasendifferenz mit Ferrit bei 24000 u. 9000 MHz ergaben, daß diese Phasendifferenz eine lineare Funktion des magnet. Feldes ist u. daß der Effekt bei den höheren Frequenzen sehr viel kleiner ist, als theoret. angenommen worden war. (Physic. Rev. [2] **88.** 146—47. 1/10. 1952. Holmdel, N. J., Bell Telephone Labor.) GOTTFRIED. 122

J. F. H. Custers, *Ungewöhnliche Phosphorescenz eines Diamanten.* Opt. u. elektr. Beobachtungen an einem südafrikan. Diamanten mit vom Gewöhnlichen abweichenden Eigenschaften. Nach Erregung mit kurzwelligem UV ($\lambda < 3450$ Å) fluorescierte der Diamant sehr stark blau (Maxima der Emission bei 4665, 5310 u. 5720 Å). Die Fluorescenz war durch langwelliges UV tilgbar. Wahrscheinlich hatte der Diamant große Photoleitfähigkeit. — Die Phosphorescenz ist nicht zu verwechseln mit der durch langwelliges UV erregbaren bei einem anderen Typ von Diamanten. (Physica **18.** 489—96. Aug./Sept. 1952. Johannesburg, Diamond Res. Labor.) BRAUER. 125

Alan W. Smith und **John Turkevich,** *Eine Untersuchung der Haftstellen im Zinksulfidphosphor.* An einem ZnS·Cu-Phosphor (hexagonal) wurden glow-Kurven gemessen, deren Hauptmaxima bei 120, 220 u. 280° K lagen. Die Höhe der Maxima ist von der Wellenlänge des erregenden Lichtes abhängig: Das 120° K-Maximum ist am größten bei Erregung mit 4270 Å bzw. 220° K mit 4400 Å bzw. 280° K mit 4500 Å. Wird zuerst mit 4400 Å u. darauf mit kürzerwelligem Licht erregt, so erniedrigen sich die Maxima. Daraus wird geschlossen, daß Licht, das Haftstellen zu füllen geeignet ist, diese auch leeren könne. Erst Licht von mehr als 7000 Å Wellenlänge vermag dies (für die 280° K-Haftstellen) nicht mehr. (Physic. Rev. [2] **87.** 306—08. 15/7. 1952. Princeton, N. J., Univ., Frick Chem. Labor.) BRAUER. 125

H. de Waard und **J. E. P. Martini,** *Die Verwendung fester Lösungen von para-Terphenyl und Tetraphenylbutadien in Polystyrol als Scintillationsphosphore.* Styrol wurde mit 1,4% Paraterphenyl (PT) oder 1.1.4.4-Tetraphenylbutadien-1.3 (TPB) versetzt u. durch Wärmebehandlung (mit 0,2% Benzoylperoxyd als Katalysator) polymerisiert. Für das Fluorescenzlicht betragen die Absorptionskoeffizienten (in cm^{-1}): feste PT-Lsg. 0,21; TPB: 0,065 (Stilbenkristall: 0,20). Die (mit zwei verschied. Photomultipliern gemessenen) Photoströme sind bei den TPB-Präpp. 3—4 mal so hoch wie bei den PT-Präparaten. Aus Messungen der Zahl der Zählungen in Abhängigkeit von der Diskriminatorspannung wird die mittlere Impulshöhe bestimmt, die bei TPB 2,5 mal so hoch wie bei PT, ungefähr in Übereinstimmung mit dem Verhältnis (3) der totalen Photoströme ist. Diese Übereinstimmung ist nicht vorhanden bei einem Stilbenkristall, was mit dem Verhältnis der Zeitkonstanten im Phosphor u. dem elektr. Teil der App. erklärt wird. — Aus den Absorptionskoeffizienten des Phosphors für die zu messende Strahlung u. für das Fluorescenzlicht können die optimalen Dimensionen des Phosphors berechnet werden. (Physica **18.** 647—50. Aug./Sept. 1952. Groningen, Rijksuniv., Natuurkund. Labor.) BRAUER. 125

A₃. Elektrizität. Magnetismus. Elektrochemie.

Ryogo Kubo, *Thermische Ionisation von eingefangenen Elektronen.* Die Geschwindigkeit v der therm. Ionisation eines an ein Fremdatom gebundenen Elektrons wird auf Grund der Quantenmechanik für tiefe Tempp. berechnet zu $v = 256\,(m/M)\cdot\omega\,(\varrho/2)^{\varepsilon/h\omega - 1}\cdot\exp(-\varepsilon/k\,t)$ (m bzw. M = M. des Elektrons bzw. des Atoms, ω = Frequenz der Atomschwingung, ε = Ionisationsenergie, ϱ = relativer Unterschied zwischen den Atomschwingungen bei Anwesenheit des gebundenen Elektrons bzw. im ionisierten Zustand (Größenordnung von ϱ ca. 0,1). Die Gleichung wird kurz diskutiert. (Physic. Rev. [2] **86.** 929—37. 15/6. 1952. Chicago, Ill., Univ., Inst. for the Stud. of Metals.) FUCHS. 131

A. D. MacDonald, *Hochfrequenzzusammenbruch in Neon.* (Vgl. C. **1950.** I. 2319 u. C. **1950.** II. 616.) Im Hinblick auf die Entw. von ultrahochfrequenten Gasentladungszählrohren wird die Feldstärke, bei der die Gasentladung in reinem Ne bei Frequenzen von 3000 MHz zusammenbricht, im Druckbereich von 0,5—300 mm Hg gemessen. Die experimentellen Ergebnisse werden mit theoret., durch Lösung der BOLTZMANNschen Transportgleichung gewonnenen verglichen u. in guter Übereinstimmung befunden. (Physic. Rev. [2] **88.** 420. 15/10. 1952. Halifax, Nova Scotia, Dalhousie Univ., Dep. of Phys.) LENZ. 131

W. W. Karassew, N. A. Krotowa und **B. W. Derjagin,** *Untersuchung der Elektronenemission beim Abreißen eines hochpolymeren Films von Glas im Vakuum.* Vff. untersuchen die beim Abreißen eines *Benzylcellulose*-Films von Glas unter Vakuum auftretende blaugrüne Luminescenz u. Elektronenemission. In der größenordnungsmäßigen Übereinstimmung des theoret. Wertes für die Ablösearbeit $A_{th} = V \cdot \sigma/2 = 5 \cdot 10^5$ erg/cm^2 (vgl. DERJAGIN u. KROTOWA, Adhäsion [russ.], Moskau-Leningrad, 1949) u. des experimentellen $A_{exp} = m \cdot g/b = 2 \cdot 10^5$ erg/cm^2 (V Spannung, ca. 30 kV, σ Oberflächenladungsdichte, b Breite des abgelösten Films) sehen Vff. eine Bestätigung der Theorie. — Mikroaufnahmen. (Доклады Академии Наук СССР [Ber. Akad. Wiss. UdSSR] [N. S.] **88.** 777—80. 11/2. 1953.) AMBERGER. 135

Tsung-Dao Lee und **David Pines,** *Die Bewegung von langsamen Elektronen in polaren Kristallen.* Theoret. Arbeit, in der die Wechselwrkg. zwischen den Elektronen u. der Ionenpolarisation bei der Bewegung von Elektronen geringer Energie durch einen polaren Kristall berechnet wird. Die Elektronen sollen von einer Wolke von Phononen umgeben sein (diese Kombination wird als „Polaron" bezeichnet). Aus der Stärke der Wechselwrkg. ergibt sich die Zahl der Phononen in der Wolke u. die effektive M. m_{eff} des Polarons. Für *NaCl* berechnet sich m_{eff} zu 1,9 m (m = effektive M. des Elektrons). Der von LANDAU u. PEKAR (vgl. C. **1949.** II. 181) berechnete Wert für m_{eff} wird als zu hoch angesehen. (Physic. Rev. [2] **88.** 960—61. 15/11. 1952. Urbana, Ill., Univ., Dep. of Phys.) FUCHS. 135

F. K. Odencrantz, *Bombardierung von PbS-Halbleitern mit α-Teilchen.* Bei der Bestrahlung von dünnen PbS-Filmen mit Po-α-Strahlen nimmt die elektr. Leitfähigkeit zuerst um einige Prozente zu u. fällt bei weiterer Bestrahlung auf $^1/_3$ ihres Anfangswertes ab. Nach Unterbrechen der Bestrahlung dauert es mehrere Tage, bis die Leitfähigkeit wieder ihren ursprünglichen Wert erreicht hat. Die Erscheinung ist abhängig von der Temperatur. (Phys. Rev. [2] **88.** 166. 1/10. 1952. Inyokern.) FUCHS. 135

H. W. Hemstreet und **J. M. Reynolds,** *Der elektrische Widerstand von Graphit bei tiefen Temperaturen.* Der elektr. Widerstand R von sehr reinem polykristallinem Graphit wurde zwischen 1,4 u. 373° K gemessen. R fällt in diesem Bereich nur um den Faktor 2 ab. (Physic. Rev. [2] **87.** 178. 1/7. 1952. Louisiana State Univ.) FUCHS. 135

Ss. M. Rytow, *Zur Theorie der elektrischen Fluktuationen und der Wärmestrahlung.* Fortführung der früheren Arbeiten von LEONTOWITSCH u. Vf. (vgl. C. **1953.** 3196). Erweiterung u. Verallgemeinerung der früheren Ergebnisse. (Доклады Академии Наук СССР [Ber. Akad. Wiss. UdSSR] [N. S.] **87.** 535—38. 1/12. 1952.) AMBERGER. 136

B. Serin und **C. A. Reynolds,** *Versuche mit Hörfrequenzen an Supraleitern.* In Fortführung der C. **1952.** 5851 beschriebenen Verss. über die Einw. eines niederfrequenten Wechselstromes auf die Supraleitung wurden weitere Verss. an mehreren *Sn*-Drähten bei 3,71° K zwischen 30 u. 20000 Hz ausgeführt. Die Ergebnisse stehen im Einklang mit der l. c. gegebenen Deutung (Vorliegen eines Wechselstromskineffektes). Die von GALKIN u. BESUGLYI (vgl. C. **1951.** I. 3457) angegebene Erklärung (adiabat. Isolierung der Drähte vom Flüssigkeitsbad bei höheren Frequenzen) halten Vff. für unrichtig. (Physic. Rev. [2] **85.** 938—39. 1/3. 1952. New Brunswick, N. J., Rutgers Univ., Phys. Dep.) FUCHS. 136

T. E. Leinhardt und **J. M. Reynolds,** *Supraleitung in einem dendritischen Niederschlag von reinem Zinn.* Von dendritenhaltigen Fäden aus elektrolyt. abgeschiedenem reinem Sn wurden die Supraleitungseigg. untersucht. Der Widerstand zeigt eine merkliche magnet. Hysteresis im isothermen Übergangsbereich u. hängt von der Meßstromstärke ab. (Physic. Rev. [2] **87.** 178. 1/7. 1952. Louisiana State Univ.) FUCHS. 136

T. S. Smith und **J. G. Daunt,** *Über den Einfluß der physikalischen Spannung auf die physikalischen Eigenschaften von Supraleitern.* Für die Übergangstemp. T_c der Supraleitung wurde für *Zr* (Versuchsprobe hergestellt aus dem Jodid) der Wert 0,6° K mit einem zugehörigen magnet. Schwellenwert von 390 Gauß/Grad gefunden. Nach Ausglühen des Zr betragen die entsprechenden Werte 0,546° u. 138 Gauß/Grad. Für die spezif. Wärme der Elektronen im Normalzustand ergibt sich daraus der Wert $2,57 \cdot 10^{-4} \cdot T$ cal/Grad·Mol. (Physic. Rev. [2] **86.** 818. 1/6. 1952. Ohio State Univ.) FUCHS. 136

R. B. Potts, *Spontane Magnetisierung eines dreieckigen Ising-Gitters.* Die spontane Magnetisierung eines anisotropen rechteckigen u. dreieckigen Ising-Gitters wird auf Grund einer Verallgemeinerung der Rechnungen von Yang über das isotrope quadrat. Ising-Gitter berechnet. (Physic. Rev. [2] **88.** 352. 15/10. 1952. Adelaide, South Australia, Univ. of Adelaide.) v. Harlem. 137

Elihu Abrahams und **C. Kittel**, *Spin-Gitter-Relaxation in ferromagnetischen Stoffen.* Vff. berechnen die Spin-Gitter-Relaxationszeit für ferromagnet. Stoffe. Es wird dabei eine makroskop. Spin-Gitter-Wechselwrkg. eingeführt, die groß genug ist, die beobachtete magnetoelast. Energie in Rechnung zu stellen. Diese Näherung entspricht mehr der Realität als die frühere Arbeit von Achijeser, dessen reine Dipolwechselwrkg. die Größe der beobachteten Magnetostriktionseffekte nicht erklären kann. Ferner berücksichtigt die gegebene Rechnung auch direkt die Bedingungen, die bei den Verss. über die Mikrowellenresonanzabsorption vorliegen. Als Beispiel wird das Ergebnis der Rechnungen für *Ni* (Abhängigkeit der Spin-Gitter-Relaxationszeit von der absol. Temp., bei 1° K beträgt die theoret. Relaxationszeit τ 1 Sek.) gegeben. Bisher scheinen noch keine Messungen von τ ohne Einschluß der Spin-Spin-Relaxationszeit vorzuliegen. Es wird betont, daß τ sehr abhängig ist von Parametern, deren genauer Wert bisher noch nicht bekannt ist. (Physic. Rev. [2] **88.** 1200. 1/12. 1952. Berkeley, Calif., Univ. of California, Dep. of Phys.) v. Harlem. 137

E. W. Lee, *Magnetostriktion von einigen ferromagnetischen Legierungen.* Von verschied. Legierungen des *Fe* u. bes. des *Ni-Co*-Syst. werden mit einer neuentwickelten Vorr. genaue Magnetostriktionsmessungen ausgeführt. Es wird gezeigt, wie bei den Ni-Co-Legierungen die Veränderung der λ_{100}-Werte von der Zus. der Legierung abhängig ist. Gemessen werden die Temperaturkoeffizienten der Magnetostriktion von Ni-Legierungen. (J. Iron Steel Inst. **171.** 160—64. Juni 1952. Nottingham, Univ.) Hochstein. 137

F. E. Hoare, J. S. Kouvelites und **J. C. Matthews**, *Magnetische Susceptibilitäten von Palladium-Rhodium-Legierungen zwischen 20 und 300° K.* Es wurde die Temperaturabhängigkeit der magnet. Susceptibilität im Bereich 20—300° K von Legierungen aus spektroskop. reinem Pd mit Rh (1, 5 u. 10% Rh) untersucht u. mit der von reinem Pd u. Pd + 3% Ag verglichen. Gegenüber Pd u. Pd-Ag ist bei tiefen Tempp. die Susceptibilität der Pd-Rh-Legierungen, bes. bei der Legierung mit 5% Rh, wesentlich größer. (Nature [London] **170.** 537—58. 27/9. 1952. Leeds, Univ., Phys. Labor.) v. Harlem. 137

Jean Brossel, *Nachweis der magnetischen Resonanz angeregter Atomniveaus. Struktur des 6 $^3P_1$-Niveaus des Quecksilberatoms.* Vf. beschreibt eine neue Meth. zum Nachw. der magnet. Resonanz, die es gestattet, auch angeregte Atome zu untersuchen. Die Theorie der zu erwartenden Effekte wird ausgearbeitet u. im einzelnen experimentell bestätigt. Die Übereinstimmung zwischen Experiment u. Theorie ist ausgezeichnet, kein nichterwarteter Effekt wurde gefunden. Untersucht wurde die Lebensdauer des $^3P_1$-Niveaus der Hg-Atome, u. zwar für jedes Isotop getrennt. Der Landé-Koeff. dieses Niveaus für ^{199}Hg u. ^{201}Hg wurde bestimmt, ferner die Hyperfeinstruktur des Paschen-Back-Effektes untersucht u. allg. die vollständige Struktur des 6 $^3P_1$-Niveaus des Hg bestimmt. Auch wurde die Bloch-Siegert-Verschiebung der Resonanz durch ein oscillierendes lineares Feld beobachtet, die Spins des ^{199}Hg u. ^{201}Hg bestimmt sowie die Formel von Rabi-Majorana im einzelnen bestätigt. Weitere Anwendungsmöglichkeiten der Meth. werden beschrieben. (Ann. Physique [12] **7.** 622—54. Sept./Okt. 1952. Massachusetts Inst. of Technol.) v. Harlem. 137

C. Kikuchi, M. H. Sirvetz und **V. W. Cohen**, *Kernspin des ^{50}V aus der paramagnetischen Resonanz.* Vff. untersuchten die paramagnet. Resonanz in einem Einkristall aus $V(NH_4)_2(SO_4)_2 \cdot 6\,H_2O$, verd. mit dem entsprechenden Zn-Salz im Verhältnis V : Zn = 1,5 : 100, der außerdem noch an ^{50}V (bis zu 22,83%) angereichert war. Das beobachtete Resonanzabsorptionsspektr. bestand aus 8 starken Linien, entsprechend dem Kernspin des $^{51}V = 7/2$, u. einer Anzahl schwacher Linien, die dem ^{51}V zugeschrieben werden. Das Intensitätsverhältnis betrug 1 : 5 u. die relative Aufspaltung 0,39. Beste Übereinstimmung des gemessenen Spektr. mit dem berechneten ergab die Annahme eines Spins 6 für ^{50}V in Übereinstimmung mit der Regel von Nordheim, die für diesen Kern mit 23 Protonen u. 27 Neutronen den Spin 7 oder einen Wert dicht dabei ergibt. (Physic. Rev. [2] **88.** 142—43. 1/10. 1952. Upton, N. Y., Brookhaven Nat. Labor.) v. Harlem. 137

A. Pacault, *Untersuchung von diamagnetischen Dispersionen.* Es wird zunächst eine Theorie des Diamagnetismus von Dispersionen entwickelt, wobei sich ergab, daß dieser eine Funktion der M. u. der Anisotropie der Teilchen sowie der Temp. u. des Magnetfeldes ist. Die Theorie wird an Hand von vorliegenden experimentellen Unterss. (*S, Reisstärke,*

As_2S_3, HgO, SnO_2, Ag, Hg, ZnS, CdS, Ag_2S) geprüft. Die Theorie gibt den Sinn u. die Grenzen der Änderung der magnet. Susceptibilität mit der Teilchengröße richtig wieder. (J. Chim. physique Physico-Chim. biol. **49.** 585—98. Okt. 1952. Bordeaux, Fac. des Sci.) v. HARLEM. 137

C. W. Davies, H. W. Jones und **C. B. Monk,** *EMK-Untersuchungen der elektrolytischen Dissoziation.* 1. Mitt. *Schwefelsäure in Wasser.* Vff. bestimmten die 2. Dissoziationskonstante der H_2SO_4 in W. zwischen 0 u. 50° aus EMK.-Messungen der Kette H_2 | HCl, H_2SO_4 | AgCl—Ag, sowie aus in der Literatur veröffentlichten Leitfähigkeits- u. Gefrierpunktsdaten zu K_2 = 0,0103 bei 25°. Die Temperaturabhängigkeit läßt sich durch die Gleichung pK_2 = 1,67 + 0,0127 t° wiedergeben. Es wird gezeigt, daß bei Berücksichtigung der Ionenassoziation frühere EMK.-Messungen bei 25°, sowie auf calorimetr. Grundlage beruhende Ergebnisse mit den neu gewonnenen Resultaten gut übereinstimmen. (Trans. Faraday Soc. **48.** 921—28. Okt. 1952. Aberystwyth, Univ., Coll. of Wales, Edward Davies Chem. Labor.) NIEMITZ. 139

H. W. Jones und **C. B. Monk,** *EMK-Untersuchungen der elektrolytischen Dissoziation.* 2. Mitt. *Magnesium- und Lanthansulfate in Wasser.* (1. vgl. vorst. Ref.) Nach der gleichen Meth. (l. c.) untersuchten Vff. die Ionenassoziation zwischen Mg^{2+} bzw. La^{3+} u. SO_4^{2-}-Ionen im Temperaturbereich von 20—35°. Die Resultate werden mit den aus Leitfähigkeitsdaten erhaltenen verglichen. Die Dissoziationskonstante bei 25° wurde für $MgSO_4$ zu 0,0044 u. für $LaSO_4^+$ zu $0{,}000\,15_2$ bestimmt. Aus den Daten lassen sich annähernde Werte für folgende thermodynam. Größen ableiten: ΔH^0 (kcal) für $MgSO_4$ —5,7, für $LaSO_4^+$ —2,5, ΔG^0 (kcal) für $MgSO_4$ 3,2, für $LaSO_4^+$ 5,2 u. ΔS^0 (kcal) für $MgSO_4$ —31,0, für $LaSO_4^+$ —26,0. (Trans. Faraday Soc. **48.** 929—33. Okt. 1952.) NIEMITZ. 139

J. I. Evans und **C. B. Monk,** *EMK-Untersuchungen der elektrolytischen Dissoziation.* 3. Mitt. *Magnesiummalonat in Wasser.* (2. vgl. vorst. Ref.) Mit Hilfe der Kette H_2 | H_2Mal, NaOH, $MgCl_2$ | AgCl—Ag, also mit einer Zelle ohne Flüssigkeitsverbindung, bestimmten Vff. in ähnlicher Weise wie früher (vgl. l. c.) die Dissoziation des malonsauren Mg in W. im Temperaturbereich von 20—35° zu K = 0,00144 bei 25°. Die Temperaturabhängigkeit ergibt sich zu pK = 2,92 — 0,0080 (35—t°). Die Ergebnisse werden mit früher aus Leitfähigkeitsdaten erhaltenen verglichen. Für die thermodynam. Größen ΔH^0 (kcal), ΔG^0 (kcal) u. ΔS^0 (cal/Grad) ergeben sich aus den Messungen bei 25° folgende annähernde Werte: —3,10 ± 0,35, 3,90 u. —23,9.) (Trans. Faraday Soc. **48.** 934—37. Okt. 1952.) NIEMITZ. 139

M. Kohler und **G. Zielasek,** *Der zeitliche Temperaturverlauf in elektrischen Kontakten.* Der zeitliche Temperaturverlauf in elektr. Abhebekontakten bei Stromeinschaltung wird mit Hilfe der GREENschen Funktion der Wärmeleitungsgleichung berechnet. Der berechnete Verlauf stimmt mit den Meßergebnissen überein. (Abh. braunschweig. wiss. Ges. **4.** 117—26. 1952.) RUDOLPH. 140

Georg Masing und **Dietrich Altenpohl,** *Über Potentialschwankungen des Aluminiums.* 1. Mitt. *Experimentelle Ergebnisse.* 2. Mitt. *Theoretische Erwägungen.* Al zeigt in NaCl-Lsgg. unregelmäßige, kurzzeitige Schwankungen seines elektrochem. Potentials. Diese werden durch die Summierung einzelner Elementarergebnisse hervorgerufen, die an einer Anzahl winziger Lochfraßstellen auftreten. Bei Ggw. kleiner aggressiver Anionen erfolgt von labilen Stellen der Oxydhaut aus der Angriff auf Al so schnell, daß es im Elektrolyten der Angriffsstelle zur Übersättigung des freiwerdenden H_2 u. zur Blasenbldg. kommt. Es wird der Mechanismus der zu den Potentialschwankungen führenden Vorgänge erörtert. Neben den Störzentren gibt es auch einen statist. Bruchteil der gesamten Anodenfläche, auf dem keine meßbare Schwankungen entstehen, da dort H_2 gelöst abdiffundiert. Alle Faktoren sind Funktionen der Oberflächenvorbehandlung, der Immersionsdauer u. des Polarisationszustandes. (Z. Metallkunde **43.** 404—12. Nov. 433—39. Dez. 1952. Göttingen.) HOCHSTEIN. 140

Luc-Henry Collet, *Über die Konzentrationsänderungen an den Elektroden bei der Elektrolyse. Die Umkehr des Hittorf-Phänomens.* An Überführungsverss. einer HCl-Lsg. wird gezeigt, daß der Quotient p_a/p_c (p_a u. p_c die im Anoden- bzw. Kathodenschenkel in der Nähe der Pt-Elektroden gemessene Verarmung an Elektrolyt) zuerst einen positiven Wert besitzt, dann abnimmt, zwischen 10^{-1} bis 10^{-2} n den Wert 0 erreicht, dann negativ wird u. für hohe Verdünnungen sich dem Grenzwert —1 nähert; es kommt so zu einer Umkehr des HITTORFschen Phänomens. Die Ionenhydration kann ihren Unterschied in der Wanderungsgeschwindigkeit der Ionen ausgleichen u. in verd. Lsg. der maßgebende Faktor werden. Für niedrige Konzz. ist das Verhältnis der elektrolyt. zu den elektroosmot. Überführungszahlen nahezu konstant. (J. Chim. physique Physico-Chim. biol. **49.** C 69—71. Juli/Aug. 1952.) HENTSCHEL. **141**

A_4. Thermodynamik. Thermochemie.

Arnold Münster, *Statistische Mechanik der Phasenumwandlungen.* 2. Mitt. *Umwandlungen höherer Ordnung.* (1. vgl. C. **1952.** 4729.) In Fortführung der in der 1. Mitt. ausgeführten Berechnungen wird gezeigt, daß das statist. Analogon einer Umwandlung r-ter Ordnung darin besteht, daß die relativen Schwankungsgrößen der Ordnung r + 1 einer großen Gesamtheit groß werden. Die mol. Verteilungsfunktion der Ordnung r + 1 hat an der Stelle einer Umwandlung r-ter Ordnung eine Singularität. Speziell wird für r = 2 gezeigt, daß die Möglichkeit von Umwandlungen zweiter Ordnung eine Folge der allgemeinsten Prinzipien der statist. Mechanik ist, daß sich solche Umwandlungen nur asymptot. für unendlich große Systeme definieren lassen u. daß sie nur in kooperativen Systemen auftreten können. In Gasen können Umwandlungen höherer Ordnung in hinreichender Entfernung vom krit. Punkt nicht auftreten. (Z. Naturforsch. **7a.** 613—19. Sept. 1952. Frankfurt/M., Metallges., Metall-Labor.) FUCHS. 146

Henry L. Laquer und **Adam F. Schuch,** *Thermische Ausdehnung von Uran bei tiefer Temperatur.* Ausdehnungsmessungen an polykristallinem U zeigen, daß dessen D. zwischen 20 u. 60° K durch ein Maximum geht. (Physic. Rev. [2] **88.** 166. 1/10. 1952. Los Alamos Sci. Labor.) FUCHS. 148

Earl H. Brown und **Carlton D. Whitt,** *Dampfdruck von Phosphorsäuren.* Vff. beschreiben die Best. von Druck u. Zus. des Dampfes über Phosphorsäure von 61,6—92,7% P_4O_{10}-Gehalt. Die Dampfdichte über 4 der Säuren, die Konstanten der Dampfdruckgleichung log p = A — B/T für 19 verschied. Zuss. sowie die Verdampfungswärme werden bestimmt u. tabellar. u. in Diagrammform dargestellt. (Ind. Engng. Chem. **44.** 615—18. März. 1952. Wilson Dam, Ala., Tennessee Valley Authority.) CRAMER. 150

F. H. Garner und **W. S. Norman,** *Einige allgemeine Destillationsprobleme.* Überblick über die die Trennung von Flüssigkeitsgemischen auf destillativem Wege beeinflussenden Faktoren, wie Siedevorgänge u. Dampf-Fl.-Phasengleichgewichte unter besonderer Berücksichtigung der Verhältnisse bei azeotroper u. extraktiver Destillation. (Chem. and Ind. **1951.** 951—55. 10/11.) STAGE. 150

George Jura und **Kenneth S. Pitzer,** *Die spezifische Wärme von kleinen Teilchen bei niederen Temperaturen.* Vff. berechnen die spezif. Wärme sehr klein zerteilter Festkörper bei niedrigen Tempp., wobei jedes Teilchen wie ein einzelnes Mol. behandelt u. die spezif. Wärme des Gesamtsyst. als Summe der EINSTEIN-Funktionen der einzelnen Teilchen dargestellt wird. Für *Al*-Würfel von 100 Å Kantenlänge werden numer. Werte im Temperaturgebiet 1—6° K angegeben. Zum Vgl. berechnen Vff. die spezif. Wärme des unendlichen Kristalls nach dem T^3-Gesetz. Es ergibt sich, daß bis zu Tempp., bei denen die Schwingungen klass. werden, die Wärmekapazität eines klein zerteilten Festkörpers größer ist als die des unendlichen Kristalls. (J. Amer. chem. Soc. **74.** 6030—32. 5/12. 1952. Berkeley, Calif., Univ. of California, Dep. of Chem. and Chem. Engng.) E. HEINRICH. 151

J. P. McCullough, R. E. Pennington und **Guy Waddington,** *Eine calorimetrische Bestimmung der Wärmekapazität und der Abweichung vom idealen Gaszustand des Wasserdampfes.* Vff. bestimmen bei 5 Tempp. zwischen 361 u. 487° K die Mol-Wärme von Wasserdampf bei verschied. Drucken zwischen 0,125 u. 1 at. Die Mol-Wärme ist hier keine lineare Funktion von p. Die Versuchswerte von $(\partial C_p/\partial P)_T$ u. die volumetr. Daten von OSBORNE, STIMSON u. GINNINGS (J. Res. nat. Bur. Standards **23.** [1939.] 261) wurden zur Best. der 2. u. 3. Virialkoeffizienten B u. C der Zustandsgleichung $PV = RT + BP + CP^2/RT$ verwendet. Durch Integration von $(\partial C_p/\partial P)_T$ wurde eine Gleichung für die Mol-Wärme als Funktion von p u. T abgeleitet, die die experimentellen calorimetr. Daten auf ±0,1% u. die aus spektroskop. u. Mol-Daten berechneten C_p^0-Werte auf ±0,05% genau wiedergibt. (J. Amer. chem. Soc. **74.** 4439—42. 5/9. 1952. Bartlesville, Okla., Bur. of Mines, Petroleum Exp. Stat., Thermodyn. Labor.) CRAMER. 151

Leland G. Cole und **Gerard W. Elverum jr.,** *Thermodynamische Eigenschaften der zweiatomigen Interhalogenide aus spektroskopischen Daten.* Vff. berechnen Wärmekapazität, Entropie, freie Energie u. Enthalpie der sechs gasförmigen, zweiatomigen Interhalogenide (*ClF, BrF, JF, BrCl, JCl, JBr*) als Funktion der Temp. zwischen 298,16 u. 2000° K durch Anwendung statist. Methoden auf die aus spektroskop. Daten gewonnenen Molekülkonstanten. Weiterhin werden die Dissoziationswärmen, freien Energien u. Dissoziationskonstanten für die Gleichgewichte der Interhalogenide mit ihren mol. u. atomaren Dissoziationsprodukten berechnet. Dazu werden neue Bestimmungen der Eigg. der F-, Cl-, Br- u. J-Atome u. Moll. benutzt. Für die Standardentropien bei 1 at Druck im idealen Gaszustand ergibt sich: ClF = 52,080, BrF = 54,703, JF = 56,454, BrCl =

57,339, JCl = 59,123 u. JBr = 61,752 cal·Mol^{-1}·Grad^{-1}. (J. chem. Physics **20.** 1543—51. Okt. 1952. Pasadena, Calif., California Inst. of Technol., Jet Propulsion Labor.) E. HEINRICH. 151

F. H. Spedding und **Carl F. Miller,** *Wärmekapazität und Wärmeinhalt von Cer- und Neodymchloridlösungen bei 25°.* Die Änderungen der mol. u. gesamten Wärmekapazität u. des mol. u. gesamten Wärmeinhalts von Lsgg. von Ce- u. Nd-Chlorid wurden bis zu 0,35 bzw. 0,40 mol. Konz. gemessen u. tabelliert. Beide Zustandsgrößen dieser 2 Elektrolyte zeigen gute Übereinstimmung innerhalb der experimentellen Fehlergrenzen mit den DEBYE-HÜCKEL-Funktionen. (J. Amer. chem. Soc. **74.** 3158—62. 20/6. 1952. Ames, Io., Iowa State Coll., Inst. for Atomic Res., u. Dep. of Chem.) CRAMER. 151

R. H. Busey und **W. F. Giauque,** *Die Wärmekapazität von Nickel von 15—300° K. Entropie und freie Energie.* Die Wärmekapazität von Ni wurde zwischen 15 u. 300° K gemessen u. tabellar. angegeben. Die Ergebnisse werden mit den Daten anderer Forscher verglichen. Ferner wurde die Entropie, der Wärmeinhalt u. die freie Energie für das Temperaturgebiet zwischen 15—300° K berechnet. (J. Amer. chem. Soc. **74.** 3157—58. 20/6. 1952. Berkeley, Calif., Univ. of California, Chem. Labor.) CRAMER. 151

R. H. Busey und **W. F. Giauque,** *Die Wärmekapazität von wasserfreiem $NiCl_2$ von 15—300° K. Die antiferromagnetische Anomalie bei 52° K. Entropie und freie Energie.* Die Mol-Wärme von wasserfreiem $NiCl_2$ wurde zwischen 15 u. 300° K gemessen u. das Übergangsgebiet vom antiferromagnet. zum paramagnet. Zustand genau untersucht. Vff. finden in der Umgebung von 52° K ein Maximum der Wärmekapazität, welches innerhalb der magnet. Meßgenauigkeit dem Maximum der magnet. Susceptibilität entspricht. Die gefundenen Werte von C_p, S, $(F^0 - H_0{}^0)/T$ u. $(H^0 - H_0{}^0)/T$ werden bis 300° K tabelliert, wodurch nunmehr der Anschluß an den Arbeitsbereich von COUGHLIN (C. **1952.** 6816) von 298,16—1336° K hergestellt wurde. Die Normalentropie bei 298,16° K wird mit 23,33 cal/Mol angegeben. (J. Amer. chem. Soc. **74.** 4443—46. 5/9. 1952. Berkeley, Calif., Univ. of California, Chem. Labor.) CRAMER. 151

T. H. Geballe und **W. F. Giauque,** *Die Wärmekapazität und Entropie von Gold von 15—300° K.* Vff. geben die Wärmekapazitäten von 99,99% reinem Gold zwischen 15 u. 300° K an. Die Genauigkeit der Messungen betrug oberhalb von 35° K 0,1—0,2%, bei 20° K ca. 1% u. bei 15° K ungefähr 3%. Aus den gemessenen C_p-Werten berechneten Vff. die C_v-Größen vermittels der Gleichung $C_p - C_v = \alpha^2 V T/\beta$, wobei α der Ausdehnungskoeff. (bei 25° $\alpha = 42{,}8 \cdot 10^{-6}$ Grad^{-1}), β der Kompressibilitätskoeff. (bei 25° $\beta = 5{,}60 \cdot 10^{-7}$ at^{-1}) sind. Da die α- u. β-Werte bei verschied. Tempp. nur unvollständig bekannt sind, wurden unterhalb Zimmertemp. Korrekturen vermittels der empir. Gleichung $C_p - C_v = ATC_p{}^2$ (A Konstante) angebracht. Die erhaltenen C_v-Werte wurden mit den sich aus der DEBYEschen Gleichung ergebenden verglichen (Angabe des Koeff. C_v/C_{Debye}). Der Vgl. der Resultate mit anderen kub. flächenzentrierten Metallkristallen zeigt, daß die Verteilung der Vibrationsfrequenzen für jedes Metall charakterist. ist. Es besteht also keine Möglichkeit, die spezif. Wärmen dieser kub. flächenzentrierten Kristalle durch eine einzige Gleichung mit nur einem Parameter darzustellen. Vff. geben weiterhin Entropie, Enthalpie u. freie Energie zwischen 15 u. 300° K an. Bei 298,16° K beträgt die Entropie 11,32 ± 0,02 cal·Grad^{-1}·Mol^{-1}. (J. Amer. chem. Soc. **74.** 2368—69. 5/5. 1952. Berkeley, Calif., Univ. of California, Chem. Labor.) E. HEINRICH. 154

E. G. King, *Bildungswärme von Mangan*(II)*-metasilicat* (*Rhodonit*) *und Eisen*(II)*-orthosilicat* (*Fayalit*). Vf. untersuchte mit Hilfe von HF calorimetr. die Bildungswärmen von $MnSiO_3$ u. Fe_2SiO_4. Bei der Bldg. aus den Elementen ergibt sich, auf 298,16° K bezogen, für $MnSiO_3$: $\Delta H = -308{,}22 \pm 0{,}34$ ($-5{,}92 \pm 0{,}17$) kcal/Mol, $\Delta S = -64{,}3 \pm 0{,}3$ ($-3{,}0 \pm 0{,}3$) cal/Grad·Mol, ΔF^0 $-289{,}05 \pm 0{,}35$ ($-5{,}03 \pm 0{,}19$) kcal/Mol; für Fe_2SiO_4: $\Delta H = -346{,}0 \pm 1{,}1$ ($-8{,}2 \pm 1{,}1$) kcal/mol, ΔS $-80{,}8 \pm 0{,}5$ ($-3{,}5 \pm 0{,}5$) cal/Grad·Mol, ΔF^0 $-322{,}0 \pm 1{,}1$ ($-7{,}2 \pm 1{,}1$) kcal/Mol; bei der Bldg. aus den Oxyden gelten die in Klammern stehenden Zahlen. Die ΔH- u. ΔF^0-Werte übernahm Vf. von anderen Autoren. (J. Amer. chem. Soc. **74.** 4446—48. 5/9. 1952. Berkeley, Calif., U. S. Dep. of the Interior, Bur. of Mines, Minerals Thermodyn. Branch.) CRAMER. 155

Leonard I. Katzin und **John R. Ferraro,** *Lösungswärmen der Kobalt*(II)*-nitrathydrate in Wasser und in bestimmten organischen Lösungsmitteln und Bindungsenergien von molekularen Liganden.* Vff. untersuchten mittels eines BECKMANN-Thermometers in einem DEWAR-Gefäß die Lösungswärmen der Hexa-, Tetra-, Tri- u. Dihydrate von Kobaltnitrat in W. u. organ. Lösungsmitteln wie *Isobutylalkohol, Di-* u. *Monoäthyläther von Äthylenglykol, Aceton, Methyläthylketon, Tetrahydrofuran, Tributylphosphat* u. *Dimethylformamid.* Weitere Messungen wurden an Gemischen aus den genannten Lösungsmitteln u. Aceton ausgeführt. Für *Pyridin,* W., *Tetrahydrofurfurylalkohol* u. Isobutylalkohol ergab sich, daß ein Übergang vom tetrasolvierten neutralen Mol. in Lsg. zu einem hexasolvierten wahrscheinlich ist, wobei häufig eine erniedrigte Löslichkeit festgestellt wurde. Die Wärmekapazitätsmessungen zeigten eine Abhängigkeit von der Basizität der Lösungsmittel. Vff. berechneten aus den Meßwerten die Bindungsenergien von Solvatgruppen durch die Metallatome. Einige Messungen der Lösungswärmen von Kobaltnitratpyridinaten wurden ausgeführt. (J. Amer. chem. Soc. **74.** 6040—47. 5/12. 1952. Chicago, Ill., Argonne Nat. Labor., Chem. Div.) E. HEINRICH. 155

T. Charnley und **H. A. Skinner,** *Die Hydrolysationswärme einiger Halogenide und Oxyhalogenide des Phosphors.* Die zu untersuchenden Proben wurden in ein 1 Liter-DEWAR-Gefäß mit Wasserfüllung (25°) eingebracht u. die Temperaturänderungen mit Hilfe eines Thermoelements gemessen. Vff. ermittelten aus diesen Messungen die Hydrolysationswärmen u. bestimmten die zugehörigen Bildungswärmen. Es ergab sich für fl. PCl_3 —79,4, für fl. PBr_3 —46,5, für fl. $POCl_3$ —143,8 u. für krist. $POBr_3$ —110,1 kcal/Mol. Vff. berechneten ferner für die mittlere Dissoziationsenergie der P—Cl-Bindung in PCl_3 77,9, der P–Br-Bindung in PBr_3 63,4 u. die Dissoziationsenergie der P—O-Bindung in den Oxyhalogeniden $O=PCl_3$ 121,8 u. $O=PBr_3$ 119,3 kcal/Mol. (J. chem. Soc. [London] **1953.** 450—52. Febr. Manchester, Univ. of Manchester.) E. HEINRICH. 155

Elmer J. Huber jr., Charles E. Holley jr. und **E. H. Meierkord,** *Die Verbrennungswärmen von Thorium und Uran.* Aus genauen Messungen der Verbrennungswärmen von Th, U u. UO_2 wurden die Bildungswärmen von ThO_2, UO_2 u. U_3O_8 berechnet. Als Resultat erhalten Vff. für Th: Verbrennungswärme in 25 at O_2 5274 $\pm$ 7 Joule/g; ThO_2: Bildungswärme $\Delta H_{25}^0 = -1226,9 \pm 1,5$ kJoule/Mol; UO_2: Verbrennungswärme in 25 at O_2: 389,23 $\pm$ 0,46 Joule/g; Reaktionswärme von $3\,UO_2 + O_2 = U_3O_8$: $\Delta H_{25}^0 = -318,01 \pm 0,37$ kJoule; U: Verbrennungswärme zu U_3O_8 in 25 at O_2: 4984,7 $\pm$ 9,7 Joule/g; U_3O_8: $\Delta H_{25}^0 = -3570,9 \pm 6,9$ kJoule/Mol; UO_2: $\Delta H_{25}^0 = -1084,3 \pm 2,5$ kJoule/Mol. (J. Amer. chem. Soc. **74.** 3406—08. 5/7. 1952. Los Alamos, N. Mex., Univ. of California, Los Alamos Sci. Labor.) CRAMER. 155

R. H. Olds und **G. B. Shook,** *Mathematische Untersuchungen über die thermischen Einflüsse auf die Reaktionsgeschwindigkeiten von festen Brennstoffen.* Mathemat. Behandlung der Differentialgleichung für die Verbrennungsvorgänge in Raketen; sie enthält den Einfl. der Temp. auf die Wärmeleitung, Diffusion, Strahlungsabsorption u. chem. Reaktion. (Physic. Rev. [2] **88.** 166. 1/10. 1952. Inyokern.) FUCHS. 157

T. P. Cotter, *Messung der Reaktionszeit in einer detonierenden Flüssigkeit.* (Sitzungsbericht.) Den Explosionsvorgang in homogenen explosiven Substanzen beobachtete Vf. durch Messung des Brechungsexponenten mittels einer mit rotierendem Spiegel versehenen Kamera. Auf eine starke Stoßwelle folgte eine Induktionsperiode, bedingt durch eine verhältnismäßig langsame Rk., die schließlich in die spontane heftige, mit therm. Leuchterscheinungen verbundene Detonation übergeht. Bei *Nitromethan* wurde die Induktionszeit 0,1 Mikrosek. festgestellt, die um den Faktor 100 je nach Stärke der erregenden Stoßwelle schwanken kann. Sensibilisatoren wie *Pyridin* verkürzen die Induktionszeit merklich, Desensibilisatoren wie *Bzl.* verlängern sie aber nicht. (Physic. Rev. [2] **87.** 909. 1/9. 1952. Los Alamos Sci. Labor.) ROEDER. 157

H. Wirth und **A. Klemenc,** *Die Wärmleitfähigkeit von Gasen bei niederen Drücken.* Die Wärmeleitfähigkeit folgender Gase wird bestimmt: *Ar*, O_2, N_2, CH_4, C_2H_4, C_3H_8. Die benutzte App. u. Vorsichtsmaßregeln beim Experiment werden eingehend beschrieben. Bei niedrigen Drücken (10^{-2} Torr) haben höhere KW-stoffe höhere Wärmeleitfähigkeit, die von H_2 ist geringer. Bei höheren Drucken (760 Torr) hat H_2 die bei weitem größte Wärmeleitfähigkeit u. bei KW-stoffen nimmt sie mit dem C-Geh. ab. Eine Erklärung dafür wurde im Wärmeübergang vom Gas zur Gefäßwand u. in der Adsorption des Gases an der Wand gesucht. (Mh. Chem. **83.** 879—82. 15/8.; S.-B. österr. Akad. Wiss., math.-naturwiss. Kl., Abt. IIb **161.** 879—82. 1952. Wien, TH, Inst. für allg. Chem.) MIETHING. 158

E. N. da C. Andrade, *Viscosität und Wärmeleitfähigkeit von flüssigem Argon.* Vf. geht auf die von ihm aufgestellte Formel für die Viscosität monoatomarer Fll. zurück u. kommt zu dem Schluß, daß bei Gültigkeit der Formel das Verhältnis Wärmeleitfähigkeit zu Viscosität von ähnlicher Art wie bei Gasen sein muß, nämlich $k/\eta = Bc_v$. Hierin bedeuten k die Wärmeleitfähigkeit u. η die Viscosität am Schmelzpunkt; c_v die spezif. Wärme bei konstantem Vol. u. B eine Konstante, deren Zahlenwert Vf. als nahe 1 angibt. Die Gültigkeit der Gleichung, die nicht für Metalle anwendbar ist, zeigt Vf. am Beispiel der Meßwerte des fl. Argons. (Nature [London] **170.** 794. 8/11. 1952. London, Pall Mall, Athenaeum.) G. HEINRICH. 158

O. T. Bloomer and **K. N. Rao,** Thermodynamic properties of nitrogen. Chicago: Inst. of Gas Technology. Technology Center. (28 S. m. Abb. u. Diagr.) $ 3,50.

Francis Weston Sears, An introduction to thermodynamics, the kinetic theory of gases, and statistical mechanics. 2nd ed. Cambridge, Mass.: Addison-Wesley. 1953. (348 S. m. Abb. u. Diagr.) $ 7,50.

A_5. Grenzschichtforschung. Kolloidchemie.

Henrik Bruun, *Eigenschaften der Monofilme von Harzsäuren.* Nachdem es möglich ist, *Abietinsäure* (I), *Dihydroabietinsäure, Tetrahydroabietinsäure, Dehydroabietinsäure* u. *Isodextropimarsäure* (II) in reiner Form zu erhalten, konnten mit Hilfe der Filmwaage die Eigg. der auf W. bei p_H 3 gespreiteten Monofilme dieser Säuren in Abhängigkeit von ihrer Struktur näher untersucht werden. Dabei zeigen die π_K-A-Kurven einen ähnlichen Verlauf, doch sind Unterschiede in den Werten für den Oberflächenbedarf eines Mol. (A) u. dem Druck beim Zusammenbruch der Monofilme (π_K) vorhanden; in diesen Unterschieden kommt auch die Zahl der Doppelbindungen zum Ausdruck. Ferner wurden die Eigg. der Monofilme bei verschied. p_H-Werten (zwischen 2 u. 8) untersucht, wobei sich der Beginn der Dissoziation der Harzsäure u. die Zunahme der Löslichkeit aus dem Ansteigen des π_K- u. der Abnahme des A-Wertes zu erkennen gibt. Hierin zeigen auch die einzelnen Säuren untereinander Unterschiede. Die Eigg. von II zeigen die größte Ähnlichkeit mit I. Die π_K-A-Kurve zeigt einen kleineren π_K-Wert als die entsprechenden Kurven für die Abietinsäuren. Bin. Gemische zeigen meist ein Verh., aus dem die Eigg. der Komponenten ersichtlich sind. Eine Unters. tern. Gemische sowie eines Harzes aus finn. *Tallöl* ergibt die Brauchbarkeit der Filmwaage zur Erkennung von Unterschieden in Harzsäuregemischen. (Acta chem. scand. **6.** 494—501. 1952. Åbo, Finnland, Inst. für physik. Chem.)
HENTSCHEL. 166

H. B. Klevens, *Die Micellargewichte und die Assoziationsverhältnisse oberflächenaktiver Stoffe mit 12 C-Atomen.* An 2 typ. Netzmitteln mit gleicher Anzahl an C-Atomen nämlich *K-Laurat* (I) u. *Dodecylammoniumchlorid* (II), wird gezeigt, daß der geringe Unterschied in der Kettenlänge beider Stoffe die Unterschiede in der krit. Micellkonz. zu erklären vermag, dagegen nicht die großen Unterschiede, die man in den intermicellaren Abständen bei der röntgenograph. Unters. sowie in ihrer löslichmachenden Wrkg., im Micellargewicht u. der Empfindlichkeit gegen Elektrolyt- u. H^+-Ioneneinfl. beobachtet. Neuere Unterss. mit Hilfe der Ultrazentrifuge ergeben, daß die Micellen von I viel kleiner als diejenigen von II sind; ferner ist der Einfl. von Elektrolyten in beiden Systemen, die sich als monodispers herausstellen, verschieden. Zur Erklärung dieser Befunde wird die Hypothese aufgestellt, daß der Ordnungsgrad in den kationenakt. Stoffen geringer als in den anionenakt. ist; die Ergebnisse werden an Hand der Theorie von DEBYE diskutiert. (J. Chim. physique Physico-Chim. biol. **49.** 615—22. Nov./Dez. 1952. Paris, Inst. Pasteur.)
HENTSCHEL. 166

Luc-Henry Collet, *Neuere Untersuchungen über die Elektroosmose.* Es wird gezeigt, daß für die Elektroosmose die Ionenhydratation bestimmend ist; Verss. an Alkalihalogeniden (*NaCl, KCl, NaBr, KBr, NaJ, KJ* u. *HCl*) stehen damit in Übereinstimmung. (J. Chim. physique Physico-Chim. biol. **49.** C 65—68. Juli/Aug. 1952. Paris.)
HENTSCHEL. 169

L. T. Carmichael und **B. H. Sage**, *Die Viscosität von flüssigem Ammoniak unter hohen Drucken.* Unter Benutzung eines näher beschriebenen Kugelfallviscosimeters u. verschied. Hilfsvorr. wird die Viscosität von fl. NH_3 bei Drucken bis zu 420 at u. im Temperaturbereich von 4,4—106° gemessen. Im Vgl. mit anderen Fll. ändert sich die Viscosität mit der Temp. verhältnismäßig wenig. (Ind. Engng. Chem. **44.** 2728—32. Nov. 1952. Pasadena, Calif., California Inst. of Technol.) HENTSCHEL. 172

Asoke Kumar Mukherjee, *Temperatur und Fluidität.* 1. Mitt. *Theorie.* Es wird mit Hilfe der statist. Thermodynamik eine Gleichung abgeleitet, die die Fluidität mit der freien Energie einer Fl. verbindet. Nach Einführung der Verteilungsfunktionen für Rotations- u. Oscillationsenergie gelangt Vf. zu einer Beziehung zwischen Fluidität u. Temp., die fast mit einer von EYRING entwickelten ident. ist. Diese Beziehung enthält außer den möglichen Energiezuständen des Flüssigkeitsmol. Größen, die charakterisieren, ob es sich um ein Einzelmol. oder um Molekülkomplexe handelt. (J. Indian chem. Soc. **28.** 519—22. Sept. 1951. Jadapur, Calcutta, Coll. of Engng. and Technol., Phys. Chem. Labor.) v. SCHIESZL. 173

Asoke Kumar Mukherjee, *Fluidität und Temperatur.* 2. Mitt. *Die Fälle des Quecksilbers und Galliums und eine allgemeine Kritik.* (1. vgl. vorst. Ref.) Eine früher vom Vf. aufgestellte Gleichung für die Temperaturabhängigkeit der Fluidität (φ) wird an den einatomigen Fll. Hg u. Ga innerhalb eines weiten Temperaturbereichs geprüft. Man kann diese Gleichung auf die vereinfachte Form $\varphi \cdot T^{3/2} = a_1 \exp(b_1/T)$ bringen (a_1 u. b_1 Konstanten). Die experimentellen Werte für Hg u. erst recht für Ga ergeben jedoch keine Gerade für $3/2 \cdot \log T + \log \varphi$ in Abhängigkeit von $1/T \cdot 10^3$. Es werden Gründe für das Versagen der Gleichung (nichtlineare Änderung der freien Energie mit T, Annahme einer translator. Bewegung der Moll.) erörtert. (J. Indian chem. Soc. **28.** 626—30. Nov. 1951).
HENTSCHEL. 173

Takao Kan und **Masaharu Kujiraï**, *Absolute Adsorptionsgeschwindigkeit von Wasserstoff.* Es wird eine Gleichung für die absol. Adsorptionsgeschwindigkeit von H_2 auf red. *Cu* abgeleitet, unter der Annahme, daß jedes adsorbierte H_2-Mol. nur einen Freiheitsgrad der Schwingung hat (Anteilsfunktion = 1). Aus der Gleichung wurde die Anzahl der Aktivstellen G/Einheitsfläche, die für H_2 zur Verfügung steht, zu $4{,}2 \cdot 10^{14}$ (623° K) u. $5{,}4 \cdot 10^{14}$ (673° K) berechnet. Beobachtete Aktivierungsenergie = 20,5 kcal/Mol. Die Adsorptionsstelle ist kein besonderes sogenanntes „Aktivierungszentrum", sondern jeder Gitterpunkt der Kristalloberfläche könnte eine sein. (Kagaku [Science] **21.** 420—21. Aug. 1951. Sapporo, Yamaguchi Univ., Hokudai Katal. Res. Inst. [Orig.: japan.]) SCHULER. 176

C. S. Hocking, *Trennung mittels vorbehandelter Kohlen.* Vf. beschreibt das Verh. von mit *Diphenylamin* (I) bzw. *Ölsäure* (II) überzogenen Kohlen bzgl. der Adsorption u. Desorption von *Methylenblau* u. *Pikrinsäure.* Aktivierte Holzkohle (B.D.H.) für Entfärbungszwecke, mit den Eigg. einer „L"-Typkohle (adsorbiert NaOH), wird durch Zugabe alkoh. Lsgg. von I bzw. II sowie nachfolgendes Verdampfen des Lösungsm. mit dem gewünschten Überzug versehen. Die bei 2std. Schütteln von 20 ml der betreffenden Farblsg. mit 0,1 g der jeweiligen Kohle bei einem bestimmten p_H adsorbierte Farbmenge wird mit dem photoelektr. Colorimeter bestimmt. Die entsprechenden Desorptionswerte werden durch Schütteln der getrockneten Proben (Kohle + adsorbierter Farbstoff) mit Desorptionspufferlsgg. erhalten. Die Ergebnisse werden in Form von Kurven wiedergegeben. Die Gestalt der Adsorptions- u. Desorptionskurven hängt im wesentlichen von dem Ionisationsgrad der zu adsorbierenden bzw. adsorbierten Substanz u. des den Oberflächenüberzug bildenden Stoffes ab. (Research **5.** 288—89. Juni 1952. Adelaide, Australia, Univ., Johnson Chem. Labors.) GEDSCHOLD. 176

Izumi Higuti und **Hiroshi Utsugi**, *Capillarkondensation in Kontaktzonen zwischen nichtporösen Teilchen eines Pulvers.* Aus der Adsorptionsisotherme für A. bei 0° an nichtporösem Anataspulver, dessen Teilchengröße elektronenmkr. u. nach dem BRUNAUER-EMMET-TELLER-Verf. zu ca. 0,07 μ bestimmt wurde, wird auf Grund geometr. Überlegungen das Vol. in der Kontaktzone für den Fall linearer, ebener u. dichtester Kugelpackung berechnet. Daraus ergibt sich, daß bei derart feinen Teilchen eineCapillarkondensation in den Zwischenräumen auftreten kann. (J. chem. Physics **20.** 1180—81. Juli 1952. Sendai, Japan, Tohoku Univ.) HENTSCHEL. 176

Juan de Dios Lopez-Gonzalez und **Victor R. Deitz**, *Oberflächenveränderungen an einem rohen und aktivierten Bentonit.* Durch Kochen mit 10%ig. HCl wird eine Handelsprobe von rohem Bentonit aktiviert, wobei bes. Al_2O_3, Fe_2O_3, MgO u. CaO entfernt werden; die Eigg. des rohen u. aktivierten Prod. werden vergleichend untersucht, indem neben der chem. Analyse Entwässerungskurven, eine therm. Differentialanalyse, röntgenograph. u. elektronenmkr. Unterss. herangezogen werden. Ferner wird die spezif. Oberfläche der Bentonite nach dem Verf. der Tieftemperaturadsorption von N_2 u. Anwendung der Gleichung von BRUNAUER, EMMET u. TELLER sowie von HÜTTIG u. der kombinierten Gleichung bestimmt. Während die elektronenmkr. Prüfung keinen Unterschied in der rohen u. aktivierten Probe ergibt, sind zwar Unterschiede in den Intensitäten der (hk0)-Reflexionen vorhanden, die aber für eine quantitative Ermittlung des erfolgten Gitterabbaus nicht genügen. Die zu 85—90 m^2/g gefundene spezif. Oberfläche des rohen Bentonits stellt nur die äußere (nicht quellfähige) Oberfläche dar, dagegen beträgt die spezif. Oberfläche des aktivierten Bentonits nach Entfernung des adsorbierten W. bei 250—350° ca. 320 m^2/g, welcher Wert immer noch kleiner als der von Montmorillonit nach Aufteilung in einzelne Strukturlamellen ist (880 m^2/g). Für den Einfl. der Säurebehandlung wird eine Modellbetrachtung zugrunde gelegt. Durch Wiederaufnahme von Wasserdampf vermindert sich die spezif. Oberfläche infolge einer Aggregation der Teilchen. Die größte Oberflächenausbildung erfolgt nach Entfernung des adsorbierten W. (zwischen 250 u. 350°); beim rohen Bentonit tritt die größte Oberflächenverminderung zwischen 650 u. 750° ein, nachdem auch das meiste Konstitutionswasser (OH-Gruppen) entfernt worden ist. (J. Res. nat. Bur. Standards **48.** 325—33. April 1952. Washington.) HENTSCHEL. 176

H. Deuel, G. Huber und **Hs. H. Günthard**, *Organische Derivate von Tonmineralien.* 3. Mitt. *Untersuchungen an Phenylmontmorilloniten.* (2. vgl. C. **1953.** 977.) Aus Na-Montmorillonit wurde einerseits H-Montmorillonit (I), u. andererseits durch Einw. vonThionylchlorid Montmorillonitchlorid (II) hergestellt. Aus II wurden mittels FRIEDEL-CRAFTSscher Rk. Phenylmontmorillonite gewonnen. Verglichen mit I zeigen die Phenylderivv. von Montmorillonit (dargestellt durch Einw. von thiophenfreiem Bzl. auf II) verminderte Umtauschkapazitäten für Kationen u. deutlich veränderte Infrarotspektren. Während I eine stark ausgeprägte Absorption in dem Bereich 3200—3600 cm^{-1}, die auf das Vorhandensein von OH-Gruppen hinweist, zeigt, nimmt bei den Phenylmontmorilloniten die Intensität dieser Bande deutlich mit zunehmendem Phenylgeh. ab. Dies scheint darauf hinzuweisen, daß bei den Derivv. dieser Mineralien OH-Gruppen durch Phenylgruppen ersetzt sind. (Helv. chim. Acta **35.** 1799—1802. 15/10. 1952. Zürich, ETH, Agrikulturchem. Inst. u. Organ.-chem. Labor.) GEDSCHOLD. 176

John Rae, *Absorption von Farbstoffen durch Gele.* Verschied. Gele (Gelatine, Agar, Pektin, Polyvinylalkohol) werden in 2%ig. Lsg. in Reagensgläser gebracht, u. die Farblsg. wird darauf gegossen. Die Eindringtiefe des Farbstoffes wird gemessen. (Pharmac. J. **170.** ([4] **116.**) 30. 10/1. 1953. Liverpool, Clay u. Abraham Ltd.) ULEX. 176

E. Cremer und **R. Grüner,** *Messung der Adsorption von Ammoniak an Eisenoxyd von kleinster Belegung bis zur multimolekularen Schicht.* Zur Belegung der von CREMER u. FLÜGGE (vgl. u. a. C. **1952.** 815) abgeleiteten Formeln werden an Fe_2O_3 verschied. Herstellungsart bei 253, 293 u. 333° K Adsorptionsmessungen mit NH_3 bei Drucken zwischen 293 u. 700 Torr ausgeführt. Die einzelnen Isothermen lassen sich in logarithm. Auftragung durch drei Geraden darstellen. Die Kurven entsprechen bei 293 u. 333° K der aus der Überlagerung von LANGMUIR-Isothermen abgeleiteten Formel von CREMER u. FLÜGGE. Bei 253° K folgen sie bei hohen Drucken dieser Gleichung nicht mehr. Anstatt eines Umbiegens zur Sättigung findet hier ein Anwachsen der adsorbierten Menge statt, das durch Ausbldg. multimol. Schichten erklärbar ist u. dem Gesetz von HÜTTIG (C. **1949.** II. 394) gehorcht. Durch Kombination der Formeln von CREMER u. HÜTTIG wird ein Adsorptionsgesetz gefunden, das über 6 Zehnerpotenzen mit dem Experiment in Einklang steht. Die in diesen Formeln enthaltene, für das jeweilige Syst. charakterist. Konstante T_c ist bei den Fe_2O_3-Kontakten im Gegensatz z. B. zu Neodymoxyd u. $BaCl_2$ von der Herstellungstemp. unabhängig. (Z. physik. Chem. **196.** 319—28. Febr. 1951. Innsbruck, Univ., Physik.-chem. Inst.) R. LEVI. 176

N. T. Coleman, *Eine thermochemische Annäherung für die Untersuchung des Ionenaustauschs.* Vf. mißt in einem bes. gebauten Calorimeter die Neutralisationswärme von 3 synthet. Wasserstoffaustauschharzen (*Amberlite IR 100, IR 105, IR 120*) u. *Volclay-Bentonit* u. bestimmt die Gleichgewichtskonstante. Die Reaktionswärme (ΔH) für den Austausch von Metall- gegen H-Ionen u. für die Wechselwrkg. von Metallionen wird aus den Neutralisationswärmen berechnet. Die Werte stimmen mit den experimentell ermittelten ziemlich gut überein. ΔH für Austausch von Ca- durch K-Ionen war negativ infolge einer großen negativen Entropieänderung, die bei der Verdrängung eines zweiwertigen Kations durch ein einwertiges stattfindet. Die calorimetr. gemessenen Ionenaustauschwärmen sind von ähnlicher Größenordnung wie die aus den Gleichgewichtskonstanten mit der VAN'T HOFF-Gleichung errechneten. Weiter stimmen die aus den Gleichgewichtskonstanten errechneten Änderungen der freien Energie überein mit den allg. Beobachtungen der Adsorptionsaffinitäten. Für Ionenaustausch-Rkk. berechnete Entropieänderungen haben das Vorzeichen, das auf Grund einer mechanist. Betrachtung des Syst. erwartet werden sollte. Die Theorie der Membranpotentiale von MARSHALL wird durch Verss. bestätigt. (Soil Sci. **74.** 115—25. Aug. 1952. North Carolina Agricult. Exp. Stat.) BOYE. 177

L. W. Holm, *Eine unterteilte Ionenaustauschsäule. Die Bestimmung des Zustandes einer gelösten Substanz.* Vf. empfiehlt zur Unters. des Verh. einer trägerfreien radioakt. Substanz unter verschied. Bedingungen die Verwendung einer Ionenaustauschkolonne, die abwechselnd Schichten von Kationen- u. Anionenaustauschharzen enthält. Die Reihenfolge u. Ionenform der Austauschharze kann nach den Erfordernissen des Vers. gewählt werden. Zur Prüfung einer Substanz, die vermutlich als Kation vorliegt, ist eine geeignete Reihenfolge: Anionenaustauscher — Kationenaustauscher — Anionenaustauscher — Kationenaustauscher, wobei der Anionenaustauscher mit einer Ionenart gesätt. ist, welche mit der in Frage kommenden Substanz keine unlösl. oder Komplexverbb. bildet; der Kationenaustauscher kann mit Na^+ gesätt. sein. Nach Durchfluß der die fragliche Substanz enthaltenden Lsg. wird die Aktivität im Effluat u., nach Waschen der Säule mit dest. W., die Aktivitätsverteilung auf die einzelnen Schichten der Säule gemessen. Aus dieser Verteilung kann auf den Zustand des untersuchten Stoffes geschlossen werden. Die Meth. (genannt „Zebra"-Meth.) wird an Hand einer Unters. von ^{32}P (in Form von Orthophosphat) auf eventuelle akt. Kationenkomplexe näher erläutert. Weitere Verwendungsmöglichkeiten der Meth. werden angegeben. (Research **5.** 286—88. Juni 1952. Stockholm, Royal Inst. of Technol., Div. of Phys. Chem.) GEDSCHOLD 177

Trevor I. Williams und **Herbert Weil,** *Definition der Chromatographie.* Unter Hinweis auf die verschied. Begriffe, die in der Vergangenheit mit dem Wort „Chromatographie" bezeichnet wurden, schlagen die Vff. folgende Definition vor: „Unter Chromatographie versteht man solche Vorgänge, mittels derer die Trennung von Lösungsgemischen in einige oder alle ihre Komponenten in Form von Konzentrationszonen an oder in

Phasen ermöglicht wird, die von denen, in denen sie ursprünglich vorhanden waren, verschieden sind, ohne Rücksicht auf die Natur der Kraft oder Kräfte, die eine Wanderung der Substanzen von einer Phase zur anderen verursachen.“ (Nature [London] **170.** 503. 20/9. 1952. Oxford u. London.) ENDRASS. 177

A_6. Strukturforschung.

Kathleen Lonsdale, *Ungelöste Probleme in der Kristallographie.* Vortrag. Vf. weist auf die Hauptschwierigkeiten bei der Deutung der Beugungsphänomene hin. Es handelt sich bes. um die Frage der Phasenbest. bei der direkten FOURIER-Analyse sowie um die Probleme, die mit der Regellosigkeit in Kristallen in Zusammenhang stehen. Bei den letzten Problemen spielt die Unters. der Lagen u. der Bewegungen der H-Atome die Hauptrolle. Endlich ist die Deutung der Beugungseffekte infolge von Wärmebewegungen noch mit einigen Schwierigkeiten behaftet. (Sci. J. Roy. Coll. Sci. **21.** 1. 1951.) GOTTFRIED. 181

Édouard Regenstreif, *Über die Theorie des achsenfernen Bereichs der elliptischen elektrostatischen Linse.* Erweiterung der für die ellipt. elektrostat. Einzellinse früher (vgl. C. R. hebd. Séances Acad. Sci. **232.** [1951.] 1918) für die achsennahen Bahnen angestellten Überlegungen auf den achsenfernen Bereich. Die Unterss. sind von Interesse im Hinblick auf den axialen Astigmatismus von Elektronenlinsen, seine Messung u. seine Korrektion. (C. R. hebd. Séances Acad. Sci. **233.** 854—56. 15/10. 1951.) LENZ. 181

A. Van Itterbeek, L. De Greve, G. F. Van Veelen und **C. A. F. Tuynman,** *Dünne Glasschichten als Objektträgerfolien für die Elektronenmikroskopie.* Im Rahmen einer Unters. der elektr. Eigg. dünner auf Glasoberflächen aufgebrachter Metallschichten sollte auch deren Struktur im Elektronenmikroskop untersucht werden. Die Herst. der dazu nötigen sehr dünnen Glasfolien geschieht durch plötzliches Aufblasen eines in der Gasflamme erhitzten geschlossenen Glasrohrs. Die danach im Raum herumfliegenden sehr kleinen u. dünnen Glasflocken werden auf einer Wasseroberfläche aufgefangen. Die Dicke solcher Glasfolien wurde durch Wägung zu 950 Å bestimmt. (Nature [London] **170.** 795—96. 8/11. 1952. Louvain, Inst. for Low Tempp. and Techn. Phys.) LENZ. 181

Verner Schomaker und **Roy Glauber,** *Die Bornsche Näherung in der Elektronenbeugung.* Vff. halten die BORNsche Näherung, welche bei der Berechnung der Elektronenstreuung Glieder von zweiter u. höherer Ordnung in $\alpha = -Ze^2/\hbar v$ vernachlässigt, für die Deutung von Elektronenbeugungsbildern bes. dann nicht ausreichend, wenn die untersuchten Verbb. Atome hoher Ordnungszahl enthalten. So ergeben sich z. B. für den Bau des UF_6-Mol. bei Verwendung der BORNschen Näherung Widersprüche mit auf anderen Wegen gewonnenen Daten. Vff. beseitigen diese Widersprüche durch Annahme einer Phasenverschiebung bei der Streuung, welche der Ordnungszahl nahezu proportional sein, vom Streuwinkel abhängig sein u. aus der BORNschen Näherung unter Berücksichtigung von Gliedern in α^2 folgen soll. (Nature [London] **170.** 290—91. 16/8. 1952. Pasadena, Calif., Gates and Crellin Labors. of Chem. u. California Inst. of Technol., Norman Bridge Labor of Phys.) LENZ. 181

S. G. Ellis, *Elektronenmehrfachstreuung und ihr Einfluß auf Elektronenbeugungsdiagramme.* Experimentelle Unters. über die Intensität von Beugungsringen u. die Intensität des Untergrundes in Elektronenbeugungsdiagrammen von *Tl-Chlorid* u. *Al* in Abhängigkeit von Strahlspannung (50—150 kV) u. Dicke der Folie. Das Verh. der Intensitäten bei größeren Schichtdicken ist im Widerspruch mit den alten Theorien, die nur Einfachstreuung berücksichtigen. Der Einfl. der Mehrfachstreuung auf die Intensitätsverhältnisse im Beugungsdiagramm wird abgeschätzt. (Physic. Rev. [2] **87.** 970—76. 15/9. 1952. Princeton, N. J., Radio Corp. of America.) LENZ. 181

Adrian Stahl, *Methodik und Anwendung der Elektronenbeugung in der Industrieforschung.* Die Theorie der Elektronenstrahlen wird kurz gestreift, die Unterschiede zwischen der Röntgenstrukturanalyse u. der Strukturunters. mittels Elektronenbeugung werden zusammengestellt. Als Anwendungen der Elektronenbeugung werden die Best. der Gitterkonstante oder der Netzebenenabstände u. der Ausdehnung kohärent streuender Bereiche sowie die Auswertung der Interferenzintensitäten eingehend erläutert. Die experimentelle Ausrüstung wird diskutiert. Eingehend wird ferner über Störeffekte im Beugungsgerät berichtet. (Z. angew. Physik **3.** 349—60. Sept. 1951. Leoben u. Stuttgart-Vaihingen.) H. W. LEVI. 181

L. V. Spencer und **Fannie Stinson,** *Weitere Berechnungen der Röntgenstreuung in einem unendlichen Medium.* Ausführliche Mitt. zu der C. **1953.** 1288 referierten Arbeit. (Physic. Rev. [2] **85.** 662—64. 15/2. 1952. Washington, D. C., Nat. Bur. of Standards.) GOTTFRIED. 181

R. McWeeny, *Röntgenstrahlstreuung durch Aggregate von gebundenen Atomen. 1. Mitt. Analytische Annäherungen bei der Einatomstreuung.* Es wurde versucht, das Problem der Berechnung von Atomstreufaktoren für reale Atome zu lösen, wobei sowohl die ursprünglichen Abweichungen von der Kugelform als auch die Einflüsse der Bindung in Betracht gezogen wurden. Definiert wurde zunächst ein „effektiver" Atomstreufaktor für ein Atom mit Bindungsbildung. Es wurden analyt. Approximationen auf Atomwellenfunktionen benutzt, um Ausdrücke für die Streufaktoren von H bis Ne (*H, He, Li, Be, B, C, N, O, F* u. *Ne*) zu erhalten. Für diese Atome, die nicht kugelförmig sind, ist die Streuung abhängig von der Atomorientierung. Der Einfl. dieser nichtkugelförmigen Gestalt ist bes. bei Streuung bei kleinen u. mittleren Winkeln ausgeprägt. Eine genaue Abschätzung des Strukturfaktors für diese Atome kann nur erfolgen, wenn die Orientierung der Gruppe in dem Kristall roh bekannt ist; sie läßt sich jedoch leicht durch zwei „Hauptstreufaktoren" $f^{\parallel}$ u. $f^{\perp}$ beschreiben, wo sich $f^{\parallel}$ u. $f^{\perp}$ auf die Streuung mit S senkrecht u. parallel zu der Symmetrieachse beziehen u. $S = s - s_0$ ist u. s u. s_0 die Einheitsvektoren entlang den reflektierten u. einfallenden Strahlen bedeuten. Tabellar. sind die Atomstreufaktoren (f, $f^{\parallel}$ u. $f^{\perp}$) für die obigen Atome zusammengestellt. (Acta crystallogr. [London] **4.** 513—19. Nov. 1951. Newcastle upon Tyne, Univ. of Durham, King's Coll., Labor. of Phys. Chem. and Coke Res.) GOTTFRIED. 181

A. L. Patterson, *Ein orthogonales Einheitsvektortripel in Verbindung mit einem allgemeinen Gitter.* Der Vf. befaßt sich theoret. mit orthonormalen Vektortripelsystemen E_i, welche unter den unendlich vielen möglichen orthonormalen Systemen e_i in dem Sinne eindeutig sind, daß die lineare Transformation, die das Tripel E_i durch die a_i (axiales Syst.) ausdrückt, dieselbe ist wie die, die die a_i^* (der Stern bedeutet reziprok) durch die E_i ausdrückt. Er zeigt nun, daß ein orthogonales Einheitsvektorsyst. E u. eine symm. Matrix γ (zusammen mit γ^*) derart vorkommt, daß die 4 Ausdrücke $a = \gamma E$; $E = \gamma a^*$; $a^* = \gamma^* E$; $E = \gamma^* a$ die Transformationen zwischen den Systemen a, a* u. E geben. Die γ-Matrizen ihrerseits sind dann definiert durch die Matrixgleichungen $\gamma^2 = g$ u. $\gamma^{*2} = g^*$. Die Lösungen werden explizit für alle zweidimensionalen Netze u. für alle symm. dreidimensionalen Gitter gegeben. Die Existenz eines E-Syst. in der Mitte zwischen dem a- u. a*-Syst. ergibt die Möglichkeit der Einführung eines Funktionsraumes, der eine ähnliche Stellung zwischen Kristallraum u. Transformationsraum einnimmt. Numer. wird die Meth. an $CuSO_4 \cdot 5H_2O$ durchgeführt. (Acta crystallogr. [Copenhagen] **5.** 829—33. 10/11. 1952. Philadelphia, Pa., Inst. for Cancer Res., u. Lankenau Hosp. Res. Inst.) GOTTFRIED. 181

R. Hosemann und **S. N. Bagchi,** *Existenzbeweis für eine eindeutige Röntgenstrukturanalyse durch Entfaltung. 1. Mitt. Entfaltung zentrosymmetrischer endlicher Massenverteilungen.* Es wird bewiesen, daß man mit Hilfe des Faltungstheorems der FOURIER-Transformation die Elektronendichteverteilung in einem Stoff endlicher Größe, der ein Symmetrie- oder Antisymmetriezentrum besitzt, auf Grund der Röntgenbeugungsdaten allein berechnen kann. Hierzu müssen die allg. Verteilung der gestreuten Intensität im FOURIER-Raum u. nicht die integralen Intensitäten der Reflexe allein bekannt sein. Nach Ausschaltung der THOMSON- u. Polarisationsfaktoren sowie anderer experimenteller Fehler wird die korrigierte Intensität durch inverse FOURIER-Transformation in die sogenannte Q-Funktion des physikal. Raumes transformiert. Nach Rasterung der Q-Funktion erhält man die verlangte Elektronendichteverteilung durch ein Faltungspolynom endlichen Grades. Die Elektronendichteverteilung erhält man automat. als eine Gittermaximumfunktion, die dieselbe Zelle hat wie die der Q-Funktion. (Acta crystallogr. [Copenhagen] **5.** 749—62. 10/11. 1952. Berlin, AEG-Röntgenlabor., u. Kaiser-Wilhelm-Inst. für Physikal. Chem.) GOTTFRIED. 181

J. V. Smith, *Zwei Hilfsmittel für die Orientierung von Kristallen in einer Präzessionskamera.* Zur Orientierung der Kristalle in der bekannten BUERGERschen Präzessionskamera schlägt Vf. die Einjustierung mit Hilfe eines Goniometers u. eines Mikroskops sowie mit Hilfe von LAUE-Aufnahmen vor. (Acta crystallogr. [Copenhagen] **5.** 723. 10/11. 1952. Washington, D. C., Carnegie Inst., Geophys. Labor.) GOTTFRIED. 181

Salvador M. Ferigle und **Alfons Weber,** *Die Eckart-Bedingungen für ein mehratomiges Molekül.* Die von ECKART (Physic. Rev. [2] **47.** [1935.] 552) aufgestellten Bedingungen werden in der Weise modifiziert, daß die Wechselwrkg. eines mechan. Syst. aus N Kernen u. m Elektronen klein ist, so daß eine Störungsbehandlung in der quantenmechan. Formulierung des Problems möglich ist. Vff. geben eine Ableitung dieser Bedingungen für ein mehratomiges Mol., wobei die Kleinheit der Wechselwrkg. zwischen Schwingung u. Rotation sichergestellt wird. Die Bedingungen definieren ferner ein Koordinatensyst., in dem die Schwingung der Atome um ihre Gleichgewichtslagen beschrieben wird. (Amer. J. Physics **21.** 102—07. Febr. 1953. Chicago, Ill., Illinois Inst. of Technol.)

GERHARD SCHMIDT. 182

R. J. Callow, *Die Partialmolvolumina in Alkalioxyd–Kieselsäure-Systemen.* Auf Grund von Dichtebestimmungen von MOREY u. MERWIN werden die Partialmolvoll. der glasartigen Systeme Na_2O–SiO_2 u. K_2O–SiO_2 bei 25° berechnet u. ihre Bedeutung für die Struktur der Silicatsysteme erörtert. Bei niedrigen Alkalikonzz. (bis 0,13) ist jedes Alkaliion von O^{2-}-Ionen umgeben. (J. Soc. Glass Technol. **36.** Trans. 137—41. Juni 1952.) HENTSCHEL. 188

L. N. Matussewitsch und **K. N. Schabalin,** *Mischungsintensität von Lösungen und Größe der erhaltenen Kristalle.* Untersucht wurden bei 30,0 u. 41,0° hergestellte gesätt. Lsgg. von KNO_3 u. $K_4[Fe(CN)_6]\cdot 3\,H_2O$. Es zeigte sich, daß mit steigender Rührgeschwindigkeit der gesätt. Lsgg. der Anteil an aggregierten Kristallen fällt u. die Größe der ausgefallenen Kristalle gleichermaßen abnimmt. Die steigende Rührgeschwindigkeit begünstigt die Submikrokeimbldg. der Kristalle mehr als die Wachstumsgeschwindigkeit der bereits ausgebildeten Kristalle, jedoch ist dieser Geschwindigkeitsunterschied nicht sehr bedeutend, so daß eine optimale Rührgeschwindigkeit zugunsten einer Bldg. der größten Kristallindividuen techn. auffindbar wird. Das Kristallwachstum erfolgt schichtweise an den Flächen, ihr Zusammenwachsen wohl nur im Anfangsstadium, u. tritt bei steigender Rührgeschwindigkeit vor dem Flächenwachstum zurück. (Журнал Прикладной Химии [J. angew. Chem.] **25.** 1157—64. Nov. 1952. Uraler Polytechn. Kirow-Inst.) v. WILPERT. 190

F. W. Brugman und **T. J. Tiedema,** *Anfertigung von bikristallinen Bleiplatten.* Beschreibung eines vereinfachten Verf. für die Herst. bikristalliner Pb-Proben, in welchen beide Kristalle bestimmte Orientierungen haben. (Appl. sci. Res. A **3.** 250—52. 1952. Delft, Techn. Univ., Labor. of Phys. Chem.) BLUTH. 190

Giles F. Carter, John L. Margrave und **David H. Templeton,** *Eine Hochtemperaturkristallmodifikation von KO_2.* Pulveraufnahmen von KO_2 bis zu Tempp. von 150° ergaben eine Umwandlung von der bei gewöhnlichen Temp. beständigen tetragonalen Modifikation in eine kub. Form zwischen 60 u. 100°. Diese Umwandlung ist nicht sofort reversibel, da man durch Abschrecken von der erhöhten Temp. ein Gemisch der kub. u. tetragonalen Formen erhält. Für den Elementarwürfel ist a = 6,09 ± 0,01 Å. Die Struktur ist vom NaCl-Typ mit den O_2^- in den Cl^--Lagen mit regelloser Orientierung. (Acta crystallogr. [Copenhagen] **5.** 851. 10/11. 1952. Berkeley, Calif., Univ., Radiat. Labor., u. Dep. of Chem. and Chem. Engng.) GOTTFRIED. 195

T. Ito, N. Morimoto und **R. Sadanaga,** *Die Kristallstruktur von Realgar.* WEISSENBERG- u. Drehkristallaufnahmen an dem monoklin kristallisierenden Realgar, AsS, ergaben die Zelldimensionen a = 9,27 ± 0,04 Å; b = 13,50 ± 0,02 Å; c = 6,56 ± 0,05 Å; β = 106° 37′ ± 2′. Raumgruppe ist C_{2h}^5—P 2_1/n; Z = 16. Die Struktur wurde mit Hilfe von FOURIER-Synthesen aufgeklärt, wobei die Vorzeichen der Strukturfaktoren durch die Phasenungleichheitsbeziehungen von HARKER u. KASPER abgeleitet wurden. Es wurden die folgenden Parameter bestimmt: As_I (x =) 0,118; (y =) 0,024; (z =) —0,241; As_{II} 0,425; —0,140; —0,142; As_{III} 0,318; —0,127; 0,181; As_{IV} 0,038; —0,161; —0,290; S_I 0,346; 0,008; —0,295; S_{II} 0,213; 0,024; 0,120; S_{III} 0,245; —0,225; —0,363; S_{IV} 0,115; —0,215; 0,048. Die gefundene Struktur ist eine ausgesprochene Molekülstruktur mit getrennten As_4S_4-Moll., die durch VAN DER WAALSsche Kräfte zusammengehalten werden. In dem Mol. sind 4 S- u. 4 As-Atome durch kovalente Bindungen gebunden u. bilden ein Quadrat bzw. ein Tetraeder. Die mittleren kovalenten Valenzlängen sind 2,59 Å für As–As u. 2,24 Å für As–S. Die VAN DER WAALSschen Radien von S u. As sind 1,85 Å u. 2,0 Å. Es werden hierauf die Beziehungen der gefundenen Struktur zu der des *Auripigments,* As_2S_3, besprochen, die von ITO (vgl. X-Ray Studies on Polymorphism, Tokyo, Maruzen, 1950, S. 161) gefunden worden war u. in die sich Realgar sehr leicht bei Belichtung umwandelt. Schließlich wird noch kurz auf die Ähnlichkeit der Strukturen der Arsensulfide u. Arsenoxyde hingewiesen. (Acta crystallogr. [Copenhagen] **5.** 775—82. 10/11. 1952. Tokyo, Univ., Mineralog. Inst.) GOTTFRIED. 195

G. W. Rathenau und **G. Baas,** *Kornwachstum in einer Textur, untersucht mit Hilfe der Elektronenemissionsmikroskopie.* Elektronenopt. wurde das Kornwachstum u. die sek. Rekristallisation in ausgewalzten, flächenzentrierten *Ni–Fe-Legierungen* untersucht. Die Hauptorientierung in der Walztextur von flächenzentrierten Ni–Fe-Legierungen kann formal durch eine Zwillingstextur kub. Orientierung beschrieben werden, die um ca. 8° um die Normale der Zwillingsebene gedreht ist. Da um diese „ideale Z-Orientierung" innerhalb der Deformationsstruktur starke Streuung auftritt, findet man in dem Blech eine beträchtliche Anzahl von scharf orientierten Z-Kristallen, die nach einer Deformation von mehr als 98% bei tiefen Tempp. rekristallisieren. Oberhalb 1000° bestehen neben kub. Kristallen nur Kristalle mit Orientierungen sehr nahe denen der genauen Zwillinge. Bei hohen Tempp. innerhalb eines begrenzten ausgewalzten Gebietes wird das feinkörnige Material in kub. Orientierung durch wenige große Kristalle mit definierten Orientierungen absorbiert (sek. Rekristallisation). Es wurden zwei Arten von Ni–Fe-Blech (48 Gew.-% Ni) untersucht. Im ersten Fall erzeugte 85%ig. Auswalzen eine unvollkommene Textur. Nach kurzem Erhitzen auf 900° u. langsamem weiterem Erhitzen wurde eine schlecht entwickelte kub. Textur erhalten. Im zweiten Fall zeigte sich nach 98,75%ig. Auswalzen eine sehr scharfe kub. Textur, die bei ca. 1100° durch einige große Kristalle absorbiert wurde. Das Kornwachstum in einer unvollkommenen kub. Textur erwies sich als ein diskontinuierlicher Prozeß. Die Oberflächenspannung der Grenzfläche zwischen einem sek. Kristall u. einem kub. Kristall, der absorbiert wird, ist etwa zweimal so groß wie der entsprechende Wert an der Oberfläche zwischen zwei kub. Kristallen. (Physica **17.** 117–28. Febr. 1951. Eindhoven, N. V. Philips' Gloeilampenfabrieken, Res. Labor.) Gottfried. 196

Günter Falkenhagen und **Wilhelm Hofmann,** *Die Auswirkung extrem hoher Abkühlungsgeschwindigkeit auf die Erstarrung und das Gefüge binärer Legierungen.* Zur Unters. der Bldg. von Mischkristallen, deren Konz. die nach dem Gleichgewichtsschaubild mögliche stark überschreitet, wurden bin. Legierungen aus reinsten Ausgangsstoffen erschmolzen u. in einer evakuierbaren, keilförmigen Cu-Kokille schlagartig zur Erstarrung gebracht. Der gelöste Betrag des Legierungsbestandteiles wurde röntgenograph. bestimmt. Die Unterss. wurden an den Legierungen *Al–Ti, Al–V, Al–Cr, Al–Mn, Al–Fe, Pb–Na, Pb–Te, Pb–Ca* u. *Cu–Cr* durchgeführt. Im Syst. Al–Cr u. Al–Mn überschreitet die gefundene Konz. des Mischkristalls die maximale Gleichgewichtslöslichkeit um mehr als das 6fache. Nach einem Sondermeßverf. konnten bei den Unterss. Abkühlungsgeschwindigkeiten bis zu 29000°/Sek. abgelesen werden. Es traten Unterkühlungen von 195° bei Reinstaluminium u. von über 300° bei Al–Cr u. Al–Mn-Legierungen auf. Zur Entmischung der übersättigt erstarrten Mischkristalle sind bei Al–Cr- u. Al–Mn-Legierungen mehrstd. Glühungen bei Tempp. von 400–500° erforderlich. Die Pb–Na-Mischkristalle zerfallen schon bei Raumtemp. innerhalb weniger Tage. In den Systemen bestehen intermetall. Verbb. mit hohen Schmelzpunkten. Das Keimwachstum dieser Verbb. kann unterdrückt werden. Wird die Legierung außerordentlich schnell in den Temperaturbereich abgeschreckt, in dem die Platzwechsel in der Schmelze selten werden, dann erfolgt die Kristallisation in der statist. Unordnung, d. h. als metastabile feste Lösung. (Z. Metallkunde **43.** 69–81. März 1952. Braunschweig, TH, Inst. für Werkstoffkunde.) Hochstein. 197

E. N. da C. Andrade, *Das Fließen von Metallen.* Theoret. Berechnungen des Fließverh. von Metallen. (J. Iron Steel Inst. **171.** 217–28. Juli 1952. Davy Faraday Res. Labor.) Hochstein. 200

K. Löhberg, *Das Kriechverhalten einiger Nichteisenmetalle und ihrer Legierungen.* Die Metalle u. ihre Legierungen zeigen ein um so günstigeres Kriechverh., je höher ihre Schmelztempp. sind. Daneben ist noch die Gitterstruktur von Bedeutung. Kub.-flächenzentriert kristallisierende Legierungen sind den kub.-raumzentriert u. hexagonal kristallisierenden überlegen. Korngröße, Grad des Gefügegleichgewichtes u. Kaltverformbarkeit beeinflussen neben der Legierungszus. die Kriechfestigkeit. In Temperaturgebieten, in denen bereits ein lebhafter Atomplatzwechsel stattfinden kann, sind im allg. die Legierungen, die sich in einem stabilen Zustand befinden, kriechfester als die gleichen Legierungen, in denen noch kein Gefügegleichgewicht herrscht. In solchen können sich den durch den eigentlichen Kriechvorgang bewirkten Dehnungen Längenänderungen überlagern, die ihre Ursache in Ausscheidungs-, Erholungs- u. Rekristallisationsvorgängen haben. (Metall **6.** 446–50. Ausg. 1952. Frankfurt/M.) Hochstein. 200

D. McLean, *Kriechvermögen in grobkörnigem Aluminium.* Eine Probe aus überreinem Al wurde unter einer konstanten Belastung bei 200° bis zum Bruch gestreckt, der bereits bei 65% Streckung in 850 Std. eintrat. Gleitlinien u. Korngrenzenbewegungen wurden dabei an einer zuvor polierten Oberfläche beobachtet. Diese Bewegungen wurden hauptsächlich mit einem Interferenzmikroskop gemessen u. deren Beitrag zur Kriechstreckung berechnet. Es wurde angenommen, daß ein feines, schwierig zu entdeckendes Gleiten oder ein viscoses Fließen hierfür die Ursache bildet. Es wurde auf Grund der Versuchsbedingungen gefolgert, daß Kriechen durch ein grobes Gleiten, feines Gleiten u. Korngrenzenverschiebung auftritt. — Gefügebilder. Schrifttumsangaben. (J. Inst. Metals. **80.** 507–19. Mai 1952. Teddington, Nat. Phys. Labor.) Hochstein. 200

Tadasuke Mukai, *Anisotropieeigenschaft von Aluminiumeinkristallen. Über den Eindruck beim Pressen.* Die Eindrücke von Stahlkegeln in Einkristallplatten aus Al mit den Kristallflächen (1 0 0), (1 1 0) bzw. (1 1 1) erwiesen sich als anisotrop. Gleichzeitig wurde festgestellt, daß die Ebene (1 1 1) die härteste, die Ebene (1 0 0) die weichste ist. (J. Sci. Hiroshima Univ., Ser. A **15.** 269–72. Febr. 1952.) Bluth. 200

F. C. Frank, *Verteilung der Gleitung in Metallkristallen.* Vf. nimmt Bezug auf Messungen von KURNUSSOW, TRONINA u. JAKUTOWITSCH (Журнал Технической Физики [J. techn. Physik] **18.** [1948.] 197), die an *Zn*-Kristallen, welche um wenige Prozent gepreßt waren, durchgeführt worden waren. Sie hatten gezeigt, daß der größere Teil der Deformation homogen u. nicht in Gleitpaketen lokalisiert ist. Vf. zeigt, daß ihre experimentellen Ergebnisse zu einer entgegengestzten Schlußfolgerung führen können. (J. appl. Physics **22.** 1387. Nov. 1951. Bristol, Univ., H. H. Wills Phys. Labor.)
GOTTFRIED. 200

A. D. N. Smith, *Untersuchung von einigen Faktoren, die den Young-Modul von festen Lösungen beeinflussen.* Die Werte des YOUNGschen Elastizitätsmoduls für eine Reihe von bin. festen Lsgg. von *Cu* mit *Zn, Ga, Ge, Si* u. *As* u. von *Ag* mit *Cd, In* u. *Sn* wurden dynam. bei Raumtemp. gemessen. In Übereinstimmung mit früheren Forschungsergebnissen wurde gefunden, daß in jedem Syst. der Modul ungefähr linear mit dem At.-%-Geh. des aufgelösten Metalls abnimmt, obgleich die Geschwindigkeit der Abnahme für jedes Syst. verschieden ist. Diese Geschwindigkeit der Abnahme hängt nicht nur von dem Unterschied in den Atomradien der aufgelösten Substanz u. des Lösungsm., sondern auch von der Valenzdifferenz zwischen den beiden Bestandteilen ab. Es wurde eine nahe Beziehung zwischen den Geschwindigkeiten der Abnahme des Moduls u. der Solidustemp. für jede Lsg. von Cu oder Ag ermittelt. — Schrifttumsangaben. (J. Inst. Metals **80.** 477—82. Mai 1952. Farnborough, Royal Aircraft Establ.)
HOCHSTEIN. 200

A₇. Gleichgewichte. Kinetik.

M. Bobtelsky und **C. Heitner**, *Metallkomplexe des Salicylaldehyds, ihre Zusammensetzung und Struktur, Verhalten und Beständigkeit.* 1. Mitt. *Die Fällung der Metallkomplexe des Salicylaldehyds.* Darst., Eigg. u. chem. Verh. von Komplexen zweiwertiger Metalle mit Salicylaldehyd (I) werden beschrieben. Vff. diskutieren das Verh. von I im sauren u. bas. Gebiet u. erklären auf Grund der beiden Formeln das chem. Verh. von I, wobei die Formel b für Rkk. im alkal. Gebiet verantwortlich ist. I kann mit NaOH titriert werden u. verhält sich wie eine schwache Säure. Für ein NaOH:I-Verhältnis von 1:1 ergibt sich ein p_H von 10,85; aus der Titrationskurve wird für I in 50%ig. A. ein pK-Wert von ungefähr 8,7 abgeleitet. Schwache Basen, wie $NaHCO_3$ u. NH_3, bewirken keinen

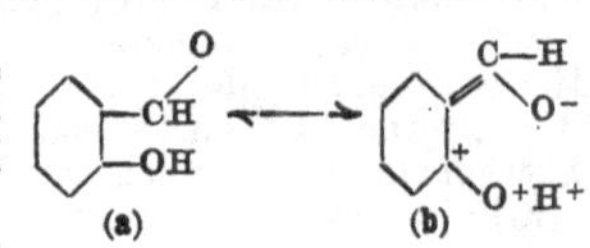

p_H-Sprung am Äquivalenzpunkt. Zugabe einer 0,25 mol. alkoh. Lsg. von I zu 0,1 mol. wss. Lsgg. folgender Salze (*NaCl*, $BaCl_2$, $CaCl_2$ u. $SrCl_2$, $NiSO_4$, $CoSO_4$ u. $CuSO_4$) bewirkt eine Verringerung der p_H-Zahl der reinen Salzlösungen. Bei Zugabe von 2 Äquivalenten I zu diesen Salzen verringern sich die p_H-Werte von NaCl, $CaCl_2$, $SrCl_2$ u. $BaCl_2$ auf 5,5—6,5 u. für die Ni-, Co- u. Cu-Salze auf 3—4. In allen diesen Fällen tritt kein Nd. auf, obgleich bei einigen Salzen Farbänderung eintritt. Vff. diskutieren die Abhängigkeit der p_H-Werte von Mischungen verschied. Kationen (Ni^{2+}, Co^{2+}, Cu^{2+}, Zn^{2+}, UO_2^{2+}, Cd^{2+}, Mn^{2+}, Mg^{2+}, Pb^{2+}, Ca^{2+}, Ba^{2+}, Sr^{2+}) u. I bei Zugabe 0,5 mol. NaOH, wobei die Zusammensetzungsverhältnisse Kation:I 1:1 u. 1:3 betrugen. Bei all diesen Rkk. wurden Ndd. erhalten (Ni^{2+}, Co^{2+}, Cu^{2+}, UO_2^{2+} u. Cd^{2+} bilden mikrokristalline, zum Teil intensiv gefärbte Ndd., während Ca^{2+} u. Sr^{2+} voluminöse Ndd. liefern). Die Ggw. von Ca-, Sr-, Ba- u. Mg-Ionen in den Lösungsgemischen hat bei Titrationen mit NaOH keinen Einfl. auf den p_H-Wert (die erhaltenen Kurven sind ident. mit denen von I u. NaOH allein); in diesen Fällen werden einfache Salze erhalten u. keine Komplexverbindungen. Die p_H-Kurve für Pb^{2+} + 3 I zeigt, daß bei NaOH-Zusatz zuerst $Pb(OH)_2$ ausfällt u. dann I neutralisiert wird. Mn^{2+} u. Cd^{2+} bilden den Übergang zu den wahren Komplexen, die von Ni-, Co-, Cu-, UO_2- u. Zn-Salzen gebildet werden; diese letzten Kationen können auch bas. Salze der allg. Zus. $Me^{II}(OH)\cdot I$ bilden. Für UO_2^{2+} u. Cu^{2+} tritt die Komplexbldg. im p_H-Bereich von 3—4,5, für Co^{2+} u. Ni^{2+} zwischen p_H 5 u. 6 ein. Die Ergebnisse dieser Titrationen mit Angaben der Bedingungen für die Niederschlagsbldg. (p_H-Wert u. benötigte Menge NaOH), dem Neutralisationspunkt u. einer Beschreibung der erhaltenen Ndd. sind in einer Tabelle ausführlich wiedergegeben. In einer gleichen Tabelle sind Titrationsergebnisse von NaOH mit u. ohne Zusatz alkoh. I-Lsgg. verschied. Konzz. mit folgenden Salzen zusammengestellt: $NiCl_2$, $CoSO_4$, $Cu(NO_3)_2$, $Zn(NO_3)_2$, $MgSO_4$, $MnSO_4$, $Cd(NO_3)_2$ u. $Pb(NO_3)_2$. Die Abhängigkeit der p_H-Werte von der Salzzugabe ist in Diagrammen wiedergegeben u. wird diskutiert. Konduktometr. Titrationen von I u. NaOH sind aufgeführt. Die Leitfähigkeitswerte von Titrationen alkoh. Lsgg. mit u. ohne Zusatz von I durch $NaHCO_3$ unterscheiden sich nicht, u. Vff. erklären dies mit einer möglichen Rk. von $NaHCO_3$ u. I. Der Beginn der Niederschlagsbldg. in Abhängigkeit von der NaOH-Zugabe wird in $NiSO_4$-I- u. $MgCl_2$-I-Lsgg. verschied. Konzz. durch Trübungsmessungen photometr. untersucht. Die Fällung setzt nach Zusatz einer bestimmten Menge Alkali schlagartig u. vollständig ein, wobei die gleiche Alkalimenge beim Arbeiten mit NaOH oder $NaHCO_3$ erforderlich ist. Vff. diskutieren die möglichen Rkk. von **I** mit zweiwertigen Kationen. Unter verschied. Bedingungen können 3 feste unterschiedliche Prodd. erhalten werden: $Me^{II}(I)_2$, $Me^{II}(OH)\cdot I$ u. $Me^{II}(OH)_2$. Die Bldg. eines dieser Prodd. hängt ab vom Charakter des Kations, dem p_H u. der relativen Löslichkeit des betreffenden Niederschlags. Im alkal. Medium besteht die Gefahr der Fällung der Metallhydroxyde, während im sauren Gebiet die Auflösung der Ndd. möglich ist. Zur Fällung der betreffenden Komplexverbb. existiert daher nur ein enger p_H-Bereich. Im p_H-Gebiet zwischen 5 u. 7 verhalten sich die Verbb. $Me(I)_2$ wie übersätt. Lösungen. Eine minimale Veränderung in den Versuchsbedingungen wie Temp. oder Zugabe von Spuren Alkali bewirkt Veränderungen des Gleichgewichtes auf Kosten der Fällung von $Me(I)_2$. (Bull. Soc. chim. France, Mém. [5] **19.** 358—66. März/April 1952. Jerusalem, Univ. Hébraique, Dep. de Chim. inorgan. et analyt.) SPARMANN. 223

G. E. Cunningham, R. W. Burley und **M. T. Friend,** *Kaliumdioxalato diaquochrom(III)-Komplexe: trans–cis-Isomerisation.* Es wird das Verh. wss. Lsgg. von *trans*-$K[Cr(H_2O)_2(C_2O_4)_2]\cdot 3H_2O$ (**I**) unter verschied. Bedingungen untersucht. Die Ergebnisse zeigen, daß die auftretenden Veränderungen u. der Farbwechsel durch trans–cis-Isomerisation begründet sind. Die Umwandlung zur cis-Konfiguration ist prakt. vollständig u. läuft nach einer Rk. 1. Ordnung ab. Die Abhängigkeit der Geschwindigkeitskonstanten von der Temp. entspricht der ARRHENIUSschen Gleichung, wobei $A = 3\cdot 10^9$ u. $E = -17{,}9$ kcal/Mol betragen. Durch Isolierung des blauen *cis*-$K[Cr(H_2O)_2(C_2O_4)_2]\cdot 2H_2O$ (**II**) konnte die Vollständigkeit der cis–trans-Umwandlung bestätigt werden. Reativ reine Lsgg. von **II** können aus **I**-Lsgg. durch Erwärmen für ein paar Std. vor dem Verdünnen auf die gewünschte Konz. erhalten werden, wobei eine Isolierung des festen Salzes für viele Zwecke nicht notwendig ist. Die mol. Extinktionskoeffizienten für die beiden Maxima der Absorptionskurven [Werte in mμ in ()] betragen für **I** 34,4 (416), 32,0 (555) u. für **II** 68,5 (416), 51,0 (562). Auf Grund von Titrationskurven, erhalten bei 8° für eine Ionenstärke von 0,01, sind folgende Werte für pK_1 angegeben: für **I** 7,5, für **II** 7,5 u. für pK_2: für **I** 10,5, für **II** 9,7. Auf Grund der verschied. Differenzen pK_2–pK_1 diskutieren Vff., daß zwischen den beiden isomeren Formen in der Elektronenverteilung beträchtliche Unterschiede bestehen müssen. (Nature [London] **169.** 1103. 28/6. 1952. Grahamstown, South Africa, Rhodes Univ., Leather Ind. Res. Inst.) SPARMANN. 223

Henry Wise und **Maurice F. Frech,** *Die Kinetik der Zersetzung von Stickoxyd bei hohen Temperaturen.* 1. Mitt. *Messungen der Reaktionsgeschwindigkeit in einem Quarzgefäß.* Der Verlauf der therm. Zers. von 99,93%ig. NO wurde zwischen 872 u. 1275° K gemessen. Innerhalb des untersuchten Temperaturbereichs verläuft die Rk. nach zweiter Ordnung, jedoch variiert der Temperaturkoeff. der spezif. Reaktionsgeschwindigkeitskonstanten mit der Temperatur. Die Aktivierungsenergie nähert sich bei 900° K einem Grenzwert von 21,4 kcal, bei höheren Tempp. wächst sie an, bis sie bei 1275° K 56,6 kcal erreicht. Variationen im Verhältnis der Oberfläche zum Vol. des Gefäßes zeigen, daß bei Tempp. unter 1000° ein heterogener Mechanismus vorherrscht, während bei höheren Tempp. ein homogener Mechanismus überwiegt. Die experimentellen Ergebnisse werden in Verbindung mit der relativen Verteilung der heterogenen u. homogenen Mechanismen über die Gesamtkinetik betrachtet. Durch diese Verteilung wird auch die Variation der effektiven Aktivierungsenergie mit der Temp. erklärt. Zwischen 1100 u. 1400° K besteht ein Bereich, in dem beide Mechanismen eine wichtige Rolle spielen. (J. chem. Physics **20.** 22—24. Jan. 1952. Pasadena, Calif., California Inst. of Technol., Jet Propulsion Labor.) E.-L. JAHN. 225

G. B. Shook und **R. H. Olds,** *Messung der Reaktionsgeschwindigkeiten von Festkörpern.* Kurze Beschreibung einer Schnellmeth. zur Best. der Konstanten s u. E der ARRHENIUSschen Gleichung $s\cdot\exp(-E/RT)$ speziell für die Rkk. von Festkörpern (z. B. von organ. Nitraten). Die App. besteht aus einer die feste Substanz enthaltenden Fließkammer; zum Transport der Substanz dient ein Trägergas. Auf eine genaue Temperaturkontrolle wurde besonderer Wert gelegt. (Physic. Rev. [2] **88.** 166. 1/10. 1952. Inyokern.) FUCHS. 225

F. S. Dainton und **J. Rowbottom,** *Primäre Strahlungsausbeute in flüssigem Wasser.* Die Strahlungsausbeute der Radiolyse von wss. H_2O_2-Lsgg. wurde mit ^{60}Co-γ-Strahlen u. mit Röntgenstrahlen untersucht u. mit der Quantenausbeute der Photolyse derselben Lsgg. bei Bestrahlung mit Licht von 366 mμ verglichen. Die Photolyse verlief nach der ersten Ordnung in bezug auf die H_2O_2-Konzentration. In konz. Lsgg. wurden Quantenausbeuten von 200—300 gefunden. Bei niedrigen Konzz. verlief die Radiolyse nach der ersten Ordnung. Der Temperaturkoeff. der Radiolyse u. der Photolyse waren gleich. Für die radiochem. Rk. schlagen Vff. den Mechanismus $H_2O \rightarrow H + OH$; $H + H_2O_2 \rightarrow H_2O + OH$ vor. Aus dem Verhältnis der Strahlungsausbeute zur Quantenausbeute wurde gefolgert, daß pro Mol. W. eine Zersetzungsenergie von 7,5 eV erforderlich ist. (Nature [London] **169.** 370—71. 1/3. 1952. Leeds, Univ., Dep. of Inorg. and Phys. Chem.) KLAFFKE. 226

Paul Doigan und **T. W. Davis**, *Die Photolyse kristalliner Nitrate.* Die photochem. Zers. fester Nitrate durch die Strahlung einer Hochdruck-Hg-Lampe liefert Nitrit u. O_2. Die Nitrate zeigen 2 Absorptionsbanden im Bereich 2000—3500 Å, deren eine bei 3300 Å beginnt u. bei 3000 Å ein Maximum aufweist, während die andere, deutlichere u. schärfere, bei 2630 Å anfängt u. bei 2000 Å ein Maximum hat. Die annähernde Quantenausbeute liegt zwischen 0,002 für $LiNO_3$ u. 0,19 für $CsNO_3$. Sie steigt in der Reihenfolge der untersuchten Nitrate folgendermaßen an: $LiNO_3$, $Sr(NO_3)_2$, NH_4NO_3, $AgNO_3$, $Pb(NO_3)_2$, $La(NO_3)_3$, $Ba(NO_3)_2$, KNO_3, $La(NO_3)_3 \cdot 6\,H_2O$, $CsNO_3$. Der Grad der Photolyse wird durch die Anfangstemp. bei der Bestrahlung im Bereich zwischen 30 u. 250° nur wenig beeinflußt, dagegen steigert ein Geh. an Hydratwasser die Strahlungsempfindlichkeit. Bei anhydr. Nitraten ändert sich der Grad der Zers. gleichsinnig mit den Polarisationseigg. der Kationen. (J. physic. Chem. **56.** 764—66. Juni 1952. University Heights, N. Y., New York Univ., Chem. Dep.) FREE. 226

G. Rienäcker, H. Bremer und **S. Unger**, *Katalytische Aktivität und Oberfläche von Silberpulver.* Vff. untersuchten die Abhängigkeit der katalyt. Eigg. von Ag-Pulver von der Vorbehandlungstemp. (Test-Rk. HCOOH-Zerfall). Die absol. Oberfläche der Pulver wurde nach der BRUNAUER-EMMET-TELLER-Meth. bestimmt, sie nahm mit steigender Vorbehandlungstemp. stetig ab, während sie durch die Dauer der Vorbehandlung nicht beeinflußt wurde. Die Aktivitäten der einzelnen Katalysatoren differierten trotz verschied. Temperung im H_2-Strom über einen weiten Bereich recht wenig. Die spezif. (auf die Oberflächeneinheit bezogene) Aktivität nimmt bis zu hohen Tempp. zu. Es ergibt sich also, daß der katalyt. wirksame Bruchteil der Gesamtoberfläche mit steigender Temp. zunimmt. (Naturwissenschaften **39.** 259—60. Juni 1952. Rostock, Univ., Chem. Inst.) E. HEINRICH. 227

B. Anorganische Chemie.

I. Shapiro und **H. G. Weiss**, *Darstellung von Lithiumfluoborat.* Reines $LiBF_4$ (Reinheitsgrad 99,5%) kann durch Umsetzung von Li_2CO_3 mit BF_3 in Ätherlsg. bei 35° nach der Rk. $3\,Li_2CO_3 + 8\,BF_3 \rightarrow 6\,LiBF_4 + 3\,CO_2 + B_2O_3$ dargestellt werden. Zu einer Aufschlämmung von 8,15 g Li_2CO_3 in 400 cm³ wasserfreiem Ae. läßt man unter kräftigem Rühren im Laufe von ½ Std. 25 cm³ BF_3-Ätherat unter Rückflußkühlung zutropfen. Wenn das Sieden des Ae. nach 3 Std. aufgehört hat, läßt man 20 Min. absitzen, gießt die Fl. ab, dampft den Ae. im Vakuum bei Raumtemp. ab, wäscht das $LiBF_4$ mit wenig Ae. u. trocknet es zunächst durch Überleiten von N_2 u. schließlich im Ofen bei 80—90°. Eine weitere Menge läßt sich durch Extraktion des abgesetzten Nd. mit Ae. gewinnen, Ausbeute 6,5 g. — Das Röntgendiagramm wurde aufgenommen. (J. Amer. chem. Soc. **75.** 1753—54. 5/4. 1953. Pasadena, Calif., U. S. Naval Ordnance Test, Stat., Chem. Div.) FORCHE. 258

V. Gutmann, *Das Solvosystem Phosphoroxychlorid.* 2. Mitt. *Über das elektrische Leitvermögen der Auflösungen einiger Alkalisalze in flüssigem Phosphoroxychlorid.* (1. vgl. C. **1952.** 6663.) Es wird gezeigt. daß Alkalihalogenide u. -pseudohalogenide in wasserfreiem $POCl_3$ (I) in einem geringen Konzentrationsbereich unter elektrolyt. Dissoziation lösl. sind. Die spezif. elektr. Leitfähigkeiten der Lsgg. von $LiCl$, $NaCl$, KCl, NH_4Cl, $RbCl$ u. $CsCl$ in I zeigen in Abhängigkeit von der Konz. beim Erreichen des Löslichkeitsprod. einen merkbaren Knickpunkt, so daß diese Messungen zur Löslichkeitsbest. der Salze dienen können. Das spezif. Leitvermögen der Lsgg. oben genannter Halogenide steigt mit steigendem Ionenradius des Kations in Abhängigkeit von der Konz. steiler an. Eine ähnliche Abhängigkeit wird von der Größe des Anions bei gleichbleibendem Kation festgestellt. Das Leitvermögen nimmt in der Reihe von KF über KCl, KBr, zum KJ zu. Die Lsg. von KJ in I ist braunrot gefärbt, wobei die Farbe aber nicht aus der Ggw. von J_2, das in der Lsg. nicht nachzuweisen ist, beruht, sondern wahrscheinlich auf der Bldg. gefärbter Komplexionen zurückzuführen ist. Bei den Pseudohalogeniden KCN, $KCNO$ u. $KCNS$ ist keine analoge, von der Ionengröße abhängige Gesetzmäßigkeit des Leitfähigkeitswertes anzutreffen. Am Beispiel des am stärksten dissoziierten $[(CH_3)_4N]Cl$ wird gezeigt, daß auch bei sehr hohen Verdünnungen (10⁶ cm³/Mol) die Äquivalentleitfähigkeit noch eine deutlich steigende Tendenz aufweist, so daß ein Extrapolieren auf unendliche Verdünnung nach den für hochverd. wss. Lsgg. starker Elektro-

lyte gültigen Methoden nicht möglich ist. Der Vgl. der Äquivalentleitfähigkeiten bei hoher Verdünnung zeigt, daß die untersuchten Alkalisalze nur schwache bis mäßige Elektrolyte in I darstellen. Selbst das $[(CH_3)_4N]Cl$ kann nicht zu den starken Elektrolyten in I gezählt werden, während die übrigen Alkalichloride noch schwächer dissoziiert in Lsg. vorliegen. Vf. diskutiert den Anstieg der Leitfähigkeit mit zunehmenden Ionenradien von Kation bzw. Anion. Auf Grund einer durch die Zunahme der Ionengröße verringerten Ionenbeweglichkeit u. einer gleichzeitig zunehmenden Solvatbeständigkeit ist die Zunahme der Dissoziation dem numer. Wert der Ionengröße nicht proportional. Das Verh. der Alkalihalogenide in bezug auf Löslichkeiten u. elektrolyt. Dissoziation in I zeigt weitgehende Ähnlichkeit mit ihrem Verh. in fl. SO_2. Die Temperaturabhängigkeit des Leitvermögens wird auf Grund qualitativer Beobachtungen angeführt; so steigt z. B. die spezif. Leitfähigkeit einer Lsg. von NH_4Cl in I bei Temperaturerhöhung zunächst an, um dann nahe dem Kp. von I rasch, stark u. irreversibel abzufallen. — Ähnliche Temperatureffekte wurden bei den K-Pseudohalogeniden beobachtet. *AgCl* ist vollkommen unlösl. in I u. bedingt keine meßbare Änderung des Leitvermögens des reinen Solvens. Für die verschied. Salze wurden folgende Löslichkeiten in I (in g/Liter) gemessen [in Klammern Werte der spezif. Leitfähigkeit bei Sättigungskonz. (in $Ohm^{-1}\,cm^{-1}$)]: LiCl 0,05 ($6,6\cdot10^{-6}$), NaCl 0,31 ($3,0\cdot10^{-5}$), KCl $\sim$0,60 ($3,4\cdot10^{-5}$), NH_4Cl 0,46 ($3,6\cdot10^{-5}$), RbCl 0,87 ($8,3\cdot10^{-5}$), CsCl 1,26 ($1,1\cdot10^{-4}$), $(CH_3)_4NCl$ $\sim$2,00 ($5,5\cdot10^{-4}$), KF $\sim$0,40 ($2,6\cdot10^{-5}$), KBr 0,51 ($4,3\cdot10^{-5}$), KJ $\sim$1,71 ($1,2\cdot10^{-4}$), KCN $\sim$0,73 ($3,3\cdot10^{-5}$), KCNO $\sim$0,80 ($3,1\cdot10^{-5}$), KCNS $\sim$0,76 ($2,9\cdot10^{-5}$). Äquivalentleitfähigkeiten bei einer Verdünnung von 1000 Liter/Mol s. Original. Vf. stellt, unter Berücksichtigung der Ergebnisse anderer Autoren (Literaturzusammenstellung vgl. Original) folgende Beobachtungen über die Löslichkeit anorgan. Verbb. in wasserfreiem I zusammen: 1. gut lösl. Stoffe: a) nach kryoskop. Messungen vollständig oder erheblich dissoziiert: PCl_5, PBr_5, $AuCl_3$, $BiCl_3$, $BiBr_3$, BiJ_3, JCl_3, SCl_4, $PtCl_4$; b) nach kryoskop. bzw. konduktometr. Messungen monomol. gelöst: $SiCl_4$, $SiBr_4$, $SnBr_4$, N_2O_5, OsO_4; c) unter Verbindungsbldg. lösl.: $AlCl_3$, BBr_3, $SbCl_5$, $SnCl_4$, $TeCl_4$, $TiCl_4$, BCl_3; d) unter Neigung zur Assoziation lösl.: $SbCl_5\cdot POCl_3$, $SnCl_4\cdot POCl_3$, Cl_2O_7; e) gefärbte Lsgg. ohne nähere Kenntnis ihres Molekularzustandes geben: Cl_2, Br_2, J_2, *NaJ*, KJ, *RbJ*, $RbJCl_2$, $RbJCl_4$, $(CH_3)_3SJ$, $(CH_3)_4NJ$, $(C_2H_5)_4NJ$, MnJ_2, CoJ_2, $K_2Cr_2O_7$, K_2CrO_4, $CuCrO_4$, $CuCr_2O_7$, $KMnO_4$, *JCl*, $VOCl_3$; f) farblose Lsgg. ohne Angaben des Molekularzustandes der gelösten Stoffe: $AsCl_3$, $AsBr_3$, AsJ_3, $SbCl_3$, $SbBr_3$, SbJ_3, SnJ_4, HgJ_2, $FeCl_2$, Br_2, $KClO_3$, $KBrO_3$, $C_6H_5NH_3Cl$, *JCN*; 2. mäßig oder geringfügig lösl. Stoffe: KJO_3, $KClO_4$, KJO_4, $FeCl_3$, $Hg(CN)_2$, $HAuCl_4$; 3. unter elektrolyt. Dissoziation geringfügig bis mäßig lösl. Stoffe: LiCl, NaCl, KCl, NH_4Cl, RbCl, CsCl, KF, KBr, KJ, KCN, KCNO, KCNS; 4. unlösl. Stoffe: KNO_3, $K_2C_2O_4$, *TlCl*, AgCl, *HgCl*, $CuCl_2$, $CaCl_2$, $SrCl_2$, $BaCl_2$, $ZnCl_2$, $CdCl_2$, $CdBr_2$, CdJ_2, $MnCl_2$, VCl_3, $K_3Fe(CN)_6$, P_2O_5, CrO_3, J_2O_5. (Mh. Chem. **83**. 279—86; S.-B. österr. Akad. Wiss., math.-naturwiss. Kl. Abt. IIb **161**. 279—86. 1952. Wien, TH, Inst. für allg. Chemie.)
SPARMANN. 264

Henri Guérin und André Artur, *Über die Phosphate des Barium. Untersuchung des Systems P_2O_5–BaO–H_2O bei 25°.* Vff. bestimmen aus einer bei 25° im Gleichgewicht befindlichen wss. Mischung von H_3PO_4 u. carbonatfreiem $Ba(OH)_2$ nach der Restmeth. von SCHREINEMAKER die Zus. der festen u. fl. Phase im Syst. P_2O_5–BaO–H_2O. Die Verb. $Ba(H_2PO_4)_2$ (I) der Zus. $P_2O_5\cdot BaO\cdot 2H_2O$ krist. in gut ausgebildeten Tafeln mit gerader Extinktion im Stabilitätsbereich von 65,3% P_2O_5 + 0,55% BaO bis 21,7% P_2O_5 + 11,35% BaO. Durch Hydrolyse entsteht aus I leicht die in kleinen rhomboedr. Täfelchen krist. Verb. $BaHPO_4$ (II) der Zus. $P_2O_5\cdot BaO\cdot 2H_2O$, die in Verbindung mit Lsgg. der Zus. 21,7% P_2O_5 + 11,35% BaO bis 0,03% P_2O_5 + 0,017% BaO stabil ist. **II** ist schwer lösl. u. wird nicht hydrolyt. gespalten. Im Konzentrationsbereich von 0,03% P_2O_5 + 0,0117% BaO bis zu Spuren P_2O_5 + 0,26% BaO krist. die kub. Verb. $Ba_3(PO_4)_2$ der Zus. $P_2O_5\cdot 3BaO$ in gut ausgebildeten hexagonalen Tafeln. Schließlich bildet sich in Abwesenheit von festem $Ba(OH)_2$ bei einem Geh. der Lsg. >0,26% $Ba(OH)_2$ ein mikrokrist. bas. Salz mit der Zus. eines Hydroxylapatits $3\,P_2O_5\cdot 10\,BaO\cdot xH_2O$, dessen Existenz durch Röntgenaufnahmen bestätigt wird. (Bull. Soc. chim. France, Mém. [5] **19**. 562—63. Mai/Juni 1952. Nancy, École Nat. Supérieure des Industries Chim., Fac. des Sci., Labor. de Chim. Min. Industrielle.)
WEITBRECHT. 285

Duncan Taylor und Henry Bassett, *Das System $Al_2(SO_4)_3$–H_2SO_4–H_2O.* (Vgl. C. **1952**. 4899.) Das Syst. $Al_2(SO_4)_3$–H_2SO_4–H_2O wurde bei 25, 30, 50 u. 60° nach SCHREINEMAKERS untersucht. Die Löslichkeiten u. Phasendiagramme werden mitgeteilt. Die Bodenkörper wurden analyt., durch DEBYE-SCHERRER-Aufnahmen u. mkr. untersucht. Al wurde mit 8-Oxychinolin, SO_4^{2-} gravimetr. als $BaSO_4$ u. die freie Säure volumetr. mit KF-Zusatz bestimmt. Besondere Analysenverff. wurden ausgearbeitet. Ferner wurden in diesem Syst. Verss. mit Indicatoren, wie radioakt. Cs_2SO_4, $MnSO_4$ u. *HCl*, angestellt. Als Bodenkörper treten auf: $Al_2(SO_4)_3 \cdot 16\,H_2O$ (I), $Al_2(SO_4)_3 \cdot H_2SO_4 \cdot 8\,H_2O$ (II; eine stabile u. eine metastabile Form), *säurehaltiges* $Al_2(SO_4)_3 \cdot H_2SO_4 \cdot 2\,H_2O$ (III), $2\,Al_2(SO_4)_3 \cdot H_2SO_4 \cdot 24\,H_2O$, $Al_2(SO_4)_3 \cdot H_2SO_4 \cdot 12\,H_2O$ (IV) u. $Al_2(SO_4)_3 \cdot 14\,H_2O$ (V). Ferner wurden hergestellt u. beschrieben: $Al_2(SO_4)_3 \cdot 9\,H_2O$ (VI), $Al_2(SO_4)_3 \cdot 6\,H_2O$ (VII), $Al_2(SO_4)_3$ (VIII; Anhydrit), *saures* $Al_2(SO_4)_3$ (7% Säure enthaltend), $Al_2(SO_4)_3 \cdot H_2SO_4 \cdot 2\,H_2O$ (IX), *Alunit* (X), $\{H_2O \cdot [Al_3(OH)_5H_2O](SO_4)_2\}$ u. zum Vgl. $Fe_2(SO_4)_3 \cdot 8\,H_2O$, $Fe_2(SO_4)_3 \cdot H_2SO_4 \cdot 8\,H_2O$, $Fe_2(SO_4)_3 \cdot H_2SO_4 \cdot 2\,H_2O$, $Fe_2(SO_4)_3 \cdot (NH_4)_2SO_4$, $Fe_2(SO_4)_3$ u. $(NH_4)_2SO_4 \cdot Fe_2(SO_4)_3 \cdot 4\,H_2O$. Das Syst. $A_2(SO_4)_3$–H_2O wurde zwischen 50,5—112,2° untersucht u. die Löslichkeiten bestimmt. Als Bodenkörper existiert nur I. Genaue Bestimmungen ergaben bei I einen Wassergeh. von 16—17 H_2O. Ca. 0,5 H_2O werden durch Adsorption oder zeolith. gebunden. Die Gitterkonstanten von II (stabil u. metastabil), III—X u. von einem *Coquimbit* $(Fe_{1,54}Al_{0,46} \cdot (SO_4)_3 \cdot 9\,H_2O)$ sowie allen Fe-Verbb. werden mitgeteilt. Die Ursachen für die nichtstöchiometr. Zus. mehrerer Salze in diesem Syst. werden diskutiert. (J. chem. Soc. [London] **1952**. 4431—42. Nov. Edinburgh, Univ.) MOSLÉ. 294

Theodore P. Perros und **Charles R. Naeser**, *Die Einwirkung von Fluor auf Praseodymtrifluorid.* PrF_3 (dargestellt durch Fällen einer $PrCl_3$-Lsg. mit HF bei 80°, Waschen des Nd. mit absol. A. u. Trocknen bei 110°) kann durch Behandlung mit elementarem F_2 nicht oxydiert werden. Die Verss. wurden bei Zimmertemp., 300, 500, 625, 700 u. 800° in einem in einem Ni-Rohr befindlichen Schiffchen aus Fluorit durchgeführt; das Prod. wurde mit HJ geprüft. Pt wird bei Tempp. oberhalb 500° unter Bldg. von Pr(III)-Fluoplatinat angegriffen. (J. Amer. chem. Soc. **74**. 3694—95. 20/7. 1952. Washington, D. C., George Washington Univ., Chem. Dep.) FORCHE. 305

C. Mineralogische und geologische Chemie.

A. Hée, Kleiber, Flesch und **Jarovoy**, *Radioaktive Zentren und Magnetisierbarkeit von zwei Gesteinen.* Die mittels der Autoradiographie erhaltenen Resultate über die Radioaktivität eines *Rhyolits* vom Roßkopf u. eines *Granits* von Raon-l'Étape werden diskutiert. Es wurde ferner die Lokalisierung der akt. Atome in den verschied. Elementen, speziell in den Eisenverbb., untersucht u. die magnet. Susceptibilität der Gesteine gemessen. (Ann. Géophysique **7**. 245—53. Okt./Dez. 1951.) v. HARLEM. 378

V. Venkatesh, *Entwicklung und Wachstum von Cordierit in Paralaven.* In mehreren Proben von Paralaven vom Bokaro-Kohlenrevier, die durch Schmelz- u. Rekristallisationsvorgänge infolge des Brandes unterliegender Kohlenflöze aus Sedimenten entstanden sind, finden sich zahlreiche Cordieritkristalle. Nach Größe, Entw. u. Wachstum lassen sich diese in vier Typen einteilen: 1. kleine, symm., hexagonale Körner, 2. Gruppen spiralartig verbundener Körner, 3. parallel verwachsene Gruppen, die hexagonale Gruppen oder Ringe bilden, 4. 0,5—1,0 mm große unvollkommene Individuen mit Ein- u. Ausbuchtungen u. unregelmäßiger Begrenzung. Typ 2 u. 3 sind Skelettkristalle u. stellen die Frühform der Kristallisation dar. Typ 1 ist unter langsamer Abkühlung bei geringerer Cordieritkonz. gebildet worden, während bei Typ 4 eine hohe Konz. u. schnelles Wachstum vorlag. Das verschied. Wachstum wird mit dem anderer Kristallarten verglichen. Es zeigt sich ferner, daß langsames allseitiges Wachstum die Bldg. schmaler, sternförmiger Zwillinge mit symm. liegendem gemeinsamem Mittelpunkt begünstigt, während schnelles Wachstum in bevorzugten Richtungen zu unregelmäßigen Zwillingslamellen führt. (Amer. Mineralogist **37**. 831—48. Sept./Okt. 1952. Calcutta, Geol. Survey of India.) HILLER. 380

I. A. Schamrai, *Typomorphe Entstehung von Opal in den paläogenen Schichten im unteren Wolgagebiet und am Don.* Litholog. Forschungen ergaben, daß der Opal in den Sand- u. Aleurit-Ablagerungen im Wolga–Don-Gebiet organogenen Ursprungs (in der Hauptsache Diatomeenschlamm) ist. Als Zement für verschied. Kongregationen wirkt er gesteinsbildend für klastogene Gesteine. Andere auftretende Formen am Don u. unteren Wolgabiet sind durch Auflösung u. Umlagerung entstanden: der globuläre, der homogen-glasige Opal, die Form geäderter Klümpchen. (Доклады Академии Наук СССР [Ber. Akad. Wiss. UdSSR] [N. S.] **77**. 709—12. 1/4. 1951. Rostow/Don, Molotow-Univ.) v. WILPERT. 380

Ju. Ss. Ssolowjew, O. P. Ssergejew und **W. A. Knjasew**, *Über die Barythaltigkeit der Eisenerze des Bakals.* Der *Baryt* (I) kommt in den Bakallagerstätten nur in den oxydierten *Siderit*-Erzen des oberen u. unteren Bakalhorizontes vor, nicht jedoch außerhalb der Erzkörper. Der I-Geh. erreicht bis zu 35%. Der S-Geh. im I beträgt 0,05—4,77%. I kommt in Form von Einschlüssen, Nestern u. Adern in Paragenese mit *Ankerit, Galenit,* Siderit, *Magnesit, Eisenglanz, Pyrit, Chalkopyrit* u. *Pyrrhotin* vor. Hieraus ist zu schließen, daß I aus den hydrothermalen Lsgg. entstanden ist. I bildet keine selbständige Schicht.

Andere Ba-Verbb. treten in den Bakallagerstätten nicht auf. (Записки Всесоюзного Минералогического Общества [Schr. Allunions mineralog. Ges.] [2] **81.** 279—85. 1952.) Lebtag. 380

I. G. Magakjan, *Enargit und Tennantit aus Erzen von Kupferlagerstätten.* In den *Enargit* (I)–*Tennantit* (II)-Erzen des ungenannten Fundortes tritt I in gut ausgebildeten Kristallen auf. II zeichnet sich durch den hohen Geh. an As u. Zn aus. I ist im Erz mit 20—30% vertreten u. mit II u. *Pyrit* (III) assoziiert, seltener monomineral. in den verquarzten u. pyritisierten Porphyriten zugegen. Der krist. I entspricht fast der Formel $2{,}7\,Cu_2S\cdot As_2S_5$ u. enthält im Vgl. zur theoret. Zus. einen Überschuß an As u. S. Festes I entspricht $3{,}3\,Cu_2S\cdot As_2S_5$ (Überschuß an Cu). II ist mit 10—20% im Erz vertreten u. mit I, III u. Quarz assoziiert. Der krist. II entspricht der Formel $5\,Cu_2S\cdot 2\,As_2S_3\cdot ZnS$, der dichte II der Zus. $3\,Cu_2S\cdot As_2S_3\cdot ZnS$. Letzterer entspricht der als *Sandbergerit* bekannten Abart (Zn-Reichtum). Der untersuchte II enthält 21,9% As gegen den bisher bekannten Geh. von 20%. Die verschied. Zus. von krist. u. dichtem I oder II erklärt sich aus der verschiedenzeitigen Ablagerung u. aus der Verschiebung des Verhältnisses Cu/As in den aus der Lsg. ausfallenden Mineralien zugunsten von As. (Записки Всесоюзного Минералогического Общества [Schr. Allunions mineralog. Ges.] [2] **81.** 251—56. 1952. Inst. für geol. Wiss. der Akad. der Wiss. der ArmSSR.) Lebtag. 384

G. M. Saridse und **N. F. Tatrischwili,** *Über die zweitrangigen Mineralien von Granitoiden.* An den Granitoiden von Grusien wird gezeigt, daß von den accessor. Mineralien der *Zirkon* das typischste magmat. Mineral darstellt, das durch Biotitisierung der *Hornblende* entstanden ist. Das in *Apatit* vertretene Ca stammt aus den Ca-haltigen Silicaten. P, Cl u. F stammen aus dem Einschlußgestein. Der Apatit der Granitoide ist kontaktmetasomat. Ursprungs, desgl. *Sphen, Rutil* u. der selten vorkommende *Orthit.* Der Magnetit wird bei der Zers. der dunklen Mineralien gebildet. Große Mengen *Magnetit* entstehen bei der Biotitisierung von Hornblende u. bei der Muskovitisierung von *Biotit.* In den Ergebnissen sehen Vff. einen Beweis dafür, daß der relative Idiomorphismus der accessor. Mineralien kein Merkmal ihrer frühen Kristallisation darstellt, wie dies von Rosenbusch angenommen wird. (Записки Всесоюзного Минералогического Общества [Schr. Allunions mineralog. Ges.] [2] **81.** 305—06. 1952.) Lebtag. 385

W. R. Griffitts und **W. C. Overstreet,** *Granitische Gesteine des westlichen Carolina Piedmont.* Im NW-Teil des krist. Streifens der Appalachen tritt der Granit in kleinen Stücken auf. Mertey fand bei der Unters. von Whiteside-Granit ein Monazit führendes Vork. nahe Toluca, N. C., u. ein monazitfreies nahe Cheryville, N. C. Für die beiden unterschiedlichen Vorkk. werden die Bezeichnungen „*Toluca Quarz–Monzonit*" (I) u. *Cherryville Quarz–Monzonit* (II) eingeführt. I ist ein typ. gneis. Fels. Streifen, reich an Quarz u. *Biotit,* wechseln mit solchen aus *Feldspat* mit nur geringen Mengen an Quarz u. Biotit ab. Unter den Begleitmineralien tritt *Granat* auf, auch dunkelblauer *Spinell* u. grüner *Ytterspat* wurden gefunden. Monazitfreie Pegmatite sind mit I vergesellschaftet. — Bei II werden 3 Varietäten unterschieden: leicht gefärbter *Muskovit*–Quarz–Monzonit, Muskovit–Biotit-Fels u. Bruchstücke dunklen Felses eingebettet in leicht gefärbten Fels. Es muß daher ein Altersunterschied bei den beiden Arten bestehen. Eine Tabelle gibt die unterschiedlichen gefundenen Spurenelemente an. An einigen Stellen wurde II während der Pegmatitbldg. bei einer Temp., die nicht weit unter der seiner Bldg. lag, rekristallisiert. I wurde unter Fließdruck u. II unter Bedingungen der Spaltung gebildet. Beide Monzonite sind daher im Alter unterschiedlich. (Amer. J. Sci. **250.** 777—89. Nov. 1952. Washington, D. C., U. S. Geol. Surv.) Bär. 385

P. G. H. Boswell, *Natürlicher Feuchtigkeitsgehalt, Porosität und Verfestigung von tonigen Ablagerungen.* Vf. weist auf die Unterschiede hin, die in den Angaben über Porosität toniger Sedimente enthalten sind, je nachdem, ob eine direkte Messung vorgenommen wird oder ob sie aus dem natürlichen Feuchtigkeitsgeh. berechnet wird. Die Gründe für diese Unterschiede u. ihre Bedeutung werden besprochen. (Nature [London] **170.** 156. 26/7. 1952. Dyserth, Flinshire.) Hiller. 385

Dorothy Carroll, *Korngrößenverteilung in den Sandfraktionen von Böden.* Siebanalysen von Sandproben verschied. Ursprungs wurden einer statist. Unters. unterworfen, wobei es sich zeigte, daß die Ergebnisse gut dazu benutzt werden können, die Herkunft eines Bodens zu bestimmen. Folgerungen, die lediglich aus Gew.-% der einzelnen Fraktionen gezogen werden, sind mit Vorsicht anzunehmen. (Amer. J. Sci. **250.** 790—801. Nov. 1952. Perth, West-Australien, Gov. Chem. Labors.) Bär. 385

John Stewart Remington and Wilfried Francis, The composition and assaying of minerals. New York: Philosophical Lib. 1953. (135 S.) $ 5,50.

D. Organische Chemie.

D_1. Allgemeine und theoretische organische Chemie.

V. Ramakrishna Rao und **H. Sponer,** *Das Absorptionsspektrum im nahen Ultraviolett von m-Difluorbenzol.* (Sitzungsbericht.) Es werden Unterss. des Absorptionsspektr. im nahen UV von *m-Difluorbenzol*-Dampf im Temperaturbereich von -60 bis $+25^0$ durchgeführt, wobei ca. 400 Banden gemessen werden. Die starke Bande bei 2637,1 Å ist eine 0,0-Bande. Die hervorragendsten Frequenzen sind 703, 740, 967 u. 1269 cm^{-1}. Eine Unters. des Isooctan-Lösungsspektr. ergab $f = 0{,}0096$ als Oscillatorstärke, wodurch ein leichtes Ansteigen der Intensität über die des Monofluorbenzolspektr. angezeigt wird. (Physic. Rev. [2] **87.** 213. 1/7. 1952. Duke Univ.) D. HAHN. D 118

H. Sponer, *Wellenlängenverschiebung in Spektren von Fluor enthaltenden aromatischen Verbindungen.* (Sitzungsbericht.) Der Elektronenübergang bei 2600 Å in *Bzl.* wird bei Substitutionen nach langen Wellenlängen verschoben. Für die meisten Moll. bietet hierfür der Resonanzeffekt eine gute Erklärung. Ausnahmen bilden die *Phenylhalogenide* u. das *Benzotrifluorid.* Die Rotverschiebung der Spektren ist in den Serien von *Fluorbenzol, m-Difluorbenzol, 1.3.5-Trifluorbenzol* anomal, d. h. sie ist stärker negativ für die Monoderivv., für die Diderivv. wird sie kleiner u. für die Triderivv. positiv. Diese Besonderheit wird auch in den entsprechenden Spektren anderer F enthaltender, substituierter Benzole beobachtet. (Physic. Rev. [2] **87.** 213. 1/7. 1952. Duke Univ.) D. HAHN. D 118

H. C. Freeman, R. J. W. Le Fèvre, J. Northcott und **C. V. Worth,** *Die Polaritäten und Ultraviolettspektren von Phenyl-p-tolylazoxysulfon und seinen Dialkylaminoderivaten.* Das Moment von *Phenyl-p-tolylazoxysulfon* in Bzl. bei 30° beträgt 6,0 D, das seines p-Dimethylamino- bzw. p-Diäthylaminoderiv. (F. 127°) 8,5 bzw. 8,9 D. Die Absorptionsspektren der drei Substanzen zwischen 2300 u. 4700 Å wurden aufgenommen. Bei den Dialkylaminoverbb. treten zwei charakterist. Banden auf, die nichtsubstituierte Verb. zeigt ein ähnliches Spektr. wie Azoxybenzol bei ca. 3000 Å. cis-trans-Isomerie wurde nicht gefunden. (J. chem. Soc. [London] **1952.** 3384—89. Sept. Sydney, Univ.) K. L. WOLF. D 118

D. R. J. Boyd und **H. W. Thompson,** *Das Ultrarotspektrum des Methylacetylens.* Das Ultrarotspektr. des *Methylacetylens* wird im Bereich zwischen 3 u. 40 μ mit Prismen- u. Gitterspektrometern aufgenommen. Die Rotationsstruktur einiger Banden wird aufgelöst u. die CORIOLIS-Kopplungsfaktoren einiger Banden berechnet. Für die Normalschwingungen werden genauere Werte als bisher bekannt erhalten. In verschied. Banden wird eine Überlagerung durch sogenannte „hot bands" beobachtet, d. h. durch Banden, deren Grundzustand ein höherer Schwingungszustand des Mol. ist. (Trans. Faraday Soc. **48.** 493—501. Juni 1952. Oxford, Phys. Chem. Labor.) LÜTTKE. D 120

John H. Wotiz und **Walter D. Celmer,** *Die Ultrarotspektren einiger Allenverbindungen.* Vff. berichten über die Ultrarotspektren von Allenverbb. der allg. Formel $R_1C(X){=}C{=}CR_2R_3$ mit $R_1 = C_4H_9$, $X = R_2{=}R_3 = H$; $R_2{=}R_3 = H$, $X = COOH$ u. $R_1 = H$, C_3H_7, C_4H_9 oder C_5H_{11}; $R_2{=}R_3 = H$, $R_1 = C_4H_9$ u. $X = COOCH_3$, $CONH_2$ oder CH_2OH; $R_1 = C_4H_9$, $R_2 = CH_3$, $X = COOH$ u. $R_3 = H$ oder CH_3 sowie $R_1 = C_3H_7$, $R_2{=}R_3 = H$ u. $X = CONH_2$. Endständige Allengruppen zeigen in der Regel eine Doppelbande mit Teilbanden von 1930 u. 1940 cm^{-1}, wobei oft eine bes. hohe spektrale Auflsg. nötig ist, um die beiden Teilbanden zu erkennen. Verbb. mit mittelständiger Allengruppe besitzen nur eine einzelne Bande bei 1940 cm^{-1}. (J. Amer. chem. Soc. **74.** 1860—61. 5/4. 1952. Pittsburgh, Pa., Dep. of Chem.) LÜTTKE. D 120

Bo Holmstedt und **Lennart Larsson,** *Ultrarotabsorptionsspektren einiger organischer Phosphorylverbindungen.* Die Ultrarotspektren von *Diäthoxyphosphorylchlorid* ($Kp._3$ 68—70°, n_D^{20} 1,4177), *Diäthoxyphosphorylcyanid* ($Kp._{11}$ 91,5—94°, n_D^{20} 1,4015), *Diäthoxyphosphorylamid* ($Kp._3$ 140°), *Dimethylamidophosphoryldichlorid* ($Kp._{4-5}$ 58—60°, n_D^{20} 1,4080), *Dimethylamidoäthoxyphosphorylchlorid* ($Kp._{4-6}$ 70—74°, n_D^{20} 1,4380), *Dimethylamidoäthoxyphosphorylcyanid* (*Tabun*, **I**, $Kp._9$ 100—108°, n_D^{20} 1,4250), *Tetraäthylpyrophosphat* (*Tepp*, $Kp._{1,3}$ 132°, n_D^{20} 1,4184), *symm.-Bis-[dimethylamido]-diäthylpyrophosphat* ($Kp._{1,5}$ 130°, n_D^{20} 1,4392) werden mit einem BECKMAN-Spektrometer im Bereich von 2,5—15 μ gemessen. Die wichtigsten Schlüsselbanden werden bestimmten Bindungen der untersuchten Moll. zugeordnet. So besitzen alle Phosphorylverbb. eine (meist doppelt auftretende) Bande bei 7,57—8,04 μ, die der P—O-Valenzschwingung zugeordnet wird. In allen Dimethylaminoverbb. treten zwei Banden bei 9,94—10,11 μ u. 13,70—14,25 μ auf, von denen die zweite der P—N- u. die erste der C—N-Valenzschwingung entspricht. Die Pande bei 14,1 μ dürfte der P—O-Schwingung in der Gruppierung B—O—P zukommen. Vff. zeigen auf Grund des Befundes, daß **I** keine

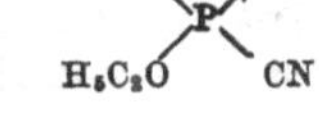

Imino-, wohl aber eine —C≡N-Bande besitzt, also nicht die von SCHALL (1898) angenommene Struktur, sondern die obenst. Konst. hat. Vff. weisen darauf hin, daß es auf Grund ihrer Ultrarotunterss. möglich wird, den toxikolog. interessanten Verlauf der Hydrolyse der genannten Verbb. vollständig aufzuklären. (Acta chem. scand. **5.** 1179—86. 1951. Sundyberg, Schweden, Res. Inst. of Nat. Def., Med. Sect.) LÜTTKE. D 120

Jack G. Calvert und **Henry J. L. Rechen,** *Präzisionsaktinometrie bei geringen Lichtintensitäten mit Malachitgrünleukocyanid.* HARRIS, KAMINSKY u. SIMARD (J. Amer. chem. Soc. 57. [1935.] 1151. 1154) hatten bei ihren Unterss. über die Messung sehr geringer Lichtintensitäten beobachtet, daß die Photolyse von *Malachitgrünleukocyanid* (I) in alkoh. Lsg. einen intensiv gefärbten Farbstoff mit einer Quantenwirksamkeit von 100% liefert. Die Quantenausbeute von 1,00 erwies sich als unabhängig von der anfänglichen Leukocyanidkonz., der Intensität des absorbierten Lichtes sowie der Wellenlänge des absorbierten Lichtes in dem Bereich von 2480—3300 Å. Vff. wiederholten zuerst die Verss. von HARRIS, KAMINSKY u. SIMARD nach deren vorgeschlagenen Meth.; die Beobachtungen dieser Forscher konnten bestätigt werden. In einer zweiten Versuchsreihe wurden die Quantenausbeuten von Uranyloxalat u. I in dem gleichen Lichtstrahl der Wellenlänge 3130 Å verglichen. Bei beiden Methoden ergab sich, daß bei niedrigen Lichtintensitäten die Quantenausbeute der Farbstoffbldg. bei allen benutzten Wellenlängen (2537—3130 Å) 1,00 war. Bei Intensitäten oberhalb $3 \cdot 10^{13}$ Quanten pro Sek. lag die Quantenausbeute unter 1,00. — I, $C_{24}H_{25}N_3$, F. 176—177°, aus 1% wss. Lsg. von Malachitgrün u. gesätt. KCN-Lsg., Lösen des Nd. in 1%ig. HCl u. Fällen mit 1%ig. wss. NH_3; 56%. (J. Amer. chem. Soc. **74.** 2101—03. 20/4. 1952. Columbus, O., Univ., Dep. of Chem.) GOTTFRIED. D 122

Eric G. Cowley, *Die dielektrische Polarisation von Lösungen.* 1. Mitt. *Polarisationen und Dipolmomente verschiedener primärer, sekundärer und tertiärer Amine in Lösungen in nichtpolaren Lösungsmitteln und im flüssigen Zustand.* Die Polarisationen u. Dipolmomente von 18 aliphat. u. aromat. Aminen in nichtpolaren Lösungsmitteln (Hexan, Bzl.) u. von 15 fl. Aminen in reinem Zustand wurden gemessen. In den meisten Lösungsmitteln ist das Dipolmoment geringer als in der Dampfphase, doch ist der Lösungsmitteleinfl. bei den meisten Verbb. klein. *n-Propyl-* (I) u. *n-Butylamin* (II) haben in allen Lösungsmitteln höhere Momente als in der Dampfphase. Vgl. der Momente der prim., sek. u. tert. Amine. Die Konzentrationsabhängigkeit der Polarisation hängt von der Art des Amins u. seiner DK. ab. Errechnung der Gaspolarisation nach ONSAGER aus den Werten für die Fll. gibt im allg. schlechte Übereinstimmung mit dem Experiment. Geringe Volumenänderung der Lsgg. werden gefunden u. qualitativ diskutiert. Im einzelnen werden untersucht [in ( ) Kp. bzw. F., $D.^{20}{}_4$, $n_D{}^{20}$, ε^{20} u. μ in Bzl. bei 20°]: I ($Kp._{747}$ 47,0—47,8°; 0,7172; 1,3872; 5,31; 1,33); *Di-n-propylamin* ($Kp._{756}$ 109,0—109,5°; 0,7387; 1,4045; 3,068; 1,03); *Tri-n-propylamin* ($Kp._{764}$ 156,5—157,2°; 0,7567; 1,4178; 2,277; 0,68); II ($Kp._{762}$ 77,0—77,4°: 0,7392; 1,4014; 4,88; 1,37); *Di-n-butylamin* ($Kp._{770}$ 159,5°; 0,7601; 1,4176; 2,998; 1,04); *Cyclohexylamin* ($Kp._{767}$ 134,5—134,6°; 0,8668; 1,4592; 4,73; 1,26); *Benzylamin* ($Kp._{20}$ 81°; 0,9818; 1,5439; 5,18; 1,30); *Dibenzylamin* ($Kp._6$ 174,0—175,0°; 1,0270; 1,5757; 3,446; 1,01); *Tribenzylamin* (F. 92,0°; —; —; —; 0,65); *Anilin* ($Kp._{12}$ 76,0°; 1,0220; 1,5856; 7,07; 1,53); *Diphenylamin* (F. 53,0°; —; —; —; 0,95); *Triphenylamin* (F. 127,0°; —; —; —; 0,47); *N-Monomethyl-* ($Kp._5$ 78,2—78,3°; 0,9863; 1,5708; 5,96; 1,64); *N.N-Dimethyl-* ($Kp._3$ 70,0°; 0,9561; 1,5574; 5,02; 1,56); *N-Monoäthyl-* ($Kp._6$ 94,8—95,0°; 0,9606; 1,5540; 5,87; 1,67 in Hexan); *N.N-Diäthyl-* ($Kp._3$ 90,7°; 0,9346; 1,5414; 5,20; 1,80); *N-Mono-n-propyl-* ($Kp._4$ 99,6—100,0°; 0,9443; 1,5428; 5,48; 1,65) u. *N-Äthyl-N-n-propylanilin* ($Kp._{11}$ 122,0—123,0°; 0,9240; 1,5340; 4,90; 1,80). (J. chem. Soc. [London] **1952.** 3557—70. Sept. Acton, Techn. Coll.) K. L. WOLF. D 132

C. Kikuchi, V. W. Cohen und **John Turkevich,** *Anisotropie der paramagnetischen Resonanz in freien Radikalen.* (Sitzungsbericht.) Vff. berichten über ihre Messungen der paramagnet. Resonanz in *N-Pikrylaminocarbazyl* in Abhängigkeit von der Richtung des Kristalls zum Magnetfeld. Für Proben, die Einkristalle zu sein scheinen, betrug die Linienhalbwertsbreite 0,5 Oe. Bei einer gewissen Orientierung des Kristalls in bezug auf seine Achse ist die Lage der Linie unabhängig von einer Drehung des Kristalls, bei anderen Orientierungen wird infolge der Drehung eine Verschiebung der Linie bis zu 7 Oe nach höheren Feldwerten beobachtet. Die Periode beträgt 180°. Die g-Werte liegen infolgedessen zwischen 2,0024—2,0041. Ein ähnlicher Effekt wurde bei *α.α-Diphenyl-β-pikrylhydrazyl* beobachtet. Die Breite der Grundlinie betrug 5 Oe. Dieser Einfl. der Richtung kann einem diamagnet. Effekt der Moll. zugeschrieben werden. (Physic. Rev. [2] **86.** 608. 15/5.; Bull. Amer. physic. Soc. **27.** Nr. 1. 33. 31/1. 1952. Brookhaven, Nat. Labor., u. Princeton, Univ.) V. HARLEM. D 137

A. Rius und **H. Carrancio**, *Polarographische Untersuchung von Phenylarsenverbindungen mit der Quecksilbertropfkathode.* In einer 2nKCl-Lsg. werden bei der polarograph. Unters. von *4-Oxy-3-nitrophenylsarsinsäure* mit deren Konz. zunehmend schärfere Knickpunkte festgestellt: die 1. Welle wird anscheinend durch O_2 gestört, sie liegt bei 200—400 mV, das Halbwellenpotential der 2. Welle ist konstant bei 600 mV, die 3. Welle verschiebt sich mit steigender Konz. von 968 nach 1283 mV. Die Befunde hängen stark vom p_H ab, die längsten waagerechten Kurvenstücke werden bei p_H 2,6 beobachtet (Gemisch von Na_2HPO_4 u. Citronensäure). Von den weiter untersuchten Verbb. *Na-4-Oxy-3-acetylaminophenylarsinat, 4-Oxy-3-aminophenylarsinsäure* u. *4-Oxy-3-aminophenylarsenoxydhydrochlorid* zeigt nur letztere (auch in H_2-Atmosphäre) deutliche Reduktionswellen bei p_H 2,6. (An. Real Soc. españ. Física Quím., Ser. B **47**. 767—76. Dez. 1951. Madrid, Inst. de Quím. fís. „A. de Gregorio Rocasolano".) R. K. MÜLLER. D 142

D. Ju. Gamburg, *Volumenverhalten von verdünnten Gaslösungen in Abhängigkeit vom Druck.* Vf. bestimmt das Partialmol.-Vol. von *Bzl.* u. *Methanol* in N_2 von 30, 50 u. 75° bei 50—1500 at. Es liegt für Methanol zwischen 250 u. 37 cm³/Mol bei 30°. Für 50 at u. 75° wurde 350 cm³ gemessen. Für Bzl.: bei 30° 50 at 225 cm³, 872 at 70 cm³, 75° 50 at 350 cm³. Die Löslichkeit des Bzl. im komprimierten N_2 beträgt 0,00573 bei 30° u. 50 at, 0,0324 bei 75° u. 485 at. (Журнал Физической Химии [J. physik. Chem.] **26**. 1122—24. Aug. 1952. Moskau.) ADOLPHI. D 148

Donald F. Othmer, Sal J. Silvis und **Albert Spiel**, *Die Zusammensetzung der Dämpfe von siedenden binären Lösungen. Eine Gleichgewichts–Druck-Kolonne zur Untersuchung des Systems Wasser–Essigsäure.* In einer Stahlkolonne (Type 316 stainless steel) stellten Vff. Gleichgewichte zwischen sd. wss. Lsgg. von Essigsäure u. der zugehörigen Dampfphase ein. Die Abhängigkeit der Zus. des Dampfes von der Zus. der fl. Phase u. vom Druck (ca. 0,03—36 at) wurde untersucht. Die App., ihre Bedienung sowie die zugehörige Meßtechnik u. Analytik werden ausführlich besprochen. (Ind. Engng. Chem. **44**. 1864—71. Aug. 1952. Brooklyn, N. Y., Polytechn. Inst.) GERHARD GÜNTHER. D 150

Donald F. Othmer, Manu M. Chudgar und **Sherman L. Levy**, *Die Zusammensetzung der Dämpfe von siedenden binären Lösungen. Binäre und ternäre Systeme von Aceton, Methyläthylketon und Wasser.* In der App., die in der vorst. referierten Arbeit beschrieben ist, wurden Gleichgewichte zwischen Fl. u. Dampfphase bei den Systemen *Aceton* (I)–*Methyläthylketon* (II), I–W., II–W. u. I–II–W. bestimmt. Bei 5 Drucken zwischen 1 u. ca. 36 at wurde bei sd. Lsg. die Abhängigkeit der Zus. der Dampfphase von der Zus. der fl. Phase aufgenommen. Die Ergebnisse werden tabellar. u. in Diagrammen mitgeteilt u. thermodynam. ausgewertet. Azeotropie tritt auf bei den Systemen II–W. (gesamter untersuchter Druckbereich) u. I–W. (über ca. 7 at). (Ind. Engng. Chem. **44**. 1872—81. Aug. 1952.) GERHARD GÜNTHER. D 150

P. B. D. de la Mare, *Einige Beobachtungen, die die Deutung der Hydrierungswärmen olefinischer Substanzen betreffen.* Vom Vf. werden die theoret. Folgerungen von BATEMAN u. CUNNEEN (C. **1953**. 196) gewonnen aus Unterss. über den Einfl. der Konst. auf die Tautomeriegleichgewichte von Phenylpropenen u. über die Hydrierungswärmen von substituierten Äthylenen, krit. geprüft. Mittels des gleichen experimentellen Materials u. unter Zugrundelegung von vier Postulaten über die zugrundegelegten Energiegrößen, die von den von BATEMAN u. CUNNEEN aufgestellten abweichen, werden Hydrierungswärmen verschied. substituierter Äthylene u. ΔF-Werte für das Gleichgewicht $R_1R_2C{=}CR_3{-}CHR_4X \rightleftharpoons R_1R_2CH{-}CR_3{=}CR_4X$ (wobei $R_1 = H, CH_3$; $R_2 = H, CH_3, C_2H_5, CH(CH_3)_2, C(CH_3)_3$; $R_3 = H, CH_3, C_2H_5$; $R_4 = CH_3$; $X = C_6H_5, COO^-, COOC_2H_5, CN$) berechnet u. den gemessenen Werten gegenübergestellt. Die vier Postulate werden diskutiert; die Ergebnisse der Unters. mit denen von BATEMAN u. CUNNEEN verglichen. Vf. folgert, daß Alkylgruppen auf die Hydrierungswärmen substituierter Äthylene sowohl durch ihren induktiven als auch durch ihren Hyperkonjugationseffekt einwirken. (J. chem. Soc. [London] **1952**. 1602—07. Mai. London, Univ. Coll., W. Ramsay-R. Forster Labor.) G. WINKLER. D 155

W. A. Marinin, *Ultraschallgeschwindigkeit in einigen Flüssigkeiten und Lösungen.* (Vgl. C. **1950**. I. 488.) Nach der stroboskop. Meth. wird in 29 organ. Fll. die Ultraschallgeschwindigkeit (UG) gemessen u. daraus die mol. Geschwindigkeit (UG_m) u. der Koeff. der adiabat. Kompressibilität (K_a) berechnet. Bei der Berechnung der UG_m werden folgende Bindungsinkremente verwendet: C—H 93, C—C 4, C=C 135, C—O 36, C=O 179, O—H 103, —Cl 236, C=S 318, N—H 96, N—C 2, N=C 174, N=O 145, N=N 296. Für die Abhängigkeit der UG von der Temp. werden zwischen 20 u. 70° folgende Werte ($\Delta v/\Delta T$) ermittelt: *Bzl.* 4,52, *Toluol* 4,01, *Acetophenon* 3,68, *Salicylsäureäthylester* 3,50, *Benzoesäurebenzylester* 3,48. In Lsgg. von *Nitrobenzol, Diphenylamin, Naphthalin* u. *Azobenzol* in Bzl. wird die Konzentrationsabhängigkeit der UG untersucht; die Ergebnisse stimmen mit der Berechnung unter Verwendung der UG_m für den reinen gelösten Stoff befriedigend überein, so daß man zur Ermittlung der UG_m hochschm. Stoffe auch deren verd. Lsgg. anwenden kann. (Журнал Физической Химии [J. physik. Chem.] **25.** 641—46. Juni 1951. Leningrad, Shdanow-Univ., Physikal. Inst.) R. K. MÜLLER. D 159

Lewis G. Longsworth, *Diffusionsmessungen in wässerigen Lösungen von Aminosäuren, Peptiden und Zuckern bei 1°.* Nach dem Verf. der freien Diffusion an einer zu Beginn scharfen Trennungslinie zwischen reinem Lösungsm. u. Lsg. u. unter Benutzung der RAYLEIGHschen Interferenzstreifen werden die Diffusionskoeffizienten D bei 1° von folgenden Stoffen in verd. Lsg. bestimmt: *Glycin, dl-α-* u. *-β-Alanin, dl-Serin, dl-α-Aminobuttersäure, dl-Valin, dl-Leucin, dl-Norleucin, l-Prolin, l-Oxyprolin, l-Histidin, dl-Phenylalanin, l-Tryptophan, Diglycin, Triglycin, Glycyl-dl-leucin, dl-Leucylglycin* u. die Zucker *Glucose, Galaktose, Lävulose, Rohrzucker* u. *Raffinose.* Die empir. gefunddenen Beziehungen zwischen D u. dem Mol.-Gew. M bzw. dem Mol.-Vol. V: $D = A/(M^{1/3} - B)$ bzw. $D = a/(V^{1/3} - b)$ sind für diese Stoffe hinreichend genau erfüllt. Es werden einige apparative Einzelheiten der Meth. (modifizierte TISELIUS-App., Auswertung der Interferenzstreifen nach PHILPOT-SVENSSON, Korrektur für die Zeit $t = 0$) beschrieben. (J. Amer. chem. Soc. **74.** 4155—59. 20/8. 1952. New York, N. Y., Rockefeller Inst. of Med. Res.) HENTSCHEL. D 171

Locke White jr., Charles H. Schneider und **Walter Wade Robinson jr.**, *Physikalische Adsorption aus Gasgemischen.* 3. Mitt. *Äthan und Kohlendioxyd an Chromoxydgel bei —78°.* (1. u. 2. vgl. C. **1950.** I. 1573.) In Fortsetzung der früheren Unterss. über die Gültigkeit der B.E.T.-Theorie u. ihrer von HILL aufgestellten Forderung wird das Gasgemisch C_2H_6-CO_2 geprüft, das im kondensierten Zustand nicht dem RAOULTschen Gesetz gehorcht; dazu werden zuerst die Dampfdrucke der Gemische aus CO_2 u. C_2H_6 bei —78° gemessen (Analyse auf Grund der therm. Leitfähigkeit). Aus den Adsorptionsisothermen bei steigenden Mengen CO_2 bzw. C_2H_6 u. konstanter Konz. an der anderen Gaskomponente ergibt sich eine beträchtliche Abweichung von dem theoret. Verhalten. Die Abweichungen verringern sich, wenn man die Annahme macht, daß der Sättigungsdruck des CO_2 in der ersten Adsorptionsschicht nicht der des festen, sondern des fl. Zustandes ist. (J. Amer. chem. Soc. **74.** 5796—98. 20/11. 1952. Birmingham, Ala., Northern Res. Inst.) HENTSCHEL. D 176

J. C. McGowan und **K. Moss**, *Verbesserungen in der Konstruktion von Molekülmodellen.* Es wird eine neue, verbesserte Meth. zur Herst., speziell von organ. Molekülmodelle beschrieben, die den Vorteil hat, daß die einzelnen Verbb. zwischen den Modellkugeln eine größere Biegsamkeit haben. (J. sci. Instruments **29.** 234. Juli 1952. Northwich, Imp. Chem. Ind., Alkali Div., Res. Dep.) GOTTFRIED. D 182

I. L. Karle und **J. Karle**, *Die Struktur des Tetrachloräthylenmoleküls.* Mittels quantitativer Elektronenbeugungsdaten an dampfförmigem C_2Cl_4 wurde die Struktur des Mol. bestimmt. An Hand verschied. Modelle u. Abstände wurden Intensitätsverteilungskurven berechnet u. mit der experimentell erhaltenen Kurve verglichen. Aus den Daten folgt, daß die Schwingungsamplitude für cis-Cl—Cl größer ist als die für trans-Cl—Cl; die mittleren Schwingungsamplituden für die cis- u. trans-Cl—Cl-Abstände sind 0,103 Å. Das schließlich erhaltene Modell weicht nicht sehr von Koplanarität ab. Es wurden die folgenden mittleren Gleichgewichtsabstände erhalten: C—C = 1,30 ±0,03 Å; C—Cl = 1,72 ± 0,01 Å u. 2,66 ± 0,02 Å; Cl—Cl = 2,88 ± 0,01 Å; 3,18 ± 0,02 Å u. 4,29 ± 0,02 Å; der Winkel Cl—C—C beträgt 113,5 ± 1,5°. (J. chem. Physics **20.** 63—65. Jan. 1952. Washington, D. C., U. S. Naval Res. Labor.) GOTTFRIED. D 182

E. S. Waight, *Einige Beobachtungen über die Konjugation in Sulfonen.* Um über die Beteiligung der S–O-Bindungen ungesätt. Sulfone an der Konjugation (Fall 1) oder Nichtbeteiligung u. nur Wechselwrkg. der d-Elektronen des S mit dem konjugierten Syst. (Fall 2) zu entscheiden, werden UV-Absorptionsspektren in A. von *Diphenyl-* (**I**), *Di-p-bromphenyl-* (**II**), *Di-p-aminophenylsulfon* (**III**) u. *Thiaxanthen-9.9-dioxyd* (**IV**) u. S–O-Bindungsschwingungsfrequenzen in CCl_4 von **I, II, III, IV**, *Dicyclohexyl-* (**VI**), *Divinyl-* (**V**) u. *Diäthylsulfon* (**VII**) gemessen. Da das Absorptionsmaximum von **V** nicht gemessen werden kann (<1900 Å), schließt Vf. aus dem Vgl. der Absorptionskurven von Octen-(1), Äthylvinylsulfon u. **V** (zwischen 2400 u. 2100 Å) auf beträchtliche elektron. Wechselwrkg. in letztem Falle. Die Ergebnisse werden diskutiert u. festgestellt, daß die Diphenylsulfone einen Konjugationsmechanismus nach Fall 2 aufweisen, für **IV** der erwartete Mechanismus nach Fall 1 nicht, für **V** nur schwach festgestellt werden kann.

V e r s u c h e [in () λ_{max} im UV; ε_{max}; ν_{SO}): **I**, F. 123° (2350 Å; 15 000; 1245). — **II**, (2330, 2530 Å; 16000, 27000; 1252) $\nu_{SO}-\nu_{SO}$ (gesätt.) 32. — **III**, F. 176° (2610, 2950 Å; 18000, 28300; —). — **IV** (2350 Å; 8900; 1244). — **V**, Kp.$_{15}$ 102—104°, $n_D^{15,5}$ 1,4800 (—, —; 1235), polymerisiert beim 1std. Erhitzen auf 100° unter Zusatz (1%) von Azobis-Butyronitril. — **VI**; (—; —; 1220). — **VII**, F. 72°, durch Oxydation mit $KMnO_4$ in $CHCl_3$ aus dem entsprechenden Sulfid (—; —; 1231). (J. chem. Soc. [London] **1952.** 2440—42. Juni. Welwyn Garden City, Herts., Brit. Rubber Prod. Res. Assoc.)

G. WINKLER. D 184

D. F. Evans und **R. E. Richards**, *Darstellung und magnetische Susceptibilität einer Sauerstoff–Clathrat-Verbindung.* Es wird die Darst. eines Sauerstoffclathrats des *β-Hydrochinons* (I) beschrieben. Eine warme gesätt. Lsg. von Hydrochinon in luftfreiem A. wurde in einer Monelmetallbombe unter einem O_2-Druck von 25—40 at während 24 Std. langsam abgekühlt. Es wurden schwach gelbe Kristalle erhalten, die beim Lösen in W. Gas entwickeln, das 97,6% O_2 enthält. Das Gasvol. entspricht einer Clathratverb., bei der 40—50% der „Käfige" besetzt sind. Die Verb. ist paramagnet., $\chi = +3{,}31 \cdot 10^{-6}$ bei 17°. Zwischen den O_2-Moll. in den Kristallen besteht also nur eine geringe magnet. Wechselwirkung. Da die Konz. der O_2-Moll. in dieser Verb. gasförmigem O_2 bei einem Druck von ca. 40 at entspricht, sind die magnet. Eigg. leicht zu beobachten. Beim Vers., I nach der Meth. von POWELL u. RIESZ (C. **1948.** I. 1196) herzustellen, erhielten Vff. Kristalle, die beim Lösen in W. ein Gas entwickeln, röntgenograph. Pulverdiagramme von I ergaben. Das Gas bestand aus O_2 u. N_2 im Zusammensetzungsverhältnis von Luft. Es schien Vff. wahrscheinlich, daß die Kristalle eine Luft–Clathrat-Verb. von I waren, in der ungefähr 12% der vorhandenen Zwischenräume gefüllt sind. Reines I, das kein eingeschlossenes Gas enthält, stellen Vff. dar durch Impfen einer konz. Lsg. von I in luftfreiem A. mit einem Kristall von *Ar*–Clathrat-Verb. u. anschließender Abkühlung im Eisschrank. (Nature [London] **170.** 246. 9/8. 1952. Oxford, Phys. Chem. Labor.)

SPARMANN. D 190

R. G. Curtis, J. Friedrichsons und **A. McL. Mathieson**, *Struktur von Lanostenol. Lanostenol* (I) entsteht durch Hydrierung von Lanostadienol. Röntgenograph. wurde das Jodacetat des I, $C_{32}H_{53}O_2J$, untersucht. Es krist. rhomb. in der Raumgruppe $P\,2_1\,2_1\,2_1$. Die Dimensionen der Elementarzelle sind a = 7,6 Å; b = 10,9 Å u. c = 38,6 Å. Die x-, y- u. z-Parameter der J-Atome wurden durch PATTERSON-Synthesen bestimmt, die restliche Struktur durch FOURIER-Synthesen festgelegt. Das Ringskelett des I besteht aus drei sechsgliedrigen Ringen u. einem fünfgliedrigen Ring, die ähnlich wie im Cholesterin gebunden sind. Formal läßt sich das Mol. wie nebenst. darstellen. Die Ringe A/B u. C/D stehen in trans-Stellung. Infolge der Doppelbindung bei $C_{(9)}$—$C_{(10)}$ sollte das Ringsyst. B/C symm. sein; der fünfgliedrige Ring stört jedoch den Ring C. Die geminale Dimethylgruppe

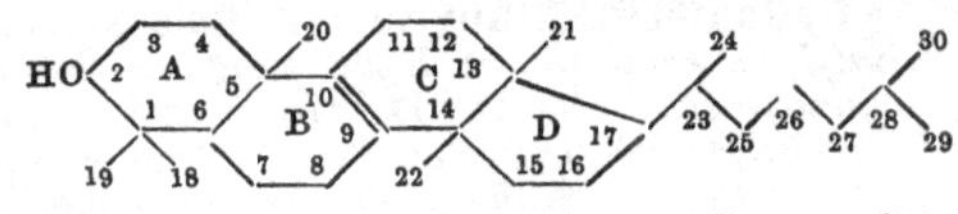

$C_{(18)}$, $C_{(19)}$ sitzt an $C_{(1)}$, während die einzelnen CH_3-Gruppen $C_{(20)}$, $C_{(21)}$ u. $C_{(22)}$ an $C_{(5)}$, $C_{(13)}$ u. $C_{(14)}$ sitzen. Die Isooctankette ist durch $C_{(23)}$ an $C_{(17)}$ des Rings D gebunden. Die gefundene Mol.-Struktur steht zum Teil in Übereinstimmung mit den Ergebnissen von CAVALLA, MCGIE u. PRADHAN (vgl. J. chem. Soc. [London] **1951.** 3142) u. BARTON, FAWCETT u. THOMAS (vgl. C. **1953.** 1337), u. zwar soweit es das Ringsyst. A/B/C u. die CH_3-Gruppen anbetrifft; von ihnen war jedoch auch Ring D als sechsgliedrig angenommen worden. Einen fünfgliedrigen Ring D schlagen dagegen VOSER, GÜNTHARD, JEGER u. RUZICKA (vgl. Helv. chim. Acta **35.** [1952.] 66) vor. Es wird die Frage kurz gestreift, ob I als Triterpen oder als trimethyliertes Sterin anzusehen ist. (Nature [London] **170.** 321—22. 23/8. 1952. Melbourne, Commonwealth Sci. and Ind. Res. Org., Div. of Ind. Chem., Org. Chem. and Chem. Phys. Sections.) GOTTFRIED. D 195

Herbert C. Brown, Moddie D. Taylor und **Sei Sujishi**, *Säure-Basen-Untersuchungen in gasförmigen Systemen.* 8. Mitt. *Dissoziation der Anlagerungsverbindungen von Trimethylbor mit normalen primären aliphatischen Aminen; die „Gradkettenanomalie".* (7. vgl. J. Amer. chem. Soc. **72.** [1950.] 2926.) Die Additionsverbb. von *Trimethylbor* mit *n-Propyl-*, *n-Butyl-*, *n-Amyl-* u. *n-Hexylamin* werden hergestellt u. ihre Dissoziation in der Gasphase studiert. Bei 100° betragen die Dissoziationskonstanten für die Rk. $RH_2N : B(CH_3)_3 \rightleftharpoons RH_2N : + B(CH_3)_3$ für R = H 4,62; CH_3 0,0360; C_2H_5 0,0705; n-C_3H_7 0,0598; n-C_4H_9 0,0470; n-C_5H_{11} 0,0415 u. n-C_6H_{13} 0,0390 at. Die Dissoziationswärmen wachsen regelmäßig mit der Kettenverlängerung an: R = H 13,75; CH_3 17,62; C_2H_5 18,00; n-C_3H_7 18,14; n-C_4H_9 18,41; n-C_5H_{11} 18,71 u. n-C_6H_{13} 18,53. Die Dissoziationswärmen zeigen keine Unregelmäßigkeiten, obgleich die Dissoziationskonstanten für $(C_2H_5)H_2N : B(CH_3)_3$ eine deutliche Abweichung von dem Verlauf in der homologen Reihe zeigt. Vff. nehmen als Grund dafür eine etwas gehinderte Drehbarkeit in der Kette durch Ausbldg. einer H-Brücke an. Diese Anschauung läßt sich auch zur Erklärung des anomalen Verh. der Dissoziationskonstanten der Buttersäure u. des n-Propylamins anwenden.

V e r s u c h e : Die Additionsverbb. wurden durch direkte Vereinigung von mol. Mengen der Komponenten im Hochvakuum hergestellt. Die mitgeteilten Kpp. sind aus den gemessenen Dissoziationsgraden graph. interpoliert. *n-Propylamintrimethylbor*, Fl., F. —5,5 bis —6°, „Kp.$_{760}$" 146°; *n-Butylamintrimethylbor*, Fl., F. 3,4—3,7°, „Kp.$_{760}$" 156°; *n-Amylamintrimethylbor*, Fl., „Kp.$_{760}$" 166°; *n-Hexylamintrimethylbor*, Fl., „Kp.$_{760}$" 177°. (J. Amer. chem. Soc. **73**. 2464—67. Juni 1951. Lafayette, Ind., Purdue Univ., Dep. of Chem., Chicago, Ill., Univ., George Herbert Jones Labor.; Wayne Univ., Dep. of Chem.) ZIMMER. D 221

J. M. Martínez Moreno und **A. Vàzquez Roncero**, *Neue Anlagerungsverbindungen von Harnstoff mit organischen Verbindungen.* Ausgehend von Arbeiten von BENGEN u. SCHLENK (Ann. Chimie **565**. [1949.] 204) u. ANGLA (C. **1948**. I. 37) untersuchen Vff. weitere Anwendungsmöglichkeiten einer Trennung, Anreicherung oder Analyse verschied. Gemische mit *Harnstoff* u. *Thioharnstoff*. Für die Bldg. der Komplexverbb. wird der Harnstoff fein gepulvert oder als konz. Lsg. im Verhältnis 1 : 20, als Substanz mit einem Lösungsm. angefeuchtet angewendet. Addukte bilden sich mit Alkoholen, Äthern, Aldehyden, Ketonen, Mono- u. Dicarbonsäuren u. Estern, ungesätt. KW-stoffen, Halogeniden, Aminen, Nitrilen, Thioalkoholen, Thioäthern. Aus KW-stoffen z. B. wird *3-Methylheptan* addiert. Stark verzweigte KW-stoffe wie *2.2.4-Trimethylpentan* bilden kein Addukt, jedoch *3-Methyleikosan*, das eine längere nicht verzweigte Kette enthält; Verbb. mit 18—20 C-Atomen bilden meist leicht Addukte, mit dem unverzweigten KW-stoff $C_{50}H_{102}$ gelang die Rk. nicht. — Besprechung der Verwendung der Rk. für die „extraktive Kristallisation". — 18 Literaturhinweise. (Ion [Madrid] **11**. 557—64. Okt. 1951. Sevilla, Univ.) ALTPETER. D 223

Leonard J. Gordon und **Robert L. Scott**, *Erhöhte Löslichkeit in Mischungen von Lösungsmitteln.* 1. Mitt. *Das System Phenanthren–Cyclohexan–Methylenjodid.* Liegt der innere Druck eines festen Körpers oder einer unterkühlten Fl. zwischen den inneren Drucken zweier Lösungsmittel, so gibt es einen Konzentrationsbereich der Lösungsmittel, in dem die Löslichkeit des festen Stoffes größer ist, als in einem der Lösungsmittel allein. Dies gilt nach HILDEBRAND nur für reguläre Lösungen. Eine derartige erhöhte Löslichkeit weist auch das Syst. *Phenanthren–Cyclohexan–Methylenjodid* auf. Die ideale Löslichkeit wird aus der Mischungswärme bei 96,3° berechnet, die Temperaturabhängigkeit der Mischungswärme wurde nicht berücksichtigt. (J. Amer. chem. Soc. **74**. 4138—40. 20/8. 1952. Los Angeles, Calif., Univ., Dep. of Chem.) v. SCHIESZL. D 224

G. Gauthier, J. Guy und **R. Delaby**, *Infrarotspektrographische Untersuchung der Kinetik der katalytischen Hydrierung von Propiolsäure und der Isomerisation der Äthylenbindung durch Jod.* Mittels Infrarotspektrographie wurde die katalyt. Hydrierung der *Propiolsäure* bei Ggw. von RANEY-Ni sowie die Isomerisation von *Maleinsäurediäthylester* in *Fumarsäurediäthylester* bei Ggw. von Jod untersucht. Im ersten Fall wurden die Verss. hauptsächlich in methylalkohol. Lsg. durchgeführt; einige Verss. fanden auch in W. u. A. statt. Es wurde gefunden, daß sich gleichzeitig Acrylsäure u. Propionsäure bilden, doch steigt der Geh. an Acrylsäure nie über 37%. In dem Augenblick, in dem 30% des gesamten H_2 absorbiert sind, bleibt die Konz. an Acrylsäure bis zu einer H_2-Ausnahme von 80% prakt. konstant. — Bei der Isomerisation sind Spuren von Jod ausreichend, um die Rk. bei einer Temp. von 100° auszulösen. (Bull. Soc. chim. France, Mém. [5] **18**. 919—26. Nov./Dez. 1951. Paris, Sorbonne, Labor. des Rech. phys. et Paris, Fac. de Pharm.) GOTTFRIED. D 225

Robert L. Burwell jr. und **Warren S. Briggs**, *Reaktion von Alkanen mit Wasserstoff und Deuterium. Racemisierung und Austausch.* Racemisierung von opt.-akt. (+)-*3-Methylhexan* (I) findet statt, wenn I u. H_2 über Ni-Kieselgur bei 90—140° geleitet werden. Die Abhängigkeit von Strömungsgeschwindigkeit, KW-stoffdruck, H_2-Druck u. Temp. wird untersucht. Mit D_2 an Stelle von H_2 tritt keine Änderung der Reaktionsgeschwindigkeit ein, jedoch findet H/D-Austausch statt (Verhältnis Racemisierung : Austausch = 1,6; Racemisierungsgeschwindigkeit $R = k_0 \cdot e^{-26000/1,987 \cdot T} \cdot p_{H_2}{}^{-n} \cdot p_{KW\text{-stoff}}{}^{1/3}$, wobei n zwischen 1/2 u. 2/3 liegt). Die Austausch-Rk. wird unter gleichen Bedingungen noch untersucht an *Heptan*, *3.3-Dimethylhexan* u. *2.2.3-Trimethylbutan*. Nur in sehr geringem Maße sind bei diesen Rkk. Hydrogenolyse u. Isomerisierung zu beobachten. Alle Ergebnisse sind tabellar. wiedergegeben. Von I u. Heptan werden alle möglichen Austauschprodd. erhalten; die beiden anderen KW-stoffe zeigen maximal sieben ausgetauschte H-Atome, anscheinend kann die Austausch-Rk. nicht über ein quaternäres C-Atom hinwegschreiten. Unter der Voraussetzung, daß der H/D-Austausch von einer Racemisierung begleitet wird u. die Geschwindigkeiten mit H_2 u. D_2 gleich sind, wird ein wahrscheinlicher Reaktionsmechanismus diskutiert, der umgekehrt u. analog der Olefinhydrierung über symm. Zwischenprodd. verlaufen soll. (J. Amer. chem. Soc. **74**. 5096—5102. 20/10. 1952. Evanston, Ill., Univ., Chem. Dep.) G. WINKLER. D 225

G. F. Hennion, Albert J. Driesch und **Paul L. Dee**, *Die Orientierung von Isopropyl- und tert.-Butylgruppen bei der Dialkylierung von Benzol.* Vff. diskutieren die Ursachen für die Bldg. einer außergewöhnlich großen Menge an m-Prod. bei der Alkylierung von Monoalkylbenzolen. Zur Klärung wird die Dialkylierung von Bzl. mit tert.-Butylalkohol u. Isopropylalkohol bei 25° während 10 Std. in 85%ig. H_2SO_4 untersucht (unter Reaktionsbedingungen findet, wie Vff. nachweisen wird, keine Transalkylierung oder Isomerisierung statt), wobei erst die eine Gruppe eingeführt wird u. ihr orientierender Einfl. auf den Eintritt der zweiten Gruppe festgestellt wird u. umgekehrt. Tert.-Butylbenzol liefert bei der Isopropylierung ein Gemisch von m- u. p-Isomeren in ungefähr gleichen Mengen, Isopropylbenzol bei der tert.-Butylierung 90% p- u. 10% m-Verbindung. In beiden Fällen treten geringe Mengen o-Verb. auf. Für den Mechanismus der Rkk. wird angenommen, daß Hyperkonjugation nur eine untergeordnete Rolle bei der Stabilisierung der ion. Intermediärprodd. spielt u. daß das Verhältnis o/m/p hauptsächlich bestimmt wird durch ster. Faktoren der Übergangszustände. Mit Alkylchloriden u. $AlBr_3$ oder $FeCl_3$ als Katalysatoren nach FRIEDEL-CRAFTS wird als Reaktionsprod. eine komplexe Mischung verschied. Dialkylverbb. erhalten.

Versuche: *p-tert.-Butylisopropylbenzol* (I), $Kp._{746}$ 220°, $Kp._{30}$ 119°, n_D^{25} 1,4888, $D.^{25}$ 0,8575; *p-tert.-Butylbenzoesäure*, F. 166—167°. — *m-tert.-Butylisopropylbenzol* (II), Kp. 209—210°, $Kp._{30}$ 111°, n_D^{25} 1,4870, $D.^{25}$ 0,8547; *Dinitroderiv.*, $C_{13}H_{18}N_2O_4$, F. 122°; *m-tert.-Butylbenzoesäure*, F. 127°. — I u. II wurden außerdem noch durch Infrarotanalyse identifiziert. (J. org. Chemistry **17**. 1102—06. Aug. 1952. Notre Dame, Ind., Univ., Chem. Labor.) G. WINKLER. D 225

Shalom Israelashvili und **Joseph Shabatay**, *Die Reaktionsfähigkeit des α-Methylenkohlenstoffatoms in Cyclohexen bei peroxydkatalysierten Radikalreaktionen.* Vff. untersuchten im CO_2-Strom die durch *Acetylperoxyd* (I) u. *Benzoylperoxyd* (II) katalysierte Rk. zwischen CCl_4 u. *Cyclohexen* (III). Durch die Art der erhaltenen Reaktionsprodd. wird gezeigt, daß 2 Mechanismen gleichzeitig ablaufen: 1. Abspaltung eines H-Atoms vom α-C-Atom mit folgender Allylsubstitution, 2. Addition an die Doppelbindung nach KHARASCH u. FRIEDLANDER (J. org. Chemistry **14**. [1949.] 239). Vff. sehen in ster. Hinderung großer Radikale die Ursache für teilweises Ausbleiben von 1 u. stetes Auftreten von 2. Bei Ggw. von II wurden erhalten: *3-Chlorcyclohexen-(1)* (IV), *1-Chlor-2-trichlormethylcyclohexan* (V) sowie eine Fraktion, aus der durch alkal. Hydrolyse *Benzoesäure* u. eine nicht identifizierte Substanz, F. 52°, gewonnen wurde. Bei Ggw. von I wurde neben IV auch *1-Methyl-2-trichlormethylcyclohexan* (VI), *1-Methyl-2-chlor-3-trichlormethylcyclohexan* (VII) u. *1-Methyl-2-trichlormethyl-3-chlorcyclohexan* (VIII) sowie weitere, noch zu untersuchende Prodd. erhalten. Vff. führen die unterschiedlichen Ergebnisse auf verschied. Zerfallsfreudigkeit von I u. II (I > II) in Radikale zurück. Während das in geringer Menge aus II gebildete Phenylradikal nur das gleichzeitig als Lösungsm. verwandte CCl_4 unter Bldg. von CCl_3-Radikalen angreift, zerfällt I schnell in CH_3-Radikale, die selbst auch mit Cyclohexenyl-(2)-Radikalen reagieren können.

Versuche: *3-Chlorcyclohexen-(1)* (IV), C_6H_9Cl, $Kp._{35}$ 62°, n_D^{20} 1,4860, $D.^{20}$ 1,030. — *Cyclohexen-(1)-carbonsäure-(1)* (IX), $C_7H_{10}O_2$, gelbe Kristalle, F. 38—39° (Ae.), durch 5std. Hydrolyse von V mit 70%ig. H_2SO_4 bei 100°. — *3-Acetoxycyclohexen-(1)*, $C_8H_{12}O_2$, gelbes Öl, $Kp._{30}$ 83—84°, $D.^{25}$ 1,003, n_D^{20} 1,4580, aus IV, Na-Acetat u. Eisessig bei n. Temperatur. — *2-Methylcyclohexancarbonsäure-(1)*, $C_8H_{14}O_2$, gelbe Kristalle, F. 52—54°, aus VI analog IX. — *3-Methyl-* u. *6-Methylcyclohexen-(1)-carbonsäure-(1)*, $C_8H_{12}O_2$, F. 79°, aus Mischung VII u. VIII durch Hydrolyse mit 75%ig. H_2SO_4 auf dem Dampfbad u. Chromatographieren an Silicagel. (J. chem. Soc. [London] **1951**. 3261—65. Dez. Jerusalem Israel, Hebr. Univ., Dep. of Org. Chem.) GNAUCK. D 225

E. Racker und **I. Krimsky**, *Der Mechanismus der Aldehydoxydation durch Glycerinaldehyd-3-phosphatdehydrogenase.* (Vgl. C. **1953**. 715.) Die Oxydation von Aldehyden durch *Glycerin-3-phosphatdehydrogenase* (I) verläuft in 2 Stufen, Redoxstufe u. phosphorolyt. Stufe. Der Aldehyd reagiert mit der SH-Gruppe von I u. wird zu einem Thiolester oxydiert, dann erfolgt Bldg. eines Acylphosphates. Beide Rkk. sind enzymat. u. durch I katalysiert u. benötigen *Diphosphopyridinnucleotid* (II). Beide Stufen lassen sich getrennt verfolgen. Die Redoxstufe kann durch Jodessigsäure blockiert werden. Die Bldg. eines Komplexes zwischen II u. der SH-Gruppe von I u. dessen mögliche Rolle als H-Überträger werden diskutiert.

Versuche: *Acetylglutathion*, durch Inkubation von Glutathion mit 3fachem Überschuß an Acetylthioglykolat, p_H 8,2, 4 Std. bei Raumtemp., u. Ausziehen der Mischung mit Ae. bei p_H 3,0. *Glycerylglutathion*, aus Oxymethylglyoxal u. Glutathion bei Ggw. von Glyoxalase I. — Colorimetr. Best. der Thiolester analog LIPMAN u. TUTTLE (J. biol. Chemistry **159**. [1945.] 21). (J. biol. Chemistry **198**. 731—43. Okt. 1952. New York, N. Y., Univ., Coll. of Med., Dep. of Microbiol.) BRATFISCH. D 225

E. Abel, *Über den Mechanismus der Diazotierungsreaktion.* Vf. stellt auf Grund eigener u. fremder früherer Arbeiten einen allg. Mechanismus der Diazotierungs-Rk. auf:

$2\,HNO_2 \rightleftharpoons NO + NO_2 + H_2O$; $RNH_3^+ + NO_2 \rightleftharpoons RNNO + H^+ + H_2O$; $RNNO + NO \rightarrow RNNO^- + NO^+$; $RNNO^- + H^+ \rightarrow RNNOH$; $RNNOH \rightarrow RNN^+ + OH^-$; $NO^+ + OH^- \rightleftharpoons HNO_2$ (R = aliphat. oder aromat. Rest oder H); u. leitet die früher u. von anderen Autoren gefundenen verschied. Kinetiken daraus ab. Nicht im Einklang damit stehen die Schlüsse von SCHMID u. WOPPMANN (Mh. Chem. **83.** [1952.] 346). (Mh. Chem. **83.** 1103—10. 15/10.; S.-B. österr. Akad. Wiss., math.-naturwiss. Kl., Abt. IIb **161.** 1103—15. 1952. London.) GNAUCK. D 225

Georges Darzens und **Maxence Meyer,** *Eine neue Deutung des Reaktionsmechanismus der Ringerweiterung durch Desaminierung von Aminomethylcyclanen mittels salpetriger Säure.* Die Ringerweiterungs-Rk. zur Darst. von Cyclanolen, Cyclenen u. Cyclanonen aus Aminocyclanen durch Desaminierung mittels HNO_2 erfährt eine neue Deutung: Durch HNO_2 entsteht danach zunächst an der Aminomethylgruppe ein Diazohydroxyd, durch Oxoniumbindung mit den beiden benachbarten CH_2-Gruppen des Rings wird die C—C-Bindung des Rings aufgespalten, während vorübergehend der (formal 4-wertige) Oxonium-O als Ringglied eintritt. N_2 entweicht, die instabile Oxoniumkonfiguration bildet sich um, wodurch jetzt außer den beiden CH_2-Gruppen des Rings noch die der ursprünglichen Aminomethylgruppe sowie ein H am O gebunden sind (**A**). Bei Zers. von **A** wird der Ring unter Einbezug der (Aminomethyl-) CH_2-Gruppe wieder geschlossen, der Ring also um ein C erweitert. Es bildet sich dadurch ein Cyclanol u. durch Dehydratisierung Cyclen (DEMJANOW) oder bei Ggw. einer benachbarten OH-Gruppe ein Cyclanon (TIFFENEAU). (C. R. hebd. Séances Acad. Sci. **233.** 749—50. 1/10. 1951.)

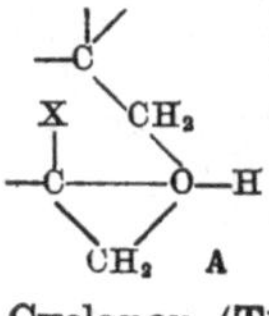

A

DU MONT. D 225

Alexander Schönberg, Nazih Latif, Radwan Moubasher und **Aly Sina,** *Photochemische Reaktionen im Sonnenlicht.* 16. Mitt. *a) Photoreduktion von Phenylglyoxylsäure. b) Photoreaktionen zwischen Aldehyden und o-Chinonen.* c) *Reaktionen zwischen o-Chinonen und Äthylenen in der Dunkelheit und im Licht.* (15. vgl. C. **1950.** II. 1920.) a) Phenylglyoxylsäure wird durch 4-wöchiges Photored. in Isopropanol in *symm.-Dioxydiphenylbernsteinsäure,* $C_{16}H_{14}O_6$, F. 155° (Nadeln aus PAe.), übergeführt; diese decarboxyliert bei 15 Min.

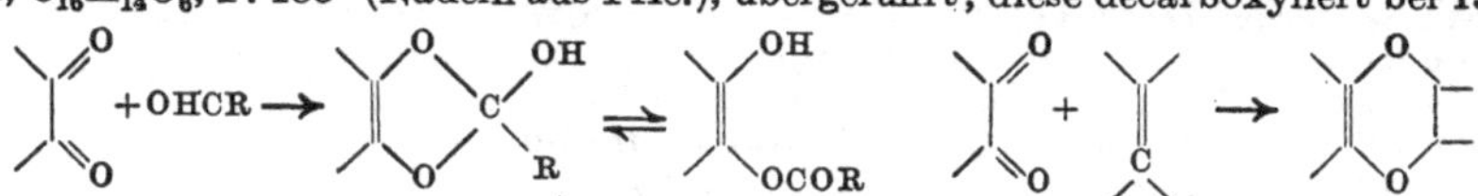

A B

Erhitzen auf 160° zu Isohydrobenzoin. b) Tetrachlor-o-benzochinon (**I**), Tetrabrom-o-benzochinon (**II**) u. 3.4-Dichlor-β-naphthochinon (**III**) bilden mit Aldehyden durch Photoaddition nach Schema A *Benzodioxolderivv.,* die auch in der tautomeren offenen Form vorliegen, wie die Löslichkeit in Alkali u. die $FeCl_3$-Rk. zeigen. c) **II** u. **III** reagieren im Dunkeln durch Hitze u. im Sonnenlicht bereits bei Zimmertemp. mit Stilbenen unter Bldg. von *Dioxenderivv.* nach Schema B. Ebenso reagiert Phenanthrenchinon (**IV**) im Licht mit Xanthotoxin (**V**); die Addition erfolgt jedoch nur an einer der beiden C=C, u. zwar wahrscheinlich am Furanring unter Bldg. von *4'.5'-Phenanthrylendioxyfurano-[3'.2':6.7]-isocumarin.* **IV** reagiert photochem. nicht mit Cumarin, es addiert aber die Benzofuranderivv. Khellinon, Visnaginon u. 2.3-Diphenylbenzofuran im Licht am C=C des Furanrings. Diese Additionsprodd. werden durch Erhitzen wieder in die Ausgangsmaterialien gespalten. — 2-Phenyl-1.4-naphthochinon dimerisiert im Licht zu **VI**; auch diese Rk. ist reversibel.

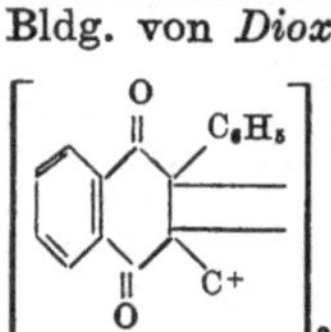

VI

V e r s u c h e (alle Belichtungen unter CO_2; Prodd. aus Bzl. umkrist.): *4.5.6.7-Tetrachlor-2-oxy-2-methylbenzodioxol,* $C_8H_4O_3Cl_4$, F. 128—130°, aus **I** u. Acetaldehyd nach 3 Tagen. — *4.5.6.7-Tetrachlor-2-oxy-2-phenylbenzodioxol,* $C_{13}H_6O_3Cl_4$, F. 174°, aus **I** u. Benzaldehyd nach 10 Tagen; 70% (Ausbeute). — *4.5.6.7-Tetrachlor-2-oxy-2-p-tolylbenzodioxol,* $C_{14}H_8O_3Cl_4$, F. 201°, aus **I** u. p-Toluylaldehyd nach 10 Tagen. — *4.5.6.7-Tetrachlor-2-oxy-2-p-methoxyphenylbenzodioxol,* $C_{14}H_8O_4Cl_4$, F. 208°, quantitativ aus **I** u. Anisaldehyd; 5 Tage. — *4.5.6.7-Tetrachlor-2-oxy-2-styrylbenzodioxol,* $C_{15}H_8O_3Cl_4$, F. 187°, aus **I** u. Zimtaldehyd; 7 Tage. — *4.5.6.7-Tetrabrom-2-oxy-2-p-tolylbenzodioxol,* $C_{14}H_8O_3Br_4$, F. 221°, aus **II** u. p-Toluylaldehyd, 20 Tage. — *4.5.6.7-Tetrabrom-2-oxy-2-p-methoxyphenylbenzodioxol,* $C_{14}H_8O_4Br_4$, F. 246°, aus **II** u. Anisaldehyd, 4 Tage. — *4.5-Dichlor-2-oxy-2-p-methoxyphenyl-α-naphthodioxol,* $C_{18}H_{12}O_4Cl_2$, F. 207°, aus **III** u. Anisaldehyd, 2 Tage. — *5.6.7.8-Tetrabrom-2.3-diphenylbenzodioxen,* $C_{20}H_{12}O_2Br_4$, F. 215° (Zers.), aus **II** u. Stilben (**VII**), 20 Tage; oder durch 10std. Kochen von **II** u. **VII** im Dunkeln. — *5.6.7.8-Tetrachlor-2-phenylbenzodioxen,* $C_{14}H_8O_2Cl_4$, F. 79°, aus **I** u. **VII**, 12 Tage. — *5.6.7.8-Tetrachlor-3-[naphthyl-(2')]-2-phenylbenzodioxen,* $C_{24}H_{14}O_2Cl_4$, F. 180°, aus **I** u.

1-[Naphthyl-(2')]-2-phenyläthylen, 10 Tage. — *5.6.7.8-Tetrachlor-2-phenylisocumarino-[3'.4':2.3]-benzodioxen*, $C_{21}H_{10}O_4Cl_4$, F. 159°, aus I u. 3-Phenylisocumarin, 15 Tage. — *3'.4'-Dichlor-5.6-diphenylnaphtho-[1'.2':2.3]-dioxen*, $C_{24}H_{16}O_2Cl_2$, F. 165° aus **III** u. **VII**, 21 Tage; oder durch 14std. Kochen in der Dunkelheit. — *4'.5'-Phenanthrylendioxy-4'.5'-dihydrofurano-[3'.2':6.7]-isocumarin*, $C_{26}H_{16}O_6$, F. 230° (Zers.), aus **IV** u. **V**, 3 Tage. — *5-Acetyl-4.7-dimethoxy-6-oxy-2.3-phenanthrylendioxy-2.3-dihydrobenzofuran*, $C_{26}H_{20}O_7$, F. 231° (Zers.), aus **IV** u. Khellinon, 3 Tage. — *5-Acetyl-4-methoxy-6-oxy-2.3-phenanthrylendioxy-2.3-dihydrobenzofuran*, $C_{25}H_{18}O_6$, F. 200—220° (Zers.), aus **IV** u. Visnaginon, 3 Tage. (J. chem. Soc. [London] **1951**. 1364—68. Mai. Abbassia, Cairo, Fouad I Univ., Fac. of Sci.) MACHOLDT. D 226

S. K. Maisuss und **N. M. Emanuel**, *Kinetik der durch Bromwasserstoff katalysierten Oxydation von Propan.* Die Oxydation von *Propan* (**I**) wird durch HBr als spezif. u. hochwirksamen homogenen Katalysator in Richtung auf die Bldg. von *Aceton* (**II**) gelenkt. Die Rk. wird im geschlossenen Glasgefäß bei 50—550 mm u. 168—216° mit äquimol. Gemisch **I** + O_2 mit 3—20% HBr untersucht. Die **II**-Ausbeute nimmt mit steigender Temp. u. HBr-Menge zu bis zu ca. 50%. Daneben entstehen 5—7,5% organ. Säuren sowie ca. 2,5% organ. Peroxyd. Die kinet. Kurven lassen sich gut durch die Gleichung $[CH_3COCH_3] = [CH_3COCH_3]_\infty (1 - e^{-kt})$, in der links die Konz. des Reaktionsprod. zur Zeit t, rechts die Endkonz. erscheint, beschreiben. Die Geschwindigkeitskonstante ist $k = 2 \cdot 10^9 \cdot e^{-25000/RT}$. Vff. nehmen 2 Stufen mit Kettenmechanismus an, wobei in der 1. Stufe eine geringe Menge $[K]_0$ eines Zwischenkatalysators K entsteht, der dann in der 2. Stufe langsam zerfällt u. dabei den Kettenmechanismus der **II**-Bldg. auslöst, z. B. K → $(CH_3)_2CH$—; $(CH_3)_2CH$— + O_2 → $(CH_3)_2CH$—O—O—; $(CH_3)_2CH$—O—O— + C_3H_8 → $(CH_3)_2CH$—O—OH + $(CH_3)_2CH$—; $(CH_3)_2CH$—O—OH → CH_3COCH_3 + H_2O. Zerfällt K monomol. nach $[K] = [K]_0 e^{-kt}$, so ist zur Zeit t $[K]_0 - [K] = [K]_0(1 - e^{-kt})$ u. — da jedes zerfallende Mol. K zur Bldg. von ν Moll. **II** Veranlassung gibt — die **II**-Konz. $[CH_3COCH_3] = [K]_0 - [K]\nu = [K]_0\nu (1 - e^{-kt})$; d. h. es ergibt sich die vorst. angegebene Gleichung, wo $[K]_0\nu = [CH_3COCH_3]_\infty$ ist. Die induzierende Rk. verläuft zwar sehr rasch, setzt aber erst nach einer gewissen Zeit ein. Die Geschwindigkeit der **II**-Bldg. erreicht daher ihr Maximum, wenn die maximale Konz. des Katalysators erreicht ist. (Доклады Академии Наук СССР [Ber. Akad. Wiss. UdSSR] [N. S.] **87**. 241—44. 11/11. 1952. Inst. für chem. Phys. der Akad. der Wiss. der UdSSR.) R. K. MÜLLER. D 227

S. K. Maisuss und **N. M. Emanuel**, *Die Grenzkonzentration des Acetons und Beweis des Vorhandenseins einer induzierenden Anfangsreaktion bei der Oxydation von Propan in Gegenwart von HBr.* (Vgl. vorst. Ref.) Die Oxydation von *Propan* (**I**) mit O_2 in Ggw. von HBr kommt auch bei Ggw. von über 50% der Ausgangsstoffe zum Stillstand, wenn der in der einleitenden Rk. aus **I** u. HBr gebildete Zwischenkatalysator völlig zerfallen ist. Wenn von vornherein Aceton (**II**) etwa in der Menge zugesetzt wird, wie es sich im Gleichgewicht bildet („Grenzkonz."), erfolgt keine **II**-Bldg. mehr, während die Bldg. organ. Säuren, die ihr parallel geht, weiterläuft. Wenn dagegen die Rk. schon eingeleitet ist, hat ein **II**-Zusatz auf den Prozeß der **II**-Bldg. keinen Einfl. mehr, weil **II** mit dem Zwischenkatalysator nicht reagiert. (Доклады Академии Наук СССР [Ber. Akad. Wiss. UdSSR] [N. S.] **87**. 437—40. 21/11. 1952.) R. K. MÜLLER. D 227

Walther Awe (unter Mitarbeit von **Elfriede Naujocks**), *Zur Kenntnis der Jod–Azid-Reaktion.* (*Katalytische Wirkung von Thioäthern und S-Heterocyclen.*) Vff. finden, daß bei genügend langer Beobachtungzeit auch Thioäther u. S-haltige heterocycl. Verbb. die Jod–Azid-Rk. katalysieren. Die untersuchten Verbb. einschließlich einiger Vergleichssubstanzen unter Kennzeichnung des Wirkungsgrades [+++ Rk. spontan, ++ nach einigen Min., + innerhalb 1—12 Std., (+) innerhalb 12—24 Std. (±) nicht eindeutig erkennbar] sind: *Tl-Thiocarbonat* (+++), *Senföle* (+++), *Thiophthalsäureanhydrid* (+++), *Cystein* (+++), *Cystin* (++), *Methionin* (+), *Lanthionin* (+), *4.4'-Dioxydiphenylsulfid* (+), *2.2'-Dioxy-5.5'-dichlordiphenylsulfid* (+), *2.2'-Diacetoxy-5.5'-dichlordiphenylsulfid* (±), *2.2'-Dioxy-3.3'-dinitro-5.5'-dichlordiphenylsulfid* (±), *Sulfido-bis-[5-chlor-2-phenoxyessigsäure]* (+), *2.2'-Dioxy-4.4'-dimethyl-5.5'-dichlordiphenylsulfid* (+), *Di-NH_4-2.2'-Dioxy3.3'-disulfo-5.5'-dichlordiphenylsulfid* (+), *Sulfathiazol* (++), *Vitamin B_1* (++), *2-Amino-5-jodmethylthiazolin* (+), *4-Methyl-1-[β-diäthylaminoäthylamino]-thioxanthon* (*Miracil D*-BAYER) (+), *Trithione* (*Aminotrithione*) (+), *Sulfathiodiazole* (*Globucid*-SCHERING) (+), *Phenothiazin*, (+). *N-[β-Diäthylaminoäthyl]-phenothiazinhydrochlorid* (*Casantin*-CASELLA) (+), *N-[2'-Dimethylamino-2'-methyläthyl]-phenothiazinhydrochlorid* (*Atosil*-BAYER) (+), *3.4-Dimethyl-5-phenyl-2-iminothiazolidin* (++), *2-Aminothiazolin-4-carbon-säure* (+), *Penicillin G* (+). Der katalyt. Effekt der untersuchten Verbb. wächst mit steigender Wasserlöslichkeit. Durch die erhaltenen Resultate wird die Verwendung der Jod–Azid-Rk. zur Erkennung der Bindungsart des Schwefels in organ. Verb. eingeschränkt, aber nicht aufgehoben. Die Jod-Azid-Lsg. ist entgegen anderen Angaben nicht unbeschränkt haltbar. (Mikrochem. verein. Mikrochim. Acta **38.** 574—80. Braunschweig, TH, Inst. für Angew. Pharm.) H. Gehlen. D 227

D$_2$. Präparative organische Chemie. Naturstoffe.

B. M. Wepster, *Aliphatische und aromatische Substitution.* Übersicht über die Hauptprinzipien der Substitution bei aliphat. u. aromat. Verbb. mit einigen Beispielen. — 49 Literaturangaben. (Chem. Weekbl. **48.** 857—68. 15/11. 1952. Delft, TH, Labor. voor organ. Chem.) Wesly. 450

A. Stoll, A. Lindemann und E. Jucker, *Über Synthesen des Glutardialdehyds.* 2. Mitt. *über Alkaloidsynthesen.* (1. vgl. C. **1953.** 1173.) Die Darst. des *Glutardialdehyds* (I) aus dem billigen u. leicht zugänglichen Cyclopentadien bzw. Cyclopentanon wird nach einfachen, wirtschaftlichen Verff. beschrieben. Aus ersterem wird I über das *cis-* u. *trans-Cyclopentandiol-(1.2)* (**IIa**) u. **IIb**) als Zwischenprod. durch Glykolspaltung mit Na-Wismutat in relativ guter Ausbeute erhalten, aus letzterem über *Cyclopentanol, Cyclopenten* u. **IIb** analog.

V e r s u c h e: *Cis-* u. *trans-Cyclopentandiol-(1.2)* (**IIa** u. **IIb**) u. -*(1.3)* (**IIIa** u. **IIIb**), a) durch Zutropfen von 34 cm^3 30%ig. H_2O_2 zu einer Lsg. von 22 g *Cyclopentadien* (aus Dicyclopentadien durch Dest. in einer Kolonne in 91%ig. Ausbeute) u. 1,3 g SeO_2 in tert.-Butanol unter Rühren unterhalb 0°; 65 Std. bei 0—3° rühren, Butanol u. W. im Hochvakuum abdest., Rückstand in Essigester u. A. (1 : 1) aufnehmen u. an Al_2O_3 reinigen. 27,3 g gelbes Öl mit Raney-Ni in absol. A. hydrieren u. anschließend bei 0,001 mm u. 84—94° dest.; 51% (Ausbeute); b) in Dioxan: 51%; c) in Aceton: 38%; d) mit wasserfreiem H_2O_2 in tert.-Butanol: 37%. *Bis-phenylurethan* von **IIa**, $C_{19}H_{20}O_4N_2$, F. 209—210° (Aceton), aus dem Gemisch von **II** u. **III** mit Phenylisocyanat u. fraktionierte Kristallisation. Analog folgende *Bis-phenylurethane*: von **IIb**, F. 220—221° (Aceton); von **IIIa**, F. 172—173° (Aceton/W.); von **IIIb**, F. 187—189° (Aceton/W.). — *Cyclopentanol* (**IV**), Kp. 136—137°, durch Hydrierung von Cyclopentanon mit Raney-Ni bei 80—90° u. 80 at; nach zweimaliger fraktionierter Dest.; 93%. *Phenylurethan*, $C_{12}H_{15}O_2N$, F. 137—138°. — *Cyclopenten* (**V**), F. 43—44°, auf 170—180° erhitztes **IV** im N_2-Strom durch eine auf 380—400° erhitzte Röhre blasen, die mit folgendermaßen hergestelltem Katalysator beschickt ist: 20 g Korkpulver, 60 g Diatomitstein u. 90 g Al_2O_3 mit W. anteigen, ½ Std. im Stahltiegel auf Rotglut erhitzen u. erkalten lassen. Von dem in der mit Kältemischung gekühlten Vorlage aufgefangenen Gemisch W. abtrennen u. KW-stoff destillieren. — *trans-Cyclopentandiol-(1.2)* (**IIb**), Kp.$_{10}$ 118—123°, F. 45—47°, durch Zutropfen von 29 cm^3 30%ig. H_2O_2 unterhalb 0° unter Rühren zu einem Gemisch von 17 g **V** u. 1 g SeO_2 in 40 cm^3 tert.-Butanol, 5std. Rühren bei 0° u. 40std. Stehen im Eiskasten. Lösungsm. im Vakuum abdest. u. Rückstand fraktionieren. *Bis-4-nitrobenzoat*, $C_{19}H_{16}O_8N_2$, F. 144—145° (Aceton). — *Glutardialdehyd* (**I**), Kp.$_{14}$ 82 bis 85°, a) durch Hinzufügen von 12 g $NaBiO_3$ u. 14 cm^3 33%ig. H_3PO_4 zu 3 g **IIb** in 10 cm^3 Eisessig u. 8 cm^3 W. unter Rühren unterhalb 30°, Abfiltrieren u. aus dem Filtrat Isolierung von *Glutardialdehyd-bis-[4-nitrophenylhydrazon]*, $C_{17}H_{18}O_4N_6$, F. 176—177° (Aceton/W.); 31%; b) analog durch Glykolspaltung des Gemisches aus **IIa, IIb** u. **IIIa, IIIb**; 32,8% (bezogen auf 1.2-Diol im Gemisch); c) durch 96std. Extraktion des Filtrates mit Ae. nach Kutscher-Steudel u. Dest. des Ae.-Rückstandes im Vakuum; 30% (bezogen auf 1.2-Diol). (Helv. chim. Acta **36.** 268—74. 1953. Basel, Pharmazeut.-chem. Labor. „Sandoz".) Franck. 670

S. M. McElvain und Leo R. Morris, *Ketenacetale.* 22. Mitt. *Diäthoxymethylketendiäthylacetal.* (21. vgl. C. **1952.** 3963.) Vf. versuchte, das Tetraäthylacetal des Kohlensuboxyds darzustellen. Aus dem Dibrommalonaldehydtetraäthylacetal (I) sollten mit Hilfe der äquivalenten Menge K-tert.-Butylat 2 Mol HBr abgespalten werden. Es entstand statt dessen aber ein Gemisch von *Brommalonaldehydtetraäthylacetal* (**II**) u. *Diäthoxymethylketendiäthylacetal* (**III**). Aus diesem Ergebnis ziehen Vff. den Schluß, daß ein Br-Substituent aus **I** als positives Halogen abgespalten u. durch H ersetzt wird. Für diese Polarisation der C—Br-Bindung scheint außer den 4-Äthoxygruppen noch die elektronenanziehende Wrkg. des anderen Br-Substituenten erforderlich zu sein, da **II** unter HBr-Abspaltung in **III** übergeht. — Bei der Rk. von **III** mit A. wurde *β.β-Diäthoxyorthopropionsäuretriäthylester*, bei der Bromierung wurden Äthylbromid u. *α-Brom-β.β-diäthoxypropionsäureäthylester* erhalten.

V e r s u c h e: *α-Brom-β-äthoxypropionaldehyddiäthylacetal*, Kp.$_{19}$ 105—115°, aus Acroleindibromid nach Fischer [1897]; n_D^{25} 1,4593; 41% (Ausbeute). — *β-Äthoxyacroleindiäthylacetal*, Kp.$_{25}$ 99—104°, aus vorst. Verb. nach Price u. Moos (J. Amer. chem. Soc. **67.** [1945.] 207); n_D^{25} 1,4220, D.$^{25}_4$ 0,905; 74%. — *Brommalonaldehydtetraäthylacetal* (**II**), $C_{11}H_{23}O_4Br$, Kp.$_{0,4}$ 95—102°, durch Zugabe von Br_2 in CCl_4 zu vorst. Verb.

in CCl_4 bei 0—10°, Zugabe von $CaCO_3$ u. absol. A., 30 Min. Kochen, Neutralisation u. Aufarbeitung der organ. Schicht; n_D^{25} 1,4448, $D.^{25}_4$ 1,208; 64%. — *Dibrommalonaldehydtetraäthylacetal* (I), $C_{11}H_{22}O_4Br_2$, $Kp._{0,5}$ 115—125°, durch 2½std. Erhitzen von II u. Pyridinperbromid (aus äquimol. Mengen Pyridin u. Br_2 in CCl_4) auf 90°; n_D^{25} 1,4764; 60%; daneben eine Fraktion von $Kp._{0,5}$ 90—115°, n_D^{25} 1,4737, aus der nach Zugabe zum nächsten Ansatz weitere 6% erhalten wurden. — 2 Mol K-tert.-Butylat (durch Lösen von K in überschüssigem tert.-Butylalkohol u. Eindampfen im Vakuum) wurden mit 1 Mol I zur Rk. gebracht u. 29% II neben 10% III erhalten. Nach 9std. Erhitzen mol. Mengen der Komponenten auf 75—85°, Verdünnen mit Ae., Zentrifugieren u. Dest. wurden nachst. Fraktionen erhalten, a) $Kp._{0,2}$ 60—85°, n_D^{25} 1,4320; b) $Kp._{0,2}$ 85—95°, n_D^{25} 1,4463; c) $Kp._{0,2}$ 95—120°, n_D^{25} 1,4693. Erneute Fraktionierung von b) lieferte II, $Kp._{0,2}$ 85—86°; 44%. — *Diäthoxymethylketendiäthylacetal* (III), $C_{11}H_{22}O_4$, $Kp._{9,5}$ 104—105°, durch 7std. Erhitzen von 0,11 Mol II u. 0,17 Mol K-tert.-Butylat auf 95—100°, Zugabe von Ae., Zentrifugieren u. Fraktionierung; n_D^{25} 1,4269, $D.^{25}_4$ 0,941; 46—59%. — *Äthylortho-β.β-diäthoxypropionat*, $C_{13}H_{28}O_5$, $Kp._6$ 103—106°, durch Erwärmen von III u. absol. A., der wenig HCl enthielt, auf 50°; n_D^{25} 1,4140, $D.^{25}_4$ 0,944; 60%. — *Äthyl-α-brom-β.β-diäthoxypropionat*, $C_9H_{17}O_4Br$, $Kp._9$ 113—114°, durch Behandlung von III in CCl_4 mit Br_2 in CCl_4; n_D^{20} 1,4458; 67%. Daneben *Äthylbromid*, Kp. 30—60°, n_D^{25} 1,4270; 66%. (J. Amer. chem. Soc. **73**. 206—07. Jan. 1951. Madison, Wis., Univ. of Wisconsin, Labor. of Organ. Chem.) HORST BAGANZ. 710

S. M. McElvain und **William R. Davie**, *Ketenacetale*. 23. Mitt. *Alkoholabspaltung aus Orthoestern mit Aluminium-tert.-butylat.* (22. vgl. vorst. Ref.) Alkoholabspaltung aus Orthoestern mit Aluminium-tert.-butylat (I) lieferte die entsprechenden Ketenacetale mit guten Ausbeuten. Gegenüber Al-Methylat (II) hat I den Vorteil, daß die Reaktionstemp. bedeutend niedriger gehalten werden kann u. daß bei der Rk. mit Methyl- oder Äthylorthoestern reiner tert.-Butylalkohol abdestilliert. Diese Tatsache unterstützt die frühere Annahme (vgl. 21. Mitt. C. **1952**. 3963), daß die Alkoholatfunktion mit dem Ester einen Komplex bildet, der durch Eliminierung von 1 Mol C_4H_9OH zum Ketenacetal führt. Während beim reaktionsfähigen Orthophenylessigsäuretrimethylester (III) 1 Mol I 3 Mol III in das Ketenacetal überführt, ist es bei niedrigsd. aliphat. Orthoestern notwendig, äquimol. Mengen I anzuwenden, um eine Abdest. der Orthoester zu verhindern. Da sich bei der Darst. höhersd. Ketenacetale, z. B. der Phenylketenacetale, die Flüchtigkeit des I durch Verunreinigung der Acetale bemerkbar macht, ist es in diesem Fall besser, das nicht flüchtige II zu verwenden. Es wird angenommen, daß I trotz seiner größeren Alkylgruppe eine größere Neigung zur Komplexbldg. besitzt als niedrigere Alkoholate, da diese wahrscheinlich in stärker polymerer Form, durch intermol. Bindung zwischen O u. Al, vorliegen. Diese Annahme konnte durch Mol.-Gew.-Best. von I u. Al-Äthylat in Campher u. von I u. Al-Isopropylat in Bzl. gestützt werden.

Versuche: *Dimethylketendimethylacetal*, $C_6H_{12}O_2$, $Kp._{740}$ 107—109°, durch Erhitzen von Methylorthoisobutyrat u. I auf 185—190° (Bad) unter gleichzeitiger Abdest. von tert.-Butylalkohol u. Acetal; n_D^{25} 1,4081, $D.^{25}_4$ 0,871; 54% (Ausbeute). — *Äthoxyketendiäthylacetal*, $C_8H_{16}O_3$, $Kp._7$ 57—58°, $Kp._{740}$ 174—176°, durch Erhitzen von Äthylorthoäthoxyacetat u. I auf 175—180°/120 mm unter Abdest. von 55% des erwarteten Alkohols, Erniedrigung des Druckes auf 30 mm, dann auf 10 mm (Gesamtausbeute an Alkohol 80%) u. Vakuumdest.; n_D^{25} 1,4188, $D.^{25}_4$ 0,919; 61%. Reagierte mit W., das einen Tropfen 5%ig. HCl enthielt, unter Bldg. von *Äthyläthoxyacetat*, Kp. 155—158°, n_D^{25} 1,4009, aus dem mit konz. NH_4OH *Äthoxyacetamid*, F. 81—82°, erhalten wurde. Behandlung des Acetals mit A., der eine Spur HCl enthielt, lieferte *Äthylorthoäthoxyacetat*, Kp. 180—185°, n_D^{25} 1,4025. — Die nachst. *Acetale* $R_1R_2C{=}C(OR)_2$ wurden durch Erhitzen der Orthoester mit I unter Abdest. von tert.-Butylalkohol (gelegentlich unter 120 mm) u. Erniedrigung des Druckes, bis das Acetal bei 190° Badtemp. überdest., dargestellt: $R_1 = C_6H_5$, $R_2 = H$, $R = CH_3$, $Kp._{13}$ 123—126°, 1 : 3 (Molverhältnis I/III), 165—180° (Reaktionstemp.); n_D^{25} 1,5631; 85% (verunreinigt mit I). — $R_1 = C_6H_5$, $R_2 = H$, $R = C_2H_5$, $C_{12}H_{16}O_2$, $Kp._{0,15}$ 80—81°, 1 : 3, 160—180°; n_D^{25} 1,5395, $D.^{25}_4$ 0,998; 85% (verunreinigt). — $R_1{=}R_2 = H$, $R = C_2H_5$, $Kp._{740}$ 123—126°, 1 : 1, 180—185°; n_D^{25} 1,4095; 65%. — $R_1 = CH_3$, $R_2 = H$, $R = C_2H_5$, $Kp._{740}$ 132—137°, 1 : 1, 180—185°; n_D^{25} 1,4100; 83%. — $R_1{=}R_2 = CH_3$, $R = C_2H_5$, $C_8H_{16}O_2$, $Kp._{740}$ 139—140°, 1 : 1, 185 bis 190°; n_D^{25} 1,4115, $D.^{25}_4$ 0,870; 62%. — Erhitzen von 0,126 Mol Äthylorthophenylacetat u. 2 g Al-Äthylat im Bad 160° lieferte nach Aufarbeitung in üblicher Weise 65% *Phenylketendiäthylacetal*. Größere Mengen Äthylat führten zu unreinem Acetal. — Beim Erhitzen von 0,184 Mol III mit 0,092 Mol Al-Isopropylat im Bad auf 140° wurde die Fl. fest; beim Steigern der Temp. auf 210—240° wurde ein Gemisch von Methyl- u. Isopropylalkohol erhalten u. danach bei 260—270°/10 mm (Bad) ein Gemisch von n. Estern u. Ketenacetalen. — Erhitzen von III u. Al-Isopropylat auf 140°, Extraktion des festen

Prod. mit Ae. u. Dest. lieferte ein Gemisch von Orthoestern; der abgetrennte Nd. war **II** ähnlich. Die Rk. von Al-Äthylat u. **III** verlief in gleicher Weise. — *Al-Alkoholate* $Al(OR)_3$: $R = CH_3$ (**II**), unlösl. in organ. Lösungsmitteln. — $R = C_2H_5$, Kp.$_{14}$ 200—205°, F. 130°; unlösl. in organ. Lösungsmitteln unterhalb des Schmelzpunktes. — $R = (CH_3)_2CH$, Kp.$_5$ 145—150°, F. 130°, sehr löslich. — $R = (CH_3)_3C$ (**I**), sublimiert bei 180°; sehr löslich. (J. Amer. chem. Soc. **73**. 1400—02. April 1951.) Horst Baganz. 710

S. M. McElvain und **A. N. Bolstad**, *Ketenacetale. 24. Mitt. Darstellung und Eigenschaften von Ketendivinylacetal und verwandten Verbindungen.* (23. vgl. vorst. Ref.) *Ketendivinylacetal* (**I**) wurde durch stufenweise HCl-Abspaltung aus Chloracetaldehyddi-[β-chloräthyl]-acetal mit Hilfe von $KOC(CH_3)_3$ zunächst in tert.-Butylalkohol, dann trocken, dargestellt. Als Zwischenprodd. konnten *Chloracetaldehydvinyl-[β-chloräthyl]-acetal* (**VII**) u. *Chloracetaldehyddivinylacetal* (**II**) isoliert werden, wodurch der Reaktionsverlauf geklärt werden konnte. **I** wird von W., A. u. verd. Alkalien nicht angegriffen u. zeigt bei Ggw. von Ionenkatalysatoren wenig Neigung zur Polymerisation. In Ggw. von Spuren Säure reagiert **I** dagegen mit W. oder A. in exothermer Rk. unter Bldg. von Acetaldehyd (**VIII**) u. Vinylacetat bzw. *Divinyläthylorthoacetat* (**III**), das durch Säure in Essigester (**V**) u. **VIII** gespalten wird. Durch Rk. von **I** mit Äthylenchlorhydrin wurde *Divinyl-[β-chloräthyl]-orthoacetat* dargestellt, das durch HCl-Abspaltung in *Trivinylorthoacetat* übergeführt werden konnte. Nach Rk. von **I** mit HCl bei —70° konnte *1.1-Divinyloxy-1-chloräthan* (**IV**) isoliert werden, das mit A. u. Pyridin in **III** übergeht. **IV** reagiert mit W. oder A. heftig unter Bldg. von **VIII**-Dämpfen. Bei einem Vers., durch Rk. von Ketendiäthylacetal mit HCl bei 70° das analoge Orthosäurechlorid $CH_3C(OC_2H_5)_2Cl$ zu isolieren, wurden statt dessen *Äthylchlorid*, **V** u. *Äthyl-β-äthoxycrotonat* (**VI**) erhalten. Auch aus Ketendiphenylacetal (**IX**) wurde kein entsprechendes Orthosäurechlorid erhalten, sondern das Ausgangsmaterial unverändert zurückgewonnen. Als Grund für die außergewöhnliche Stabilität von **IV** wird die Festigkeit seiner Sauerstoff—Vinyl-Bindung angesehen. Die

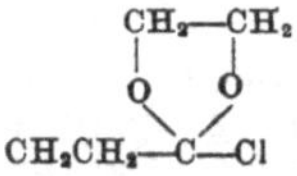

Bldg. von **VI** aus Ketendiäthylacetal wird auf das Vorhandensein eines Carboniumions $CH_3C^+(OC_2H_5)_2$ zurückgeführt, das mit einem weiteren Mol. Ketenacetal **VI** liefert oder unter Verlust eines Äthylkations zu **V** u. Äthylchlorid führen kann. Vff. zeigen, daß eine von Vogel u. Schinz (C. **1950**. II. 521) dargestellte Verb. nicht die nebenst. Struktur besitzt, sondern daß es sich um den isomeren *Propionsäure-[β-chloräthyl]-ester* handelt, der aus Propionsäure u. Äthylenchlorhydrin dargestellt wurde.

Versuche: *Chloracetaldehyddi-[β-chloräthyl]-acetal*, $C_6H_{11}O_2Cl_3$, Kp.$_{10}$ 134—135°, durch 66std. Erhitzen von 3 Mol Chloracetaldehyddimethylacetal u. 6,15 Mol Äthylen-) chlorhydrin unter Abdest. von CH_3OH; n_D^{25} 1,4757, D.$^{25}_4$ 1,320; 94% (Ausbeute). — Durch Zugabe von K-tert.-Butylat in tert.-Butylalkohol zu der vorst. Verb., 3—4std. Erhitzen auf dem Dampfbad, 20std. Stehen, Zugabe von NaH, 1,5std. Kochen, Waschen mit W. u. Dest. wurden 56,1% **II**, 16,2% **VII** u. 6,6% **I** erhalten. *Chloracetaldehydvinyl-[β-chloräthyl]-acetal* (**VII**), $C_6H_{10}O_2Cl_2$, Kp.$_{10}$ 95—96°, n_D^{25} 1,4644, D.$^{25}_4$ 1,205. *Chloracetaldehyddivinylacetal* (**II**), $C_6H_9O_2Cl$, Kp.$_{10}$ 48—49°, F. ca. —25°, n_D^{25} 1,4483, D.$^{25}_4$ 1,060. — Durch Kochen von **VII** oder **II** mit n-Butylalkohol u. wenig H_2SO_4 wurde **VIII** erhalten; 99 bzw. 91%. *2.4-Dinitrophenylhydrazon*, F. 166—167°. — *Ketendivinylacetal* (**I**), $C_6H_8O_2$, Kp.$_{741}$ 101,8—102°, durch 2std. Kochen von **II** u. K-tert.-Butylat, Verdünnen mit W., Behandlung der organ. Schicht mit NaH u. Dest.; n_D^{25} 1,436, D.$^{25}_4$ 0,898; 74%. Polymerisation konnte durch Aufbewahren in Ggw. von NaH oder K-tert.-Butylat u. einer Spur Hydrochinon verhindert werden. **II** wurde mit wasserfreiem K_2CO_3 u. Hydrochinon stabilisiert. — Durch Kochen von **I** mit 1%ig. H_2SO_4 wurden 82% **VIII** abdest. u. bei anschließender Dest. 65% *Vinylacetat*, Kp. 64—69°, isoliert. — *Divinyläthylorthoacetat* (**III**), $C_8H_{14}O_3$, Kp. 144—145,4°, durch Zugabe von HCl-haltigem A. zu **I**, Zugabe von A. unter Kühlen, Neutralisation mit Pyridin u. Dest.; n_D^{25} 1,4221, D.$^{25}_4$ 0,924; 80%; wird innerhalb einer Woche viscos, kann jedoch mit Hydrochinon u. wasserfreiem K_2CO_3 stabilisiert werden. Liefert beim Erwärmen mit 1%ig. H_2SO_4 91% **VIII** u. nach Dest. des Rückstands **V**, Kp. 72—76°; 90%. — *Trivinylorthoacetat*, $C_8H_{12}O_3$, Kp. 145—147°, durch Zugabe von HCl-haltigem Äthylenchlorhydrin zu **I** unter Kühlen, Erwärmen des Gemisches mit K-tert.-Butylat auf 100°, 2std. Kochen u. Dest.; n_D^{25} 1,4328, D.$^{25}_4$ 0,941; 37%; wird durch Hydrochinon u. K_2CO_3 stabilisiert. — Nach 2std. Erhitzen von **I** u. Benzylbromid im Rohr auf 145° wurden 83% Bromid u. 75% **I** unverändert zurückgewonnen. Nach 6std. Erhitzen auf 155° u. Dest. des schwarzen gummiartigen Harzes wurden 80% Benzylbromid u. ein kohleartiger Rückstand erhalten. — *1.1-Divinyloxy-1-chloräthan* (**IV**), $C_6H_9O_2Cl$, Kp. 120—122°, durch Zugabe von 2,26nHCl-Lsg. in Ae. zu **I** bei —70°, Entfernung des Ae. u. Dest.; Kp.$_{54}$ 58—65°, n_D^{25} 1,4422, D.$^{25}_4$ 1,03; 82%; war noch etwas verunreinigt. **IV** reagiert mit W. u. A. explosionsartig. Durch Zutropfen eines Gemisches von A. u. Pyridin unter starkem Kühlen, Filtration, Waschen des Nd.

mit Ae. u. Aufarbeitung der organ. Schicht wurden 83% **III** erhalten. — Nach Zugabe von äther. HCl zu Ketendiäthylacetal unter Trockeneiskühlung u. Dest. wurden 72% **V**, 26% **VI** u. 52% Äthylchlorid isoliert. Durch Zugabe des Acetals zu der äther. Lsg. wurden 84% **V**, 13% **VI** u. 88% Äthylchlorid erhalten. — Nach Zugabe von 1,7 n HCl in Ae. zu **IX** bei -70^0, 4std. Rühren u. Abdest. des Ae. im Vakuum wurden 83% **IX**, $Kp._{0,5}$ 95—105°, unverändert zurückgewonnen. 76% HCl konnten in der äther. Lsg. nachgewiesen werden. — Nach Einleiten von trockenem HCl in **IX** unter Trockeneiskühlung wurden 65% **IX** unverändert zurückgewonnen. — Beim Einleiten von HCl in **IX** fand exotherme Rk. statt; nach Dest. wurden 81% *Phenol* isoliert. — *β-Chloräthylpropionat*, $C_5H_9O_2Cl$, $Kp._{740}$ 161—162°, $Kp._{60}$ 87,5—88°, durch 20std. Kochen von Propionsäure, Äthylenchlorhydrin in Bzl. u. wenig Sulfosalicylsäure; n_D^{25} 1,4250, $D.^{25}_4$ 1,103; 65%. Daneben *Äthylenglykoldipropionat*, $Kp._{10}$ 93,8—94°, $Kp._{740}$ 211—212°, n_D^{25} 1,4186, $D.^{25}_4$ 1,039. (J. Amer. chem. Soc. **73**. 1988—92. Mai 1951.) HORST BAGANZ. 710

S. M. McElvain, Stanley B. Mirviss und Calvin L. Stevens, *Ketenacetale.* 25. Mitt. *Diphenylketendimethylacetal.* (24. vgl. vorst. Ref.) *Diphenylketendimethylacetal* (**I**) wurde durch HCl-Abspaltung aus *Diphenylchloracetaldehyddimethylacetal* (**II**) dargestellt. **II** wurde aus Dimethoxyessigsäuremethylester (**VII**) mit Phenyl-MgBr über *Diphenyloxyacetaldehyddimethylacetal* (**VIII**) erhalten. Die HCl-Abspaltung aus **II** gelang am besten mit *K-tert.-Butylat* (**III**) in sd. Dioxan. Bei der Abspaltung mit Pinakon-Na in Pinakon entstand neben **I** *Diphenylpinakonoxyacetaldehyddimethylacetal.* Analog durch Rk. von **II** mit **III** in tert.-Butylalkohol neben **I** *Diphenyl-tert.-butoxyacetaldehyddimethylacetal* (**XI**). Umsetzung in Dibutyläther lieferte neben **I** das Kaliumenolat des *Diphenylessigsäuremethylesters* (**IV**). Vff. stellten fest, daß dieses Salz durch Rk. von **I** mit **III** entstanden ist. Bei Rk. von **I** mit W. in Dioxan u. einer Spur Säure entsteht **IV**, mit CH_3OH *Orthodiphenylessigsäuretrimethylester,* mit Br_2 *Diphenylbromessigsäuremethylester* u. *Methylbromid* u. mit Benzylbromid *α.α.β-Triphenylpropionsäuremethylester.* Mit Acetylchlorid Benzoylchlorid u. Chlorameisensäuremethylester trat keine Rk. ein. *Diphenylchloracetaldehyddiäthylacetal* (**V**) u. *Diphenylbromacetaldehyddimethylacetal* (**VI**) wurden aus Diphenyloxyacetaldehyddiäthylacetal (**IX**) bzw. **VIII** dargestellt. Beim Vers., **V** zu dest., trat Zers. unter Bldg. von Äthylchlorid u. *Diphenylessigsäureäthylester* (**X**) ein. Die HCl-Abspaltung aus **V** mit **III** in tert.-Butylalkohol ergab hauptsächlich *Diphenyl-tert.-butoxyacetaldehyddiäthylacetal* neben wenig *Diphenylketendiäthylacetal.* Bei der Umsetzung von **V** mit **III** in Dioxan entstand das K-Enolat von **X** u. ein Teer. **VI** konnte isoliert werden, zers. sich aber bei 120° in Methylbromid u. **IV**. Auch bei längerem Stehen trat Zers. in **IV**, Benzophenon u. Diphenyloxyacetaldehyd ein.

V e r s u c h e: *Methyldimethoxyacetat* (**VII**), $Kp._{18}$ 67°, durch Rk. von Na-Dichloracetat u. Na-Methylat u. Veresterung der Dimethoxyessigsäure mit CH_3OH u. HCl; n_D^{25} 1,4041; 45% (Ausbeute). — *Äthyldiäthoxyacetat*, $Kp._{20}$ 93—95°, n_D^{25} 1,4089, analog; 41%. — *Diphenyloxyacetaldehyddimethylacetal* (**VIII**), $C_{16}H_{18}O_3$, $Kp._{0,6}$ 133—136°, durch Zugabe von **VII** zu Phenyl-MgBr in Ae., 1std. Kochen u. Zers. mit NH_4Cl, F. 46—48°, n_D^{25} 1,5621; 79%. Daneben etwas *Biphenyl* u. 10% *Benzophenon.* — *Diphenyloxyacetaldehyddiäthylacetal* (**IX**), $Kp._{0,2}$ 120—123°, n_D^{25} 1,5430, viscoses Öl; 88%. — *Diphenylchloracetaldehyddimethylacetal* (**II**), $C_{16}H_{17}O_2Cl$, F. 61—63°, $Kp._{0,5}$ 131—133°, durch Zugabe von $SOCl_2$ zu **VIII** u. trockenem Pyridin in Bzl. unter Kühlen, 1std. Erwärmen auf 50—55° u. Abtrennen des Pyridinhydrochlorids, n_D^{25} 1,5724; 88%. — *Diphenylbromacetaldehyddimethylacetal* (**VI**), $C_{16}H_{17}O_2Br$, F. 57—60°, analog **II** aus **VIII** mit $SOBr_2$; 30%. **VI** gab bei Vakuumdest. **IV**, daraus durch Verseifung 71% Diphenylessigsäure. Nach 1 monatigem Stehen von **VI** u. Verdünnen mit Ae. wurden *Diphenyloxyacetaldehyd*, F. 158—163°, **IV**, F. 53—59°, u. *Benzophenon* erhalten. — Der Vers., Diphenylbromacetaldehyddiäthylacetal aus **IX** darzustellen, führte nicht zu dem gesuchten Material. — *Diphenylchloracetaldehyddiäthylacetal* (**V**), blassgelbes Öl, n_D^{25} 1,5502; 91,5%. Durch Dest. bei 120—122°/0,6 mm wurden 30% **X** erhalten. Durch 3wöchiges Stehen wurde ein Öl erhalten, das beim Erhitzen 30% Äthylchlorid, 55% **X** u. 45% *Benzophenon* [F. 45—48°; *Oxim*, F. 141—144°, *Semicarbazon*, F. 243—244,5° (Zers.)] gab. 3,5std. Erhitzen von **V** auf 140° lieferte 71% **X**. — *Diphenylketendimethylacetal* (**I**), $C_{16}H_{16}O_2$, F. 66—68° (PAe.), $Kp._{0,5}$ 120—126°, a) durch 63std. Kochen von **II** mit **III** in absol. Dioxan u. Abtrennen der Fl. vom KCl u. K-Enolat des **IV**, n_D^{25} 1,5935; 49%; b) durch 71std. Kochen von **II** mit **III** in absol. tert.-Butylalkohol; 30% aus den ersten Fraktionen oberhalb 114°/0,7 mm. Aus dem restlichen Destillat wurde neben **I** *Diphenyl-tert.-butoxyacetaldehyddimethylacetal* (**XI**), $C_{20}H_{26}O_3$, $Kp._{0,15}$ 110—111°, n_D^{25} 1,5337; 39%; erhalten. Nach 3std. Kochen von **XI** mit 10%ig. HCl wurde *Benzoin*, F. 127—132°; 68%; isoliert. Oxydation von **XI** mit CrO_3 gab *Benzophenon*, Zugabe von HCl zu **XI** in W. u. Dioxan ebenfalls. Kochen eines Gemisches von **I** u. **XI** mit 48%ig. HBr, Dest., Sättigung des Destillats mit NaBr, Extraktion mit Ae. u. Dest. lieferte *tert.-Butylbromid*, Kp. 71—72°

(*N-[α-Naphthyl]-trimethylacetamid*, F. 144—147°), Verdünnen des Destillationsrückstandes mit W., Extraktion mit Ae. u. Waschen mit Soda lieferte 19% *Diphenylessigsäure*. Aus der äther. Lsg. wurden 39% *Benzil* u. 48% **IV** isoliert. c) Durch Zugabe von **II** zu Na in Pinakon, 48std. Erhitzen auf 105° u. Aufarbeitung wie üblich; 38% **I**. Daneben *Diphenylpinakonoxyacetaldehyddimethylacetal*, $C_{22}H_{30}O_4$, Kp.$_{0,15}$ 140—141°; 42%. d) Durch Kochen von absol. tert.-Butyläther mit **III**, 48std. Erhitzen mit **II** auf 110° u. Verdünnen mit Ae.; 30% **I**. — Durch Einbringen einer Spur konz. HCl in **I** in W.-Dioxan u. Vakuumdest. wurde **IV**, F. 48—53°, erhalten. Kochen mit konz. HCl-W. lieferte *Diphenylessigsäure*, F. 138—145°; 62%. — *Methylorthodiphenylacetat*, $C_{17}H_{20}O_3$, F. 39—43°, durch Zugabe eines Tropfens HCl zu **II** in absol. CH_3OH, Zugabe von methanol. Na-Methylat nach Stehen über Nacht u. Entfernung des CH_3OH im Vakuum; Kristalle aus PAe., Kp.$_{0,8}$ 136—141°, n_D^{25} 1,5515; 75%. — Durch Zugabe von Br_2 in CCl_4 zu **I** wurden *Methylbromid* u. *Methyldiphenylbromacetat* erhalten. — 48std. Kochen von **I** mit **III** in Dioxan u. Dest. des Filtrats lieferte *Methyl-tert.-butyläther*, Kp. 58—60°, n_D^{25} 1,3798, u. 29% **I** zurück. Ein Teil des abgetrennten festen Materials wurde mit W. behandelt, mit Ae. ausgezogen u. aus der äther. Lsg. **IV** isoliert. Die wss. Lsg. wurde angesäuert u. mit Ae. extrahiert, aus der äther. Lsg. wurden Diphenylessigsäure u. Spuren *Benzilsäure* erhalten. Der Rest des festen K-Enolats von **IV** gab durch 20std. Kochen mit C_2H_5J unter N_2 *Methyl-α.α-diphenylbutyrat*, Kp.$_{0,15}$ 122—131°; 41%. Durch Verseifung *α.α-Diphenylbuttersäure*, F. 172—174° (A.). — Durch 2std. Kochen von **I** mit Benzylbromid u. Vakuumdest. 27% **IV**, unreines **I** u. *Methyl-α.α.β-triphenylpropionat*, F. 126—128°; 31%; u. ein Prod. von Kp.$_{0,05}$ 230—270°. — ½std. Erhitzen von **I** mit Benzoylchlorid auf 150° führte zu keiner Rk.; durch Erhöhung der Reaktionstemp. auf den Kp. wurde nach Abdest. des Benzoylchlorids 45% **IV** u. 21% **I** erhalten. — 3std. Erhitzen von **I** u. Methylchlorformiat auf 190° im Rohr führte zu keiner Rk., ebensowenig ½std. Kochen von **I** mit Acetylchlorid. (J. Amer. chem. Soc. **73**. 3807—11. Aug. 1951.) HORST BAGANZ. 710

S. M. McElvain und **Richard D. Mullineaux**, *Ketenacetale*. 26. Mitt. *Darstellung und Eigenschaften einiger ω-Cyanalkylketenacetale*. (25. vgl. vorst. Ref.) Die Darst. von *Cyanmethylketendimethylacetal* (**I**), *β-Cyanäthylketendimethylacetal* (**II**) u. *γ-Cyanpropylketendimethylacetal* (**III**) durch Alkoholabspaltung aus den entsprechenden Orthoestern (**XVI** bis **XVIII**) mit Hilfe eines großen Überschusses Al-Methylat wird beschrieben. Die Orthoester wurden aus den Dinitrilen über die Cyaniminoesterhydrochloride erhalten. Auch mit *Al-tert.-Butylat* (**IV**) gelang die Alkoholabspaltung, jedoch waren die Ausbeuten geringer u. die Ketenacetale mit **IV** verunreinigt. Hydrolyse von **II** u. **III** führte zu *Methyl-γ-cyanbutyrat* (**XI**) bzw. *Methyl-δ-cyanvalerat* (**XV**). Die Struktur von **I** wurde durch Umsetzung mit *Chlorameisensäuremethylester* (**V**) geklärt. Statt des erwarteten *Dimethylcyanmethylmalonats* (**XIII**) wurden Methylchlorid, *β*-Cyanpropionsäuremethylester u. *Carbomethoxycyanmethylketendimethylacetal* (**VI**) erhalten. Hydrolyse von **VI** ergab **XIII**. Als Vgl. hierzu wurden Ketendimethylacetal (**VII**) u. Methylketendiäthylacetal (**VIII**) mit **V** bzw. Äthylchlorformiat (**Va**) umgesetzt. **VII** lieferte *Carbomethoxyketendimethylacetal* u. **VIII** *Methylcarbäthoxyketendiäthylacetal*. Im Gegensatz hierzu reagierten Carbalkoxyketene u. Phenylketendimethylacetal nicht mit **V** bzw. **Va**. Durch Rk. von Ortho-δ-cyanvaleriansäuretrimethylester (**XVIII**) mit Na-Methylat (**IX**) entstand, wenn man die Rk. nach Abdest. eines Äquivalentes CH_3OH unterbrach, **III** u. in kleinen Mengen *1-Methoxy-2-cyancyclopenten-(1)* (**X**). Wurde jedoch die Rk. fortgeführt, bis kein CH_3OH mehr überging, so wurden nur **X** u. ein Teer isoliert. Da durch Rk. von **III** mit 5 Mol-% **IX** die gleichen Prodd. erhalten wurden, wird der Schluß gezogen, daß **III** eine Vorstufe von **X** u. dem Teer ist. **III** wurde ferner mit 75 Mol-% **IX** umgesetzt, es wurden 50% Dimethyläther (**XIV**), 90% CH_3OH u. 42% nicht umgesetztes **III** durch Dest. abgetrennt. Durch Ansäuern des Rückstands wurden 51% *2-Cyancyclopentanon* (**XII**) erhalten. Es wird angenommen, daß **XIV** u. **XII**-Na durch Spaltung des ursprünglich gebildeten **X** durch **IX** entstehen. **X** wurde außerdem durch Rk. von **XII** mit **VII** dargestellt. Verss., die Cyclisierung von **I** u. **II** mit **IX** zu erreichen, ergaben nur Teer. Abschließend werden die Kpp. der ω-Cyanketenacetale mit denen der entsprechenden n. u. Orthoester verglichen.

Versuche: *Methylimino-β-cyanpropionathydrochlorid*, aus Succinonitril (F. 54 bis 55°) nach MCELVAIN u. SCHROEDER (C. **1950**. I. 860). — *Methylimino-γ-cyanbutyrathydrochlorid*, $C_6H_{11}ON_2Cl$, durch Behandlung von Glutaronitril (n_D^{25} 1,4343) mit absol. CH_3OH in absol. Ae. u. Dioxan mit trockenem HCl; 85% (Ausbeute). — *Methylimino-δ-cyanvalerathydrochlorid*, $C_7H_{13}ON_2Cl$, durch Umsetzung von Adiponitril (F. 1 bis 1,5°, n_D^{25} 1,4368) wie beim vorst. Vers., jedoch ohne Dioxan; 90%. — Die Darst. der *ω-Cyanorthoester* erfolgte durch 8std. Schütteln der Iminoesterhydrochloride u. CH_3OH, Zugabe von Ae., Zugabe von methanol. **IX** zum Filtrat u. Dest.: *Trimethylortho-β-cyanpropionat* (**XVI**), Kp.$_{10}$ 104—105°, n_D^{25} 1,4267; 67%. — *Trimethylortho-γ-cyanbutyrat* (**XVII**), $C_8H_{15}O_3N$, Kp.$_8$ 108,5—109°, n_D^{25} 1,4292, D^{25}_4 1,035; 67%. Liefert mit verd.

HCl *Methyl-γ-cyanbutyrat* (**XI**), $C_6H_9O_2N$, Kp.$_8$ 98—99°, n_D^{25} 1,4253; 85%. — *Trimethyl-ortho-δ-cyanvalerat* (**XVIII**), $C_9H_{17}O_3N$, Kp.$_9$ 128—129°, n_D^{25} 1,4344, D.^{25} 1,0197; 75%. Liefert mit verd. HCl *Methyl-δ-cyanvalerat* (**XV**), $C_7H_{11}O_2N$, Kp.$_9$ 116—117°, n_D^{25} 1,4307, D.$^{25}_4$ 1,0201; 94%. — *Cyanmethylketendimethylacetal* (**I**), $C_6H_9O_2N$, Kp.$_9$ 95—96°, a) durch 1std. Erhitzen von 0,029 Mol Al-Methylat in 0,107 Mol **XVI** auf 260° unter Abdest. von 94% CH_3OH; n_D^{25} 1,4420, D.$^{25}_4$ 1,034; 86%; b) durch 2std. Erhitzen von 0,058 Mol **IV** u. 0,115 Mol **XVI** auf 185° unter Abdest. von 95% tert.-Butylalkohol; 63%. — *β-Cyanäthylketendimethylacetal* (**II**), $C_7H_{11}O_2N$, Kp.$_8$ 95—95,5°, wie vorst. a) aus **XVII**; n_D^{25} 1,4446, D.$^{25}_4$ 1,008; 79%. Lieferte mit W., das einen Tropfen HCl enthielt, **XI**; 81%. — *γ-Cyanpropylketendimethylacetal* (**III**), $C_8H_{13}O_2N$, Kp.$_8$ 108—109°, a) wie **I** nach a) aus **XVIII**; n_D^{25} 1,4488, D.$^{25}_4$ 0,9894; 75%; b) wie **I** nach b); 50%; c) durch 5std. Erhitzen von **XVIII** auf 260° unter Abdest. von 100% CH_3OH; 22%; daneben 35% **XV** u. Harz. Hydrolyse der anfänglichen Reaktionslsg. mit konz. H_2SO_4 lieferte *Adipinsäure*, F. 149—151°; 90%. d) Durch 25 Min. langes Erhitzen von 5 Mol-% **IX** mit **XVIII** auf 260° unter Abdest. von 1,2 Mol CH_3OH u. Fraktionieren; 41%. Daneben 8% **X**. — *Carbomethoxyketendimethylacetal*, $C_6H_{10}O_4$, F. 57—58°, Kp.$_8$ 104—110°, durch 30 Min. langes Erwärmen von **VII** mit **V** auf 60° unter Auffangen von 35% Methylchlorid in der Kühlfalle u. Abtrennen des niedrigsd. Materials, Platten aus PAe.; 30%. In dem niedrigsd. Gemisch wurden 37% Methylacetat, unverändertes **V** u. **VII** nachgewiesen. Durch Schütteln des Ketenacetals mit W. u. einem Tropfen HCl, Sättigung mit NaCl u. Ausäthern wurde *Dimethylmalonat*, Kp.$_{740}$ 175—178°, n_D^{25} 1,4102, erhalten, das mit konz. NH_4OH *Malonamid*, F. 167—169°, lieferte. — *Methylcarbäthoxyketendiäthylacetal*, $C_{10}H_{18}O_4$, Kp.$_8$ 99—100°, durch Erhitzen von **VIII** mit **Va** auf 110° unter Abspaltung von 45% Äthylchlorid; n_D^{25} 1,4385. Hydrolyse ergab *Diäthylmethylmalonat*, Kp.$_{740}$ 192—195°, n_D^{25} 1,4097, das in *Methylmalonamid*, F. 207—210°, übergeführt wurde. — *Carbomethoxycyanmethylketendimethylacetal* (**VI**), $C_8H_{11}O_4N$, Kp.$_1$ 110—111°, F. 18—20°, durch 2std. Erwärmen von **I** mit **V** auf 76° unter Abdest. von 33% Methylchlorid; n_D^{25} 1,4770, D.$^{25}_4$ 1,184; 31%. Daneben unverändertes **V** u. 38% Methyl-β-cyanpropionat. — *Dimethylcyanmethylmalonat* (**XIII**), $C_7H_9O_4N$, Kp.$_{10}$ 137—138°, a) durch Hydrolyse von **VI**; n_D^{25} 1,4380, D.$^{25}_4$ 1,019; b) durch Erwärmen von Dimethylmalonat mit **IX**, 2std. Kochen mit Chloracetonitril, Entfernung des CH_3OH, Zugabe von W. u. Extraktion mit Ae.; 10%. Durch Ammonolyse entsteht daraus *Cyanmethylmalonamid*, $C_5H_7O_2N_3$, F. 246 bis 248° (Zers.; 50%ig. A. + W.). — *1-Methoxy-2-cyancyclopenten-(1)* (**X**), C_7H_9ON, Kp.$_9$ 84,5—85°, a) durch 1,5std. Erhitzen von **III** mit 5 Mol-% **IX** auf 255° unter Abspaltung von 91% CH_3OH u. Dest., noch unrein; 18%; daneben ein Gemisch von **III** u. **XV**. Wenn nur 55% CH_3OH gesammelt wurden, wurden 12% **X** u. 45% unverändertes **III** isoliert. Durch Behandeln des bis 105°/10 mm abdest. Materials mit CH_3OH u. einer Spur trockenem HCl, Neutralisation mit **IX** u. Dest. wurde fast reines **X** erhalten. b) Durch 1std. Erhitzen von **XII** mit **VII** auf 100°; 65%. Durch 1std. Erhitzen von **X** mit **IX** auf 250° wurden 28% CH_3OH u. 31% **XIV** abdest. u. durch Extraktion des Rückstands mit Ae. 14% unverändertes **X** erhalten. Neutralisation u. Extraktion des Rückstands lieferte 20% **XII**, Kp.$_9$ 125-130°; **XII**-*Semicarbazon*, F. 192—195°. — Durch 1³/₄std. Erhitzen von 0,242 Mol **IX** mit 0,322 Mol **III** auf 255—260° wurden 92% CH_3OH u. 50% **XIV** abdestilliert. Durch Zugabe von Ae. zum Reaktionsgemisch, Abzentrifugieren des Nd. u. Aufarbeitung der äther. Lsg. wurden 42% **III** zurückgewonnen. Der ätherunlösl. Rückstand wurde in Ae. suspendiert, mit Eisessig versetzt, zentrifugiert u. dest. u. gab 61,4% **XII**, Kp.$_8$ 123—124°, n_D^{25} 1,4672. — Durch Erhitzen von 0,204 Mol **IX** mit 0,33 Mol **I** auf 200° unter Abdest. von 100% CH_3OH wurde ein schwarzer Teer erhalten, der nach Ansäuern wenig Methyl-β-cyanpropionat lieferte. — Durch Erhitzen von 0,075 Mol **IX** mit 0,1 Mol **II** auf 240° wurden 88% CH_3OH u. 46% **XIV** erhalten. Durch Aufarbeitung des Reaktionsgemisches wurden 28,5% **II** zurückgewonnen u. daneben nur Harz isoliert. (J. Amer. chem. Soc. **74.** 1811—16. 5/4. 1952.)

HORST BAGANZ. 710

S. M. McElvain und **William R. Davie**, *Ketenacetale.* 27. Mitt. *Bromierung verschiedener Ketenacetale.* (26. vgl. vorst. Ref.) Die Ergebnisse der Bromierung von *Methylketendiäthylacetal* (**I**), *Phenylketendimethylacetal* (**II**), *Cyanketendimethylacetal* (**III**), *Dimethylketendimethylacetal* (**IV**) u. *Ketendiäthylacetal* (**V**) werden mitgeteilt. Mit Ausnahme von **V** verbrauchten alle genannten Ketenacetale die theoret. Menge Br_2, wenn sie zu einer Lsg. von Br_2 in Chlf. bei 0—5° hinzugegeben wurden, u. lieferten die entsprechenden Bromester *α-Brompropionsäureäthylester* (**VI**), *α-Bromphenylessigsäuremethylester* (**VII**), *Bromcyanessigsäuremethylester* (**VIII**) u. *α-Bromisobuttersäuremethylester* (**IX**). Wurde Br_2 bei 0—5° zu **I** hinzugegeben, dann wurden nur 58% Br_2 verbraucht; hierbei oder bei —78° entstanden **VI** u. *α-Methyl-β.β-diäthoxy-γ-bromvaleriansäureäthylester* (**XX**), der sich bei Dest. unter 15 mm Druck in *2-Keto-3.5-dimethyl-4-äthoxy-2.5-dihydro-*

furan (**X**) unter Abspaltung von A. u. Äthylbromid umwandelt. Nach Bromaddition an **II** bei -20^0 wurde ein 77%ig. Br_2-Verbrauch beobachtet. Es entstanden dabei **VII**, *2-Keto-3.5-diphenyl-4-methoxy-2.5-dihydrofuran* (**XI**) u. *dl-Dimethyl-α.α'-diphenylsuccinat* (dl-**XII**). **XII** wurde auch durch Behandlung von **II** mit O_2 neben wenig Benzaldehyd u. Dimethylcarbonat u. durch Rk. von **II** mit **VII** dargestellt. Bei der Zugabe von Br_2 zu **III** wurden nur 60% Br_2 verbraucht u. als Reaktionsprodd. **VIII**, Cyanessigsäuremethylester u. Cyanbromketendimethylacetal (**XXI**) isoliert. Bei der Bromierung von **IV** in Ggw. von Methylorthopropionat bei $0-5^0$ wurden 96% Br_2 verbraucht u. **IX**, *Ortho-α-bromisobuttersäuretrimethylester* (**XIII**) u. Methylpropionat erhalten. Im Gegensatz dazu ist es bisher nicht gelungen, **XIII** durch direkte Bromierung von Methylorthoisobutyrat darzustellen. Bei der Bromierung von **V** bei $0-5^0$ wurden annähernd 85% Br_2 verbraucht. Essigester (**XIV**), Bromessigester (**XV**) u. eine kleine Menge *Dibromessigester* (**XVI**) wurden isoliert. Durch Zugabe einiger Tropfen Br_2 zu **V** in Chlf. bei -78^0 wurde seine polymere Verb. erhalten. Bei $50-60^0$ addierte **V** 79–86% Br_2, u. es wurden **XV**, **XVI** u. **XIV**, zusammen mit höhersd. Bromverbb., die sich bei der Dest. zers., isoliert. — *3.5-Dimethyltetronsäure* (**XVII**) u. *3.5-Diphenyltetronsäure* (**XVIII**) wurden aus den entsprechenden Bromketoestern dargestellt. **XVII** wurde durch Umsetzung mit **V** in **X** u. **XVIII** mit CH_2N_2 in **XI** u. das isomere *2-Methoxy-3.5-diphenyl-4-keto-4.5-dihydrofuran* (**XIX**) übergeführt. Durch Hydrolyse mit wss. Säure konnte aus **X** wieder **XVII** erhalten werden, während **XI** nur mit wss. Alkalien in **XVIII** übergeführt werden konnte. Im Gegensatz hierzu wird **XIX** mit wss. Säure zu **XVIII** hydrolysiert.

V e r s u c h e: *3.5-Dimethyltetronsäure* (**XVII**), $C_6H_8O_3$, F. $123-124^0$, durch Bromierung von Äthyl-α-methyl-β-ketovalerat in absol. Ae. bei 0^0, 2std. Kochen des *Äthyl-α-methyl-α-brom-β-ketovalerats* (Kp.$_{0,2}$ $58-62^0$, n_D^{25} 1,4550) mit 10%ig. HBr, Neutralisation mit $NaHCO_3$, Extraktion mit Chlf., Ansäuern der wss. Lsg., Sättigen mit NaCl u. Extraktion mit Ae.; Kristalle aus Bzl.; 80% (Ausbeute). *Phenylhydrazon*, $C_{12}H_{14}O_2N_2$, F. $188-191^0$. — *3.5-Diphenyltetronsäure* (**XVIII**), F. $203-206^0$, nach HEY u. MORRIS (C. **1948.** II. 1067). — Zugabe von CH_2N_2 in Ae. zu **XVIII**, ½std. Stehen bei 5^0, Verdampfen der Lösungsmittel im Luftstrom, Zugabe von W., A. u. wenig $NaHCO_3$, Abdampfen des A. u. Extraktion mit Ae. lieferte *2-Methoxy-3.5-diphenyl-4-keto-4.5-dihydrofuran* (**XIX**), $C_{17}H_{14}O_3$, F. $117-118^0$ (Ae.–PAe.), u. **XI**, F. $84-86^0$, im Verhältnis 1:2,3. — Die Darst. der nachst. *Bromester* erfolgte durch Zugabe der Ketenacetale zu Br_2 in CCl_4 bei $0-5^0$: *Äthyl-α-brompropionat* (**VI**), Kp.$_9$ $46-47^0$, n_D^{25} 1,4430; 86%. — *Methyl-α-bromphenylacetat* (**VII**), Kp.$_{14}$ $133-137^0$, n_D^{25} 1,5502; 90%. — *Methylbromcyanacetat* (**VIII**), $C_4H_4O_2NBr$, Kp.$_9$ $88-93^0$, n_D^{25} 1,4712; 92%. — *Methyl-α-bromisobutyrat* (**IX**), $C_5H_9O_2Br$, Kp.$_{11}$ $41-45^0$, n_D^{25} 1,4480; 92%. — *Äthylbromacetat* (**XV**), Kp.$_9$ $45-50^0$, n_D^{25} 1,4492; 34%. — Zugabe von Br_2 in CCl_4 zu **I** bei 0^0 lieferte unter Verbrauch von 58% Br_2 Äthylbromid; 80%; **VI**; 20,5%; u. *Äthyl-α-methyl-β.β-diäthoxy-γ-bromvalerat* (**XX**), $C_{12}H_{23}O_4Br$, Kp.$_{0,2}$ $86-90^0$, n_D^{25} 1,4538; 77%. — *Äthyl-3.5-dimethyltetronat* (*2-Keto-3.5-dimethyl-4-äthoxy-2.5-dihydrofuran*) (**X**), $C_8H_{12}O_3$, Kp.$_{15}$ $147-150^0$, durch Erhitzen von **XX** auf 200^0 unter Abfangen des gebildeten A. u. Äthylbromids; n_D^{25} 1,4720, $D._4^{25}$ 1,074. Kurzes Erwärmen von **X** mit 10%ig. HCl, Abdest. des gebildeten A. (60%), Sättigung der Lsg. mit NaCl u. Extraktion mit Ae. lieferte **XVII**. ½std. Erwärmen von **XVII** mit **V** auf 80^0 u. Dest. lieferte **XIV** u. **X**. — Die Bromaddition an **II** wurde bei verschied. Tempp. u. mit verschied. Zutropfgeschwindigkeiten durchgeführt. Während bei langsamer Br_2-Addition viel dimere Verb. gebildet wurde, entstand bei schneller Addition als Hauptprod. **VII**. 7std. Behandlung von 74 g **II** mit 55,5 g Br_2 in CCl_4 bei -20^0 lieferte nach Dest. 66% **VII** u. nach Sublimation des Rückstands bei $160-170^0$/0,05 bis 0,1 mm 6,5% *dl-Dimethyl-α.α'-diphenylsuccinat* (dl-**XII**), $C_{18}H_{18}O_4$, F. $165-170^0$. *Freie Säure*, F. $179-180^0$, u. dann $226-228^0$. Durch Erhitzen des Rückstands von **XII** auf $185-190^0$ wurde *Methyl-3.5-diphenyltetronat* (*2-Keto-3.5-diphenyl-4-methoxy-2.5-dihydrofuran*) (**XI**), $C_{17}H_{14}O_3$, F. $85-86^0$ (Ae.); 14%; erhalten. Der nach Abdest. von **XI** zurückbleibende Nd. wurde mit Bzl. gewaschen u. aus Chlf. umkrist., F. $300-305^0$ (Zers.). Er reagierte nicht mit Br_2 u. $KMnO_4$. 7std. Bromierung von **II** in Chlf. bei -78^0 lieferte 18% **VII** u. 80% **XI**. — Durch Erhitzen von **VII** mit **II** auf 150^0 wurde Methylbromid entwickelt. Dest. des festen Rückstands lieferte unveränderte Ausgangsmaterialien. Aus dem zurückbleibenden Kuchen wurde ein Gemisch von meso- u. dl-**XII** isoliert, aus Bzl.–PAe.; 72%. — 1std. Kochen von **XI** mit A., W. u. KOH, Entfernung des A. u. Ansäuern mit konz. HCl lieferte **XVIII**. — Durch Zutropfen von Br_2 in Chlf. zu **III** bei -10 bis -20^0, Abdest. des Lösungsm. nach beendeter Br_2-Entfärbung u. Fraktionieren wurden erhalten: Ein Gemisch von **VIII** u. Methylcyanacetat sowie *Cyanbromketendimethylacetal* (**XXI**), $C_5H_6O_2NBr$, n_D^{25} 1,5075; 41%. — Behandlung von **XXI** mit W., Dioxan u. Eisessig lieferte **VIII**, Kp.$_9$ $89-91^0$, n_D^{25} 1,4718. — Behandlung von **XXI** in Chlf. mit Br_2 in Chlf. lieferte nach Entfärbung von 87% Br_2 *Methyldibromcyan-*

acetat, $C_4H_3O_2NBr_2$, Kp.$_{0,5}$ 58—62°, n_D^{25} 1,5037; 86%. — Bromierung von **IV** in CCl_4 bei 0° lieferte **IX** mit 89% Ausbeute. — Bromierung von **IV** mit Br_2 in Chlf. bei 0° in Ggw. von Methylorthopropionat lieferte nach Entfärbung von 96% Br_2 u. Dest. 46% unverändertes Methylorthopropionat; 43% **IX** u. 51,5% *Methyl-ortho-α-bromisobutyrat* (**XIII**), $C_7H_{15}O_3Br$, Kp.$_{18}$ 77—79°, n_D^{25} 1,4510, F. ca. 25°. — Durch Zugabe von Br_2 in Chlf. zu **IV** u. Methylorthoisobutyrat bei 0—5° u. Dest. wurden 19% unveränderter Orthoester, 18% **IX** u. ein Gemisch von 29% **IX** u. 42% **XIII** erhalten. — Durch Zugabe von 10%ig. HBr zu **XIII**, 1std. Stehen u. Extraktion mit Ae. wurden 84% **IX**, Kp.$_8$ 34 bis 38°, n_D^{25} 1,4478, erhalten. — Durch Zutropfen von 30%ig. Br_2 in Chlf. zu **V** bei —78° unter N_2 u. 1std. Erhitzen auf 150°/8 mm wurde als Rückstand eine gelblichweiße polymere Verb. isoliert. Durch Bromierung von **V** in CCl_4 bei 50—60° wurden erhalten: a) **XV**, Kp.$_9$ 43—47°, n_D^{25} 1,4493; 27,8%; b) eine Zwischenfraktion vom Kp.$_9$ 52—69°, n_D^{25} 1,4681; c) **XVI**, Kp.$_9$ 69—72°, n_D^{25} 1,4910; 9,2%; ferner die höhersd. Fraktionen d) Kp.$_9$ 79—108°, n_D^{25} 1,4800; e) Kp.$_9$ 108—115°, n_D^{25} 1,4640; f) Kp.$_{0,3}$ 74—78°, n_D^{25} 1,4635; g) Kp.$_{0,4}$ 83—88°, n_D^{25} 1,4740; h) Kp.$_{0,4}$ 91—100°, n_D^{25} 1,4965. Durch Extraktion des Destillats von Äthylbromid, CCl_4 u. **XIV** mit konz. H_2SO_4, Gießen des Auszugs auf Eis, Zugabe von NaOH u. Dest. wurde ein Gemisch von CCl_4 u. **XIV** erhalten, das ca. 29% **XIV** enthielt. — Durch Behandlung von **II** mit O_2 bei 60° wurde bei 70°/8 mm *Dimethylcarbonat*, F. —1°, n_D^{25} 1,3761; 40%; erhalten. Nach Erhöhung der Temp. wurden 38% Benzaldehyd, ein Gemisch von Methylbenzoat u. Methylphenylacetat u. 37% **XII** isoliert. (J. Amer. chem. Soc. **74**. 1816—21. 5/4. 1952.) HORST BAGANZ. 710

Remsen Ten Eyck Schenck und **Isidore Danishefsky**, *Die Addition von Bisulfit an ungesättigte Säuren und ihre Derivate.* Die Anlagerung von Na-Bisulfit (**I**) an α.β-ungesätt. Säuren verläuft schnell u. nahezu quantitativ unter Bldg. von β-Sulfonaten. Sie ist unabhängig vom O_2-Geh. u. von der Wrkg. von Antioxydationsmitteln (Hydrochinon bzw. p-tert.-Butylbrenzcatechin). Die Ausbeuten sind in dem p_H-Bereich am besten, in dem das Bisulfition in maximaler Konz. vorliegt. die Rk. ist wahrscheinlich als Ionen-Rk. anzusehen. Im Gegensatz dazu findet die Anlagerung von **I** an ungesätt. Säuren, deren Doppelbindung weiter von der Carboxylgruppe entfernt ist, nur in Ggw. von Oxydationsmitteln, niemals quantitativ u. sehr langsam statt. β.γ-ungesätt. Säuren bilden γ-Sulfonate. Befindet sich die Doppelbindung am Ende der Kette, so tritt die Sulfongruppe am endständigen C-Atom ein. Aus dem olefinähnlichen Verh. wird geschlossen, daß hier ein radikal. Mechanismus vorliegt.

V e r s u c h e: Rkk. zur Unters. des p_H- u. O_2-Einfl. in O_2-Atmosphäre bestimmter Konz. u. bestimmten Drucks unter Schütteln, Best. der Menge des oxydierten Sulfits, des addierten **I** u. der unveränderten Säure. — *β-Sulfopropionsäure*; *Ba-Salz*, $Ba(C_3H_4 \cdot O_5S) \cdot 5H_2O$, aus 0,1 Mol Na-Acrylat mit 0,0826 Mol **I** bei Atmosphärendruck, 24std. Stehen, Eindampfen im Vakuum nach Zers. des **I**, Extraktion erst mit 95%ig. A., dann mit 80%ig. A., Eindampfen u. Rk. des Di-Na-Salzes (91% Ausbeute) mit $BaCl_2$; *S-Benzylisothiuroniumsalz* (**II**), $C_{19}H_{26}O_5N_4S_3$, F. 152,3—152,5° (10%ig. A.). — *α-Sulfopropionsäure*; *S-Benzylisothiuroniumsalz*, $C_{19}H_{26}O_5N_4S_3$, F. 149,2—150,2°. — *β-Sulfobuttersäure*; *Na-Salz*, $C_4H_6O_5SNa_2$, analog vorst. Verb. durch Anlagerung von **I** an Na-Crotonat; *S-Benzylisothiuroniumsalz*, $C_{20}H_{28}O_5N_4S_3$, F. 153,5—154°. — *α-Sulfobuttersäure*; *S-Benzylisothiuroniumsalz*, $C_{20}H_{28}O_5N_4S_3$, F. 167,5—168°. — *β-Sulfopropionsäuremethylester, Na-Salz* (**III**), $C_4H_7O_5SNa$, Kristalle aus CH_3OH, durch 24std. Schütteln von 0,1 Mol Methylacrylat, 0,0205 Mol Na_2SO_3 u. 0,057 Mol **I** in W. unter O_2 (0,003 Mol O_2-Verbrauch); 90%; *S-Benzylisothiuroniumsalz*, $C_{12}H_{18}O_5N_2S_2$, F. 129,5—130,2°. **III** wird durch Verseifung mit NaOH u. Rk. mit S-Benzylisothiuroniumchlorid in **II** übergeführt. — *β-Sulfopropionitril, Na-Salz*, $C_3H_4O_3NSNa$, Kristalle aus 80%ig. A., durch Rk. von Acrylnitril u. **I** wie vorst.; 89%; *S-Benzylisothiuroniumsalz*, $C_{11}H_{15}O_3N_3S_2$, F. 113,2 bis 114,6°. Kann in **II** übergeführt werden. — *γ-Sulfobuttersäure, Na-Salz*, $C_4H_6O_5SNa_2$, durch Rk. von **I** mit Ammoniumvinylacetat u. Erhitzen mit NaOH; 76%; *S-Benzylisothiuroniumsalz*, $C_{20}H_{28}O_5N_4S_3$, F. 160,6—161,4°. (J. org. Chemistry **16**. 1683—89. Nov. 1951. New York, N. Y., Univ., Chem. Labor.) HORST BAGANZ. 810

H. Finch, E. A. Peterson und **S. A. Ballard**, *Reaktionen von Acrolein und verwandten Verbindungen.* 6. Mitt. *Kondensationen mit Aminen.* (5. vgl. SMITH, C. **1952**. 7803.) Aus Acrolein (**II**) bzw. Methacrolein u. prim. oder sek. Aminen entstehen am *N substituierte 1.3-Propendiamine* bzw. *2-Methyl-1.3-propendiamine*, die sich zu den *1.3-Propandiaminen* hydrieren lassen. Beim Erwärmen der 1.3-Propendiamine mit anderen Aminen findet Aminaustausch statt, u. zwar bei der ersten Aminogruppe schnell, wenn das substituierende Amin von gleicher oder geringerer Ordnung ist, bei der zweiten dagegen schnell mit einem Amin höherer Ordnung. Wird die katalyt. Hydrierung der 1.3-Propendiamine in Ggw. eines anderen Amins ausgeführt, so kann gleichzeitig Aminaustausch unter Bldg.

asymm. substituierter 1.3-Propandiamine stattfinden. — Die aus **II** u. prim. Aminen dargestellten Verbb. können das >C=C—N< oder >C—C=N—-Syst. besitzen; gegen letzteres spricht, daß sich in den Infrarotspektr. gegenüber den aus **II** u. sek. Aminen erhaltenen Verbb., bei denen diese Isomerie nicht möglich ist, kein wesentlicher Unterschied zeigt. — Aus **II** u. Diisopropylamin konnte kein beständiges Propendiamin erhalten werden, doch deutet die Entstehung von *N.N-Diisopropyl-1.3-propandiamin* bei der Hydrierung des rohen Kondensationsprod. in Ggw. von NH_3 auf seine Bldg. hin.

Versuche: *N.N'-Diisopropyl-1.3-propendiamin* (I), $C_9H_{20}N_2$, Kp.$_4$ 46°, durch Zugabe von **II** zu wasserfreiem K_2CO_3 in Isopropylamin bei 5—10° u. Dest. des Filtrats; n_D^{20} 1,4323, $D.^{20}_4$ 0,8003; 55% (Ausbeute). — *N.N'-Diisopropyl-1.3-propandiamin*, $C_9H_{22}N_2$, Kp.$_{15}$ 77°, durch Hydrierung von rohem **I** bei 105° u. 1000 lbs./sq.in. in Ggw. von RANEY-Ni; n_D^{20} 1,4325, $D.^{20}_4$ 0,8048; 53%. Daneben *Isopropylpropylamin*, Kp. 97 bis 98°. — Analog: *N.N.N'.N'-Tetraäthyl-1.3-propendiamin* (VI), $C_{11}H_{24}N_2$, Kp.$_5$ 82°, n_D^{20} 1,4650, $D.^{20}_4$ 0,8308; 65%. — *N.N.N'.N'-Tetraäthyl-1.3-propandiamin*, $C_{11}H_{26}N_2$, Kp.$_{80}$ 133°, n_D^{20} 1,4381, $D.^{20}_4$ 0,8101; 26%. — *N.N'-Diäthyl-1.3-propandiamin*, $C_7H_{18}N_2$, Kp.$_{760}$ 174°, $D.^{20}_4$ 0,8207; 30%. — *N.N'-Bis-[2-äthylhexyl]-1.3-propandiamin*, $C_{19}H_{42}N_2$, Kp.$_{0,5}$ 112—116°, n_D^{20} 1,4575; 29%. — *N.N'-Bis-[1.3-dimethylbutyl]-1.3-propendiamin* (III), $C_{15}H_{32}N_2$, Kp.$_{0,5}$ 95°, $D.^{20}_4$ 0,8192; 40%. — *N.N'-Bis-[1.3-dimethylbutyl]-1.3-propandiamin* (V), $C_{15}H_{34}N_2$, Kp.$_5$ 124°, n_D^{20} 1,4438, $D.^{20}_4$ 0,8177; 51%. — *N.N'-Diisopropyl-2-methyl-1.3-propendiamin*, $C_{10}H_{22}N_2$, Kp.$_{20}$ 80°, n_D^{20} 1,4282, $D.^{20}_4$ 0,7956; 76%. — *N.N'-Diisopropyl-2-methyl-1.3-propandiamin*, $C_{10}H_{24}N_2$, Kp.$_{20}$ 89°, n_D^{20} 1,4319, $D.^{20}_4$ 0,8054; 58%. — 2std. Kochen von 77 g **I** mit 202 g 1.3-Dimethylbutylamin (**IV**) unter gleichzeitiger Abdest. von Isopropylamin (35 g) u. Vakuumdest. lieferte 54 g *N-[1.3-Dimethylbutyl]-N'-isopropyl-1.3-propendiamin* u. 17 g **III**; Hydrierung in **IV** lieferte *N-[1.3-Dimethylbutyl]-N'-isopropyl-1.3-propandiamin*, $C_{12}H_{28}N_2$, Kp.$_5$ 89°, n_D^{20} 1,4392, $D.^{20}_4$ 1,8104, bzw. **V**. — *N-Isopropyl-1.3-propandiamin*, $C_6H_{16}N_2$, Kp.$_{760}$ 162°, durch Zugabe von **II** in Ae. zu Isopropylamin bei 5—10°, Entfernung von Amin u. Ae. im Vakuum u. Hydrierung in NH_3 in Ggw. von RANEY-Ni bei 100° u. 200 lbs./sq. in.; n_D^{20} 1,4427, $D.^{20}_4$ 0,8303; 64%. — 2std. Kochen von 75 g **I** mit 172 g Piperidin unter Abdest. von 40 g Isopropylamin lieferte 75 g *1.3-Bis-[piperidino]-propen*, $C_{13}H_{24}N_2$, Kp.$_{0,5}$ 96—100°. Durch Hydrierung *1.3-Bis-[piperidino]-propan*, $C_{13}H_{26}N_2$, Kp.$_4$ 116 bis 118°. — *N-Phenyl-N'.N'-diäthyl-1.3-propendiamin*, $C_{13}H_{20}N_2$, Kp.$_1$ 85—87°, durch 1,5std. Kochen von **VI** mit Anilin bei 15 mm; 39%. — *3-Piperidinopropylamin*, $C_8H_{18}N_2$, Kp.$_{25}$ 101°, n_D^{20} 1,4757, $D.^{20}_4$ 0,9024; 68%. — *N-Isopropyl-3-piperidinopropylamin*, $C_{11}H_{24}N_2$, Kp.$_3$ 77—80°, n_D^{20} 1,4617, $D.^{20}_4$ 0,8661; 23%. — *N-Propyl-3-piperidinopropylamin*, $C_{11}H_{24}N_2$, Kp.$_3$ 86—88°, n_D^{20} 1,4638, $D.^{20}_4$ 0,8690; 49%. — *N.N-Diäthyl-1.3-propandiamin*, $C_7H_{18}N_2$, Kp.$_{760}$ 169°, n_D^{20} 1,4413, $D.^{20}_4$ 0,8264; 79%. — *N-Äthyl-N'-isopropyl-1.3-propandiamin*, $C_8H_{20}N_2$, Kp.$_{760}$ 183°, n_D^{20} 1,4348, $D.^{20}_4$ 0,8101; 40%. — *N.N-Diisopropyl-1.3-propandiamin*, $C_9H_{22}N_2$, Kp.$_3$ 57°, n_D^{20} 1,4472, $D.^{20}_4$ 0,8326; 38%. (J. Amer. chem. Soc. **74**. 2016—18. 20/4. 1952. Emeryville, Calif., Shell Developm. Comp.)

HORST BAGANZ. 910

M. F. Schosstakowski und **F. P. Ssidelkowskaja,** *Über die Aktivierung von Vinylcaprolactam in Gegenwart von Wasserstoffperoxyd.* W. in Ggw. von H_2O_2 hydrolysiert N-Vinyl-ε-caprolactam (I) bei 60—100° unter Bldg. von *ε-Caprolactam* (II) u. *Acetaldehyd.* Niedrigere Temp. u. starke Verdünnung begünstigen den Ablauf dieser Rk.; die höchste erhaltene Ausbeute an **II** betrug 84,5% bei einer Verdünnung **I**:W. = 1:135 Mol u. 97—99° (Badtemp. 120—135°). Die gleichzeitig eintretende Polymerisation von **I** wird unter diesen Bedingungen gebremst, erreicht aber bei 100° (Badtemp. 150 bis 160°) trotz großer Verdünnung (1:135 Mol) 39%. In Abwesenheit von H_2O_2 reagiert **I** mit W. bei 100° nicht; auch Polymerisationsprodd. werden nicht gebildet. — Zu den Verss. wurden 10—12 g **I** in W. (10—135 Mol) u. 0,52 g 28%ig. H_2O_2, das in kleinen Anteilen jeweils nach 1½—2 Std. eingetragen wurde, angewendet; Reaktiondauer 4 Stunden. *ε-Caprolactam* (II), F. 68—69°. *Polymerisat*; Pulver; Mol.-Gew. (kryoskop.; Bzl.) 3000—5000. (Известия Академии Наук СССР, Отделение Химических Наук [Nachr. Akad. Wiss. UdSSR, Abt. chem. Wiss.] **1953**. 108—11. Jan./Febr. Inst. für organ. Chem. der Akad. der Wiss. der UdSSR.)

R. KNOBLOCH. 950

W. Gerrard und **J. V. Jones,** *Stabilität der isomeren Butoxysilane gegenüber Siliciumtetrachlorid und Chlorwasserstoff.* Als Beitrag zur Klärung der Rkk. im Syst. Alkohol–$SiCl_4$ wird das Verh. von *Tetra-n-butoxysilan* (I), *Tetraisobutoxysilan* (II) u. *Tetra-sek.-butoxysilan* (III) gegenüber $SiCl_4$ u. HCl untersucht. Bei 12std. Erhitzen der Ester mit $SiCl_4$ am Rückfluß erfolgt kein Austausch von OR gegen Cl. Zugabe einer Spur Pyridinhydrochlorid (**IV**) erleichtert den Austausch bei **I**, nicht jedoch bei **II** u. **III**. Im geschlossenen Rohr bei 150° bildet **I** das Tri- (**VIII**)- u. Monochlorsilan (**VII**), **II** u. **III** werden, vermutlich infolge ster. Hinderung durch die verzweigten Gruppen, kaum angegriffen. Gegenüber trockenem HCl bei 20 oder 55° sind alle drei Ester beständig. — Es wird die Reaktionsfolge bei Zugabe eines Alkohols zu $SiCl_4$ u. umgekehrt beschrieben. Im letzteren Fall scheint sich bei Zugabe von 0,25 Mol $SiCl_4$ zu 1 Mol n-Butylalkohol (**V**) **VII** neben nicht mehr reaktionsfähigem Alkohol (vermutlich ROH, HCl, nachgewiesen durch weitere $SiCl_4$-Zugabe als **VIII**) zu bilden. Erst durch Absaugen des flüchtigen Materials oder in Ggw. von Pyridin wird **I** erhalten. — Alkylchlorid wird im Syst. Alkohol–$SiCl_4$ (abgesehen von der Wrkg. von HCl auf den Alkohol) nicht gebildet, wenn das alkoh. C-Atom nur n. Reaktionsfähigkeit zeigt.

Versuche: Darst. der Tetraalkoxysilane durch Zugabe von 1 Mol $SiCl_4$ in Pentan zu einem Gemisch von 4 Mol Alkohol u. 4 Mol Pyridin in Pentan. *Tetra-n-butoxysilan* (**I**), $C_{16}H_{36}O_4Si$, $Kp._{0,4}$ 106°, $D.^{20}_{20}$ 0,897, n_D^{20} 1,4138. *Tetraisobutoxysilan* (**II**), $Kp._{0,4}$ 90°, $D.^{20}_{20}$ 0,886, n_D^{20} 1,4090. *Tetra-sek.-butoxysilan* (**III**), $Kp._2$ 87°, $D.^{20}_{20}$ 0,883, n_D^{20} 1,4070. — 8 g **I**, $SiCl_4$ u. **IV** (Molverhältnis 1:4:0,05) 12 Std. gekocht gaben 3 g *Di-n-butoxydichlorsilan* (**VI**), $C_8H_{18}O_2Cl_2Si$, $Kp._{15}$ 95—105°; 2,1 g *Tri-n-butoxychlorsilan* (**VII**), $C_{12}H_{27}O_3ClSi$, $Kp._{15}$ 120—125°, u. 2,4 g Gemisch von **VI** u. **VII**. — 4 g **I** mit 8,5 g $SiCl_4$ 3 Std. auf 200° im geschlossenen Rohr erhitzt gaben 2,15 g *n-Butoxytrichlorsilan* (**VIII**), $C_4H_9OCl_3Si$, $Kp._{50}$ 67—74°, 0,7 g **VI** u. 0,8 g **VII**. Wiederholung bei 150° gab 1,6 g **VIII** u. 2,9 g **VII**. — Zugabe von $SiCl_4$ zu **V** (Molverhältnis 1,1:4) in Pentan, Absaugen des flüchtigen Materials bei 20°/15 mm u. Dest. gab 95% **I**. Zugabe von 34 g $SiCl_4$ zu 14,8 g **V** (Molverhältnis 1:1) in Pentan lieferte 3,3 g **VIII** u. 17,4 g **VII**. Auch bei Unterbrechung (1 Std. bei 15°) nach Zugabe von 0,25 Mol $SiCl_4$ pro Mol **V** wurden **VII** u. **VIII** erhalten. Bei Absaugen im Stadium 0,25 zu 1 vor der weiteren $SiCl_4$-Zugabe bildete sich jedoch nur **I**. (J. chem. Soc. [London] **1952**. 1690—93. Mai. London, Northern Polytechn.)

GROSSE-RUYKEN. 980

H. Rheinboldt und **Madeleine Perrier**, *Thiocyanate aromatischer Selenensäuren.* 1. Mitt. *o-Nitro-* (**III**), *o-Nitro-p-chlor-* (**V**), *o-Nitro-p-brom-* (**VI**), *o-Nitro-p-methyl-* (**VII**) u. *o.p-Dinitrobenzolselenenylthiocyanat* (**VIII**) wurden aus den Selenenylbromiden u. Rhodaniden dargestellt. Ihre FF. liegen höher als die der entsprechenden Selenocyanate, Selenenylbromide (Ausnahme **VIII**) u. Sulfenylthiocyanate u. -selenocyanate. Erhitzen über den F. u. Einw. von Sonnenlicht führen zur Zers. unter Bldg. von *Diselenid.* Während die Selenenylthiocyanate gegen kaltes W. sowie kalten u. sd. A. stabil sind, werden sie in sd. W. zu Diselenid u. HSCN hydrolysiert. Einw. von Alkalien führt über die Alkaliselenenate zu den Diseleniden u. *Seleninsäuren.* Rk. von NH_3 mit der alkoh. Lsg. oder Umsetzung mit Zn oder Mg in äther. Lsg. ergibt auch Diselenide. Einw. von 1 Mol Br_2 auf die Chloroformlsg. der Selenenylthiocyanate liefert die Selenenylbromide u. eine polymere Verb. der Zus. $(BrSCN)_n$. Rk. mit N-Dialkylanilinen führt zu Seleniden des Typs $Ar—Se—C_6H_4NR_2$, mit Thiophenolen zu Verbb. der Formel Ar—Se—S—Ar, mit Ag-Acetat zu Verbb. des Typs $Ar—Se—O—COCH_3$ u. mit KCN zu Arylselenocyanaten (ArSeCN).

Versuche: *o-Nitrobenzolselenenylthiocyanat* (**III**), $C_7H_4O_2N_2SSe$, F. 114°, a) durch 3std. Schütteln von o-Nitrobenzolselenenylbromid (**I**) mit KSCN in absol. Bzl. bei 22° u. Eindampfen des Filtrats, glänzende gelbe Blättchen aus CCl_4; 99,9% (Ausbeute); b) ebenso mit $Pb(SCN)_2$; 98%; c) aus **I** in Essigester–CH_3OH mit KSCN oder Na- bzw. NH_4SCN in CH_3OH; 93%. Erhitzen über den F. führte zu Zers.; Erhitzen mit Sand auf 140—150° oder Kochen mit Xylol lieferte das *Diselenid* (**II**). **II**, F. 213°, entstand aus **III** ferner durch 2std. Kochen der wss. Lsg. (92,8%), 2½std. Kochen mit 10%ig. Sodalsg. u. Ansäuern [100%; die wss. saure Lsg. enthielt HSCN, die alkal. Wasch-Fl. wenig *o-Nitrobenzolseleninsäure* (**IV**)], 4std. Stehen in einem Gemisch von W.–CH_3OH mit KOH u. kurzes Erwärmen im Wasserbad (100%; durch Ansäuern des Filtrats **IV**), Einleiten von NH_3 in absol. CH_3OH (97%), Zugabe von Zn-Pulver in absol. Ae. (95,4%) oder mehrstd. Kochen mit Mg. — **I**, F. 64—65°, durch Zutropfen von Br_2 zu **III** in Chlf., 24std. Stehen bei Raumtemp., Abdampfen des Lösungsm. u. Aufnehmen in sd. PAe.; rote glänzende Nadeln; 99,3%. Der ätherunlösl. Rückstand besteht aus *polymerem BrSCN*, das nicht bis 310° schm. u. in sd. Chlf., Bzl. u. Eisessig schwerlösl. ist. — *o-Nitro-p'-dimethylaminodiphenylselenid*, F. 170°, durch Zugabe von Dimethylanilin zu **III** in Bzl., ³/₄std. Stehen, ¹/₄std. Erwärmen auf dem Dampfbad, Zugabe von 10%ig. Sodalsg. u. Entfernung von Bzl. u. Amin durch Wasserdampfdest., aus Eisessig granatrote glänzende Blättchen; 97,4%. — *o-Nitro-p'-diäthylaminodiphenylselenid*, $C_{16}H_{18}O_2 \cdot N_2Se$, F. 103,5—104,5°, glänzende rote Blättchen aus Eisessig; 96,5%. *Hydrochlorid*, aus konz. HCl gelbe Nadeln, Zers. in der Hitze. — *o-Nitrobenzolselenenyl-p-thiokresolat*, F. 86 bis 87°, durch Verreiben von **III** u. p-Thiokresol; gelbe Nadeln aus CH_3OH; 92%. — *o-Nitrobenzolselenenylacetat*, F. 52°, durch Erwärmen von **III** in CH_3OH mit Ag-Acetat bis zum beginnenden Sieden u. Eindampfen des Filtrats im Vakuum; 97%. — *o-Nitrophenylselenocyanat*, F. 142°, a) durch Zugabe von KCN zu **III** in Eisessig, langsames Erwärmen bis zum Sieden u. Zugabe von W.; 98,6%; b) durch 1std. Kochen von **III** in Chlf. mit KCN, Zutropfen von Eisessig, ½std. Kochen, Eindampfen u. Ausziehen mit W.; 98%. — *o-Nitro-p-chlorbenzolselenenylthiocyanat* (**V**), $C_7H_3O_2N_2ClSSe$, F. 123 bis 124°, aus o-Nitro-p-chlorbenzolselenenylbromid (F. 102,5—103,5°) in CH_3OH–Eisessig mit KSCN in CH_3OH, Ausziehen des Nd. mit CCl_4 u. Eindampfen; tiefgelbe Blättchen aus CCl_4; 99,7%. — *o-Nitro-p-chlor-p'-dimethylaminodiphenylselenid*, $C_{14}H_{13}O_2N_2$·ClSe, F. 151,5—152,5°, aus **V** u. Dimethylanilin in Bzl.; dunkelrote Nadeln aus CH_3·COOH; 98%. — *o-Nitro-p-chlor-p'-diäthylaminodiphenylselenid*, $C_{16}H_{17}O_2N_2ClSe$, F. 92 bis 93°, kleine dunkelrote Nadeln aus CH_3COOH; 97,9%. — *o-Nitro-p-chlorbenzolselenenyl-p-thiokresolat*, $C_{13}H_{10}O_2NClSSe$, F. 96—97°, goldgelbe glänzende Nadeln aus CH_3OH; 99,8%. — *o-Nitro-p-chlorbenzolselenenylacetat*, $C_8H_6O_4NClSe$, F. 86,5—87,5°, gelbe Nadeln aus CH_3OH + wenig Ag-Acetat; 80%. — *o-Nitro-p-brombenzolselenenylthiocyanat* (**VI**), $C_7H_3O_2N_2BrSSe$, F. 140,5°, aus KSCN u. o-Nitro-p-brombenzolselenenylbromid (F. 115—116°); tiefgelbe Blättchen aus CCl_4; 80,7%. — *o-Nitro-p-brom-p'-dimethylaminodiphenylselenid*, $C_{14}H_{13}O_2N_2BrSe$, F. 136,5—137,5°, aus **VI** u. Dimethylanilin in Bzl.; tiefrote Nadeln aus Eisessig; 97,5%. — *o-Nitro-p-brom-p'-diäthylaminodiphenylselenid*, $C_{16}H_{17}O_2N_2BrSe$, F. 89,5—90,5°, aus **VI** u. Diäthylanilin; tiefrote Nadeln aus CH_3COOH; 97%. — *o-Nitro-p-brombenzolselenenyl-p-thiokresolat*, F. ca. 100°, gelbe Nadeln aus CH_3COOH; 99,2%. — *o-Nitro-p-brombenzolselenenylacetat*, $C_8H_6O_4NBrSe$, F. 92,5—93,5° (Zers.), orangegelbe Nadeln aus CH_3OH + wenig Ag-Acetat; 93%. — *o-Nitro-p-methylbenzolselenenylthiocyanat* (**VII**), $C_8H_6O_2N_2SSe$, F. 142°, aus KSCN u. o-Nitro-p-methylbenzolselenenylbromid (F. 85—86°) in Essigester–CH_3OH, Ausziehen des Nd. mit CCl_4; glänzende gelbe Nadeln aus CCl_4; 98,8%. — *o-Nitro-p-methyl-p'-dimethylaminodiphenylselenid*, $C_{15}H_{16}O_2N_2Se$, F. 172,5—173,5°, aus **VII** u. Dimethylanilin in Bzl.; tiefrote Blättchen aus Eisessig; 96,4%. — *o-Nitro-p-methyl-p'-diäthylaminodiphenylselenid*, $C_{17}H_{20}O_2N_2Se$, F. 120—120,5°, tiefrote Blättchen aus Eisessig; 97,3%. — *o-Nitro-p-methylbenzolselenenyl-p-thiokresolat*, $C_{14}H_{13}O_2NSSe$, F. 92,5—93,5°, citronengelbe Blättchen aus CH_3OH; 99,4%. — *o-Nitro-p-methylbenzolselenenylacetat*, $C_9H_9O_4NSe$, F. 71,5—72,5°, orangegelbe Nadeln aus CH_3OH; 69,8%. — *o.p-Dinitrobenzolselenenylthiocyanat* (**VIII**), $C_7H_3O_4N_3SSe$, F. 94—95°, aus o.p-Dinitrobenzolselenenylbromid (F. 117—118°) u. KSCN in Essigester–CH_3OH; gelbe Nadeln aus CCl_4; 94,7%. — *o.p-Dinitro-p'-dimethylaminodiphenylselenid*, $C_{14}H_{13}O_4N_3Se$, F. 200,5—201,5°, rubinrote glänzende Nadeln aus Eisessig; 97%. — *o.p-Dinitro-p'-diäthylaminodiphenylselenid*, $C_{16}H_{17}O_4N_3Se$, F. 139—140°, kleine dunkelrote Nadeln aus Eisessig; 97,7%. — *o.p-Dinitrobenzolselenenyl-p-thiokresolat*, $C_{13}H_{10}O_4N_2SSe$, F. 135—136°, glänzende gelbe Nadeln aus CH_3OH; 99%. — *o.p-Dinitrobenzolselenenylacetat*, F. 133°, goldgelbe Nadeln aus CH_3OH; 90%. (Bull. Soc. chim. France, Mém. [5] **17**. 245—53. März/April 1950. Sao Paulo, Brasilien, Univ., Fac. de Philosophie, Sci. et Lettres, Dep. de Chim.)

HILDEGARD BAGANZ. 1090

Heinrich Rheinboldt und Madeleine Perrier, *Thiocyanate aromatischer Selenensäuren.* 2. Mitt. *Kondensation mit Aceton.* (1. vgl. vorst. Ref.) Während Arylselenenylbromide mit Aceton vorwiegend die *Diselenide* u. *Bromaceton* liefern, geben die im vorst. Ref. beschriebenen Arylselenenylthiocyanate die *Arylacetonylselenide* $ArSeCH_2COCH_3$.

V e r s u c h e: *Bis-[o-nitrophenyl]-diselenid*, F. 210°, durch 15std. Rk. von o-Nitrobenzolselenenylbromid (**I**) mit trockenem Aceton bei 23° oder durch 3std. Kochen; gelbe Kristalle; 32 bzw. 89,5% (Ausbeute). — *o-Nitrophenylselenoaceton* (**II**), $C_9H_9O_3NSe$, F. 78—79°, a) durch 15std. Rk. von o-Nitrobenzolselenenylthiocyanat u. Aceton bei 23° u. Eindampfen im Vakuum; kleine gelbe Nadeln aus PAe.; 99,6%; b) durch Rk. von **I** mit 10% KSCN enthaltendem Aceton bei Zimmertemp., Filtrieren nach 12std. Stehen u. Abdampfen; 96%; c) wie b) unter Verwendung von **I** in CH_3OH–Essigester; 97%. *Oxim*, $C_9H_{10}O_3N_2Se$, kleine gelbe Nadeln, F. 103° (A.); 76%. *Phenylhydrazon*, $C_{15}H_{15}O_2N_3Se$, orangegelbes Kristallpulver, F. 116°; 89%. *p-Nitrophenylhydrazon*, $C_{15}H_{14}O_4N_4Se$, orangefarbene Kristalle, F. 183—184° (Eisessig); 85%. *Semicarbazon*, $C_{10}H_{12}O_3N_4Se$, aus Pyridin gelbe Kristalle, F. 223° (Zers.); 86%. — *Bis-[o-nitro-p-chlorphenyl]-diselenid*, F. 220°, durch Rk. von o-Nitro-p-chlorbenzolselenenylbromid u. Aceton bei 29°; 55%. — *o-Nitro-p-chlorphenylselenoaceton*, $C_9H_8O_3NClSe$, F. 104—105°, a) aus vorst. anfallender Mutterlauge durch Eindampfen u. Ausäthern; aus A. oder PAe. kleine gelbe Nadeln; 34,2%; b) analog **II** nach a) aus o-Nitro-p-chlorbenzolselenenylthiocyanat; 99%. *p-Nitrophenylhydrazon*, $C_{15}H_{13}O_4N_4ClSe$, gelbe Kristalle, F. 210° (Zers.); 96%. *Semicarbazon*, $C_{10}H_{11}O_3N_4ClSe$, gelbe Kristalle, F. 230,5°; 82%. — *Bis-[o-nitro-p-bromphenyl]-diselenid* F. 178°, aus 3,6 g o-Nitro-p-brombenzolselenenylbromid u. Aceton; rosagelbe Kristalle;

1,5 g. — *o-Nitro-p-bromphenylselenoaceton*, $C_9H_8O_3NBrSe$, F. 107,3—108,2°, aus o-Nitro-p-brombenzolselenenylthiocyanat; aus PAe. u. A. glänzende gelbe Kristalle; 100%. *p-Nitrophenylhydrazon*, $C_{15}H_{13}O_4N_4BrSe$, orangegelbe Kristalle, F. 215° (Zers.); 98,5%. *Semicarbazon*, $C_{10}H_{11}O_3N_4BrSe$, gelbe Kristalle, F. 231°; 81%. — *Bis-[o-nitro-p-methylphenyl]-diselenid*, $C_{14}H_{12}O_4N_2Se_2$, F. 177—178°, aus o-Nitro-p-methylbenzolselenenylbromid; aus Eisessig gelbe Nadeln; 45%. — *o-Nitro-p-methylphenylselenoaceton*, $C_{10}H_{11}\cdot O_3NSe$, F. 116—117°, aus o-Nitro-p-methylbenzolselenenylthiocyanat; aus PAe. glänzende gelbe Nadeln; 97%. *p-Nitrophenylhydrazon*, $C_{16}H_{16}O_4N_4Se$, orangegelbe Nadeln, F. 219°; 98%. *Semicarbazon*, $C_{11}H_{14}O_3N_4Se$, gelbe Kristalle, F. 225°; 91%. — *Bis-[o.p-dinitrophenyl]-diselenid*, gelbe Kristalle, F. 260°, aus o.p-Dinitrobenzolselenenylbromid; 38,6%. — *o.p-Dinitrophenylselenoaceton*, $C_9H_8O_5N_2Se$, kleine gelbe Kristalle, F. 129,7—130,6°, aus o.p-Dinitrobenzolselenenylthiocyanat; 98,4%. *p-Nitrophenylhydrazon*, $C_{15}H_{13}O_6N_5Se$, orangegelbe Kristalle, F. 216° (Zers.); 95%. *Semicarbazon*, $C_{10}H_{11}O_5N_5Se$, gelbe Kristalle, F. 230°; 84%. (Bull. Soc. chim. France, Mém. [5] **17**. 759—63. Sept./Okt. 1950.) LEHWALD. 1090

M. W. Cronyn und **Judson E. Goodrich**, *Entschweflung von Thioamiden*. Vff. untersuchten die Entschweflung von Thiobenzamid (I), Thiobenzanilid, p-Methoxy- u. p-Oxythiobenzanilid, Thiobutyr- u. Thioisovaleranilid mit RANEY-Ni unter verschied. Bedingungen sowie die Einw. von $LiAlH_4$ auf **I**. Aus **I** wird mit RANEY-Ni in Aceton u. NH_4OH bei 25° *Benzaldehyd* in höchstens 32%ig. Ausbeute erhalten. Die Ausbeuten an Aldehyden sind bei den Thioaniliden zwar höher, diese sind aber auch schwerer zugänglich. Einw. von $LiAlH_4$ auf **I** liefert *Benzonitril* (n_D^{20} 1,5280), das zum Teil zu *Benzylamin* weiter red. wird. (J. Amer. chem. Soc. **74**. 3936—37. 5/8. 1952. Berkeley, Calif., Univ., Dep. of Chem. and Chem. Engng.) ULRICH. 1210

Nils Löfgren und **Bertil Takman**, *Untersuchungen an Lokalanästhetica*. 6. Mitt. (5. vgl. *Untersuchungen an Lokalanästhetica. Xylocain, eine neue synthetische Droge*, Dissertation [1948], Stockholm.) Durch Kondensation von 2.6-Xylidin mit β-Diäthylaminoäthylchlorid (I) stellten Vff. *N-[β-Diäthylaminoäthyl]-2.6-dimethylanilin* (**II**) dar. Die schwierige Abtrennung der Verb. aus dem Reaktionsgemisch gelang über das schwer lösl. Nitrat. Ferner kondensierten Vff. 2-Amino-4-methylpyrimidin mit **I** bzw. Dimethylaminoäthylchlorid in Ggw. von $NaNH_2$ zu *2-[β-Diäthylaminoäthylamino]-* (**III**) bzw. *2-[β-Dimethylaminoäthylamino]-4-methylpyrimidin* (**IV**). — **II** besitzt etwa die Hälfte der lokalanästhet. Wirkungsdauer von der des strukturell verwandten Xylocains bei etwa gleicher Toxizität. **III** u. **IV** zeigen nur geringe Wirksamkeit.

Versuche: *N-[β-Diäthylaminoäthyl]-2.6-dimethylanilin* (**II**), $C_{14}H_{24}N_2$, Kp.$_{0,6}$ 105°, durch Zutropfen von 0,15 Mol **I** in Ae. zu auf 180° erhitztem 2.6-Dimethylanilin (0,297 Mol); nach 5½ Std. bei 180° Gießen in 6nHNO$_3$ unter Rühren unterhalb 12°, Abfiltrieren des Nitrats, Einstellen der Lsg. mit NaOH auf p_H 4,8 u. Extrahieren mit Ae.; aus der wss. Phase durch starkes Alkalisieren u. Ausäthern; n_D^{22} 1,5151; 29% (Ausbeute). — *2-[β-Dimethylaminoäthylamino]-4-methylpyrimidin* (**IV**), $C_9H_{16}N_4$, Kp.$_{14}$ 140,5—141°, durch Zutropfen von 0,293 Mol 2-Amino-4-methylpyrimidin in Toluol zu $NaNH_2$ in Toluol unter H_2O-Ausschluß; nach 12 Std. bei 125° (Ölbadtemp.) Zutropfen von 0,186 Mol β-Dimethylaminoäthylchlorid unter Kühlen; nach 12 Std. bei 125° u. Stehen im Eisschrank Abfiltrieren, Extrahieren des Filtrats mit 3nHCl, Alkalisieren u. Ausäthern; nach Rektifikation Aufnehmen in PAe., 3monatiges Stehen u. Abtrennung von krist. Ausgangsbase; n_D^{20} 1,5317; 51% (roh). *Pikrat*, $C_{15}H_{19}O_7N_7$, F. 186 bis 189°, gelbe Stäbchen (wss. A.). — *2-[β-Diäthylaminoäthylamino]-4-methylpyrimidin* (**III**), $C_{11}H_{20}N_4$, Kp.$_{12}$ 145,5—146°, Kp.$_{21}$ 163—164°, analog vorst. Verb. mit **I**; n_D^{20} 1,5217; 46% (roh). *Dipikrat*, $C_{23}H_{26}O_{14}N_{10}$, F. 170—172°, gelbe Nadeln (Methanol + W.). (Acta chem. scand. **6**. 1006—09. 1952. Stockholm, Univ., Inst. of org. Chem. and Biochem.) LEHWALD. 1310

Nils Löfgren und **Bertil Takman**, *Untersuchungen an Lokalanästhetica*. 7. Mitt. (6. vgl. vorst. Ref.) In Fortführung ihrer Arbeiten über Lokalanästhetica vom Xylocain (**V**)-Typ red. Vff. 2-Nitroäthylbenzol zu *2-Aminoäthylbenzol*, das mit Chloracetylchlorid zu *ω-Chlor-2-äthylacetanilid* kondensiert wird. Hieraus entsteht durch Kondensation mit Diäthylamin (I) *ω-Diäthylamino-2-äthylacetanilid* (**II**). Ferner wird 4-Nitro-tert.-butylbenzol zu *2.4-Dinitro-tert.-butylbenzol* nitriert (die direkte Nitrierung von tert.-Butylbenzol nach SHOESMITH u. MACKIE (J. chem. Soc. [London] **1928**. 2334) verlief erfolglos) u. hieraus durch Red. mit Fe in Eisessig u. durch Eliminierung der 4-NH_2-Gruppe *o-Amino-tert.-butylbenzol* erhalten, das über das *Chloracetylderiv.* mit **I** bzw. Dimethylamin zu *ω-Diäthylamino* (**III**)- bzw. *ω-Dimethylamino-2-tert.-butylacetanilid* (**IV**) kondensiert wird. Alle 3 Verbb. sind bei Verss. an der Cornea von Kaninchen anästhet. wirksam. **II** ist gleich stark wie **V**, **IV** nur wenig wirksam, **III**

aber doppelt so stark wie **V**. Bei Verss. an Menschen (Finger) erwiesen sich **II** u. **III** als weniger wirksam als **V**, dafür aber stärker reizend.

Versuche: *2-Aminoäthylbenzol*, $C_8H_{11}N$, Kp.$_{16}$ 97—100°, durch Zufügen von W. u. dann Fe-Spänen zu einer turbinierten alkoh.-essigsauren Lsg. von 2-Nitroäthylbenzol (Temp. nicht über 70°) u. weiteres Zufügen von Essigsäure; nach ½std. Rühren bei 85° Zufügen von W., Abzentrifugieren unter CO_2; aus den wss. Lsgg. durch Zufügen von Rochelle-Salz zu einer mit konz. NH_4OH gesätt. Lsg. u. Ausäthern; 75% (Ausbeute). — *ω-Chlor-2-äthylacetanilid*, $C_{10}H_{12}ONCl$, F. (roh) 91—92°, aus vorst. Verb. in Eisessig durch Zufügen von Chloracetylchlorid; nach Zusatz einer Lsg. von Na-Acetat unter Rühren u. Stehen Abfiltrieren; 84%. — *ω-Diäthylamino-2-äthylacetanilid* (**II**), $C_{14}H_{22}ON_2$, Kp.$_{0,25}$ 131—132°, aus vorst. Verb. durch 6std. Kochen mit **I** in Bzl. unter H_2O-Ausschluß; nach Abfiltrieren aus der benzol. Schicht durch Ausziehen mit HCl; n_D^{20} 1,5269; 97% (roh). *Pikrat*, $C_{20}H_{25}O_8N_5$, F. 178—182°, gelbe Stäbchen aus A. + Methanol. Hydrochlorid, Sulfat u. Nitrat sind sehr hygroskopisch. — *2.4-Dinitro-tert.-butylbenzol*, $C_{10}H_{12}O_4N_2$, F. 61—63°, durch Zutropfen von 4-Nitro-tert.-butylbenzol zu Nitriersäure unter Rühren u. Eis–Kochsalz-Kühlung bei —10° u. Gießen auf Eis; 86%. — *4-Amino-2-nitro-tert.-butylbenzol*, $C_{10}H_{14}O_2N_2$, F. 45—50°, durch Einleiten von H_2S unter Kühlung in ein Gemisch vorst. Verb., konz. NH_4OH (D. 0,88) u. A. (Temp. unter 25°); nach Verdünnen mit W. u. Stehen im Eisschrank Abfiltrieren; aus dem Nd. durch Erhitzen mit 3nHCl, Abtrennung des S u. Zufügen überschüssigen konz. NH_4OH; gelbe Plättchen aus A.; 78%. — Hieraus nach Shoesmith u. Mackie (l. c.) *2-Nitro-tert.-butylbenzol*. — *2-Amino-tert.-butylbenzol*, Kp.$_{18-19}$ 111—112°, aus vorst. Verb. durch Red. mit Fe in Eisessig wie vorst.; 70%. *Acetylderiv.*, F. 162°, Nadeln. — *ω-Chlor-2-tert.-butylacetanilid*, $C_{12}H_{16}ONCl$, F. 96—97° (n-Butyläther), aus vorst. Verb. u. Chloracetylchlorid; 82% (roh). — *ω-Dimethylamino-2-tert.-butylacetanilid* (**IV**), $C_{14}H_{22}ON_2$, Kp.$_{0,3}$ 136°, aus vorst. Verb. u. Dimethylamin durch 6½std. Erhitzen mit Bzl. auf 100° (Autoklav); aus dem Extrakt mit 3nHCl durch Zugabe von überschüssigem NH_4OH u. Ausäthern; n_D^{20} 1,5291; 84%. *Hydrochlorid*, $C_{14}H_{23}ON_2Cl$, F. 264—265° (Zers.), Blättchen aus n-Propanol. — *ω-Diäthylamino-2-tert.-butylacetanilid* (**III**), $C_{16}H_{26}ON_2$, Kp.$_{0,7}$ 157°, analog vorst. Verb. durch 10std. Kochen unter H_2O-Ausschluß; n_D^{20} 1,5217; 75%. *Hydrochlorid*, $C_{16}H_{27}ON_2Cl$, F. 202—205°, lange Stäbchen aus Isobutanol–Butyläther. (Acta chem. scand. **6**. 1010—15. 1952.)

Lehwald. 1310

Torsten Ekstrand und **Nils Löfgren**, *Untersuchungen an Lokalanästhetica*. 8. Mitt. (7. vgl. vorst. Ref.) Vff. nitrieren Resorcin in 2-Stellung, reduzieren u. methylieren zu *2.6-Dimethoxyanilin* u. verwandeln dies in *ω-Chlor-2.6-dimethoxyacetanilid* (l. c.). Hieraus entsteht durch Kondensation mit Diäthylamin *ω-Diäthylamino-2.6-dimethoxyacetanilid* (**I**). Analog wird *ω-Diäthylamino-2.6-diäthoxyacetanilid* (**II**) dargestellt. Bei Testverss. an der Cornea von Kaninchen erwies sich **I** weniger, **II** etwa gleich stark wirksam wie Xylocain (**III**). Bei Erprobung an Menschen (l. c.) erwies sich **I** weniger wirksam als **III**, während **II** stark reizwirkend ist. **I** u. **II** sind weniger tox. als **III**.

Versuche: *2-Nitroresorcin*, F. 85°, durch Zufügen von Resorcin zu rauchender H_2SO_4 (D. 1,875) unter Rühren u. Kühlen, nach ½std. Erwärmen auf 30° u. Kühlen Zufügen von Nitriersäure (0,77 Mol H_2SO_4 + 0,054 Mol SO_3 + 25,2 g rauchender HNO_3 [D. 1,52]) bei Tempp. unter 15°, nach 1std. Rühren Verdünnen mit W. u. Dampfdest. mit überhitztem Wasserdampf; 41% (Ausbeute). — *2.6-Dimethoxyanilin*, F. 75,5—77° (PAe.), aus vorst. Verb. durch Methylieren u. Hydrieren mit Raney-Ni (feucht) in A. bei 80°/75 at; 93%. — *ω-Chlor-2.6-dimethoxyacetanilid*, $C_{10}H_{12}O_3NCl$, F. 166—167° (A.), aus vorst. Verb. u. Chloracetylchlorid (l. c.); 75%. — *ω-Diäthylamino-2.6-dimethoxyacetanilid* (**I**), $C_{14}H_{22}O_3N_2$, Kp.$_{0,01}$ 200° (Badtemp.), aus vorst. Verb. durch 5std. Kochen mit Diäthylamin in Bzl.; 68%. — *2.6-Diäthoxyanilin*, F. 57° (PAe.), Kp.$_{13}$ 142—143°; 46%. — *ω-Chlor-2.6-diäthoxyacetanilid*, $C_{12}H_{16}O_3NCl$, F. 129—130° (Bzl.); 89%. — *ω-Diäthylamino-2.6-diäthoxyacetanilid* (**II**), $C_{16}H_{26}O_3N_2$, Kp.$_{0,6}$ 169°, F. 32°, n_D^{20} 1,5174 (unterkühlt); 66%. (Acta chem. scand. **6**. 1016—19. 1952.) Lehwald. 1310

L. Berman, R. H. Hall, R. G. Pyke und **George F. Wright**, *Die Methoxymercurierung von 2-Methyl-1-phenylpropen-(1)*. Die Methoxymercurierung von *2-Methyl-1-phenylpropen-(1)* (**I**) führt zu *2-Methyl-2-methoxy-1-phenylpropylquecksilberacetat*, das mit NaCl das entsprechende *Chlorid* (**II**) bildet. Die Struktur von **II** konnte nicht durch Ersatz des HgCl-Restes durch Halogen bewiesen werden. **II** gab nämlich mit Br_2 in CCl_4 *3-Phenylbutanon-(2)* (**III**); bei der Jodierung von **II** bildete sich *1.2-Dimethoxy-1-methyl-2-phenylpropan* (**V**), dieses gab mit 20%ig. H_2SO_4 *2-Methyl-2-phenylpropanal* (**IV**), das mit konz. H_2SO_4 in **III** übergeführt wurde. — Der Strukturbeweis von **II** gelang durch

Rk. mit Hydrazin, wobei in allerdings geringer Ausbeute *2-Methoxy-2-methyl-1-phenyl-propan* (**VII**) — wahrscheinlich über ein Radikal C_6H_5—CH·C(CH_3)(OCH_3)—CH_3 (**VI**) — gebildet wird. **VI** kann sich durch Dehydrierung von Hydrazin zu **VII** oder durch Dimerisation zu *2.5-Dimethoxy-2.5-dimethyl-3.4-diphenylhexan* (**IX**) stabilisieren. **VII** wurde zum Strukturbeweis durch Rk. mit HBr in das bekannte *2-Oxy-2-methyl-1-phenyl-propan* (**VIII**) übergeführt. **IX**, das ein Gemisch der beiden Diastereomeren darstellt, läßt sich beim Entmethylieren in *2.2.5.5-Tetramethyl-3.4-diphenyltetrahydrofuran* (**X**) u. *2.5-Dimethyl-3.4-diphenylhexadien-1.5* (**XI**) sowie eine Verb. $C_{20}H_{24}O$ (**XII**) überführen. Bei der Rk. von **I** mit J_2 u. HgO in Methanol entsteht nicht 2-Methoxy-2-methyl-1-phenylpropyljodid (vgl. TIEFENEAU u. OREKHOFF, Bull. Soc. chim. France, Mém. [4] **29.** [1921.] 809), sondern ein Gemisch, das **V** u. **IV** enthält.

V e r s u c h e (alle FF. korr.): *2-Methyl-2-methoxy-1-phenylpropylquecksilberchlorid* (**II**), $C_{11}H_{15}OClHg$, F. 81—81,5° (A.), aus **I** u. Quecksilberacetat in Methanol, 15 Std. bei 25°, Zugabe von 10%ig. NaOH u. Fällen mit NaCl; 92% (Ausbeute). — *1.2-Dimethoxy-1-methyl-2-phenylpropan* (**V**), $C_{12}H_{18}O_2$, Kp.$_{19}$ 164—167°, a) aus **I** in Methanol mit J_2 in Ggw. von HgO (l. c.), 40 Std.; 70%; oder b) aus **II** mit J_2 in Methanol, 5 Std.; 75% (Rohausbeute); n_D^{20} 1,4991; D.$^{20}_4$ 0,984. Als Nebenprod. der Darst. nach b) entstand **IV**; 15%; nach a) 10%. — *2-Methyl-2-phenylpropanal* (**IV**), Kp.$_{14}$ 100—103°, aus **II** mit Br_2 in Methanol, 8 Std. Stehen bei 25°; 80%; n_D^{20} 1,5147. *Semicarbazon*, $C_{11}H_{15}ON_3$, F. 182—182,5°. — *3-Phenylbutanon-(2)* (**III**), Kp.$_{14}$ 98—101°, aus **II** mit Br_2 in CCl_4 im Eisbad; 79,5%; n_D^{20} 1,5163. *Semicarbazon*, $C_{11}H_{15}ON_3$, F. 178—178,5°. — *2.5-Dimethyl-2.5-dimethoxy-3.4-diphenylhexan* (**IX**), $C_{22}H_{30}O_2$, F. 139—139,8° (A.), aus 39,8 g **II** in Methanol mit 40%ig. NaOH u. 85%ig. Hydrazinhydrat, 12std. Sieden unter nochmaliger Zugabe von NH_2—NH_2·H_2O, Abfiltrieren des Nd. (A) u. Extrahieren mit A.; 4,7 g. Aus dem Filtrat von A (B) durch Fraktionieren *2-Methoxy-2-methyl-1-phenylpropan* (**VII**), $C_{11}H_{16}O$, Kp.$_{10}$ 86°, n_D^{20} 1,4980; 9%, mit Benzaldehyd u. **I** verunreinigt. Aus B konnte durch Dest. weiteres **IX** (Kp.$_{15}$ 198—205°) gewonnen werden; 38% Gesamtausbeute, es hinterblieb ein Öl, das als das **IX**-Diastereomere, $C_{22}H_{30}O_2$, Kp.$_{13}$ 200—210°, n_D^{20} 1,54345, angesehen wird; 38%. — *2-Methyl-1-phenylpropyl-(2)-phenylcarbamat*, F. 92°, aus **VII** durch Entmethylierung mittels HBr in Eisessig zu **VIII**, Alkalischmachen, Wasserdampfdest., Sättigen des Destillats mit K_2CO_3, Extraktion mit Ae. u. Rk. mit Phenylisocyanat in Ggw. von Pyridin. — *2.2.5.5-Tetramethyl-3.4-diphenyltetrahydrofuran* (**X**), $C_{20}H_{24}O$, F. 101—101,6° (PAe.), durch 2½std. Behandeln des fl. Diastereomeren von **IX** mit 48%ig. HBr in Eisessig; 79% (Rohausbeute), oder mit NaCl u. 96%ig. H_2SO_4 in Acetanhydrid; 12%. **X** ließ sich durch Entmethylierung des festen Diastereomeren von **IX** durch HBr nicht herstellen, es entstand dabei eine *Verb. $C_{20}H_{24}O$* (**XII**), F. 91° (A.); mit NaCl-H_2SO_4 bildet sich *2.5-Dimethyl-3.4-diphenylhexadien-(1.5)* (**XI**), $C_{20}H_{22}$, F. 163,8—164,4° (A.); 12%; daneben eine S-haltige Verb., F. 224—225° (Äthylacetat), die auch aus **XII** mit konz. H_2SO_4 erhalten wird u. mit 10%ig. wss. NaOH wieder **XII** zurückbildet. — Ozonolyse von **XI** u. anschließende Hydrolyse mit Zn-Staub u. 20%ig. Essigsäure gibt 35% *Formaldehyd, Dimedonderiv.*, F. 189°. (Canad. J. Chem. **30.** 541—49. Juli 1952. Toronto, Ontario, Can., Univ., Dep. of Chem.) ZIMMER. 1380

Lee Irvin Smith und **John S. Showell**, *Cyclopropane.* 12. Mitt. *Einwirkung von Basen auf tertiäre Nitrocyclopropylketone.* (11. vgl. C. **1953.** 2430.) Es wird aus Benzalaceton durch Addition von Nitroäthan *5-Nitro-4-phenylhexanon-(2)* (**I**) dargestellt, aus dem bei Bromeinw. in alkal. Lsg. *5-Brom-5-nitro-4-phenylhexanon-(2)* (**II**) entsteht. Günstiger verläuft die Rk., wenn **I** in der Reaktionslsg., ohne Isolierung, bromiert wird. Behandlung von **II** mit K-Acetat liefert durch Ringschluß *3-Phenyl-2-methyl-2-nitro-1-acetylcyclopropan* (**III**). Von den möglichen Stereoisomeren von **III** ist nur eines (**IIIa**) kristallin isolierbar. Einw. von $NaOCH_3$ auf **IIIa** führt durch Spaltung zwischen $C_{(1)}$ u. $C_{(2)}$ zu *5-Methoxy-4-phenylhexen-(4)-on-(2)* (**IV**), das ebenfalls durch gleiche Rk. aus **II** entsteht. Die Struktur von **IV**, in dem eine Methoxygruppe u. eine Doppelbindung nachweisbar sind, läßt sich durch Ozonolyse zu *Benzoylaceton*, durch Rk. mit Semicarbazid zu *3.6-Dimethyl-5-phenyl-1-aminoformyl-1.4-dihydropyridazin* sowie durch HCl-Einw. zu *2.5-Dimethyl-3-phenylfuran* beweisen. Letzteres, das ebenfalls aus der Na-Verb. von **I** durch Behandlung mit alkoh. HCl dargestellt werden kann, gibt mit Maleinsäureanhydrid *3.6-Dimethyl-4-phenyl-3.6-endooxy-1.2.3.6-tetrahydrophthalsäureanhydrid.* Das nach Entfernung von **IIIa** verbleibende fl. Gemisch stereoisomerer **III** wird durch $NaOCH_3$ in **IV** (aus dem noch vorhandenen **IIIa**) u. durch $C_{(2)}$—$C_{(3)}$-Spaltung vermutlich in *3-Benzal-4-nitropentanon-(2)* verwandelt. MEERWEIN-PONNDORF-Red. von **III** liefert *[3-Phenyl-2-nitro-2-methylcyclopropyl]-methylcarbinol* als Isomerengemisch, das gegenüber $NaOCH_3$ inert ist u. durch Dichromatoxydation wieder in **IIIa** zurückverwandelt wird. — Analog führt Styrylcyclopropylketon nach Nitroäthan- u. Bromeinw. zu *1-Cyclopropyl-3-phenyl-4-brom-4-nitropentanon-(1)*, hieraus entsteht mit K-Acetat [*3-Phenyl-*

2-nitro-2-methylcyclopropyl]-cyclopropylketon. $NaOCH_3$-Behandlung ergibt bei $C_{(2)}$–$C_{(3)}$-Spaltung u. anschließendem Ansäuern eine Fl., wahrscheinlich *[1-Phenyl-3-nitrobuten-(1)-yl-(2)]-cyclopropylketon.*

Versuche: *5-Nitro-4-phenylhexanon-(2)* (**I**), $C_{12}H_{15}O_3N$, F. 49—49,5° (Methanol), durch Zufügen von Nitroäthan u. $NaOCH_3$ in Methanol zur methanol. Lsg. von Benzalaceton; nach Erwärmen u. 12std. Stehen Ansäuern mit Essigsäure; 48% (Ausbeute); gegenüber neutralem $KMnO_4$ u. Br_2 in CCl_4 stabil. — *5-Brom-5-nitro-4-phenylhexanon-(2)* (**II**), $C_{12}H_{14}O_3NBr$, F. 86,5—87° (Methanol), a) durch Zufügen von $NaOCH_3$ u. **I** in Chlf. + Methanol bei —20° zu Br_2 in Chlf., Rühren u. Gießen in W.; 62%; b) durch Bromieren der rohen alkal. Reaktionsmischung (Darst. von **I**); 72%; stabil gegen neutrales $KMnO_4$; gibt gelborange Färbung in NaJ in Aceton. *Semicarbazon,* $C_{13}H_{17}O_3N_4Br$, F. 150—151° (Zers.; A.). — *3-Phenyl-2-methyl-2-nitro-1-acetylcyclopropan* (**III**), $C_{12}H_{13}O_3N$, aus 0,1 Mol **II** durch 12std. Kochen mit K-Acetat in A., Filtrieren, Eindampfen, Zufügen von W., Ausäthern, Dest. des Extraktes u. Aufnehmen in CH_3OH; 1,6 g *krist. Isomeres* (**IIIa**), F. 58—60°; *Semicarbazon,* $C_{13}H_{16}O_3N_4$, F. 194—195° (Zers.; A.; abhängig von der Geschwindigkeit des Erhitzens). Aus der Mutterlauge Gemisch *fl. Isomerer,* Kp.$_{0,8-4\mu}$ 103—116°; n_D^{24} 1,5323; 34%; ist wie **IIIa** inert gegenüber neutralem $KMnO_4$ u. Br_2 in CCl_4, zeigt positive Jodoform-Rk. u. positive $FeSO_4$-Rk. für NO_2-Gruppe u. gibt niedrigschm. 2.4-Dinitrophenylhydrazon. — *3-Phenyl-2-methyl-2-nitrocyclopropyl-m-nitrostyrylketon,* $C_{19}H_{16}O_5N_2$, F. 159—161° (A.), durch Zufügen alkoh. KOH zu **IIIa** u. m-Nitrobenzaldehyd in A.; 62%. — *3-Benzal-4-nitropentanon-(2)* (?), Kp.$_{0,5-0,6}$ 120—123°, aus 0,05 Mol fl. **III** durch Rk. mit $NaOCH_3$ unter Rühren bei 30°, Filtrieren, Gießen in W. u. Ausäthern; aus der wss. Lsg. durch Ansäuern u. Ausäthern; n_D^{26} 1,5432; gelbe Fl.; 1,4 g; gibt positiven $FeSO_4$-Test u. entfärbt $KMnO_4$. Daneben aus dem 1. Ae.-Auszug 22% **IV**. — *5-Methoxy-4-phenylhexen-(4)-on-(2)* (**IV**), $C_{13}H_{16}O_2$, Kp.$_3$ 104,4°, a) aus **IIIa** u. $NaOCH_3$ wie vorst.; 98%; b) aus **II** u. $NaOCH_3$; n_D^{28} 1,5177; 13—19%; entfärbt Br_2 in CCl_4 u. $KMnO_4$ in Aceton, gibt positiven Jodoformtest u. gelbes unreines *2.4-Dinitrophenylhydrazon.* — *3.6-Dimethyl-5-phenyl-1-aminoformyl-1.4-dihydropyridazin,* $C_{13}H_{15}ON_3$, F. 188—189° (A.), aus **IV** u. Semicarbazid. — *Benzoylaceton,* Kp.$_{0,2}$ 70—90°, aus 0,03 Mol **IV** durch O_3-Einw. in Äthylbromidlsg. bei —70°, Einengen, Zufügen zu 4 g Zn-Staub in W. (+ etwas $AgNO_3$ + Hydrochinon); nach Kochen Ausäthern u. Dest.; 0,4 g; $FeCl_3$-Rk. violett. *Cu-Verb.,* F. 193—196°. — *2.5-Dimethyl-3-phenylfuran,* $C_{12}H_{12}O$, Kp.$_2$ 102,2°, a) aus **IV** durch Kochen mit methanol. HCl u. Eingießen in W.; 61%; b) durch Überführen von **I** mit $NaOCH_3$ in die Na-Verb. u. 2std. Kochen mit HCl; n_D^{26} 1,5608; 8%. — *3.6-Dimethyl-4-phenyl-3.6-endooxy-1.2.3.6-tetrahydrophthalsäureanhydrid,* $C_{16}H_{14}O_4$, F. 107,5 bis 108,5° (Zers.; Ae.), aus vorst. Verb. durch 12std. Stehen mit Maleinsäureanhydrid in Ae. bei —15°; 58%; entfärbt $KMnO_4$. — *[3-Phenyl-2-nitro-2-methylcyclopropyl]-methylcarbinol,* $C_{12}H_{15}O_3N$, Kp.$_{10\mu}$ 152—160°, aus fl. **III** durch 2std. Kochen mit Al-Isopropylat in Isopropanol unter Abdest. des sich bildenden Acetons; 62% (roh); wird durch Kochen mit $K_2Cr_2O_7$ + H_2SO_4 in **IIIa** zurückverwandelt; reagiert nicht mit $NaOCH_3$. *Phenylcarbamat,* $C_{19}H_{20}O_4N_2$, F. 158—159°, aus Chlf. Nadeln. — *1-Cyclopropyl-3-phenyl-4-brom-4-nitropentanon-(1),* $C_{14}H_{16}O_3NBr$, F. 75—76° (Methanol), aus Cyclopropylstyrylketon analog **II**; 56%; inert gegenüber $KMnO_4$, reagiert langsam mit Br_2 in CCl_4 (HBr-Entw.) u. gibt positiven Ketontest. — *Cyclopropyl-[3-phenyl-2-nitro-2-methylcyclopropyl]-keton,* $C_{14}H_{15}O_3N$, F. 67—67,5°, aus vorst. Verb. u. K-Acetat durch 22std. Kochen, Abdampfen u. Gießen in W.; ein Teil des Öles konnte bei —15° krist. erhalten werden, Nadeln aus Methanol; 32%; inert gegenüber $KMnO_4$ u. Br_2; zeigt positiven NO_2-Test. *2.4-Dinitrophenylhydrazon,* $C_{20}H_{19}O_6N_5$, F. 202—203°, gelbe M. aus Dioxan. — *[1-Phenyl-3-nitrobuten-(1)-yl-(2)]-cyclopropylketon* (?), aus vorst. Verb. durch Rk. mit $NaOCH_3$ u. Ansäuern; n_D^{28} 1,560; entfärbt $KMnO_4$ u. Br_2 u. gibt orangefarbenes *2.4-Dinitrophenylhydrazon.* Daneben wenig nicht identifizierbare neutrale Bestandteile. (J. org. Chemistry **17**. 827—35. Juni 1952. Minneapolis, Minn., Univ., School of Chem.) LEHWALD. 1960

Lee Irvin Smith und **John S. Showell,** *Cyclopropane.* 13. Mitt. *1-Acetyl-2-nitro-3-phenylcyclopropan und seine Reaktion mit Natriummethylat.* (12. vgl. vorst. Ref.) Bei der Einw. von CH_3NO_2 auf Benzalaceton entsteht *4-Phenyl-5-nitropentanon-(2)* (**I**). Bei üblicher Bromierung mit 1 Mol Br_2 in NaOH entsteht hieraus ein Gemisch von **I** u. *5.5-Dibrom-5-nitro-4-phenylpentanon-(2)* (**II**). Bei Behandlung mit 2 Mol Br_2 entstehen 54% **II**, Bromierung in neutralem Medium führt dagegen zu nicht trennbaren Gemischen. **II** wird bei Einw. von NaJ zum Teil wieder in **I** zurückverwandelt. Erhitzen von **II** mit K-Acetat liefert unter Ringschluß *2-Nitro-3-phenyl-1-acetylcyclopropan,* das bei $NaOCH_3$-Behandlung *4-Methoxy-5-phenylpenten-(3?)-on-(2)* ergibt. Durch Hydrolyse entsteht hieraus *5-Phenylpentandion-(2.4).*

Versuche: *5.5-Dibrom-5-nitro-4-phenylpentanon-(2)* (II), $C_{11}H_{11}O_3NBr_2$, F. 133 bis 135° (Zers.; A.), durch Zufügen von 2 Mol Br_2 in Chlf. zu I u. $NaOCH_3$ in Methanol bei −20°; 54% (Ausbeute); leicht zersetzlich. *2.4-Dinitrophenylhydrazon*, $C_{17}H_{15}O_6N_5Br_2$, F. 159—160°, orangerote Nadeln. II entsteht auch aus I durch Rk. mit 1 Mol Br_2 neben unverändertem I. — *2-Nitro-3-phenyl-1-acetylcyclopropan*, $C_{11}H_{11}O_3N$, Kp.$_{1}$$^{\mu}$ 130—134°, aus II durch 10std. Kochen mit K-Acetat in A.; n_D^{25} 1,5364; 31%; inert gegen $KMnO_4$, keine Färbung mit NaJ in Aceton; reagiert langsam mit Br_2 in Aceton; Jodoformtest positiv. *2.4-Dinitrophenylhydrazon*, $C_{17}H_{15}O_6N_5$, F. 207,5—208,5° (Dioxan). — *5-Phenylpentandion-(2.4)*, *Cu-Enolat*, $C_{22}H_{22}O_4Cu$, F. 235—236° (Bzl.), aus 1 g vorst. Verb. durch Stehen mit $NaOCH_3$ in Methanol, nach 1 Std. Abfiltrieren vom gebildeten $NaNO_2$, Gießen in W., Ausäthern, ½std. Kochen des Ae.-Rückstandes mit methanol. HCl, Ausäthern nach Verdünnen mit W. u. Versetzen des Rückstandes in CH_3OH mit gesätt. Cu-Acetatlsg.; blaue M.; 0,45 g. — *Phenylessigsäure*, durch 3std. Erwärmen des vorst. Diketons mit 10%ig. NaOH u. Ansäuern mit 6nH_2SO_4; *p-Phenylphenacylester*, F. 61 bis 63° (wss. A.). (J. org. Chemistry **17**. 836—38. Juni 1952.) LEHWALD. 1960

Lee Irvin Smith und John S. Showell, *Cyclopropane*. 14. Mitt. *Beiläufige Experimente und ein Versuch zur Darstellung von Bicyclopropyl*. (13. vgl. vorst. Ref.) Cyclopropyl-β-dimethylaminoäthylketonmethojodid wird bei Wasserdampfdest. bei p_H 4 in *Vinylcyclopropylketon* (I) verwandelt, das beim Erwärmen polymerisiert u. kein monomeres Oxim oder Semicarbazon bildet. Rk. von I mit Hydrazin liefert *3-Cyclopropylpyrazolin* als instabile Verb., die mit Phenylisothiocyanat [*3-Cyclopropylpyrazolyl-(1)*]-*thiocarbanilid* ergibt. Im Gegensatz zu I, das keine MICHAEL-Kondensation eingeht, reagiert das analoge Phenylvinylketon mit CH_3NO_2 im Verhältnis 2 : 1 zu *4-Nitro-1.7-diphenylheptandion-(1.7)*. Das 1 : 1-Addukt konnte nicht dargestellt werden. β-Chlorpropiophenon, Dibenzalaceton u. β-Cyclopropylacrylsäureäthylester reagieren nicht mit CH_3NO_2. Beim Vers. der MEERWEIN-PONNDORF-Red. von Methylcyclopropylketon (II) erfolgt Selbstkondensation zu *1.3-Dicyclopropylbuten-(2)-on-(1)*, das auch keine MICHAEL-Kondensation eingeht. REFORMATSKI-Rk. von II mit Bromessigsäureäthylester ergibt *β-Cyclopropyl-β-oxybuttersäureäthylester*, der sich nicht dehydratisieren läßt. Desgl. scheiterte ein Vers., Cyclopropancarbonsäureäthylester einer Acyloinkondensation zu unterwerfen. γ-Nitro-γ-bromvaleriansäuremethylester u. -buttersäuremethylester lassen sich mit K-Acetat nicht in Cyclopropanderivv. verwandeln.

Versuche: *Vinylcyclopropylketon* (I), C_6H_8O, Kp.$_{60}$ 65°, durch Zufügen von CH_3J unter Trockeneiskühlung zu Cyclopropyl-β-dimethylaminoäthylketon in Ae., Zufügen des Gemisches zu einer wss. Lsg. von K-Hydrogenphthalat u. Wasserdampfdest.; nach Zufügen von etwas Hydrochinon u. Aussalzen Ausäthern der organ. Schicht; n_D^{31} 1,4560; 51% (Ausbeute); wird durch $KMnO_4$ zerstört; polymerisiert bei Erhitzen bei Abwesenheit eines Stabilisators; gibt *polymeres 2.4-Dinitrophenylhydrazon* u. *Semicarbazon* u. reagiert nicht mit CH_3NO_2. — *3-Cyclopropylpyrazolin*, $C_6H_{10}N_2$, Kp.$_{3-4}$ 81 bis 82°, F. 5° (Zers.), durch Zutropfen von I zu Hydrazin im Überschuß; n_D^{25} 1,5136; 52% (roh); unter Luft- u. Lichtausschluß haltbar; entfärbt $KMnO_4$ u. Br_2 in CCl_4; läßt sich durch Kochen mit Cu-Spänen nicht in Bicyclopropyl verwandeln. — [*3-Cyclopropylpyrazolyl-(1)*]-*thiocarbanilid*, $C_{13}H_{15}N_3S$, F. 123—124° (A.), Nadeln. — *4-Nitro-1.7-diphenylheptandion-(1.7)*, $C_{19}H_{19}O_4N$, F. 134—135° (Aceton), aus einem Gemisch von 6 g Phenylvinylketon u. 3,1 g CH_3NO_2 in CH_3OH durch Zufügen von $NaOCH_3$ in Methanol bei 35—40° u. Ansäuern mit Essigsäure nach 2std. Rühren; 2,5 g. — *1.3-Dicyclopropylbuten-(2)-on-(1)*, $C_{10}H_{14}O$, Kp.$_{15}$ 111,5—112,5°, aus II durch 16std. Rühren u. Erhitzen mit Al-tert.-Butylat in Xylol auf 115—120°; nach Zufügen von W. u. Kochen Zentrifugieren, Ausäthern u. Dest.; 33%; bei Ggw. von $Ba(OH)_2$ als Katalysator versagt die Rk.; *2.4-Dinitrophenylhydrazon*, $C_{16}H_{18}O_4N_4$, F. 87—91°, aus A. orangerote Kristalle. — *β-Oxy-β-cyclopropylbuttersäureäthylester*, $C_9H_{16}O_3$, Kp.$_7$ 85,5—86,5°, aus II u. Bromessigsäureäthylester durch Erwärmen in Bzl. + Toluol mit Zn-Spänen (2 Std.); nach 12std. Stehen u. Kühlen Ansäuern; 44%; läßt sich mit keinem der üblichen Mittel dehydratisieren. — *γ-Brom-γ-nitrovaleriansäuremethylester*, $C_6H_{10}O_4NBr$, Kp.$_{0,4}$ 106 bis 110°, durch Zufügen einer Mischung von γ-Nitrovaleriansäuremethylester + $NaOCH_3$ in Chlf. zu Br_2 in Chlf. bei −20°; n_D^{28} 1,4750; 78%; wird bei Lichteinw. braun; bei Einw. von KJ in Aceton wird J_2 frei; läßt sich mit K-Acetat nicht cyclisieren, sondern gibt wieder *γ-Nitrovaleriansäuremethylester*, Kp.$_{0,3}$ 59—62°; n_D^{20} 1,4394. — *γ-Brom-γ-nitrobuttersäuremethylester*, $C_5H_8O_4NBr$, Kp.$_{1,4}$ 118—119°, analog vorst. Verb. aus γ-Nitrobuttersäuremethylester; n_D^{27} 1,4760; 60%; läßt sich ebenfalls nicht cyclisieren. (J. org. Chemistry **17**. 839—44. Juni 1952.) LEHWALD. 1960

D. C. Gregg und C. A. Blood, *Triphenylmethylarylsulfide*. 2. Mitt. *Oxydation mit Brom in wässeriger Essigsäure*. (1. vgl. C. **1952**. 2829.) Bei der Oxydation von *Triphenyl-*

methylarylsulfiden (I) in essigsaurem Medium mit 0,1n Bromat–Bromid-Lsg. nach SIGGIA u. EDSBERG (C. **1949.** II. 685) werden pro Mol 3 Br_2 verbraucht unter Bldg. von *Triphenylcarbinol* (**II**) u. dem entsprechenden *Arylsulfonylbromid,* das als *Arylsulfonamid* charakterisiert wurde, u. zwar findet in dem sauren Medium zuerst Spaltung von **I** in **II** u. *Arylthiol* statt, das über das *Disulfid* als Zwischenstufe oxydiert wird.

Versuche: 92,2—97,6% der *Triphenylmethylarylsulfide* (**I**) (Aryl = *Phenyl-, o-Tolyl-, m-Tolyl-, p-Tolyl-*) sowie von *Thiophenol, m-Thiokresol* u. *p-Thiokresol* konnten durch Bromat–Bromid-Titration erfaßt werden. Das Reaktionsgemisch der I-Titration lieferte bei der Aufarbeitung fast quantitativ *Triphenylcarbinol* (**II**). Die gebildeten *Arylsulfonylbromide* wurden aus dem Reaktionsgemisch mit Bzl. extrahiert, zur Benzol-lsg. konz. wss. NH_3-Lsg. gegeben u. erhitzt. Nach Einengen u. Ansäuern der wss. Lsg. wurden *Benzolsulfonamid* [F. 147—149°; 50% (Ausbeute)], *o-Toluolsulfonamid* (F. 154 bis 157°; 36%), *m-Toluolsulfonamid* (F. 106—109°; 49%) u. *p-Toluolsulfonamid* (F. 135 bis 137°; 43)% isoliert. — Die Spaltung der **I** erfolgte auch schon durch kurze Behandlung mit Eisessig u. HCl bei 80° zu 52%. — *Diphenyldisulfid* konnte zu 75% nach langsamer Oxydation isoliert werden. Die Trennung von **II** erfolgte durch Behandlung mit Cyclohexen. Analog wurde auch *p.p'-Ditolyldisulfid* (F. 43—45°; 40%) isoliert. (J. org. Chemistry **16.** 1255—58. Aug. 1951. Burlington, Vt., Univ., Dep. of Chem.) FAASS. 2290

Germaine Benoit und **Fanny Eliopoulo,** *Synthese einiger Aminoderivate des Diphenylmethans.* Dargestellt wurden eine Reihe *1.1-Bis-[p-aminophenyl]-alkane* (**I**), die entsprechenden *1.1-Bis-[p-diäthylaminoäthylaminophenyl]-alkane* (**II**) sowie *1.1-Bis-[p-diäthylaminoäthoxyphenyl]-alkane* (**III**). Die Verbb. zeigten im allg. weder eine antituberkulöse noch eine andere bakteriostat. Wirkung. Das Ergebnis von KIRKWOOD u. PHILLPS (C. **1947.** II. 1751), das *1.1-Bis-[p-aminophenyl]-2.2.2-trichloräthan* antituberkulös wirkt, konnte in vivo von Vff. nicht bestätigt werden. Beim *1.1-Bis-[4-diäthylaminoäthylaminophenyl]-2.2.2-trichloräthan* konnte eine geringe bakteriostat. Wrkg. festgestellt werden. Die Verbb. kommen wegen ihrer Toxizität jedoch ohnehin für chemotherapeut. Zwecke nicht in Betracht. Verbb. des Typs **I** verstärken in großen Dosen die durch Acetylcholin ausgelöste Bradycardie bei chloroformierten Hunden. Blockierung der Aminofunktion durch den Diäthylaminoäthylrest (Typ **II**) kehrt die Wrkg. um. In geringen Dosen vergrößern die Verbb. dann die Kranzarterien im isolierten Kaninchenherz, zugleich tritt eine Schwächung der Herzmuskeltätigkeit in um so stärkerem Maße ein, je kürzer der aliphat. Rest am Methylen-C-Atom ist. Die Phenoläther (Typ **III**) zeigen eine ähnliche, aber schwächere Wirkung.

Versuche: Die Darst. der *1.1-Bis-[p-aminophenyl]-alkane,* $p\text{-}H_2N\cdot C_6H_4\cdot CH(CH_2R)\cdot C_6H_4\cdot NH_2\text{-}p$ (**I**), ging von den 1.1-Diphenylalkanen, $C_6H_5\cdot CH(CH_2R)\cdot C_6H_5$ (**IV**), aus. Da die Kondensation von Diphenylmethan-Na mit den entsprechenden Jod- oder Bromalkanen nur Ausbeuten von 17—20% lieferte, wurden die Verbb. **IV** durch Dehydratation der aus Phenylalkylketonen mit C_6H_5MgBr erhältlichen *Carbinole* $C_6H_5\cdot C(OH)(CH_2R)\cdot C_6H_5$ (**V**), welche durch Dest. bei n. Druck gelingt, u. RANEY-Ni-Hydrierung der entstandenen *Olefine* $C_6H_5\cdot C(:CHR)\cdot C_6H_5$ (**VI**) in A. bei n. Druck u. n. Temp. dargestellt. — *Verbb.* **V**: $R = H$, F. 90°; $R = CH_3$, F. 94°; *1.1-Diphenylbutanol-(1)* ($R = C_2H_5$), F. 65°; $R = C_3H_7$; $R = C_4H_9$, Kp. 215—220°; $R = C_5H_{11}$, $Kp._{15}$ 210°; $R = C_{10}H_{21}$, Öl. — *Verbb.* **VI**: $R = H$, $Kp._{15}$ 150°; $R = CH_3$, F. 52°; $R = C_2H_5$, Kp. 160—163° (Dehydratation durch Eingießen der essigsauren Lsg. des Carbinols in H_2SO_4 + Eisessig in der Kälte); $R = C_3H_7$, $Kp._{17}$ 170°; $R = C_4H_9$, $Kp._{12}$ 178 bis 180°; $R = C_5H_{11}$, $Kp._{12}$ 185—188°; $R = C_{10}H_{21}$, $Kp._{0,3}$ 189—192°; F. 8—9°; $D.^{23}_{23}$ 0,938; n_D^{23} 1,536; Mol.-Refr. 106,3. — *Verbb.* **IV**: *1.1-Diphenyläthan* ($R = H$), $Kp._{30}$ 157 bis 160°; $n_D^{23,7}$ 1,5743; $R = CH_3$, $Kp._{12}$ 150°; $R = C_2H_5$, $Kp._{15}$ 153—155°; $R = C_3H_7$, $Kp._{11}$ 160°; $R = C_4H_9$, $Kp._{15}$ 185°; $R = C_5H_{11}$, $Kp._3$ 180°; $R = C_{10}H_{21}$, $Kp._{12}$ 216—217°; $D.^{23}_{23}$ 0,928; n_D^{23} 1,5225; Mol.-Refr. 105,91. — Die Verbb. **IV** wurden (außer R = H) nach KIRKWOOD u. PHILLIPS (l. c.) nitriert; Ausbeute $>$45%: *1.1-Bis-[p-nitrophenyl]-propan,* F. 144°; *-butan,* F. 112°; *-pentan,* F. 92°; *-hexan,* Öl; *-heptan,* Öl; *-dodecan,* Öl. Oxydation lieferte in allen Fällen *4.4'-Dinitrobenzophenon.* — Zur Gewinnung von *1.1-Bis-[p-nitrophenyl]-äthan,* F. 107°, muß der KW-stoff in der 3fachen Menge CH_3COOH nitriert werden; ohne Essigsäure entsteht *1.1-Bis-[2.4-dinitrophenyl]-äthan,* gelbe Plättchen aus CH_3COOH, F. 155°, welches durch Oxydation mit Chromschwefelsäure in *2.2'.4.4'-Tetranitrobenzophenon,* F. 225°, übergeführt werden konnte. — Die vorst. Nitroverbb. wurden in A. mit PtO_2 oder in CH_3COOH mit RANEY-Ni reduziert. Die entstehenden *Basen* **I** hatten bei der Titration mit n-HCl ihren Umschlagspunkt bei p_H 2—3. Die *Hydrochloride* konnten aus Isopropylalkohol + Ae. nur schwer umkrist. werden. — *Verbb.* **I**: $R = H$, F. 118°; *Dihydrochlorid,* F. 209°; $R = CH_3$, $C_{15}H_{18}N_2\cdot H_2O$, F. 44°; *Dihydrochlorid,* F. 230° (Zers.); $R = C_2H_5$, $Kp._{0,4}$ 198—200°; *Dihydrochlorid,*

F. 165—168° (Zers.); $R = C_3H_7$, Kp.$_{0,3}$ 204°; *Dihydrochlorid*, F. 181—183° (Zers.); $R = C_4H_9$, Kp.$_{1,5}$ 225—230°; *Dihydrochlorid*, F. 175—178° (Zers.); $R = C_5H_{11}$, Kp.$_4$ 255 bis 260°; *Dihydrochlorid*, F. 182—185° (Zers.); $R = C_{10}H_{21}$, Kp.$_{0,1}$ 242—245°; *Dihydrochlorid*, F. 145—148° (Zers.). — *1.1-Bis-[4-diäthylaminoäthylaminophenyl]-alkane*, p-$(C_2H_5)_2NCH_2CH_2NH \cdot C_6H_4 \cdot CHR \cdot C_6H_4 \cdot NHCH_2CH_2N(C_2H_5)_2$-$p$ (II), durch Kondensation von Diäthylaminochloräthan mit den Verbb. I im Rohr (5 Std. bei 130°). Die nachst. Verbb. sind dickfl. Öle, die sich braun verfärben. Die *Dihydrochloride* sind in A. leicht lösl., wenig lösl. in Aceton u. verfärben sich schnell. Die *Tetrahydrochloride* sind amorph, die *Pikrate, Pikrolonate, Perchlorate* u. *Chloroplatinate* sind sehr hygroskop. u. verfärben sich schnell. — *Verbb.* **II**: $R = H$, Kp.$_4$ 275—280°; $R = CCl_3$, *Pikrat*, F. 40° (Zers.); *Tetrahydrochlorid*, F. ca. 40°; $R = CH_3$, Kp.$_{0,1}$ 215°; $R = C_2H_5$, Kp.$_5$ 280—285°; $R = C_3H_7$, Kp.$_{0,8}$ 220—222°; $R = C_4H_9$, Kp.$_{0,9}$ 256—258°; $R = C_5H_{11}$, Kp.$_{0,3}$ 242 bis 245°; $R = C_6H_{13}$, Kp.$_1$ 267—270°; $R = C_{11}H_{23}$. — *4.4'-Dioxydiphenylmethan*, F. 163°, Nadeln aus Bzl., aus Diaminodiphenylmethan. — Weitere *1.1-Bis-[p-oxyphenyl]-alkane*, p-$HO \cdot C_6H_4 \cdot CHR \cdot C_6H_4 \cdot OH$: $R = CH_3$, Kp.$_{0,7}$ 215°; $R = C_3H_7$, F. 136°, Kp.$_{0,4}$ 230°, u. $R = C_4H_9$, F. 124°, Kp.$_{0,08}$ 200—204°, durch Rk. von 4.4'-Dimethoxybenzophenon mit der entsprechenden GRIGNARD-Verb., wobei direkt die Äthylenverbb. gebildet wurden, Hydrierung mit RANEY-Ni bei n. Druck u. n. Temp. u. Entmethylierung mit Pyridinhydrochlorid. — *1.1-Bis-[p-oxyphenyl]-propan*, F. 130°, Kp.$_{20}$ 275°, u. *1.1-Bis-[p-oxyphenyl]-heptan*, F. 111°, Kp.$_{0,01}$ 225°, aus Propionaldehyd bzw. Önanthol u. Phenol in Ggw. von HCl. Alle Bis-[oxyphenyl]-alkane krist. aus Bzl. in Nadeln. Ihre *Na-Salze* wurden mit Diäthylaminochloräthan im Rohr bei 120° kondensiert. Die entstehenden *1.1-Bis-[4-diäthylaminoäthoxyphenyl]-alkane*, p-$(C_2H_5)_2NCH_2CH_2O \cdot C_6H_4 \cdot CHR \cdot C_6H_4 \cdot OCH_2CH_2N(C_2H_5)_2$-$p$ (III), sind gefärbte Öle, die *Hydrochloride* sind beständig u. lassen sich aus Isopropylalkohol umkristallisieren. — *Verbb.* **III**: $R = H$, Kp.$_{0,2}$ 240—243°; *Dihydrochlorid*, F. 166°; $R = CH_3$, Kp.$_{0,8}$ 257°; *Dihydrochlorid*, F. 176°; $R = C_2H_5$, Kp.$_{0,2}$ 243°; *Dihydrochlorid*, F. 181°; $R = C_3H_7$, Kp.$_{0,5}$ 250°; *Dihydrochlorid*, F. 135°; $R = C_4H_9$, Kp.$_{0,9}$ 245—250°; $R = C_6H_{13}$, Kp.$_{0,2}$ 245°; *Dihydrochlorid*, F. 161°. (Bull. Soc. chim. France, Mém. [5] **18**. 890—95. Nov./Dez. 1951.)
FAASS. 2520

B. A. Arbusow und **N. P. Gretschkin**, *Synthese von 1.2-Benzanthryl-(10)-methylphosphon- und 9-Methyl-1.2-benzanthryl-(10)-methylphosphonsäure.* Bei Einw. von diäthylphosphorigsaurem Na (I) auf 10-Chlormethyl-1.2-benzanthracen (II) entsteht der entsprechende Phosphonsäureester, der zu *1.2-Benzanthryl-(10)-methylphosphonsäure* verseift wird. Analog wird aus **I** u. 9-Methyl-10-jodmethyl-1.2.-benzanthracen (III) *9-Methyl-1.2-benzanthryl-(10)-methylphosphonsäure* erhalten. Die Verbb. sollen auf cancerogene Wrkg. untersucht werden.

V e r s u c h e: *1.2-Benzanthryl-(10)-methylphosphonsäure.* Eine Lsg. von 4 g **II** in Bzl. wird mit der berechneten Menge **I** 1 Std gekocht, nach Erkalten filtriert u. im Vakuum zum Sirup verdampft; der Ester wird durch 30std. Erhitzen mit konz. HCl verseift u. die freie Säure aus alkal. Lsg. mit Mineralsäure umgefällt. Prismen; 1,07 g (Ausbeute). *Dinatriumsalz*, $C_{19}H_{13}O_3PNa_2 \cdot 2\,H_2O$. — *9-Methyl-1.2-benzanthryl-(10)-methylphosphonsäure*; analog Vorst. aus 4,9 g **III** u. 2,1 g **I** in 50 cm³ Bzl. bei ¼std. Kochen; gelbliche Nadeln; 2,1 g. *Diammoniumsalz*, $C_{20}H_{23}O_3N_2P$; gelbliche Blättchen. (Известия Академии Наук СССР, Отделение Химических Наук [Nachr. Akad. Wiss. UdSSR, Abt. chem. Wiss.] **1952**. 121—23. Jan./Febr. Chem. Arbusow-Inst. der Kasaner Zweigstelle der Akad. der Wiss. der UdSSR.) TROFIMOW. 2800

Ss. I. Kanewskaja und **K. I. Snajewa**, *Synthese einiger Aglykonhomologen der Herzglykoside.* 1. Mitt. *Synthese von zwei isomeren β-Phenanthryl- $\Delta^{\alpha\beta}$-butenoliden.* 3-Acetylphenanthren wurde nach der Meth. von BERGMANN u. HILLEMANN (Ber. dtsch. chem. Ges. **66**. [1933.] 1302) in *β-[Phenanthryl-(3)]-β-methylhydracrylsäuremethylester* u. dieser durch Dehydratation mit HCO_2H in *β-[Phenanthryl-(3)]-β-methylacrylsäuremethylester* übergeführt. Bei der Oxydation mit SeO_2 entstand hieraus *β-[Phenanthryl-(3)]-Δ^{α}-butenolid* (I). Analog wurde aus 2-Acetylphenanthren *β-[Phenanthryl-(2)]-$^{\alpha}\Delta$-butenolid* erhalten. Beide Butenolide geben die LEGALsche Rk. der Aglukone aus natürlichen Herzglykosiden, haben aber keine Wrkg. auf die Herzmuskulatur.

V e r s u c h e: *β-[Phenanthryl-(3)]-β-methylhydracrylsäuremethylester.* 3 g 3-Acetylphenanthren werden mit 2,3 g Bromessigsäuremethylester u. 1—2 g verkupferten Zn-Spänen in Ggw. eines J-Kriställchens in 35 cm³ völlig trockenem Bzl. 6—7 Std. gekocht; man gießt auf Eis, säuert mit 10%ig. H_2SO_4 an u. verdampft die mit Na_2CO_3-Lsg. geschüttelte u. getrocknete Benzollösung. Dunkelbraune viscose M.; ist nach der VZ. fast rein; 3,8 g (Ausbeute). — *β-[Phenanthryl-(3)]-β-methylacrylsäuremethylester*, aus 3,8 g vorst. Verb. bei 3std. Kochen mit 11—12 g 80%ig. HCO_2H; nach Erkalten wird in W. gegossen u. das Reaktionsprod. mit Ae. + wenig Chlf. aufgenommen; rötlichbraunes, viscoses Öl; 3 g. Hieraus durch Kochen mit alkoh. n-KOH nach Reinigung die *freie Säure*, F. 72—85°. *Silbersalz*, $C_{18}H_{13}O_2Ag$, Niederschlag. — *β-[Phenanthryl-(3)]-Δ^α-butenolid* (I), $C_{18}H_{12}O_2$, F. 177,5—178,5°. In eine sd. Lsg. von 0,5 g vorst. Esters in 30 g Acetanhydrid werden 0,4 g SeO_2, in 2 cm³ W. gelöst, eingetragen; man kocht 2 Std., dampft im Vakuum zur Trockne, löst in Bzl., filtriert u. verdampft im Vakuum. Hierauf wird in 20—30 cm³ Chlf. gelöst u. an Al_2O_3 chromatographiert. Beim fraktionierten Eluieren mit Chlf. geht zuerst ein Öl in Lsg., dann I. Aus Chlf. + A. (1 : 1) hellgelbe Kristalle; 0,15 g. — *β-[Phenanthryl-(2)]-Δ^α-butenolid*, $C_{18}H_{12}O_2$, F. 199—200°; aus 2-Acetylphenanthren analog Vorst.; aus Bzl. hellgelbe Kristalle. (Журнал Общей Химии [J. allg. Chem.] **21.** (**83.**) 1726—29. Sept. 1951. Allunions Wiss. Chem.-Pharmazeut. Ordshonikidse-Forschungsinst.) R. KNOBLOCH. 2850

J. Harley-Mason, *Reaktion von Propiolacton mit Indolen und Pyrrol.* In Fortsetzung früherer Verss. (vgl. C. **1952.** 5889) stellt Vf. aus Propiolacton (**I**) mit 2-Methylindol (**II**), 1-Methyl-2-phenylindol (**III**) u. 5-Acetoxy-2-methylindol (**IV**) weitere *β-[Indolyl-(3)]-propionsäuren* dar, die als 2.3-disubstituierte Indole keine EHRLICH-Rk. geben. Mit 3-Methyl- u. 2.3-Dimethylindol wurden nicht definierbare saure Prodd. erhalten. Aus **I** u. Pyrrol (**V**) wird eine Säure erhalten, die nicht mit β-[Pyrryl-(1)]-propionsäure ident. u. wahrscheinlich *β-[Pyrryl-(2)]-propionsäure* ist.

Versuche: *β-[2-Methylindolyl-(3)]-propionsäure*, $C_{12}H_{13}O_2N$, F. 138°, durch 3std. Erhitzen von **I** u. **II** auf 110°, Aufnehmen in Ae., 2std. Stehen, Ausschütteln mit 10%ig. Sodalsg. u. Ansäuern; aus W. Nadeln. — *β-[5-Oxy-2-methylindolyl-(3)]-propionsäure*, $C_{12}H_{13}O_3N$, F. 182—183°, durch 3std. Erhitzen von **I** u. **IV** (aus 5-Oxy-2-methylindol u. Essigsäureanhydrid in Pyridin) auf 110°, weiter wie bei vorst. Verb. u. Hydrolysieren mit sd. 5%ig. NaOH unter N_2, Ansäuern u. Aufnehmen in Ae.; aus Bzl.–PAe. kleine Prismen. — *β-[1-Methyl-2-phenylindolyl-(3)]-propionsäure*, $C_{18}H_{17}O_2N$, F. 114 bis 116°, durch 6std. Erhitzen von **I** u. **III** auf 120°, Aufnehmen in 2%ig. NaOH, Filtrieren u. Ansäuern; aus verd. A. Prismen. — *β-[Pyrryl-(2)]-propionsäure*, $C_7H_9O_2N$, F. 85—86°, durch 2std. Erhitzen von **I** u. **V** auf 100°, Aufnehmen in Ae., Ausschütteln mit 10%ig. Sodalsg., schwach Ansäuern mit Essigsäure u. Ausäthern; aus Bzl.–PAe. Blättchen. (J. chem. Soc. [London] **1952.** 2433. Juni. Cambridge, Univ., Chem. Labor.) W. HOFFMANN. 3081

R. H. Glauert und Frederick G. Mann, *Die molekulare Umlagerung der Phenylhydrazone von Thiooxindol-3-aldehyd und von 3-Acetyl-[thiooxindol].* Die *Phenylhydrazone* von *Thiooxindol-3-aldehyd* (**I**), *6-Äthoxythiooxindol-3-aldehyd* (**II**) u. *3-Acetyl-[thiooxindol]* (**III**) lagern sich unter der Einw. von HCl zu den entsprechenden *4-[o-Mercaptophenyl]-1-phenylpyrazolonen* um, deren Konst. durch Aufnahme ihrer Infrarotspektren erhärtet wird. Durch äther. J_2 werden sie zu den entsprechenden *Disulfiden* oxydiert.

Versuche (FF. im vorgeheizten Bad): *Thiooxindol-3-aldehydphenylhydrazon* (**IV**), F. 180—181° unter Gasentw., aus **I** u. Phenylhydrazin in A. a) bei Raumtemp., b) bei ¹/₄std. Kochen in Ggw. von Essigsäure in 64%ig. Ausbeute; aus A. hellgelbe Nadeln. — *6-Äthoxythiooxindol-3-aldehydphenylhydrazon* (**V**) analog **IV** (Meth. a) aus **II**, F. 168 bis 169° (A.) unter Gasentw.; bei weiterem Erhitzen Umlagerung u. Dehydrierung zum Disulfid. — *3-Acetyl-[thiooxindol]-phenylhydrazon* (**VI**), $C_{16}H_{14}ON_2S$, F. 166° (A.), aus **III**; noch labiler als **V**. — *4-[o-Mercaptophenyl]-1-phenylpyrazolon* (**VII**), $C_{15}H_{12}ON_2S$, F. 195°, durch kurzes Kochen von **IV** in alkoh. HCl u. Verdünnen mit W.; aus wss. A. oder Bzl. gelbliche Nadeln. — *4-[4-Äthoxy-2-mercaptophenyl]-1-phenylpyrazolon*, $C_{17}H_{16}O_2N_2S$, F. 243°; aus A. gelbliche Kristalle. — *4-[o-Mercaptophenyl]-3-methyl-1-phenylpyrazolon*, $C_{16}H_{14}ON_2S$, F. 225—227°; aus A. Blättchen; entsteht auch bereits bei 5 Min. Erhitzen von **VI** an der Luft auf 170—175°. — *Bis-{o-[1-phenylpyrazolon-(5)-yl-(4)]-phenyl}-disulfid*, $C_{30}H_{22}O_2N_4S_2$, F. 257—259° (A.), a) durch Zugabe von äther. J_2-Lsg. zu **VII** in A. u. Aufkochen; b) in geringer Menge bei 12 Min. Erhitzen von **IV** auf 175—180° u. Umkristallisieren aus Essigsäure. — Analog vorst. Verb. (Meth. a) wurden erhalten: *Bis-{5-äthoxy-2-[1-phenylpyrazolon-(5)-yl-(4)]-phenyl}-disulfid*, $C_{34}H_{30}O_4N_4S_2$, F. 270 bis 272° (wss. Pyridin); entsteht auch bereits bei 5 Min. Erhitzen von **V** auf 170—175° an der Luft. — *Bis-{o-[3-methyl-1-phenylpyrazolon-(5)-yl-(4)]-phenyl}-disulfid*, $C_{32}H_{26}\cdot O_2N_4S_2$, F. 281—282° (A.); entsteht auch bereits bei 5 Min. Kochen von **VI** u. überschüssigem $C_6H_5NHNH_2$ in A. in Ggw. von etwas Essigsäure. (J. chem. Soc. [London] **1952.** 2401—04. Juni. Cambridge, Univ., Chem. Labor.) W. HOFFMANN. 3122

G. E. McCasland und E. Clyde Horswill, *Heterocyclisierung epimerer Aminocyclanole. 2. Mitt. Oxazolidine.* (1. vgl. C. **1952.** 4137.) Bei der Umsetzung der epimeren 2-Aminocyclohexanole (**II**) mit Benzaldehyd (**III**) wurden keine Oxazolidine erhalten. Das UV-Absorptionsspektr. der isolierten Verbb. zeigte das für SCHIFFsche Basen charakterist.

mol. Extinktionsmaximum von 17000 bei 2470 Å. Vff. nehmen an, daß es sich bei vielen bisher dargestellten Oxazolidinen um mehr oder weniger mit SCHIFFschen Basen verunreinigte Prodd. handelt. So konnten sie für das von BERGMANN u. Mitarbeitern (Ber. dtsch. chem. Ges. **54.** [1921.] 936) aus 3-Aminopropandiol-(1.2) (**I**) u. **III** isolierte, als Isomerengemisch bezeichnete Reaktionsprod. SCHIFFsche Basenstruktur nachweisen. Da die am N *alkyl-* u. *acylsubstituierten Oxazolidine* gegen diese Art von Umlagerungen beständiger sein müßten, wurden *N-Alkyl-* u. *N-Acylderivv.* von **II** dargestellt. Aus den N-Alkylderivv. ließen sich aber nicht die entsprechenden N-Alkyloxazolidine darstellen. Die aus **II** erhaltenen SCHIFFschen Basen zeigten aber nach Benzoylierung N-Benzoyl-oxazolidin-Struktur. Da *cis-* u. *trans-Acyloxazolidine* erhalten wurden, ist die Acyl-oxazolidinbldg. in der C_6-Reihe von der Konfiguration unabhängig. Von den 2×2 möglichen Diastereomeren mit 3 asymm. Ringatomen wurde nur jeweils eins isoliert.

Versuche (FF. u. Kpp. korr.): *dl-3-Aminopropandiol-(1.2)* (**I**), Kp.$_{24}$ 153—157°, durch Aminierung von dl-3-Chlorpropandiol-(1.2) nach BERGMANN (l. c.). — *N-Benzoylmorpholin,* Prismen, F. 73,5—74° (absol. Ae.). — *dl-trans-2-Benzylidenaminocyclohexanol* (*trans-***IV**), $C_{13}H_{17}ON$, nach Sublimation F. 90—91°, aus 4 g trans-2-Aminocyclohexanol (trans-**II**), **III** u. 2 cm³ $CH_3COOC_2H_5$; 6,1 g (Ausbeute); oder in Bzl. unter azeotrop. Entfernung des gebildeten W. 91%. Spaltung mit Säure lieferte 88% **III**. — *cis-***IV**, F. 46—47° (aus Isopentan u. Sublimation), analog aus cis-**II**; 94%. — *dl-3-Benzylidenaminopropandiol-(1.2)*, $C_{10}H_{13}O_2N$, F. 72—78° ($CH_3COOC_2H_5$), aus 3 g **I**; 3,8 g. Benzoylierung lieferte *2-Phenyl-3-benzoyl-5-benzoxymethyloxazolidin,* $C_{24}H_{21}O_4N$, F. 120 bis 133° ($CH_3COOC_2H_5$–PAe.). — *dl-cis-(2?.4)-2-Phenyl-3-benzoyl-4.5-cyclohexanooxazolidin,* $C_{20}H_{21}O_2N$, F. 150—151° ($CH_3COOC_2H_5$–PAe. 1:1 u. Bzl.). *trans-***IV** wurde mit Benzoylchlorid in Chlf.-Pyridin bei 25° versetzt, W. zugegeben u. ausgeäthert; 33%; daneben wenig *trans-2-Benzoylaminocyclohexylbenzoat.* Spaltung mit wss. äther. HCl lieferte 91% *trans-2-Benzoylaminocyclohexanol* (*trans-***V**). — *dl-cis-(2?,4.5)-2-Phenyl-3-benzoyl-4.5-cyclohexanooxazolidin,* dünne prismat. Nadeln aus Hexan-Cyclohexan (2:1), F. 86—87°, aus *cis-***IV** wie vorst.; 67% (roh). Spaltung mit HCl lieferte 92% cis-**V**.— *dl-trans-2-Äthylaminocyclohexanol,* F. 50,5—51°; 62%. — *dl-trans-2-Butylaminocyclohexanol* (trans-**VI**), $C_{10}H_{21}ON$, F. 39—40,5°, aus Cyclohexenoxyd u. trockenem 1-Aminobutan durch 12std. Erhitzen auf 150—160° im Rohr; 84%. Darst. durch reduktive Alkylierung lieferte etwas geringere Ausbeuten. *Hydrochlorid,* F. 232—233,5° (Zers.). — *cis-***VI**, nach Sublimation seidige Nadeln, F. 59—60°. *cis-***II** wurde in absol. A. mit einem 10%ig. Überschuß an Butanal versetzt u. das Gemisch bei 3 at (25°) mit RANEY-Ni hydriert. — *dl-trans-2-p-Toluolsulfonylaminocyclohexanol* (trans-**VII**), $C_{13}H_{19}O_3NS$, F. 129—130°, durch Behandeln von trans-**II**·HCl mit p-Toluolsulfonylchlorid in Ggw. von $NaHCO_3$; 83%. — *cis-***VII**, F. 158,5—159,5°, wie vorst. aus cis-**II**·HCl; 96%. Maxima u. Minima der UV-Absorptionsspektren der beschriebenen Benzyliden- u. Benzoylverbb. vgl. Original. (J. Amer. chem. Soc. **73.** 3923—26. Aug. 1951. Toronto, Can., Univ., Dep. of Chem.) FAASS. 3132

Curtis W. Smith, Douglas G. Norton und Seaver A. Ballard, *Reaktionen von Acrolein und verwandten Verbindungen.* 7. Mitt. *Reaktionen von 2-Alkoxydihydropyranen.* (6. vgl. C. **1953.** 5167.) 2-Alkoxy-3.4-dihydro-2H-pyrane (vgl. 1. Mitt., C. **1952.** 7799) reagieren mit Alkoholen in saurer Lsg. unter Bldg. von *2.6-Dialkoxytetrahydropyranen* (durch Anlagerung von Alkohol an die Vinyläthergruppe) u. von *Glutaraldehydtetraalkylacetalen* (durch Alkoholyse der Vinyläther- u. Acetalgruppe). Wenn die Alkoxygruppe des eintretenden Alkohols verschieden ist von der in dem Dihydropyran vorhandenen, dann können entweder gemischte Prodd. erhalten oder die ursprünglichen Alkoxygruppen vollständig ausgetauscht werden. 2-Isobutoxydihydropyran (**I**) lieferte auf diese Weise mit Isobutylalkohol *2.6-Diisobutoxytetrahydropyran* (**II**) u. *Glutaraldehydtetraisobutylacetal*; 2-Methoxydihydropyran (**III**) gab mit Allylalkohol *2.6-Diallyloxytetrahydropyran* u. *Glutaraldehydtetraallylacetal.* Durch Addition von Caprinsäure an **I** in Ggw. einer Spur HCl entstand das *Caprinat* des *2-Isobutoxy-6-oxytetrahydropyrans.* Addition von Phenol an **I** ergab *2-Isobutoxy-6-phenoxytetrahydropyran.* Durch Addition von HCN in Ggw. von Pyridin (**IV**) wurde *2-Isobutoxy-6-cyantetrahydropyran* erhalten. Bei Abwesenheit von **IV** entstand bei dieser Rk. **II**. Beim Erhitzen von **III** in Ggw. von SiO_2/Al_2O_3 auf 250° gelang es, dieses zum isomeren *5-Methoxypenten-(4)-al* zu spalten. W. scheint die Isomerisation zu katalysieren, denn beim Erhitzen von Isobutylvinyläther mit Acrolein, das 2% W. enthielt, wurden neben **I** 6,6% *5-Isobutoxypenten-(4)-al* (**V**) erhalten, während bei Anwendung von wasserfreien Reagentien kein **V** gebildet wurde. Die Struktur der 5-Alkoxypenten-(4)-ale konnte 1. durch Infrarotspektr., das eine unkonjugierte Äthylenbindung u. eine Aldehydgruppe anzeigt, 2. durch Bldg. von Glutaraldehyd-bis-2.4-dinitrophenylhydrazon u. 3. (im Falle von **V**) durch Bldg. von *5-Isobutoxypentanol-(1)* durch Hydrierung bewiesen werden. Wurde **III** mit NH_3 im Vakuum bei

400° über einen Al_2O_3-Kontakt geleitet, so bildete sich **IV** mit 29% Ausbeute neben anderen höhersd. Stickstoffbasen. 2-Alkoxydihydropyrane werden durch FRIEDEL-CRAFTS-Katalysatoren u. durch J_2 polymerisiert, werden aber von Peroxyden wenig angegriffen. **III** gab mit BF_3-Ätherat eine spröde Masse.

Versuche: *Bis-[6-methoxytetrahydropyranyl-(2)]-äther*, $C_{12}H_{22}O_5$, Kp.$_1$ 114 bis 116°, aus 1 Mol **III**, 0,55 Mol W. u. wenig konz. HCl; 3% (Ausbeute). Daneben 45% *Glutaraldehyd* u. 21% **III** zurück. — Durch Rk. von 0,5 Mol **I** mit 1 Mol Isobutylalkohol u. wenig konz. HCl unterhalb 50° wurden erhalten: *2.6-Diisobutoxytetrahydropyran* (**II**), $C_{13}H_{26}O_3$, Kp.$_{0,07}$ 63°, n_D^{20} 1,4322, D.$^{20}_4$ 0,9177; 75%; u. *Glutaraldehydtetraisobutylacetal*, $C_{21}H_{44}O_4$, Kp.$_{0,04}$ 134°; 19%. — Durch Rk. von 0,75 Mol **III** mit 4 Mol Allylalkohol u. wenig konz. HCl bei 55°, Kochen unter Abdest. von CH_3OH u. Dest. wurden erhalten: *2.6-Diallyloxytetrahydropyran*, $C_{11}H_{18}O_3$, Kp.$_{3,3}$ 78—80°, n_D^{20} 1,4575, D.$^{20}_4$ 0,9898; 54%; u. *Glutaraldehydtetraallylacetal*, $C_{17}H_{28}O_4$, Kp.$_1$ 130—134°, n_D^{20} 1,4582, D.$^{20}_4$ 0,9506; 32%. — Durch Erwärmen von Caprinsäure mit **I** u. wenig HCl auf 39°, Zugabe von Na-Acetat nach 2tägigem Stehen u. Dest. wurden erhalten: **I**, Kp.$_{0,5}$ 45—70°, n_D^{20} 1,4387; *Caprinsäure*, Kp.$_{0,5}$ 88—132°; u. *2-Isobutoxytetrahydropyranyl-(6)-caprinat*, $C_{19}H_{36}O_4$, Kp.$_{0,05}$ 130°, n_D^{20} 1,4448, D.$^{20}_4$ 0,9289; 87,5%. — *2-Isobutoxy-6-phenoxytetrahydropyran*, $C_{15}H_{22}O_3$, Kp.$_{0,5}$ 104°, durch Rk. von **I** u. Phenol bei 55°; n_D^{20} 1,4398, D.$^{20}_4$ 1,0221; 52%. Daneben ein Gemisch der Ausgangsprodukte. — *2-Isobutoxy-6-cyantetrahydropyran*, $C_{10}H_{17}O_2N$, Kp.$_{0,07}$ 73°, durch 3std. Erhitzen von **I** mit HCN u. 2% **IV** im Rohr auf 150°; n_D^{20} 1,4422, D.$^{20}_4$ 0,9790; 82%. Rk. von 0,38 Mol **I** u. 0,78 Mol HCN lieferte nach 60std. Stehen HCN, Isobutylalkohol u. **II**. — *5-Methoxypenten-(4)-al*, $C_6H_{10}O_2$, Kp.$_{20}$ 68—69°, durch Überleiten von **III** über den Katalysator bei 250°; n_D^{20} 1,4442, D.$^{20}_4$ 0,9746; 12% in Ggw. von SiO_2/Al_2O_3; 8% in Ggw. von Al_2O_3; 4% in Ggw. von Silicagel. Liefert *Glutaraldehyd-bis-2.4-dinitrophenylhydrazon*, F. 193,7—194,7°. — Durch Überleiten von **I** über 25%ig. Al_2O_3/Silicagel bei 250° u. Aufarbeitung des Öles wurden erhalten: **I**, Isobutylalkohol u. *5-Isobutoxypenten-(4)-al* (**V**), $C_9H_{16}O_2$, Kp.$_{10}$ 83—84°, n_D^{20} 1,4407, D.$^{20}_4$ 0,9016; 8%. — Durch 1std. Erhitzen von Acrolein (2% W.) mit Isobutylvinyläther im Rohr auf 180° wurden erhalten: Ausgangsprodd., **I** (72%), **V** (6,6%) u. Rückstand. — *5-Isobutoxypentanol-(1)*, $C_9H_{20}O_2$, Kp.$_5$ 94°, durch Hydrierung von **V** in absol. A. in Ggw. von RANEY-Ni bei 1500 lbs./sq.in. unter Aufnahme der berechneten Menge H_2; n_D^{20} 1,4319, D.$^{20}_4$ 0,8813; 90%. — Durch Überleiten von **III** u. NH_3 über Al_2O_3 bei 400° u. Aufarbeitung der entstandenen oberen Schicht wurde *Pyridin* (**IV**), Kp. 112—113°, n_D^{20} 1,5034, erhalten; 29%. *Pikrat*, F. 165 bis 166°. (J. Amer. chem. Soc. **74**. 2018—20. 20/4. 1952. Emeryville, Calif., Shell Develop. Comp.) HORST BAGANZ. 3211

Stephen J. Metro und **Alfred Taurins**, *Die Reaktion von Pyridin und Picolinen mit 2-Brom-2-nitroindandion-(1.3)*. Bei der Einw. von *2-Brom-2-nitroindandion-(1.3)* (**I**), welches durch Bromierung von 2-Nitroindandion-(1.3) (**II**) entsteht, auf Pyridin (**III**) bei Raumtemp., wird als Hauptprod. *2-Nitroindandion-(1.3)-pyridiniumsalz* erhalten; daneben bilden sich *Pyridinhydrobromid*, *Phthalsäureanhydrid*, eine zu Tränen reizende Fl. — wahrscheinlich *Bromnitromethan* — u. ein *schwarzer Teer* der ungefähren Zus. $C_{20}H_{16}O_3N_4Br_2$, der das Hydrobromid einer über Sauerstoffbrücken polymerisierten Pyridinverb. sein könnte. Ein 30%ig. Verlust von Brom deutet außerdem auf NOBr-Bldg. hin. Ein Mechanismus zur Deutung der Rkk. wird vorgeschlagen u. auf Grund elektronentheoret. Überlegungen festgestellt, daß **II** in wss. Lsg. u. in Salzen als Anion vorliegt; die entsprechenden Resonanzzustände werden angegeben u. diskutiert. Bei der Einw. von **I** auf die 3 Picoline werden analoge Ergebnisse wie bei **III** erhalten.

Versuche: *2-Brom-2-nitroindandion-(1.3)* (**I**), $C_9H_4O_4NBr$, F. 111—112° (A.), durch Bromierung von **II**; 68,5% (Ausbeute). — *2-Nitroindandion-(1.3)-pyridiniumsalz*, $C_{14}H_{10}O_4N_2$, F. 169—170° (W.; Zers.), aus 14 g **I** auf 15,8 g **III** unter N_2 bei 0°, Filtrieren, Extrahieren des Nd. mit Ae. u. Umkristallisieren des Rückstandes aus A.; Blättchen; 4,5 g; daneben aus der äther. Lsg. 0,1 g **I**, u. aus der Mutterlauge 2,2 g *Pyridinhydrobromid*, C_5H_6NBr, F. 207—209° (1.3-Dibrompropan), 1,1 g *Phthalsäureanhydrid*, $C_8H_4O_3$, F. 129—130° (A.), sowie 0,1 g *Bromnitromethan* (?), Kp. 140—145° (Mikrobest.), u. teerartige *Verb.* $C_{20}H_{16}O_3N_4Br_2$; lösl. in W. u. A.; 4,8 g. — *2-Nitroindandion-(1.3)-α-picoliniumsalz*, F. 160—161° (A.; Zers.); aus **I** u. α-Picolin. — *2-Nitroindandion-(1.3)-β-picoliniumsalz*, F. 145—146° (A.; Zers.); aus **I** u. β-Picolin. — *2-Nitroindandion-(1.3)-γ-picoliniumsalz*, F. 172—173° (A.; Zers.); aus **I** u. γ-Picolin. (Canad. J. Chem. **30**. 466—72. Juni 1952.) W. HOFFMANN. 3231

Arthur Furst und **Carl J. Olsen**, *Eine bequeme Synthese von Xanthurensäure*. Es wird eine bequeme Meth. zur Darst. von *Xanthurensäure* aus dem handelsüblichen Na-Salz des Oxalessigsäureäthylesters u. o-Anisidin beschrieben.

Versuche: *α-[o-Methoxyanil]-bernsteinsäurediäthylester*, $C_{15}H_{19}O_5N$, gelbe Kristalle aus Ae., F. 60°: Aus dem Na-Salz des Oxalessigsäureäthylesters wurde in Bzl. + W. mit 6 n H_2SO_4 der Ester in Freiheit gesetzt, die Benzollsg. mit wasserfreiem Na_2SO_4 u. o-Anisidin versetzt, 1 Std. erhitzt, anschließend mit H_2SO_4 u. W. gewaschen; 50% (Ausbeute). — *8-Methoxy-4-oxychinaldinsäureäthylester*, $C_{13}H_{13}O_4N \cdot 1/2\ H_2O$, F. 100° (W.). Vorst. Verb. wurde in Dowtherm A erhitzt; 65,6%, bei 1 g Ausgangsmaterial 85,5%. Cyclisierung in Mineralöl bei 250°, in Diphenyläther u. Diphenyl, lieferte geringere Ausbeuten. — *4.8-Dioxychinaldinsäure* (*Xanthurensäure*), $C_{10}H_7O_4N$, F. 284°, aus vorst. Verb., KJ u. 95%ig. H_3PO_4 nach 3std. Kochen in quantitativer Ausbeute. Mit den üblichen Methoden der Ätherspaltung (HJ, HBr in Eisessig oder J_2 in H_3PO_4) wurden nur unbefriedigende Ergebnisse erhalten. Die Verb. krist. in rautenförmigen Plättchen u. Dreiecken von citronengelber Farbe; rubinrote Fluorescenz im UV-Licht (Emissionsmaximum 3650 Å); $n\alpha = 1{,}545 \pm 0{,}001$; $n\beta = 1{,}5659 \pm 0{,}0002$. — UV-Absorptionsspektr., auch von *Kynurensäure*, vgl. Original. (J. org. Chemistry **16**. 412—14. März 1951. San Francisco, Calif., Univ. of San Francisco, Dep. of Chem.) FAASS. 3231

C. A. C. Haley und **P. Maitland**, *Organische Reaktionen in wässeriger Lösung bei Raumtemperatur*. 1. Mitt. *Der Einfluß des p_H-Wertes auf Kondensationen, welche die Verknüpfung von Kohlenstoff mit Stickstoff und von Kohlenstoff mit Kohlenstoff betreffen.* In der Art der zuerst von ROBINSON u. SCHÖPF durchgeführten „Synthesen unter physiol. Bedingungen" führen Vff. eine Reihe von C—N-, N—C—N- u. C—C-Kondensationen durch mit Verbb., welche die in Naturstoffen auftretenden Gruppen CHO, CO, NH_2, $CONH_2$, $NH_2C{=}NH$, CH_2CN, CH_2CO, $COCH_2CO$ oder $COCH_2CH_2CO$ besitzen (auch mit HCOOH), u. erhalten dabei SCHIFFsche *Basen*, *Chinoxalin-*, *Diazepin-*, *Pyrimidin-*, *Glyoxalin-*, *Pyrrol-* u. *Pyridinderivv.*, die sämtlich durch anderweitige Darst. nach bekannten Methoden identifiziert werden. Alle Rkk. werden bei 18° mit in W. lösl. Verbb. in wss. Medium durchgeführt, wobei die Ausgangsprodd. so gewählt werden, daß aus ihren gesätt. Lsgg. bis auf wenige Ausnahmen sehr schwer lösl. Verbb. entstehen, die sich im Gegensatz zu den von ROBINSON u. SCHÖPF angewandten Verff. leicht isolieren lassen u. sich in fast allen Fällen ohne Umkristallisation als analysenrein erweisen. Bei zwei CLAISEN-KNOEVENAGEL-Kondensationen wird Glycin als Katalysator verwendet. Durch Variieren des p_H-Wertes werden die Ausbeuten sehr stark beeinflußt. Bei vielen der dargestellten Verbb. wird der Einfl. des p_H-Wertes auf Ausbeute u. Reinheitsgrad durch Rkk. in geeigneten 0,2 n oder 1 n Pufferlsgg. näher untersucht (19 Tabellen). Die Möglichkeit des Auftretens gleicher u. ähnlicher Rkk. in der Natur u. der gegebenenfalls präparative Wert der durchgeführten Unterss. werden diskutiert. Es wird festgestellt, daß einige als durch Basen katalysiert bekannte Kondensationen auch im sauren p_H-Bereich stattfinden.

Versuche (FF. korr.): Die Löslichkeiten von *p-Anisaldehyd* (**I**), *p-Oxybenzaldehyd* (**II**), *Zimtaldehyd* (**III**), *α-Naphthylamin* (**IV**) u. *o-Phenylendiamin* (**V**) in W. bei 18° werden ermittelt. — *Benzylidenanilin*, $C_{13}H_{11}N$, F. 51—52°, aus C_6H_5CHO u. Anilin bei p_H 3,8—11,0; 2 Tage (Reaktionsdauer); 80% (maximale Ausbeute) bei p_H 7,0—7,9. — *Benzyliden-α-naphthylamin*, $C_{17}H_{13}N$, F. 72—73°, aus **IV**; 5 Tage oder 15 Std. unter Schütteln; 84%. — *p-Oxybenzylidenanilin*, $C_{13}H_{11}ON$, F. 192—193°, aus **II**; 1 Tag; 91%. — *p-Oxybenzylidenbenzylamin*, $C_{14}H_{13}ON$, F. 205—206°, aus Benzylamin; 2 Tage; 81%. — *p-Methoxybenzylidenanilin*, $C_{14}H_{13}ON$, F. 61—63°, aus **I**; 1 Tag; 70%. — *[p-Methoxybenzyliden]-benzylamin*, $C_{15}H_{15}ON$, F. 40—42°; 1 Tag; 87%. — *Cinnamylidenanilin*, $C_{15}H_{13}N$, F. 108—109°, aus **III**; 1 Tag; 85%. — *Acetylacetonmonoanil*, $C_{11}H_{13}ON$, F. 51—53°, aus Acetylaceton (**VI**); 1 Tag; 74%. — *Monoanil $C_{11}H_{13}O_2N$*, aus **VI** u. m-Aminophenol; 1 Tag; F. 132—134°; 84%. — *2.3-Dimethylchinoxalin*, $C_{10}H_{10}N_2$, F. 105—107°, aus Diacetyl u. **V** bei p_H 3,0—11,6; 1 Tag; 98% bei p_H 5,5—7,1. — *5.7-Dimethyl-2.3-benzo-1.4-diazepin*, $C_{11}H_{12}N_2$, F. 131—133°, aus **V** u. **VI** bei p_H 3,8 bis 7,7; 2 Std.; mäßig lösl. in W.; 56% bei p_H 5,8; gibt bei $p_H < 3{,}8$ tiefviolettes *Hydrochlorid*. — *2-Amino-4.6-dimethylpyrimidin*, $C_6H_9N_3$, F. 152—154°, aus **VI**, Guanidincarbonat u. K_2CO_3 bei p_H 9,0—10,0; 20 Tage; mäßig lösl. in W.; 62% bei p_H 10. — *4.6-Dimethyl-2-phenylpyrimidin*, $C_{12}H_{12}N_2$, F. 81—83°, aus **VI**, Benzamidinhydrochloriddihydrat u. K_2CO_3 bei p_H 8,7—9,6; 19 Tage; 64% bei p_H 9,6. — *Benzimidazol*, $C_7H_6N_2$, F. 169—171°, aus **V** u. HCOOH bei p_H 0,2—2,7; nach 5 Tagen Fällen mit NH_4OH; 83% bei p_H 0,5. — *4.6-Diamino-5-formamidopyrimidin* (**VII**), $C_5H_7ON_5$, F. zwischen 300 u. 360°, aus 4.5.6-Triaminopyrimidin (**VIII**) (F. 254—258° unter Zers.) bei p_H 0,3—2,8; nach 4 Tagen Fällen mit NH_4OH; 61% bei p_H 1,1; gibt bei p_H 14 **VIII**. **VII**-*Hydrochlorid*, $C_5H_8ON_5Cl$, bei 2tägiger Einw. von 90%ig. HCOOH u. n-HCl auf **VIII**; dicke Nadeln; 40%; daneben 21% **VII**. — *Adenin*, $C_5H_5N_5$, F. 351—353° (Zers.), durch 4std. Erhitzen von 0,3 g **VII** auf 230°; λ_{max} 2615—2635 Å, ε_{max} 13,150; gibt positive KOSSEL-Rk.; 0,2 g; nicht durch Einw. von Alkali auf **VII** bei Raumtemp. erhältlich. —

Benzylidenacetophenon, $C_{15}H_{12}O$, F. 55—57°, aus C_6H_5CHO u. $C_6H_5COCH_3$ bei p_H 12—13; 7 Tage; 96% bei p_H 13; Rk. wird nicht durch Glycin katalysiert. — *Furfurylidenmalonsäure*, $C_8H_6O_5$, F. 190—205° (Zers.), aus Furfurol (**IX**) u. Malonsäure in Ggw. von Glycin bei p_H 2,7; 7 Tage; 61%; ohne Glycin tritt keine Rk. ein. — *Furfurylidenacetylaceton*, [*3-Acetyl-4-furylbuten-(3)-on-(2)*], $C_{10}H_{10}O_3$, F. 54—57°, aus **VI** u. **IX** a) beim natürlichen p_H 4,1 nach 14 Tagen 67%; b) bei p_H 3,6—6,5; 6 Tage; 76% (unrein) bei p_H 4,7; c) in Ggw. von Glycin bei p_H 4,1—4,7; 3 Tage; 92% bei p_H 4,7; aus Methanol Prismen. — *4-Cyanomethyliminopentanon-(2)*, $C_7H_{10}ON_2$, F. 112—113°, aus **VI**, Aminoacetonitrilhydrogensulfat u. K_2CO_3 bei p_H 5,6—8,7; 8 Tage; aus A. Blättchen; 69% bei p_H 8,0. — *4-Carbäthoxymethyliminopentanon-(2)*, $C_9H_{15}O_3N$, F. 66—68°, aus **VI** u. Glycinäthylesterhydrochlorid (**X**) bei p_H 7,5—8,7; 2 Tage; 48% bei p_H 8,3; nachst. Verb. entsteht nur in Spuren bei p_H 9 (EHRLICH-Rk.). — *3.5-Dimethylpyrrol-2-carbonsäureäthylester*, $C_9H_{13}O_2N$, F. 124—126°, durch 3std. Kochen vorst. Verb. mit Na in A.; 20%. — *3-Carbäthoxymethylimino-2-nitropropionaldehyd*, $C_7H_{10}O_5N_2$, F. 100—102° (A.), aus **X** u. Na-Nitromalondialdehyd (**XI**); 1 Tag; 65%. — *4-Nitropyrrol-2-carbonsäureäthylester*, $C_7H_8O_4N_2$, F. 170—172° (A.), aus **X**, **XI** u. K_2CO_3 bei p_H 9,6; 1 Tag; 32%. — *1-Benzyl-2.5-dimethylpyrrol*, $C_{13}H_{15}N$, F. 46—48°, aus Acetonylaceton (**XII**) u. $C_6H_5CH_2NH_2$ bei p_H 7,1—11,5 unter Lichtschutz; nach 1 Tag 62%, nach 14 Tagen 92% bei p_H 11,3. — *2.5-Dimethyl-1-phenylpyrrol*, $C_{12}H_{13}N$, F. 51—52°, aus **XII** u. $C_6H_5NH_2$ bei p_H 3,5—7,2 unter Lichtschutz; nach 1 Tag 55%, nach 14 Tagen 91% bei p_H 4. — *ω-Aminoacetophenonhydrobromid*, F. 217° (A.; Zers.), aus 24 g Phenacylbromid; 12,5 g. — *2-Methyl-4-phenylpyrrol-3-carbonsäureäthylester*, $C_{14}H_{15}O_2N$, F. 104—106° (Methanol), aus vorst. Verb. u. Acetessigsäureäthylester (**XIII**) bei p_H 3,9—8,2; 3 Tage; 63% bei p_H 6,9. — *3-Cyan-4.6-dimethylpyridon-(2)*, $C_8H_8ON_2$, F. 288—289°, aus **VI** u. $CNCH_2CONH_2$ in 1tägiger Rk. bei p_H 6,4—10,5 a) in Pufferlsgg.; 74% bei p_H 9,1; b) unter Zusatz von K_2CO_3; 98% bei p_H 8,5—10. — *1.4-Dihydrokollidin-3.5-dicarbonsäurediäthylester*, $C_{14}H_{21}O_4N$, F. 129—130°, aus **XIII**, CH_3CHO u. NH_4OH a) in Pufferlsgg. bei p_H 6—10; 4 Tage; 43% bei p_H 8,5; b) unter Verwendung von 10%ig. $(NH_4)_2CO_3$-Lsg. (p_H 8,5); nach Abtrennung eines bas. gelben Nebenprod. 70%. — *3.5-Diacetyl-1.4-dihydrokollidin*, $C_{12}H_{17}O_2N$, F. 152—153°, in 4tägiger Rk. aus **VI**, CH_3CHO u. a) NH_4OH in Pufferlsgg. bei p_H 5,5—9,3; 29% bei p_H 6,6—8,5; b) 10%ig. $(NH_4)_2CO_3$-Lsg. (p_H 8,1); 51%. (J. chem. Soc.[London] **1951**. 3155—74. Nov. Cambridge, Univ., Chem. Labor.)

W. HOFFMANN. 3272

Christoph Grundmann und **Günter Weisse**, *Über Triazine*. 2. Mitt. *Trimethyltriazin*. (1. vgl. C. **1951**. I. 1448.) Verss. zur Enthalogenierung von *2.4.6-Tris-[trichlormethyl]-1.3.5-triazin* (**II**) mittels Zn-Staubs u. Formamids (vgl. F. P. 851 516; C. **1940**. II. 1360) ergaben nicht das gewöhnliche *2.4.6-Trimethyl-1.3.5-triazin* (**I**), sondern *2-Amino-4.6-dimethyl-1.3.5-triazin* (**III**). **II** scheint sich hinsichtlich der Austauschfähigkeit der CCl_3-Gruppen gegen NH_2 also ähnlich wie Cyanidchlorid zu verhalten. Vff. gehen daher von dem durch Mischpolymerisation von Acetonitril u. Trichloracetonitril erhältlichen *2-Methyl-4.6-bis-[trichlormethyl]-1.3.5-triazin* (**V**) aus, für das eine geringere Austauschfähigkeit der CCl_3-Gruppen zu erwarten war. **V** gibt bei der Red. mit Zn-Staub–Formamid in wesentlich geringerer Menge **III**, daneben das gesuchte **I**, das durch Red. von **V** mit Zn-Staub u. Methanol in noch besserer Ausbeute erhalten wird. Nach der Kenntnis der Eigg. von **I** konnte seine spurenweise Bldg. auch bei der Red. von **II** mit Zn-Staub–Formamid nachgewiesen werden. **I** hat einen charakterist., in starker Konz. narkot. Geruch, der bei größerer Verdünnung an rohes Acetamid (**IV**) erinnert. Bei der Darst. von **IV** aus Ammoniumacetat scheint **I** ebenfalls in sehr geringer Menge gebildet zu werden. Der mäuseartige Geruch von rohem, aus der Na-induzierten Polymerisation des Acetonitrils erhältlichem *2.4-Dimethyl-6-aminopyrimidin* scheint ebenfalls auf die spurenweise Bldg. von **I** hinzudeuten. **I** bildet in äther. Lsg. ein Dihydrochlorid, mit Pikrinsäure ein Monopikrat. Es läßt sich über Na unzers. destillieren. Verd. Säuren spalten es zu NH_3 u. Essigsäure. Mit Benzaldehyd bildet es *2.4.6-Tristyryl-1.3.5-triazin*. $KMnO_4$ in alkal. Lsg. greift **I** leicht an, Extraktion der angesäuerten Lsg. ergibt jedoch nur Oxamid u. Essigsäure.

V e r s u c h e (FF. korr.): Red. von 11,5 g **II** in A.–Formamid (2 : 1) durch portionsweises Eintragen von Zn-Staub u. 2std. Kochen lieferte 1,9 g *2-Amino-4.6-dimethyl-1.3.5-triazin* (**III**), blaß rotgelbe Kristalle, u. 20 mg **I**. Mit Zn-Staub–Methanol allein, auch in Ggw. von $HgCl_2$, nur durch den Geruch nachweisbare Spuren von **I**. Zugabe von Cu(II)-Acetat unterdrückt bei der Zn-Staub–Formamid-Red. die Bldg. von **I** völlig u. liefert **III**; 90% (Ausbeute). — *2.4.6-Trimethyl-1.3.5-triazin* (**I**), $C_6H_9N_3$, F. 55—56°, $Kp._{750}$ 154—156°, a) durch Red. von **V** in sd. Methanol–Formamid (2 : 1) + etwas Kupferacetat mit Zn-Staub, ½std. Kochen, Abdest. des Lösungsm., Wasserdampfdest. u. Sättigen des Destillats mit KOH; 23%; b) ebenso ohne $HCONH_2$; 34%. **I** ist sehr flüchtig, zeigt in wss. Lsg. sehr schwach bas. Rk., im gefilterten UV-Licht deutlich blaue Fluorescenz. *Hydrochlorid*, $C_6H_9N_3 \cdot 2$ HCl, aus **I** in Ae. mit trocknem HCl; zers. sich unter HCl-Abgabe. *Pikrat*, $C_{12}H_{12}O_7N_6$, F. 154° (A.), gelbe Kristalle. Aus dem Rückstand der Wasserdampfdest. läßt sich bei a) **III**, $C_5H_8N_4$, F. 171—173°, isolieren. — *2.4.6-Tristyryl-1.3.5-triazin*, $C_{27}H_{21}N_3$, F. 224—226° (Eisessig oder Chlf.), weiße glänzende Nädelchen, aus **I** u. Benzaldehyd mit methanol. KOH u. 3tägiges Stehen bei Zimmertemperatur. (Chem. Ber. **84.** 684—88. 6/9. 1951. Berlin, Humboldt-Univ., II. Chem. Inst.) RUSKE. 3313

L. Hough und **J. K. N. Jones**, *Die Synthese von Zuckern aus einfacheren Substanzen.* 2. Mitt. *Die in vitro-Synthese von* DL-*Ribose aus* D-*Glycerinaldehyd und Glykolaldehyd.* (1. vgl. C. **1952.** 3488.) Aus den Kondensationsprodd., die bei der Rk. von D-Glycerinaldehyd (**I**) mit Glykolaldehyd (**II**) in Ggw. von Kalkwasser entstehen, konnten durch Fraktionierung *DL-Ribose* u. *DL-Arabinose* abgetrennt werden. Da außerdem Ketopentosen nachgewiesen wurden, wird angenommen, daß sich aus **I** zunächst *Dioxyaceton* bildet. Dieses kondensiert sich mit **II** zu Ketopentosen, die zu DL-Pentosen epimerisiert werden.

Versuche: Nach 20std. Stehen einer durch $Ca(OH)_2$ alkal. gemachten Lsg. von 9 g **I** mit 6 g **II** in W. bei 20° wird mit Oxalsäure gefällt, über Amberlit 1 R 4 B entionisiert, im Vakuum eingedampft u. der Sirup über einer Cellulosekolonne bei 60° chromatographiert (mit W. gesätt. Butanol als bewegliche Phase). In Fraktion 1 (1,3 g) **I**, **II** *v.* Ketopentosen, die in Butanol–Pyridin–W. schneller wandern als Ribose u. mit dem Sprühreagens aus Resorcin–HCl charakterist. Blaufärbung geben. — In Fraktion 2 (1,4 g), $[\alpha]_D$ —9° (c = 1,1 in W.), hauptsächlich Ribose, nachgewiesen als *DL-Ribosetosylhydrazon*, $C_{12}H_{18}O_6N_2S$, F. u. Misch-F. mit D-Ribosetosylhydrazon 161—162° (Zers.) aus CH_3OH. Daraus durch Lösen in verd. HCl *DL-Ribose*, die keine opt. Aktivität zeigt. — In Fraktion 3 (1,8 g), $[\alpha]_D$ —10° (c = 0,11 in W.), papierchromatograph. Nachw. von *Ribose, Xylose, Lyxose* u. Spuren anderer Zucker. — Fraktion 4 (2,3 g), $[\alpha]_D$ —12° (c = 0,23 in W.), *Arabinose* u. *Xylose*, beim Erhitzen mit Benzhydrazid in CH_3OH *DL-Arabinosebenzoylhydrazon*, F. u. Misch-F. 195°. — Fraktionen 5 u. 6 (je 1,7 g) enthalten keine Pentosen. (J. chem. Soc. [London] **1951.** 3191—92. Nov. Bristol, Univ.) ROSSOW. 3400

Ja. L. Goldfarb und **Ja. L. Danjuschewski**, *Strukturabhängigkeit der Fähigkeit zur Bildung von Anlagerungsprodukten mit Kohlensäure bei einigen organischen Basen.* 1. Mitt. *Derivate des Nicotins.* Auf Fällbarkeit durch CO_2 in Ggw. oder Abwesenheit von W. wurden Basen vom Typus der *α-Pyridonimine* (**I** u. **II**) bzw. *α-Aminopyridine* (**Ia** u. **IIa**) mit R_1 = Alkyl u. R_2 = 1-Methylpyrrolidyl-(2) (*Nicotonimine* u. *Aminonicotine*) untersucht. **I** u. **II**,

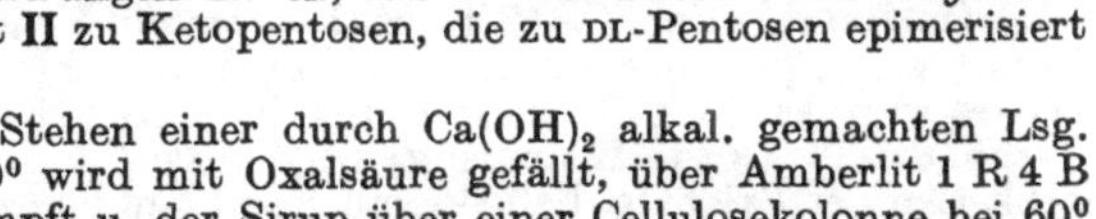

I Ia II IIa

in Ae. oder Aceton gelöst, werden durch CO_2 in Ggw. von W. bei Zimmertemp. als Carbonate gefällt. Diese sind bei gewöhnlicher Temp. beständige Verbb., die unscharf unter Zers. schmelzen. Als salzbildendes Zentrum wird der Imino-N angenommen. Nicht fällbar sind **Ia** u. **IIa**. Das letzterem nahestehende *α'-Aminonicotin* [**Ia**; R_1 = H, R_2 = 1-Methylpyrrolidyl-(2)] gibt aber in wasserfreiem Ae. bei —50° einen krist., unbeständigen Niederschlag. Die ebenfalls untersuchten *α-* u. *α'-Aminometanicotine* bilden mit CO_2 bei Zimmertemp. Mol.-Verbb. 1 : 1 ohne Beteiligung von Wasser. — Nachst. Verbb. wurden analysiert. *Carbonat* vom Typus **I**: $R_1 = C_3H_7$ (ohne nähere Bezeichnung), R_2 = *1-Methylpyrrolidyl-(2)*, $C_{13}H_{21}N_3 \cdot H_2CO_3$. *Carbonate* vom Typus **II**: $R_1 = CH_3$, R_2 = *1-Methylpyrrolidyl-(2)*, $C_{11}H_{17}N_3 \cdot H_2CO_3$ u. das *β'-Br-Substitutionsprod.* hiervon, $C_{11}H_{16}N_3Br \cdot H_2CO_3 \cdot H_2O$. $R_1 = C_2H_5$, R_2 = *1-Methylpyrrolidyl-(2)*, $C_{12}H_{19}N_3 \cdot H_2CO_3 \cdot H_2O$. $R_1 = C_6H_5CH_2$, R_2 = *1-Methylpyrrolidyl-(2)*, $C_{17}H_{21}N_3 \cdot H_2CO_3$. *Mol.-Verbb.* von CO_2: Verb. vom Typus **Ia**: $R_1 = H$, $R_2 = CH_3NHCH_2CH_2CH{=}CH$, $C_{10}H_{15}N_3 \cdot CO_2$. Verbb. vom Typus **IIa**: $R_1 = H$, $R_2 = CH_3NHCH_2CH_2CH{=}CH$, $C_{10}H_{15}N_3 \cdot CO_2$, u. das *β'-Br-Substitutionsprod.* hiervon, $C_{10}H_{14}N_3Br \cdot CO_2$. (Доклады Академии Наук СССР [Ber. Akad. Wiss. UdSSR] [N. S.] **79.** 245—48. 11/7. 1951. Inst. für organ. Chem. der Akad. der Wiss. der UdSSR.) R. KNOBLOCH. 3500

Ja. L. Goldfarb und **Ja. L. Danjuschewski**, *Strukturabhängigkeit der Fähigkeit zur Bildung von Anlagerungsprodukten mit Kohlensäure bei einigen organischen Basen.* 2. Mitt. *Derivate des Pyridins.* (1. vgl. vorst. Ref.) Die in vorliegender Arbeit untersuchten Verbb. vom Typus des *α-Pyridonimins* werden bei Zimmertemp. in feuchtem Ae. oder Aceton als beständige Carbonate gefällt. Aus Basen vom Typus des *α-Aminopyridins* werden unter diesen Bedingungen keine Carbonate gebildet. Unter Bezugnahme auf frühere Unterss. bei

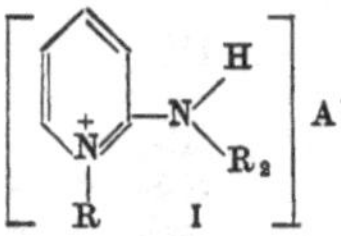
I

Pyridin- u. Nicotinderivv. wird als Zentrum der Salzbldg. bei den Verbb. des 1. Typus der Imino-N, der das Proton bindet (I), angenommen. Daß hierbei der Pyridinring den energet. bevorzugten „aromat." Charakter annimmt, kann einer der Gründe für dieses Verh. sein. — Analysiert wurden die Carbonate von *N-Methyl* (**II**)-, *N-Benzyl* (**III**)- u. *N-β-Oxyäthyl-α-pyridonimin* (**IV**), ferner von *N-Methyl-α-pyridonmethylimin* (**V**), *-benzylimin* (**VI**) u. *-phenylimin* (**VII**). **II**-*Carbonat*, $C_6H_8N_2 \cdot H_2CO_3 \cdot H_2O$. **III**-*Carbonat*, $C_{12}H_{12}N_2 \cdot H_2CO_3$. **IV**-*Carbonat*, $C_7H_{10}ON_2 \cdot H_2CO_3$. **V**-*Carbonat*, $C_7H_{10}N_2 \cdot H_2CO_3 \cdot H_2O$. **VI**-*Carbonat*, $C_{13}H_{14}N_2 \cdot H_2CO_3 \cdot H_2O$. **VII**-*Carbonat*, $C_{12}H_{12}N_2 \cdot H_2CO_3$; Fällungstemp. —25 bis —40°. (Известия Академии Наук СССР, Отделение Химических Наук [Nachr. Akad. Wiss. UdSSR, Abt. chem. Wiss.] **1953**. 154—62. Jan./Febr.) R. KNOBLOCH. 3500

Ja. L. Goldfarb, M. A. Prjanischnikowa und **K. A. Shukowa**, *Relative Basizität der Stickstoffatome in Verbindungen vom Typus des α-Aminopyridins und N-Alkyl-α-pyridonimins.* (Vgl. C. **1948**. E. 25.) Durch Vgl. der UV-Absorptionsspektren bei Verbb. vom Typus des *α-Aminopyridins* (I) u. *α-Pyridonimins* (II) ließ sich zeigen, daß bei ersteren der Ring-N, bei letzteren der Imino-N das Salz bildende Zentrum ist (die Verbb. des Typus **I** u. **II** sind einsäurige Basen). Die Entscheidung zwischen den 2 Möglichkeiten der Salzbldg. ließ sich an Hand der Spektren von N-Methyl-2-aminopyridiniumjodid (**III**) u. Trimethyl-[pyridyl-(*2*)]-ammoniumjodid (**IV**) treffen, da die Salze der Verbb. **I** mit **III**, die Salze der Verbb. **II** mit **IV** bzgl. der Lage des Absorptionsmaximums (Max.) nahe übereinstimmen; dieses liegt bei ca. 300 bzw. 350 mμ. Während bei den Verbb. **I** die Lage des Max. im wesentlichen unabhängig vom Lösungsm. ist, spielt dieses bei den Verbb. **II** eine entscheidende Rolle. Werden nicht indifferente Lösungsmittel (Heptan, Ae., Dioxan), sondern A., W., wss. Dioxan oder verd. HCl angewendet, so resultiert das Spektr. der Verbb. **I**, woraus auf entsprechende Strukturänderung zu schließen ist. Die frühere Vorstellung von der Superposition der Strukturen **I** u. **II** u. ihrer spektralen Nichtunterscheidbarkeit ist zu korrigieren; der Irrtum ist darauf zurückzuführen, daß damals nur wss. Lösungsmittel angewendet wurden. Dagegen bestätigte sich die Beobachtung von ANDERSON u. SEEGER (vgl. C. **1950**. I. 688), daß N-Methyl-α-pyridonimin in wss. Dioxan in Gleichgewichtsformen vom Typus **I** u. **II** vorliegt. — Untersucht wurden *α-Amino-*, *α-Methylamino-* u. *α-Benzylaminopyridin*, ferner *N-Methyl-*, *N-Benzyl-*, *N-[β-Oxyäthyl]-α-pyridonimin* u. *1-Methyl-3-[N-methyl-α-pyrrolidyl]-pyridon-(2)-imin.* (Известия Академии Наук СССР, Отделение Химических Наук [Nachr. Akad. Wiss. UdSSR, Abt. chem. Wiss.] **1953**. 145—53. Jan./Febr. Inst. für organ. Chem. der Akad. der Wiss. der UdSSR und Pädagog. Lenin-Inst.) R. KNOBLOCH. 3500

A. Stoll und **E. Seebeck,** *Die Spaltprodukte von Cevadin und Veratridin bei alkalischer Hydrolyse. 2. Mitt. über Veratrumalkaloide.* (1. vgl. Science [Washington] **115**. [1952.] 678.) *Cevadin* (**I**) u. *Veratridin* (**II**) lieferten bei schonender alkal. Hydrolyse als neues, krist. Alkamin *Cevagenin* (**III**). Mit starker alkoh. KOH lagert es sich in das bekannte *Cevin* um. Nach Infrarotspektr. u. auch Entstehungsweise ist **III** als genuines Alkamin von **I** u. **II** anzusehen u. nicht Cevin. **I** ist danach *Angelicasäure*-**III**-*Ester* u. **II** *Veratrumsäure*-**III**-*Ester*. Die Unterschiede zwischen **III** u. Cevin werden beschrieben. **I** liefert mit Pd oder RANEY-Ni ein Gemisch von zwei *Dihydrocevadinen*. Beide geben bei der alkal. Hydrolyse **III** oder in stärkerer alkal. Lsg. Cevon. Bei *Dihydrocevadin-I* wurde *L-α-Methylbuttersäure* u. bei *Dihydrocevadin-II* *D-α-Methylbuttersäure* als weiteres Spaltprod. isoliert. Danach greift die Hydrierung bei **I** nicht die Ketogruppe des Alkamins an, sondern die Doppelbindung der Angelicasäure.

V e r s u c h e : 6 g **I** in 30 ml CH_3OH u. 5,66 ml 2nNaOH werden 30 Min. auf dem Wasserbad erwärmt. Nach Zugabe von 30 ml 5%ig. Essigsäure wird CH_3OH im Vakuum abdest., bei 0° mit 7 ml 2nNaOH versetzt u. mit Chlf. extrahiert. Die mit W. gewaschenen u. filtrierten Auszüge werden im Vakuum zur Trockne eingedampft, in 10 ml A. gelöst u. mit 150 ml Ae. zur Kristallisation gebracht, 2,1 g *Cevagenin* (**III**), $C_{27}H_{43}O_8N$, F. 241 bis 242° (Zers.), $[\alpha]_D^{20}$ —47,8° (A., c = 1,1). In der Mutterlauge noch 2,8 g amorpher Schaum, $[\alpha]_D^{20}$ —23,9°. Aus der wss.-alkal. Lsg. *Angelicasäure*, $C_5H_8O_2$, F. 43—44°. Entsprechende Hydrolyse von **II** (über das **II**-*Perchlorat*, $C_{36}H_{51}O_{11}N \cdot HClO_4$, F. 256 bis 258° [Zers.], gereinigt, lange, feine Nadeln aus W.) gab **III** u. *Veratrumsäure*, $C_9H_{10}O_4$, F. 177—179°. — **III**-*Perchlorat*, $C_{27}H_{43}O_8N \cdot HClO_4$, F. 199—201° (Zers.), aus W. große Prismen. **III**-*Rhodanid*, F. 263—265°, aus W. feine Prismen. **III**-*Oxyd*, $C_{27}H_{43}O_9N \cdot H_2O$, F. 217—220° (Zers.), aus **III** u. Perhydrol unter leichtem Erwärmen; aus A. filzige feine Nadeln; $[\alpha]_D^{20}$ —48,6° (A., c = 0,76). — *Cevinoxyd*, $C_{27}H_{43}O_9N$, F. 272—274°, (Zers.), wie vorst. aus Cevin; aus A. Prismen; $[\alpha]_D^{20}$ —23,7° (A.; c = 0,97). — *Triacetylcevagenin*, $C_{33}H_{49}O_{11}N$, F. 248—249° (Zers.), aus **III** mit Acetanhydrid/Pyridin, aus

Aceton/Ae. Nadeln. — *Tetraacetylcevin*, $C_{35}H_{51}O_{12}N \cdot H_2O$, F. 288—290° (Zers.), feine Nadeln aus Bzl./PAe.; $[\alpha]_D^{20}$ +37,0° (A., c = 0,77); $[\alpha]_D^{20}$ +23,8° (Chlf., c = 0,6), über das *Tetraacetylcevinperchlorat*, $C_{35}H_{51}O_{12}N \cdot HClO_4 \cdot H_2O$, F. 244—245° (Zers.), aus W. lange Nadeln, aus Cevin u. Acetanhydrid in Ggw. von $HClO_4$. — *Cevageninoxim*, $C_{27}H_{44} \cdot O_8N_2$, F. 248—249° (Zers.), Prismen aus CH_3OH/Chlf. (2 : 1). — 500 mg **III** wurden in 5 ml 20%ig. alkoh. KOH 30 Min. auf dem Wasserbad erwärmt, beim Erhalten *Cevin-Kalium* in Nadeln. Hieraus in wss. Lsg. mit CO_2 *Cevin*, F. 165—170°, $[\alpha]_D^{20}$ —17° (A., c = 1). Entsprechend ließ sich auch der aus der **III**-Mutterlauge bei der Hydrolyse anfallende Schaum in Cevin umlagern. — Hydrierung von **I** in Eisessig über Pd bei 20°/760 mm gab nach Ausschütteln mit Bzl. aus ammoniakal. Lsg. u. Klären mit Norit in methanol. Lsg. *Dihydrocevadin-I*, $C_{32}H_{51}O_9N$, F. 222—223° (Zers.), feine Blättchen aus CH_3OH/W.; $[\alpha]_D^{20}$ —0,69° (A., c = 5,76). Aus der methanol. Mutterlauge *Dihydrocevadin-II*, $C_{32}H_{51}O_9N$, F. 190—192°; $[\alpha]_D^{20}$ +7,09° (A., c = 3,64), durch Ansäuern mit Essigsäure, Einengen im Vakuum, Aufnehmen in W., Fällen mit NH_3 u. Ausschütteln mit Ae. auf Zusatz von PAe. derbe Prismen. — Hydrolyse von Dihydrocevadin-I gab neben **III** *L-α-Methylbuttersäure*, $[\alpha]_D^{20}$ —20,5° (W.), von Dihydrocevadin-II **III** u. unreine *D-α-Methylbuttersäure*, $[\alpha]_D^{20}$ +7,1° (W.). (Helv. chim. Acta **35**. 1270—80. 16/6. 1952. Basel, Sandoz, Pharmazeut.-Chem. Labor.) NEZEL. 3500

William Oroshnik, George Karmas und **Alexander D. Mebane**, *Synthese von Polyenen*. 2. Mitt. *Allylumlagerungen und Wasserabspaltungen bei substituierten β-Jonolen.* Zur Feststellung, nach welchem Mechanismus u. welchen Gesetzmäßigkeiten die in 1. Mitt. (vgl. C. **1952**. 7021) beobachtete Retrojonylidenbldg. erfolgt, synthetisierten Vff. verschied. Carbinole (**I, II, III**) u. untersuchten, welche Verbb. nach der Dehydratisierung als stabilere Form entstehen. **I** in seiner 4.5-cis- u. trans-Form gab bei der Dehydratisierung 3% Vitamin-A-Methyläther u. 90% Retrovitamin-A-Methyläther nur in der 4.5-trans-Form, woraus geschlossen wird, daß der Verlauf über Carboniumionen unter Beteiligung der 4.5-Doppelbindung stattfindet, wofür auch die vorübergehende Rotfärbung mit Säuren spricht. Bei **II** trat die Dehydratisierung wesentlich langsamer ein. Zur Hauptsache entstand auch hierbei die Retrojonylidenverb. **IV**. Dagegen lieferte **III** als die Acetylenvorstufe von **II** nur 5.6-Dehydrovitamin-A-Methyläther, was offenbar auf die größere Elektronenaffinität der Dreifachbindung im Vgl. zur Vinylgruppe zurückzuführen ist. Vff. sind der Ansicht, daß eine große Anzahl beschriebener Verbb., von denen β-Jonylidenstruktur angenommen wurde, Retrojonylidenverbb. sind, was aus den angegebenen Absorptionsdaten geschlossen werden kann. Zur Synth. von **I** wurde Propargylbromid mit 4-Methoxybutanon-(2) zu Propargylmethyl-β-methoxyäthylcarbinol umgesetzt, hieraus mit PBr_3 in Pyridin das Bromid hergestellt u. HBr mit $NaOCH_3$ abgespalten, das erhaltene 4-Methyl-6-methoxyhexen-(3)-in-(1) mit Äthyl-MgBr in die GRIGNARD-Verb. verwandelt u. diese mit β-Jonon umgesetzt. Bei der katalyt. Hydrierung des Enins bildete sich ein großer überhydrierter u. ein nicht hydrierter Anteil, während mit $LiAlH_4$ die Semihydrierung glatt verlief. Zur Darst. von **II** wurde 3-Methyl-5-methoxypenten-(3)-in-(1) in die GRIGNARD-Verb. verwandelt, mit HCHO zu 4-Methyl-6-methoxyhexen-(4)-in-(2)-ol-(1) umgesetzt, dessen Bromid schließlich mit β-Jonon in **III** übergeführt u. **III** dann zu **II** semihydriert.

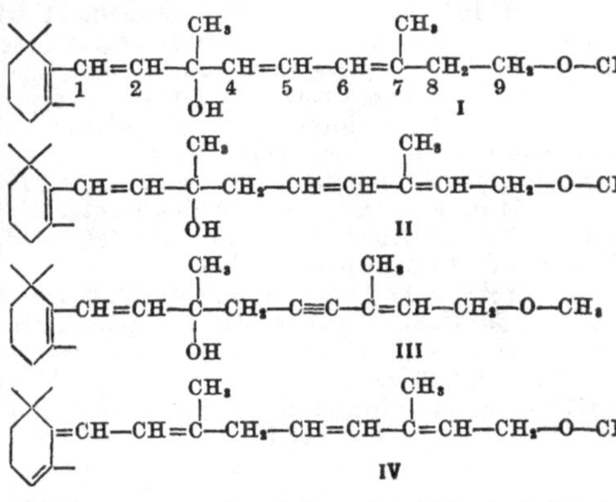

Versuche: *4-Methoxybutanon-(2)*, Kp. 138—140°; n_D^{20} 1,4050, aus Methylvinylketon u. absol. CH_3OH mit BF_3-Ätherat bei 50°; 87% (Ausbeute). — *Propargylmethyl-β-methoxyäthylcarbinol*, $C_8H_{14}O_2$, Kp.$_{15}$ 82—84°; n_D^{20} 1,4552. Zu 60 g mit J_2 aktiviertem Zn-Staub wird unter Rühren eine Lsg. von 83,7 g vorst. Verb., 50 g Propargylbromid, 0,2 g Cu-Acetessigester, 15 ml Bzl. u. 100 ml Ae. zugetropft. Nach 30 Min. langem Rückflußkochen wird bei —10° mit 5n H_2SO_4 hydrolysiert, filtriert, die Ae.-Schicht abgetrennt, die wss. Schicht mit Ae. ausgeschüttelt, der Ae.-Auszug mit 15%ig. wss. NH_3 gewaschen u. der Ae.-Rückstand nach Trocknen über K_2CO_3 dest.; 33%. — *4-Methyl-6-methoxyhexen-(3)-in-(1)*, $C_8H_{12}O$, Kp.$_{50}$ 83—85°; n_D^{20} 1,4713. Zu 35,4 g PBr_3 in 195 ml Pyridin werden bei 0° 46,4 g vorst. Verb. eingetropft, es wird 90 Min. unter Rückfluß erhitzt

u. HBr mit $NaOCH_3$ in CH_3OH abgespalten. Nach Eingießen in Eiswasser/H_2SO_4 wird die Verb. mit Pentan ausgeschüttelt. — *1-[2'.6'.6'-Trimethylcyclohexen-(1')-yl]-3.7-dimethyl-3-oxynonadien-(1.6)-in-(4)-yl-(9)-methyläther*, $C_{21}H_{32}O_2$, gelbliches, viscoses Öl, $Kp._{0,001}$ 115—130°, n_D^{20} 1,5212; 57%. Vorst. Verb. wird mit Äthyl-MgBr in Ae. in die GRIGNARD-Verb. übergeführt u. mit β-Jonon versetzt. Nach 16 Std. bei 20° wird mit 30%ig. Ammoniumacetat bei —20° zers. u. der Ae.-Rückstand destilliert. — **I**, $C_{21}H_{34}O_2$ (*cis-Form*), $Kp._{0,002}$ 105—112°; n_D^{20} 1,5204; λ_{max} 243 mμ, durch Semihydrierung vorst. Verb. in Methanol über RANEY-Ni in Ggw. von Pyridin u. etwas Zn-Acetat u. Reinigen in PAe-Lsg. an Al_2O_3. *trans-Form*, $C_{21}H_{34}O_2$, $Kp._{0,001}$ 120—125°; n_D^{20} 1,5255, durch Semihydrierung der vorvorst. Verb. mit $LiAlH_4$ in Ae. bei 0° u. Zers. mit 20%ig. KOH-Lsg. bei 0°. Wasserabspaltung bei beiden Formen in Eisessig in Ggw. von wasserfreiem K-Acetat u. einer Spur Hydrochinon unter N_2 gab 3% *Vitamin-A-Methyläther* u. 90% *Retrovitamin-A-Methyläther*, citronengelbe Fl., $Kp._{0,002}$ 120—125°; n_D^{20} 1,65—1,66; λ_{max} 332,5; 348; 367 mμ. — *3-Methyl-5-methoxypenten-(3)-in-(1)*, $Kp._{100}$ 74—76°; n_D^{20} 1,4538. Methylvinyläthinylcarbinol in Ae. wird durch Schütteln mit konz. HCl unter N_2 ins Chlorid übergeführt, nach Eingießen in W. mit PAe. isoliert u. dann mit methanol. $NaOCH_3$ umgesetzt; 72%. — *4-Methyl-6-methoxyhexen-(4)-in-(2)-ol-(1)*, $C_8H_{12}O_2$, $Kp._1$ 85—87°; n_D^{20} 1,4960. Vorst. Verb. wird mit Äthyl-MgBr in Ae. in die GRIGNARD-Verb. verwandelt, bei 0° HCHO eingeleitet, mit 30%ig. NH_4-Acetat hydrolysiert u. aus dem Ae. isoliert; 60%. — *1-Brom-4-methyl-6-methoxyhexen-(4)-in-(2)*, $C_8H_{11}OBr$, $Kp._1$ 68—70°; n_D^{20} 1,5261, aus vorst. Verb. mit PBr_3/Pyridin in Ae. u. Hydrolyse mit Eiswasser; 58%. — **III**, $C_{21}H_{32}O_2$, $Kp._{0,001}$ 105—110°, n_D^{22} 1,5223, durch Umsetzung vorst. Verb. mit β-Jonon in Ae. in Ggw. von granuliertem Zn u. Cu-Acetessigester u. Hydrolyse bei —10° mit 15%ig. NH_4OH. Die Ae.-Schicht wird zur Zerstörung nicht umgesetzten Bromids in 10%ig. methanol. NaOH-Lsg. gegeben u. nach Eingießen in W. aus dem Ae. isoliert; 63%. — *5.6-cis*-**II**, $C_{21}H_{34}O_2$, $Kp._{0,002}$ 114—120°; n_D^{20} 1,5175°; λ_{max} 229 mμ, durch Semihydrierung vorst. Carbinols mit vergiftetem Pd oder mit Pyridin vergiftetem RANEY-Ni. Hieraus durch Wasserabspaltung, wie oben beschrieben, etwas *Vitamin-A-Methyläther* u. zur Hauptsache **IV**; λ_{max} 286 mμ. — *5.6-Dehydrovitamin-A-Methyläther*, $C_{21}H_{30}O$, goldgelb, $Kp._{0,001}$ 110—120°; n_D^{20} 1,5791, durch Dehydratisierung von 7,1 g **III** in CH_3OH u. einer Spur Hydrochinon unter N_2 bei 20°; chromatograph. Reinigung an Al_2O_3; 4,1 g. (J. Amer. chem. Soc. **74**. 3807—13. 5/8. 1952. Raritan, N. J., Ortho Res. Foundation, Div. of organ. Chem.) NEZEL. 3550

A. Eschenmoser und **Hs. H. Günthard**, *Zur Kenntnis der Sesquiterpene und Azulene.* 98. Mitt. *Zur Cyclisation des β-Caryophyllens.* (97. vgl. C. **1952**. 6055.) Durch fraktionierte Dest. über eine PODBIELNIACK-Kolonne gereinigtes *β-Caryophyllen*, $Kp._{10}$ 116°; n_D^{19} 1,5002; $D.^{18}_4$ 0,9020; $[\alpha]_D^{19}$ —9,18 bis —10,36°, wurde mit äther. H_2SO_4 nach RUZICKA u. GIBSON (Helv. chim. Acta **14**. [1931.] 570) zu *Cloven* cyclisiert u. dieses in der gleichen App. fraktioniert. *Cloven*, $Kp._{10}$ 112°; $D.^{18}_4$ 0,9178; n_D^{18} 1,4937; $[\alpha]_D^{20}$ —21,00°; gab mit Perbenzoesäure in Chlf. bei 0° *Clovenoxyd*, $C_{15}H_{24}O$, $Kp._{0,1}$ 88°; n_D^{21} 1,4981; $D.^{21}_4$ 1,0012; $[\alpha]_D^{20,5}$ —35,14°. Von Cloven u. seinem Oxyd wurden Infrarotabsorptionsspektren aufgenommen. Die beobachteten Banden standen beim Cloven mit einer Doppelbindung im Fünfring u. einer $(CH_3)_2$: C<-Gruppierung in Übereinstimmung. Beim Oxyd wurden keine Banden 1700 cm^{-1} gefunden, die auf das Vorhandensein einer Carbonylgruppe hätten schließen lassen. Für Caryophyllen wird Formel **I** u. für Cloven **II** als wahrscheinlich angesehen. (Helv. chim. Acta **34**. 2338—43. 1/12. 1951. Zürich, TH, Organ.-chem. Inst.) NEZEL. 3600

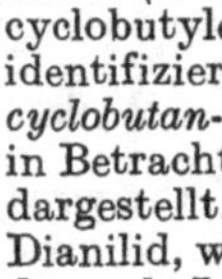
I

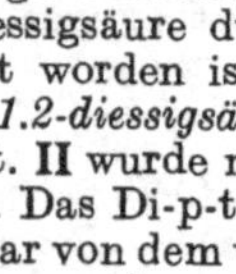
II

T. L. Dawson und **G. R. Ramage**, *Die Caryophyllene.* 9. Mitt. *Homocaryophyllensäure.* (8. vgl. C. **1953**. 1818.) Nachdem *Caryophyllensäure* als 2-Carboxy-4.4-dimethylcyclobutylessigsäure durch Synth. (CAMPBELL u. RYDEN, Chem. and Ind. **1951**. 312) identifiziert worden ist, kommen für *Homocaryophyllensäure* entweder *3.3-Dimethylcyclobutan-1.2-diessigsäure* (**II**) oder *β-[4-Carboxy-2.2-dimethylcyclobutyl]-propionsäure* (**I**) in Betracht. **II** wurde nach der Meth. von ARNDT u. EISTERT aus Norcaryophyllensäure dargestellt. Das Di-p-toluidid von **II**, das zur Identifizierung besser geeignet ist als das Dianilid, war von dem von Homocaryophyllensäure deutlich im F. unterschieden, so daß diese als **I** angesehen werden muß. **I** wurde auch aus dem Halbester der Caryophyllensäure (2-Carbomethoxy-4.4-dimethylcyclobutylessigsäure) über das Säurechlorid in einer ARNDT-EISTERT-Rk. synthetisiert. *7.7-Dimethylbicyclo-[3.2.0]-hepten-(2)* (**III**) wurde mit N-Bromsuccinimid in die 4-Bromverb. verwandelt. Bei der Umsetzung der Bromverb. mit Dimethylamin tritt offenbar eine Umlagerung ein, denn nach der Red. zum gesätt. Amin, HOFMANNschem Abbau u. Oxydation wurde nicht Caryophyllensäure, sondern *2-Carboxy-3.3-dimethylcyclobutylessigsäure* erhalten. *Norcaryophyllensäure* wurde aus der Bromverb. nach Umsetzung mit Ag_2O u. Oxydation erhalten.

Versuche: Oxydation von γ-Caryophyllen, Kp.$_{12}$ 120°; n_D^{19} 1,4965; D.$^{18}_{18}$ 0,8964; $[\alpha]_D^{19}$ −23,95°, mit HNO_3 gab nach Veresterung *asymm.-Dimethylbernsteinsäuredimethylester*, Kp.$_{12}$ 82—85°; n_D^{18} 1,4238, *Norcaryophyllensäuredimethylester*, Kp.$_{15}$ 110 bis 114°; n_D^{18} 1,4410, *Caryophyllensäuredimethylester*, Kp.$_{15}$ 129—133°; n_D^{18} 1,4452, u. *Homocaryophyllensäuredimethylester*, Kp.$_{15}$ 141—145°; n_D^{18} 1,4489. — *cis-Homocaryophyllensäuredianilid*, F. 180°. *trans-Dianilid*, F. 282—283°. — *2-Carboxymethyl-3.3-dimethylcyclobutylessigsäure* (**II**). Norcaryophyllensäure wird in das *Disäurechlorid*, Kp.$_{12}$ 103 bis 105°, mit $SOCl_2$ übergeführt, mit CH_2N_2 in Ae. bei 0—5° in das Bis-diazoketon verwandelt, dieses in CH_3OH bei 50—60° mit Ag_2O behandelt u. aus dem Filtrat *2-Carbomethoxymethyl-3.3-dimethylcyclobutylessigsäuremethylester*, Kp.$_{12}$ 140—144°; n_D^{18} 1,4520; D.$^{18}_{18}$ 1,052; $[\alpha]_D^{17}$ +21,3°, isoliert. *trans-Dianilid*, $C_{22}H_{26}O_2N_2$, F. 282—283°; aus Cyclohexanon kleine Nadeln. *cis-Dianilid*, F. 170°; $[\alpha]_D^{18}$ +42,9° (c = 1,706 in Chlf.); aus wss. A. glänzende Tafeln. *Diamid*, $C_{10}H_{18}O_2N_2$, F. 154°; aus Dioxan kleine Nadeln. *trans-Di-p-toluidid*, $C_{24}H_{30}O_2N_2$, F. 182°; $[\alpha]_D^{20}$ +68,7° (c = 0,5825 in Aceton), aus A. platte Nadeln. — *β-[2-Carboxy-4.4-dimethylcyclobutyl]-propionsäure* (**I**), aus dem Halbestersäurechlorid der Caryophyllensäure mit CH_2N_2 in Ae. wie vorst.; *Dimethylester*, Kp.$_{12}$ 140—145°; n_D^{19} 1,4498; D.$^{18}_{18}$ 1,047; $[\alpha]_D^{20}$ +30,1°. *trans-Dianilid*, $C_{22}H_{26}O_2N_2$, F. 282—283°; aus Cyclohexanon kleine Nadeln. *cis-Dianilid*, F. 180°; aus wss. A. glänzende Täfelchen; $[\alpha]_D^{19}$ −34,6° (c = 1,737 in Chlf.). *trans-Di-p-toluidid*, $C_{24}H_{30}O_2N_2$, F. 227°; aus A. Nadelbüschel. — Oxydation der *Ketosäure* $C_{11}H_{18}O_3$, eines wesentlichen Abbauprod. des Caryophyllens, mit $KMnO_4$ in sodaalkal. Lsg. bei 50° gab (+)-*trans-Caryophyllensäure*, F. 80—81°, aus Cyclohexan lange Nadeln, u. *cis-Caryophyllensäure*, F. 77—78°. — *7.7-Dimethyl-2-dimethylaminobicyclo-[3.2.0]-hepten-(3)*, $C_{11}H_{19}N$, Kp.$_{17}$ 80 bis 81°, aus **III** mit N-Bromsuccinimid in CCl_4 u. Umsetzung der Bromverb. mit $(CH_3)_2$·NH in CCl_4; n_D^{20} 1,4568; D.$^{21}_{21}$ 0,8846. *Pikrat*, $C_{17}H_{22}O_7N_4$, F. 177°; aus A. platte, gelbe Nadeln. — *7.7-Dimethyl-2-dimethylaminobicyclo-[3.2.0]-heptan*, $C_{11}H_{21}N$, Kp.$_{14}$ 79 bis 80°; aus der vorst. Verb. durch Red. mit Pd-Kohle u. H_2; n_D^{20} 1,4638. *Pikrat*, $C_{17}H_{24}O_7N_4$, F. 161°; aus A. gelbe Prismenbüschel. HOFMANNscher Abbau dieses Amins gab **III**, Kp. 131—134°; n_D^{22} 1,4570, u. daraus durch Oxydation mit $KMnO_4$ in Aceton (±)-*cis-2-Carboxy-3.3-dimethylcyclobutylessigsäure*, F. 120—121°; Prismen aus Cyclohexan. — *3.3-Dimethylcyclobutan-1.2-dicarbonsäure*. **III** wird mit N-Bromsuccinimid in CCl_4 bromiert, mit Ag_2O in den ungesätt. Alkohol übergeführt u. dieser in Aceton mit $KMnO_4$ oxydiert. Die Rohsäure, F. 146—148°, wird mit Acetanhydrid im geschlossenen Rohr 6 Std. bei 220° erhitzt. Nach Dest. des Anhydrids u. seiner Behandlung mit W. bildete sich (±)-*cis-3.3-Dimethylcyclobutan-1.2-dicarbonsäure*, $C_8H_{12}O_4$, F. 149—150°; aus Bzl. Prismen, ident. mit (±)-cis-Norcaryophyllensäure [aus (+)-trans-Norcaryophyllensäure durch Racemisierung über das Anhydrid]. *cis-Dianilid*, $C_{20}H_{22}O_2N_2$, F. 267°; aus A. Nadelbüschel. Aus der cis-Säure durch Erhitzen mit konz. HCl im geschlossenen Rohr bei 180° (±)-*trans-3.3-Dimethylcyclobutan-1.2-dicarbonsäure*, F. 148—149°. *trans-Dianilid*, F. 238°; aus wss. A. platte Nadeln. (J. chem. Soc. [London] **1951**. 3382—86. Dez. Huddersfield, Techn. Coll.) NEZEL. 3600

P. Sykes und **A. R. Todd**, *Aneurin*. 10. Mitt. *Der Mechanismus der Thiochrombildung aus Aneurin und Aneurindisulfid*. (9. vgl. BERGEL u. TODD, C. **1938**. I. 3059.) Auf der Suche nach einer präparativen Meth. zur Darst. von *Thiochrom* (**I**) aus *Aneurin* (**II**) erhalten Vff. die besten Ausbeuten bei 2std. Erhitzen von *Aneurindisulfid* (**III**) in Isobutanol. Ähnlich wie ZIMA u. WILLIAMS (C. **1940**. II. 2898) haben Vff. dabei eine farblose Substanz $C_{12}H_{16}O_2N_4S$, F. 237°, erhalten, von der Vff. annehmen, daß es sich um ein *Thiazolonderiv.* (**IV**) handelt. **IV** ist eine in heißem W. nur wenig lösl., nicht fluorescierende, einsäurige Base, die sich in verd. Säuren löst u. in der Kälte nach Zugabe von Alkali wieder unverändert ausfällt. Unter den Bedingungen der **II**-Spaltung mit Na_2SO_3 wird sie nicht angegriffen, ebensowenig durch Erhitzen mit Anilin, Benzylamin (**XVII**) oder NH_3 in alkoh. Lösung. Sie nimmt bei Zimmertemp. in Ggw. von Pt kein H_2 auf u. bildet mit Acetanhydrid ein Monoacetylderivat. Mit verd. NaOH in der Wärme erfolgt Zers. unter Bldg. von Sulfid, mit HCl gibt **IV** *4-Amino-5-aminomethyl-2-methylpyrimidin* (**XVIII**). Nach Oxydation von **IV** mit H_2O_2 in HCl werden 2 Mol Alkali zur Neutralisation verbraucht. Das so erhaltene Na-Salz (von **Na**) wurde isoliert. Ansäuern der Salzlsg. u. Erwärmen setzte CO_2 in Freiheit; Erhitzen des Salzes mit HCOOH gab CO_2 u. Formylierung des Decarboxylierungsprod. zu **III**. Vff. halten daher für **IV** die unten angegebene Konst. für sehr wahrscheinlich. Beim Erwärmen von **IV** über den F. treten nur geringe Mengen von **I** auf. Um die Identität von **IV** zu beweisen, haben Vff. **IV** zu synthetisieren versucht; es führte jedoch keine der untersuchten Methoden zum Ziel. Verss., *4-Amino-5-brommethyl-2-methylpyrimidin* (**V**) mit *5-[2'-Acetoxyäthyl]-4-methylthiazolon-(2)* (**VI**), als solches oder als Metallderiv., zu kondensieren, führten in Butanol lediglich zu *4-Amino-5-butoxymethyl-2-methylpyrimidin*, in Dimethylformamid wurde wahrscheinlich

VII gebildet. Verss., aus **V** u. *5-[2'-Acetoxyäthyl]-2-chlor-4-methylthiazol* ein quaternäres Salz zu bilden, führten zu *O-Acetylthiochrom* (**VIII**). Die Vorstufe **IX** (R = Na) der Bldg. von

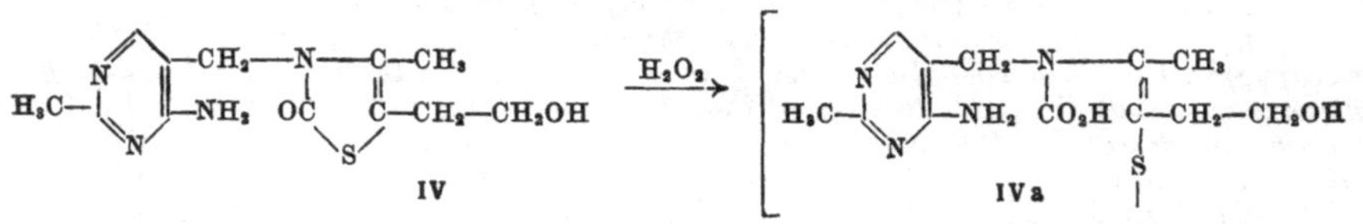

IV IVa

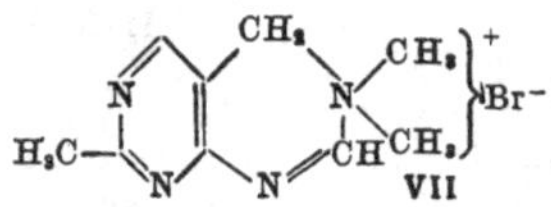

VII

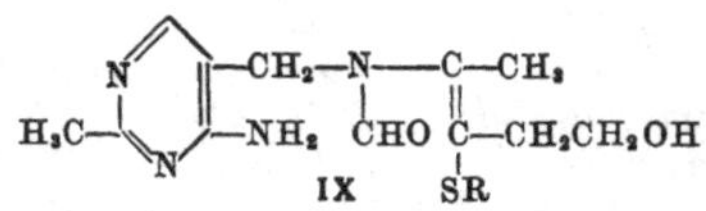

IX

III aus **II** schien als Ausgangsmaterial für **IV** geeignet, jedoch bildet sie beim Vers. der hydrolyt. Eliminierung der —CHO-Gruppe in Säure **II** zurück; in Alkali wird H_2S abgespalten; die *S-Alkyl-* u. *S-Aralkyläther* (**IX**; R = CH_3—, $C_6H_5CH_2$—, p-NO_2—C_6H_4—CH_2—) werden zuerst an der S-Bindung gespalten. — Die Synth. von *Thiazolonen-(2)* durch Kondensation von Arylthiourethanen mit *ω-Bromacetophenon* (**X**) nach WALTHER u. GREIFENHAGEN (J. prakt. Chem. **75**. [1907.] 201) führte zwar durch Erhitzen von *4-Amino-2-methyl-5-thioncarbäthoxyaminomethylpyrimidin* (**XI**) als Hydrochlorid mit **X** in Dioxan zum entsprechenden Thiazolon (**XIII**), jedoch trat bei der Rk. von **XI** u. seinen Salzen mit *3-Acetoxy-1-brompropylmethylketon* (ebenso mit dem entsprechenden Chlor- (**XII**) u. Jodketon sowie *α-Aceto-α-brombutyrolacton* u. *Bromaceton*) Zers. der Halogenkomponente vor der Kondensation ein. Auch das statt **XI** angewendete entsprechende Benzylthiourethan (**XXIII**) gab keine Rk. mit aliphat. Halogenverbb., reagierte mit **X** jedoch noch schneller als **XI**. Vff. schlagen auf Grund dieser Ergebnisse einen anderen Mechanismus für diese Rk. vor als WALTHER u. GREIFENHAGEN (l. c.). — Aus **XI** bildet sich mit 1 Mol NaO_2H_5 in A. nach anschließender Kondensation mit **X** ein Prod. (**XXIV**), das durch sd. A. nicht, mit HCl in A. langsam **XIII** gibt. Verss., *Phenacyl-N-benzylthiolcarbamat* (**XIV**) zum Thi-

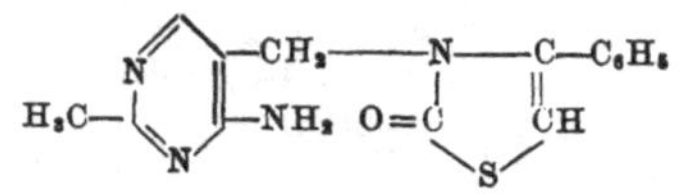

XIII

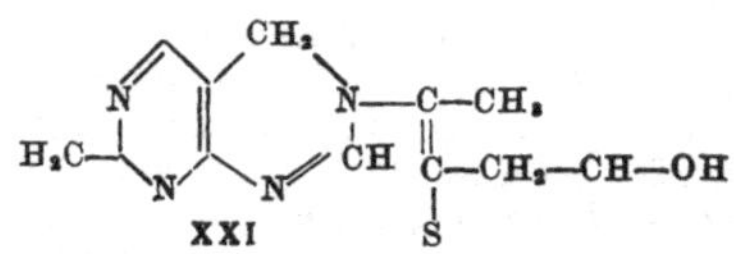

XXI

azolon zu cyclisieren, schlugen fehl, während *Phenacyl* (**XV**)- u. *3-Acetoxy-1-acetylpropyl-N-benzyldithiocarbamat* (**XVI**), über ihre FF. erhitzt, unter Gasentw. *3-Benzyl-4-phenylthiazolthion-(2)* bzw. *5-[2'-Acetoxyäthyl]-3-benzyl-4-methylthiazolthion-(2)* gaben. Verss., ein Thiazolthion-(2) in ähnlicher Weise aus *3-Acetoxy-1-acetylpropyl-N-[4-amino-2-methylpyrimidyl-(5)-methyl]-dithiocarbamat* (**XIX**) herzustellen, lieferten unter Ringschluß mit der NH_2-Gruppe des Pyrimidinkerns *1.2.3.4-Tetrahydro-7-methyl-2-thiono-1.3.6.8-tetraazanaphthalin*. Das entsprechende Monothiocarbamat cyclisiert sich in ähnlicher Weise. Verss., den unerwünschten Ringschluß durch Anwendung eines in 4-Stellung chlorierten Pyrimidins auszuschließen, scheiterten an der Unmöglichkeit, ein solches Pyrimidinderiv. herzustellen, Ansätze mit dem 4-Oxypyrimidin führten bis zur Thionstufe, jedoch trat beim Vers., OH- durch Cl- zu ersetzen, Zers. ein. Bei Verss., das aus **III** erhaltene **IV** in sein 4-Oxyderiv. überzuführen, trat nur Öffnung des Thiazolonlrings, keine Desaminierung ein. — Nimmt man das Kochen von **III** in verschied. Lösungsmitteln (n-Butanol, Glykol, Glycerin, W., Pyridin) zur Gewinnung von **I** unter Ausschluß von Luft vor, so tritt zunächst keine fluorescierende Substanz auf, während sich die Kristalle von **IV** abscheiden. Bei Luftzutritt stellt man sofort starke Fluorescenz fest. Daher sind Vff. der Ansicht, daß die Bldg. von **I** aus **III** über *Dihydrothiochrom* erfolgt, u. zwar so, daß **III** auf der einen Seite des Mol. den Ring mit der Pyrimidin–NH_2-Gruppe schließt, worauf Spaltung der Disulfidbldg. in 2 Radikale stattfindet. Im cyclisierten Bruchstück (**XXI**) lagert sich die Radikalgruppe intramol. an die C=N-Doppelbindung an, u. das entstehende Dihydrothiochromradikal sättigt sich mit H aus dem Lösungsm. ab. Bei Luftzutritt findet sofort Oxydation zu **I** statt. Aus dem anderen Radikal entsteht durch Rk. des radikal. S mit der Formylgruppe **IV** unter Abspaltung von H. Die frühere Ansicht über den Mechanismus der Bldg. von **I** aus **II** (BARGER, BERGEL u. TODD, C. **1936**. I. 1885) durch Oxydation mit Kaliumferricyanid in alkal. Lsg. wird dahingehend abgeändert, daß Vff. annehmen, daß unter Einw. des Alkalis der Thiazolring unter Bldg. des gleichen Thiazolradikals (**XXI**) wie oben geöffnet wird. Diese Auffassung wird experimentell dadurch gestützt, daß nur „Einelektronenoxydationsmittel" [wie Fe(III)-Salze u. HgO] die Rk. **II** → **I** bewirken, während „Zweielektronenoxydationsmittel" (H_2O_2, J_2) das nicht leisten. Außerdem läßt sich die Ausbeute an **I** durch viel Alkali steigern.

Versuche: Durch 2std. Kochen von 2 g Aneuridinsulfid (**III**) in Isobutanol werden 0,47 g *„Aneurinthiazolon"* (*3-[4-Amino-2-methylpyrimidyl-(5)-methyl]-5-[2'-oxyäthyl]-4-methylthiazolon-[2]*) (**IV**) erhalten; Nadeln, F. 237°; 0,14 g *Thiochrom* (**I**) aus den Mutterlaugen. Unter N_2 wird keine Fluorescenz beobachtet; bei Luftzutritt tritt sie sofort auf. Erhitzen von **IV** auf 280° gibt **I**. — **IV**-*Acetylderiv.*, $C_{14}H_{18}O_3N_4S$, mit Acetanhydrid/Pyridin; aus Aceton kurze Nadeln, F. 174°; 58% (Ausbeute). — Oxydation von **IV** mit H_2O_2 in n-HCl gibt **IVa** als *Na-Salz*, $C_{24}H_{32}O_6N_8S_2Na_2$, aus CH_3OH Platten, F. 176°; 20%; Erwärmen in n-HCl führt zu Decarboxylierung. — 0,09 g **IVa**, in 1 cm³ absol. HCOOH gelöst, geben nach 10tägigem Stehen bei Zimmertemp. 0,02 g **III**, $C_{24}H_{34}O_4 \cdot N_8S_2$, F. 177°. — Nach 1std. Kochen von 5-[2'-Acetoxyäthyl]-4-methylthiazolon-(2) (**VI**) mit 4-Amino-5-brommethyl-2-methylpyrimidin (**V**)-Hydrobromid in n-Butanol entstand *4-Amino-5-butoxymethyl-2-methylpyrimidinhydrobromid*, $C_{10}H_{18}ON_3Br$; sehr hygroskop. Prismen, F. 138°. Die freie Base konnte nicht dest. werden. In Dimethylformamid entstanden aus **VI** u. **V** hygroskop. Nadeln: **VII**·HBr, $C_9H_{14}N_4Br_2$, F. 300° (Zers.) (Acetonitril); 35%. — Nach 1std. Kochen von **V**-Hydrobromid mit 5-[2'-Acetoxyäthyl]-2-chlor-4-methylthiazol in Dioxan, Neutralisation u. Vakuumverdampfen entsteht *O-Acetylthiochrom* (**VIII**), $C_{14}H_{16}O_2N_4S$, F. 118° (Aceton); 52%. **VIII** kann auch aus **I** mit Acetanhydrid/Pyridin gewonnen werden; blaßgelbe Prismen; 56%. — *Bis-[2-(N-benzylformamido)-propen-(1)-yl]-disulfid*, $C_{22}H_{24}O_2N_2S_2$, aus 3-Benzyl-4-methylthiazoliumchlorid (**XXII**) (*Hydrat*; Prismen, F. 136°; wasserfrei, F. 188°) durch Oxydation mit J_2–KJ in n-NaOH; aus Aceton Blättchen, F. 98°; 87%. — *S-p-Nitrobenzyläther des „offenkettigen* **XXII**", $C_{18}H_{18}O_3N_2S$, nach Lösen von **XXII** in wss. NaOH u. Eindampfen unter N_2 Aufnahme des trockenen Rückstands in fl. NH_3 u. Behandlung mit p-Nitrobenzylbromid; nach Stehen über Nacht Harz, das mit Aceton extrahiert wurde, Rückstand des Extraktes aus Ae. umkrist.; blaßgelbe Prismen aus wss. Aceton, F. 104°; 70%. — *S-p-Nitrobenzyläther des „offenkettigen* **II**" (**IX**, R=p—$NO_2 \cdot C_6H_4 \cdot CH_2$—), $C_{19}H_{23}O_3N_5S$, wie vorst., blaßgelbe Prismen aus Aceton, F. 203°; 66%. 1std. Kochen des Deriv. in 10%ig. HCl liefert *Bis-[p-nitrobenzyl]-disulfid*, $C_{14}H_{12}O_4N_2S_2$, F. 126°; 69%. — *S-Methyläther des „offenkettigen* **II**" (**IX**, R=CH_3), $C_{13}H_{20}O_2N_4S$, wie oben mit CH_3J in NH_3; Entfernung von NaJ nur als AgJ, wobei Überschuß von Ag-Ion vermieden werden muß; aus Aceton Platten, F. 133°; 34%; mit Säure oder Alkali bei Erwärmen Zersetzung. — *4-Amino-2-methyl-5-thioncarbäthoxyaminomethylpyrimidin* (**XI**), $C_9H_{14}ON_4S$, aus 4-Amino-5-aminomethyl-2-methylpyrimidin (**XVIII**) u. Diäthylxanthat in alkoh. NaOH; aus Methanol Nadeln, F. 223° (Zers.); 80%. **XI**-*Hydrobromid*, $C_9H_{14}ON_4S \cdot HBr$, in heißem A. mit konstant sd. HBr; nach Verdünnen mit Ae. Prismen, F. 179°. — *3-[4-Amino-2-methylpyrimidyl-(5)-methyl]-4-phenylthiazolon-(2)* (**XIII**), $C_{15}H_{14}ON_4S$, durch Umsetzen von **XI**-Hydrochlorid mit ω-Bromacetophenon (**X**) in trockenem Dioxan: roter gummiartiger Rückstand. Nach Waschen mit Aceton u. Lösen in wss. A. oder Methanol blaßgelbe Prismen; F. 230°; 5%. **XIII** gibt, einige Zeit über den F. erhitzt, nur schwach fluorescierende, **I**-ähnliche Substanz. — *O-Benzyl-S-äthylxanthat*, aus frisch hergestelltem Na-Benzylxanthat in wenig A. mit C_2H_5J. Nach Erwärmen heftige Rk.; nach Ausschütteln mit Ae. gelbes nicht destillierbares Öl; 70% roh. — *4-Amino-2-methyl-5-thioncarbobenzyloxyaminomethylpyrimidin* (**XXIII**), $C_{14}H_{16}ON_4S$, ähnlich wie **XI**; Nadeln aus A., F. 201°; 72%. — *Äthyl-N-[4-amino-2-methylpyrimidyl-(5)-methyl]-α-phenacylmercaptoformimidat* (**XXIV**), $C_{17}H_{20}O_2N_4S$, aus **XI** u. Na in A. durch Zugabe von **X** in wenig A. unter N_2. Rückstand 3 Std. mit Ae. extrahiert u. Extrakt mit n-HCl ausgezogen liefert nach Neutralisation mit NaOH ein Öl, das schnell krist.; aus Aceton Prismen, F. 131° (Zers.); 41%. — Nach Lösen von **XXIV** in A., Sättigen mit HCl, 2 Min. Kochen, Verdünnen mit W. u. Alkalisieren mit 30%ig. NaOH-Lsg. entsteht **XIII**. In Ggw. von alkoh. HCl gaben **XI** u. **XXIII** 80% **XIII**, in Abwesenheit von Säure nur 17%. 3-Acetoxy-1-chlor- (**XII**), -brom- u. -jodpropylmethylketon, α-Acetyl-α-brombutyrolacton u. Bromaceton reagieren nicht mit den Thiourethanen. *S-Phenacyl-N-benzylthiolcarbamat* (**XIV**), $C_{16}H_{15}O_2NS$: Benzylamin (**XVII**) wurde in A. bis zum Ende der Fällung mit einem COS-Strom behandelt u. nach Erwärmen bis zur Bldg. des Nd. **X** zugefügt. Nach Eindampfen Verdünnen des Rückstandes mit W.; krist. aus verd. A., F. 132°; 49%. 2std. Kochen in Acetanhydrid oder 15 Min. Erhitzen auf 180° läßt **XIV** unverändert. Ein Ansatz mit **XII** statt **X** lieferte nur *Dibenzylharnstoff*. — *S-Phenacyl-N-benzyldithiocarbamat* (**XV**), $C_{16}H_{15}ONS_2$, ebenso wie **XIV** aus **XVII**, CS_2 u. **X**; Prismen aus A., F. 140°; 74%. — *3-Benzyl-4-phenylthiazolthion-(2)*, $C_{16}H_{13}NS_2$: **XV** wurde bis zur Beendigung der Gasentw. auf 140° erhitzt; Ausbeute quantitativ; aus A., F. 101°. — *S-[3-Acetoxy-1-acetylpropyl]-N-benzyldithiocarbamat* (**XVI**), $C_{15}H_{19}O_3 \cdot NS_2$: Eine Mischung von **XVII**, wss. NaOH u. CS_2 wurde geschüttelt, bis alles in Lsg. gegangen war. Nach Filtrieren u. starkem Schütteln mit **XII** 60% **XVI**, aus Ae., F. 94°. —

5-[2'-Acetoxyäthyl]-3-benzyl-4-methylthiazolthion-(2), $C_{15}H_{17}O_2NS_2$: **XVI** wurde bis zur Beendigung der Gasentw. auf 140° erhitzt; Ausbeute quantitativ; aus Ae., F. 88°. — *3-Acetoxy-1-acetylpropyl-N-[4-amino-2-methylpyrimidyl-(5)-methyl]-dithiocarbamat* (**XIX**), $C_{14}H_{20}O_3N_4S_2$: **XVIII**-Hydrochlorid wurde in W. mit KOH in wenig W. u. CS_2 bis zur Homogenität geschüttelt. Nach Filtration wurde **XII** zugegeben u. stark geschüttelt; aus Methanol Platten, F. 250° (Zers.); 60%. Behandlung von **XIX** mit HgO oder H_2O_2 gab nicht das Monothiocarbamat. Kochen von **XIX** in wasserfreiem A. u. Konz. der Lsg. gab *1.2.3.4-Tetrahydro-methyl-2-thiono-1.3.6.8-tetraazanaphthalin*, aus A., F. 276° (Zers.). — *S-[3-Acetoxy-1-acetylpropyl]-N-[4-amino-2-methylpyrimidyl-(5)-methyl]-thiocarbamat*, $C_{14}H_{20}O_4N_4S$: Wie **XIX**, mit COS statt CS_2. Aus Methanol Prismen, F. 240°; 58%. Durch Kochen in A. entsteht *1.2.3.4-Tetrahydro-7-methyl-2-keto-1.3.6.8-tetraazanaphthalin* (**XX**); aus W., F. 290°. Ähnliche Resultate bei Variation der Lösungsmittel. **XX**, $C_7H_8ON_4$, auch aus **XVIII**-Hydrochlorid in W. u. KOCN; nach Abdampfen wurde der Rückstand 15 Min. auf 280° erhitzt. — *S-[3-Acetoxy-1-acetylpropyl]-N-[4-oxy-2-methylpyrimidyl-(5)-methyl]-dithiocarbamat* (**XXV**), $C_{14}H_{19}O_4N_3S_2$, aus 5-Aminomethyl-4-oxy-2-methylpyrimidinhydrochlorid (**XXVI**) in W., NaOH u. CS_2. Nach 2std. Schütteln wurde **XII** zugesetzt u. mitgeschüttelt. Nach Extraktion der Lsg. mit Ae. wurde mit Essigsäure auf p_H 7 gebracht; aus wss. A., F. 174° (Zers.); 57%. — *S-[2'-Acetoxyäthyl]-3-[4-oxy-2-methylpyrimidyl-(5)-methyl]-4-methylthiazolthion-(2)*, $C_{14}H_{17}O_3N_3S_2$: **XXV** wurde ca. 15 Min. auf 185° erhitzt, aus A., F. 185—186°; 85%. — *S-[3-Acetoxy-1-acetylpropyl]-N-[4-oxy-2-methylpyrimidyl-(5)-methyl]-thiocarbamat*, $C_{14}H_{19}O_5N_3S$, aus **XXVI** ähnlich wie **XXV** mit COS. Das Rohprod. wurde wiederholt in heißem Butanol gelöst u. mit Ae. gefällt; F. 130° (Zers.), dann Verfestigung u. F. ca. 175°. — *5-[2'-Acetoxyäthyl]-3-[4-oxy-2-methylpyrimidyl-(5)-methyl]-4-methylthiazolon-(2)*, $C_{14}H_{17}O_4N_3S$, wie **XXV** aus vorst. Verb. bei 150°; aus A. Prismen, F. 180°. — Oxydation von **II** mit überschüssigem Kaliumferricyanid gibt mit 3 Äquivalenten Alkali nahezu das Doppelte an **I** als bei Anwendung von 2 Äquivalenten Alkali. (J. chem. Soc. [London] **1951**. 534—44. Febr. Cambridge, Univ., Chem. Labor.) HECKER. 3800

Bengt O. Lindgren und **Ulla Saedén**, *Pinoresinol als ein Ligninmodell*. 51. Mitt. *über die Chemie des Sulfitprozesses*. (50. vgl. Svensk Papperstidn. **54**. [1951.] 795.) Vff. erhitzten *Pinoresinol* (**I**) in Sulfitlsgg. verschied. p_H-Werte u. erhielten folgende Ergebnisse: Bei p_H 2 trat Umlagerung von **I** ein zu einem unlösl. Kondensationsprod., bei p_H 4 wurden 40% wie vorst. umgewandelt u. 60% gelöst, bei p_H 6, 8 u. 10 trat fast vollständige Lösung ein. Bei Erhitzen in neutraler Lsg. auf 135° entstand ein amorphes Prod. mit 57% CH_3O- u.einem für aromat. Verbb. charakterist. UV-Spektr. (vgl. Original). Analyt. Unterss. zeigten das Vorliegen von S als Sulfonsäuregruppen, jedoch enthielt die Verb. weniger S u. mehr CH_3O-Gruppen als in **II**, das Vff. als Sulfonierungsprod. von **I** annahmen, enthalten sind. Verwendung größerer Mengen Sulfitlsg. zur Sulfonierung von **I** lieferte Analysenergebnisse, die mit der Konst. von **II** besser übereinstimmten. Vff. sind der Ansicht, daß es sich bei der Gruppierung X im Lignin (vgl. 48. Mitt., Acta chem. scand. **5**. [1951.] 603) um eine p-Oxybenzyläthergruppierung handeln könnte. — Analoge Rk. von **I**-Dimethyläther ergaben bei niedrigem p_H keine Sulfonierung, wohl aber eine Kondensation, während bei höherem p_H die Verb. nicht angegriffen wurde.

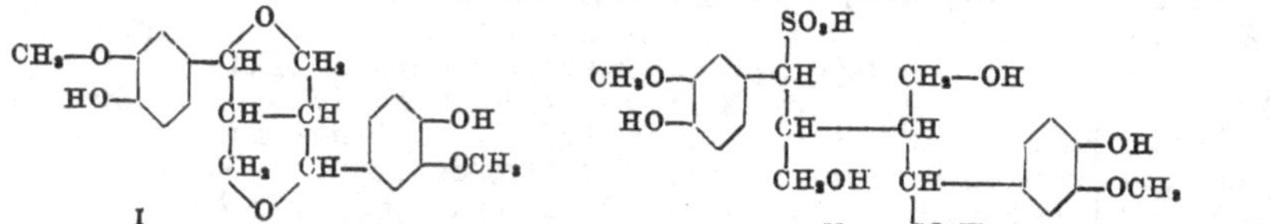

I II

V e r s u c h e: *Verb. $C_{20}H_{24}O_{12}S_2Ba$*, durch 1½std. Erhitzen von 1 g **I** u. 10 cm³ 5% SO_2 enthaltender, mit NaOH auf p_H 7 eingestellter Sulfitlsg. unter Rühren auf 135°, Entfernen der Na^+-Ionen durch Filtrieren durch einen Kationaustauscher, Austreiben des SO_2 durch einen N_2-Strom, Neutralisieren mit $Ba(OH)_2$, Filtrieren, Eindampfen im Vakuum, Aufnehmen in wenig W., Zufügen von Isopropanol, Abfiltrieren des ausgefallenen $BaSO_3$ u. Fällen durch Zufügen von Ae. + Aceton; 1,05 g Ausbeute. (Acta chem. scand. **6**. 91—95. 1952.) LEHWALD. 3950

D_3. Makromolekulare Chemie.

W. Kern, *Bildungsweisen makromolekularer Stoffe durch Polymerisation*. (Vortrag.) Überblick über die Reaktionstypen, die zu makromolekularen Stoffen führen. Unters. der Reaktionsmechanismen der „substituierenden Polykondensation", der „additiven Polykondensation" (Polyaddition) u. der einzelnen Polymerisationsarten u. Erläuterung der typ. chem. u. kinet. Gesichtspunkte. Überblick über die radikalbildenden Stoffklassen u. die Möglichkeiten der Übertragungs-Rk. bei der Polymerisation. (Chemiker-Ztg. **76.** 667—72. 5/10. 1952. Mainz.) Dall'Asta. 4000

Akira Isihara, *Verhalten von linearen Polymeren in Lösung.* Ableitung allg. Gleichungen für die Strukturviscosität u. Strömungsdoppelbrechung von linearen gelösten Makromolekülen. (J. Polymer Sci. **8.** 574—76. Mai 1952. Tokyo, Univ., Fac. of Sci., Dep. of Phys.) Fuchs. 4000

R. C. Harper, H. Markovitz und **T. W. Dewitt,** *Dynamische Studien an polymeren Flüssigkeiten.* Von fl. *Polyisobutylen* (I) vom Mol.-Gew. M = 6000 wurden zwischen — 30 u. 63° u. im Frequenzbereich von 10—100 Hz die dynam. Viscosität η' u. die dynam. Festigkeit G' gemessen. Während η' oberhalb 25° prakt. unabhängig von der Frequenz f ist, steigt η' mit fallendem f um so stärker an, je niedriger die Temperatur ist. Ferner wurde η' für f = 0 nach der Kugelfallmeth. bestimmt. (log η')/T steigt linear mit 1/T an, woraus sich eine Aktivierungsenergie von ΔH = 15,8 kcal/Mol berechnet. G' steigt bei allen Tempp. mit f an. Wird I als eine komplexe Maxwellsche Fl. betrachtet u. werden daher die red. Werte η'/η bzw. $G'T_0/T$ als Funktion einer red. Frequenz $f' = f \cdot \exp[\Delta H \cdot (1/T - 1/T_0)/R]$ aufgetragen, so liegen die Meßpunkte bei allen Tempp. auf den gleichen Kurven, die für η' mit steigendem f' abfallen u. für G' ansteigen. Ferner wurden η' u. G' von *Silicone D 2—200* (II, M = 60000) zwischen —49,5 u. 52° bzw. zwischen 10 u. 100 Hz gemessen. Die Ergebnisse sind ähnlich den für I gefundenen. ΔH ergibt sich zu 4,36 kcal/Mol; dieser niedrige Wert sowie die im Vgl. zu I wesentlich kleineren G'-Werte von II werden auf den Ionencharakter der Si–O-Bindung zurückgeführt. (J. Polymer Sci. **8.** 435—43. April 1952. Pittsburgh, Pa., Mellon Inst. of Ind. Res.) Fuchs. 4010

H. S. Kaufman und **M. S. Muthana,** *Molekulargewichtsbestimmung von Polytrifluorchloräthylen durch Hochtemperaturosmometrie.* Vff. beschreiben die osmot. Mol.-Gew.-Best. von *Polytrifluorchloräthylen* (I)-Proben mittels eines Zimm-Meyerson-Glasosmometers, das für Bestimmungen bei erhöhten Tempp. modifiziert war. Die Best. wurde in einem Chlorfluorbutan ($Kp._{20}$ 92°) bei 99,2° ausgeführt. I ist darin zu 0,16—0,82 g/100 cm³ löslich. Als Membrane diente ein techn. Gel-Cellophan, die Membrane hatten eine Lebensdauer von 18 Std., die Steighöhen betrugen 0,75—2,00 cm, Gleichgewichtssteighöhen wurden in ~1 Std. erreicht. Es wurden Proben von verschied. NST-Werten benutzt (NST-Wert = Temp., bei der eine gekerbte Standardprobe unter einer Standardbelastung bricht). Es resultierten folgende Beziehungen zwischen NST-Wert u. Mol.-Gew.: 56000 (235°); 76000 (273°) u. 100000 (317°). (J. Polymer Sci. **6.** 251. Febr. 1951. New York, M. W. Kellogg Comp., u. Brooklyn, N. Y., Polytechn. Inst.) Ruske. 4010

H. H. G. Jellinek und **L. B. Spencer,** *Thermischer Abbau von Polystyrol in Lösung.* 3%ig. Lsgg. von *Polystyrol* (I) in Tetralin (II) bzw. Naphthalin (III) wurden unter hohem Vakuum auf 306° erhitzt. I wurde sodann mit Methanol umgefällt u. isoliert. Die Intrinsicviscosität [η] in Bzl. fiel dabei in II von 1,05 auf 0,80 nach 6 Std., in III sogar auf 0,40. In II trat kein Gewichtsverlust an I auf, dagegen in III bis zu 24% nach 6 Stunden. Beim Erhitzen der Lsg. in II auf 340° fiel [η] auf 0,59. Vff. nehmen an, daß die therm. Zers. von I über Radikale verläuft. Diese Radikale können II relativ leicht H-Atome entziehen, wodurch die Zersetzungs-Rk. unterbrochen wird. Bei III ist dieser Vorgang erschwert, weshalb der Abbau in III stärker ist als in II. (J. Polymer Sci. **8.** 573—74. Mai 1952. Adelaide, South Australia, Univ., Johnson Labor.) Fuchs. 4010

D. D. Eley, J. Saunders und **A. H. Sparks,** *Verdünnungsentropie von Polymethacrylsäure.* Osmot. Messungen wurden an *Polymethacrylsäure* (Mol.-Gew. 30000) in W. u. 0,4 mol. HCl bei 4 u. 25° u. bei verschied. Konzz. durchgeführt. Bei der Konz. 0,01 g/cm³ wurden die Verdünnungsentropien berechnet (bei 0,4 mol. HCl: 0,1—10^{-6} cal/g °C, bei reinem W.: 10,9·10^{-6} cal/g °C). Damit ergibt sich für die Flory-Hugginssche Verdünnungsentropie auf Grund der Polymerisatkonfiguration (einfaches Gittermodell) ein Wert von 2,5·10^{-6} cal/g °C u. als Folgerung, daß in verd. HCl ein negativer Ausdruck gleicher Größenordnung (—2,4·10^{-6} cal/g °C) infolge des Ordnungseffekts des Lösungsm. auftritt. In reinem W. ist der Ausdruck positiv (Lösungsmittelunordnung) u. 4 mal größer (11,4·10^{-6} cal/g °C). (Die Verdünnungsentropie der Ionensphäre beträgt —3·10^{-6} cal/g °C). Die Befunde werden erörtert u. der Schluß gezogen, daß die Werte nur eine qualitative Bedeutung haben können. (Trans. Faraday Soc. **48.** 758—63. Aug. 1952. Bristol, Univ., Dep. of Chem.) Schäff. 4010

R. J. Derenthal, F. P. Baldwin und **R. L. Anthony,** *Untersuchungen über den Zusammenhang zwischen Temperatur und Dehnung im Einfrierbereich von Kautschuken.* (Sitzungsbericht.) Frühere Unterss. (konstante Zugbeanspruchung) über den scheinbaren Übergang 2. Ordnung bei Kautschuken (vgl. Forster u. Anthony, C. **1952.** 3176) wurden fortgesetzt u. die Abhängigkeit der Einfriertemp. T_E von der Dehnung ermittelt.

Der Befund, daß bei mehreren Kautschuken keine Beziehung zwischen T_E u. der Dehnung bei 0—13% Dehnung vorhanden ist, steht in scharfem Widerspruch zu den bei Unterss. bei konstanter Zugbeanspruchung gefundenen Ergebnissen. Die bei diesen Unterss. angewendeten experimentellen Bedingungen werden beschrieben u. die Ergebnisse beider Meßmethoden erörtert. (Physic. Rev. [2] **86.** 653. 15/5. 1952. Notre Dame, Ind., Univ.) Schäff. 4030

René Allirot und **Léon Orsini,** *Über die Struktur von Chlorkautschuk.* Durch Ultrarotabsorptionsunterss. an verschied. Chlorkautschuk (I)-Fraktionen u. durch Vgl. der Spektren von Naturkautschuk u. partiell chlorierten Kautschuken wurde gefunden, daß die Struktur von I einheitlich ist u. die Theorie der Cyclohexanstruktur von Farmer (Advances Colloid Sci. **1946.** 304) bestätigt. (J. Chim. physique Physico-Chim. biol. **49.** 422—26. Juli/Aug. 1952. Lyon, Fac. des Sci., Labor. de Chim. Ind.) Schäff. 4030

Frederic R. Senti und **Lee P. Witnauer,** *Röntgenbeugungsuntersuchungen von Additionsverbindungen von Amylose mit anorganischen Salzen.* Röntgenograph. wurden die *Additionsverbb. von Amylose mit KJ* (**I**), *KBr* (**II**), *K-Acetat* (**III**), *K-Formiat* (**IV**), *K-Propionat* (**V**), *NaBr* (**VI**), NH_4F (**VII**) u. $KHCO_3$ (**VIII**) untersucht. Die Additionsverbb. mit **I—VII** wurden durch Ionenaustausch mit Alkaliamylose in 75—80%ig. Alkohol dargestellt, die mit **VIII** durch Neutralisation des Alkali in der Alkaliamylose mit CO_2 in feuchter Atmosphäre. Die Alkaliamylose selbst wurde erhalten durch Deacetylierung von orientierten Fasern von Amylosetriacetat bei 25° in 0,1—0,2nKOH in 75%ig. Alkohol. In diesen Verbb. ist das Verhältnis der Salzmoll. zu den Glucoseresten für **I, II, IV** u. tetragonales **III** 1:2, für **V** u. rhomb. **III** 1:1. Aus den Röntgenaufnahmen folgt, daß die K-Salze in zwei Modifikationen kristallisieren. Die eine ist tetragonal; in ihr kristallisieren **I, II, III, IV** u. **VIII.** Die andere ist rhomb.; in ihr kristallisieren die stabile Modifikation von **II** u. **V.** Die Zelldimensionen der luftgetrockneten Fasern von **I** u. **II** waren ident. mit a = 10,7 Å u. c (Faserachse) = 16,1 Å. **III** u. **IV** haben a = 10,8 Å; c = 16,1 Å, **VIII** a = 10,8 Å u. c = 15,8 Å. Die rhomb. Modifikationen von **III** u. **V** sind isomorph; ihre Zelldimensionen sind für **III** a = 11,0 Å; b = 18,1 Å u. c (Faserachse) = 17,9 Å, für **V** a = 11,4 Å; b = 18,0 Å; c = 17,6 Å. Die beobachteten Beugungsmaxima der tetragonalen Formen stimmten mit den enantiomorphen Raumgruppen $P\,4_1\,2_1$ u. $P\,4_3\,2_1$ überein. Dies, wie auch die Zusammensetzungs- u. Dichtedaten fordern, daß die Amyloseketten vierfache Schraubensymmetrie haben, wobei vier Glucosereste der Faserwiederholungsperiode von 16,1 Å entsprechen. Aus einer Patterson-Projektion von **II** wurde die Lage der anorgan. Ionen bestimmt. Die Patterson-Projektionen sowie die Struktur von **II** sind zeichner. wiedergegeben. Durch eine Fourier-Projektion konnte die Lage der anorgan. Ionen bestätigt werden. (J. Polymer Sci. **9.** 115—32. Aug. 1952. Philadelphia, Pa., Eastern Regional Res. Labor.) Gottfried. 4050

R. W. Kerr und **F. C. Cleveland,** *Die Struktur von Amylosen.* Vff. führten mit verschied. Amylosefraktionen Enzymhydrolysen (mit *Amyloglucosidase* u. *β-Amylase*) aus, bestimmten den osmot. Druck der *Amyloseacetate* in Chloroformlsg. u. oxydierten die Amylosen zum Nachw. von unverzweigten Moll. mit Na-Metaperjodat mit nachfolgender elektrometr. Titration mit HCOOH. Der Verzweigungsgrad der Amylosestruktur wurde durch die Geschwindigkeit der Zuckerbldg. während der Hydrolyse bestimmt. Amyloglucosidase u. β-Amylase hydrolysieren nur Endgruppen, erstere produziert *Glucose,* letztere *Maltose.* Die Geschwindigkeit der Zuckerbldg. hängt in beiden Fällen von der Zahl der Endgruppen in einem bestimmten Vol. ab. Äquimol. Lsgg. von verschied. Amylosen wurden hydrolysiert. Die Geschwindigkeit der Zuckerbldg. für die *Mais-A-Fraktion* (mit Butanol gefällt) u. für die säurehydrolysierte Maisamylose war die gleiche wie bei krist. Maisamylose, ein Zeichen für die Zus. der Amylosen aus fast nur unverzweigten Molekülen. Dagegen war die Geschwindigkeit bei *Kartoffel-A-Fraktion* fast doppelt u. bei *Tapioka-A-Fraktion* fast dreimal so groß wie bei dem linearen Substrat. Daraus ist zu schließen, daß in Kartoffelamylose im Durchschnitt 1—2 u. in Tapiokaamylose 2—3 Zweige pro Mol. vorliegen. — Tabellen vgl. Original. (J. Amer. chem. Soc. **74.** 4036—39. 20/8. 1952. Argo, Ill., George M. Moffett Res. Labor.) Amelung. 4050

H. L. Bungenberg de Jong und **W. Iklaar,** *Einige kolloidchemische Betrachtungen des Glutenproblems.* Es werden die physikal. Eigg. von Mischungen von *Gliadin* u. *Glutenin* an Hand von Trübungskurven beschrieben. Hieraus u. aus der Wrkg. von Elektrolyten auf diese Mischungen wird ersichtlich, daß diese Eigg. zwischen den isoelektr. Punkten sich nicht additiv verhalten, daß also eine Art Komplexverb. existiert. Die gleichen Erscheinungen wurden an *Kleber* beobachtet; so daß man die Komplexwrkg. von dem künstlichen auf das natürliche Syst. übertragen kann. Der Einfl. von Fetten auf die Eigg. von Kleber wurde mit Hilfe von Extensogrammen von entfettetem Mehl untersucht. Hieraus ergibt sich die Bedeutung der Fettbestandteile, bes. in den geringwertigen Sorten. Es wird dann auf die Rolle des *Lecithins* als bindendes Prinzip in Fettsäure-Protein-Systemen sowie auf den Einfl. bei der Alterung des Mehls hingewiesen. Diese Faktoren genügen jedoch noch nicht zur Erklärung der Unterschiede zwischen schwachen u. starken Klebern. Von wesentlicher Bedeutung für das Problem der Bindefähigkeit ist die Gelstruktur der Gluteninfraktion. Man findet viele Hinweise dafür, daß die Strukturunterschiede zwischen schwachen u. starken Klebern von der Anzahl der akt. Ladungsstellen an der Oberfläche abhängig sind. Je größer die Zahl der freien Ladungsstellen ist, um so schwächer ausgeprägt sind die Klebereigenschaften. Das bedeutet aber nicht, daß sich die Gesamtzahl der freien Ladungsstellen ändert. In einem starken Kleber können diese Stellen in derselben Art wie der Anteil an den SH-Gruppen in verknäuelten Eiweißketten maskiert sein. Die entwickelte Theorie wird durch Unterss. an Gliadin u. Gluteninmischungen u. an Klebern selbst gestützt. (Kolloid Z. **128.** 164—76. Okt. 1952. Utrecht.) HENTSCHEL. 4070

You-Chi Tang, *Einige Röntgenmessungen an Einkristallen von Kohlenoxydhämoglobin des Hamsters.* Die aus dem Hamsterblut abgetrennten roten Blutkörperchen wurden gewaschen u. hämolysiert u. das in Lsg. erhaltene Hämoglobin mit CO gesättigt. Die Kristallisation des Kohlenoxydhämoglobins wurde bei 4° durch Dialyse gegen eine halbgesätt. Lsg. von $(NH_4)_2SO_4$ (p = 6,5 eingestellt) durchgeführt. Auf diese Weise wurden prismat. Kriställchen mit einem Querschnitt von 0,5 mm erhalten, die anscheinend dem rhomb. Syst. angehören. Von den feucht in Capillaren eingeschmolzenen Kristallen wurde bei 4° Schwenkaufnahmen mit einem Schwenkungswinkel von 1—1,5° angefertigt. Die Elementarkörperdimensionen sind a = 123 Å; b = 88 Å; c = 60 Å. Wahrscheinlichste Raumgruppe ist $P\,2_1\,2_1\,2_1$. (Acta crystallogr. [London] **4.** 564. Nov. 1951. Pasadena, Calif., Inst. of Technol., Gates and Crellin Labor. of Chem.) GOTTFRIED. 4070

Dorothy Wrinch, *Nachweis von Globulitmolekülen in Pferdehämoglobin.* Auf Grund einer ausführlichen Auswertung der von PERUTZ (vgl. Proc. Roy. Soc. [London], Ser. A **195.** [1949.] 474) erhaltenen Vektordiagramme von *Pferdehämoglobin* kommt die Vf. zu dem Ergebnis, daß die Aminosäurereste in den Hämoglobinmoll. keine kugelförmigen, sondern globulit. oder polyedr. Schalen bilden mit inneren u. äußeren Durchmessern senkrecht zu den Antipodenflächen von wenigstens 9½ Å oder höchstens 15 Å. (J. chem. Physics **20.** 1332—33. Aug. 1952. Northampton, Mass., Smith. Coll., Dep. of Phys.) GOTTFRIED. 4070

F. H. C. Crick, *Die Höhe der Vektorstäbe in der dreidimensionalen Patterson-Synthese von Hämoglobin.* Es wird eine Meth. zur Berechnung der mittleren Höhe der Vektorstäbe in der dreidimensionalen PATTERSON-Synth. von *Hämoglobin* beschrieben, u. zwar für die α-Schraube. Aus diesen Rechnungen geht hervor, daß die bisher angenommenen einfachen Modelle für Hämoglobin Maxima geben, die zu groß bzw. zu hoch sind; um eine rohe Übereinstimmung zu erhalten, muß man entweder weniger als die Hälfte des Proteins in Ketten parallel zu der x-Achse anordnen oder eine beträchtliche Regellosigkeit einführen. Es wird angenommen, daß die gefaltete Polypeptidkette in einer Richtung bei einer Dehnung nicht mehr als 20 Å durchläuft. (Acta crystallogr. [London] **5.** 381—86. Mai 1952. Cambridge, Cavendish Labor., Med. Res. Council Unit for the Study of the Molecular Structure of Biol. Systems.) GOTTFRIED. 4070

Carl S. Miner and N. N. Dalton, Glycerol. New York: Reinhold. (474 S. m. Abb. u. Diagr.) $ 12,—.

E. Biologische Chemie. Physiologie. Medizin.

E_1. Allgemeine Biologie und Biochemie.

P. R. Booth, *Die Wahl der Dosierung bei biologischen Nachweisen.* Die Genauigkeit biol. Bestimmungen wird verbessert unter Verwendung von lineare Wrkg./log Dose-Beziehungen bei Kenntnis der wahrscheinlichen Aktivität des Materials (Formeln s. Original). (Analyst **77.** 363—66. Juli 1952. Hanger Lane, Ealing, Analyt. and Res. Labors. Virol Ltd.) H.-J. KOCH. 4100

E. Rohrer, *Ein Beitrag zur Frage der biologischen Wirkung ionosierter Luft.* Ozonisiertes Albumin, das entweder durch trockene Behandlung mit O_3 oder durch Einleiten von O_3 in die Lsg. u. Ausflockung hergestellt wurde, zeigt gegenüber unbehandeltem Albumin keinen Unterschied im p_H der Lsg., im Ultrarot u. im UV-Spektrum. Nach der Mikroanalyse ist weder O_3 noch Sauerstoff gebunden. Nach den elektrophoret. Messungen ist das negative Potential herabgesetzt. Das Elektronenbeugungsdiagramm der ozonisierten Probe zeigt 2 Interferenzen. Nach Ansicht des Vf. entzieht O_3- u. auch H_2^+-haltige

Luft dem Albumin Elektronen; eine chem. Veränderung tritt nicht ein. (Schweiz. med. Wschr. **82.** 1063—64. 11/10. 1952. Adliswil.) Wiedemann. 4102

Norman H. Giles jr., Alvin V. Beatty und **Herbert Parkes Riley,** *Die Wirkung von Sauerstoff bei der Erzeugung chromosomaler Aberrationen in Tradescantia-Mikrosporen durch schnelle Neutronen.* Blütenstände von *Tradescantia paludosa* wurden in einer Atmosphäre von reinem O_2, N_2 oder *He* schnellen Neutronen ausgesetzt u. die erzeugten Chromosomen- u. Chromatidenaberrationen untersucht. Bei Abwesenheit von O_2 ist die Häufigkeit der Aberrationen geringer. Der O_2-Einfl. ist bei Neutronen größer als bei α- u. kleiner als bei Röntgenstrahlen. Es besteht eine umgekehrte Beziehung zwischen spezif. Ionisationswrkg. der Strahlung u. Größe des O_2-Einfl. auf die Bldg. chromosomaler Aberrationen. Sowohl bei Ggw. wie bei Abwesenheit von O_2 ist die Abhängigkeit zwischen Neutronenmenge u. Aberrationshäufigkeit linear. Bei Betrachtungen über den Mechanismus des Strahlungseffektes werden dem *HO_2-Radikal* u. dem *H_2O_2* eine wesentliche Rolle zugesprochen. (Genetics **37.** 641—49. Nov. 1952. Oak Ridge, Tenn., Nat. Labor., Biol. Div.) Nieswandt. 4130

Eugen Fritze, *Die elektrische Ladung suspendierter Zellen.* Zur Best. der Beweglichkeit im elektr. Feld als Maß des elektr. Potentials suspendierter Zellen wurde eine bes. Vorr. entwickelt (Kammerlänge 20 mm, Feldstärke 10 V/cm, Pt-Elektroden in Zn–$ZnSO_4$–Agar-Suspensionslsg. (I)–Agar-I-Agar, Anwendung einer 540fachen Vergrößerung), die einwandfrei reproduzierbare Ergebnisse gewährleistet. Als **I** für die Unters. von Blut- u. Knochenmarkszellen, deren Ergebnis mitgeteilt wird, hat sich bewährt: 0,368 g Veronal (**II**) + 2,07 g **II**-Na in 100 cm^3 0,09%ig. NaCl-Lösung. (Naturwissenschaften **39.** 25—28. 1952. Göttingen, Univ., Med. Klinik.) Frühwald. 4150

Pierre Dangeard und **Henri Parriaud,** *Wirkung von Lösungen von Chloralhydrat auf das Chondriom von vegetativen Geweben.* Durch Behandlung der Wurzeln von Zwiebelgewächsen mit einer 1%ig. Lsg. von *Chloralhydrat* verschwand das Chondriom aus dem Cytoplasma der Zelle. Wurden die Wurzeln danach mit dest. W. behandelt, so konnte in den meisten Fällen eine Regeneration des Chondrioms aus den dissoziierten Bestandteilen desselben erzielt werden (vgl. auch Garrigues, Rev. de Cytol. et Cytophysiol. végét. **4.** [1740.] 261). Durch Fixierung u. Nachfärbung ist im mkr. Bild eine direkte Beziehung zwischen dem Verschwinden des Chondrioms u. dem Erscheinen von osmioreduktiven Granula zu erkennen. (C. R. hebd. Séances Acad. Sci. **236.** 260—62. 19/1. 1953.) Lenhard. 4150

F. Seelich, *Zur Biochemie der Gewebsalterung.* Mit zunehmendem Alter erhöht sich der Polymerisationsgrad der Polysaccharidsäuren, die immer weniger lösl. u. durch die ihnen zugeordneten Fermente immer weniger angreifbar werden. Zur Diskussion steht zur Zeit die Frage, ob solche Polysaccharidsäuren depolymerisierende Fermente, wie z. B. die Hyaluronidasen, an der Ausbreitung u. Metastasenbldg. eines Carcinoms beteiligt sind. Im komplexen Geschehen bilden sich Faserproteine aus prim. lösl. Eiweißkörpern im Sinne eine Denaturierung. Diese irreversiblen Veränderungen bedeuten zugleich eine Hemmung des Wachstums. Nun zeigte es sich, daß im wesentlichen Hemmstoffe auftreten, wobei der Mechanismus der Hemmwrkg. noch unbekannt ist. Unbekannt ist, wieso gerade das alternde Gewebe einerseits im Wachstum gehemmt ist, andererseits zur örtlichen Hypertrophie u. zur Tumorbldg. neigt. Wesentlich ist sicher eine Zustandsänderung der Mesenchymsubstanzen unter dem Einfl. von Tumoren. Für die Zukunft ist eine Klärung der Rkk., die Gewebselemente aufbauen u. abbauen, wichtig. (Wiener klin. Wschr. **64.** ([N. F.] **7.**) 593—95. 22/8. 1952.) Gummel. 4160

D. W. Wooley, *Nachweis der Synthese von Vitamin B_{12} durch Spontangeschwülste.* Die Suche nach gewebsspezif. wirkenden Antimetaboliten (Woolley, „A study of antimetabolites", New York, 1952) setzt die Klarstellung voraus, welche vitalen Substanzen „autotroph" gebildet werden, in welchen Geweben u. aus welchen Vorstufen das geschieht. Eine antimetabol. Wrkg. ist naturgemäß nur an solchen Individuen bzw. Zellen zu erwarten, die den betreffenden Metaboliten selbst bilden können, also mit Bezug auf diesen autotroph sind. Hier wird die Frage geprüft, ob Tumorgewebe von Säugetieren Riboflavin u. vor allem Vitamin B_{12} synthetisieren können u. ob daher eine tumorspezif. Therapie mit Antimetaboliten, z. B. gegen die Vorstufe des B_{12} (Dimethyldiaminobenzol), aussichtsreich ist. Mit voller Diät gehaltene Mäusemütter übertragen auf ihre Jungen ein genügend großes Depot an B_{12}, so daß die Jungen auch bei B_{12}-freier Diät n. wachsen. Das gilt ebenfalls für Junge von B_{12}-frei ernährten Müttern, sofern diese spontanen Brustkrebs haben. Daraus wird geschlossen, daß im Tumor B_{12} gebildet wird. Transplantierte Mammageschwülste u. durch Urethan erzeugte Lungenadenome ließen dagegen keine B_{12}-Bldg. erkennen. Wenn damit die Bldg. von B_{12} noch nicht als allg. Eig. von Tumoren angesehen werden kann, so ist doch die Fähigkeit von Pflanzengallen, Indolessigsäure zu synthetisieren, u. die von Cambiumgewebe, spezielle Wuchsstoffe zu bilden, Beispiele dafür, daß wachsende Gewebe lebenswichtige Substanzen bilden können, die in anderen Geweben nicht entstehen. (Proc. nat. Acad. Sci. USA **39.** 6—18. Jan. 1953. New York, Rockefeller Inst. for Med. Res.) DRUCKREY. 4160

Aries Kovoor, *Wirkung von Weintraubensaft auf das Gewebewachstum in vitro kultivierter Scorzonerengallen.* Weintraubensaft in Konzz. von 5% begünstigt das Wachstum von Gallengeweben der Scorzonere. Er enthält also, wie NITSCH (C. R. hebd. Séances Acad. Sci. **233.** [1951.] 1676) im Tomatensaft u. GAUTHERET (C. R. Seances Soc. Biol. Filiales **142.** [1948.] 774) bei der Cocosmilch feststellen konnte, gewebewachstumsanregende Substanzen. (C. R. hebd. Séances Acad. Sci. **236.** 309—11. 19/1. 1953.) LENHARD. 4160

Urs Jodocus P. Hoessly und **Louis D. Greenberg,** *Elektrophoretische Serumanalyse bei einem Fall von multiplem Myelom mit Amyloidosis.* Gegenüber dem n. Elektrophoresebild zeigten sich in diesem Fall abweichend eine Abnahme von *Gesamtprotein, Albumin,* α- u. γ-*Globulin* u. Zunahme von β-*Globulin.* Bei Verwendung von Citrat–Veronal-Puffer wurden 2 Spitzen von β-*Globulin,* bei Veronalpuffer nur 1 gefunden. Demnach handelt es sich um ein β_1—β_2-Myelom. Cortison- u. Urethantherapie hatten keinen Einfl. auf das anomale Elektrophoresebild. — 23 Literaturangaben. (J. Lab. clin. Med. **39.** 193—97. Febr. 1952. San Francisco, Calif., Univ., School of Med., Div. of Pathol.) KRUSEN. 4160

W. Paolino, *Chemotherapie der Tumoren.* 1. Mitt. *Senfgas und seine N-Homologen. Zusammenfassender Überblick.* Zusammenfassender Überblick über die Chemie u. Pharmakologie sowie über die Indikationen u. klin. Anwendungsformen des Senfgases u. verschied. seiner Homologe. — 184 Literaturangaben. (Minerva med. [Torino] **44.** I. 39—51. 6/1. 1953. Torino, Univ., Ist. di Pathologia Speciale Medica.) P. G. SCHEURLEN. 4160

E_2. Enzymologie. Gärung.

E. Heinz und **F. Holton,** *Die Abhängigkeit der ATP-Spaltung von der ATP-Konzentration und die Spannungsentwicklung des Fasermodells.* In Fortsetzung der Unterss. über den Mechanismus der Actomyosinkontraktion (vgl. HASSELBACH, Z. Naturforsch. **7b** [1952.] 334) wurde die Abhängigkeit der Actomyosinaktivität von der ATP-Spaltung für 80 μ dicke Fasermodelle (M. psoas des Kaninchens) u. die ATP-Spaltung in Abhängigkeit von der ATP-Konz. bei 0 u. 20° an verschied. stark im Blendor dispergierten Präpp. verfolgt. Vff. halten die ATP-Spaltung u. nicht die ATP-Bindung auf Grund ihrer Verss. für die Kontraktionsursache. (Z. Naturforsch. **7b.** 386—89. Juli 1952. Tübingen, Univ., Physiolog. Inst.) ZAHN. 4200

H. J. Koepsell, H. M. Tsuchiya, N. N. Hellmann, A. Kazenko, C. A. Hoffmann, E. S. Sharpe und **R. W. Jackson,** *Enzymatische Dextransynthese. Spezifität des Acceptors und Auslösung der Kettenbildung.* (Vgl. C. **1952.** 5428.) Bei der n. Bldg. von *Dextran* (**I**) treten kaum Oligosaccharide (OS.) auf. Offenbar ist die Zahl der Startprozesse gering, u. die entstehenden Ketten lagern schneller weitere Glucosereste an, als neue Start-Rkk. vorkommen, so daß überwiegend lange Ketten entstehen. Gewisse Zucker, vor allem *Isomaltose* (**II**), *Maltose* (**III**) u. α-*Methylglucosid* (**IV**) wirken, wenn sie bei der enzymat. I-Bldg. zugegen sind, als Acceptoren von Glucoseresten u. Starter einer Bldg. neuer Ketten, so daß die Zahl der durch die *Dextransucrase* (**V**) katalysierten Primärprozesse durch Anlagerung von Glucoseresten an diese „Hilfszucker" gesteigert wird. Man erhält dann ein wenig viscoses, nicht opalisierendes Reaktionsgemisch mit hohem Geh. an OS. Es wird auf die Möglichkeit hingewiesen, auf diesem Wege **I** mit niedrigerem Mol.-Gew. herzustellen. Die durch Anlagerung an diese „Hilfszucker" entstehenden Ketten unterscheiden sich zum Teil vom gewöhnlichen **I** hinsichtlich einer Endgruppe. Es wird vorgeschlagen, diese verschied. Dextrane nach ihrer charakterist. Endgruppe als „*Isomaltodextran*" (= n. **I**), „*Maltodextran*" bzw. „α-*Methylglucosidodextran*" zu bezeichnen.

Versuche: Die verwendete **V** wurde aus *Leuconostoc mesenteroides* (NRRL B-512), der relativ lineares wasserlösl. **I** produziert, erhalten. Die enzymat. Synth. (25 Einheiten **V**/ml) wurde bei p_H 5,0 (Acetatpuffer) u. 30° in 0,125 mol. Saccharoselsg. mit gegebenenfalls der äquimol. Menge des „Hilfszuckers" vorgenommen. Der Reaktionsverlauf wurde durch Messung des Reduktionsvermögens verfolgt u. die **I**-Ausbeute bestimmt durch Fällung mit 2 Voll. A. u. Polarisation; $[\alpha]_D$ +200° in W.; +215° in Formamid (Lsg. in Formamid opalisiert nicht). Die OS. wurden in den Fällungslsgg. papierchromatograph. festgestellt (n-Butanol/Pyridin/W. 3:2:1). Bei allen Verss. mit saccharosehaltigen Medien wurden ca. 3% der Saccharose in *Leucrose* (vgl. STODOLA, KOEPSELL u. SHARPE, C. **1953.** 4376) umgewandelt. Leucrose hat R_F zwischen **II** u. **III** u. gibt einen hellrosa Fleck mit Harnstoff-H_3PO_4 nach längerem Erhitzen. Ferner wurde in Ggw. von Saccharose stets ein noch unbekannter reduzierender Zucker gefunden, wahrscheinlich ein *fructosehaltiges Disaccharid* (**VI**; R_F etwa wie **III**, blaue Farbe mit Harnstoff-H_3PO_4). In Abwesenheit von Saccharose wurden die untersuchten Zucker nicht durch **V** verändert. Xylose, D- u. L-Arabinose, Ribose, Rhamnose, Mannose, Sorbose, Cellobiose, Trehalose, Lactose, Melezitose, Raffinose, Inulin, Inosit, Mannit, Sorbit, Gluconat, 2-Ketogluconat, 5-Ketogluconat u. Glycerin beteiligten sich in Ggw. von Saccharose nicht an der Dextransynthese. β-Amylose, Grenzdextrin, lösl. Stärke, Amylopektin, natives B-512-I u. ein Handelspräp. von **I** (Mol.-Gew. ca. 80000) hatten bei Konzz. von 0,125 Mol/Liter (bezogen aus Anhydroglucose) keinen wesentlichen Einfl. auf die Reaktionsgeschwindigkeit oder die OS.-Bildung. Ihr Einfl. auf die **I**-Ausbeute konnte wegen ihrer Fällbarkeit durch A. nicht festgestellt werden. **II** hatte (gefolgt von **III** u. **IV**) den stärksten Einfl. auf Anstieg der Reduktionskraft u. Verminderung der Ausbeute an fällbarem **I** (Minimum 15% der Theorie), **II** verdoppelte die Reaktionsgeschwindigkeit im Substrat, u. die bei Anwesenheit von **V** auftretenden OS. waren die gleichen wie die auch bei der Hydrolyse von **I** gefundenen. **II** dürfte also eine polymerhomologe Reihe von α-1.6-Glucopyranosiden aufbauen. Die Konz. von **II** nahm bei der Rk. ab. — Bei Zusatz von **III** wurde unter den entstandenen OS. die *Panose* (*4-α-Isomaltopyranosyl-D-glucose*) gefunden. Die bei Ggw. von **III** entstehenden OS. dürften demnach eine Maltoseendgruppe an Stelle einer Isomaltoseendgruppe enthalten. Die Flecke für die anderen in Ggw. von **III** gebildeten OS. hatten auch eine etwas von den in Ggw. von **II** entstandenen abweichende Lage. — Bei Ggw. von **IV** wurde die Bldg. einer polymerhomologen Reihe von dextranähnlichen OS. mit nichtreduzierenden Endgruppen beobachtet. — Die Wrkg. von Glucose war nur gering. Die Reaktionsprodd. glichen qualitativ den Hydrolyseprodd. von n. **I**. — Fructose hatte nur eine geringe Wrkg. auf die **I**-Ausbeute u. verminderte die Reaktionsgeschwindigkeit ein wenig; es bildete sich wesentlich mehr Leucrose u. **VI**. Die Bldg. von höheren OS. war gering. — Leucrose hatte nur geringe Wrkg. u. bildete wenige, aber offenbar von den anderen abweichende OS. — Melibiose erniedrigte die Reaktionsgeschwindigkeit. Es bildeten sich außer einem vermutlichen Trisaccharid nur wenige OS. — Galaktose bildete etwas OS. u. war sonst nur von geringer Wirkung. — Leucrose bildet sich offenbar durch Rk. von freier Fructose mit einem Glucoserest, da die Leucrosebldg. in **V**-haltigen Saccharoselsgg. mit steigendem Fructosezusatz wächst. (J. biol. Chemistry **200**. 793—801. Febr. 1953. Peoria, Ill., United States Dep. of Agric., Bur. of Agric. and Industrial Chem., Northern Reg. Res. Labor., Ferment. Div.) WILLENBERG. 4200

Friedrich Bruns und **Günther Stüttgen**, *Kupferwirkung während des Abbaues von Histamin durch Diaminoxydase aus Placenta.* Als Enzymquelle für *Histaminase* (**I**) (= Diaminoxydase) diente wss. Placentaextrakt, der, da er gleichzeitig *Katalase* enthält, das bei der Oxydation von *Histamin* (**II**) zum entsprechenden Aldehyd entstehendes H_2O_2 zerlegt, so daß die Enzym-Rk. je Mol **II** 0,5 Mol O_2 verbraucht, was mit der WARBURG-Technik verfolgt wurde. Zusatz von Cu in isoton. Pyrophosphatpuffern steigerte den O_2-Verbrauch in Abhängigkeit von der Cu-Konzentration. Daß es sich nicht um bloße Cu-Katalyse handelte, trat nach **I**-Hitzeinaktivierung zutage, indem nunmehr kein O_2-Verbrauch stattfand. Bei Ggw. von Cu wurde mehr O_2 aufgenommen als der Bldg. von *Imidazolylacetaldehyd* (**III**) entspricht. Wie aus dem Ausbleiben einer Dunkelfärbung geschlossen werden konnte, tritt keine Melaninbldg. ein, also muß die weitere Oxydation von **III** an der Seitenkette zu Imidazolylessigsäure erfolgen. Da Placenta keine Aldehydoxydase enthält, kann der Vorgang nur durch Metallkatalyse erklärt werden. Die Möglichkeit wurde am Modell Benzaldehyd + Fe^{3+} wahrscheinlich gemacht. Auf der anderen Seite beweisen die Verss., daß das Apoferment von **I** keine durch Cu oxydierbaren SH-Gruppen besitzt, da sonst **I** durch Cu gehemmt worden wäre. (Biochem. Z. **322**. 68—75. 1951. Düsseldorf, Med. Akad., Inst. für Physiol u. Biochem. u. Hautklinik.) LOCH. 4210

Konrad Lang und **Gustav Schmid**, *Über Prolinoxydase.* Durch Auswaschen von Leber- oder Nierenhomogenaten (Hund, Ratte, Kaninchen) mit Phosphatpuffer oder KCl-Lsg. (0,9%) werden Partikel erhalten, die, in Phosphatpuffer suspendiert, *Prolinoxydase* (**I**)-Aktivität besitzen. Als Substrat dient mit Hilfe von Rhodanilsäure aus Gelatine hergestelltes *l-Prolin* (**II**) oder aus synthet. dl-Prolin durch Racematspaltung dargestelltes *d-Prolin* (**III**; $[\alpha]_D^{20}$ +81,5°; F. 215—217°). Durch Hydrieren von α-Picolinsäure wird *dl-Pipecolinsäure* (**IV**) erhalten. Synth. von *α-Keto-δ-aminovaleriansäure* (**V**): 1 Mol Pyrrolidon u. 2 Mol Benzoylchlorid werden mit 1 Mol Na_2CO_3 versetzt. Nach Temperatursteigerung auf 150° findet CO_2-Entw. statt, worauf N-Benzoylpyrrolidon mit Chlf. ausgewaschen werden kann (F. 89—90°). 6,5 g K wurden nach Überschichtung mit 30 ml Ae. durch allmähliche Zugabe von 25 ml Methanol in Lsg. gebracht. Nach Zugabe weiterer 150 ml Ae. unter Eiskühlung 25 g Oxalester, dann 31,5 g K-Benzoylpyrrolidon eintropfen. Das ausfallende, weiße Kondensationsprod. (**VI**) ging nach einigen Tagen unter Verlust der Benzoylgruppe in das gelbe Salz **VII** über. Durch Kochen mit HCl entsteht hieraus **V**, das als Dinitrophenylhydrazon (F. 231—232°) isoliert wurde. Bei Einw. von **I** auf **III** entsteht **V**, dessen Phenylhydrazon mit der synthet. Verb. gleichen F. u. Misch.-F. hatte. Aus **II** bildet sich unter der Einw. von **I** nicht **V**, sondern Glutaminsäurehalbaldehyd. **I** greift spezif. nur **II**, **III** u. *l-Oxyprolin* an. Die Art der durch **I** bewirkten Umsätze schließt Verunreinigung der Präpp. mit d-Aminosäureoxydase aus. Außerdem ist diese lösl., jene unlöslich. Mit geringeren Geschwindigkeiten werden jedoch auch *dl-Pyrrolincarbonsäure* u. **IV** angegriffen. Durch Cu^{2+} tritt Hemmung ein. (Biochem. Z. **322.** 1—8. 1951. Mainz, Univ., Physiol.-chem. Inst.) Loch. 4210

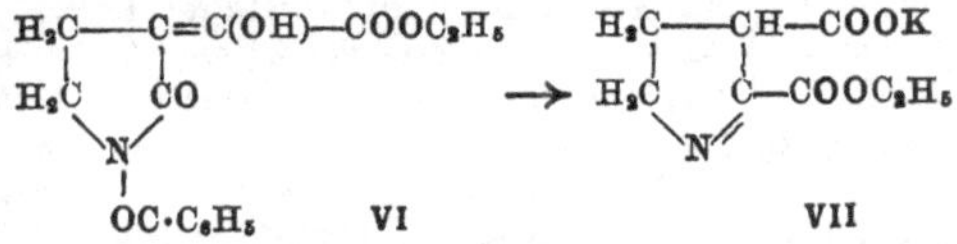

VI VII

Hermann Mattenheimer, *Die enzymatische Aufspaltung anorganischer Poly- und Metaphosphate durch Organextrakte und Trockenhefe.* Zum Zwecke der Konstitutionsaufklärung eines aus Hefe isolierten anorgan. *Polyphosphates* wurde dieses durch Extrakte aus Menschenleber, Menschenniere, Rattenleber, Froschmuskel u. Hefe enzymat. aufgespalten u. die Hydrolyseprodd. mit denen bekannter anorgan. Poly- u. Metaphosphate verglichen. Hierzu dienten *Na-Pyrophosphat* (**I**; $Na_4P_2O_7 \cdot 10H_2O$), *Na-Tripolyphosphat* (**II**; $Na_5P_3O_{10}$), *Na-Tetrapolyphosphat* (**III**; $Na_6P_4O_{13} \cdot 4H_2O$), *Na-Trimetaphosphat* (**IV**) $[(NaPO_3)_3 \cdot 6H_2O]$, *Na-Tetrametaphosphat* (**V**) $[(NaPO_3)_4]$, Graham*sches Salz* (**VI**) $[(NaPO_3)_x]$ (Metaphosphate = ringförmige, Polyphosphate = kettenförmige Verbb.). Von den Polyphosphaten werden **I** u. **II** gespalten, **V** u. **VI** werden enzymat. nicht angegriffen. Ebenso stellt **V** kein Substrat für die Organextrakte dar, wird aber durch Hefe hydrolysiert. Das untersuchte Hefepolyphosphat besteht aus zwei Fraktionen, deren Verhältnis von Herst. u. Lagerung abhängt. Die eine ist durch Extrakte aus Menschenleber oder -niere leicht, die andere schwer spaltbar, wobei Mg^{2+} als Aktivator notwendig ist. Herst. u. chem. Eigg. des Hefepolyphosphates (vgl. Voigt, Dissertation Humboldt-Univ., Berlin, Frühjahr 1951). (Biochem. Z. **322.** 36—48. 1951. Berlin, Humboldt-Univ., Physiolog.-chem. Inst.) Loch. 4270

E_3. Mikrobiologie. Bakteriologie. Immunologie.

A. M. Cook und **R. T. Yousef**, *Eine verbesserte Pipette zum Abmessen kleiner Mengen von Bakteriensuspensionen.* Die Pipette besteht aus einem Glasrohr mit angesetzter auswechselbarer Injektionsnadel. So kann die Tropfengröße variiert werden. Sterilisation der Nadel u. Wiederbenutzung ist ohne Einbuße an Genauigkeit möglich. (J. Pharmacy Pharmacol. **5.** 141—44. Febr. 1953. London, Univ., Dep. of Pharmaceut.) Fresenius. 4300

Heinz Seeliger, *Der Indolnachweis im Dreizucker-Eisen-Harnstoff-Agar nach Bader und Hotz.* Wird dem Dreizucker Eisen–Harnstoff–Agar tryptophanreiches Pepton oder 0,1% Tryptophan zugesetzt, so kann man zusätzlich mit dem Testpapierstreifen nach Braun die Bldg. von Indol nachweisen. Störungen können bei starksäuernden Coli- oder harnstoffspaltenden Proteuskeimen eintreten. (Zbl. Bacteriol., Parasitenkunde, Infektionskrankh., Abt. I, Orig. **158.** 527—30. 30/10. 1952. Bonn, Hygieneinst.) Gerber. 4320

Gertrude B. Elion, George H. Hitchings und **Henry Vanderwerff**, *Antagonisten von Nucleinsäurederivaten.* 6. Mitt. *Purine.* (5. vgl. C. **1952.** 2689.) In Nährlsgg., die außer Folsäure, Adenin oder Thymin auch eines der nachst. Purinderivv. enthielten, wurde das Wachstum von Lactobacillus casei durch Best. der gebildeten Milchsäure geprüft. Folgende Verbb. wurden untersucht: *2.6-Diaminopurin, 7-Methyl-, 9-Methyl-, 9-β-Oxyäthyl-, 9-p-Nitrophenyl-, 8-Amino-, 8-Oxy-, 8-Mercapto-, 8-Methylmercapto-, 8-Chlor-, 8-Methyl-, 8-p-Chlorphenyl-, 8-o-Chlorphenyl-, 8-m-Chlorphenyl-, 8-m-Bromphenyl-, 8-p-Nitrophenyl-, 8-p-Carbomethoxyphenyl-, 8-p-Methoxyphenyl-, 8-[3'.5'-Dinitrophenyl]-, 8-β-Naphthyl-, 8-m-Nitrophenyl-, 8-α-Furyl-* u. *8-p-Carboxyanilinomethyl-2.6-diaminopurin, 2-Methylamino-6-amino-, 2-Dimethylamino-6-amino-, 2-Dibenzylamino-6-amino-, 2-Amino-6-dimethylamino-, 2-Amino-6-methylamino-8-p-chlorphenyl-, 2-Amino-6-dimethylamino-8-p-chlormethyl-, 2-Amino-6-diäthylamino-8-p-chlorphenyl-, 2-Amino-6-bis-[β-oxyäthyl]-amino-8-p-chlorphenyl-, 2-Amino-6-methyl-, 2-Methylamino-, 2-Diäthylamino-, 2-[p-Chlorphenyl]-amino-, 2-Phenylamino-, 2-p-Carboxyanilino-, 2-Amino-8-oxy-, 2-Amino-8-phenyl-, 2-Amino-6.8-dioxy-, 2-Amino-6-oxy-8-mercapto-, 2-Amino-6-oxy-8-methylmercapto-, 2-Amino-6-oxy-8-phenyl-, 2-Amino-6-oxy-8-[p-chlorphenyl]-, 2-Amino-6-oxy-8-[o-chlorphenyl]-, 2-Amino-6-oxy-8-[m-chlorphenyl]-, 2-Amino-6-oxy-8-[p-nitrophe-*

nyl]-, 2-Amino-6-chlor-8-phenyl-, 2-Amino-6-chlor-8-[p-chlorphenyl]-, 2-Amino-6-chlor-8-[o-chlorphenyl]-, 2-Amino-6-chlor-8-[m-chlorphenyl]-, 2-Amino-6-chlor-8-[o- u. p-bromphenyl]-, 2-Amino-6-oxy-8-[o-methylphenyl]-, 2-Amino-6-oxy-8-[2'.4'-dichlorphenyl]-, 6-Amino-8-oxy-, 6-Amino-8-mercapto-, 6-Amino-8-[p-chlorphenyl]-, 6-Amino-8-[m-nitrophenyl]-, 2-Mercapto-6-amino-, 2-Methylmercapto-6-amino-, 2-Äthylmercapto-6-amino-, 2-Isopropylmercapto-6-amino-, 2-n-Butylmercapto-6-amino-, 2-sek.-Butylmercapto-6-amino-, 2-Benzylmercapto-6-amino-, Na-Salz des 2-Carboxymethylmercapto-6-amino-, 2.8-Dimercapto-6-amino-, 2-Oxy-6-amino-, 2.8-Dioxy-6-amino-, 2-Oxy-6-amino-8-mercapto-, 2.8-Dichlor-6-amino-, 6.8-Dioxy-, 2-Äthoxy-6-amino-8-chlor-, 6-Methylamino-, 6-Äthylamino-, 6-Phenylamino-, 6-Dimethylamino-, 2.8-Dichlor-6-methylamino-, 2-Mercapto-6-oxy-, 2-Methylmercapto-6-oxy-, 2-Äthylmercapto-6-oxy-, 2.8-Dichlor-6-oxy-, 2-Chlor-6.8-dioxy-, 2-Chlor-6-oxy-7-methyl-, 6-Oxy-8-[p-chlorphenyl]-, 2-Amino-6-mercapto-, 2-Amino-6-mercapto-8-[p-chlorphenyl]-, 2-Amino-6.8-dimercapto-, 2-Amino-6-mercapto-7-methyl-, 2-Amino-6-methylmercapto-, 6-Mercapto-, 6-Methylmercapto-, 2.8-Dioxy-, 2.6-Dioxy-9-methyl- u. *6-Amino-9-methylpurin.* Die Auswertung zeigt, daß die Einführung der 8-Oxy- oder 8-Chlorgruppe, Methylierung des Imidazolringes u. Alkylierung der Aminogruppen zu einer Erhöhung der wachstumsfördernden bzw. -hemmenden Eigg., welche die Stammverbb. besitzen, führt. Ersatz der OH-Gruppe des Guanins oder Hypoxanthins ergibt hemmende Verbb., die jedoch durch natürliche Purine enthemmt werden können. (J. biol. Chemistry **192.** 505—18. Okt. 1951. Tuckahoe, N. Y., Wellcome Res. Labors.) LOCH. 4325

S. Benzer, *Der Widerstand gegenüber ultraviolettem Licht als Index der Reproduktion von Bakteriophagen.* Nach einer vom Vf. entwickelten Meth. konnten die Phagen T 7, T 2 u. T 2r, die sich mit Escherichia coli vergesellschaftet befanden, in einem genau festgelegten Entwicklungsstadium einer UV-Bestrahlung unterworfen werden. Währenddessen wurde ihr Wachstum durch Eiskühlung unterbunden. Beim Bakteriophagen T 7 erhält er das nach der Treffertheorie zu erwartende Resultat, die Überlebenskurven gehen während der Phagenvermehrung innerhalb der Zelle vom Ein- zum Mehrtreffertyp über. Bei den Phagen T 2r u. T 2 konnte dagegen die von LURIA u. LATARJET beobachtete Anomalie bestätigt werden, die Resistenz gegen UV nimmt zuerst zu, dann erst nehmen die Überlebenskurven den Mehrtreffertyp an u. die Resistenz nimmt wieder ab. Auf die großen Unterschiede im Vermehrungsmechanismus der Phagen u. auf die Bedeutung des Widerstands gegen UV als Index wird hingewiesen. (J. Bacteriol. **63.** 59—72. Jan. 1952. Pasadena, Calif., Inst. of Technol.) WIEDEMANN. 4331

J. MacMillan, *Dechlorogriseofulvin. — Ein Stoffwechselprodukt von Penicillium griseofulvum Dierckx und Penicillium Janczewskii Zal.* Aus den Chloroformextrakten der Kulturfiltrate (nicht der Mycelien!) der genannten Pilze konnte neben dem *Griseofulvin* (I) (BRIAN, CURTIS u. HEMMING, Trans. Brit. mycol. Soc. **32.** [1949.] 30) ein 2. „*Kräuselungsfaktor*" (curling factor, wegen der biol. Wrkg. auf die Hyphenentw. von *Botrytis allii* u. anderen Pilzen) krist. isoliert werden: *Dechlorogriseofulvin* (II), $C_{17}H_{18}O_6$, F. 179—181°, $[\alpha]_D^{19}$ +390° (c = 1,0 in Aceton). — *Tetrahydrodechlorogriseofulvin,* $C_{17}H_{22}O_6$, F. 222°, aus I durch reduktive Entchlorierung oder aus II durch PtO_2/H_2. Weitere Abbaustudien machen nebenst. Formeln wahrscheinlich. Biol. ist II 125mal schwächer wirksam als I. (Chem. and Ind. **1951.** 719. 25/8. Welwyn, Herts, I. C. I. Ltd., Butterwick Res. Labors.) GIBIAN. 4340

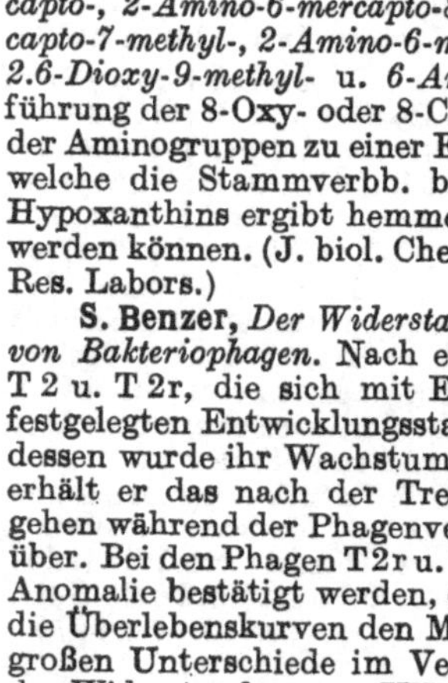

I R = Cl
II R = H

Richard J. Hickey und **Phil Harter Hidy,** *Kristallines Fradicin.* Vorläufige Mitt. über ein neues krist. Antibioticum *Fradicin* aus *Streptomyces fradiae. Krist. Fradicin,* eine schwache Base, isoliert aus Fermentations-Fll. von *Streptomyces fradiae,* besitzt antifungicide Wrkg. bei p_H 7,0 u. höher.

V e r s u c h e : *Krist. Fradicin* (I), $C_{30}H_{34}N_4O_4$ (gefundenes Mol.-Gew. 500), besitzt keinen scharfen F. Verfärbung zwischen 180—300°; $[\alpha]_D^{25}$ 65° (c = 1,0, Dioxan) 2 Methoxygruppen, Alkalischmelze zeigt Pyrrol-Rk., 6 Maxima im UV-Spektr. zwischen 240 u. 340 mμ. Als schwache Base Bldg. eines Hydrochlorids (Nadeln). Löslichkeit von I: in Methanol u. A. weniger als 0,05 mg/cm³; größer in Dioxan, chlorierten KW-stoffen u. Propylenglykol; unlösl. in PAe., Cyclohexan u. Xylol. Demonstration der antifungiciden Wrkg. bei Test mit Agarverdünnungen bei p_H 7,3 mit 9 Tage Incubation gegen Candida albicans 2—4 (γ/cm³), Cryptococcus neoformans 2—4, Microsporum canis 1—3, Trichophyton mentagrophytes 3—5, Microsporum gypseum 3—10, Histoplasma capsulatum 1—3. Toxizität bei intraperitonealer Injektion bei Mäusen. DL_{50}: 4 mg/kg. (Science [Washington] **113.** 361—62. 30/3. 1951. Terre Haute, India, Commercial Solvents Corp., Dep. of Res. and Development.) BRATFISCH. 4340

Peter Byrd Smith und **Arthur L. Pollard**, *Chromatographische Methoden bei der Untersuchung eines Polysaccharids.* Aus *Leuconostoc mesenteroides* wurde ein Polysaccharid gewonnen u. mittels 2,5%ig. H_2SO_4 bei 80° hydrolysiert. Vff. arbeiteten ein Verf. zur Chromatographie derartiger Hydrolysate aus. Mit Phenol–W. (4 : 1) oder Butanol–Pyridin–W. (3 : 2 : 1,5) als Lösungssyst. wurde das Chromatogramm auf Filterpapier entwickelt. Die üblichen Sprühreagentien erwiesen sich als ungeeignet. Deshalb wurden die Streifen in 20 Segmente geschnitten, diese mit dest. W. ausgelaugt, die Lsg. durch Filterpapier filtriert u. im Filtrat die Kohlenhydrate mit Anthronreagens sowie die Uronsäuren mit Naphthoresorcin nachgewiesen. (J. Bacteriol. **63.** 129—32. Jan. 1952. Knoxville, Tenn., Univ., Dep. of Bact.) WIEDEMANN. 4350

Marvin L. Weil, Joel. Warren, Sydney S. Breese jr., Sudie B. Russ und **Helen Jeffries**, *Trennung des Encephalomyocarditis-Virus von Gewebe-Komponenten durch Protaminfällung und enzymatische Verdauung.* Zur Isolierung von Encephalomyocarditisvirus I aus Mäusegehirn werden die Gewebetrümmer durch Fällung mit Protaminsulfat in dest. W. u. Verdauung mittels Trypsin, Ribonuclease, Desoxyribonuclease oder Chymotrypsin u. Papain entfernt. Anschließend wird das Virus ultrazentrifugiert. Durch die Reinigung wird eine Virusaktivität entsprechend $10^{15,2}$—$10^{25,9}$ DL_{50} je g N erreicht gegenüber $10^{12,1}$ im Rohextrakt. Die Virusteilchen zeigen in der Ultrazentrifuge eine Sedimentationskonstante von 151 S, im Elektronenmikroskop einen Durchmesser von $38,1 \pm 2,4$ mμ einzelnliegend bzw. von $27,0 \pm 2,0$ mμ in Gruppen. Daneben treten kleinere Teilchen mit einer Sedimentationskonstanten von 56 S u. einem Durchmesser von 18,5 mμ auf, die als n. Komponenten des Mäusehirns betrachtet werden. Die größeren Teilchen wurden nur in infizierten Präpp. gefunden. (J. Bacteriol. **63.** 99—105. Jan. 1952. Washington, Army Med. Service Graduate School, Dep. of Virus and Rickettsial Diseases. WIEDEMANN. 4374

E_4. Pflanzenchemie. Pflanzenphysiologie. Pflanzenpathologie.

Robert Dupéron, *Einfluß der Vernalisation auf den Stoffwechsel.* (Vgl. C. **1953.** 4224.) Der spezif. Mechanismus der Vernalisation ist nach Ansicht des Vf. im hormonalen Syst. zu suchen. (Rev. gén. Bot **160.** 90—122. Febr. 1953.) PATZSCH. 4404

F. M. Turell, Marcella Chervenak und **A. P. Vanselow**, *Anorganische Bestandteile des Exsudates von mit elementarem Schwefelstaub behandelten Eurekalemonen.* Das bei 105° F gewonnen Exsudat von reifen Eurekalemonen zeigte bei mit *S*-Staub behandelten Früchten einen erhöhten Geh. an anorgan. Bestandteilen, verursacht durch stark erhöhte *K*-Ausscheidung. Während auch der *Fe*-Geh. höher war, lagen die Werte für *Ca, Mg, Na,* SO_4, PO_4 u. *Cl* nach *S*-Bestäubung etwas niedriger. — 50 Literaturangaben. (Amer. J. Bot. **39.** 693—99. Dez. 1952. Riverside, Calif., Univ., Citrus Exp. Stat.) KRUSEN. 4410

Kiichiro Sugino und **Tsutomu Ishikawa**, *Über das Pektin von Natsumikan (Citrus aurantium L. subsp. Natsudaidai).* 1. Mitt. *Isolierung.* Die weiße Innenschicht (Albedo) u. die inneren Häute von Natsumikan wurden mit sd. W. behandelt u. das *Pektin* mit heißer 0,5%ig. $(NH_4)_2CO_3$-Lsg. aus beiden isoliert. Die Ausbeute an Pektin aus der Albedo war 9—14%, aus den Häuten 16—20%, die an wasserfreien *Bromsäuren* (**I**) jeweils 30—45%. Der Uronsäuregeh. des Pektins aus beiden Anteilen ist relativ hoch (60—70%). (J. chem. Soc. Japan, pure Chem. Sect. [Nippon Kagaku Zassi] **73.** 507—10. Juli 1952. Tokyo, TH. [Orig.: japan.]) SCHULER. 4420

V. Wallace und **J. W. Porter**, *Phytofluen.* (Vgl. PORTER u. LINCOLN, C. **1951.** I. 1392.) Die Extraktion u. Reinigung dieser Substanz aus Tomaten, die 15—30 μg je g enthielten, wird beschrieben. Mit der angewandten Arbeitsweise wurden Präpp. erhalten, deren Reinheit ca. 25% höher ist als bei den von ZECHMEISTER u. SANDOVAL (vgl. C. **1947.** 1282 u. früher) dargestellten. Die Lichtabsorption beim Maximum der längeren Wellen entspricht dem durch Extrapolation der für ζ- u. δ-Carotin, Tetrahydrolycopin u. Lycopin erhaltenen Werte. Die durchgeführten Analysen ergeben die Ggw. von 2-Isopropylidengruppen im Phytofluenmolekül. Es wird angenommen, daß diese Verb. im Gegensatz zu den Ergebnissen der genannten Autoren die Struktur einer offenen Kette aufweist, die dem in der Natur vorkommenden ζ-Carotin nahe verwandt ist. (Arch. Biochem. Biophysics **36.** 468—72. April 1952. Lafayette, Univ., Dep. of Agricult. Chem.) SCHWAIBOLD. 4420

Stewart A. Brown und **Richard U. Byerrum**, *Über den Ursprung des Methyl-C-Atoms des von Nicotiana rustica L. gebildeten Nicotins.* 6 Zoll großen Pflanzen von *Nicotiana rustica* wurde über die Nährlsg. ^{14}C-Methionin verabreicht. Anschließend wurde das Nicotin der Pflanze isoliert, dieses nach HERZIG u. MEYER (M. Chem. **15.** [1894.] 613) abgebaut u. die Methylgruppe des Nicotins als Trimethylammoniumjodid (**II**) isoliert.

Von den so erhaltenen Verbb., Nicotinpikrat (I) u. II wurde die Radioaktivität bestimmt. Dabei ergab sich, daß die gesamte Radioaktivität von I sich bei II wiederfindet, mithin die Aktivität in der Methylgruppe des Nicotins vorgelegen hat. Bei Verabreichung einer dem ^{14}C-Methionin äquivalenten Menge ^{14}C-Formiat lag die Radioaktivität bei I u. II um eine Zehnerpotenz niedriger. Danach ist es unwahrscheinlich, daß die Transmethylierung des Methionins über die Stufe des Formiats verläuft. (J. Amer. chem. Soc. **74**. 1523—26. 20/3. 1952. East Lansing, Kedzie chem. Labor., Michigan State Coll.)

NEZEL. 4460

Kenneth V. Thimann, Yvette H. Edmondson und **Babette S. Radner**, *Die Biogenese der Anthocyanine*. 3. Mitt. *Die Rolle der Zucker bei der Anthocyaninbildung*. (2. vgl. C. **1951**. I. 874.) Bei wachsenden Spirodelakulturen fördern Saccharose u. in geringem Maße Fructose die *Anthocyanin* (I)-Bldg.; Glucose wirkt dagegen, wie in geringerem Maße auch Fructose, wachstumsfördernd. — Bei nicht wachsenden Kulturen jedoch wirken alle 3 Zucker gleich stark fördernd auf die Farbstoffproduktion. — Der I-Geh. geht einigermaßen parallel dem Geh. an reduzierenden Zuckern in den Pflanzen. Variationen des Saccharosegeh. sind gering u. von der I-Konz. unabhängig. Hiernach scheint I unabhängig von den Zuckern gebildet u. Glucose vor allem für das Wachstum verbraucht zu werden. Da Phosphat verschied. Konz. u. verschied. Zwischenprodd. der Glykolyse I nicht beeinflussen, scheint eine allfällige Verwendung der Zucker für die Bldg. von I nicht über den üblichen glykolyt. Weg zu gehen. *Mesoinosit* (nicht Chinasäure noch auch Shikininsäure) scheint dagegen (doch auch wieder unabhängig vom Phosphat) an der Biogenese der I teilzunehmen. (Arch. Biochem. Biophysics **34**. 305—23. Dez. 1951. Cambridge, Mass., Harvard Univ., Biol. Labor.) GIBIAN. 4460

P. A. Wlassjuk und **S. M. Klimowitzkaja**, *Der Einfluß des Ernährungssystems auf die agrophysiologischen Besonderheiten der Komponenten von Grasgemenge.* Bei den Kleearten wird Energie in Form von Protein gespeichert, bei den Gräsern in Form von Zuckern. Die Blätter des Rotklees zeichnen sich durch eine hohe Aktivität der Polyphenoloxydase aus, während diese in den Blättern von Luzerne u. Raygras nicht in Erscheinung tritt. Die Anhäufung von *Chlorophyll* (I) ist in Kleeblättern am stärksten, in den Blättern von Raygras am geringsten. Bei der Luzerne enthalten die Blätter am Anfang der Vegetation nur wenig I. Nach dem 1. Schnitt erhöht sich der Geh. an I. Die Erhöhung des I-Geh. in den Blättern von Klee u. Luzerne tritt bes. stark bei Anwendung geteilter Gaben organomineral. Düngemittel ein. (Доклады Всесоюзной ордена Ленина Академии Сельскохозяйственных Наук имени В. И. Ленина [Ber. Allunions landwirtsch. (Lenin-Orden) Lenin-Akad.] **17**. Nr. 5. 20—23. Mai 1952. Inst. für Pflanzenphysiol. u. Agrikulturchem. der Akad. der Wiss. der UkrSSR.) A. JACOB. 4460

E₅. Tierchemie. Tierphysiologie, Tierpathologie.

N. Škarica, *Gewinnung und Abmessung des Plasmas aus ganz geringen Mengen Capillarblut.* Beschreibung eines einfachen, aus einer graduierten Capillarpipette u. einem Reservoir zur Aufnahme der Blutkörperchen bestehenden Geräts, mit dem aus ca. 0,1—0,2 cm³ Gesamtblut das Plasma in einer zur volumetr. Abmessung geeigneten Form gewonnen werden kann. Hinweis auf die Verwendungsmöglichkeit des Geräts für andere mikrochem. Zwecke. (Mikrochem. verein. Mikrochim. Acta **39**. 336—38. 1952. Zagreb, Univ., Inst. für Chem. der tierärztl. Fak.) K. MAIER. 4500

W. Eger und **H. Ottensmeier**, *Die Glykogendarstellung und Glykogenablagerung in der Leber, untersucht mit dem nativen Gefrierschnittverfahren.* Vff. empfehlen zur Darst. des Leberglykogens das native Gefrierschnittverf. u. die Anfärbung nach BAUER. Das sogenannte „Randphänomen", das bei anderen Darstellungsverff. als eine Anhäufung des *Glykogens* (I) in den Randzonen auftritt u. das auf zentralen, postmortalen I-Abbau zurückgeführt wird, tritt bei der Gefrierschnittmeth. nicht auf. Vff. konnten mit dieser Meth. zeigen, daß bei geringem bis mittlerem I-Geh. der Leber dieses das Plasma gleichmäßig durchsetzt („Glykogenschleier"), bei stärkerem I-Geh. dichte Ablagerung („Glykogenwolke") erfolgt. Der Schwellenwert wurde zu 0,15% ermittelt. (Virchow's Arch. pathol. Anatom. Physiol. klin. Med. **322**. 175—86. 1952. Göttingen, Univ., Pathol. Inst.)

KRUSEN. 4520

Hans Wohnlich, *Mucine der menschlichen Epidermis, ihre Abtrennung von Glykogen.* Durch Eintauchen von Hand u. Unterarm in W. oder 2%ig. NaCl-Lsg. wird aus der lebenden Epidermis ein Stoff gelöst, der durch Einengen der Waschlsg., Kochen mit Alkali, Fällung mit A. u. HCl-Hydrolyse näher untersucht wurde. BERTRANDsche Probe, VAN SLYKE- u. PAULY-Rk. positiv. Osazonprobe ergab Nadeln analog dem Glucosazon. Der unbehandelte Bodensatz der Waschlsg. zeigte mit J die für *Glykogen* typ. Braunrotfärbung. Er zeigte nach Behandlung mit Speichel starkes Reduktionsvermögen. Die Probe nach MOLISCH zeigt am Boden des Reagensglases einen smaragdgrünen Ring, der der *Glucuronsäure* zuzuschreiben ist, was berechtigt erscheint, da auch die Phloroglucinprobe positiv ausfiel. Der darüber befindliche gelbgrüne Ring rührt wohl von *Milchsäure* her (Kontrollvers. mit authent. Milchsäure). Glykogen bzw. Glucose wurde an dem gelbrot-violetten Ring erkannt. Die EHRLICHsche Aldehydprobe fiel schon nach gelindem Erwärmen ohne Alkalizusatz positiv aus u. ist für *Glucosamin* typisch. Somit tritt die Substanz in nahe Beziehung zum Submaxillarisdrüsenmucin. Anschließend wurden für Bodensatz u. überstehende Fl. nach Behandlung mit Speichel bzw. Hyaluronidase die Extinktionen gemessen. Die Ergebnisse mit Einschluß des positiven Nachw. gebundener H_2SO_4 zeigen, daß es sich bei den aus der Haut auswaschbaren Substanzen um Mucopolysaccharide handelt, deren prakt. Bedeutung im Hinblick auf die sogenannte Wäscherinnenhaut diskutiert wird. (Biochem. Z. **322.** 76—84. 1951. München.) LOCH. 4520

L. Seidler, *Untersuchungen über die Zusammensetzung des Ziegencolostrums.* Bericht über die Zus. (Säuregrad, spezif. Gewicht sowie Geh. an Asche, Trockensubstanz, Fett, Eiweiß, Milchzucker, Chlor u. Eisen) des Colostrums von 4 im Alter von 2—5 Jahren stehenden Ziegen u. Vgl. mit der Zus. der während der 6 auf das Lammen folgenden Monate anfallenden Milch. (Milchwissenschaft **6.** 236—39. Juli 1951. Halle-Wittenberg, Martin-Luther-Univ., Inst. für Tierernährung u. Milchwirtschaft.) WINIKER. 4555

Paolo Larizza und **Giuseppe Chirico,** *Morphologische und funktionelle Änderungen der Keimdrüsen und der Hypophyse beim erwachsenen Meerschweinchen durch hohe Dosen Androstendiol.* 1. Mitt. Längere Gaben von starken Dosen (insgesamt 180—600 mg) von *Androstendioldipropionat* rufen gewöhnlich mehr oder weniger starke Veränderungen im histolog. Bild des Ovars hervor. Dabei handelt es sich hauptsächlich um degenerative Erscheinungen der Follikel, wie starke Cystenbldg. u. Hypoplasie der interstitiellen Elemente. (Arch. Scienze med. **94.** (**77.**) 97—108. Aug. 1952. Pavia, Univ., Ist. di Clin. Med. Generale e Terap. Med.) H. SCHEURLEN. 4559

Paolo Larizza und **Giuseppe Chirico,** *Morphologische und funktionelle Änderungen der Keimdrüsen und der Hypophyse beim erwachsenen Meerschweinchen durch hohe Dosen Androstendiol.* 2. Mitt. (1. vgl. vorst. Ref.) Parenterale Gaben von *Androstendioldipropionat* (insgesamt 500—1000 mg) rufen beim Meerschweinchen bei längerer Dauer eine starke Änderung der Struktur u. der Morphologie der Testikel hervor (Atrophie der Tubuli u. Blockierung der Spermatogenese), wobei vermutlich die Hypophyse ein Zwischenglied in dem Wirkungsmechanismus darstellt. (Arch. Scienze med. **94.** (77.) 109—15. Aug. 1952. Pavia, Univ., Ist. di Clin. Med. Generale e Terap. Med.) H. SCHEURLEN. 4559

Etienne Wolff und **Katy Haffen,** *Über die in vitro-Kultur der Geschlechtsdrüsen der Vögelembryonen: Erlangung der normalen sexuellen Differenzierung und der experimentellen Intersexualität der exstirpierten Keimdrüsen.* Verss. mit Gewebskulturen, in denen die in morpholog. undifferenziertem Zustand exstirpierten Genitaldrüsen des Entenembryos in vitro sexuell differenziert wurden, so daß sie sich entweder zu Ovarien oder zu Testikeln entwickelten. Parabiose oder Zusatz von *Östradiolbenzoat* in öliger Lsg. zur Kultur führte zu Intersexualität bei genet. ♂ Gonaden. (C. R. hebd. Séances Acad. Sci. **233.** 439—41. 30/7. 1951.) VINCKE. 4559

Louis Gallien, *Wirkung des Testosteronpropionats bei der Geschlechtsdifferenzierung von Discoglossus pictus Otth.* 4 Gruppen zu je 30 Larven von *Discoglossus pictus* wurden in W. gehalten, das 2, 10, 500 bzw. 2000 γ *Testosteronpropionat* (**I**)/Liter Bad-Fl. enthielt. 2 andere Gruppen zu 40 bzw. 30 Tieren erhielten während des Larvenstadiums je 70 bzw. 200 γ **I** in öliger Lsg. appliziert. — Es wurde gefunden, daß **I** die Geschlechtsdifferenzierung nicht änderte. Bei den genet. ♂ Tieren hatte **I** in sehr hohen Dosen sogar eine schwach feminierende Wirkung. (C. R. hebd. Séances Acad. Sci. **230.** 2122—23. 12/6. 1950.) VINCKE. 4559

Edward H. Frieden und **Frederick L. Hisaw,** *Der Mechanismus von Änderungen der Proteine der Meerschweinchensymphyse bei der Symphysenerweiterung während der Trächtigkeit.* Aus Verss. an 13 Meerschweinchen schließen Vff., daß sich unter den Bindegewebsproteinen der Symphyse trächtiger Meerschweinchen ebenso vermehrte Empfindlichkeit der Kollagensubstanzen gegen Trypsin u. Alkali zeigt, wie es von Vff. früher (Endocrinology **48.** [1951.] 88) bei mit *Relaxin* u. *Östrogen* behandelten Tieren beobachtet wurde. (Endocrinology **49.** 419—22. Sept. 1951. Cambridge, Mass., Harvard Univ., Biol. Labors.) VINCKE. 4559

F. v. Mikulicz-Radecki, *Die Anwendung des androgenen Hormons bei gynäkologischen Erkrankungen.* Überblick über das Vork. u. die Wrkg. von *Androgenen* bei der Frau u. über die therapeut. Anwendungsmöglichkeiten bei gynäkolog. Erkrankungen. (Die Medizinische **1952.** 1249—53. 4/10. Flensburg.) H.-J. KOCH. 4559

Alulah Taibel und **Franco Ghiara**, *Auftreten gewisser Eigenschaften an den Gonaden eines Hahns der Sorte weißes Leghorn nach Behandlung mit synthetischem Östrogen (Diäthylstilböstrol).* Die Gabe von synthet. Östrogen an sexuell unreife u. reife Hähne führte zu merklicher Hemmung der spermiogenet. Aktivität, vor allem tritt eine starke Verfettung auf. (Ann. Spermentaz. agrar. [N. S.] **5.** 895—900. 1951. Rovigo.) GRIMME. 4559

Jean Vivien, *Einfluß der frühzeitigen Kastration und der Bestrahlung mit Röntgenstrahlen auf die Differenzierung der sekundären Geschlechtsmerkmale bei Xiphophoren.* Bei frühzeitiger Kastration werden bei beiden Geschlechtern dieser Fische die sek. Geschlechtsmerkmale nicht ausgebildet, wohl aber noch nach Bestrahlung mit Röntgenstrahlen bis zu 8000 r. Durch diese werden nur die Spermien, nicht aber das interstitielle Gewebe, geschädigt. Daher ist anzunehmen, daß in diesem die zur Differenzierung nötigen Stoffe gebildet werden. (C. R. hebd. Séances Acad. Sci. **234.** 2394—95. 9/6. 1952.) GERBER. 4559

A. Kment und **A. Halama**, *Ergebnisse der hormonalen Kastration weiblicher Schweine mit Stilböstrolpräparaten.* Die besten Erfolge bei der hormonalen Kastration von Schweinen wurden mit *Stilböstrol* (I)-Kristallsuspension (Depotöstrogen HOLZINGER; einmalige subcutane Injektion von 25 mg bei 40—70 kg Körpergewicht) erzielt. Es wurde ein prakt. 100%ig. Ausbleiben der Brunst erreicht, nur 5% der Tiere zeigten höchstens 3 Tage dauernde schwache Unruheerscheinungen. Nahrungsaufnahme, Futterverwertung u. Gewichtszunahme waren gut. Gute Erfolge wurden auch mit I-Kohle- bzw. I-$Al(OH)_3$-Adsorbat erzielt. Der Erfolg ist unabhängig vom Zeitpunkt der Applikation. (Wiener tierärztl. Mschr. **39.** 521—26. Sept. 1952. Wien, Tierärztl. Hochsch., Physiol. Inst.) H.-J. KOCH. 4559

Franz Zehetner, *Die Wirkung von Retalon-Stäbchen auf die Brunst des Schweines.* Nach intraglutäaler Implantation von *Retalon* (I; 3.4-*Bis-[p-propionoxyphenyl]-hexan*; SANABO, Wien) tritt keine Abstoßung oder Verkapselung auf. Implantation von 25 mg I hat die Wrkg. einer hormonalen Kastration, die Mastfähigkeit ist der eines operativ kastrierten Schweines gleich. 3 Tage nach der Implantation tritt Brunst (5—6 Tage) auf, dann folgte Brunstlosigkeit bis zur Schlachtung (bis zu 8 Monaten). Bei 12,5 mg I ist der Erfolg nicht immer zufriedenstellend. Implantation von 8 mg I zur Erzeugung der Brunst führt teilweise zur Trächtigkeit nach dem Belegen, doch tritt meist verschieden lange Brunstlosigkeit auf. Der Zeitpunkt der Implantation spielt für die hormonale Kastration keine Rolle, gesundheitliche Schädigungen wurden nicht festgestellt. (Wiener tierärztl. Mschr. **39.** 526—39. Sept. 1952. Wien, Tierärztl. Hochsch., Lehrkanzel für Geburtshilfe u. Gynäkol.) H.-J. KOCH. 4559

W. Bielański und **Z. Ewy**, *Untersuchungen über die Beziehung zwischen dem Gehalt an östrogenen Hormonen im Harn und dem Reproduktionswert von Hengsten.* Versuchstiere waren 112 Hengste, die verschied. Rassen angehörten, 3—23 Jahre alt u. unter gleichen Bedingungen gehalten. Die Unters. erstreckte sich auf Harn u. Spermatozoen. Die mit dem Harn ausgeschiedenen *östrogenen Hormone* (I) wurden biol. bestimmt (vgl. JASTRZEBSKI, Weterynaria współczesna **5**, [1938], 132), das Vol. des Ejakulats in cm^3 gemessen u. die Konz. an Spermatozoen ermittelt, um die Beziehung zwischen jenen u. ihrer Morphologie festzustellen. Es zeigte sich, daß im Harn verschied. Mengen I enthalten sind. Ihr Geh. ist im Harn junger u. mittlerer Hengste größer u. nimmt mit zunehmendem Alter ab. Der I-Geh. besitzt keinen Einfl. auf das Vol. der Samen-Fl. sowie auf Konz. u. Beweglichkeit der Spermatozoen. Die sek. morpholog. Eigg. nehmen mit abnehmender I-Menge im Harn zu. Auf die Libido ergab sich keine merkliche Wrkg. des I-Gehalts. (Roczniki Nauk rolniczych [Polish agric. Annu.] **56.** 81—90. 1951. Kraków, Zootechn. Inst.) FREYTAG. 4559

Federico L. Schweitzer, *Unterscheidung gonadotroper Hormone durch vergleichende Auswertung an der Ratte und Kröte.* Beschreibung einer Meth., bei der *Gonadotropine* (I) verschied. Herkunft vergleichend an der infantilen ♀ Ratte (Best. des Ovargewichtes) u. an der ausgewachsenen ♂ Kröte (*Bufo arenarsum* HENSEL) im GALLI-MAININI-Test ausgewertet wurden. Aufstellung einer *Kröteneinheit* (K.E.), die als die Menge akt. Substanz definiert wird, welche innerhalb von 24 Std. bei $^2/_3$ der Tiere eine positive Rk. erzeugt. Diskussion der Befunde bei I aus Hypophyse, Serum u. Placenta trächtiger Stuten, Hypophyse u. Serum von Pferd u. Rind sowie Urin u. Plasma von Schwangeren. Eine K.E. entspricht z. B. bei I aus Serum trächtiger Stuten 150 I.E. u. bei I aus Schwangerenharn 38 I.E. (Z. Vitamin-, Hormon- u. Fermentforsch. **4.** 428—49. 1951. Buenos Aires, Labor. UNIFA S.A.) VINCKE. 4559

Harald Obertse-Lehn, *Zur Methodik der Östrogen-Bestimmung.* Diskussion der gebräuchlichen Verfahren. — 58 Literaturangaben. (Zbl. Haut- u. Geschlechtskrankh. Grenzgebiete **80.** 1—8. Aug. 1952. Kiel, Univ., Hautklinik.) KRUSEN. 4559

Josephine B. Garst, Joseph F. Nyc, Dorothy M. Maron und **Harry B. Friedgood**, *Quantitative fluorimetrische Methode zur Bestimmung der natürlichen Östrogene.* Die eingehend beschriebene Meth. beruht auf der Bldg. von fluorescierenden Substanzen (*Phthaleinen*) bei der Kondensation der phenol. Steroide mit Phthalsäureanhydrid in Ggw. von $ZnCl_2$ als Katalysator. Die Fluorescenz wird in Methanol-Eisessig als Lösungsm. gemessen. Es werden die linear verlaufenden Eichkurven für *Östriol* (bis 8 γ), *Östron* (bis 5 γ) u. *Östradiol* (bis 5 γ) wiedergegeben. — Weiter wurde gefunden, daß auch einige nichtphenol. Steroide (Androsteron, Dehydroisoandrosteron u. Cholesterin) bei der beschriebenen Behandlung fluorescierende Stoffe bilden. Wiedergabe einer linear verlaufenden Eichkurve für Cholesterin (bis 16 γ). (J. biol. Chemistry **186.** 119—27. Sept. 1950. Los Angeles, Calif., Univ. of California, School of Med., Dep. of Med.) VINCKE. 4559

Robert W. Bates und **Herman Cohen,** *Experimentelle Grundlage zur Auswahl der optimalen Bedingungen für die quantitative fluorimetrische Bestimmung von natürlichen Östrogenen.* Ausgedehnte Prüfung des Einflusses von Lösungsm., Schwefelsäurekonz., Temp. u. Erhitzungsdauer auf die Entstehung der Fluoreszenz von natürlichen *Östrogenen* (I). Als Vorschrift wird schließlich angegeben: die 0,1—5 γ I enthaltende Lsg. in 0,1 cm^3 A., Toluol oder wss. Alkali wird mit 1 cm^3 H_2SO_4 (90 Vol.-%) versetzt, 10—20 Min. im Wasserbad bei 80° erhitzt, mit 6 cm^3 65 (Vol.)%iger H_2SO_4 versetzt, gründlich durchgemischt u. die Fluorescenz bei Zimmertemp. (Beachtung der Temp.!) gemessen. Nebenherlaufende Standardlsgg. werden genau in derselben Weise behandelt. — Die Prüfung einer großen Zahl von Substanzen zeigte, daß *α-Östradiol* 83, *β-Östradiol* 94, *Östriol* 34, *β-Dihydroequilenin* 60 u. *Equilin* nur 25% der Fluorescenz derselben Menge Östron aufweisen. Alle Steroide ohne östrogene Wrkg. gaben unter 5% liegende Werte. (Endocrinology **47.** 166—81. Sept. 1950. New Brunswick, N. J., E. R. Sqibb & Sons, Sqibb Inst. Med. Res.) VINCKE. 4559

R. W. Payne, M. S. Raben und **E. B. Astwood,** *Extraktion und Reinigung von Corticotropin.* Ausführliche Beschreibung eines Verf. zur Darst. weitgehend gereinigter *Corticotropin* (*ACTH*, I)-Präpp. von hoher Wirksamkeit. Das Verf. beruht auf der Extraktion von Acetontrockenpulver von Schweinehypophysenvorderlappen mit Eisessig bei 70°, Ausfällung von Ballaststoffen durch Zusatz des halben Vol. Aceton u. des Wirkstoffes durch Versetzen des Filtrats mit demselben Vol. Äther. Das so erhaltene wasserlösl. Pulver (11—15% des Ausgangsmaterials) besaß eine 5fach gesteigerte Wirksamkeit u. enthielt außer Spuren *Prolactin* keine anderen Hypophysenvorderlappenhormone mehr. Adsorption der Lsg. in 0,1 n Essigsäure an gepulverter Cellulose u. Elution mit 0,1 n HCl ergab eine weitere 10fache Steigerung der Wirksamkeit. Durch Anwendung des Gegenstromverf. nach CRAIG konnten aus Lsgg. dieser Fraktion in Ggw. von Pikrinsäure, Benzolsulfonsäure bzw. Sulfosalicylsäure Chargen mit einer gegenüber dem Ausgangsmaterial 150—200fach stärkeren Wirksamkeit erhalten werden. Auswertung an hypophysektomierten Ratten im Ascorbinsäuretest nach SAYERS u. Mitarbeitern (Endocrinology **42.** [1948.] 379). Das verwendete Acetontrockenpulver besaß in diesem Test ca. 40% der Wirksamkeit des benutzten Standardpräp. von ARMOUR, so daß die Endprodd. ca. 80mal stärker wirksam waren. — Nach Vff. ist es unwahrscheinlich, daß das von LI u. Mitarbeitern sowie SAYERS u. Mitarbeitern beschriebene Protein reines I darstellt. (J. biol. Chemistry **187.** 719—31. Dez. 1950. Boston, New England Center Hosp., u. Tufts Coll. Med. School, Dep. of Med.) VINCKE. 4560

Sati Eser und **Umran Sipahioglu,** *Wirkung der Hypophysenhinterlappenextrakte auf das System Hypophysenvorderlappen–Nebennierenrinde.* Aus Verss. an n., nebennierenlosen bzw. hypophysektomierten Ratten schließen Vff., daß *Hypophysenhinterlappenextrakte* selbst in sehr kleinen Dosen eine Verminderung der Zahl der eosinophilen Zellen des Blutes hervorrufen. Diese Wrkg. ist nach ihnen wahrscheinlich auf das *Pitressin* (*Vasopressin*) zurückzuführen u. kommt durch Vermittlung des Syst. Hypophyse–Nebennierenrinde zustande. Das Nebennierenmark spielt, wie aus Verss. an nebennierenmarklosen Tieren geschlossen wird, hierbei keine Rolle. (Semaine Hôpitaux Paris **27.** 3570—74. 2/12. 1951. Istanbul, Univ., Inst. de Physiopathol.) VINCKE. 4560

J. F. Morrison, A. H. Ennor, P. L. Bazeley und **J. H. Thayer,** *Antigene Eigenschaften von Wachstumshormon und adrenocorticotropem Hormon.* Prüfung der Blutseren von Kaninchen, die wiederholt krist. *Wachstumshormon* (I) oder *adrenocorticotropes Hormon* (II) injiziert erhalten hatten. I wurde aus Rinderhypophysenvorderlappen nach WILHELMI u. Mitarbeitern (J. biol. Chemistry **176.** [1948.] 735), II aus Schweinehypophysen nach FISHMAN (J. biol. Chemistry **167.** [1947.] 425) dargestellt. Beide Präpp. waren physiol. akt. u. elektrophoret. homogen. Da die Titration der Seren nach 5 Injektionen in 5tägigen Intervallen in einigen Fällen die Ggw. von Antikörpern (III) anzeigte, wurden die Injektionen über 9 Wochen ausgedehnt; während dieser Zeit wurden in 13 Injektionen Gesamtdosen von 42 mg appliziert. — Die Titration der Seren von mit II behandelten Kaninchen gegen II bzw. rohen Schweinehypophysenextrakt ergab keine fällbaren **III**; es wird geschlossen, daß **II** nicht antigen wirkt. Dagegen zeigten analoge Verss. mit Seren von mit **I** behandelten Tieren, daß krist. **I** anscheinend antigene Eigg. hat. (Nature [London] **169.** 28—29. 5/1. 1952. Canberra, Austral. Nat. Univ., School of Med. Res., Dep. of Biochem., u. Parkville, Vict., Commonwealth Serum Labors.) VINCKE. 4560

P. Crepax und **G. Moggian,** *Die Wirkung der gonadotropen Hypophysenhormone auf ihre Erfolgsorgane in Beziehung zu den hormonantagonistischen Eigenschaften des p-Oxypropiophenons.* ♀ weiße Ratten wurden mit *p-Oxypropiophenon* (**I**) behandelt, wobei das Gewicht der Schilddrüse gering anstieg. Unter *Methylthiouracil* (**II**) war der Gewichtsanstieg stärker. Kombination beider Substanzen bedingte einen noch stärkeren Gewichtszuwachs. Histolog. fanden sich keine Unterschiede der Wrkg. von **I** gegenüber der von **II**. Gewichtszunahme der Hypophyse geringer, Ovarien ohne sichere Gewichtsveränderung, desgl. Nebennieren. **I** mit oder ohne Gaben von thyreotropem Hormon rief keine sicheren Gewichtsveränderungen an der Schilddrüse hervor (Verss. an Meerschweinchen). — Um den Einfl. des **I** auf die gonadotrope Wrkg. der Hypophyse zu prüfen, erhielten ♂ kastrierte Ratten **I** über mehrere Tage. Nach ihrer Tötung wurde ein Hypophysenextrakt hergestellt u. unreifen ♀ Ratten injiziert. Auffallend war hier, daß dabei schon nach Injektion n. Hypophysenextraktes eine deutliche Gewichtszunahme der Hypophyse sowie der Ovarien u. des Uterus festgestellt werden konnte, die nahezu ebenso groß war, wie die nach Injektion von mit Extrakten behandelter Tiere; bei diesen konnte keine abweichende Wrkg. der Vorbehandlung mit **I** beobachtet werden. In weiteren Verss. wurde die Wrkg. von **I** zusammen mit Gonadotropin aus Chorion u. Serum geprüft. Bei weiblichen jugendlichen Kaninchen konnte bei Kombination beider Substanzen, wie auch bei getrennter Verabfolgung, eine Vergrößerung von Uterus u. Ovarien beobachtet werden. Die Ovarien zeigten starke Hyperämie u. vermehrte Corpus luteum-Effekte. An jugendlichen ♀ Ratten wurde der östrogene Effekt des **I** durch das Uterus- u. Ovariengewicht geprüft. Unter **I** kam es zu einer der gonadotropen Wrkg. entsprechenden Zunahme, die bei Kombination beider Substanzen nicht stärker ausfiel. **I** verhindert also nicht die gonadotrope Wrkg. des Hypophysenvorderlappens. — Schließlich wurde noch das Verh. des Nebennierengewichts unter **I** nach Vorbehandlung mit Adrenalin (**III**) untersucht. Nach **III** nahmen die Nebennieren deutlich an Gewicht zu. **I** zusätzlich gegeben änderte daran nichts, bedingte höchstens noch eine weitere geringe Gewichtszunahme. — Dem **I** kann nach diesen Verss. keine hemmende Wrkg. auf die gonadotropen Hypophysenhormone zugesprochen werden. (Arch. Scienze biol. **36.** 245—55. Mai/Juni 1952. Bologna, Univ., Ist. di Fis. umana.) P. G. SCHEURLEN. 4560

Bent Korner und **Niels Pape Jepsen,** *Therapie von Psychosen mit Adrenocorticotropin.* Bes. bei akuten Psychosen wurde *ACTH* (40 mg/Tag, 7—10 Tage lang) mit gutem Erfolg angewandt. Zwei Fälle mit Delirien wären ohne diese Behandlung aussichtslos gewesen. Endogene Psychosen konnten dagegen nicht mit ACTH angegangen werden. (Nordisk Med. **47.** 421—23. 28/3. 1952. Copenhagen, Frederiksberg Hosp.) LOCH. 4560

J. A. Turner und **E. A. Morgan,** *Corticotropin (ACTH) in der Behandlung der akuten Laryngotracheitis.* 5 Kinder von 18 Monaten bis 12 Jahren erhielten 15—30 mg *Corticotropin* (**I**). Gegenüber 5 ohne **I** behandelten Kindern bot **I** bei der akuten Laryngotracheitis keine Vorteile. (A. M. A. Amer. J. Diseases Children **83.** 440—45. April 1952. Toronto, Can., Univ. of Toronto, Fac. of Med., Dep. of Pediatr.) BROSEMANN. 4560

Stefan Sobota, *Experimentelle Untersuchungen über die Rolle der Nebenniere bei der Glykogenbildung tiefer Temperatur ausgesetzter Mäuse.* Der *Glykogen* (**I**)-Geh. der Leber steigt bei Mäusen, die bei 2—5° gehalten werden, nach 2—6 Std. an u. sinkt nach 10 Std. unter die Norm. Nach operativer Entfernung der Nebennieren u. Einw. erniedrigter Temp. fehlt die **I**-Zunahme, der Tod tritt bereits nach 4 Std. ein. Die Behandlung adrenoektomierter u. bei 2—5° gehaltener Tiere mit *Cortin, Desoxycorticosteron* oder *Cortison* (**II**) führt zu einer vorübergehend verstärkten **I**-Bldg. u. zu einer Verlängerung der Überlebenszeit. Bes. nach **II** steigt die **I**-Bldg. um 400%. (Poznańskie Towarzystwo Przyjaciół Nauk, Wydział lekarski, Prace Komisji Med. doświadczalnej **9.** Nr. 8. 1—50. 1952. Posen, Med. Akad., I. Innere Klinik.) FISCHOEDER. 4561

Sam J. Piliero, David Landau und **Albert S. Gordon,** *Die Nebenniere und Hämatopoese.* Junge erwachsene ♀ Ratten von 140—170 g Gewicht wurden adrenalektomiert u. mit 1%ig. NaCl-Lsg. als Trink-Fl. erhalten. Das periphere Blut solcher Tiere ist durch das Auftreten einer Anämie gek., die ihr Maximum (20—25% unter der Norm) 2—3 Wochen nach der Adrenalektomie erreicht; Erythrocyten (Er.)- u. Hämoglobinwerte steigen danach wieder an u. erreichen die Norm ca. 8 Wochen nach der Operation. Mit der Anämie geht eine vermehrte Resistenz der Er. gegen hypoton. NaCl-Lsg. einher, die ihr Maximum etwa zur gleichen Zeit wie die Anämie erreicht. Wesentliche Änderungen in der Leukocytenzahl u. dem Differentialblutbild des peripheren Blutes wurden während der Versuchszeit nicht beobachtet. Nach Tötung der Tiere wurden die Knochenmarkszellen (aus Femur + Tibia) gezählt. 2 Wochen nach der Adrenalektomie wurde ein Anstieg des %-Geh. der Granulocyten festgestellt, der auf einer entsprechenden Vermehrung aller myeloischen Elemente beruht. Damit einhergehend wurde eine Verminderung des prozentualen Anteils der kernhaltigen Er.-Elemente beobachtet. — Applikation von 1—2 cm^3 Gesamtnebennierenrindenextrakt/Tag vom Operationstag an verhinderte zwar die Anämie des peripheren Blutes, war jedoch ohne wesentliche Wrkg. auf die Knochenmarkskomponenten. *Cortisonacetat*, in Dosen von 0,5—1,0 mg/Tag, brachte jedoch teilweise das Zellbild des Knochenmarks zur Norm zurück. Die stärksten Abnahmen erfolgten unter dem Einfl. dieses Hormons bei den eosinophilen u. jungen neutrophilen Zellen, mit gleichzeitiger Zunahme des prozentualen Anteils an reifen neutrophilen Formen. — Das Knochenmark der adrenalektomierten Ratte ist also durch vermehrten prozentualen Geh. an myeloischen Elementen, verbunden mit erhöhten Werten für eosinophile u. junge neutrophile Formen, im Sinne eines leukäm. Zustandes charakterisiert. (Science [New York] **112**. 559—60. 10/11. 1950. New York, N. Y., Univ., Washington Square Coll. of Arts and Sci., Dep. of Biol.) VINCKE. 4561

Franz Halberg, *Einige Beziehungen zwischen chemischer Struktur und maximaler Eosinopenie bei adrenalektomierten und hypophysektomierten Mäusen.* Vf. untersuchte 18 Steroide [*Δ^4-Pregnen-11β.17α.21-triol-3.20-dion* [++] (*17-Oxycorticosteron*), *Δ^4-Pregnen-17α.21-diol-3.11.20-trion* [++] (*11-Dehydro-17-oxycorticosteron, Cortison*), *$\Delta^{4.6}$-Pregnadien-17α.21-diol-3.11.20-trion* [+] (*$\Delta^{5.6}$-Dehydrocortison*), *Δ^4-Pregnen-11β.21-diol-3.20-dion* [+] (*Corticosteron*), *Δ^4-Pregnen-21-ol-3.11.20-trion* [+] (*11-Dehydrocorticosteron*), *Homo-(ω)-4-pregnen-17α.20.21.22-tetrol-3-on*, *Δ^4-Pregnen-17α.21-diol-3.20-dion* (*17-Oxy-11-desoxycorticosteron*), *Δ^4-Pregnen-17α.20β.21-triol-3-on*, *Δ^4-Pregnen-17β.20β.21-triol-3-on*, *Δ^4-Pregnen-21-ol-3.20-dion* (*Desoxycorticosteron*), *Δ^4-Pregnen-17α-ol-3.20-dion* (*17α-Oxyprogesteron*), *Δ^4-Pregnen-17α.20-diol-20-on*, *$\Delta^{5.21}$-Acetoxypregnen-3β.ol-20-on*, *Allopregnan-21-ol-3.20-dion*, *Pregnan-21-ol-3.20-dion*, *Δ^4-Androsten-17α-ol-3-on-17-propionat* (*Testosteronpropionat*) u. *17-Methyl-Δ^4-androsten-17α-ol-3-on* (*Methyltestosteron*)] bzgl. ihrer Wrkg. auf das Hervorrufen von maximaler Eosinopenie (ME; das Absinken der Zahl der Eosinophilen auf 90% des n. Wertes). Bei den ersten 5 der genannten Verbb. wurde nach 10 Std. [+] bzw. noch nach 24 Std. [++] ME festgestellt. Danach ist das Auftreten von ME an folgende Strukturen gebunden: 21 C-Atome im Mol.; prim. OH-Gruppe in der Seitenkette vicinal zu einem Carbonyl-O (prim. α-Ketolgruppierung); Δ^4-ungesätt.; 4 oder 5 O im Mol.; O an $C_{(3)}$ u. an $C_{(11)}$. ME-Aktivität ist stärker abhängig von der Stellung der O-Atome als von deren Zahl. Ein $C_{(17)}$-O ruft bei Abwesenheit von $C_{(11)}$-O keine ME hervor, verstärkt (bzw. verlängert) aber deren Aktivität. Die Beziehungen zwischen ME-Aktivität u. chem. Struktur sind ähnlich den Beziehungen zwischen Glykogenaktivität u. chem. Struktur von Corticoiden. (J. Pharmacol. exp. Therapeut. **106**. 135—40. Okt. 1952. Minneapolis, Minn., Univ. of Minnesota, Dep. of Physiol.; Harvard Med. School, Dep. of Med.; Boston, Mass., Peter Bent Brigham Hosp.) H.-J. KOCH. 4561

Robert Courrier, Andrée Colonge und **Marguerite Baclesse,** *Wirkung des beim Muttertier zugeführten Cortisons auf die Nebenniere des Rattenembryos.* 10 trächtige Ratten erhielten durchschnittlich 10—14 Tage lang je 12,5 oder 25 mg *Cortison* (I)-*acetat*/Tag. Durch I wurde die Trächtigkeit nicht unterbrochen, jedoch war die Geburt zuweilen erschwert. Die neugeborenen Jungen waren klein u. starben schnell; ihre Nebennieren waren unentwickelt. Diese Befunde werden dem dem Muttertier zugeführten I zugeschrieben. (C. R. hebd. Séances Acad. Sci. **233**. 333—36. 30/7. 1951.) VINCKE. 4561

P. Ambrosioni, A. Giberti und **R. Rovatti,** *Cortison und Desoxycorticosteron bei der experimentellen Tetanusintoxikation.* 50 Meerschweinchen wurden mit Tetanustoxin behandelt u. anschließend der Einfl. antitox. Seren bzw. der von *Cortison* (I) oder *Desoxycorticosteron* (II) untersucht. Bereits 24 Std. nach Injektion des Toxins treten bei 20% der Tiere tetan. Symptome auf, die nach 32 Std. bei 60% vorhanden sind. Ohne weitere Behandlung sterben nach 6—11 Tagen 60% der Tiere. Durch Antitoxingaben wird, wie zu erwarten, der tox. Effekt etwas vermindert u. die Restitution (nach ca. 15 Tagen) beschleunigt. Unter II kann man ebenfalls eine Verminderung der tetan. Symptome beobachten, es wird ebenfalls die Heilung begünstigt. I bedingt demgegenüber, in den ersten Tagen gegeben, eine Verschlechterung des Tetanus, während es in späteren Phasen die Heilung beschleunigt; während also das Antitoxin die ersten Symptome nicht wesentlich bessern kann u. den %-Satz der tödlich verlaufenden Fälle nicht beeinflußt, kommt dem I ein umgekehrter Effekt zu. — Es wird diskutiert, ob der Effekt des II über eine Beeinflussung des Na–K-Stoffwechsels hervorgerufen wird oder ob es sich um eine davon unabhängige lähmende Wrkg. auf das Nervensyst. handelt, die bei hohen Gaben von **II** auch in anderen Experimenten gefunden werden kann. Die Wrkg. von **I** wird als Zeichen einer Beeinflussung des Proteinstoffwechsels der Antikörper tragenden Globuline angesehen. (Arch. Scienze biol. **36.** 272—83. Mai/Juni 1952. Modena, Univ., Ist. di Igiene e Microbiologia.) P. G. SCHEURLEN. 4561

Curt C. Porter und **Robert H. Silber,** *Eine Farbreaktion zur quantitativen Bestimmung von Cortison und verwandten 17.21-Dioxy-20-ketosteroiden.* Die Meth. beruht auf der Entstehung einer Gelbfärbung in Lsgg., die das Steroid, Phenylhydrazin u. Schwefelsäure enthalten. — Reagentien: **I**, verd. H_2SO_4. 190 cm^3 W. werden mit 310 cm^3 konz. Säure gemischt. **II**, Phenylhydrazinhydrochlorid, das aus A. umkrist. u. über $CaCl_2$ getrocknet ist. **III**, Phenylhydrazinreagens. 65 mg **II** werden in 100 cm^3 **I** gelöst. Die Lsg. wird jeden Tag frisch bereitet. — Das Verf. wird folgendermaßen ausgeführt: zu der Lsg. des Steroids in 1 cm^3 Methanol fügt man 8 cm^3 **III** u. erhitzt die Lsg. 20 Min. lang bei 60°. Nach 3 Min. langem Abkühlen in fließendem W. wird die Färbung bei 410 mμ gemessen. Vgl. mit einem Blindwert, der nur Methanol u. **III** enthält. — Es wird angegeben, daß die Farbstärke zwischen 1 u. 25 γ *Cortison* (**IV**)*-acetat* der Steroidkonz. proportional ist. Empfindlichkeit ca. 1 γ **IV**-Acetat. Unter zahlreichen geprüften Steroiden reagierten nur **IV**, **IV**-Acetat u. *17-Oxy-11-desoxycorticosteronacetat* mit **III**. Die mit Schwefelsäure u. mit **III** Färbungen gebenden Steroide Methyltestosteron, Östradiol, Pregnenolon u. Pregnentriolon stören bei hohen Konzz., jedoch gelang die genaue Best. von **IV**-Acetat in einer Lsg., die je 20 γ **IV**, Methyltestosteron, Östradiol u. Pregnenolon enthielt. — Mit der beschriebenen Rk. wurden Verbb. vom Typ der 17.21-Dioxy-20-ketosteroide in Nebennierenextrakten gefunden. Nach Einzelinjektionen von **IV**-Acetat konnten jedoch keine derartigen Verbb. aus Plasma oder Urin eines Hundes oder aus Plasma von Ratten mit Chlf. extrahiert u. mit der beschriebenen Rk. nachgewiesen werden. Nach subcutaner Applikation von je 3 mg **IV**-Acetat täglich bei 3 n. u. 3 nebennierenlosen Ratten konnten am 5. Tage geringe Mengen derartiger Stoffe im Urin nachgewiesen werden. (J. biol. Chemistry **185.** 201—07. Juli 1950. Rahway, N. J., Merck Inst. for Therapeut. Res.) VINCKE. 4561

Ruth M. Haslam und **W. Klyne,** *Mikromethode zur Bestimmung von α-Ketosteroiden und β-Ketosteroiden des Urins durch Fraktionierung mit Digitonin und colorimetrische Bestimmung.* Das Prinzip der Meth. zur Trennung der *3α-Oxy-17-ketosteroide* (**I**) (*Androsteron*) von *3β-Oxy-17-ketosteroiden* (**II**) (*Dehydroisoandrosteron*) beruht darauf, daß die **II** mit *Digitonin* (**III**) in A. Komplexe bilden, die in Ggw. von überschüssigem **III** durch Ae. gefällt werden, während **I** in äther. Lsg. frei gelöst bleiben u. abgetrennt werden können. Die **II**-Komplexe werden durch Erhitzen mit trockenem Pyridin zers.; **III** wird durch Ae. gefällt, wobei die freien **II** in Lsg. bleiben. — Vff. verwandten zur Trennung die genau beschriebene Meth. von BUTT u. Mitarbeitern (C. **1949.** I. 631). Urinextraktion u. colorimetr. Best. mit der ZIMMERMANNschen Rk. geschahen in der vom MED. RES. COUNCIL (Lancet **1951.** II. 585) vorgeschlagenen Weise. Beleganalysen mit *Androsteron* u. *Dehydroisoandrosteron* als reine Lsgg. u. als Zusätze zu Urinen. Die wiedergefundenen Werte waren zufriedenstellend, jedoch für **II** zu hoch (bis zu 110% der berechneten Menge). An 10 Erwachsenen wurde die Ausscheidung von **II** zu 1—19% der gesamten *17-Ketosteroide* (**IV**) gefunden, bei 6 Patienten mit endokrinen Störungen betrugen die ausgeschiedenen **II**-Mengen 4—40% von **IV**. Der **IV**-Geh. blieb in einer 6 Monate lang unter HCl-Zusatz aufbewahrten Urinprobe einer n. 30jährigen Frau prakt. konstant. (Lancet **262.** 285—88. 9/2. 1952. London, Postgraduate Med. School.) VINCKE. 4561

Gilbert-Dreyfus, Ambrosino und **Triantaphyllidis,** *Untersuchung des Radiojod-Stoffwechsels bei kranken und hyperthyreoiden Personen. Seine Anwendung zur Aufklärung zweifelhafter Fälle.* In Erweiterung früherer Unterss. (C. **1953.** 241) diskutieren Vff. eingehend die Diagnose von Hyperthyreosen durch Anwendung von ^{131}J. Bei ca. 500 Patienten konnte die Diagnose in 98% der Fälle richtig gestellt werden. Diese besteht darin, daß nach Applikation des ^{131}J die Aktivität der Schilddrüse u. die im Urin ausgeschiedene Menge an Radiojod ca. 10 Tage lang beobachtet wird. Die beiden resultierenden Meßkurven haben für n. u. hyperthyreoide Patienten charakterist. Formen. Die restlichen 2% an nicht sicheren Diagnosen werden besprochen, wobei der Jodstoffwechsel eingehend diskutiert wird. (Semaine Hôpitaux Paris **28.** 3905—11. 25/12. 1952.) REUSSE. 4562

Kazimierz Wysocki, *Der Einfluß von Methylthiouracil auf die Serumproteine bei Kranken mit Hyperthyreose.* Bei 12 Frauen mit Hyperthyreose ergab die Unters. des Serums verringerte Albumin- u. erhöhte Globulinwerte, bes. des γ-Globulins. Der Methioningeh. war verringert, Tryptophan erhöht. Eine 8wöchige Behandlung mit *Methylthiouracil* (Tagesdosis 0,3—0,6 g) führte trotz deutlicher klin. Besserung nicht zur Normalisierung des Eiweißbildes, sogar zu einer geringen Verschlechterung. Lediglich der Tryptophangeh. nahm im Durchschnitt von 2,45% auf 2,25% ab. 2 Fälle nach Thyreoidektomie dagegen zeigten 2 Wochen nach der Operation bereits eine Abnahme des γ-Globulins. (Poznańskie Towarzystwo Przyjaciół Nauk, Wydział lekarski, Prace Komisji Med. doświadczalnej **9.** Nr. 7. 1—15. 1952. Posen, Med. Akad., II. Innere Klinik.) FISCHOEDER. 4562

J. M. Stowers, *Hyperfunktion der Nebennierenrinde und Insulinresistenz bei diabetischer Acidose.* Bei 11 Patienten mit diabet. Acidose wurde die Ausscheidung der reduzierenden wasserlösl. *Ketosteroide* (I), welche die Glucocorticoide enthalten, im Urin nach der Cu-Reduktionsmeth. von TALBOT u. Mitarbeitern (J. biol. Chemistry **160.** [1945.] 535) bestimmt. Die Ausscheidung/Tag war während der Acidose 4—23 mal höher als in wiederhergestelltem Zustand ca. 2 Wochen später. Vf. schließt auf eine Beziehung zwischen dem I-Geh. u. der *Insulin* (II)-Resistenz. 2 Patienten injizierte man nach völliger Wiederherst. *ACTH* (III) mit dem Erfolg einer ähnlich gesteigerten I-Ausscheidung u. einem damit einhergehenden Anstieg des II-Bedarfes. Bei einem ♂ acidot. Patienten bewirkte die 11 Tage lang fortgesetzte Applikation von *Testosteron* (IV)-*propionat* eine ungewöhnlich schnelle Senkung der ursprünglich hohen I-Ausscheidung. Es wird angenommen, daß IV möglicherweise die endogene III-Bldg. hemmte. Die I-Ausscheidung von gut eingestellten Diabetikern mit n. II-Empfindlichkeit war normal. Vf. schließt, daß wahrscheinlich die Nebennierenrinde zum großen Teil die erhöhte II-Resistenz herbeiführt, die bei diabet. Acidose besteht. (Clin. Sci. **10.** 487—96. 1951. Univ. Coll., Hosp. Med. School, Med. Unit.) VINCKE. 4564

Mitsuo Numaguchi, *Weitere Untersuchungen über den Alloxandiabetes bei Kaninchen.* 1. Mitt. *Der Einfluß von Alloxan auf höhere Zucker bei Alloxandiabetes.* Injektion von *Alloxan* (I) ruft anfangs einen hyperglykäm., dann einen hypoglykäm. Zustand hervor, dem die diabet. Phase folgt. In allen drei Phasen steigt der Geh. an höheren Zuckern. Bei der Insulintoleranz stiegen die höheren Zucker an, mit Maximum eine Std. nach I-Injektion, jedoch weniger als in Kontrolltieren. Bei der Glucosetoleranz wurde ein Absinken des Zuckergeh. festgestellt, während er bei den Kontrolltieren anstieg. (Folia endocrinol. japon. **27.** 239—49. 265. 20/11. 1951. Kyoto, Japan, Kawaramachi, Kyoto Med. Coll., Med. Dep. [Orig.: japan.]) LOCH. 4564

Mitsuo Numaguchi, *Weitere Untersuchungen über den Alloxandiabetes bei Kaninchen.* 2. Mitt. *Der Einfluß von Alloxan auf die drei Arten von Glykogen bei Alloxandiabetes.* (1. vgl. vorst. Ref.) Es wurden in der 1. Phase des Alloxandiabetes Sinken des Leber- u. Muskelglykogens beobachtet; in der 2. Phase n. Geh. an Glykogen in der Leber u. Anstieg des Herzglykogens; 3. Phase: Fallender Glykogengeh. in Leber u. Muskel, hoher Geh. im Herzen. (Folia endocrinol. japon. **27.** 250—56. 265—66. 20/11. 1951. [Orig.: japan.]) LOCH. 4564

Mitsuo Numaguchi, *Weitere Untersuchungen über den Alloxandiabetes bei Kaninchen.* 3. Mitt. *Der Einfluß von Alloxan auf den intermediären Proteinstoffwechsel bei Alloxandiabetes.* (2. vgl. vorst. Ref.) Mittels der KJO_3-Meth. wurde der intermediäre Proteinstoffwechsel nach *Alloxan*-Injektion untersucht. Die KJO_3-Werte stiegen in der hyper- u. hypoglykäm. Phase an u. wurden in der diabet. Phase wieder normal. Beziehungen zwischen diesen Werten u. dem Blutzuckergeh. bestanden nicht. Dagegen liefen die Gehh. an höheren Zuckern parallel zu den KJO_3-Werten. (Folia endocrinol. japon. **27.** 257—61. 266. 20/11. 1951. [Orig.: japan.]) LOCH. 4564

Yoshio Fukumoto, *Untersuchungen über Alloxandiabetes.* 1. Mitt. *Über Alloxandiabetes.* Nach intravenöser Injektion von 150—200 mg *Alloxan*/kg Körpergewicht entsteht bei Kaninchen Diabetes. Dieser scheint sek. Art zu sein, da Blutbildänderungen vorangehen (pseudoeosinophile Leukocytose, Reticulocytose, Erythrocytendurchmesser anfangs verringert, dann vergrößert). Die anfängliche Hyperglykämie wird durch vermehrte Adrenalinausschüttung hervorgerufen, die ihrerseits Folge der Blutbildveränderung ist. Die ebenfalls auftretende Hyperglykämie kommt durch Insulinüberangebot zustande. Wie beim humanen Diabetes besteht Neigung zu Lymphocytose, Vergrößerung der Erythrocyten, Störung der Glykoregulation u. Insulinempfindlichkeit. Im Gegensatz zum humanen Diabetes verschwindet der Alloxandiabetes nach Absetzen von Alloxan. (Folia endocrinol. japon. **27.** 308—50. 20/3. 1952. Nagoya Univ., School of Med., 1. Internal Clinic. [Orig.: japan.]) LOCH. 4564

Yoshio Fukumoto, *Untersuchungen über Alloxandiabetes.* 2. Mitt. *Einige Untersuchungen über den Kohlenhydratstoffwechsel bei Alloxandiabetes.* (1. vgl. vorst. Ref.) Die Aktivität von Insulin (II) wird durch *Alloxan* (I) nicht beeinträchtigt. Das Blut mit I behandelter Kaninchen inaktiviert II stärker als Blut n. Tiere. Dabei ist in beiden Fällen Vollblut wirksamer als Serum. Die *Insulinase*-Aktivität von Muskelextrakten behandelter Tiere ist stärker als bei n. Tieren — bei Leberextrakten ist kein Unterschied feststellbar. (Folia endocrinol. japon. **27**. 351—65. 20/3. 1952. Nagoya Univ., School of Med., 1. Internal Clinic. [Orig.: japan.]) LOCH. 4564

Yoshio Fukumoto, *Über Blutuntersuchungen und den Kohlenhydratstoffwechsel bei Dithizonkaninchen.* Durch Verss. am Kaninchen wurde festgestellt, daß *Dithizon* (I) diabetogene Eigg. besitzt. Seine Wrkg. ist schwächer als die von Alloxan, auch die tox. Wrkg. auf das Blut. Aus Blutunterss. geht hervor, daß Lymphocytose ein spezif. Merkmal des Diabetes ist. Der Grad der Anämie steht wahrscheinlich in engem Zusammenhang mit dem experimentellen Diabetes. (Folia endocrinol. japon. **28**. 1—15. 20/5. 1952. Kyoto, Pref. Univ. of Med., 1. Internal Clinic. [Orig.: japan.]) LOCH. 4564

Yoshio Fukumoto, *Über Oxinkaninchen, insbesondere über deren Blutveränderungen.* (Vgl. auch vorst. Ref.) Nur wiederholte Injektion von *8-Oxychinolin* (*Oxin*) führt beim Kaninchen zum Diabetes. Im Gegensatz zur Behandlung mit Alloxan oder Dithizon werden hier keine besonderen Blutveränderungen festgestellt. (Folia endocrinol. japon. **28**. 16—25. 20/5. 1952. Kyoto. Pref. Univ. of Med., 1. Internal Clinic. [Orig.: japan.]) LOCH. 4564

Sadao Okamoto, *Der Einfluß von Insulin und Adrenalin auf den Kohlenhydratgehalt und die diastatische enzymatische Aktivität von Geweben und Organen der Ratte.* Nach der Behandlung mit *Insulin* wird zuerst ein Abfall der freien Glucose in Blut u. Leber, später des Leberglykogens u. endlich der freien Glucose in Muskel u. Haut beobachtet. In diesem Stadium ist auch die Aktivität glykogenolyt. Fermente eingeschränkt. Durch *Adrenalin* wurde ein Absinken des Leberglykogens mit gleichzeitigem Anstieg des Blutzuckers verursacht. Später trat auch eine Verringerung des Muskel- u. Hautglykogens auf, jedoch keine Änderung der glykogenolyt. Fermente. Die Befunde sprechen für enge Beziehungen zwischen Glykogen u. glykogenolyt. Fermenten. (Folia endocrinol. japon. **27**. 234—38. 264—65. 20/11. 1951. Kyoto, Japan, Kawaramachi, Kyoto Prefect. Med. Coll., Med. Dep. [Orig.: japan.]) LOCH. 4564

Julian L. Ambrus und **Clara M. Ambrus**, *Die Bedeutung von Histamin für die Funktion der sensorischen Nerven.* Zusammenfassende Übersicht mit 27 Literaturangaben. (Z. Vitamin-, Hormon- u. Fermentforsch. **5**. 45—49. 1952. Philadelphia, Pa., Coll. of Pharmacy and Sci., Labor. of Pharmacol. and Biochem.) LOCH. 4569

G. A. Bentley und **F. H. Shaw**, *Die Abtrennung und der Nachweis von Acetylcholin in Gewebsextrakten.* Zum Nachw. von *Acetylcholin* (I) wird die Kontraktion eines in TYRODE-Lsg. (8 g NaCl, 1 g Glucose, 1 g $NaHCO_3$, 0,2 g KCl, 0,1 g NaH_2PO_4, 2,0 g $CaCl_2$ auf 1 Liter W.; bei geringerer Konz. an $CaCl_2$ steigert sich die Empfindlichkeit während des Vers. in nicht reproduzierbarer Weise) aufbewahrten Meerschweinchendarms (Ileum) bestimmt. Bei 30° reagiert der Darm nach statist. Unterss. genau u. reproduzierbar noch auf 0,01 γ I. Zur Abtrennung von Eserin, Atropin, Histamin, Hyoscin, Morphin, Strychnin u. Epinephrin wird I in 60%ig. alkoh. Lsg. in Ggw. von Cholin mit Ammoniumreineckat als I-*Cholinreineckat* gefällt u. nach 20 Min. bei —5 bis —10° nach dem Abzentrifugieren in A.-TYRODE gelöst u. zum Nachw. mit TYRODE weiter verdünnt. Die A.-Konz. muß bei der Fällung zwischen 60 u. 55,6% liegen. (J. Pharmacol. exp. Therapeut. **106**. 193—99. Okt. 1952. Melbourne, Australia, Univ., Dep. of Physiol.) H.-J. KOCH. 4569

Erich Klein, *Versuche zur Trennung von organischen und anorganischen Blutjodverbindungen.* Da man einzelne *Blutjodverbb.* nicht elektiv erfassen kann, ist man auf Fällungsmethoden angewiesen, die je nach Art des benutzten Fällungsmittels, der Einwirkungsdauer u. der Versuchstemp. verschied. Ergebnisse liefern. Wegen der Wichtigkeit, Schilddrüseninkrete zu bestimmen, wurden die Verhältnisse an gesundem Vollblut mit Butanol (I) oder Trichloressigsäure (II) als Fällungsmittel geprüft. Es wurde gefunden, daß die in I unlösl. Form des Blutjods zugunsten der lösl. mit der Zeit eine Abnahme erfährt, die sich schon nach 1 Std. bemerkbar macht. Bei sofortiger Behandlung werden mit I 24% als lösl. u. 76% als unlösl. Jod, mit II 68% als lösl. u. 32% als unlösl. Jod (Mittelwerte) gefunden. Bei der I-Fällung fördert Wärme u. hemmt Kälte die Abnahme der unlösl. Fraktion. Unter der Einw. von II begünstigt Wärme die Abnahme der lösl. Fraktion. Der Zeitfaktor spielt bei II keine entscheidende Rolle. Die durch 0 oder 60° beim Aufbewahren von Blut teilweise gehemmte Abnahme der in II unlösl. Fraktion dürfte der Wrkg. von Fermenten zuzuschreiben sein. Die durch I erhaltenen Fraktionen scheinen nicht einer Trennung in anorgan. u. organ. J, die angestrebt wird, zu entsprechen. (Biochem. Z. **322**. 49—57. 1951. Leipzig, Univ., Med. Klinik.) LOCH. 4572

Henryk Tyborski, *Die Wirkung des „Splenosans“ auf das quantitative Verhalten der Blutplättchen im peripheren Blut.* Die einmalige Injektion von *Splenosan*, einem gereinigten Extrakt aus frischer Tiermilz, verringert die Zahl der Blutplättchen nach 4 Std. vorübergehend. Eine längere Behandlung führt vom 3. Tage ab zu einer beständigen

Abnahme der Plättchen u. oft zu einer Zunahme der Erythrocyten. Zur Plättchenzählung wurde 0,1 cm^3 aus der Cubitalvene mit 0,1 cm^3 4%ig. Na-Citratlsg. gemischt. (Poznańskie Towarzystwo Przyjaciół Nauk, Wydział lekarski, Prace Komisji Med. doświadczalnej **9.** Nr. 6. 1—27. 1952. Posen, Med. Akad., III. Innere Klinik.) FISCHOEDER. 4573

H. W. Friedrich und **Th. Hockerts,** *Tierexperimentelle Untersuchungen über die Ursache therapeutisch erzielter Durchblutungsbesserung bei Thrombosen.* Vff. untersuchten mittels Tierverss. die Ursache der schlagartig einsetzenden Durchblutungsbesserung bei Behandlung der Thrombose mit *Thrombocid* (**I**) u. *Thrombovetren* (**II**). Nach Ansicht von Vff. liegt der Grund hierfür nicht in einer direkten durchblutungssteigernden Wrkg., wie Gefäßerweiterung oder spasmolyt. Wrkg., sondern in einer gesteigerten Fibrinolyse durch schnelle therapeut. Wrkg. von **I** u. **II**. (Aerztl. Wschr. **7.** 814—18. 29/8. 1952. Würzburg, Univ., Chirurg. Klinik u. Kinderklinik.) BRATFISCH. 4574

E. Werle, R. Ehrlicher und **K. Koebke,** *Zur Isolierung und Chemie des Kallidins.* Aus dem in der Globulinfraktion von Blutserum enthaltenen *Kallidinogen* entsteht durch Einw. von *Kallikrein* (**I**) das Polypeptid *Kallidin* (**II**). Die **II**-Ausbeute wird durch gleichfalls im Serum enthaltene **I**- u. **II**-Inaktivatoren verringert. Darst. von **II**: Dialysiertes Rinderserum wird je ml mit 1 **I**-E. (aus Menschenharn oder Submaxillarisdrüsen vom Rind) versetzt. Im Augenblick maximaler **II**-Bldg. (Meerschweinchen-Dickdarmtest) wird H_2SO_4 (10%ig) zugesetzt, dialysiert u. das Dialysat nach Entfernung von H_2SO_4 mittels Baryt im Vakuum (N_2) zur Trockne gebracht. Weitere Reinigung mittels Al_2O_3 u. Phosphorwolframsäurefällung. Statt des Zusatzes von H_2SO_4 wurde auch sd. A. angewandt. Eine weitere Darst. beruht auf der Ausflockung der Inaktivatoren mit Casein. Gereinigtes **II** wurde der sauren (HCl 36,4%ig) oder alkal. (3nNaOH) Hydrolyse unterworfen, das Hydrolysat papierchromatographiert. Es wurden *Histidin, Lysin, Glycin, Glutaminsäure, Asparaginsäure, Alanin, Tyrosin* u. *Serin* nachgewiesen. **II** wird durch *Fluordinitrobenzol* oder *Kartoffeltyrosinase* inaktiviert. Nitrierte **II** (dunkelgelb) ist akt., läßt sich im Gegensatz zu n. **II** durch Serum nicht mehr inaktivieren. (Biochem. Z. **322.** 27—53. 1951. München, Univ., Chirurg.-klin. Inst.) LOCH. 4574

Edward W. Hauch, Haddon M. Carryer und **Don R. Mathieson,** *Hypersensibilität gegen Heparin: Bericht von 3 Fällen.* Bei 3 Patienten von 13—31 Jahren kam es nach je 50 mg *Heparin* aus Schweineleber zu Rötung der Conjunctiven, des Gaumens, Rhinitis u. Asthma bronchiale. Diese Nebenwirkungen konnten mit *Epinephrin* subcutan oder *Aminophyllin* intravenös bekämpft werden. Es soll sich aber um keine echten allerg. Erscheinungen gehandelt haben. (Proc. Staff Meetings Mayo Clin. **27.** 163—66. 9/4. 1952. Rochester, Minn., Mayo Clinic, Sect. of Clin. Pathol.) BROSEMANN. 4574

Carl E. M. Gunther und **H. B. Bruce,** *Dextran bei Schwarzwasserfieber.* Das Befinden eines Patienten mit schwerem Schwarzwasserfieber besserte sich sofort nach intravenöser Zufuhr von 500 ml 6%ig. *Dextran* (**I**)-Lösung. Nach Infusion von 500 ml Plasma u. weiteren 500 ml **I**-Lsg. war der Urin hämoglobinfrei u. keine Autohämolyse in vitro mehr vorhanden. Dann wurde ohne Beeinträchtigung durch das **I** die Blutgruppe festgestellt u. mit der Vollblutbehandlung begonnen. **I** wird in solchen Fällen als sicherer als Vollblut angesehen, solange Hämolyse besteht. (Med. J. Australia **39.** II. 745—46. 22/11. 1952. Bulolo, Neuguinea, Bulolo Gold Dredging Ltd., u. Lae, Neuguinea, Government Hosp.) WILLENBERG. 4576

I. Bjerrehuus, *Fibrinolytische Aktivität des Urins.* Mit der Fibrinplattenmeth. wird die fibrinolyt. Aktivität des Urins bestimmt. Sie entspricht ca. 50 mg krist. *Armour-Trypsin*/Liter. Mit *Sojabohnen–Trypsin-Hemmstoff, Cetylpyridinchlorid* (*Germidin*), *Laurylbenzyldimethylammoniumchlorid* (*Rodalon*) wurde die Identität mit Trypsin ausgeschlossen, es zeigt sich im Verh. der fibrinolyt. Komponente des Urins eine Ähnlichkeit mit *Plasmin.* Nieren- u. Blasenurin zeigen gleiche Aktivität, Gastrektomie ändert sie nicht, nach Hepatektomie kommt es zu starkem Abfall. (Scand. J. clin. Lab. Invest. **4.** 179—82. 1952. Copenhagen, Carlsberg Found.) MATTHIES. 4577

N. Prabhakara Rao und **N. J. B. Murty,** *Einige biochemische und physiologische Betrachtungen über Vitamine.* (Indian med. Rec. **71.** 107—13. April 1951. Harispung, Kanpur.) LOCH. 4587

F. F. Castano, R. V. Boucher und **E. W. Callenbach,** *Die Ausnutzung von Vitamin A von verschiedenen Quellen durch das Huhn.* 1. Mitt. *Kristallisiertes Carotin, kristallisiertes Vitamin-A-Acetat und „Black Cod"-Lebertran.* Zur Feststellung des rassespezif. Verh. wurde die Wrkg. dieser Stoffe auf Wachstum u. *Vitamin-A* (**I**)-Speicherung in der Leber bei Barrad Plymouth Rock-Küken bei Ernährung mit einem **I**-armen Futter u. wechselnden **I**-Zulagen bis zum Alter von 8 Wochen untersucht. Es wurde gefunden, daß bei genügend hoher **I**-Zufuhr (bestimmter **I**-Blutspiegel) alle 3 **I**-wirksamen Stoffe für das Wachstum von gleichem Wert sind. Der Mindestbedarf dieser Tiere für befriedigendes

Wachstum lag zwischen 500 u. 1000 I.E. I je 450 g Nahrung. Durch extrem hohe I-Zusätze (bis 8000 I.E.) wurde das Wachstum gehemmt. Der I-Blutspiegel war von der Höhe der I-Zufuhr abhängig, u. >50 I.E. je 100 ml Blutplasma waren für beginnende I-Speicherung in der Leber notwendig. Bei ausreichender I-Zufuhr war eine hohe I-Speicherung in der Leber für gutes Wachstum nicht notwendig. Krist. I-Acetat wirkte am besten bzgl. der Erhöhung der I-Konz. in Blutplasma u. Leber, Carotin am schwächsten. (J. Nutrit. **45.** 131—41. 10/9. 1951. Pennsylvania State Coll., Dep. of Agricult. and Biol. Chem.) SCHWAIBOLD. 4587

Hwa Lih und **C. A. Baumann**, *Wirkungen gewisser Antibiotica auf das Wachstum von Ratten bei Fütterung mit Diäten mit begrenztem Gehalt an Thiamin, Riboflavin oder Pantothensäure.* (Vgl. LINKSWILER u. Mitarbeiter, C. **1952.** **4642.**) Wie früher das Wachstum von Ratten bei knapper Zufuhr von Vitamin B_6 durch Zulagen von *Aureomycin* (**V**) erhöht wurde, war auch bei knapper Zufuhr von *Thiamin* (I), *Riboflavin* (II) oder *Pantothensäure* (III) eine Wachstumsanregung durch *Penicillin* (**IV**) u. *Streptomycin* (**VI**) feststellbar, die bei einem halbmaximales Wachstum ermöglichenden Vitamingeh. der Nahrung am stärksten war, entsprechend etwa einer Verdoppelung dieses Gehaltes. Bei I-Mangel bewirkte **IV** die größte Wachstumssteigerung, **V** u. **VI** eine geringere, *Chloromycetin* (**VII**), *Terramycin* (**VIII**) u. *3-Nitro-4-oxyphenylarsonsäure* (**IX**) waren inakt., *Sulfasuxidin* (**X**) wirkte verzögernd. Bei II-Mangel waren **IV** u. **V** gleich gut. **VI**, **VII** u. **VIII** wirkten etwas bei mäßigen II-Gehh., **IX** u. **X** erschienen inaktiv. Bei III-Mangel wirkten **V** u. **VI** am besten, **IV** war weniger akt.; diese Antibiotica wirkten auch bei Fehlen von III wachstumsanregend. (J. Nutrit. **45.** 143—52. 10/9. 1951. Madison, Univ., Coll. of Agricult., Dep. of Biochem.) SCHWAIBOLD. 4587

R. L. Lyman und **C. A. Elvehjem**, *Weitere Untersuchungen über Aminosäuregleichgewichtsstörung durch Gelatine bei Ratten mit Niacin–Tryptophan-armer Nahrung.* Nachdem in früheren Unterss. (vgl. HANKES u. Mitarbeiter, C. **1951.** II. 252) neben einer Reihe von anderen Befunden beobachtet worden war, daß Wachstum bei caseinarmer Saccharosenahrung durch *DL-Threonin* (I), *DL-Phenylalanin* (II) u. *Glycin* (III) erst nach Ergänzung mit *L-Cystin* (**IV**) oder *DL-Methionin* (**V**) gehemmt wird, wurde das Verh. von *Gelatine* (**VI**) unter solchen Bedingungen geprüft. Bei Zulage von 6% **VI** zu einer Dextrinnahrung mit 9% Casein war nur eine geringe Wachstumshemmung feststellbar, die durch Zusätze von **IV** oder **V** stark erhöht wurde. Diese Störung war durch 1,5 mg-% *Niacin* (**VII**) heilbar. Das bei Fehlen von **IV**-Zulagen bessere Wachstum ist nicht durch erhöhte **VII**-Bldg. durch die Darmflora bedingt, wohl aber das speziell bei Dextrinnahrung verbesserte Wachstum. Die Kombination von *L-Prolin*, I, II, III, *L-Arginin* u. bas. *DL-Alanin* in Ggw. von **IV** bewirkte die stärkste Wachstumshemmung u. Mangellage ähnlich der durch **VI** bewirkten. Das erhöhte Wachstum bei caseinarmer Dextrinnahrung u. die begrenzende Wrkg. von **IV** u. **V**, durch die **IV**-Mangel verursacht wird, bevor Tryptophan begrenzende Aminosäure wird, wird damit erklärt, daß das Syndrom der Aminosäuregleichgewichtsstörung bei Abwesenheit von Schwefelaminosäurezulagen nicht erzeugt werden kann. (J. Nutrit. **45.** 101—17. 10/9. 1951. Madison, Univ., Coll. of Agricult., Dep. of Biochem.) SCHWAIBOLD. 4587

J. R. Whitley, **B. L. O'Dell** und **A. G. Hogan**, *Die Wirkung der Nahrung auf die Labyrintherlernung bei Ratten der zweiten Generation. Folsäuremangel.* Unter Anwendung eines modifizierten STONE-Vielfach-T-Wasserlabyrinths mit 14 Wahlstellen wurden Verss. durchgeführt, die ergaben, daß Junge von Muttertieren mit *Folsäure* (I)-Mangel nach Aufzucht bis zur Reife mit I-Mangelnahrung ein verringertes Lernvermögen aufweisen. Bei Ergänzung der Nahrung der Muttertiere mit I wurden Junge hervorgebracht, die sich in dieser Hinsicht n. verhielten. Damit wurde die Entstehung einer funktionellen Schädigung im Zentralnervensyst. durch unvollständige Ernährung des Muttertieres bewiesen, wobei keine sonstigen Mangelerscheinungen auftraten, da I von der Ratte für das Wachstum nicht benötigt wird. (J. Nutrit. **45.** 153—60. 10/9. 1951. Columbia, Univ., Dep. of Agricult. Chem.) SCHWAIBOLD. 4587

René Wolff, *Neue Angaben über Vitamin B_{12}.* Übersichtsarbeit; behandelt physikal.-chem. Eigg., Struktur, Derivv., Bestimmungsmethoden des Vitamins B_{12}, sowie dessen Bedeutung für Transmethylations-Rkk. u. den Nucleinsäurestoffwechsel, ferner die intestinale Resorption u. den Vitamin-B_{12}-Bedarf. (Bull. Assoc. Diplômés Microbiol. **1953.** Nr. 51. 3—20. Nancy, Fac. de Méd.) LOCH. 4587

A. Guttmann und **F. A. Vandenheuvel**, *Die Vitamin-B_{12}-Aktivität von natürlichem Material unter besonderer Berücksichtigung von Kabeljauleberprotein.* Bei dem Verf. der ATLANTIC FISHERIES EXPERIMENTAL STATION zur Lebertranherst. ($p_H \leq 8{,}5$; 60^0) tritt fast keine Verminderung der Aktivität *Vitamin-B_{12}*-akt. Substanzen (mikrobiol.

mit Lactobacillus leichmanii) in den Leberpreßrückständen ein. Die während des analyt. Prozesses bei der Extraktion eintretende teilweise Inaktivierung wird durch Zusatz von $NaHSO_3$ (0,08—0,1% des nassen Materials) verhindert. Der Schutz B_{12}-akt. Substanzen wird auch bei anderem tier. Material festgestellt. Es wird angenommen, daß durch $NaHSO_3$ Vitamin B_{12a} u. B_{12b} u./oder andere B_{12}-akt. Stoffe geschützt werden, da krist. B_{12} trotz des Zusatzes von $NaHSO_3$ beim Autoklavieren zerstört wird. (J. Fisheries Res. Board Canada **9**. 129—40. Sept. 1952. Halifax, N. S., Nova Scotia Res. Found., u. Atlantic Fisheries Exp. Stat.) H.-J. KOCH. 4587

B. E. Maxwell, *Die Verteilung Vitamin-B_{12}-aktiver Substanzen in einigen marinen Invertebraten von British Columbia.* Es werden Anneliden, Arthropoden, Mollusken u. Echinodermaten auf ihren Geh. an *Vitamin B_{12}* untersucht, wobei ein Geh. von 84 bis 2860 mγ/g Trockensubstanz gefunden wird. Mollusken sind anscheinend reicher als andere Stämme, doch wird keine Beziehung zwischen B_{12}-Aktivität u. Phylogenie gefunden. (J. Fisheries Res. Board Canada **9**. 164—68. Sept. 1952. Vancouver, B. C., Pacific Fisheries Exp. Stat.) H.-J. KOCH. 4587

Eric Martin und **Bernard Rilliet**, *Die Anwendung der Sterine zur hypercalcämischen Wirkung bei der Behandlung der chronischen hypocalcämischen Tetanien.* Die mit Hypocalcämie verbundenen Tetanien werden besprochen, ebenso die Wirksamkeit von Parathyreoideaextrakt, Ca (intravenös) u. der Ergosterinbestrahlungsprodukte. Bei n. Personen wurde mit *Vitamin D_2* (I) (Vi-Dé WANDER) per os u. intramuskulär eine deutliche Erhöhung des Blut-Ca-Spiegels erzielt. Auch bei der Behandlung von 4 Patienten mit parathyreopriver Tetanie nach Strumektomie u. einem Fall von idiopath. Tetanie mit Hypocalcämie wurden durch Behandlung mit I u. *AT 10* oder *Calcamine* eine günstige Wrkg. auf den Ca-Spiegel sowie auf die Krankheitssymptome erzielt. Die Behandlungsweise u. die Dosierung dieser Präpp. werden besprochen. (Rev. méd. Suisse romande **72**. 612—25. Sept. 1952. Genf, Univ., Med. Poliklinik.) SCHWAIBOLD. 4587

Jaquot, Courvoisier und **Stoeckel**, *Gefahren der Avitaminose bei der industriellen Schweinefütterung.* Eine Schweinefütterung mit einem vollwertigen Futtermehl (in %: 10 Hafer, 60 Gerste, 9,7 Kleie, 5 Fischmehl, 3 Trockenhefe, je 4 Erdnuß- u. Leinmehl, 3 Sojamehl, 1,3 Mineralfutter) mit 16,5% Protein, wovon 4,2% tier. Ursprungs, ergab infolge Vitaminmangels beträchtliches Kümmerwachstum, welches nur durch Beifütterung von Lebertran normalisiert werden konnte. (C. R. hebd. Séances Acad. Agric. France **39**. 215—18. 1952.) GRIMME. 4587

J. E. Campbell und **P. H. Phillips**, *Fruchtbarkeitsuntersuchungen an Hunden.* 1. Mitt. *Wirkung einer Mais–Sojabohnenmehl–Luzerne-Ration.* Es wurden Verss. an trächtigen u. säugenden Hunden durchgeführt. Das Grundfutter enthielt Maismehl, Sojabohnenmehl, Luzernemehl, Baumwollsaatöl, Mineralstoffe u. Trockenhefe; es war ausreichend für Wachstum u. Erhaltung der Hunde; es reichte aber nicht aus, um n. Fruchtbarkeit bei den Tieren aufrechtzuerhalten. Das gleiche gilt bei Ergänzung der Ration durch 6% Bierhefe oder ein Vitamin-B_{12}-Konzentrat. Wurde die Ration dagegen ergänzt durch 20 oder 60 μg krist. *Vitamin B_{12}*, 5% „fish solubles" oder 10% Rinderleber, so war sie vollwertig für Fruchtbarkeit u. Lactation. (J. Nutrit. **47**. 621—29. 11/8. 1952. Madison, Wis., Univ. of Wisconsin, Dep. of Biochem.) NEHRING. 4587

F. H. Kratzer, D. E. Williams und **Blanche Marshall**, *Der Bedarf an Isoleucin und die Aktivität seiner Isomeren bei Putenküken.* Die mit Putenküken durchgeführten Verss. ergaben, daß nur *L-Isoleucin* (I) wirksam ist. Dagegen waren D-I bzw. *Allo*-I ohne Wirkung. Der Bedarf für das optimale Wachstum ergab sich zu 0,8% I in der Ration. (J. Nutrit. **47**. 631—35. 11/8. 1952. Davis, Calif., Univ. of California, Div. of Poultry Husbandry.) NEHRING. 4589

J. C. Alexander und **D. C. Hill**, *Der Einfluß der Erhitzung auf das Lysin und Methionin in Sonnenblumenölrückständen.* Vff. untersuchten den Geh. von entölten Sonnenblumenkernen an *Lysin* u. *Methionin*, da in der Literatur unterschiedliche Angaben bestehen. Sie führen diese Differenzen auf den Einfl. der Erhitzung auf diese Aminosäuren zurück. Gemahlene Sonnenblumenkerne wurden 24 Std. mit Ae. im SOXHLET extrahiert. Hitzebehandlung entweder vor oder nach der Extraktion. Unterwerfung der Rückstände einer Säurehydrolyse mit 10%ig. HCl u. enzymat. Hydrolyse mit Pankreatin. Lysin u. Methionin wurden in den Hydrolysaten mikrobiol. bestimmt. Die gefundenen Werte zeigen, daß Erhitzen im Autoklaven u. trockenes Erhitzen eine Zers. des Lysins bewirken, die ungefähr proportional der Dauer der Erhitzung ist. Die Anwesenheit von Öl während des Hitzeprozesses schützte Lysin vor der Zersetzung. Methionin war nahezu unempfindlich bei allen Behandlungen. In Wachstumsverss. wurden 14 Tage alte Küken mit den verschieden behandelten Sonnenblumenölrückständen u. einer Grundnahrung gefüttert. Die Gewichtszunahmen nach ca. 8 Tagen waren bei den im Autoklaven oder trocken erhitzten Rückständen am geringsten, sie konnten durch Zufügung von Lysin stark erhöht werden. (J. Nutrit. **48.** 149—59. 10/10. 1952. Guelph, Can., Ontario Agric. Coll., Dep. of Nutrit.) KNÖPKE. 4589

W. J. Tarver, *Spurenelemente und das Rind nach dem Abkalben. Einige Bemerkungen über Beobachtungen und einige Untersuchungen im Stall über die Placentaretention und Acetonämie.* Vf. beschreibt 2 klin. Typen von Placentaretention. Es wird die Vermutung ausgesprochen u. begründet, daß eine dieser Typen durch Mangel an gewissen Spurenelementen verursacht wird, die bei anderen Fällen auftretende Acetonämie dagegen durch ein Überangebot dieser Mineralstoffe u. vielleicht Ca oder durch Mangel an anderen Spurenelementen. Es wurde beobachtet, daß die Retention, bes. bei stärkerer Verfütterung von Hafer u. auch anderer Cerealien, sowie auf Farmen auftritt, bei denen die Kalkdüngung vernachlässigt wird. Acetonämie kommt auf den Farmen mit gutem Boden u. solchen mit schlechterem Boden, aber mit guter Kalkdüngung vor. Durch Injektionsbehandlung mit einigen Spurenelementgemischen (1 g Co-, 2,5 g Cu- u. 0,5 g Mn-Sulfat in ca. 350 ml W. oder in Ca- u. Phosphatlsg. für Milchfieberbehandlung) wurde günstige Wrkg. erzielt. (Brit. veterin. J. **108.** 256—60. Juli 1952.) SCHWAIBOLD. 4589

J. S. Perold, *Mangelnde Spurenelemente. Fütterungsversuche mit Schafen und Milchkühen.* Die Pflanze benötigt zu ihrer Ernährung sehr kleine Mengen von Mn, Co, B, Mg u. bes. Cu. In den hauptsächlich sandigen, stark kalkhaltigen Böden der Küstengebiete der westlichen Kapprovinz zeigte sich ein ausgesprochener Mangel vor allem an Cu. Die Lämmer der mit den Ernteerträgen gefütterten Mutterschafe waren von der gefürchteten „Senkrückenkrankheit“ befallen, gingen nach wenigen Wochen ein oder verkümmerten. Ein Füttern der Mutterschafe mit Haferflocken, denen $CuSO_4$-Lsg. zugesetzt wurde (0,187 g $CuSO_4$ pro Tier u. Woche), brachte diese Krankheit zum Verschwinden. Das gleiche gilt von Milchkühen: Das Kalben war n., alle Tiere waren in besserer Verfassung, u. die Milchproduktion wurde gesteigert. Beim Trinkwasser ist zu beachten, daß alkal. W. das Cu sofort unlösl. u. unwirksam macht. (Farming South Africa **27.** 40, 60, 67. Febr. 1952. Stellenbosch-Elsenburg, Coll. of Agric.) GROH. 4589

H. E. Magee, *Nährwert von Früchten und Fruchtsäften.* Vf. gibt eine Zusammenstellung des Calorien-, Mineralstoff- u. Vitamingeh. einer Reihe von Früchten u. Fruchtsäften bei der Behandlung verschied. Erkrankungen. (Food Manufact. **27.** 135—37. 1/4. 1952.) NEHRING. 4589

Rolf Schmöger, *Die Alkalireserve bei der akuten Ernährungsstörung.* Die Normalwerte der Alkalireserve konnten nach Befunden des Vf. zwischen 45 u. 55 Vol.-% CO_2 bestätigt werden. Vf. weist darauf hin, daß eine stärker verminderte Alkalireserve bei der Entscheidung zwischen Pylorospasmus u. akutem Brechdurchfall eindeutig für eine Ernährungsstörung spricht. (Mschr. Kinderheilkunde **100.** 380—83. Aug. 1952. Leipzig, Univ., Kinderklinik.) NEHRING. 4589

E6. Pharmakologie. Therapie. Toxikologie. Hygiene.

B. N. Halpern, A. Cuendet und **J.-P. May,** *Vergleich der Strahlenschutzwirkung von Cortison, Desoxycorticosteron und Promethazin bei röntgenbestrahlten Tieren nach Surrenalektomie.* Nebennierenlose Mäuse erhielten subcutane Injektionen von 1,5 mg *Desoxycorticosteronacetat* (*DOCA*) u. 3 Tage später Röntgenbestrahlungen. Am Vortag sowie an den folgenden Tagen wurden den Tieren außerdem weitere, abnehmende Dosen von *DOCA*, *Cortison* oder *Promethazin* injiziert. Die durch die Surrenalektomie erhöhte Strahlensensibilität wurde durch *Cortison* eindeutig verringert, weniger wirksam war *DOCA*. Das Antihistaminicum *Promethazin* zeigte keine Schutzwrkg. gegen die Röntgenstrahlung, deren Wirkungen wurden vielmehr verschärft. (Schweiz. med. Wschr. **82.** 1020—23. 4/10. 1952. Paris, Labor. de Méd. expérimentale de la clin. méd. propédeutique, C.N.R.S. u. l'Hôpital Broussais.) REUSSE. 4601

Hans-Richard Winz, *Das Ausscheidungsurogramm mit Hyaluronidase.* Anwendung von *Hyaluronidase* zur intramuskulären statt der sonst üblichen intravenösen Kontrastmittelzufuhr. (Z. Urol. **46.** 130—34. 1953. Gütersloh, Westf., Städt. Krankenh., Urol. Abtlg.) GIBIAN. 4601

Jack Schubert und **Marcia R. White,** *Wirkung von Natrium- und Zirkoncitraten auf Verteilung und Exkretion von injiziertem Radioblei.* Verss. an Ratten ergaben, daß 25 Min. nach intravenöser Injektion von trägerfreiem ^{210}Pb 10% der verabreichten Dosis im Blut, u. zwar überwiegend in den Zellbestandteilen vorhanden sind. Das Verschwinden von ^{210}Pb aus dem Blut geschieht mit einer Halbwertszeit von 30 Stunden. Nach Injektion von *Pb*, das Spuren ^{210}Pb enthält, sind nur 6% der Dosis in den Blutzellen, 22% dagegen im Plasma vorhanden, wobei die Exkretion wesentlich schneller verläuft. Verabreichung von *Na*- bzw. *Zr-Citrat* 30 Min. nach *Pb*-Injektion hat keinen Einfl. auf

Verschwinden, Gewebsverteilung u. Exkretion von ^{210}Pb, abgesehen von einer Steigerung der urinalen Exkretion u. Abnahme der Konz. in der Niere von ^{210}Pb nach Verabreichung von mit ^{210}Pb markiertem *Pb* durch *Zr-Citrat*. (J. Lab. clin. Med. **39**. 260—66. Febr. 1952. Chicago, Ill., Argonne National Labor.) KRUSEN. 4607

Italo Simon, *Über die spezifische Toxizität des Methylalkohols im Vergleich zum Äthylalkohol.* Wie Verss. an Kaninchen zeigten, beruht die tox. Wrkg. des *Methylalkohols* (I) nicht auf der durch Oxydation entstandenen *Ameisensäure*, da diese sofort an der Niere ausgeschieden wird. *A.*, in wiederholten nichttox. Dosen den Tieren intravenös gegeben, ist unschädlich, da er vom Organismus schnell u. vollständig oxydiert wird; dagegen wird I, auf diese Art gegeben, von gewissen Geweben gespeichert u. kann vom Organismus nicht oxydiert werden. I schädigt vor allem das Zentralnervensyst., was aber nicht ausschließt, daß andere Organe ebenfalls angegriffen werden. Die wirkliche Ursache der tox. Wrkg. von I, d. h. der Grund, warum der Organismus I nicht ausscheidet oder zu weniger tox. Substanzen abbaut, ist noch nicht bekannt. (Athena [Rass. mens. Biol., Clin. Terap.] **18**. 203—08. Mai 1952.) H. SCHEURLEN. 4607

Raoul Lecoq, *Verstärkung der toxischen Effekte der Brenztraubensäure durch eine ähnliche Substanz.* Bei Verss. über die durch Verabreichung von Thiuramdisulfid u. A. entstehende Pyruvämie stellte Vf. fest, daß bei Injektion eines im Krieg wegen A.-Mangels nach anderen Verff. hergestellten *Na-Pyruvates* (I) eine höhere Toxizität als bei n. hergestelltem auftrat. Durch A.-Extraktion aus dem alten I konnte eine bei Kaninchen epileptiforme Krämpfe hervorrufende Lsg. erhalten werden, deren wirksamer Faktor jedoch noch nicht identifiziert werden konnte. *Malonsäure* zeigt eine ähnliche Wrkg. wie dieser Faktor. (C. R. hebd. Séances Acad. Sci. **235**. 550—52. 8/9. 1952.) KRUSEN. 4607

Konrad L. Zirm, E. Kupka und **M. Sedlnitzky,** *Über die entgiftende Wirkung von höhermolekularen ungesättigten Fettsäuren auf Tetanustoxin.* 1. Mitt. Na-Salze der Fettsäuren des Leinöls (I) u. noch mehr deren Alkalisalze, welche einer teilweisen oder weitgehenden Isomerisation unterworfen wurden, besitzen eine ausgezeichnete entgiftende Wrkg. auf das Tetanustoxin (T.). Aus Immunisierungsverss. geht hervor, daß die Alkalisalze von I das T. nicht zerstören, sondern daß sich ein ungiftiger Körper gebildet hat, der für das Versuchstier aber noch vollen Antigencharakter besitzt. Auf solche Entgiftungsmöglichkeiten von Toxinen im Körper wird hingewiesen. (Naturwissenschaften **39**. 235—36. Mai 1952. Lannach, Steiermark, Lannacher Heilmittel G. m. b. H.) ZELLER. 4607

William A. Johnson, Smith Freeman und **Karl A. Meyer,** *Einige Wirkungen von intravenösen Injektionen von Fettemulsionen beim Menschen.* An 79 Personen wurde einmal 1 g/kg Fett (Emulsion aus 10% Olivenöl, 5% Dextrose u. 1% Cerebrosid bzw. 1% Lecithin) intravenös verabfolgt. Bei einem Drittel zeigte sich eine innerhalb von 4—8 Std. wieder zurückgehende Temperaturerhöhung. Weitere einzelne Begleiterscheinungen waren Anorexie, Übelkeit, Erbrechen, Frostgefühl, Rücken- oder Brustschmerz u. Dyspnoe. Tägliche Injektion der gleichen Menge 24 Tage lang an 2 Personen zeigte bei beiden geringe Gewichtszunahmen, bei 1 Anstieg der Erythrocytenzahl sowie von Hämoglobin u. Hämatokrit. Tägliche Injektion von 1 Liter einer 20%ig. Ölemulsion an 4 Personen bewirkte bei 3 Thrombocytopenie u. Verzögerung der Blutgerinnung. — 21 Literaturangaben. (J. Lab. clin. Med. **39**. 176—83. Febr. 1952. Chicago, Ill., Northwestern Univ., Med. School, Dep. of Exp. Med.; Cook County Hosp.) KRUSEN. 4607

Friedrich Bruns und **Heinz Wüst,** *Über die Ausscheidung von Kreatinin, Kreatin, Kalium und anorganischem Phosphat im Harn von Kaninchen vor und nach Verabfolgung kleiner Mengen Alloxan.* Der Einfl. kleiner Mengen *Alloxan* (I), welche den Blutzucker nicht veränderten, auf die Ausscheidung von *Kreatin* (II), *Kreatinin* (III), *Kalium* (IV) u. *anorg. P* (V) im Harn von Kaninchen wurde untersucht. II u. III wurde mit der Pikratmeth. nach LIEB-ZACHERL, V mit der Molybdatmeth. (Reduktionsmittel Eikonogen), IV nach Veraschung u. Fällung durch Na-Kobaltnitrit manganometr. bestimmt. Die in Stoffwechselkäfigen gehaltenen Kaninchen erhielten nach einer Leerperiode von 8 bis 12 Tagen 60 bzw. 75 mg/kg I in 0,8%iger NaCl-Lsg. intravenös gespritzt, anschließend wurden im Abstand weniger Tage kleinere Dosen I (20—40 mg/kg) verabfolgt. Nach der 3. Injektion stieg die II-Ausscheidung erheblich an. Die Durchschnittswerte von IV stiegen ebenfalls an, während die V-Ausscheidung stark vermindert war. Die Ergebnisse werden diskutiert u. die Möglichkeit eines Antagonismus zwischen I u. Tocopherol beim Zustandekommen der II-Urie erörtert. (Z. ges. exp. Med. **119**. 1—5. 1952. Düsseldorf, Med. Akademie, Inst. für Physiol. u. Biochem.) WOLFGANG ALBRECHT. 4607

Antonia Notario, *Einfluß des Benzylimidazols auf das Gewebsglykogen der Ratte.* Vf. untersuchte bei Ratten die Wrkg. verschied. starker Dosen von *Benzylimidazol* (I) auf den *Glykogen* (II)-Geh. von Leber, Niere, Muskel u. Herz. Der Geh. an II hängt sehr von der Dosis I ab. Bei Leber u. Muskel nimmt II bei 12,5 mg I (in 5 Tagen) um ca. 50% zu

u. fällt aber bei höheren Dosen unter den Normalwert; dagegen steigt **II** im Herzen bei 25 mg **I** (in 5 Tagen) um 140% u. nimmt dann ebenfalls sehr stark ab. In der Niere ist anfänglich kaum eine Zunahme von **II** zu beobachten, doch ist die Abnahme bei hohen Dosen sehr stark (—50%). (Arch. Scienze med. **94.** (77) 116—19. Aug. 1952. Pavia, Univ., Ist. di Clin. Med. Generale e Terapia Med.) H. SCHEURLEN. 4607

P. Goffrini und **E. Bezzi,** *Schutzwirkung der pharmakologischen Blockierung des vegetativen Nervensystems in Hinblick auf die Erscheinungen des primären Wundschocks* Nach den Angaben von LABORIT (Acta Chir. Belg. **49.** [1949], 485). kann durch bestimmte Pharmaca der postoperative Schock vermieden werden. Vff. untersuchten am Hunde die Wrkg. nachfolgender Verbb.: *Procain* (**I**) 30 mg/kg, *Mefedin* (**II**; *1-Methyl-4-phenylpiperidin-4-carbonsäureäthylesterhydrochlorid*) 1,5 mg/kg, *Antipar* (**III**) 3.6 mg/kg (*Chlorhydrat* des *N-Diäthylamino-2-äthylbenzo-p-thiazins*), *Fargan* (**IV**; *2-Dimethylamino-1-methyl-N-äthyldibenzo-p-thiazin*) 0,75 mg/kg, *d-Tubocurarin* (**V**), 0,15 mg/kg, *Pendiomid* (**VI**) 1,5 mg/kg. Im einzelnen wurde festgestellt, daß **I**, **III**, **V** u. **VI** auf die Synapsen der Ganglien einwirken. **I**, **II**, **III** u. **IV** beeinflussen die chem. Überträgersubstanzen des vegetativen Nervensystems u. besitzen gleichzeitig einen sedativen u. analget. Effekt. Auf die Nervenzentren scheinen **I** u. **II**. in Art einer Hemmung einzuwirken, u. schließlich wird lokal die Irritationszone durch **I** gelähmt oder anästhet. gemacht. (Minerva med. [Torino] **44.** I. 341—47. 10/2. 1953. Parma, Univ., Ist. di Patologia Chirurgica e Propedeutica Clinica.) P. G. SCHEURLEN. 4607

A. Bobbio, P. Goffrini und **E. Bezzi,** *Die Blockierung des vegetativen Nervensystems und die künstliche Unterkühlung bei der Behandlung postoperativer Krankheiten.* (Vgl. auch vorst. Ref.) Hauptsächlich um die Schockgefährdung nach schweren Operationen zu verringern, versuchten Vff. die künstliche Unterkühlung bei mehreren Patienten, von denen 10 kasuist. referiert werden. Nach Vorbereitung mit Opiaten werden ca. 1000 ml einer Lsg. aus 3—4 g NaCl, 1—2 g Procain u. 100 mg *1-Methyl-4-phenylpiperidin-4-carbonsäureäthylesterhydrochlorid* (*Mefedina*; FARMITALIA) langsam infundiert. Gleichzeitig werden 50 mg *2-Dimethylamino-1-methyl-N-äthyldibenzo-p-thiazin* (*Fargan*; FARMITALIA) u. 50—100 mg *3.N.N.N'.N'-Pentamethyl-N.N'-diäthyl-3-azapentylen-1.5-diammoniumdibromid* (*Pendiomid*; CIBA) intramuskulär verabfolgt. Es tritt Temperaturerniedrigung (zum Teil bis auf 32°), mit einem Zustand verringerter Vitalität (künstlicher Winterschlaf) ein, der sich während u. nach Operationen günstig auswirkt. (Minerva med. [Torino] **44.** I. 331—41. 10/2. 1953. Parma, Univ., Ist. di Patologia Chirurgica e Propedeutica Clinica.) P. G. SCHEURLEN. 4607

Ignacio V. Ponseti und **William A. Baird,** *Skoliose und Aneurysma dissecans der Aorta bei Ratten, welche mit Samen von Lathyrus odoratus gefüttert wurden.* Weiße Ratten erhielten eine Diät, welche zu 50% Samen von Lathyrus odoratus enthielt. Bei sämtlichen Versuchstieren entwickelten sich eine Kyphoskoliose, wahrscheinlich bedingt durch eine Osteoporose mit nachfolgendem Kollaps einiger Wirbel. Bei 2 Ratten kam es zu einer Paraplegie bei schwerster Kyphoskoliose mit Rückenmarkskompression. Aneurysmen der Brustaorta wurden bei 6 von 8 interkurrent sterbenden Tieren gefunden, dabei waren die Wirbeldeformierungen noch gering. Tox. Schädigungen der Leber, Niere oder anderer Organe wurden nicht beobachtet. Die Samen von Lathyrus odoratus scheinen demnach einen tox. Faktor zu enthalten, der die Bldg. organ. Knochengewebes, die Entw. der Aorta u. möglicherweise anderer mesodermaler Gewebe stört. (Amer. J. Pathol. **28.** 1059—64. Nov./Dez. 1952. Iowa City, Iowa, State Univ. of Iowa, Dep. of Orthopedic Surg.) ZELLER. 4608

Heinz Teller, *Über Behandlung katarrhalischer, intestinaler und pectoraler Staupe mit Lachesis.* Durch Behandlung von 64 Fällen mit katarrhal., intestinaler u. pectoraler Staupe bei Hunden mit 2—3 Injektionen von nach Größe der Tiere 5—20 ml *Lachesis* in Abständen von 2—4 Tagen konnte bei 61 Tieren Heilung erzielt werden. — 11 Literaturangaben. (Mh. Veterinärmed. **7.** 339—43. 1/9. 1952. Lößnitz i. E.) KRUSEN. 4610

R. Teuscher, *Sulfanilamid pulv. und Sulfanilamid-Uterusstäbe in Veterinärchirurgie und Veterinärgynäkologie.* Mit beiden Präpp. konnte Vf. prophylakt. in der Veterinärchirurgie u. zur Verhinderung von uterinen Streptokokken- u. Staphylokokkeninfektionen bei Geburten u. Schnittentbindungen gute Erfolge erzielen. Zur Therapie ist *Sulfanilamid* allein jedoch nicht ausreichend, sondern kann nur unterstützend wirken. (Mh. Veterinärmed. **7.** 50—51. 1/2. 1952. Schkeuditz.) KRUSEN. 4610

S. F. M. Davies und **S. B. Kendall,** *Toxizität von Sulfachinoxalin (2-Sulfanilamidochinoxalin) für Küken.* Während bei Verfütterung eines 0,025—0,05% *Sulfachinoxalin* (**I**) enthaltenden Futters an Küken u. Legehühnern keine Giftwrkg. zeigte, wurden durch Verabreichung von 0,0645% **I**-Na enthaltendem W. tox. Symptome in Form von Leber-, Nieren-, Herz- u. Milzschäden u. Hämorrhagien hervorgerufen. Die Toxizität von **I** wird demnach durch die Art seiner Applikation, außerdem auch durch Umweltsbedingungen u.

Alter der Küken u. Hühner beeinflußt. (Veterin. Res. **65.** 85—88. 7/2. 1953. Weybridge, Veterin. Labor.) KRUSEN. 4610

Antonio Zinghi, *Die Actinobacillosis in der Provinz Ancona.* Vf. berichtet über direkte u. indirekte Diagnose der Actinobacillosis bei Rindern u. ihre erfolgreiche chirurg. u. medimakentöse Behandlung (intravenöse Gabe von *Zooseptil* [*Actinovete*]; STABILIMENTO CHIMICO ZAMBON). (Agric. ital. **52.** ([N. S.] 7) 99—101. Mai 1952.) H. SCHEURLEN. 4610

J. K. H. Wilde und **J. Robson,** *Die Wirkung von 3 neuen Phenanthridinverbinbindungen gegen Trypanosoma congolense bei Zeburindvieh.* Vff. untersuchten 3 neue Phenanthridinverbb., bei denen die am N befindliche CH_3-Gruppe des *Dimidiumbromids* (**I**) durch C_2H_5 (*RD 1572*), C_3H_7 (*RD 1427*) u. $CH_2—CH=CH_2$ (*RD 1446*) ersetzt worden war. An 93 Zeburindern wurde die therapeut. Wrkg. auf T. congolense-Infektion untersucht u. gefunden, daß RD 1572 u. RD 1427 besser trypanocid gegen T. congolense wirken als **I.** RD 1572 hatte in Dosen von 0,9 u. 0,3 mg/kg geringere Wrkg. als 0,5 mg/kg. Toxizitätsvers. wurden nicht gemacht, doch ist RD 1572 nicht toxischer bei einer Dosis von 0,9 mg/kg als **I** bei 1,0 mg/kg. RD 1572 wird jetzt als *Ethidiumbromid* bezeichnet. (Veterin. Rec. **65.** 49—51. 24/1. 1953. Mpwapwa, Tanganyika Territory, Veterin. Res. Labor.) K. BÖHM. 4610

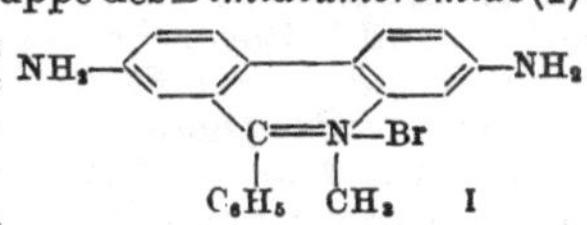

I

M. Danneel, *Die Behandlung der Kaninchensyphilis mit Neo-Arsoluin* (*früher Arsaminol*). Syphilit. Kaninchen wurden nach 2—3maliger Injektion von je nach Größe der Tiere 0,025—0,075 g *Neo-Arsoluin* (VEB FAHLBERG-LIST, Magdeburg) geheilt. Bei den hohen Dosen erfolgte gelegentlich Schwellung u. Anknabbern der hinteren Gliedmaßen. (Mh. Veterinärmed. **7.** 404—05. 15/10. 1952. Halle/Saale, Tiergesundheitsamt.) KRUSEN. 4610

W. S. Linton, E. Rabinovitz und **M. Olie,** *Isonicotinsäurehydrazid. Einige sensorische Störungen während der Therapie.* Bei der Behandlung von 59 Tuberkulosefällen mit täglich 2—10 mg/kg *Isonicotinsäurehydrazid* (**I**) traten bei 13 Patienten, bes. bei höherer Dosierung, sensor. Störungen in unterschiedlicher Stärke auf, die das Bild einer peripheren Neuritis aufwiesen. Bericht über 5 Fälle. (South African med. J. **26.** 889—90. 8/11. 1952. Springkell, Chamber of Mines Sanatorium.) KRUSEN. 4610

J. Tapia Sanz und **P. Belenguer Ripollés,** *Ein durch TB 1 verursachter Todesfall mit Agranulocytose und Hämorrhagie.* Es wird der Fall einer 30jährigen Patientin mit leichten tuberkulösen Läsionen beschrieben. Nach 1 Monat Behandlung mit *TB 1* (100 mg täglich) ohne weitere Medikamentation trat schwere Agranulocytose ein. Der Tod erfolgte durch Hämorrhagie infolge der Korrosion eines Arterienzweiges des Pharynx, bei dem durch einen nekrot. Prozeß in wenigen Tagen die gesamte Struktur der weichen Region zerstört war. (Rev. clín. españ. **44.** 44—48. 15. 1. 1952. Sierra Espuña, Sanatorio.) KRAFT. 4610

G. Izar, *Die moderne Therapie der Infektionskrankheiten und ihre Auswirkungen auf die Prophylaxe.* Zusammenfassender Überblick über die Behandlungsmethoden verschied. Infektionskrankheiten mit besonderer Beachtung der Therapie mit *Isonicotinsäurehydrazid* u. mit *Antibioticis.* (Athena [Rass. mens. Biol., Clin. Terap.] **18.** 209—16. Mai 1952. Siena, Univ., Clin. Med. Generale e Terap. Med.) H. SCHEURLEN. 4610

Bernard Friedman, Llewellyn Sale jr. und **Alfred Goldman,** *Die Wirkung von Paraaminosalicylsäure* (*PAS*) *auf die Resistenzentwicklung von Tuberkelbazillen gegenüber Streptomycin.* In einem 13 Wochen dauernden Vers. erhielten 24 Patienten mit vorgeschrittener Lungentuberkulose täglich 1 g *Dihydrostreptomycin* (**I**), 25 1 g *Streptomycin* (**II**) + 4mal 2,5 g *PAS* täglich u. 25 Patienten **I** + *PAS.* Vff. konnten so zeigen, daß durch *PAS* eine deutliche Verzögerung der Resistenzentw. von Tuberkelbacillen hervorgerufen wird, die bes. deutlich bei **I** ist. Hierbei waren noch 27 Wochen nach Beginn der Therapie nur 6% der Patienten teilweise resistent, bei **II**+PAS 26% u. bei **I** allein 45%. Negative Kulturen zeigten bei **I** nach 27 Wochen 28%, bei **I** + PAS 44% u. bei **II** + PAS 53%. (Amer. J. med. Sci. **224.** 53—56. Juli 1952. St. Louis, Miss., Washington Univ., School of Med., Dep. of International Med.; Robert-Koch-Hosp.). KRUSEN. 4610

J. Winthrop Peabody, *Gegenwärtige Richtung in Diagnose und Therapie der Lungenerkrankungen.* Übersichtsreferat. Im Hinblick auf den Wert für die Diagnose bei Erkrankungen der Atmungswege werden eine Reihe von Testen (Röntgenographie unter Berücksichtigung der Bronchographie, Fluoroskopie u. Angiocardiographie) besprochen. Bzgl. der Therapie werden die Erfolge der antibakteriellen Behandlung mit *Sulfonamiden* u. *Antibioticis* herausgestellt. (J. Amer. med. Assoc. **150.** 1469—76. 13/12. 1952. Washington, D. C., Georgetown Univ., Med. School.) DOSSMANN. 4611

Angust Foggie, *Die Behandlung der Zeckenpyämie bei Lämmern mit Penicillin.* Von 167 Lämmern, die an Zeckenpyämie litten u. am 1. Tag mit 30000, am 2. u. 3. Tag mit je 20000 E. *Penicillin* (I) behandelt wurden, überlebten 71,2%, von nicht behandelten 63,2%. Die überlebenden Tiere, die I erhalten hatten, erreichten schneller wieder den n. Gesundheitszustand als die Kontrollen. (Veterin. Rec. **65.** 169—71. 14/3. 1953. Edinburgh, Moredun Inst.) KRUSEN. 4611

Monroe J. Romansky und **George A. Kelser,** *Antibiotische und chemotherapeutische Mittel bei Infektionen der Atemwege.* Die bei Infektionen der Atemwege, wie Diphtherie u. den verschied. Arten der Pneumonie, pathogen auftretenden Bakterien reagieren meist auf wss. *Procain–Penicillin* in Dosierungen von 3—4·10^5 E. intramuskulär alle 24 Std. oder 6—8·10^5 E. alle 48 Stunden. In vielen Fällen erweist sich die Verabreichung in unterteilten Dosen als günstiger. *Aureomycin, Chloramphenicol* u. *Terramycin* 0,5 g alle 6 Std. oral bei leichten Fällen oder zuerst 1 g als Initialdosis bei sonst gleicher Dosierung in schwereren Fällen versprechen gleichfalls gute Ergebnisse, bes. bei unsicherer bakteriolog. Diagnose oder bei Vorliegen von Mischinfektionen, Q-Fieber u. Psittacosis. Moniliasis ist durch *Antibiotica* u. *Chemoterapeutica* nicht zu beeinflussen. Besprechung der Nebenerscheinungen. (J. Amer. med. Assoc. **150.** 1447—49. 13/12. 1952. Washington, D. C., George Washington Univ., School of Med., Dep. of Med., u. Gallinger Municipal Hosp.) DOSSMANN. 4611

Wallace E. Herrell, *Antibiotische und chemotherapeutische Mittel bei Infektionen der Blutbahn und des Herzens.* Besprochen werden die auf verschied. Erreger zurückzuführenden Bakteriämien; je nachdem, welcher Erreger vorliegt, kommt für die Therapie *Penicillin* (I), *Streptomycin, Aureomycin* oder *Terramycin* in Frage. Bei jeder Therapie ist zu berücksichtigen, ob wegen früherer antibiot., speziell I-Behandlung mit Auftreten von Resistenz oder Allergie zu rechnen ist. Auch *Chloramphenicol* erwies sich als erfolgreich. Beim Erreger Pseudomonas ist *Polymyxin* das Mittel der Wahl. Dosierungen u. Kombinationstherapien mit den angeführten Mitteln u. Sulfonamiden werden besprochen. Bei subakuter bakterieller Endocarditis ist I das Mittel der Wahl; allerdings ist bei hohen I-Dosen mit dem Auftreten von Arzneimittelfieber zu rechnen. Schwere allerg. I-Rkk. sind mit 100—150 mg *Cortison* über 2—3 Tage zu kompensieren. (J. Amer. med. Assoc. **540.** 1450—55. 13/12. 1952. Rochester, Minn., Mayo Clinic.) DOSSMANN. 4611

W. A. Altemeier und **Thomas Largen,** *Antibiotische und chemotherapeutische Mittel bei Infektionen des Skelettsystems.* Bei akuter hämatogener Osteomyelitis ist *Penicillin* (I) das Mittel der Wahl, 5·10^4 E. alle 3 Std. über 3 Wochen. Bei Auftreten von I-Resistenz ist erfolgreiche Weiterbehandlung mit *Terramycin, Chloramphenicol* oder *Aureomycin* möglich, daneben die übliche unterstützende Therapie. Gleichfalls sehr gute Erfolge bei akuter eitriger Arthritis. Bei chron. Verlauf dieser Krankheiten sind die Erfolge nicht so eindrucksvoll. Skelettuberkulose ist allein mit *Antibioticis* nicht zu heilen, diese Fälle müssen chirurg. mit *Streptomycin* als Adjuvans behandelt werden. Syphilit. Knochenläsionen sind mit I günstig zu beeinflussen, Actinomycosis reagiert sehr langsam auf I-Therapie, unter Umständen in Kombination mit *Sulfadiazin* oder *Sulfamerazin* über 6 Monate bis zu einem Jahr. Blastomycot. Osteomyelitis reagiert nicht auf antibiot. Behandlung. (J. Amer. med. Assoc. **150.** 1462—68. 13/12. 1952. Cincinnati General Hosp. u. Univ. of Cincinnati.) DOSSMANN. 4611

Reed M. Nesbit und **W. C. Baum,** *Antibiotische und chemotherapeutische Mittel bei Infektionen des Urogenitalsystems.* Im allg. ist *Procain–Penicillin-G* in Sesamöl bei einer Dosierung von 3·10^5 E. täglich über 5 Tage bei Infektionen der Harn- u. Geschlechtsorgane wirksam, auch *Sulfonamide, Sulfadiazin* oder *Sulfisoxazol-Gantrisin,* 1—2 g alle 6 Std. mindestens 1 Woche lang. Ist ein breiteres bakterielles Spektr. zu bekämpfen, dann Therapie mit *Aureomycin, Chloramphenicol* u. *Terramycin* 500 mg sechsstündlich über 7 Tage. Bei Resistenz werden neuerdings *Polymyxin,* 2,5 mg/kg täglich intramuskulär, oder *Neomycin* 250 mg sechsstündlich oral über 7 Tage verabreicht, aber nicht, wenn schlechte Nierenfunktion vorliegt. Der Einfl. kombinierter Therapie bei Mischinfektionen auf das Wachstum der verschied. Bakterienarten wird diskutiert. (J. Amer. med. Assoc. **150.** 1459—62. 13/12. 1952. Ann. Arbor, Mich.) DOSSMANN. 4611

John Davis Hughes, *Antibiotische und chemotherapeutische Mittel bei Krankheiten des gastrointestinalen Traktes.* Die erfolgreichste Meth. zur Behandlung von Typhus beruht auf oraler Verabreichung hoher Dosen *Chloramphenicol* (I), Initialdosis 50 m/kg, über 2 Wochen. *Streptomycin* ist das Mittel der Wahl bei tuberkulöser Enteritis. Sofern es der Patient verträgt, ist die wirksame Dosis 0,5 g zweimal täglich intramuskulär bis zu 120 Tagen. Da Entamoeba hystolytica durch *Antibiotica* (II) u. *Sulfonamide* (III) nicht angegriffen wird, sind bei Amöbenruhr die älteren Präpp. nicht zu ersetzen. Die Mittel der Wahl sind: *Bismutoxy-p-glykolylarsanilat* (*Milibis*), *Carbarson, Dijodoxychinolin, Vioform = 5-Chlor-7-jod-8-oxychinolin, Chlorochinphosphat, Chiniofonn* u. *Emetin.* Bei Bacillenruhr sind II u. III gleichwertig, bei Peritonitis ist *Aureomycin* (IV) das Mittel der Wahl, gute Erfolge auch mit Kombinationen von I oder *Penicillin* mit III. Zur Vorbereitung bei Bauchoperationen wird orales **IV**, 750 mg 4mal täglich, empfohlen, daneben behalten die anderen, **II** u. **III**, ihren Wert. (J. Amer. med. Assoc. **150.** 1456—59. 13/12. 1952. Memphis, Tenn.) DOSSMANN. 4611

J. Fouquet, L. Teyssier, V. Heimann, C. Giraud und **Cl. Pingusson,** *Über die osteoartikulären Tuberkulosen, die im Verlauf der mit Streptomycin behandelten Miliartuberkulosen unverhofft auftreten.* Osteoartikuläre Komplikationen wurden durch Antibiotica während der Miliartuberkulose vermindert, jedoch nicht völlig aufgehoben. (Rev. Tuberculose [5] **16.** 348—54. 1952. Paris.) ITZEROTT. 4611

G. Despierres, *Die Encephalopathien im Verlauf der Streptomycintherapie.* Im Verlauf von mit *Streptomycin* oder *Dihydrostreptomycin* behandelten Tuberkulosen traten bei 4 Fällen Encephalopathien auf, die entweder auf Toxizität oder Unverträglichkeit der Medikamente zurückgeführt werden könnten. Das beobachtete Material ist noch zu gering, um Genaueres über diese Schädigungen aussagen zu können. (Rev. Tuberculose [5] **16.** 392—96. 1952. Lyon.) ITZEROTT. 4611

Fco. Ruiz-Sánches, Miguel Quizada, Mario Paredes, Josefina Casillas und **Rebeca Riebeling,** *Chloramphenicol bei Malaria.* Bericht über 15 Fälle, in 13 Fällen wurde *Plasmodium vivax,* in einem *P. falciparum* u. in 2 Fällen Mischinfektion nachgewiesen. Verlbreicht wurden 50—75 mg/kg *Chloramphenicol* (I) täglich. Dauer der Behandlung in 13 Fällen 8 Tage, 6 bzw. 10 Tage bei den restlichen 2 Fällen. Die Infektion konnte schnell unter Kontrolle gebracht werden. Während *P. vivax* innerhalb von 2—10 Tagen verschwanden, waren es bei *P. falciparum* im gleichen Zeitraum nur die sexuellen Formen; auf die Gameten blieb **I** ohne Einfluß. Keine Rezidive innerhalb von 3 Monaten. Nach Vff. wird der Verlauf der Malaria durch **I**-Therapie entschieden verändert, **I** ist aber den üblichen Malariamitteln unterlegen. Die wirksame Minimaldosis von **I** bleibt noch zu bestimmen. (Amer. J. trop. Med. Hyg. **1.** 936—40. Nov. 1952. Guadalajara Jal., Mexico, Univ. of Guadalajara, Inst. de Patologia Infecciosa experimental.) DOSSMANN. 4611

Edith M. Darrow, Wendell D. Gingrich und **Joanna Hull Prine,** *Die Wirkung von Antibioticis auf experimentelle Malaria. (Plasmodium cathemerium und Plasmodium berghei.)* Gegenüber mit *Plasmodium cathemerium* (P.c.) infizierten Kanarienvögeln haben *Aureomycin* (I) u. *Terramycin* (II) deutliche prophylakt. Wrkg., völliger Schutz wird nur bei mindestens 10tägiger Verabreichung erzielt. Die **I**-Wrkg. entspricht etwa derjenigen von *Chinin* (III), die **II**-Wrkg. ist geringer. *Chloramphenicol* (IV) zeigt nur in Dosen, die an der Grenze der Verträglichkeit liegen, einen schwachen Effekt. Eine Heilwrkg. war mit diesen Mitteln allein oder in Kombination mit **III** nicht zu erzielen. **I, II** u. **IV** unterdrücken auch *Plasmodium berghei* (P.b.)-Infektionen bei weißen Mäusen, **I** = **III, II** u. **IV** erreichen die Wrkg. von **III** nicht. Die gegenüber P.c. weiter untersuchten Mittel *Dihydrostreptomycin, Neomycin* (V), *Rimocidin, Thiolutin* u. 2 gegen Brucella akt. Nährbrühen waren völlig unwirksam; das war auch der Fall mit **V** gegenüber P.c. Neuerdings scheint gegen P.c.-Infektionen eine prophylakt. Wrkg. mit *Metachloridine* u. *Endochin* erreicht zu sein. (Amer. J. trop. Med. Hyg. **1.** 927—31. Nov. 1952. Galveston, Tex., Univ. of Texas, Med. Branch, Dep. of Bacteriol.) DOSSMANN. 4611

William D. Hayford und **Burton A. Weisbren,** *Wirkung gleichzeitiger Verabfolgung von Aureomycin und Aluminiumhydroxydgel auf fäcales Urobilinogen.* 5 Frauen ohne Magen-, Darm- oder Leberschaden erhielten 0,5 g *Aureomycin* (I) (LEDERLE LABOR., AM. CYANAMID CO., New York) mit 15 ml $Al(OH)_3$-Gel (**II**) (WYETH INCORP., Philadelphia) per os für 6—7 Tage. Es trat keine sichtbare Abnahme des Stuhl-Urobilinogens ein. Desgl. nicht bei Kontrollpersonen, die nur $Al(OH)_3$ erhalten, aber bei solchen, die nur **I** erhalten hatten. In vitro wuchs Bac. cereus noch bei einer Konz. von 2,5 γ pro ml **I**, wenn **II**, u. starb ab bei einer Konz. von 0,15 mμ pro ml **I**, wenn **I** allein zugesetzt wurde. Der **I**-Blutspiegel stieg weniger an bei Zugabe von $Al(OH)_3$. (Surgery **31.** 361—64. März 1952. Minneapolis, Minn., Gen. Hosp., u. Univ. of Minnesota, Med. School.) BROSEMANN. 4611

William R. Sandusky, Constance F. Keeble, William P. Wharton und **Richard N. Taylor,** *Der prophylaktische Gebrauch von Terramycin bei experimenteller Clostridium welchii-Infektion von Meerschweinchen.* In die Glutäalregion wurde Meerschweinchen eine *Clostridium welchii*-Kultur injiziert: 75 erhielten kein *Terramycin* (I). Alle wurden infiziert, 15% überlebten die Beobachtungszeit von 7 Tagen, 29 erhielten 10 Min. nach der Injektion 0,5—2 mg **I**/kg (*Mono-Na-Salz;* CHAS. PFIZER & CO., INC., Brooklyn, N. Y.). Bei 55% wurde die Infektion verhütet, die anderen überlebten 7 Tage. 85 Tiere bekamen 3—100 mg **I**/kg Gewicht, keines wurde infiziert. (Surgery **31.** 365—66. März 1952. Charlottesville, Va., Univ. of Virginia, Dep. of Med., School of Surgery.) BROSEMANN. 4611

Paul P. Weinstein, Bernard T. Garfinkel und **Milton M. Miller,** *Behandlung eines Falles von Balantidium-Dysenterie mit Terramycin.* Bericht über erfolgreiche *Terramycin* (I)-Behandlung eines Falles mit Dysenterie, bei dem im Stuhl Throphozoiten von *Balantidium coli* u. einige Tage später *Plasmodium vivax* nachgewiesen wurden. Behandlung 5 Tage lang mit *Atebrin,* wobei der Stuhl positiv blieb, dann Übergang zu I-Therapie, Initialdosis 2 g am 1. Tag, dann I-Verabreichung in 0,5 g-Dosen weitere 10 Tage, insgesamt 17 g. Die Erreger verschwanden 2 Tage nach Beginn der I-Therapie. (Amer. J. trop. Med. Hyg. **1.** 980—81. Nov. 1952. Armed Forces Epidemiological Board, Commission on Enteric Infections, Joint Dysentery Unit.) DOSSMANN. 4611

E. Morassutti, *Das Terramycin bei chirurgischen Infektionen.* Klin. Bericht über 9 Fälle von verschied. chirurg. Infektionen, die mit *Terramycinchlorhydrat* (oral, 4 bis 5 Tage, 2 g/Tag) mit gutem Erfolg behandelt wurden. (Athena [Rass. mens. Biol., Clin. Terap.] **18.** 217—22. Mai 1952. Firenze, Univ., Clin. Chirurg. Generale.) H. SCHEURLEN. 4611

Jeanne C. Bateman, J. Roland Barberio, Paul Grice, Calvin T. Klopp und **Howard Pierpont,** *Tödliche Komplikationen der intensiven antibiotischen Therapie bei Patienten, mit neoplastischen Krankheiten.* Bericht über 13 schwerkranke Fälle, 12 mit Carcinom, einer mit Nierensteinen u. hartnäckiger Infektion der Harnwege; 9 Fälle erhielten intravenös kristallines *Terramycinhydrochlorid* (I) gepuffert mit *Na-Glycinat* in Dosen von 0,5—1 g verd. mit 30 cm^3 dest. W., bei einem Fall wurden 0,5 g I in 500 cm^3 5% Dextrose enthaltendem dest. W. verdünnt. Gesamt-I-Menge 4—28,25 g in 4—17 Tagen. 3 Fälle erhielten mehrere Injektionen von kristallinem *K-Penicillin-G* (II) in Dosen von je $12 \cdot 10^6$ E. in 30 cm^3 dest. W. 4—8stündlich. Bei 8 der mit I behandelten Patienten trat außer ausgeprägter Hypotonie schnell fortschreitende, zum Tode führende Azotämie auf. 3 der mit II behandelten Fälle starben plötzlich nach der 3. bzw. 4. II-Injektion, der 3. Fall erholte sich. Offenbar wird bei geschwächter Nierenfunktion die Ausscheidung von I u. II in so hohem Maße verlangsamt, daß tox. I- u. II-Blutspiegel auftreten. (A. M. A. Arch. intern. Med. **90.** 763—73. Dez. 1952. Washington, D. C., Cancer Clinic u. George Washington Univ., School of Med., Dep. of Med. and Surg.) DOSSMANN. 4611

A. Matras, *Die Mykosen der Füße und Hände und ihre Behandlung.* Wiedergabe eines Vortrages, in dem Vf. u. a. darauf hinweist, daß Antibiotica in der Behandlung von Dermatomykosen wirkungslos sind. (Wiener med. Wschr. **103.** 1—3. 3/1. 1953. Wien-Lainz, Städt. Krankenhaus.) KRUSEN. 4611

H. Sekijima und **L. D. Fink,** *Wirkung der Hyaluronidase auf die Toxizität von Procain und Tetracain bei der Maus.* Subcutan injizierte *Hyaluronidase* (I) erhöhte die Toxizität von *Procain* u. *Tetracain* bei Mäusen nicht wesentlich. Der Maximalblutspiegel wurde nicht verändert, nur mit I schneller erreicht. (Proc. Soc. exp. Biol. Med. **80.** 158—61. Mai 1952. Seattle, Wash., Univ. of Washington, School of Med., Dep. of Pharmacol.) GIBIAN. 4614

Benjamin Rush jr. und **Eugene E. Cliffton,** *Der Einfluß von Trypsin auf die Pathogenese der akuten hämorrhagischen Pankreatitis und die Wirkung eines antitryptischen Stoffes in der Behandlung.* (Surgery **31.** 349—60. März 1952. New Haven, Conn., Yale Univ., School of Med., Dep. of Surg.) BROSEMANN. 4614

R. R. Margulis und **B. E. Brush,** *Der Gebrauch von Fibrinolysin bei chirurgischen Komplikationen.* Vff. berichten über ihre Erfahrungen mit *Fibrinolysin,* das sie zur Verflüssigung von Hämatomen u. Bronchialsekret, infizierten Wunden u. Atelektasen bei über 100 Fällen anwandten. Gute Erfolge wurden berichtet. (A. M. A. Arch. Surgery **65.** 511—21. Okt. 1952. Detroit, Henry Ford Hosp.) REICHLE. 4614

R. B. Ssarmanajew, *Behandlung der Amphodentose (Alveolarpyorrhöe) mit der Penicillin–Novocain-Blockade.* 179 Amphodentose-Patienten erhielten jeden 2. Tag, insgesamt 6—8mal, lokale Injektionen von 3—4 cm^3 0,5%ig. *Novocain*-Lsg. mit 20000 I.E. *Penicillin* pro 1 cm^3 um die erkrankten Zähne. Gleichzeitig wurde die übliche lokale medikamentöse Behandlung angewandt. Die Blockaden erwiesen sich als sehr wirksam u. einfach durchführbar. (Стоматология [Stomatologie] **1952.** Nr. 4. 22—24.) RENTZ. 4621

H. Watrin und **W. Spiegelhoff,** *Über die Blutdruckreaktionen nach Periduralanästhesie und Pendiomid.* Nach TÖNNIS wird die Indikationsstellung für die Sympathektomie u. a. durch die Blutdruck-Rk. auf die Periduralanästhesie abgegrenzt. Vff. stellen sich die Frage, ob man diesen Eingriff durch einen weniger belastenden ersetzen kann. Sie vergleichen die *Pendiomid* (I)-Wrkg. bei intramuskulärer Injektion mit der der Periduralanästhesie u. kommen zu dem Schluß, daß die Empfindlichkeit des Blutdrucks gegenüber beiden Testverff. gleich ist. I kann daher die Periduralanästhesie ersetzen. (Die Medizinische **1952.** 1529—30. 29/11. Köln-Lindenburg, Univ., Med. Klinik.) SCHÜMANN. 4621

M. M. Ragab, Z. Aziz und **Maurice N. Mikhail,** *Beobachtungen über die Wirkung von Anthisan auf Sekretion und Motilität des Magens bei nichtpeptischem und peptischem Ulcus.* An 20 Patienten zum Teil mit nichtpept. a), zum Teil mit pept. b) Magenulcus wurde die Wrkg. von *Anthisan* (I) geprüft. Die Menge, freie u. gesamte Acidität, wird durch I verringert, bei a) stärker als bei b). In allen Fällen werden Magenmotilität u. -tonus erniedrigt. I verringert auch die durch Prostigmin hervorgerufene übermäßige Kontraktion des Magens. (J. Roy. Egypt. med. Assoc. **35.** 192—97. 1952. Alexandria, Farouk I. Univ., Fac. of Med.) LOCH. 4625

P. Siderius, *Die broncholytische Wirkung von N-tert.-Butylarterenol und o-Methoxy-β-phenylisopropylmethylamin (Orthoxin) in vivo.* Die Fähigkeit, einen durch *Acetylcholin* ausgelösten Bronchospasmus beim Meerschweinchen zu hemmen, ist für *dl-N-tert.-Butylarterenol* 2,5mal stärker als bei *l-Epinephrin.* Dagegen hat *Orthoxin* (*o-Methoxy-β-phenylisopropylmethylamin*) nur $^1/_{1000}$—$^1/_{10000}$ der broncholyt. Wrkg. des *l-Epinephrins* (Meth. nach HALPERN). (Acta physiol. pharmacol. neerl. **2.** 546—52. 1951/52. Groningen, Univ., Dep. of Pharmacol.) DAUTZENBERG. 4628

Irvine H. Page, R. D. Taylor und **A. C. Corcoran,** *Die Behandlung des schweren arteriellen Hochdrucks mit Hexamethonium und Hydrazinophthalazin.* Nach klin. Prüfung des *Hexamethoniums* (I) u. *Apresolins* (II) an einem großen Krankengut kommen Vff. zu dem Schluß, daß beide wertvolle Therapeutica zur Behandlung des arteriellen Hochdrucks darstellen. Bei I u. II müssen Nebenwirkungen (Kreislauf mit verschieden starkem orthostat. Hypotonus, Einschränkung der Eßlust, Obstipation u. gegebenenfalls paralyt. Ileus, Mydriasis, Trockenheit in Mundhöhle u. Pharynx, Blasenentleerungsstörungen, Impotenz u. Ejakulationsstörungen) u. ihr Dosierungsmodus berücksichtigt werden. I wird am besten subcutan gegeben, wobei langsam die Dosen gesteigert werden. Nur ein Teil der Patienten spricht auf I-Therapie an, dasselbe gilt für II. (Die Medizinische **1952.** 1515—18. 29/11. Ohio, Res. Div. of the Cleveland Clinic Found., u. Cleveland, O., Frank E. Bunts Educat. Inst.) SCHÜMANN. 4630

Cl. Olivier, *Die intradermale Heparinbehandlung. Anwendung bei der Prophylaxe und Therapie der Phlebitis.* Als beste Therapie der Thrombophlebitis hat sich eine Kombination von *Heparin* (I) u. Cumarinabkömmlingen bewährt. Diese Behandlung ist aber der Klinik vorbehalten. In der allg. Praxis kann statt dessen auch I allein angewandt werden (intravenös oder intradermal). Bei intradermaler Applikation bleiben für gewöhnlich die unangenehmen Hämatombildungen aus, die bei intramuskulärer Injektion beobachtet werden. Die Wrkg. ist bei beiden Applikationen gleich. (Presse méd. **61.** 503—04. 4/4. 1953. Paris, Salpetrière.) P. G. SCHEURLEN. 4630

H. Argelander, *Kritisches zur Ulcus-Therapie mit Succus liquiritiae.* Vf. weist auf die scharf zu unterscheidende Behandlung des Ulcusrezidivs (mit guter Heilungstendenz) u. einer Therapie der Ulcuskrankheit hin. Die Lakritzekur führt bei Behandlung des Ulcusrezidivs zu einem Fortschritt, kann aber zu schweren Nebenerscheinungen, bes. bei ambulanter Behandlung mit unbekannter Dosierung, führen. (Aerztl. Wschr. **7.** 822—24. 29/8. 1952. Berlin-Schöneberg, Auguste-Viktoria-Krankenhaus.) BRATFISCH. 4645

E. Lienert und **H. Mathois,** *Überprüfung der Zweckmäßigkeit weiterer Tierkohlekombinationen bei infektiösem Darmkatarrh.* (Vgl. C. **1952.** 7694.) Es wird gezeigt, daß die Adsorptionskraft von Carbo medicinalis in Kombinationspräpp. mit metall. Adstringentien, salin. Abführmittel, Pepsin u. Salol prakt. nicht beeinflußt wird. Demnach liegt eine solche Beeinflussung nur bei Kombination mit Acidum tannicum vor. (Wiener tierärztl. Mschr. **39.** 540—41. Sept. 1952. Wien, Tierärztl. Hochsch., Lehrkanzel für Pharmakol.) H.-J. KOCH. 4645

Johannes Brüggemann und **Kurt Bronsch,** *Modellversuche zur Verwendung von Adsorptionsmitteln in der Tiermedizin.* Modellverss. mit Adsorbentien, die für den Verdauungstrakt der Haustiere verwendet werden könnten, werden durchgeführt. Selektive Adsorption einer der gewählten Modellsubstanzen von einer bestimmten Kohlesorte ließ sich nicht feststellen. Die gewünschte Adsorption von Bakterien u. Toxinen durch ein Adsorbens bewirkt zugleich Mitadsorption von Verdauungsfermenten u. anderen Wirkstoffen. Anwendung von Adsorbentien über die Zeit einer akut einwirkenden Noxe hinaus kann für den Organismus schädigend wirken, da der Aufschluß u. die Resorption von Nahrungsbausteinen sowie der Stoffwechsel teilweise gehemmt oder zum mindesten dadurch beeinflußt werden kann. (Mh. prakt. Tierheilkunde **4.** 246—58. 1952. München, Univ., Inst. für Physiol. u. Ernährung der Tiere.) ITZEROTT. 4645

Hans Meisel, *Die Behandlung der Wurminfektionen in der Praxis.* In 20 Oxyuriasisfällen, 6 Spulwurm- u. 4 Bandwurminfektionen konnte Vf. durch 1—2 Kuren mit

Vermella völlige Entfernung der Parasiten ohne Nebenerscheinungen erzielen. Der Wirkstoff ist ein *halogeniertes Oxyderiv. des 1-Methyl-4-isopropylbenzols.* (Die Medizinische **1952.** 1199. 20/9. Hamburg-Niendorf.) KRUSEN. 4649

Wilhelm Schulze, *Über die Anwendung von Suscaridin, einem Spulwurmmittel für Schweine auf Fluornatriumbasis.* Bei Schweinen konnte durch Verabreichung von 500 g *Suscaridin* (1% *NaF*, pflanzliche Füllstoffe) nach 24 Std. Abgang der Ascariden erzielt werden. Gleichzeitige Milchzufuhr u. höhere Dosen führen zu Erbrechen. (Mh. Veterinärmed. **7.** 66—67. 15/2. 1952. Leipzig, Univ., Klinik u. Poliklinik für kleine Haustiere.) KRUSEN. 4649

Rolf Carleson und **Per Garsten,** *Wundbehandlung mit Septofyllin unter besonderer Berücksichtigung der Wirkung auf chronische Ulcera.* Es wurden 32 Fälle mit Geschwüren, Wunden u. Verbrennungen mit *Septofyllin* (Kombination von wasserlösl. *Chlorophyll* u. *Octadecyldimethyläthylammoniummethosulfat*; KABI) als Salbe oder Lsg. behandelt. Gute Erfolge. Nebenerscheinungen bei einigen Patienten durch Auftreten eines leichten Juckreizes. (Nordisk Med. **47.** 412—16. 28/3. 1952. Stockholm, Serafimerlasarettet.) LOCH. 4660

Peter Ahnfelt, *Lokalbehandlung von Steincystitis.* Nach vergeblicher vierjähriger Behandlung einer Steincystitis konnte Heilung durch lokale Anwendung von „*Lösung G*" (vgl. ANDERSEN, Nordisk Med. **42.** [1949.] 1840) mittels Katheter erreicht werden. Die Lsg. ist eine wss. Zubereitung von 6,54 g MgO u. 32,25 g Citronensäure/Liter mit einem p_H von ca. 4. (Nordisk Med. **47.** 432—33. 28/3. 1952. Bergen, Norwegen, Gades Inst.) LOCH. 4670

Werner Cramer, *Die medikamentöse Behandlung der Analleiden mit „Rectosellan".* Vf. beschreibt die günstige Wrkg. von *Rectosellan* (I) bei konservativer Therapie der Analleiden, Nachbehandlung operierter Hämorrhoiden, Rectumpflege operierter Kranker. Durch den Geh. von I an Vitamin A u. B_1 glaubt Vf. nicht nur an einen symptomat. Erfolg, sondern an eine kurative Wirkung. (Aerztl. Wschr. **7.** 821—22. 29/8. 1952. Berlin-Spandau, Evangel. Waldkrankenhaus.) BRATFISCH. 4670

Gunnar Edström, *Klinik, Prophylaxe und Therapie des rheumatischen Fiebers.* Übersicht. (Suomen Lääkärilehti [Finlands Läkartidn.] **8.** 339—65. 15/4. 1953.) BECKMANN. 4670

R. Hugonot, *Zwei Fälle von Kohlenoxydkoma nach vorheriger klarer Periode.* Bei 2 Fällen von *CO*-Vergiftungen führte O_2–CO_2-Beatmung u. Zufuhr von Campher, Coffein, Novocain, Papaverin u. a. zu vorübergehender Bewußtseinsrückkehr u. Respiration, ohne jedoch den Exitus nach 6 Std. zu verhindern. (Ann. Méd. légale Criminol., Police sci., Méd. soc., Toxicol. **32.** 229—31. Mai/Juni 1952. Paris.) KRUSEN. 4675

Alan P. Grant, *Behandlung der akuten Äthylenglykolvergiftung mit Calciumsalzen.* Vf. beschreibt die Symptome der Vergiftung mit *Äthylenglykol* (I) bei einem 54jährigen Mann. Durch intravenöse Injektion von Ca-Gluconat wird die Vergiftung geheilt. An dem Patienten wird nach 2 Jahren noch eine Schädigung des Gehirns festgestellt, die durch die beim Abbau des I im Körper entstandene Oxalsäure hervorgerufen worden war. Eine Schädigung der Leber u. Niere wird dagegen nicht beobachtet. (Lancet **263.** 1252 bis 1253. 27/12. 1952. Belfast, City Hosp.) FAHRNLAENDER. 4675

Robert B. Olstad und **Robert M. Lord jr.,** *Kerosinintoxikation.* 27 Fälle von *Kerosin*-Vergiftung, ihre Symptome u. Behandlung werden beschrieben. (A. M. A. Amer. J. Diseases Children **83.** 446—53. April 1952. Providence, Rhode Island Hosp., Dep. of Pediatr.) BROSEMANN. 4675

W. H. A. Schöttler, *Experimentelle Untersuchung über die Bedeutung frühzeitiger Antiveninbehandlung bei Schlangenbiß.* Mäusen wurde eine annähernd letale Dosis von *Bothrops jararaca*- (**B.**j.) oder *Crotalis terrificus* (**C.**t.)-Gift injiziert; sie erhielten danach Injektionen von *Antiveninserum* (I); das Zeitintervall zwischen Gift- u. Seruminjektion, bei dem 50% der Tiere am Leben blieben, betrug 4 Min. bei subcutaner u. 215 Min. bei intravenöser I-Verabreichung nach **B.**j.-Vergiftung u. 116 bzw. 319 Min. nach **C.**t.-Infektion. Überträgt man die Ergebnisse dieses Tiervers. auf den Menschen u. legt eine Menge von 300 mg Schlangengift bei einem Biß zugrunde, dann dürfte die Vergiftung mit 60 ml *Anti-B.j.*- u. mit 3000 ml *Anti-C.t.-Serum* bei intravenöser Injektion zu neutralisieren sein. (Amer. J. trop. Med. Hyg. **1.** 1038—42. Nov. 1952. São Paulo, S. P., Brazil Inst. Butantan.) DOSSMANN. 4675

Karl H. Sroka, *Zur Gesundheitsgefährdung durch Nickel und Nickelcarbonyl.* Vf. beschreibt die Symptome der durch metall. *Ni* u. bes. *Ni-Carbonyl* hervorgerufenen gewerblichen Vergiftung, die in schweren Fällen zu Kreislaufschwäche, Lungenwassersucht u. Leberfunktionsstörungen Anlaß geben. Bes. das Lungengewebe wird durch feinstverteiltes metall. Ni stark geschädigt. Als Therapie wird die Sauerstoffbeatmung mit

3—7%ig. CO_2-Zusatz u. die Injektion von Traubenzucker- u. Ca-Lsgg. angeführt. (Metall **5.** 222—23. Mai 1951. Singen/Hohentwiel.) FAHRNLÄNDER. 4681

G. Usseglio, P. P. Giacomasso und **S. Mancini,** *Schutzreaktionen bei Arbeitern in Kohlenbergwerken.* Vff. untersuchten bei Bergleuten in den ersten Monaten ihrer Arbeit klin. die verschied. Rkk. des Organismus auf den Einfl. von Stein- u. Kohlenstaub. Dabei wurden Lymphocytose, Hyperglobulinämie, Verminderung der weißen u. roten Blutkörperchen u. der Eosinophilen beobachtet. (Arch. Scienze med. **94.** (**77.**) 130—57. Aug. 1952. Torino, Univ., Ist. di Patol. Med.) H. SCHEURLEN. 4681

Dervillée, L'Epée, Lazarini und **Glachet,** *Die Kälteindustrie und ihre physio-pathologischen Zwischenfälle.* Allg. Ausführungen mit Hinweisen auf die durch tiefe Tempp. sowie Kühlgase, wie NH_3, Methylchlorid v. Fréon, hervorgerufenen Schäden. (J. Med. Bordeaux Sud-Ouest **129.** 927—31. Okt. 1952. Bordeaux, Fac. de Med., Labor. de Méd. lég. et de Méd. du Travail.) KRUSEN. 4681

P. Michaelis, *Gesundheitsgefahren bei der Schädlingsbekämpfung.* Es werden die Gesundheitsschädigungen beschrieben, die dem Schädlingsbekämpfer beim Umgang mit folgenden Schädlingsbekämpfungsmitteln drohen: *Äthylacetat, Äthylenoxyd, Äthylformiat,* $C_6H_5 \cdot NH_2$, *As,* $BaCO_3$, *Bzn., HCN, Carbolineum, Chlorat, Chlorpikrin, Chlorzink, Dichlorhydrin, Dimethylxanthin, Dinitrophenol; Diphenylarsinsäure, Fluordämpfe, HF, HCHO, Hexachloräthan, Canthariden,* $C_6H_5 \cdot OH$, *Kieselsäure, CO,* CO_2, Kontaktinsekticide auf *DDT-, Hexa-* u. *E*-Basis, *Kresolfluornatrium, Cu, Metaldehyd, Methylbromid, Methylformiat, Naphthalin, Nicotin,* $C_6H_5 \cdot NO_2$, *Kresole, Sangajol,* CS_2, H_2S, *P,* PH_3, *Hg,* SO_2, $C_6H_2(NO_2)_3(OH)$, *Steinkohlenteeröl, Strychnin, Tetrachloräthan,* CCl_4, *Tetralin, Th, Trichloraceton, Trichloräthylen* u. *Cyclohexanon.* (Anz. Schädlingskunde **25.** 161—66. Nov. 1952.) PATZSCH. 4681

F. Pharmazie. Desinfektion.

Gisbert Kuhnert und **Rudolf Kress,** *Stärke- und Zuckerarten im DAB 7.* Vorschläge für den Wortlaut der Abschnitte über 11 Stärke- u. Zuckerarten im DAB 7. (Pharmazie **7.** 816—21. Dez. 1952. Berlin, Charité, Apotheke.) FRESENIUS. 4750

Antonio Imbesi, *Die vegetabilischen Drogen der ersten Ausgabe der Pharmakopoea internationalis.* Vgl. der Angaben mit anderen Pharmakopoeen u. Schilderung der Vorteile für die internationale Zusammenarbeit. (Riv. ital. Essenze, Profumi, Piante officin., Olii veget., Saponi **34.** 426—31. 15/9. 1952.) STEINER. 4750

Hans Seel, *Der physiologische und pharmakologische Wert einiger einheimischer Bittermittel und Gewürzpflanzen.* Übersicht über die als Bittermittel gebräuchlichen Drogen von 48 Pflanzen. (Pharmazie **7.** 837—54. Dez. 1952.) BORSUTZKI. 4782

Egon Stahl, *Ist der Proazulengehalt der Schafgarbe (Achillea Millefolium L.) genetisch oder umweltbedingt?* Unterss. ergaben, daß das Vorhandensein oder Fehlen des Proazulens (I) erblich fixiert ist. Umweltseinflüssen kommt untergeordnete Bedeutung zu. — Bei Düngungsverss. trat wohl eine Steigerung des Drogenertrages pro Fläche um 175% ein, der Geh. an äther. Öl u. Azulen (II) wurde nicht verändert. Bei der Unters. des Einfl. des Sonnenlichtes zeigten unschattierte Pflanzen gegenüber schattierten einen steilen Anstieg des I-Gehalts. Von 39 untersuchten Schafgarbenarten wiesen zwei einen starken I-Geh. im äther. Öl auf (A. Millefolium 19,7% u. A. nobilis 33%). — Vf. ist der Ansicht, daß man durch Auslese u. Anbau zu einer Schafgarbe gelangen könnte, deren äther. Öl den vierfachen II-Geh. (20%) des Kamillenöls aufweist. (Pharmazie **7.** 863—68. Dez. 1952. Karlsruhe, TH, Botan. Inst.) BORSUTZKI. 4782

Erich Wiechert, *Mutterkornanbau in Mecklenburg.* Erfahrungsbericht über Kulturverss. mit Wildstämmen u. bes. mit dem durchgezüchteten Stamm „Gat 4" (Gatersleben, Inst. für Kulturpflanzenforsch.). (Pharmazie **7.** 859—62. Dez. 1952. Bützow, Poliklinik-Apotheke.) BORSUTZKI. 4782

A. Silber, *Der Alkaloidgehalt natürlich in Deutschland vorkommenden Mutterkorns des Jahres 1951.* Unters. von 153 an verschied. Orten Deutschlands gesammelten Mutterkorn (I)-Proben auf ihren Geh. an wasserlösl. u. wasserunlösl. Alkaloiden. Der größte Teil des in Deutschland wachsenden I entspricht nicht der Anforderung des DAB (0,05%). 17% der untersuchten Proben lagen im Geh. über 0,1% u. zwei bes. alkaloidreiche Stämme (0,563 u. 0,506%) weisen darauf hin, daß in unserem Klima alkaloidreiche Stämme existieren. (Pharmazie **7.** 854—59. Dez. 1952. Gatersleben, Inst. für Kulturpflanzenforsch. d. Dtsch. Akad. d. Wiss.) BORSUTZKI. 4782

R. Adamski, *Der Einfluß der Stabilisierung auf die Wirkung von Extrakten aus Digitalis und Convallaria.* Der bei verschied. Präpp. aus Digitalis ermittelte Glykosidgeh. (in Katzeneinheiten je g) beträgt bei Tinktur 1,44, Alkoholatur 1,11, Intrakt (verschied.

Herst.) 1,36; 1,23; 1,24; 1,81; bei Convallaria: Tinktur 3,88, Alkoholatur 2,28, Intrakt (verschied. Herst.) 2,54; 2,20; 2,27; 2,56. Aus stabilisierten Pflanzen gewonnene Extrakte behalten ihre Wrkg. noch nach 12 Jahren. (Farmacja polska **8.** 454—58. Dez. 1952. Posen [Poznan], Akad. med. Zakl. Farm. stos.) R. K. MÜLLER. 4790

G. L. Stanko und **H. G. De Kay,** *Untersuchung von mit Phenol behandelter Calaminlotion. Calamin* (I)-Lotions nach U. S. P. XIV u. N. F. IX wurden untersucht im Hinblick auf Sedimentation, Teilchengröße, Viscosität u. p_H. Innerhalb 2 Wochen zeigten I-Lotions keine Sedimentation, wurden aber sehr dickflüssig. Bei Zusatz von Phenol (II) nahm die Viscosität stark ab, wobei Sedimentation eintrat. Die Teilchengröße betrug 3—5 μ. Bei II-Zugabe wurde sie 3—100. Der p_H-Wert blieb nach 2 Wochen bei 7,0 u. blieb nach Zugabe von II erhalten. Die Viscosität bei 25° betrug sofort nach der Herst. der Lotions 1750—1800 cP, nach 15 Tagen war der Wert 2400—2500. Bei Zugabe von II fiel der Wert auf 10—14 u. blieb dabei. Das mit 2% Ester (Polyäthylenglykolmonostearat) versetzte Gel, auf 20° abgekühlt, zeigt in frischbereitetem Zustand 620—660 cP u. nach 24 Std. 940—980 cP. Es wurden ca. 30 I-Lotions hergestellt u. untersucht. Aus den Verss. wird festgestellt, daß die I-Lotions ungeeignete Träger für II sind. Stabil gegenüber II, Resorcin, Campher, Menthol u. Benzocain ist ein I-Lotion der Zus. 8% I, 8% ZnO, 2% Glycerin, 0,5% Tween 80, 5% Na-Alginat (2%ig.), 25% Veegum Magma (5%ig.) u. W. ad 100%. Es wird eine nach SNELL u. SNELL (Colorimetric Methods of Analysis, Bd. 2, New York 1937) modifizierte Meth. der colorimetr. II-Best. in I-Lotions ausgearbeitet. (Amer. J. Pharmacy Sci. support. publ. Health. **124.** 328—36. Okt. 1952. Lafayette, Ind., Purdue Univ., Res. Labor.) BOYE. 4790

W. I. Chrzaszcz, *Lösungen mit mehreren Vitaminen.* Die meisten Mehrvitaminpräpp. enthalten Vitamin A, D, C u. verschied. B-Vitamine. Ihre Wrkg. u. ihr Nachw. werden erörtert. (Farmacja polska **8.** 468—69. Dez. 1952.) R. K. MÜLLER. 4808

—, *Penicillin in der pharmazeutischen Praxis.* Übersicht über die Anwendungsformen u. Rezepte für deren Herst. mit Angabe der Zutaten v. Mengen. (Farmacja polska **8.** 462—64. Dez. 1952.) R. K. MÜLLER. 4810

—, *Elektronensterilisation. Verwendung für pharmazeutische Produkte.* Bericht über die Verwendung schneller Elektronen u. γ-Strahlen zur Abtötung von Mikroorganismen, bes. zur Sterilisation pharmazeut. Produkte. Die Verwendungsmöglichkeiten, die chem. Effekte, die letalen Dosen sowie die Kosten der Einrichtung werden behandelt. (Pharmac. J. **169.** [4] 115. 212. 20/9. 1952.) WIEDEMANN. 4832

Einar Brochmann-Hanssen und **Phyllis Pong,** *Anwendung der Karl-Fischer-Methode auf medizinische Chemikalien und andere Drogenpräparate.* Ersatz des Methanols im KARL-FISCHER-Reagens (I) durch Methylcellosolve (Äthylenglykolmonomethyläther) gibt stabilere, besser titerbeständige Lsgg. zur Wasserbestimmung. 1 ml = 3,5—4 mg Wasser. — Die Best. des Wassergeh. einer Reihe von Pharmaceuticis, Extrakten u. Salben, die mit visueller oder elektrometr. Endpunktsbest. durchgeführt wurde, wird mitgeteilt. Die Ergebnisse sind, im Gegensatz zu den durch Trocknung der Präpp. bestimmten Feuchtigkeitsgeh., gut reproduzierbar. Nicht anwendbar ist die Meth. auf Gold Creams, die infolge ihres Geh. an Na-Tetraborat mit I reagieren u. zu hohe Werte liefern. — Detaillierte Beschreibung einer kombinierten Destillations- u. Titrationsmethode. (J. Amer. pharmac. Assoc., sci. Edit. **41.** 177—80. April 1952. San Francisco, Calif., Univ., California Coll. of Pharm.) LIPPOLD. 4880

Jørgen Berger, *Titration in nichtwässerigem Medium im Hinblick auf die Anwendung für die Pharmazie. Eine Übersicht.* Beschreibung der Verff. u. Anwendungsmöglichkeiten bei der Titration pharmazeut. Präparate. (Dansk Tidsskr. Farmaci **27.** 53—76. März 1953.) R. K. MÜLLER. 4880

Armin Wankmüller, *Zur Papierchromatographie aromatischer Amine.* Durch *aufsteigende* Papierchromatographie auf SCHLEICHER u. SCHÜLL-Papier 2043b in *Faserrichtung* mit einem *homogenen* Lösungsmittelgemisch aus 32 Teilen Methanol, 8 Teilen W., 15 Teilen Amylalkohol u. 45 Teilen Bzl. können unten aufgeführte Sulfonamide aus Salben u. Pudern, die auch als Acetonlsg. oder als Na-Salzlsg. vorliegen können, bei Einsatz von höchstens 150 γ Substanz getrennt werden. Bei Fehlen einer kernständigen Aminogruppe ist die Meth. nicht anwendbar. Die Anwendung anderer Lösungsmittel, wie Butanol oder W., Isopropylalkohol, Bzl., wird diskutiert.

Versuche: Nach Entw. wird mit n/10 HCl 0,1% $NaNO_2$ enthaltend besprüht u. getrocknet, dann erneut mit wss. β-Naphthol–Soda-Lsg. besprüht u. nochmals getrocknet. Folgende R_F-Werte werden gefunden: *p-Aminobenzolsulfonamid 0,48*; *2-[p-Aminobenzolsulfonamido]-thiazol 0,54*; *2-[p-Aminobenzolsulfonamido]-pyridin 0,60*; *p-Aminobenzolsulfonacetylamid 0,58*; *p-Aminobenzolsulfonylguanidin 0,34*; *p-Aminobenzolsulfon-*

amidothiocarbamid 0,20; p-Aminobenzolsulfonamidocarbamid 0,44. (Naturwissenschaften **39**. 133—34. März 1952. Tübingen.) BRINCKMANN. 4880

Jürgen Kiesewalter, *Triphenyltetrazoliumchlorid (TTC) in der Medizin.* Übersicht über Eigg. u. Wrkg. von *TTC* u. seiner Reduktionsstufe des entsprechenden *Formazanderivates.* Die Anwendung als Redoxindicator für intravitale Zellvorgänge wird besprochen u. auf die Verwendung als spezif. Tumordiagnosticum sowie als Indicator für die Wertbest. von Antibioticis u. Desinfektionsmitteln hingewiesen. — 72 Literaturhinweise. (Pharmazie **7**. 580—84. Sept. 1952. Berlin-Buch, Städt. Krankenhaus, Medizinaluntersuchungsamt.) RANGNICK. 4880

Georg Lockemann, Mühle Hollenstedt bei Northeim (Hann.) und **Werner Ulrich,** Saarbrücken, *Sterilisieren von Catgut.* Man läßt eine wasserhaltige Lsg. einer organ. Säure, deren p_H bei 25° den Wert 3 nicht wesentlich überschreitet, oder mehrerer derartiger Säuren in einem niederen aliphat. Alkohol oder einem Gemisch von mehreren derartiger Alkohole bei Zimmertemp. oder bei erhöhter, vorzugsweise 37° nicht wesentlich, 50° keinesfalls übersteigender Temp. auf das zu sterilisierende Gut, z. B. gespaltene oder ungespaltene oder gedrehte Rohdärme, einwirken; z. B. eine Lsg. von Oxalsäure in 90- bis 95%ig. Isopropanol. (**D. B. P. 863 987** Kl. 30i vom 20/5. 1949, ausg. 22/1. 1953.) KETTNER. 4795

Hans Batzer und **Fritz Aly,** Freiburg/Br., *Verbundpolymerisate* (I), bes. für *zahnärztliche Prothetik.* Das I besteht aus einem weichen, vorzugsweise chem. gesätt. Polymerisat (Polyisobutylen) (**II**) u. einem hartpolymerisierbaren Stoff, wie Methacrylsäureestern (**III**). Seine Herst. erfolgt in folgenden, gegebenenfalls einzeln oder gemeinsam zu wiederholenden Stufen: a) Aktivieren bzw. Vergrößern der Oberfläche des **II** mittels Lösungs- u./oder Quellungsmitteln u. anschließende Entquellung (mit Fällmitteln); b) Versetzen der nach a) aktivierten Substanz mit **III**; c) Polymerisieren des nach b) hergestellten Gemisches bei 100—120° u. 2—4 at. I kann noch einige Std. in Methanol eingelegt werden. (**D. B. P. 865 203** Kl. 39b vom 17/1. 1950, ausg. 29/1. 1953.) SALZMANN. 4799

John Arthur Kemp, London, England, *1-Diäthylaminopentansulfonsäure-(4)-bis-(γ-diäthylaminopropyl)-amid* dient zur Behandlung von traumat. u. hämorrhag. Schock. — Durch Einw. von γ-Diäthylamino-α-chlorpropan auf Äthansulfonsäureamid bzw. dessen Na-Salz, oder auf N-(γ-Diäthylaminopropyl)-äthansulfonsäureamid bzw. dessen Na-Salz, oder auf N.N-Bis-(γ-diäthylaminopropyl)-äthansulfonsäureamid, $Kp._{0,35}$ 196°. (**E. P. 664 650** vom 27/6. 1949, ausg. 9/1. 1952.) LANGER. 4807

Fritz Meyer, Marburg/Lahn, *Erhöhung der Löslichkeit von Sulfonamiden* durch Zusatz mindestens der äquivalenten Menge Alkalisalicylat u. von tert. Alkaliphosphat. Einstellung des p_H-Wertes auf 7—8,5 mit Phosphor-, Essig- oder Milchsäure oder HCl oder prim. Alkaliphosphat. — Z. B. werden 25 (g) p-Amidobenzolsulfonamido-2-pyrimidin, 32 Na-Salicylat, 25—30 $Na_3PO_4 \cdot 12\,H_2O$ in 3200—4000 heißem W. gelöst u. mit 5 bis 6 $NaH_2PO_4 \cdot H_2O$ versetzt. Eindampfen im Vakuum gibt weißes Pulver, in W. leicht u. klar lösl. u. sterilisierbar. — Weitere Beispiele mit p_H-Einstellung unter Zusatz von $Na_3PO_4 \cdot 12\,H_2O$ u. Ascorbinsäure. (**D. B. P. 859 790** Kl. 30h vom 28/5. 1950, ausg. 15/12. 1952.) K. HEINZE. 4807

Farbwerke Hoechst, vormals Meister Lucius & Brüning, Frankfurt/M. (Erfinder: **Max Bockmühl †,** Bad Soden, und **Heinrich Leditschke,** Frankfurt/M.), *Diuretica.* Man mercuriert in bekannter Weise an einem N-Atom durch eine Allylgruppe substituierte Harnstoffderivv. von Kohlenhydraten. N-Methylpentaoxyhexyl-N'-allylharnstoff gibt z. B. bei der Einw. von Hg-Acetat (**I**) eine Verb. der Formel $HOCH_2 \cdot (CHOH)_4 \cdot CH_2 \cdot N(CH_3) \cdot CONH \cdot CH_2 \cdot CHOH \cdot CH_2 \cdot HgOOCCH_3 \cdot H_2O$. In einem weiteren Beispiel wird der N-Monoacetonpentaoxyhexylmethyl-N'-allylharnstoff mit **I** behandelt, wobei eine Verb. ähnlicher Struktur erhalten wird. (**D. B. P. 873 698** Kl. 12o vom 31/5. 1940, ausg. 16/4. 1953.) BRÖSAMLE. 4807

Wyeth Inc., Philadelphia, übert. von: **Liese L. Abell,** New York, N. Y., **William F. Bruce,** Havertown, und **Joseph Seifter,** Willow Grove, Pa., V. St. A., *Sympathomimetisch wirkende Amine* der nebenst. allg. Formel (X = H oder niedermol. Alkyl, R = Alkyl) erhält man durch Benzylierung von Isobutyrophenon in Ggw. von Alkaliamid oder -alkoholat u. einem aromat. Lösungsmittel. Das gebildete Diarylprod. wird mit Alkaliamid in das entsprechende Amin übergeführt, das beim Behandeln mit einem Alkalihypohalogenit den entsprechenden Harnstoff liefert. Das daraus durch Hydrolyse gebildete Amin wird mit Benzaldehyd in die SCHIFFsche Base übergeführt, mit Alkylhalogenid alkyliert u. dann hydrolysiert. — Thiophenfreies Bzl. wird mit Isobutyrylchlorid, Kp. 92—94°, in Ggw. von $AlCl_3$ zu Isobutyrophenon, $Kp._1$ 81—89°, umgesetzt, das mit Benzylbromid in Toluol u. $NaNH_2$

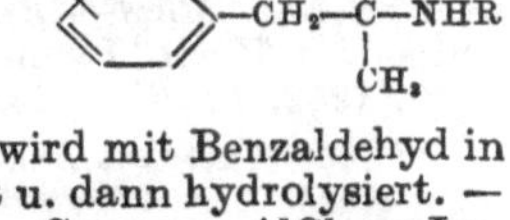

1.3-Diphenyl-2.2-dimethylpropanon-(1), Kp.$_3$ 142—143°, liefert. Dieses gibt nach 5std. Erhitzen in Toluol mit $NaNH_2$ α.α-Dimethyl-β-phenylpropionamid, F. 62°, aus dem man durch Behandeln mit KOH u. Br_2 in W. bei 60° Di-(β-phenyl-α.α-dimethyläthyl)-harnstoff, $C_{21}H_{28}ON_2$, F. 184°, erhält. Wird dieser mit $Ca(OH)_2$ u. W. 7 Std. auf 240—260° erhitzt, so bildet sich *ω-Phenyl-tert.-butylamin*, $C_{10}H_{15}N$, Kp.$_9$ 80—84°. Dieses liefert mit Benzaldehyd in A. die SCHIFFsche Base, $C_{17}H_{19}N$, Kp. 147—149°, aus der beim Erhitzen mit JCH_3 u. anschließend mit Essigsäure *N-Methyl-ω-phenyl-tert.-butylamin*, $C_{11}H_{17}N$, Kp.$_1$ 75—79°, entsteht, das mit HCl, H_2SO_4, H_3PO_4 Wein-, Milch-, Öl- oder Palmitinsäure Salze liefert. (**A. P. 2 590079** vom 23/9. 1947, ausg. 25/3. 1952.) KRAUSS. 4807

Aktieselskabet Ferrosan (Erfinder: **Kai Arne Jensen**), Kopenhagen, Dänemark, *Aryldialkylessigsäureester* der Zus. $C_6H_5 \cdot C(R_1)(R_2)-COO-CH_2-CH_2-N(R_3)(R_4)$ (R_1 bis R_4 = Alkyl, bes. CH_3-, C_2H_5-, C_3H_7- u. $(CH_3)_2 \cdot CH$-) bzw. deren Salze erhält man durch Rk. von Aryldiessigsäuren oder ihren Salzen, Estern oder Halogeniden mit Dialkylaminoäthanol oder dessen Halogenwasserstoffestern, gegebenenfalls in Ggw. tert. Amine, z. B. Pyridin. — Man neutralisiert z. B. 1 (Mol) Diäthylphenylessigsäure mit NaOH, gibt 1 $AgNO_3$ zu, filtriert das Ag-Salz ab u. trocknet im Vakuum. — Aus 1 dieses Salzes u. 1,5 Dimethylamino-2-chloräthan durch Kochen in Toluol usw. *1-Dimethylamino-2-phenyldiäthylacetoxyäthan-Hydrochlorid*, F. 126°. — *1-Diäthylaminoverb.*, F. 143°. — *Spasmolytica*. (**D. B. P. 854 045** Kl. 12o vom 1/10. 1950, ausg. 30/10. 1952. Dän. Prior. 5/4. 1948.) MÜLLER-MEININGEN. 4807

Wm. S. Merell Co., Cincinnati, übert. von: **Robert S. Shelton**, Mariemont, und **Edwin R. Andrews**, Silverton, O., V. St. A., *Herstellung von Dihalogenbenzoesäureestern von Aminoalkoholen* der allg. Zus. **I** (R = acycl. gesätt. KW-stoffrest C_2—C_5, R_1 u. R_2 wie R, jedoch C_1—C_4). Zu 0,1 (Mol) β-Diäthylaminoäthanol, gelöst in 300 cm³ absol. Bzl.,

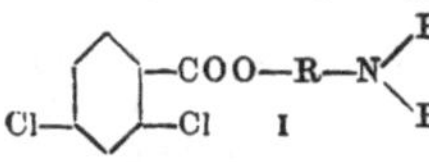

gibt man z. B. etwas mehr als 0,1 2.4-Dichlorbenzoylchlorid, erhitzt 6 Std. unter Rückfluß am Wasserbad, saugt den Nd. nach Erkalten ab u. erhält nach Waschen u. Trocknen u. Umkristallisieren aus 100 (cm³) absol. A. + 300 Ae. *β-Diäthylaminoäthyl-2.4-dichlorbenzoesäureester-Hydrochlorid*, F. 131—132°. — *Diisobutylamino*-Deriv., F. 105 bis 107°. — *β-Diisobutylaminoäthyl-3.4-dichlorbenzoesäureester-Hydrochlorid*, F. 149—150° (aus $CH_3 \cdot COOC_2H_5$ + Ae.). — *Anästhetica*. (**A. P. 2 606 205** vom 9/7. 1946, ausg. 5/8. 1952.) MÜLLER-MEININGEN. 4807

Aktiebolaget Ferrosan, Malmö, Schweden, *Herstellung von Amiden von p-Aminosalicylsäure*. Man setzt Methylester der Aminosalicylsäure mit NH_3 oder aliphat. Aminen um. Beispiele für die Herst. von *p-Aminosalicylamid*, F. 160°, u. *p-Aminosalicyl-n-butylamid*, F. 122°. *Heilmittel gegen Tuberkulose*. (**N. P. 79 852** vom 17/3. 1949, ausg. 10/3. 1952. Schwed. Prior. 3/4. 1948.) JÜRGEN SCHMIDT. 4807

Ward, Blenkinsop & Co., London, England, *4-Aminoacylaminosalicylsäuren*. — *4-Chloracetaminosalicylsäure* (**I**). Aus 4-Aminosalicylsäure u. Chloracetylchlorid, F. 230 bis 232°. — *4-Glycylaminosalicylsäure*. Aus **I** u. alkoh. NH_3, F. 224—226°. — Analog: *4-Diäthylaminoacetylaminosalicylsäure*. — *Antituberkulose*-Wirkung. (**E. P. 665 675** vom 2/12. 1948, ausg. 30/1. 1952.) LANGER. 4807

Ward, Blenkinsop & Co., London, England, *Hippurylaminooxybenzoesäuren*. — *4-Hippurylaminosalicylsäure*. Aus 4-Aminosalicylsäure u. Hippurylchlorid. Weißes Pulver. — Analog: *4-(p-Chlorhippuryl)-aminosalicylsäure*, F. 228°. — *p-Nitrohippurylchlorid*, F. 106—108°. — *4-(p-Nitrohippuryl)-aminosalicylsäure*, orangefarben, F. 214 bis 218°. — *Pharmazeut*. Wrkg. u. *Zwischenprodukte*. (**E. P. 664 991** vom 2/7. 1948, ausg. 16/1. 1952.) LANGER. 4807

Soc. des Usines Chimiques Rhône-Poulenc, Paris, Frankreich, *2-Amino-4-sulfonamidophenylarsinsäure* (**I**) wird als *Therapeuticum* verwendet. — Man diazotiert 3-Nitro-4-aminobenzolsulfonamid u. setzt mit Na-Arsenit nach BART zu *2-Nitro-4-sulfonamidophenylarsinsäure* (F. 220°) um, die mit $FeSO_4$ in NaOH oder mit H_2 u. Ni zu **I** red. wird. (**A. P. 2 616 913** vom 3/10. 1951, ausg. 4/11. 1952.) LANGER. 4807

Soc. des Usines Chimiques Rhône-Poulenc, Paris, Frankreich, *1-Äthyl-4-[β-(7'-chlorchinolyl-4')-aminoäthyl]-piperazin* (**I**) wirkt gegen *Malaria*. — *1-Äthyl-4-cyanmethylpiperazin*. Aus 1-Äthylpiperazin u. Chloracetonitril, Kp.$_{23}$ 130—131°. Gibt mit H_2 u. RANEY-Ni *1-Äthyl-4-(β-aminoäthyl)-piperazin* (**II**), Kp.$_{27}$ 116—117°. — Aus 4.7-Dichlorchinolin u. **II** wird **I** vom F. 134—135° erhalten. (**Schwz. P. 283 241** vom 7/11. 1949, ausg. 16/9. 1952. F. Prior. 24/1. 1949.) LANGER. 4807

Ciba Akt.-Ges., Basel, Schweiz, *4-Oxy-5-jod-6-n-propylpyrimidyl-(2)-mercaptoessigsäure*. Aus 4-Oxy-6-n-propylpyrimidyl-(2)-mercaptoessigsäure u. Jod in Sodalsg. auf dem Wasserbad, F. 180°. Heilmittel bei *Hyperthyreoidismus*. (**Schwz. P. 281 595** vom 1/7. 1948, ausg. 16/6. 1952.) LANGER. 4807

Luxema Soc. An., Luxemburg, *Herstellung der β-Camphersulfonylverbindung des 1-Phenyl-2-methylaminopropanols* (I), dad. gek., daß man I in wasserfreiem Ae. in Ggw. von Na_2CO_3 mit β-Camphersulfonylchlorid umsetzt. Weißes Pulver, F. 157—160°, lösl. in W. u. A., unlösl. in Ae., *Therapeuticum*, Antidoticum gegen Morphium. (**Schwz. P. 283 329** vom 8/2. 1949, ausg. 26/9. 1952. Belg. Prior. 10/2. 1948.) LÜTTGEN. 4807

Luxema Soc. An., Luxemburg, *Lithiumhexamethylentetramincamphorat*, F. 185 bis 187°, hygroskop., leicht lösl. in W. (29,5 g in 100 cm^3/20°), wenig in A., unlösl. in Ae., erhält man durch Rk. von 1 (Äquivalent) LiOH oder Li_2CO_3 u. 1 Hexamethylentetramin mit 1 Mol. Camphersäure. *Therapeuticum* für *Harnwege*. (**Schwz. P. 282 216** vom 17/6. 1948, ausg. 16/7. 1952. Belg. Prior. 17/6. 1947.) KRAUSS. 4807

Johann A. Wülfing, Chemische Fabrik (Erfinder: **Richard Fleischmann**), Gronau, *Herstellung von Na–Ca–Cu–Keratin-Verbindungen* aus S-reichen, höhermol. Keratinhydrolysaten (I), die man in bekannter Weise durch Hydrolyse von Haar mit verd. Säuren bis zur mehr oder minder völligen Lsg., Dialyse u. Eindampfen zur Trockene, Red. mit CH_2O-sulfoxylsaurem Na oder Na-Hydrosulfit u. Absättigung der SH-Gruppen mit Cu-Salzen, z. B. $CuSO_4$, erhält. Man neutralisiert dabei vor dem Zusatz des Reduktionsmittels die I gleichzeitig mit NaOH u. $Ca(OH)_2$ oder macht sie schwach alkal. u. fällt das Endprod. mit A. aus. Die in W. leicht lösl. Prodd. sind bes. als *Antirheumatica* wirksam. (**D. B. P. 863 200** Kl. 12p vom 3/4. 1951, ausg. 15/1. 1953.)
MÜLLER-MEININGEN. 4807

Eastman Kodak Co., übert. von: **James G. Baxter** und **Henry M. Kascher**, Rochester, N. Y., V. St. A., *Konzentrieren von Vitamin A*. Vitamin-A-haltiges Öl wird in PAe. gelöst u. diese Lsg. durch eine mit NaAl-Silicat als Adsorbens gefällte Kolonne geleitet, in der 30—80% des Öles absorbiert werden. Der nach Durchgang durch die Kolonne nicht absorbierte Anteil an Lsg. wird gesammelt u. das Lösungsm. verdampft. Man erhält so ein an Vitamin A angereichertes Öl, das an Wrkg. bedeutend stärker ist als das Ausgangsöl. (**Can. P. 485 277** vom 25/5. 1945, ausg. 29/7. 1952. A. Prior. 22/9. 1944.)
WITTHOLZ. 4809

Eastman Kodak Co., übert. von: **Norsis D. Embree** und **Edgar M. Shautz**, Rochester, N. Y., V. St. A., *Vitamin-A-Präparate*. Wasserfreies Vitamin A (I) wird mit A. u. HCl, oder Ae. u. Eisessig in einem wasserhaltigen Medium behandelt, bis das I teilweise in ein stark wirksames Präp. umgewandelt ist. (**Can. P. 485 276** vom 1/9. 1943, ausg. 29/7. 1952. E. Priorr. 6/7. u. 5/8. 1942.) WITTHOLZ. 4809

Upjohn Co., übert. von: **David J. Weisblatt** und **Barney J. Magerlein**, Kalamazoo, Mich., V. St. A., *Folsäurezwischenprodukte* entstehen durch Oxydation einer Verb. der Formel I mit SeO_2 zu einer Verb. der Formel II, worin R u. R' = H oder Alkyl u. n = 0 oder 1 bedeuten. — *Diäthyl-N'-[N-(p-toluolsulfonyl)-p-aminobenzoyl)-glutamat* (III). Aus

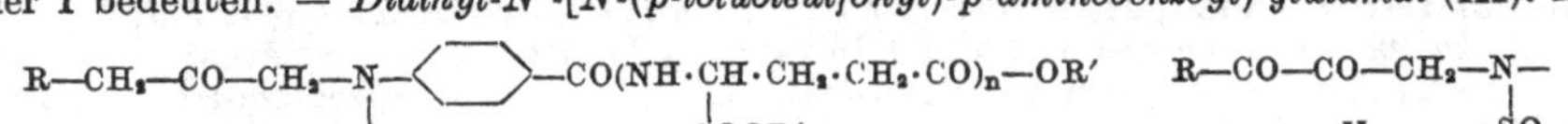

I II

p-Toluolsulfonyl-p-aminobenzoylchlorid u. *l*-(+)-Glutaminsäurediäthylesterhydrochlorid, F. 124—126°. — *Diäthyl-N'-[N-(2-oxypropyl)-N-(p-toluolsulfonyl)-p-aminobenzoyl]-glutamat* (IV). Aus III u. Propylenoxyd in Pyridin bei 130°. — *Diäthyl-N'-[N-(2-ketopropyl)-N-(p-toluolsulfonyl)-p-aminobenzoyl]-glutamat* (V). Aus IV u. $K_2Cr_2O_7$, F. 99—125°. — *Diäthyl-N'-[N-(2-formyl-2-ketoäthyl)-N-(p-toluolsulfonyl)-p-aminobenzoyl]-glutamat*. Aus V u. SeO_2 in sd. Chlorbenzol + Eisessig, gelbes Öl. (**A. P. 2 615 040** vom 19/8. 1950, ausg. 21/10. 1952.) LANGER. 4809

Byk-Gulden Lomberg Chemische Fabrik G. m. b. H. (Erfinder: **Max Dürr**, Lochhausen, und **Karl Bolz**, Konstanz), *Verbindungen der Ascorbinsäure* (I) *mit Aminen* (II) erhält man durch Rk. von I in Ggw. eines Lösungsm. (W., Alkohole) unter Ausschluß von O_2 mit II der Formel $R_1R_2N-(CH_2)_n-NR_3R_4$ (R_1 = Phenyl, Pyridyl, Thienyl, Pyrimidyl, gegebenenfalls durch OH, Methyl, Methoxyl oder Halogen substituiert, R_2 = ein gegebenenfalls durch die gleichen Reste substituiertes Benzyl, R_3 u. R_4 = H, Methyl, Äthyl bzw. NR_3R_4 = heterocycl. Ring, wie Piperidin, Morpholin, Pyrrolidin, n = 2—5, bes. 2). — N-α-Pyridyl-N-dimethylaminoäthyl-p-methoxybenzylamin wird in A. unter N_2 mit I umgesetzt. Man erhält nach dem Verjagen des A. ein sich bei längerem Stehen an der Luft braun färbendes, hygroskop., in A. u. W. leicht, in Ae. u. Chlf. schwer lösl. Pulver, F. 55—60°, p_H der wss. Lsg. 6,0. — Mit N-α-Pyridyl-N-dimethylaminoäthylbenzylamin u. I erhält man ein Prod. mit F. 60—65°, p_H der wss. Lsg. 5,5. (**D. B. P. 854 514** Kl. 12o vom 21/3. 1951, ausg. 4/11. 1952.) KRAUSS. 4809

Ciba Akt.-Ges., Basel, Schweiz, *Herstellung von Hydrophenanthren-2-carbonsäurederivaten.* Zur Herst. von solchen Derivv., die in 1-Stellung eine OH-Gruppe u. einen KW-stoffrest oder einen über eine semicycl. Doppelbindung gebundenen KW-stoffrest aufweisen, behandelt man Naphthaline, die in 6-Stellung eine zur Phenolgruppe umwandelbare Gruppe, in 2-Stellung ein reaktionsfähiges H-Atom u. in 1-Stellung eine Gruppe $-X-C(R_1, R_2)-CO-R_3$ aufweisen, mit ringschließenden Mitteln. Es sind hierbei X = eine Alkylenbrücke, R_1 = H oder KW-stoffrest, R_2 = eine funktionell besetzte Carboxylgruppe, u. R_3 = einen KW-stoffrest, der gegebenenfalls substituiert sein kann. Die Prodd. dienen für *Hormonsynthese.* — Z. B. behandelt man 5-[6'-Methoxynaphthyl-(1')]-3-methyl-3-carbomethoxypentan-2-on mit Orthophosphorsäure. Man erhält *7-Methoxy-1-methylen-2-carbomethoxy-2-methyl-1.2.3.4-tetrahydrophenanthren,* F. 98 bis 100°. Ferner erhält man aus 6-[6'-Methoxynaphthyl-(1')]-4-methyl-4-carbomethoxyhexan-3-on analog *7-Methoxy-1-äthyliden-2-methyl-2-carbomethoxy-1.2.3.4-tetrahydrophenanthren,* F. 98—116°; bei Kondensation mit 80%ig. H_2SO_4 *7-Methoxy-1-oxy-1-äthyl-2-methyl-2-carbomethoxy-1.2.3.4-tetrahydrophenanthren,* F. 127—128°, *epimere Form,* F. 152—153°; aus der Mutterlauge die beiden *7-Methoxy-1-äthyliden-2-methyl-2-carbomethoxy-1.2.3.4-tetrahydrophenanthrene,* F. 117—118° bzw. 134—135,5°. Ferner wird die Herst. beschrieben von *7-Methoxy-1-methyl-2-carboxy-3.4-dihydrophenanthren,* F. 238 bis 240°, aus 5-[6'-Methoxynaphthyl-(1')]-3-carbäthoxypentanon-(2). Aus 6-[6'-Methoxynaphthyl-(1')]-3-oxy-3.4-dimethyl-4-carbäthoxyhexan erhält man *7-Methoxy-1-äthyl-1.2-dimethyl-2-carboxy-1.2.3.4-tetrahydrophenanthren,* F. 185—188°. (**Dän. P. 73 973** vom 22/11. 1945, ausg. 7/4. 1952. Schwz. Prior. 30/11. 1944.) JÜRGEN SCHMIDT. 4809

C. F. Boehringer & Soehne G. m. b. H. (Erfinder: **Georg Stoeck** und **Helmut Stein,** Mannheim-Waldhof), *Seitenkettendiene von Cyclopentanoperhydrophenanthrenen* (**I**) der Formel $(R_1R_2)C{=}CH{-}CH{=}C(R_3R_4)$ (R_1 gegebenenfalls substituierter, gesätt. oder ungesätt. I-Rest, R_2 = Alkyl, R_3 u. R_4 = H, Alkyl, Aryl oder Aralkyl, die gleich oder verschieden sein können). Man führt am C_{20}-Atom von gegebenenfalls substituierten 20-Ketopregnanen bzw. -pregnenen oder deren C_{21}-Homologen unter gleichzeitiger Umwandlung der Ketogruppe in einer tert. OH-Gruppe einen Alkylenrest in üblicher Weise ein u. behandelt die erhaltenen Verbb. unter solchen Bedingungen mit wasserabspaltenden Mitteln, daß keine Allylumlagerung erfolgt. — Δ^5-Pregnenol-(3)-on-(20)-acetat wird mit Allyl-MgBr in Ae. zu Δ^5-20-Allylpregnendiol-(3β.20), F. 121—123° (Zers.); $[\alpha]_D^{20}$ —59,5°, umgesetzt; dieses wird zum $\Delta^{4;\,23}$-3-Keto-20-oxycholadien, F. 168—171°, $[\alpha]_D^{20}$ +63,6°, oxydiert. Durch Wasserabspaltung in absol. Pyridin mit $POCl_3$ erhält man $\Delta^{4;\,20;\,23}$-*3-Ketocholatrien,* F. 158—161°; dieses gibt bei der Oxydation mit CrO_3 in Eisessig nach chromatograph. Trennung *Progesteron,* F. 128°. (**D. B. P. 854 517** Kl. 12o vom 7/3. 1951, ausg. 4/11. 1952.) KRAUSS. 4809

C. F. Boehringer & Soehne G. m. b. H., Mannheim (Erfinder: **Erich Rabald,** Mannheim, und **Fritz Voeller,** Heidelberg), *Herstellung von Diestern von Oxy-α.β-diäthyl-α.β-diaryläthanen.* Man verestert 4.4'.α.β-Tetraoxy-α.β-diäthyl-α.β-diaryläthane oder red. die entsprechenden acylierten fettaromat. Ketone. — *α.β-Dipropionoxy-α.β-diäthyl-α.β-(4.4'-dioxydiphenyl)-äthan,* F. 144—145°; *α.β-(4.4'-Diacetoxydiphenyl)-α.β-dioxy-α.β-diäthyläthan; α-Acetoxy-β-propionoxy-α.β-diäthyl-α.β-(4.4'-dioxydiphenyl)-äthan.* — *Östrogene Wirkung.* (**D. R. P. 760 326** Kl. 12q vom 5/7. 1941, ausg. 27/4. 1953.) FABEL. 4809

Givaudan Corp., New York, N. Y., übert. von: **Louis Sanford Goodman** und **Mark Nickerson,** Salt Lake City, Utah, V. St. A., *Nebennierenrinden- und kreislaufwirksames Therapeuticum,* enthaltend Dibenzyl-β-chloräthylaminhydrochlorid (**I**) u. Füllmittel mit einer darmlösl. Schutzschicht. — Z. B. werden Tabletten aus 0,1365 (g) **I**, 0,2207 Bolus alba, 0,050 Puderzucker, 0,010 Weizenstärke u. 0,0040 Stearinsäure mit einem Gemisch aus 5,4 (Teilen) Äthylacetat, 5,4 A., 1,6 Äthyllactat u. 1,2 Celluloseacetatphthalat dragiert. In **I** kann die Äthyl- durch eine Propylgruppe ersetzt werden. (**A. P. 2 602 040** vom 28/6. 1949, ausg. 1/7. 1952.) K. HEINZE. 4809

Heinrich Mack Nachf. (Erfinder: **Karl August Forster** und **Hermann Hug**), Illertissen/Bayern, *Wurmmittel,* bes. gegen Nematoden u. Ascariden, enthaltend ein proteolyt. Enzym, bes. Papain (**I**), u. ein Aktivierungsmittel, wie Cysteinhydrochlorid (**II**) in Form von Tabletten oder dergleichen. — Z. B. wird die Keratinhülle lebender Ascariden in 100 Teilen einer 1%ig. **I**-Lsg., die 50 mg **II** enthält, in 45 Min. aufgelöst; die Würmer ehen ein. (**E. P. 682 343** vom 29/6. 1950, ausg. 5/11. 1952. D. Prior. 29/6. 1949.) K. HEINZE. 4815

Joseph Gastard, Antoine Branche et Joseph Gastard fils, Manuel de pharmacie pratique, avec un guide pour l'examen de stage et pour les examens du C. A. P. et du B. P. des préparateurs. 8e éd. Paris: Le François. 1952. (632 S.) fr. 1800,—.

G. Analyse. Laboratorium.

A. G. Passynski und **A. M. Neimark,** *Ein gläsernes Laboratoriumsgärungsgefäß.* [Микробиолоия [Mikrobiologie] **21.** 594—95. Sept./Okt. 1952. Moskau, Allunions Wiss. Forschungsinst. für Penicillin u. a. Antibiotica.) LEBTAG. 5006

William R. Thompson, *Apparatur zur genauen volumetrischen Calibrierung mit Vorrichtung zur Nachahmung der natürlichen Trocknung.* Die von Vf. bereits entwickelten Apparaturen zur Eichung auf Grund der Verdrängung gleicher Voll. (C. **1944.** I. 368) werden durch Verwendung von Hg als nicht benetzender Fl. u. durch Zusatzteile verbessert. (Analytic. Chem. **24.** 1143—48. Juli 1952. Albany, N. Y., New York State Dep. of Health, Div. of Labor. and Res.) MOSLÉ. 5014

F. J. Gittings, *Eine Modifikation in der Konstruktion von calorimetrischen Widerstandsthermometern.* Vf. beschreibt eine verbesserte Form der Anordnung im DICKINSON-MUELLER-Thermometer, wodurch der Temperaturverzug wesentlich herabgesetzt wird. (J. sci. Instruments **28.** 238. Aug. 1951. Teddington, Middlesex, Nat. Phys. Labor.) CRAMER. 5016

R. Haul und **J. J. Theron,** *Ein Thermostat für niedere Temperaturen.* Ein Tieftemperaturthermostat mit Trockeneis als Gefriermittel für das Gebiet von —20 bis —78° wird beschrieben. Ein Pt-Widerstandsthermometer in Verbindung mit einem Elektronenrelais dient als temperaturempfindliches Element. Das Instrument kann im obengenannten Temperaturbereich jede Temp. mit einer Genauigkeit von $\pm 0,15^0$ für eine beliebig lange Zeit konstant halten; für Perioden von Std. sogar mit $\pm 0,05^0$. (J. sci. Instruments **28.** 236—37. Aug. 1951. Pretoria, Nat. Chem. Res. Labor.) CRAMER. 5046

Robert P. Cavileer, *Verkürzung der Anlaufzeit des Collins-Helium-Kryostaten.* Vf. berichtet, daß bei dem in zunehmendem Maße verwendeten COLLINS-He-Kryostaten die zur Einleitung des Betriebs nötige Abkühlungszeit um 40% abgekürzt werden kann, wenn man im Hilfskühlkreis fl. N_2 verwendet, der nach Erreichung von 77° K durch He verdrängt wird. (Rev. sci. Instruments **22.** 708. Sept. 1951. Cambridge, Mass., Massachusetts Inst. of Technol., Res. Labor. of Electronics.) PAULI. 5046

D. H. James und **C. S. G. Phillips,** *Eine einfache Gasflußkontrolle hoher Leistungsfähigkeit.* Das Prinzip des Kontrollapp. beruht auf der Aufrechterhaltung eines konstanten Druckes durch eine Capillare mit Hilfe einer Abblasvorr. durch eine Scheibe gesinterten Glases, die mit Hilfe von Hg bei Änderung des Drucks bedeckt oder freigelassen werden kann. Mit Hilfe dieser Einrichtung kann man einen konstanten Gasfluß über einen weiten Druckbereich konstant halten. (J. sci. Instruments **29.** 362—63. Nov. 1952. Oxford, Inorganic Chem. Labor.) GOTTFRIED. 5048

A. R. Carthew und **W. F. Cole,** *Ein Dispersionsaggregat für Tone.* Beschreibung des neu konstruierten App., bes. für die mechan. u. röntgenograph. Analyse von Tonen. (J. sci. Instruments **29.** 235. Juli 1952. Highett, Australia, Commonwealth Sci. and Ind. Res. Organization, Div. of Building Res.) GOTTFRIED. 5048

N. P. Komar, *Über die Anwendung der mathematischen Statistik in der analytischen Chemie.* Eingangs werden die Grundlagen der Fehlertheorie u. der mathemat. Statistik dargelegt, soweit sie für die analyt. Chemie Bedeutung haben u. es sich um die statist. Auswertung wiederholter Bestimmungen desselben Elements oder Ions unter den gleichen Bedingungen handelt. Die verschied. Berechnungsformeln (im ganzen 17) werden gebracht. Dann wird die statist. Auswertung an prakt. Beispielen vorgenommen, wobei folgende Fälle unterschieden werden: 1. Beurteilung eines Verf. nach Meßergebnissen mit einer Probe von bekannter Zus.; 2. Einfl. fremder Stoffe; 3. Prüfung eines Verf. beim Vgl. mit einem Standardverf. (bei wechselndem Geh. des fraglichen Stoffes) — der häufigste analyt. Fall. (Журнал Аналитической Химии [J. analyt. Chem.] **7.** 325—40. Nov./Dez. 1952. Charkow, Gorki-Univ.) v. WILPERT. 5050

J. D. S. Goulden, *Die Benutzung eines Beugungsgitters bei einem Infrarotspektrometer.* An einem Abdruckstrichgitter mit 2904 Linien/in. wurden die Intensitäten der von diesem Gitter reflektierten Hg-Linie 5461 Å in den verschied. Ordnungen untersucht. Maximale Intensität zeigte die 7. Ordnung bei ca. 3,8 μ. Die Intensität in dem Gebiet zwischen 2,5—3,8 μ ist zur Auflösung bei Verwendung des Gitters in einem Spektrometer ausreichend. Der Vormonochromator für das Gitterspektrometer ist in das n. Spektrometerstrahlungsaggregat eingebaut u. verwendet das Kochsalzprisma des Spektrometers. Mit dem App. erhaltene Absorptionsbanden von atmosphär. W.-CO_2 bei 2,7 μ u. von Methan bei 3,3 μ sind wiedergegeben. (J. sci. Instruments **29.** 215—16. Juli 1952. Nottingham, Boots Pure Drug Co. Ltd., Biochem. Res. Dep.) GOTTFRIED. 5063

P. Swings, *Bemerkung über einen praktischen Typ eines Konkavgitter-Spektrographen.* Beschreibung der Anordnung eines Konkavgitterspektrographen, bei welchem sich Spalt u.

Gitter auf dem ROWLAND-Kreis gegenüberstehen. Zu beiden Seiten der nullten Ordnung stehen dann ein Spektr. erster Ordnung von 2000—6000 Å bei einer Dispersion von 5,0 bis 4,1 Å/mm für photograph. Aufnahmen u. ein Spektr. zweiter Ordnung von 2000 bis 4000 Å bei einer Dispersion von 2,4—1,6 Å/mm für Messungen mit Multipliern zur Verfügung. (Rev. univ. Mines, Métallurg., Trav. publ., Sci. Arts appl. Ind. [9] **8.** (**95.**) 451. Nov. 1952. Liège, Univ.) EICHHOFF. 5063

Vincent J. Coates, *Eine Absorptionszelle für Flüssigkeiten mit veränderlicher Dicke.* Beschreibung der Zelle. (Rev. sci. Instruments **22.** 853—54. Nov. 1951. Norwalk, Conn., Perkin-Elmer Corp.) GOTTFRIED. 5063

Th. von Fellenberg, *Herstellung löslicher Stärke.* Es werden 2 Vorschriften zur Herst. lösl. Stärke gegeben. Die eine Stärke eignet sich sehr gut zu jodometr. Arbeiten u. gibt mit J ein tadelloses Blau. Die andere lösl. Stärke wird an Stelle der nicht mehr in früherer Qualität erhältlichen Stärke nach ZULKOWSKY zur Best. der Diastasezahl in Honig vorgeschlagen. (Mitt. Gebiete Lebensmittelunters. Hyg. [Bern] **43.** 88—90. 1952. Muri bei Bern.) HAEVECKER. 5068

D. Kirkor, *Bestimmung von Anilindämpfen in Luft.* Kurze Übersicht über die Verff. unter genauer Mitt. von Vorschriften: 1. Best. mit $CaOCl_2$ (auch mit NaOCl) u. Phenol; 2. mit Chloramin T u. Phenol; 3. durch Diazotieren u. Kupplung mit R-Salz; 4. durch Bromieren zum Tribromanilin. Die am ausführlichsten behandelte Best. 2 ist in Ggw. größerer Mengen Toluidin + NH_3 nicht spezifisch. (Przemysł chem. **7.** (**30.**) 294—96. Mai 1951. Haupt-Inst. für ind. Chem.) v. WILPERT. 5088

L. Ss. Tschemodanowa, *Bestimmung kleiner Mengen Phthalsäureanhydrid in der Luft industrieller Räume.* Auf Phthalsäureanhydrid (I)-Geh. zu prüfende Luftproben, durch Glas- oder gewöhnliche Watte, Filterpapier oder poröse Glasplatten durchgesaugt, wurden durch Benetzen der Gefäßwände oder des Filters mit 15—20 ml A. von I befreit, die Lsg. mit 1 ml 0,1nNaOH trocken gedampft, nach Zusatz von 1 ml konz. H_2SO_4 bei Wasserbadtemp. gelöst, 1 ml Resorcinlsg. (0,2 g Resorcin in 20 ml konz. H_2SO_4) zugefügt u. bei 170—180° 10 Min. geschmolzen. Dabei entsteht als Kondensationsprod. Fluorescein. Dieses löst man in 25%ig. NH_3 (bis schwach alkal.) u. verd. auf 30 ml, denen man 5 ml für eine colorimetr. Best. entnimmt. In Ggw. von I tritt Grünfärbung, ohne I Blaufärbung auf. (Гигиена и Санитария [Hyg. u. Sanitätswes.] **1952.** Nr. 4. 48—49. April. Inst. für Arbeitshyg. u. Berufskrankheiten der Akad. der Med. Wiss. der UdSSR.) v. WILPERT. 5088

a) Elemente und anorganische Verbindungen.

Henri Lestra und **Geneviève Roux,** *Jodometrische Mikrobestimmung von Ammoniakstickstoff.* In der zu untersuchenden Lsg. wird das NH_3 mit NESSLER-Reagens gefällt, der entstehende Nd. abzentrifugiert, gut mit 0,1nNaOH gewaschen, wiederum zentrifugiert u. dekantiert. Der im Zentrifugenglas verbleibende Nd. wird mit Formol im alkal. Milieu zu metall. Hg reduziert. Anschließend wird das entstandene Hg in einer gemessenen Menge KJO_3/KJ-Lsg. gelöst u. der Überschuß an J mit Na-Thiosulfat zurücktitriert. (C. R. hebd. Séances Acad. Sci. **233.** 1453—55. 3/12. 1951.) FRETZDORFF. G 243

George W. Watt und **Joseph D. Chrisp,** *Eine spektrophotometrische Methode zur Hydrazinbestimmung.* Durch Zugabe einer HCl-sauren, alkoh. Lsg. von *p-Dimethylaminobenzaldehyd* zu einer verd. HCl-sauren Lsg. von *Hydrazin* (I) bildet sich eine gelbe Farbe, deren Tiefe spektrophotometr. bestimmt werden kann. Die Farbe entwickelt sich sofort u. ist nach 10 Min. für 12 Std. bei einer HCl-Konz. unter 1 mol. konstant. Ein Durchlässigkeitsminimum liegt bei 458 mμ. Bis zu einer I-Konz. von 0,77 p.p.m. wird das BEERsche Gesetz befolgt. In dem Konzentrationsbereich von 0,06—0,47 p.p.m. liegt der relative Fehler unter ±1%. Der Temperatureinfl. zwischen 20 u. 40° wird mit +0,14% absol. Durchlässigkeit pro 1° angegeben. NH_4Cl u. NH_4NO_3 stören die Best. nicht. Durch *Semicarbazid* (II)- u. *Harnstoff* (III)-Zugabe wird die Durchlässigkeit verändert. Doch liegt der Fehler bei Zugabe von 5 Mol II + 5 Mol III zu 1 Mol I (I-Konz. 0,26 p.p.m.) unter 1%. Korrekturfaktoren für die I-Best. in Ggw. von II u. III werden mitgeteilt. (Analytic. Chem. **24.** 2006—08. Dez. 1952. Austin, Tex., Univ. of Texas.) MOSLÉ. G 243

Maurice Codell und **James J. Mikula,** *Die Bestimmung kleiner Mengen von Chlorid in Titanschwamm.* Nach der vorgeschlagenen Meth. können 0,001—0,200% Cl in Ti photometr. bestimmt werden. Das Metall wird in 18%ig. HF gelöst, die überschüssige HF mit H_3BO_3 als $H[BF_4]$ gebunden. Dann wird nach Zugabe von HNO_3 das Cl mit ca. 0,1n$AgNO_3$-Lsg. gefällt u. über Nacht die Lsg. im Dunklen stehen gelassen, abfiltriert, das AgCl mit 14%ig. NH_4OH gelöst u. mit einer ca. 0,1 mol. Na_2S-Lsg. zur Ag_2S-Bldg. versetzt. Von dem Endvol. von 100 ml wird ein aliquoter Teil nach 15 Min. photometriert. (Analytic. Chem. **24.** 1972—73. Dez. 1952. Philadelphia, Pa., Frankford Arsenal, Pitmann-Dunn Labors. Dep.) MOSLÉ. G 247

Henri Guérin und **Jacques Bastick**, *Über die Analyse von Gemischen aus Arsenwasserstoff und Phosphorwasserstoff.* AsH_3 wird bei 150° an aktiviertem Al in Ggw. von PH_3 quantitativ in As u. H_2 zerlegt. Kühlt man das Gasgemisch anschließend mit fl. Luft, kann der aus der Zers. des AsH_3 resultierende H_2 vom PH_3 abgetrennt u. bestimmt werden. (C. R. hebd. Séances Acad. Sci. **233.** 1452—53. 3/12. 1951.)
FRETZDORFF. G 265

Joseph J. Klingenberg und **Roland A. Papucci**, *Bestimmung von Zirkonium in Stählen mit p-Brom- oder p-Chlormandelsäure.* 3 g Substanz werden in HCl 1:3 gelöst, filtriert, 25 ml einer 0,1 mol. p-Brommandelsäure (**I**)- oder p-Chlormandelsäure (**II**)-Lsg. werden zugegeben, 20 Min. auf 80—85° erwärmt, abgekühlt, filtriert, der Nd. mit W. ausgewaschen u. zum ZrO_2 verglüht, bzw. nach Waschen mit W. u. 95%ig. A. 15 Min. bei 100° getrocknet u. direkt ausgewogen. **I** gibt bessere Werte als **II**. Diese Best. ist der Zr-Best. mit *Cupferron* oder *Mandelsäure* überlegen. (Analytic. Chem. **24.** 1861—62. Nov. 1952. Cincinnati, O., Xavier Univ.) MOSLÉ. G 322

—, *Bestimmung von Vanadium im Ferrovanadin.* V wird im Ferrovanadin durch Behandlung mit Permanganat zu V_2O_5 oxydiert, wobei ein Überschuß durch eine $NaNO_2$/HSO_3NH_2-Behandlung beseitigt u. die Titration von V_2O_5 mit einer n $Fe(NH_4)_2(SO_4)_2$-Lsg. durchgeführt wird. (J. Iron Steel Inst. **170.** 343—47. April 1952.)
HOCHSTEIN. G 330

E. Asmus, *Über die photometrische Chrombestimmung in Wolframstählen.* Vf. überprüft an einem Stahl mit 4,80% Cr u. 18,6% W das Verf. von PINSL zur Best. von Cr u. beweist dessen bedingte Anwendbarkeit auf W-Stähle bei Verwendung geeigneten Filtermaterials, wie z. B. Filter 1574 (SCHLEICHER & SCHÜLL). Durch die Wahl von H_3PO_4–H_2SO_4 als Aufschlußmittel gelingt es, ein brauchbares photometr. Verf. zu entwickeln. 125—250 mg Stahl mit 0,2—20% Cr u. 0—20% W werden in 30 ml einer Lsg. von 300 ml H_3PO_4 (1,7) + 150 ml H_2SO_4 (1,84) unter Erwärmen gelöst, mit einigen Tropfen konz. HNO_3 auf 10 ml eingeengt u. mit 10 ml 70%ig. $HClO_4$ in der Hitze oxydiert. Die noch heiße Lsg. wird zur Red. von entstandenem MnO_4^- mit 10 ml 0,1%ig. Oxalsäurelsg. versetzt u. ein aliquoter Teil unter Verwendung von Hg-Licht u. Hg-Filter 435 photometriert. Nach Eichmessungen werden für die Berechnung der Cr-Gehh. 0,2—5%, 5—10% u. 10—20% aus dem Extinktionsmodul Auswertungsformeln aufgestellt. Die mitgeteilten Beleganalysen von 32 Proben zeigen eine sehr gute Genauigkeit des Verfahrens. Die Korrektur für Gehh. an Ni u. Co wird diskutiert. (Z. analyt. Chem. **135.** 179—86. 1952. Marburg, Univ., Chem. Inst.) WEITBRECHT. G 335

D. I. Rjabtschikow und **W. Je. Buchtiarow**, *Anwendung der chromatographischen Ionenaustauschmethode bei der Analyse keramischer Kupfer–Eisen-Legierungen und Bronzen.* Nach einer kurzen einleitenden Beschreibung der Darst. der Ionite (aus sauren Harzen die Kationite SsBBs, SsDW-1 u. -2, aus alkal. das Anionit MMG-1) werden die chromatograph. Trennverff. bei der Analyse von keram. Legierungen u. Bronzen wie folgt durchgeführt: Cu/Fe mit $Na_4P_2O_7$ u. NH_3 als Komplexbildner; Cu/Al mit Weinsäure u. NH_3; Cu/Al + Fe mit Sulfosalicylsäure u. NH_3; Mn/Fe mit $(NH_4)_2C_2O_4$ bei p_H 5. Die Verwendung von Pt-Gefäßen erübrigt sich dabei; als Kationit wurde die Marke „SsBSs" angewandt. — 1. T r e n n u n g C u / F e. 1 g Legierung wird in 30 ml 30%ig. HNO_3 + 20 ml 10%ig. H_2SO_4 gelöst (Erhitzen bis $SO_3\uparrow$), dann zu $^1/_5$ der Lsg. (50 ml) $Na_4P_2O_7$ (gesätt. Lsg.) bis zur Auflösung der ausfallenden Pyrophosphate u. 25 ml konz. NH_3 zugesetzt u. durch das Kationit (in H-Form) mit 4 ml/Min. Geschwindigkeit filtriert, mit 3%ig. NH_3 das Fe vollends (Prüfung mit 10%ig. KCNS-Lsg.) ausgewaschen. Im Filtrat wird das Fe durch 50 ml 20%ig. NaOH gefällt, in 20%ig. heißer HCl gelöst u. Fe nach dem $KMnO_4$-Verf. bestimmt. Das Cu wird aus dem Kationit mit 20-, später 10%ig. HCl extrahiert (Kontrolle: keine Blaufärbung durch 5 Tropfen Filtrat mit KJ-Stärke), Eindampfen mit 15 ml konz. H_2SO_4 ($SO_3\uparrow$), Lösen in 100 ml W. u. Best. des Cu jodometrisch. Ergebnisse befriedigend. Bei Verwendung von Salzen der Wein- u. Citronensäure bildeten sich mit Fe so hochgradig stabile Komplexverbb., daß die Ausscheidung des Fe durch konz. Alkali nicht quantitativ gelingen wollte. 2. T r e n n u n g C u / A l. 0,25 g Bronze wurde in 15 ml 30%ig. HNO_3 gelöst, mit 10 ml 10%ig. H_2SO_4 eingedampft (bis zum Aufhören der H_2SO_4-Dämpfe), in 25 ml W. gelöst, 2 g Weinsäure u. (nach dem Auflösen) 50 ml konz. NH_3 zugegeben, durch SsBSs filtriert, mit 3%ig. NH_3 nachgewaschen; das Filtrat (∼400 ml) wird mit HCl angesäuert, auf 200—250 ml eingedampft, mit NH_3 alkal. gemacht, Al mit o-Oxychinolin gefällt, in HCl gelöst u. mit $KBrO_3$–KBr titriert. Das Cu wurde aus dem Kationit wie bei 1. extrahiert u. jodometr. bestimmt. 3. T r e n n u n g C u / A l – F e. 0,25 g Legierung wurde nach dem Lösen (vgl. 2.) u. Eindampfen in 25 ml W. gelöst, dann wurden 25 ml 20%ig. Sulfosalicylsäurelsg. u. 25 ml konz. NH_3 zugesetzt. Nach dem Filtrieren u. Waschen des Kationits (wie oben) wurde im Filtrat Fe durch Erhitzen mit 30 ml 20%ig. NaOH gefällt u. weiter wie oben verfahren (Al im Filtrat, Cu auf dem Kationit). Man kann die Trennung auch mit Salicylsäure durchführen, jedoch löst sie sich schlecht, daher ist ihre Sulfoverb. vorzuziehen. 4. Trennung Mn / Fe. Eine Lsg. neutraler Mn- u. Fe-Sulfate wurde mit 15 ml 30%ig. HNO_3 u. 10 ml H_2SO_4 bis zum Entweichen von H_2SO_4-Dämpfen eingedampft, in 25 ml W. gelöst, 4%ig. NH_4-Oxalatlsg. bis zur Fe-Komplexbldg. zugesetzt, dann tropfenweise konz. NH_3 bis zur Kongorotfärbung zugegeben, durch die H-Form des Kationits mit 4 ml/Min. Geschwindigkeit filtriert u. mit dest. W. nachgewaschen (KCNS); das Mn wurde aus dem Kationit mit 10%ig. H_2SO_4 extrahiert u. in beiden Filtraten die Best. wie üblich durchgeführt. Die Ergebnisse (12 Bestimmungen) liegen bei Fe um ein geringes, bei Mn bis ca. 10% zu niedrig, während die Trennungen 1—3 völlig befriedigend ausfielen. (Журнал Аналитической Химии [J. analyt. Chem.] **7.** 377—83. Nov./Dez. 1952.) v. Wilpert. G 354

P. K. Koh, B. Caugherty und **R. E. Burket**, *Intensitätsberechnung für die Bestimmung der Gewichtsprozente in einer binären Legierung durch Röntgenfluorescenzanalyse.* Vff. bestimmten mittels Röntgenfluorescenzanalyse die gewichtsprozentige Zus. von zwei *Fe–Co-Legierungen*, von denen eine chem. Analyse nicht angefertigt werden konnte. Zu gleicher Zeit wurde eine Fe–Co-Legierung mit bekannter Zus. unter den gleichen Arbeitsbedingungen untersucht. Die relative Anregungsfähigkeit von Co gegen Fe wurde nach dem folgenden Ausdruck erhalten: Anregungsfähigkeit Co/Anregungsfähigkeit Fe = $I_{K\alpha}$ von Kobaltcarbonyl/$I_{K\alpha}$ von Elektrolyteisen = 0,987. Den atomprozentigen Anteil von Fe in den Fe–Co-Legierungen erhält man nach der Gleichung: Fe($I_{K\alpha}$ Co/ $I_{K\alpha}$Fe)·(1/0,987 + 1) = 100 (I = Intensität). Für die Legierung mit der bekannten Zus. (48,80 Gew.-% Fe; 50,59 At.-% Co) wurde erhalten Fe = 49,60 Gew.-% u. Co= 50,40 At.-%. (J. appl. Physics **23.** 698. Juni 1952. Brackenridge, Pa., Allegheny Steel Corp., Res. Labor.) Gottfried. G 354

Carmen Mayoral, *Einfluß des Zinks auf das Kupfer bei der spektrographischen Analyse von Kupfer–Aluminium–Zink-Legierungen.* Bei der funkenspektrograph. Analyse von Al-Bronzen wurde gefunden, daß die Intensität der Cu-Linien, bes. 2545 Å, stark vom Zn-Geh., nicht vom Al-Geh. abhängt. Dieser Einfl. steht in Beziehung zur kristallograph. Struktur der Legierungen, die als solche, nicht nach Auflösung untersucht werden müssen. Beim Vgl. mit den bin. Cu–Al-Legierungen von ähnlichem Cu-Geh. wird die Intensität der Cu-Linien stark erhöht, wenn der Zn-Geh. 60% übersteigt, d. h. wenn die $CuAl_2$-Phase verschwindet; andererseits verringert sich die Intensität bei kleineren, aber über 2,5% liegenden Zn-Gehh. mit einem Minimum bei 10—25% Zn, am ausgesprochensten bei den Legierungen mit feinem Korn. Aus diesem Verh. des Zn erklärt sich, weshalb die Verwendung des Zn als innerer Standard bei der spektrograph. Unters. von Al-Bronzen nach Smith u. Wals (Note on the spectrographic determination of Al in Al brass, 1945) bessere Ergebnisse liefert als mit Cu als innerem Standard. Herst. der Legierungen, Ausführung u. Auswertung der Messungen mit Berücksichtigung des zeitabhängigen Untergrundes vgl. Original. (An. Real Soc. españ. Física Quím., Ser. B **48.** 775—82. Nov. 1952. Madrid, Univ., Fac. Cie., Labor. Espectroquím.) Metzener. G 358

W. D. Treadwell, E. Amrein und **A. E. R. Bodmer**, *Über die spektralanalytische Bestimmung von kleinen Silbergehalten in Blei.* Auf Grund thermodynam. Überlegungen wird gezeigt, daß in übersätt. Mischkristallen von Ag in Pb der Ag-Geh. der Dampfwolke infolge erhöhter Aktivität des Ag in übersätt. Lsg. leicht doppelt so groß werden kann, wie in der zweiphasigen Form der Legierung. Die entwickelte Vorstellung wird mit Hilfe spektralanalyt. Unterss. bestätigt, bei denen nachgewiesen wird, daß frisch hergestellte Legierungen im Bereich von 0,1—1,6% Ag fast doppelt so hohe Schwärzungswerte liefern wie Legierungen derselben Zus., die 6 Wochen lang bei Zimmertemp. gealtert waren. Bei letztgenannten Legierungen ist fast alles Ag in Form von Kristalliten von 10^{-2} mm Durchmesser an den Grenzen der Pb-Kristalle ausgeschieden. Die Empfindlichkeit des Verf. ist so groß, daß noch bei 200°, wo die Löslichkeitsgrenze des Ag 0,08 At.-% Ag beträgt, der Übergang von den Mischkristallen ins heterogene Gebiet durch die eintretende Abnahme der Intensität der Ag-Linien 3383,9 u. 3280,7 Å deutlich erkannt werden kann. Der durch die Auslagerung bei Zimmertemp. eintretende Zerfall des übersätt. Mischkristalls wird durch Härtemessungen nachgewiesen. Frisch hergestellte Legierungen zeigen einen kontinuierlichen Härteanstieg mit zunehmendem Ag-Geh., während ausgelagerte, heterogene Legierungen im Gebiet der Löslichkeitsgrenze bei 0,05 At.-% Ag ein deutliches Härtemaximum liefern. (Helv. chim. Acta **35.** 765—70. 2/5. 1952. Zürich, ETH, Labor. für anorgan. Chem.) Werner. G 359

E. Gagliardi und **R. Pietsch**, *Über die Fällbarkeit des Iridiums und Rhodiums und eine Trennung Palladium–Iridium mit Thioformamid.* Verss. zur Fällung von Ir u. Rh mit *Thioformamid* (I) in HCl- oder H_2SO_4-sauren Medien bei verschied. Normalitäten werden beschrieben. Bei diesen u. bei Parallelverss. mit H_2S zeigt sich, daß Ir sulfid. nicht quantitativ fällbar ist. Die Ausbeute mit I beträgt im besten Falle 87%, mit H_2S waren maximal 74% zu erreichen. Rh läßt sich dagegen aus H_2SO_4-Lsg. durch I quantitativ fällen; in HCl-saurem Medium liegen die Ergebnisse bei optimalen Bedingungen um ca. 4,5% unter dem Sollwert. — Für die Trennung Pd–Ir mittels I wird der Umstand ausgenutzt, daß Pd in einer Zeit quantitativ gefällt wird, in der Ir höchstens erst red. ist. Vorsichtshalber kann Umfällung erfolgen. Außerdem sind die für eine gute Pd-Fällung günstigen Faktoren für die Ir-Fällung ausgesprochen ungünstig. Die Trennung ergibt gute Werte, wenn die Ir-Menge kleiner oder gleich groß der Menge des Pd ist. Beleganalysen für die Trennmeth. werden gegeben. (Mh. Chem. **83.** 487—92; S.-B. österr. Akad. Wiss., math.-naturwiss. Kl., Abt. IIb **161.** 487—92. 1952. Graz, Univ., Inst. für Anorgan. u. Analyt. Chemie.) GEDSCHOLD. G 367

b) Organische Verbindungen.

Ralph W. Kelting und **Elroy L. Rice**, *Eine vereinfachte Apparatur für die Bestimmung von organischem Kohlenstoff nach Walkley und Black.* Es wird eine einfache App. beschrieben, die es gestattet, die Ferrosulfatlsg. ständig in einer H_2-Atmosphäre zu halten u. die Bürette unter H_2 zu füllen. Die $FeSO_4$-Lsg. ist dann mehrere Monate haltbar. Die eingeschaltete Vorratsflasche kann je nach Zahl der Best. größer als 3 Liter gewählt werden. Die Titration erfolgt unter kräftigem Rühren, wodurch eine Rücktitration vermeidbar wird. Zu weiterer Beschleunigung der Unters. werden die Bodenproben in einer elektr. Mühle gemahlen. (Ecology **33.** 578—79. Okt. 1952. Norman, Okla., Univ., Dep. of Plant Sci.) FRESENIUS. 5352

Masami Ohara und **Yukimura Suzuki**, *Nichtflüchtige organische Säuren in der Papierchromatographie. Verhalten von Milchsäure.* Nach dem Verf. von LUGG u. OVERELL (C. **1947.** 1396) gibt *Milchsäure* (I) manchmal 2 Flecken, einer entspricht der *Lactylmilchsäure* (II), deren R_f dem von *Lävulinsäure* (III) naheliegt. Käufliche I gibt den II-Fleck nicht, falls sie auf 25% verd., 1 Std. gekocht u. nach 1 std. Stehen chromatographiert wird. Unterste Grenzen für die Best.: I 10 γ, II 75 γ, III 45 γ; R_f für I 0,04, II 0,09, III 0,43 bei Entw. mit der CCl_4-Schicht aus der Mischung CCl_4, Essigsäure u. W. (4:1:1); bei Entw. mit CCl_4–Essigsäure (5:1) ist R_f für I 0,13, II 0,24 u. III 0,53. (Kagaku [Science] **21.** 362—63. Juli 1951. Kawazaki. [Orig.: japan.].) SCHULER. G 850

Wilson Baker, J. B. Harborne und **W. D. Ollis**, *Charakterisierung primärer aliphatischer Amine durch Reaktion mit o-Acetoacetylphenol und durch Papierchromatographie.* Vff. kondensieren eine Anzahl prim. aliphat. Amine mit o-Acetoacetylphenol (I) zu *o-[β-Alkylaminocrotonyl]-phenolen.* Sek. Amine, aromat. Amine u. Aminosäuren lassen sich nicht zur Rk. bringen. Alkylendiamine kondensieren zu Verbb. des Typs III. Da die Rk. auch mit 2-Acetoacetyl-5-methoxy- (II) u. 2-Acetoacetyl-4-methylphenol durchgeführt werden kann, wird der Schluß gezogen, daß die Kondensation allg. mit ω-Acetyl-o-oxyacetophenonen möglich ist. Die Kondensationsprodd. zeichnen sich durch starke grünliche Fluorescenz im UV aus, u. hieraus entwickeln Vff. eine Meth. zur Best. u. Charakterisierung von aliphat. Aminen, indem sie diese an WHATMAN-Papier aus Butanol–verd. Essigsäure chromatographieren, entwickeln u. durch Besprengen mit einer Lsg. aus I in Butanol sichtbar machen. Eine Anzahl R_F-Werte von Aminen wird angeführt.

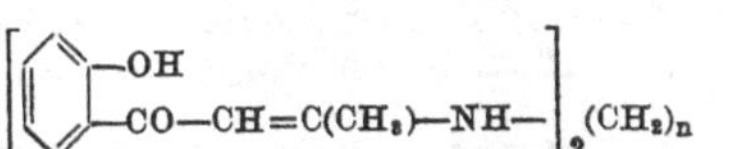

III

V e r s u c h e: Nachst. *o-[β-Alkylaminocrotonyl]-phenole,* $o\text{-}HOC_6H_4COCH{:}C(CH_3)\cdot NHR$, wurden durch Zufügen des entsprechenden Amins (gegebenenfalls in A.) zu einer Lsg. von I in A. u. mehrtägiges Stehen in Form von blaßgrünen oder grünlichgelben Prismen oder Nadeln gewonnen: *R = Methyl-*, $C_{11}H_{13}O_2N$, F. 101° (Bzl.–Leichtbenzin), aus Methylamin; 24% (Ausbeute). — *R = Äthyl-*, $C_{12}H_{15}O_2N$, F. 97,5° (A.), aus Äthylamin; 42%. — *R = n-Propyl-*, $C_{13}H_{17}O_2N$, F. 77—78° (Methanol), aus n-Propylamin; 63%. — *R = Isopropyl-*, $C_{13}H_{17}O_2N$, F. 89° (A.), aus Isopropylamin; 63%. — *R = n-Butyl-*, $C_{14}H_{19}O_2N$, F. 106° (A.), aus n-Butylamin; 74%. — *R = Isobutyl-*, $C_{14}H_{19}O_2N$, F. 111—112° (A.), aus Isobutylamin; 27%. — *R = n-Hexyl-*, $C_{16}H_{23}O_2N$, F. 95—96° (A.), aus n-Hexylamin; 67%. — *R = Cyclohexyl-*, $C_{16}H_{21}O_2N$, F. 92° (A.), aus Cyclohexylamin; 41%. — *R = Benzyl-*, $C_{17}H_{17}O_2N$, F. 124° (A.), aus Benzylamin; 53%. — *R = n-Octyl-*, $C_{18}H_{27}O_2N$, F. 95—97° (A.), aus n-Octylamin; 75%. — *R = 2-Oxyäthyl-*, $C_{12}H_{15}O_3N$, F. 122° (wss. Methanol), aus Äthanolamin; 36%. — *R =* $p\text{-}HOC_6H_4CH_2\cdot CH_2$—, $C_{18}H_{19}O_3N$, F. 147° (wss. A.), aus Tyramin; 54%. — *R = β-[Indolyl-(3)]-äthyl-*, $C_{20}H_{20}O_2N_2$, F. 167° (A.), aus Tryptamin; 30%. — Analog nachst. *Verbb.* III: III (*n = 2*), $C_{22}H_{24}O_4N_2$, F. 183° (Bzl.), aus Äthylendiamin; 65%. — III (*n = 3*), $C_{23}H_{26}O_4N_2$, F. 171 bis 172° (Bzl.), aus Trimethylendiamin; 13%. — III (*n = 4*), $C_{24}H_{28}O_4N_2$, F. 210° (Zers.;

Bzl.), aus Tetramethylendiamin; 44%. — III ($n = 5$), $C_{25}H_{30}O_4N_2$, F. 190—191° (Bzl.), aus Pentamethylendiamin; 34%. — III ($n = 6$), $C_{26}H_{32}O_4N_2$, F. 183—184° (Bzl.), aus Hexamethylendiamin; 64%. — *1.2-Bis-[1-salicyloylpropen-(1)-yl-(2)-amino]-propan*, $C_{23}H_{26}O_4N_2$, F. 187° (wss. Methanol), aus 1.2-Diaminopropan; 40%. — *5-Methoxy-2-[β-methylaminocrotonyl]-phenol*, $C_{12}H_{15}O_3N$, F. 157°, aus **II** u. CH_3NH_2; hellgelbe Plättchen; 60%. — *5-Methoxy-2-[β-äthylaminocrotonyl]-phenol*, $C_{13}H_{17}O_3N$, F. 112,5°, aus **II** u. Äthylamin; grüngelbliche Plättchen; 83%. — *5-Methoxy-2-[β-benzylaminocrotonyl]-phenol*, $C_{18}H_{19}O_3N$, F. 133°, mit Benzylamin; grünliche Nadeln; 96%. — Nachst. *R_F-Werte* (in Klammern) bei Chromatographie an WHATMAN-Papier Nr. 1 aus Butanol–Essigsäure–W., Entw. mit Butanol–Essigsäure–W. (5:1:4) (**A**) oder (2:1:1) (**B**), Trocknen, Besprengen mit 1%ig. Lsg. von I in Butanol, Trocknen u. Bestrahlen mit UV: **A**: *Benzylamin* (0,70), *n-Hexylamin* (0,80), *n-Heptylamin* (0,83), *n-Octylamin* (0,85) u. *n-Decylamin* (0,87). **B**: (* = als Hydrochlorid oder Sulfat zu Papier gebracht): *Tryptamin** (0,39), *Tyramin** (0,58), *2-Oxyäthylamin* (0,48), *1-Phenyläthylamin* (0,72), *2-Phenyläthylamin* (0,72), *2-Aminoheptan* (0,76), *Äthylendiamin* (0,39), *Trimethylendiamin* (0,39), *Hexamethylendiamin* (0,48), *Dekamethylendiamin* (0,62) u. *2-Amino-2'-oxydiäthylamin* (0,42). Ferner *Noradrenalin* (*L-Arterenol*)* (0,34), *Cobephrin** (0,42), *Butanephrin** (0,50), *1-[p-Oxyphenyl]-1-oxypropyl-(2)-amin* (0,53), *Paredrin** (0,64), *Propadrin** (0,68) u. *Dexedrin** (0,74). (J. chem. Soc. [London] **1952**. 3215—17. Aug. Bristol, Univ.) LEHWALD. G 910

Dieter Müting, *Zur quantitativen Bestimmung des Oxyprolins in Eiweißhydrolysaten.* Ein Säurehydrolysat von Eiweiß wird mit Hypobromit oxydiert, ein Überschuß mit $Na_2S_2O_3$ u. a. entfernt. Nach Zusatz von EHRLICHs Reagens wird erwärmt u. photometriert. Keine Störung durch andere Aminosäuren. Fehler ±1%. Empfindlichkeit 1—2 γ. (Hoppe-Seyler's Z. physiol. Chem. **291**. 234—35. 1952 [ausg. 30/1. 1953], Karlsburg, Forschungsinst. für Diabetes, u. Insel Riems, Forschungsinst. für Tierseuchen.) FRESENIUS. G 4070

c) Bestandteile von Pflanzen und Tieren.

John F. Christman und **Robert H. Trubey**, *Chromatographie und biologische Färbemethoden.* 1. Mitt. *Die Papierchromatographie als Mittel zur Bestimmung von Reinheit und Farbstoffgehalt von Sudan III und IV.* Durch Papierchromatographie mit Isooctan als Lösungsm. ließen sich in den handelsüblichen Prodd. von Sudan III u. Sudan IV mehrere verschiedenfarbige Komponenten nachweisen. Eine annähernd quantitative Meth. erlaubt es, die relativen Konzz. der einzelnen Bestandteile festzustellen: 20 Prodd. im 1. Farbstoff mit 63,62% Sudan III u. 14 Prodd. im 2. mit 39,83% Sudan IV, während bei der üblichen Analyse durch Red. viele Bestandteile die gleichen Prodd. wie die reinen Farbstoffe liefern, so daß deren Geh. zu hoch errechnet wird. (Stain Technol. **27**. 53—60. Jan. 1952. Baton Rouge, La., Louisiana State Univ., Dep. of Agric. Chem. and Biochem.) PLAMBECK. 5661

Arthur J. Emery jr. und **Elmer Stotz**, *Papierchromatographie für die Analyse von Färbemischungen.* Ein handelsübliches Färbemittel (*Triosin*) wurde papierchromatograph. analysiert. Man verwendet ein Lösungssyst. von 80 ml n-Butanol + 20 ml NH_4OH (D. 0,90) + 100 ml dest. Wasser. Man konnte das Mittel in 5 Fraktionen spalten. Diese wurden spektrophotometr. weiteruntersucht u. quantitativ analysiert: 28% *Orange G*, 10% *Erythrosin B* u. 62% eines Handels-*Eosins Y*, das aus 3 Komponenten besteht. (Stain Technol. **27**. 21—28. Jan. 1952. Rochester, N. Y., Univ. of Rochester, School of Med. and Dent.) PLAMBECK. 5661

E. Edward Evans und **Kenneth W. Walls**, *Die Trennung biologischer Farbstoffe durch Filtrierpapierelektrophorese.* Ed wurden einige orientierende Verss. mit *Eosin Y*, *Methylenblau*, *Kristallviolett* u. WRIGHTs *Farbstoff* ausgeführt. Dieser ließ sich in 0,01 mol.-Phosphatlsg. p_H 7,0 in seine Komponenten (Eosin u. Methylenblau) auftrennen. Eosin Y lieferte in 0,1 n NH_4OH p_H 11,1 drei Einzelbanden von Gelb nach Rot (Mono-, Di-, Tetrabromfluorescein?). Aus einem Gemisch von Eosin Y u. Kristallviolett wandern in 0,02 mol. Phosphatlsg. zwischen p_H 5,7 u. 8,5 die Eosinkomponenten in Anodenrichtung, während das Kristallviolett im wesentlichen am Startpunkt verbleibt. (J. Bacteriol. **63**. 422—23. März 1952. Ann Arbor, Mich., Univ., Dep. of Bacteriol.) FRANKE. 5661

Richard H. Follis jr., *Die Wirkung proteolytischer Enzyme und des Fixiervorgangs auf die Metachromasie von Hautkollagen.* Gefrierschnitte von humaner Haut wurden unfixiert oder fixiert (Formalin oder 80% A.) mit Toluidinblau gefärbt. Bei unfixierten Schnitten färbte sich das Bindegewebe nur zart an. Nach Vorbehandlung mit *Pepsin* wiesen die Kollagenfasern intensive Metachromasie auf, während *Trypsin*-Behandlung ohne Wrkg. blieb. Bei fixierten Schnitten übten beide Enzyme die gleiche Wrkg. aus. Der Zusammenhang dieser Erscheinung mit der Fähigkeit der *Mucopolysaccharide*, Farbstoffmoll. zu polymerisieren, wird diskutiert. (Proc. Soc. exp. Biol. Med. **76**. 272—73. Febr. 1951. Baltimore, Md., Johns Hopkins Univ., Med. School, Dep. of Pathol.) LOCH. 5661

d) Medizinische und toxikologische Analyse.

E. Hecht und **Chr. Mink**, *Zur Methodik der Ninhydrinreaktion und Papierchromatographie im Zusammenhang mit Untersuchungen über gerinnungsphysiologisch interessierende Phosphatide.* Es wird über 2 bes. auf die speziellen Unterss. abgestellte Methoden der *Ninhydrin* (**I**)-Rk. u. eine entsprechende Technik der Chromatographie berichtet, um in den zu untersuchenden *Cephalin* (**II**)-Präpp. den freien Aminostickstoff quantitativ zu erfassen. Zur Unters. kamen rohe oder durch Dialyse bzw. durch Umfällen gereinigte Präpp., die mit Phenol–W., Phenol–NH_4OH, Butanol–W., Butanol–Pyridin u. Isobuttersäure als Lauf-Fl. chromatographiert u. mit 1 mg **I** in 1 ml Butanol sichtbar gemacht wurden. Für die Hydrolyse wird an Stelle von NaOH oder HCl besser H_2SO_4 verwendet, diese mit $Ba(OH)_2$ u. dessen Überschuß mit CO_2 wieder entfernt. Von einer wss., nicht weiter gereinigten **II**-Emulsion (30 mg/ml) wurden 4 mal 3 ml aufgetragen u. chromatographiert, sie ergab mit **I** 4 Rkk. A_1, A_2, A_3 u. A_4. **II**-Präpp., die durch 6—7 maliges Umfällen aus ihrer äther. Lsg. mit A. gereinigt waren, zeigten jedoch nur die Rkk. A_1, A_2 u. A_3. Wurden die Präpp., die alle 4 Rkk. gaben, hydrolysiert u. dann die Lsg. nach Einengen chromatographiert, so wurden 3 **I**-positive Flecke B_1, B_2 u. B_3 erhalten. Diese werden *Glutaminsäure* (**III**), *Serin* (**IV**) u. *Colamin* (**V**) zugeschrieben. Im unlösl. Hydrolysenteil konnte nach Behandlung mit NaOH u. Chromatographieren ein weiterer **I**-positiver Fleck, A_4 entsprechend, gefunden werden, der als *Sphingosin* charakterisiert wurde. Sphingosinsulfat ist schwer lösl. u. deshalb im Hydrolysenrückstand. Ein wiederholtes Chromatographieren der Eluate der A_1, A_2, A_3 u. A_4 entsprechenden Zonen ergab je 1 **I**-positiven Fleck: C_1, C_2, C_3 u. C_4 mit etwas niedrigeren R_F-Werten. Wurden die Eluate dieser Zonen hydrolysiert u. dann jedes für sich chromatographiert, so zeigten sie sämtlich je 4 **I**-positive Rkk. D_1, D_2, D_3 u. D_4. Aber auch Eluate aus **I**-negativen Zonen ergaben beim Chromatographieren diese 4 Flecken. Dialysierte Präpp. ergaben vor der Hydrolyse die gleichen Chromatogramme wie nicht dialysierte, nach der Hydrolyse fehlte jedoch nicht nur der A_4 entsprechende Fleck, sondern auch der Fleck B_1 **III**. Der Geh. an KJELDAHL-N (1,91%) u. P (3,66%) war jedoch durch die Dialyse nicht verändert. 6 mal aus PAe. mit der 4fachen Menge A. umgefällte Präpp. zeigten vor der Hydrolyse ein Fehlen des Fleckes A_4, während sie nach der Hydrolyse gegenüber dem ungereinigten Präp. keinen Unterschied. aufwiesen. Die chromatograph. Unters. eines nach VAN SLYKE desaminierten Präp. ergab vor der Dialyse keine Spur einer positiven **I**-Rk., nach der Dialyse die Flecken aller 4 Komponenten. Dies wird als Beweis dafür angesehen, daß in den nichthydrolysierten Cephalinen mit der VAN SLYKE-Rk. nicht entfernbarer Amino-N vorhanden ist. Da das untersuchte Material jedoch keine positive Biuret-Rk. gibt, dürfte ein ketten- oder ringförmiges Molekülgefüge mehrerer Cephaline mittels mehrerer —CO·NH-Gruppen außer Diskussion bleiben. (Biochim. biophysica Acta [Amsterdam] **8**. 641—53. Juni 1952. Utrecht, Holland, Reichs-Univ., Physiol.-Chem. Inst.) ENDRASS. 5727

Albert Edward Sobel und **Seymour Eichen**, *Methode zur direkten titrimetrischen Bestimmung der Carbonate in geringen Serummengen.* (Vgl. C. **1952**. 4037.) In 0,1 cm^3 Serum oder Plasma werden die Carbonate durch Zugabe von $Ba(OH)_2$ niedergeschlagen, nach Abzentrifugieren u. Waschen werden die Bicarbonate in heißer Borsäurelsg. gelöst u. das gebildete $Ba(H_2BO_3)_2$ wird aus einer Ultramikrobürette titriert. Es können noch 0,05 mVal CO_2/Liter bestimmt werden. (Proc. Soc. exp. Biol. Med. **79**. 629—33. April 1952. Brooklyn, N. Y., Polytechn. Inst., u. Lenox Hill Hosp. u. Jewish Hosp., Dep. of Chem.) W. BRANDT. 5728

Teuclo Dati, Giorgio De Angelis und **Aristide Borgia**, *Die chromatographisch-photometrische Bestimmung von Pregnandiol im Harn.* Die von DONINI u. BONFANTI (Rass. Clin. Terap. Sci. affini **47**. [1948.] 97) angegebene Meth. zur Best. von Pregnandiol wird verbessert, indem zur Adsorption standardisiertes Al_2O_3 nach BROCKMANN, Typ IV (MERCK) u. zum Eluieren Ae. oder Aceton verwendet werden. Die photometr. Best. wird 90 Min. nach Zugabe von H_2SO_4 bei 325 μm vorgenommen. (Ricerca sci. **21**. 1791—97. Okt. 1951. Rom, Univ., Ist. di chim. anal.) K. FABER. 5732

Wolfram Keup, *Papierchromatographischer Nachweis der Phenylbrenztraubensäure bei Oligophrenia phenylpyruvica. Phenylbrenztraubensäure* (**I**) wird im Harn papierchromatograph. bestimmt. Für die Entw. des Chromatogramms bewährt sich ein Eisessig–W.-Gemisch. Nach Trocknen im warmen Luftstrom wird mit 0,2 n $FeCl_3$-Lsg. besprüht. **I** ergibt einen nach wenigen Min. verschwindenden grünen Fleck. Täuschungsmöglichkeiten werden besprochen. Nachweisbar 1—2 γ **I**. (Hoppe-Seyler's Z. physiol. Chem. **291**. 223—28. 1952 [ausg. 30/1. 1953]. Berlin, Freie Univ., Physiol.-chem. Anstalt.) FRESENIUS. 5732

H. Angewandte Chemie.

I. Allgemeine chemische Technologie.

Arthur Jordan, *Ionenaustauschharze.* Übersicht über Chemismus, Anwendungsweise u. Nebenwirkungen der Ionenaustauschharze. — 28 Literaturangaben. (Practitioner **167.** 647—54. Dez. 1951. Sheffield, United Sheffield Hosp.) BROSEMANN. 5826

R. V. Baud, *Anwendung des Ultraschalles.* (Vgl. C. **1952.** 2220.) Besprochen wird die Situation der *Ultraschall* (*US*)-Anwendung in der Medizin nach dem Erlanger Kongreßbericht von 1949, ferner die Rolle von *US* in der Technik bei der Materialprüfung, im Meß-, Nachrichten- u. Orientierungswesen sowie bei der Beobachtung raschester Vorgänge beim Fernsehempfang. (Schweiz. Apotheker-Ztg. **90.** 413—19. 7/6. 1952. Zürich, Eidgenössische Materialprüfungs- u. Versuchsanst. für Industrie, Bauwesen u. Gewerbe.) DOSSMANN. 5878

G. G. Thurlow, *Die Messung von Oberflächentemperaturen.* Von den vielen möglichen Methoden sind für die industrielle Best. von Oberflächentempp. in Einzelfällen meist nur eine oder zwei mit Erfolg anzuwenden, u. die endgültige Auswahl des Verf. hängt von der geforderten Genauigkeit, von der Haltbarkeit des Gerätes ab. Das einfachste u. dauerhafteste Instrument ist das Thermoelement, mit dem bei sorgfältigem Einbau genaue Resultate erzielt werden. Fehlergebnisse mit großen Abweichungen treten auf, wenn die Heißlötstelle des Gerätes keinen innigen therm. Kontakt mit der zu messenden Oberfläche hat (Oxydschichten auf Metallflächen), oder wenn die Drähte nicht oder zu wenig isoliert sind, so daß zwischen ihnen u. der Umgebung ein bedeutender Wärmeaustausch stattfindet. Die Messung mit opt. Geräten (Gesamtstrahlungs-, Teilstrahlungs- u. Farbpyrometer) erfolgt dann mit Vorteil, wenn die Temp. für die üblichen Thermoelemente zu hoch ist, oder falls nur Einzeltempp. zu bestimmen sind. Falsche Ergebnisse werden vorwiegend durch dazwischenliegende Gasschichten infolge Eigenstrahlung von CO_2 u. Wasserdampf erhalten, so daß in diesen Fällen zweckmäßig mit photoelektr. Geräten gemessen wird, die gegen Gasstrahlung unempfindlich sind. Widerstandsthermometer, Thermochromstifte u. andere Verff. sind im allg. nur vereinzelt zu finden. (Brit. Coal Utilisat. Res. Assoc., monthly Bull. **17.** 1—10. Jan. 1953.) SCHÖBERL. 5886

M. Pier, *Ammoniak-Methanol-Benzin. Entwicklung und Stand der Hochdruckkatalyse.* Darst. der Entw. der NH_3- u. Methanolsynth. sowie der katalyt. Hochdruckhydrierung von Kohlen u. Rohölen. Die Zukunftsaussichten der letzteren in Verbindung mit Crackverff. werden erörtert. (Chem. Industrie **4.** 715—19. Okt. 1952.) SCHMELING. 5900

D. F. Kelsall, *Untersuchung über die Bewegung fester Teilchen in einem hydraulischen Zyklon.* (Trans. Instn. chem. Engr. **30.** 87—108. 1952.) P. ECKERT. 5906

Kunststoffwerk M. & S. G. m. b. H., Köln, *Ausbesserung schadhafter Stellen an Kunststoffinnenverkleidungen von Behältern.* Den Stellen wird ohne Wärmeisolierung von außen nach erfolgter Ausbesserung mit einem härt- bzw. kondensierbaren Kunstharz (I) durch Aufblasen von heißer Druckluft so viel Wärme zugeführt, daß nicht nur die durch die Kesselwandungen abgeleitete Wärme kompensiert, sondern darüber hinaus noch die I-Schicht bis auf die zur Härtung bzw. Kondensation notwendige Temp. erhitzt wird. (**Schwz. P. 281 422** vom 1/8. 1949, ausg. 16/6. 1952.) MÜLLER-MEININGEN. 5805

Wingfoot Corp., übert. von: **Edward Cousins,** Akron, O., V. St. A., *Dichtungsring,* bestehend aus einem Kern aus vulkanisiertem natürlichem oder künstlichem Kautschuk, der mit einem brennstoffesten Film aus Nylon (I), Polyalkylenpolysulfid, Polymonochlortrifluoräthylen, Polyvinylalkohol, Methylcellulose oder einer Mischung aus I mit bis zur gleichen Menge eines Polymerisationsprod. von 100—55 (%) Butadien u. 0—45 Acrylnitril überzogen ist. — Zeichnung. (**A. P. 2 597 976** vom 11/10. 1949, ausg. 27/5. 1952.) LÜTTGEN. 5813

Karl Georg Nowack, Wien, Österreich, *Filtrieren von Flüssigkeiten.* Es werden als Filterkörper in mehreren Lagen aufgewickelte Textilgebilde (I) verwendet, wobei die Breite von I geringer ist als die Höhe der Filterspule. Das z. B. aus Zwirn, Garn oder Textilbändern bestehende I ist außen von einem Sieb überzogen, um gröbere Verunreinigungen zurückzuhalten. Das Sieb wird durch längsverschiebbare Bürsten gereinigt. — Zeichnung. (**Schwz. P. 282 076** vom 26/5. 1950, ausg. 16/7. 1952. Oe. Prior. 22/6. 1949.) REICHELT. 5831

Karl Gustav Prahl de Porre, Hellerup, Dänemark, *Herstellung von Kühlbehältern,* deren Wände eine größere Porosität in der Mitte als an den Oberflächen aufweisen. Man gießt die Wände aus Gußmassen, die porenbildende Stoffe, z. B. Casein, enthalten, die später herausgelöst werden können. Der innere Hohlraum wird mit wärmeisolierenden Füllstoffen, z. B. Korkmehl, ausgefüllt. Diese Hohlräume werden jedoch vor dem Gießen mit einem Klebstoff, z. B. mit „Actal", überzogen. (**Dän. P. 73 788** vom 29/1. 1948, ausg. 18/2. 1952.) JÜRGEN SCHMIDT. 5859

III. Elektrotechnik.

Soc. le Carbone-Lorraine und **Stanislas Teszner**, Paris, Frankreich, *Halbleiter-Verbundkörper*. Ein Halbleiterkörper, z. B. ein Sulfid, Carbid, Silicid, Phosphid oder Arsenid, enthält feinverteilte Stoffe (I) mit elektron. Sekundäremission, die von Primärelektronen unter der Wrkg. einer elektr. Spannung angeregt werden. Als I dienen bes. Oxyde oder Halogenide von Alkalien, Erdalkalien oder Leichtmetallen mit einer D. $<$ 5. (**D. B. P. 850 914** Kl. 21c vom 8/12. 1948, ausg. 29/9. 1952. F. Prior. 18/3. 1948.) KESSEL. 5953

International General Electric Co., Inc., New York, N. Y. (Erfinder: **Edmund A. Evans** und **Garnett H. Porter**, Pittsfield, Mass.), V. St. A., *Elektrisches Widerstandsmaterial* aus krist. SiC. Als Bindemittel dient ein feuerfestes keram. Material aus 90 bis 98 (%) Porzellan u. 2—10, bes. 5, Talkum. Die mit 280—840 at gepreßten Körper werden getrocknet, bei Tempp. bis zu 1225° gebrannt u. mit Starkstromimpulsen vergütet. (**D. B. P. 850 916** Kl. 21c vom 2/10. 1950, ausg. 29/9. 1952. A. Prior. 29/3. 1945.) KESSEL. 5955

Siemens-Schuckertwerke Akt.-Ges., Berlin und Erlangen (Erfinder: **Siegfried Krapf**, Frankfurt/M.), *Hochhitzebeständige, luft- und vakuumdichte Isolierverbindung*. Ein geschichteter Sinterkörper besteht aus einer oxydkeram., isolierenden Schicht, bes. Al_2O_3, u. beiderseitigen löt- u. schweißbaren metall. Grenzschichten aus einer Mischung von 97 (%) Mo oder W u. 3 Ni. (**D. B. P. 850 158** Kl. 21c vom 5/5. 1950, ausg. 22/9. 1952.) KESSEL. 5957

Akt.-Ges. für Unternehmungen der Eisen- und Stahlindustrie (Erfinder: **Eduard Houdremont**), Essen, *Dauermagnet*. Feinkörniges martensit. Stahlpulver (I) (Korngröße $<1\ \mu$) wird gepreßt. Zur Herst. des I wird einer C-haltigen Fe–Al-Legierung durch Auslaugen das Al entzogen, oder es werden dünne Stahldrähte oder -bänder (II) durch Härten in den martensit. Zustand übergeführt u. mechan. zerkleinert. Die II können aus Weicheisendrähten oder -bändern durch Aufkohlen gewonnen werden. (**D. B. P. 847 467** Kl. 21g vom 15/1. 1951, ausg. 25/8. 1952.) KESSEL. 5959

Mathieson Chemical Corp., New York, N. Y., V. St. A., *Elektrolysenzelle für die Alkalielektrolyse*. Der Boden der Zelle bildet die Kathode, über die ein Amalgam strömt. Die Seitenwände u. die Decke sind mit Kautschuk ausgekleidet. Durch Öffnungen der Kautschukauskleidung sind die Anoden geführt. — Vorr., Zeichnung. (**N. P. 79 893** vom 9/6. 1949, ausg. 17/3. 1952. A. Prior. 15/6. 1948.) JÜRGEN SCHMIDT. 5971

International General Electric Co., Inc., New York, N. Y. (Erfinder: **Marvin Pipkin**, Cleveland Heights, O.), V. St. A., *Innenmattierung für Glühlampenkolben* (**I**). In den I wird eine mit feinverteiltem Si (**II**) beschickte, mit O_2-Überschuß brennende reine Leuchtgas- oder Erdgasflamme (**III**) erzeugt. Das **II** kann der **III** auch getrennt durch Versprühen einer alkoh. Suspension zugeführt werden. Die auf der I-Innenwandung gebildete SiO_2-Schicht wird sofort durch Warmluft getrocknet. (**D. B. P. 848 219** Kl. 21f vom 13/6. 1949, ausg. 1/9. 1952. A. Prior. 30/6. 1948.) KESSEL. 5973

N. V. Philips' Gloeilampenfabrieken, Eindhoven, Holland (Erfinder: **Hendrik A. Klasens**, Mitcham Junction, Surrey, England), *Leuchtschirm*, bes. für *Kathodenstrahlröhren*, bei dem die Ausstrahlung der gesammelten Energie durch ein elektr. Feld beschleunigt wird. Die Höhlungen u. Öffnungen zwischen den Körnern des Leuchtstoffs sind mit einem Material von kleiner elektr. Leitfähigkeit gefüllt, z. B. mit Dibutylphthalat. (**D. B. P. 850 199** Kl. 21f vom 23/12. 1948, ausg. 22/9. 1952. E. Prior. 6/5. 1947.) KESSEL. 5975

N. V. Philips' Gloeilampenfabrieken (Erfinder: **Johan George Kronouer, Eduard Henricus Lips** und **Frits Prakke**), Eindhoven, Holland, *Vakuumdichte Stromdurchführung*, bes. für Hochfrequenzströme. Ein Kernkörper, z. B. aus Fe, Cr–Fe, Ni, Ni–Fe, W oder Mo, wird elektrolyt. mit einer dünnen, z. B. 10—30 μ starken Cu- oder Ag-Schicht u. darüber vor dem Einschmelzen mit einem 0,5—1 μ starken Cr-Überzug versehen. (**D. B. P. 850 320** Kl. 21g vom 7/8. 1944, ausg. 22/9. 1952. Holl. Prior. 13/8. 1943.) KESSEL. 5975

LICENTIA Patent-Verwaltungs-G. m. b. H., Hamburg (Erfinder: **Günther Dobke**, Berlin), *Vakuumdichte Stromeinführung* für elektr. Entladungsgefäße aus Metall. Zur Verschmelzung der Metallteile (**I**) dient ein Zwischenkörper aus einer körnigen Grundmasse (**II**), deren Zwischenräume durch ein prakt. aus Glas bestehendes Bindemittel (**III**) ausgefüllt sind. Als II dient bes. ein geschmolzenes u. gemahlenes Metalloxyd, dessen therm. Ausdehnungskoeff. (**IV**) gut mit dem der **I** übereinstimmt (z. B. MgO für **I** aus Fe), als **III** ein Glas mit einem etwas geringeren **IV** (z. B. Pb-Glas für I aus Fe). (**D. B. P. 848 537** Kl. 21g vom 13/2. 1950, ausg. 4/9. 1952.) Kessel. 5975

Westinghouse Brake & Signal Co. Ltd., London, England, *Se-Gleichrichter.* Das Gleichrichterelement wird bei der Herst. mit einem alkal. Bad behandelt, das z. B. NaOH, KOH, Ca-, Ba- oder Li-Oxyd oder -Carbonat, ein Alkalisulfid, -selenid, -cyanid, -phosphat, -silicat oder -borat enthalten kann. Dem Se können zuvor außer SeO_2 äußerst kleine Mengen F, Cl, Br oder J, sowie Oxyde oder Oxyhalogenverbb. von S oder Se beigefügt werden. (**D. B. P. 856 664** Kl. 21g vom 31/7. 1939, ausg. 24/11. 1952. F. Prior. 21/9. 1938.) Kessel. 5977

IV. Wasser. Abwasser.

S. H. Hopper und **Max C. McCowen**, *Flotationsverfahren für Wasserreinigung.* Zur Entfernung feiner, nicht absetzbarer Suspensionen von 1—400 μ Korngröße aus Oberflächenwasser wird als Ergänzung der üblichen Verff. ein Flotationsprozeß mit geeigneten quaternären Ammoniumverbb., die eine polare Gruppe in der Kette oder in o-Stellung in einem aromat. Ring enthalten, vorgeschlagen; es werden 2mal Mengen von 10 mg/Liter zugesetzt u. anschließend 3—5 Min. fein verteilte Luft in langsam steigender Menge zur Erzeugung eines Schaumes durchgeleitet, in dem die quaternären Ammonverbb., Suspensionen, Bakterien u. a. *histolytica-Cysten* angereichert sind. Das Verf. ist bei heißem u. kaltem W. anwendbar, es verbleibt weniger als 1 mg/Liter der zugesetzten Ammonverb. im W., bei Teilchen von 259 mμ Korngröße wurde ein Reinigungseffekt von 95% erzielt. (J. Amer. Water Works Assoc. **44**. 719—26. Aug. 1952. Indianapolis, Ind., Univ., School of Med.; Eli Lilly & Co., Biol. Res. Div.) Manz. 6016

Sz. Papp, *Neuere Versuchsergebnisse und praktische Erfahrungen auf dem Gebiete der Enteisenung industrieller und Trinkwässer.* Für Enteisenung wird ein zwecks Verhinderung des Zusammenbackens vor der vollständigen Einarbeitung mit Quarzgrus 1:1 vermengtes, gesintertes, körniges, stärker eisenhaltiges MgO (*Fermago*) vorgeschlagen, das nach Einarbeitung CO_2 bis zum Gleichgewichtswert binden u. durch entsprechende Erhöhung des p_H-Wertes optimale Bedingungen für Oxydation u. Flockung des Fe einstellen soll; nach Verwendung des Materials in der bestehenden Anlage des Wasserwerkes Debrecen wurde Enteisenung auf 0,1, Entmanganung auf 0,2 mg/Liter erreicht an Stelle der bislang mit eingearbeitetem Quarzkies erzielten Restwerte von ca. 1,9 bzw. 2,5 mg/Liter. Nach der Beobachtung, daß der Fe-Geh. der ungar. Bohrbrunnenwässer zumeist überwiegend aus den eisernen Brunnenrohren stammt, wurde durch Ausbldg. einer künstlichen Schutzschicht durch wiederholtes Einbringen von je 50—100 kg Ca-Oxychlorid, CaO u. Na_2CO_3 in faustgroßen Kugeln über die Bohrrohre in den stillstehenden Brunnen im Laufe von einigen Monaten der Fe-Geh. des W. im Wasserwerk Kaposvar von einigen mg auf wenige Zehntel mg/Liter gesenkt. In den an Flüssen gelegenen Schachtbrunnen tritt Fe-haltiges W. erst auf, wenn infolge stärkerer Absenkung u. Entnahme die Bodenschichten verschlammen u. Reduktionsvorgänge stattfinden; ein Vers., die wasserführenden Schichten um den Brunnen durch Einspülung von Chlorkalk in oxydiertem u. Fe-freiem Zustand zu halten, führte auf einige Monate zu einem positiven Ergebnis. (Acta techn. Acad. Sci. hung. **5**. 437—61. 1952. Ungar. Staatl. Inst. Volksgesundheitswesen, Abt. für Wasserversorgung.) Manz. 6024

John M. Fairall, *Statistische Untersuchung von Ergebnissen an Tropfkörpern.* Bei schwankender Stärke des auf die Versuchskörper aufgegebenen Abwassers führte die Auswertung nach Mittelwerten nur, wenn die Abweichungen statist. unerheblich sind, zu begründeten Folgerungen. (Sewage ind. Wastes **24**. 1358—60. Nov. 1952. Madison, Wis., State Board of Health.) Manz. 6040

M. Kehren und **H. Denks**, *Entwicklung und derzeitiger Stand der Abwasserreinigung.* Als Reinigungsmeth. für Abwässer aus Textilveredelungs- u. -ausrüstungsbetrieben, die mechan. oder biol. nicht ausreichend geklärt werden können, ist nach entsprechender Verdünnung die chem. Klärung zu wählen. $Ca(OH)_2$ bewirkt oft unerwünschte Alkalisierung, $CaCO_3$ ist bei Abstumpfung saurer Abwässer am Platze. Da Al-Salze nur in einem engen, prakt. schwer einstellbaren p_H-Bereich gefällt werden, ist die Eisenung zumeist das einzige brauchbare Verfahren. Nach Versuchsreihen mit einheitlicher Fe- (20 mg/Liter) u. wechselnder Farbstoffkonz. (Sirius-lichtgrün BB als Beispiel substantiver Farbstoffe) ist eine gemeinsame vollständige Fällung von Fe u. Farbstoff nicht im alkal. Gebiet, sondern nur in einer von der Neutralität ins saure Gebiet sich erstreckenden u. mit zunehmender Farbstoffkonz. bis 400 mg/Liter sich verbreiternden Zone zu erwarten. In der Praxis ist mit Überlagerung verschied. Einflüsse zu rechnen. Es wird das durch die Arbeiten des Niersverbandes entwickelte Aufbereitungsverf. für stark farbstoffverschmutzte Textilabwässer erläutert, wobei das vorgeklärte u. verd. Abwasser im Eisenungsbehälter mit Gußeisenspänen u. $FeSO_4$ umgewälzt, schließlich nachgeklärt, nach Bedarf biol. nachgereinigt wird. (Dtsch. Textilgewerbe **54.** 1032—44. 5/11. 1952. München-Gladbach-Rheydt, Textilingenieurschule.) MANZ. 6042

Joseph Keller, Basel, Schweiz, *Wasseraufbereitungsverfahren und Herstellung eines Produktes zur Wasserbehandlung.* Für *Filtration* von Trink- u. Gebrauchswässern, bes. zur Entsäuerung, wird ein aus Ca- u. $MgCO_3$ bestehende Prod. verwendet. Es wird durch Brennen eines Erdalkalicarbonatgesteins gewonnen, wobei dessen $CaCO_3$ wenigstens teilweise, $MgCO_3$ vollständig zers. wird. Bei der anschließenden Abkühlung in der aus der Zers. stammenden CO_2-Atmosphäre wird das Brennprod. wenigstens teilweise recarbonisiert. Es werden auch Metallsalze zugesetzt, z. B. Ag-, Cu- u. Mn-Salze, oder O_2-abspaltende oder bindende Salze, Cl-Verbb. oder Phosphate. (**Schwz. PP. 283 440** vom 3/9. 1949 u. **283 441** vom 24/10. 1949, beide ausg. 1/10. 1952.) REICHELT. 6017

Robert E. McMahon und **Edward F. McMahon,** Seattle, Wash., V. St. A., *Korrosionsverhinderung in Wärmeaustauschern* u. ähnlichen Behältern, die mit korrosivem W., z. B. *Seewasser,* in Berührung kommen, wobei die Wandung aus Stahl u. die Ventile aus Cu oder Bronze bestehen. Es wird als Lösungsanode ein Metall, das niedriger in der Spannungsreihe steht als die zuvor genannten Metalle, z. B. Zn, verwendet. Durch die Wand des Behälters wird ein Stab aus nichtrostendem Stahl, der von einem Rohr aus Messing umgeben ist, auf welchem auswechselbar muffenförmige Ringe aus Zn in geringem Abstand befestigt sind, eingeschraubt. (**A. P. 2 609 340** vom 21/2. 1949, ausg. 2/9. 1952.) REICHELT. 6029

Dow Chemical Co., Midland, Mich., übert. von: **Paul H. Cardwell** und **Billy P. Robinson,** Tulsa, Okla., V. St. A., *Entfernen von Calciumsulfat-Stein.* Es werden wss. Lsgg. einer Cr-Verb. verwendet, z. B. von CrO_3, Na_2CrO_4, $Na_2Cr_2O_7$. Die Konz. soll mindestens 0,025 Mol./100 g Lsg. betragen; die Lsg. wird auf 150° F bis zum Kp. erhitzt. (**A. P. 2 606 157** vom 6/9. 1949, ausg. 5/8. 1952.) REICHELT. 6031

Hall Laboratories, Inc., und **Calgon, Inc.,** übert. von: **George B. Hatch,** Pittsburgh, Pa., V. St. A., *Verhindern der Ausfällung von $CaCO_3$ aus Wasser.* Das W. strömt an glasigen, sehr schwer lösl. Schmelzphosphaten (I) mit solcher Geschwindigkeit vorbei, daß <20 (Teile) Phosphat auf 1000000 W. gelöst werden. Geeignete I sind: $2CaO \cdot Na_2O \cdot 3P_2O_5$; $CaO \cdot 2Na_2O \cdot 3P_2O_5$; $2MgO \cdot Na_2O \cdot 3P_2O_5$; $ZnO \cdot P_2O_5$; $5ZnO \cdot 3P_2O_5$; $Al_2O_3 \cdot 3P_2O_5$; $5Al_2O_3 \cdot 9P_2O_5$; also Metaphosphat- oder Tripolyphosphatgläser bzw. I mit zwischen diesen liegender Zusammensetzung. (**A. PP. 2 539 305** vom 9/10. 1943, ausg. 23/1. 1951 u. **2 601 395** vom 29/6. 1944, ausg. 24/6. 1952.) ZÜRN. 6035

Siemens-Schuckertwerke Akt.-Ges., Berlin und Erlangen (Erfinder: **Paul Wenk,** Erlangen), *Behandeln, vorzugsweise Reinigen von Abwässern und anderen Flüssigkeiten.* Die Fll. werden gleichzeitig der Einw. mechan. Schwingungen von Schall- oder Ultraschallfrequenz u. einer Bestrahlung mit UV-Strahlen ausgesetzt. Dabei wird der Fl. ein O_2-haltiges Gas, z. B. Luft, zugeführt, z. B. durch die Fl. gesprudelt. — Vorrichtung. (**D. B. P. 855 521** Kl. 85c vom 28/12. 1950, ausg. 13/11. 1952.) REICHELT. 6041

V. Anorganische Industrie.

Karl Kegel, *Der Salzstock Mirowo bei Provadia in Bulgarien.* Beschreibung des Salzstocks, welcher ein Haselgebirge, also ein Gemisch von Salz u. Gesteinsbreccie darstellt. Für den Abbau kommt nur Auslaugung in Frage. Durch Verss. wurde festgestellt, daß die Zufuhr des Süßwassers dabei im Gegensatz zu der heute üblichen Meth. von oben erfolgen soll. Man erhält dabei zylindr. Kammern mit einer Gewölbedecke. Das Ausbringen kann dadurch erheblich gesteigert werden. (Ber. Verh. sächs. Akad. Wiss. Leipzig, math.-naturwiss. Kl. **98.** Nr. 3. 1—26. 1951.) ENSSLIN. H 274

Bergwerksgesellschaft Hibernia Akt.-Ges. (Erfinder: **Ermbrecht Rindtorff, Karl Schmitt** und **Hugo Kirn**), Wanne-Eickel, *Erhöhung der Ozonerzeugung in Ozonisierungsapparaten mit Außenkühlung.* Es wird ein (vorzugsweise tiefgekühlter) Gasstrom durch das Innere der Ozonisierungsrohre geleitet. So werden bei nur Außenkühlung von 18° (oder 0° oder —10°) an Ozon 1,8 (oder 2,2 oder 2,8) Vol.-% erzeugt, bei Außenkühlung von 18° (oder 0° oder —10°) u. gleichzeitiger Innenkühlung von 15° (oder —1° oder —6°) dagegen 2,4 (oder 3,6 oder 4,7) Vol.-% Ozon. (**D. B. P. 846 994** Kl. 12i vom 21/11. 1944, ausg. 18/8. 1952.) SCHREINER. H 239

Carl Otto, Manhasset, N. Y., V. St. A., *Kontinuierliche Gewinnung von Ammoniumsulfat.* Man stellt sich zuerst eine übersätt. $(NH_4)_2SO_4$-Lsg. (I) her, indem man in eine

Lsg., die H_2SO_4 u. $(NH_4)_2SO_4$ enthält, ein NH_3-haltiges Gas, z. B. Koksofengas, einleitet u. die I anschließend versprüht. Danach läßt man sie zusammen mit den bereits gebildeten kleinen Kristallen in einen darunter liegenden Kristallisator einlaufen, wo sich mehr oder weniger große $(NH_4)_2SO_4$-Kristalle abscheiden. Die darüber stehende, nunmehr gesätt. I verwendet man zum neuen Ansatz. (**A. P. 2 599 067** vom 15/3. 1948, ausg. 3/6. 1952.) NEBELSIEK. H 243

Directie van de Staatsmijnen in Limburg, Haarlem (Erfinder: **Rudolph Nicolaas George Zeegers**, Beck), Holland, *Gewinnung von Ammoniumnitrilosulfonat.* Bei der Herst. von Hydroxylaminsulfonat durch Rk. wss. Lsgg. von NH_4NO_2 u. NH_4HSO_3 oder NH_4OH in Ggw. SO_2 enthaltender Gase wird der innerhalb eines p_H-Bereiches von 5—7 ausfallende, aus $N(SO_3 \cdot NH_4)_3$ bestehende Bodenkörper abgetrennt u. erst anschließend das p_H der Reaktionslsg. weiter herabgesetzt. Das $N(SO_3 \cdot NH_4)_3$ kann man in saurem Medium oder durch Erwärmen in W. zu $NH_2SO_3 \cdot NH_4$ hydrolysieren, das als *Unkrautbekämpfungsmittel* verwendet wird. Letzteres gelangt sonst in das bei der Herst. von Oximen als Nebenprod. anfallende $(NH_4)_2SO_4$ u. stört bei dessen Verwendung als Kunstdünger. (**D. B. P. 852 843** Kl. 12i vom 3/3. 1951, ausg. 20/10. 1952. Holl. Prior. 4/3. 1950.) ZÜRN. H 243

American Cyanamid Co., New York, N. Y., V. St. A., übert. von: **Nat Huyler Marsh**, *Herstellung von Additionsverbindungen von NH_3 und SO_3, besonders von Triammoniumnitrilosulfonat* (I) *oder von Diammoniumimidodisulfonat* (II). SO_3 u. NH_3, bes. beide verd. mit inerten Gasen, läßt man aufeinander strömen. Beim Molverhältnis $NH_3 : SO_3 = 1{,}5 : 1$ erhält man I als Hauptprod., bei 3,64:1 dagegen II. — Abbildung. (**E. P. 674 810** vom 2/11. 1950, ausg. 2/7. 1952. A. Priorr. 12/11, 12/12. 1949, 6/6. u. 27/6. 1950.) ZÜRN. H 243

Diamond Alkali Co., Cleveland, übert. von: **Tom S. Perrin**, Painesville, O., V. St. A., *Gewinnung von Chlor neben Sauerstoff und Chromoxyd.* In einem kontinuierlichen Verf. mischt man H_2SO_4 u. $Na_2Cr_2O_7 \cdot 2\,H_2O$, erhitzt auf 120—160° u. leitet HCl ein, wodurch ein Gemisch von HCl, Cl_2, CrO_2Cl_2 u. O_2 ausgetrieben wird, das man auf 5000—750° erhitzt. Hierbei zers. sich CrO_2Cl_2 zu Cr_2O_3, das abgeschieden wird. Die Gase werden mit W. gewaschen u. durch Verflüssigen u. Rektifizieren des Cl_2 in Cl_2 u. O_2 getrennt. — Zeichnung. (**A. P. 2 592 598** vom 7/4. 1949, ausg. 15/4. 1952.) ZÜRN. H 247

Phillips Petroleum Co., übert. von: **Samuel C. Carney**, Bartlesville, Okla., V. St. A., *Gewinnung von fein verteiltem S.* S wird so hoch erhitzt, daß er dünnfl. ist, unter Druck gesetzt u. in einen heißen Gasstrom, bes. von KW-stoffen, versprüht, der die Tropfen des S noch mehr zerteilt. Durch Einspritzen von kalter Fl., bes. von Butan, Propan oder W., in den S-haltigen Gasstrom wird S verfestigt; anschließend wird er elektr. niedergeschlagen. Erhitzt man S anfangs über 680° F, so wird in CS_2 unlösl. S erhalten, den man durch Halogen stabilisieren kann. Halogen setzt man den Zerstäubungsgasen zu. (**A. P. 2 608 471** vom 23/5. 1949, ausg. 26/8. 1952.) ZÜRN. H 253

Heinrich Koppers G. m. b. H. (Erfinder: **Willy Linder**), Essen, *Gewinnung von Schwefel* durch Rk. zwischen H_2S u. O_2 an geformten Kontaktkörpern (I), die in gekühlten Röhren angeordnet sind. Die I werden in Form von Drallkörpern angewandt, die eine turbulente Strömung der mit ihnen in Berührung kommenden Reaktionsmedien hervorrufen. (**D. R. P. 753 027** Kl. 12i vom 26/7. 1940, ausg. 2/2. 1953.) ZÜRN. H 253

Deutsche Hydrierwerke Akt.-Ges., Düsseldorf (Erfinder: **Eric Schirm**, Cubatao, Brasilien), *Herstellung von Chlorsulfonsäure.* Auf S u. Cl_2 oder auf S–Cl-Verbb., wie SCl_4, S_2Cl_2 oder SCl_2 u. Cl_2 läßt man konz. H_2SO_4, bes. Monohydrat, einwirken, die frei von gelöstem SO_3 ist. Das Atomverhältnis von S : Cl soll 1 : 4 betragen. Die Ggw. von $ClSO_3H$ beschleunigt die Reaktion. Man kann bei —10 bis +30° oder unter Rückfluß bei höherer Temp. arbeiten. (**D. B. P. 868 598** Kl. 12i vom 17/12. 1940, ausg. 26/2. 1953.) ZÜRN. H 253

M. W. Kellogg Co., Jersey City, übert. von: **Norman L. Dickinson**, Basking Ridge, N. J., V. St. A., *Gewinnung von CO.* Pulverförmige C-haltige Stoffe, bes. Kohle oder Koks, werden mit heißen pulverförmigen Oxyden von Fe, Co, Ni, Mo, Mn, Ba, V, Cr oder Cu gemischt u. durch ein O_2-freies Gas in flüssigkeitsähnlichen Zustand versetzt, wobei die C-haltigen Stoffe zu CO oxydiert u. die Metalloxyde red. werden. Diese werden in einem anderen Reaktionsraum durch Behandlung mit O_2 oxydiert, aufgeheizt u. dann erneut verwendet. — Abbildungen. (**A. P. 2 602 809** vom 10/7. 1948, ausg. 8/7. 1952.) ZÜRN. H 260

Metallgesellschaft Akt.-Ges., Frankfurt/M. (Erfinder: **Georg Müller**, Bad Homburg-Gonzenheim), *Herstellung von Aktivkohle* im Drehrohrofen. Die erforderliche Wärme wird mittels mehrerer auf die Länge u. zweckmäßig auf den Umfang des Ofens verteilter Brenner erzeugt, denen Gas u./oder Verbrennungsluft durch außen am Ofen angeordnete Leitungen zugeführt werden. Die Anordnung bzw. Formgebung der Brenner schützt vor dem Eindringen von Behandlungsgut in die Brennermündungen. Durch die Brenner oder durch besondere Düsen oder Rohre kann man auch die aktivierenden Gase, Dämpfe oder andere Behandlungsmittel in den Ofen einführen. — Abbildung. (**D. B. P. 871 145** Kl. 12i vom 11/11. 1939, ausg. 19/3. 1953.) ZÜRN. H 260

Soc. d'Études Chimiques pour l'Industrie et Agriculture (Erfinder: **Maurice Sourdet** und **Jean Martin**), Frankreich, *Herstellung von Alkalisalzen aus Alkalichloriden.* Die Alkalichloride werden mit $CaHPO_4$ in der Hitze umgesetzt zu einem Ca-Alkaliphosphat, unter Einw. von CO_2 oder SO_2 in wss. Phase wird $CaHPO_4$ unter Bldg. des entsprechenden Alkalisalzes zurückgewonnen. Die Ausbeute an K_2CO_3 aus KCl nach diesem Verf. beträgt 95%, bezogen auf das beim Umsetzen mit $CaHPO_4$ nicht verflüchtigte KCl, das verflüchtigte kann leicht wiedergewonnen werden. (**F. P. 1 001 853** vom 8/12. **1949**, ausg. 28/2. 1952.) SCHÖNAUER. H 272

VI. Silicatchemie. Baustoffe.

R. Heeley und **H. Moore**, *Experimentelle Untersuchung von schwerschmelzbaren Aluminiumsilicatmassen hoher Reinheit in ihrer Verwendbarkeit für die Glasschmelze.* 2. Mitt. *Die Wirkung von Soda (Na_2O) auf Materialien von Sillimanit–Mullit-Zusammensetzung bei verschiedenen Temperaturen.* (1. vgl. C. **1952. 2064.**) Vff. untersuchen Probekörper von sillimanit- (**I**, $Al_2O_3 \cdot SiO_2$) u. mullit- (**II**, $3\,Al_2O_3 \cdot 2\,SiO_2$) ähnlicher Zus., denen im ersten Falle bis 0,5%, im zweiten bis 3% Soda (Na_2O; **III**) zugegeben wurde, durch 20 std. Erhitzung bei 1400—1590°. Die Ergebnisse werden an Hand einer großen Zahl von Tabellen u. graph. Darstellungen besprochen. Bei **I** hat der **III**-Zusatz nur sehr geringen Einfl. auf Rekristallisation u. Schrumpfung. Während die „scheinbare Porosität" zurückgeht, steigt die „tatsächliche Porosität" nach der Erhitzung auf 1590° von 18 auf 21%. Der Anteil von „geschlossenen Poren" gegenüber dem Gesamtporenvol. steigt bis auf 90%. Bei **II** wird die Rekristallisation durch Zusatz von 1% **III** im Temperaturgebiet von 1450—1510° verzögert, die Schrumpfung wird für 1400—1510° erst von 10% **III**-Zusatz merklich beeinflußt, während bei 1590° bereits 5% dafür ausreichen. Die „scheinbare Porosität" wird von 43 auf 33% herabgesetzt durch die Glühung bei 1400° u. auf 12,6% bei 1590°, während der Anteil an „geschlossenen Poren" am Gesamtporenvol. bis auf 29% ansteigt. Die Korrosionsfestigkeit von **I** ist im allg. besser als die von **II**, was wahrscheinlich auf den größeren Anteil an „geschlossenen Poren" zurückzuführen ist, wodurch die Angriffsmöglichkeit des geschmolzenen Glases verringert wird. (J. Soc. Glass Technol. **36.** Trans. 242—65. Aug. 1952). KÜHNERT. 6170

Martin Blanke, *Über das Problem der Wannensteine.* (Vgl. C. **1953.** 1228.) Vf. berichtet über die Weiterführung früherer Verss., bei denen Probekörper in einem beschriebenen TAMANN-Ofen bei 1400° u. reduzierender Atmosphäre in Sulfatschmelzen auf ihre Auflösungsfähigkeit geprüft wurden, um die Eignung der Mischungen für Wannensteine zu untersuchen. Da die Schmelze nach 42 Min. die Zus. 64,3% Na_2SO_4, 10,0% Na_2S, 5,9% Na_2O, 17,2% Na_2CO_3, 0,9% Na_2SO_3, 1,7% $Na_2S_2O_3$ hat, kann man den Angriff in erster Linie auf Na_2S, Na_2CO_3 u. Na_2O zurückführen. Vf. behandelt dann eingehend die Auflsg. verschied. üblicher Ofensteine (Schamotte, getempert u. ungetempert, elektr. geschmolzene Steine — *Corhart ZAC* —). In Tabellen u. Diagrammen stellt Vf. dar, daß sich ein Stein mit 94% Tonerde am wenigsten löst, ihm am nächsten kommt der Corhartstein mit 65% Tonerde, während Steine ohne Tonerde sich entsprechend rasch auflösen. Temperung der Steine verlangsamt die Auflsg. um bis zu 20%, je nach der Tempertemperatur. Die elektr. geschmolzenen Steine eignen sich nach dieser Unters. am besten, trotz der gegenüber anderen Steinen ca. 6fachen Herstellungskosten. (Silikattechnik **3.** 491—96. Nov. 1952.) KÜHNERT. 6172

A. K. Lyle, *Häufige Ursachen und Herkunftsstellen von Steinen im Glas aus kontinuierlichen Schmelzöfen.* Steine im Glas sind Ausfallursache für 0,1—10% der Glasproduktion. Vf. gibt eine Zusammenstellung der vier häufigsten Typen von Steinen u. eine prozentuale Aufstellung der Ursachen, wobei sich erweist, daß der Oberbau des Ofens mit ca. 78% daran beteiligt ist. Die Angriffe auf das Steinmaterial werden bewirkt durch Erhöhung der Temp., wodurch die Möglichkeit der Lsg. erhöht wird, durch chem. Angriffe, vor allem von Soda- u. Kalkstaub aus dem Gemenge u. den verdampfenden Bestandteilen des Glases wie Na, K, S, F, B. Der Angriff hängt weiter von der Zeit ab, während der die angegebenen Einflüsse wirksam sind, ebenso auch von den Scher- u. Zugkräften, die an den verschied. Stellen des Ofens auftreten. Der Vorgang der Steinbldg. wird an Hand eines Dreistoffdiagrammes erläutert u. bes. noch auf die „Wurmbildungen" (Nephelinwürmer) in grünen u. braunen Gläsern eingegangen. Weitgehend vermeidbar sind die Steine durch sorgfältiges Arbeiten, verbesserten Ofenbau, sorgfältiger Beachtung der vollständigen Verbrennung des Heizmaterials u. Auswahl der geeigneten Ofensteine. (Amer. ceram. Soc. Bull. **31**. 240—43. Juli 1952.) KÜHNERT. 6174

M. D. Karkhanavala und **S. R. Scholes**, *Die Beziehung zwischen Durchmesser und thermischer Widerstandsfähigkeit von Glasstäben.* Therm. Widerstandsfähigkeit ist ein wichtiger Faktor bei der Verwendung des Glases u. wird als Mittel zur Qualitätskontrolle vorgeschlagen. Vff. versuchen aus eigenen Unterss. u. Literaturangaben eine Gleichung aufzustellen, deren einer Faktor sich aus den Eigg. des Glases ergibt, deren anderer vom Radius des untersuchten Stabes abhängt. Es ergibt sich $0 = Q(1 + 3(0,6)^{r/r_1})$, dabei ist Q eine Konstante, die von der Zus. u. Art des Glases abhängig ist u. sich aus einer Gleichung ergibt, die die Zugfestigkeit, den therm. Ausdehnungskoeff. u. das Poissonverhältnis enthält. 0,6 ist für alle Gläser konstant, u. r u. r_1 sind der Radius des Glasstabes u. ein Bezugsradius in mm. (J. Soc. Glass Technol. **35**. 289—303. Dez. 1951.) KÜHNERT. 6200

Helmut Hartmann und **Herbert Brand**, *Zur Kenntnis der mittleren spezifischen Wärme einiger technisch wichtiger Glassorten.* Nach einem Überblick über die bisher erschienenen Arbeiten über die Messung u. Berechnung aus der Zus. der mittleren spezif. Wärme von Gläsern beschreiben die Vff. die von ihnen angewandte App. u. geben die Meßergebnisse für ein Tafel-Grün-Wirtschafts- u. Bleiglas mit 18,9% PbO von 20 bis 1300° wieder. Die gemessenen spezif. Wärmen der drei ersten Gläser stimmen gut mit den berechneten mit Ausnahme des Transformationsgebietes überein, beim Bleiglas ergaben sich starke Abweichungen, die auf das Fehlen des Berechnungsfaktors für BaO u. die Unsicherheit des Faktors für PbO zurückzuführen sind. (Glastechn. Ber. **26**. 29—33. Febr. 1953.) THIENE. 6200

C. L. Bijl, *Der Spannungszustand in Glasurschichten.* Die Ursachen der Spannungen in Glasuren, die auf Steingut aufgebracht sind, u. die Faktoren, die die Größe der Spannung beeinflussen können, werden besprochen (Schrumpfungsunterschiede zwischen Scherben u. Glasur, Abkühlungsgeschwindigkeit, Feinheit des dem Ton zugefügten Quarzes, Nachwrkg. des Brennens in der Glasur, Feuchtigkeitsaufnahme des Scherbens). Eine empir. abgeleitete Formel gestattet, mit befriedigender Genauigkeit aus der Differenz der therm. Ausdehnung zwischen Steingut u. Glasur die Spannung in der Glasur zu berechnen. (Chem. Weekbl. **48**. 998—1004. 27/12. 1952. Delft, TH, Techn.-Phys. Dienst, T. N. O.) WESLY. 6212

E. R. Box, *Schablonendruck.* Der Seidensiebschablonendruck in seiner Anwendung zum Dekorieren von Keramiken wird beschrieben u. die Einfachheit des Verf. u. der Reliefeffekt durch Auftragen einer dicken Schicht hervorghoben. Neu gewonnene Erfahrungen werden bekanntgegeben. (Trans. Brit. ceram. Soc. **50**. 284—90. Juli 1951.) STEINER. 6216

D. S. Beljankin und **B. W. Iwanow**, *Über ein feuerfestes Chromit–Magnesit–Dolomit-Material.* Als Ausgangsmaterial für den untersuchten Ziegelstein wurden 54% Saran-Chromit u. 46% Magnesit–Dolomit-Klinker verwendet u. 30 Std. bei 1460° gebrannt. Die berechnete chem. Zus. des Ziegels betrug in Gew.-%: 8,22 SiO_2, 9,55 Al_2O_3, 13,60 Fe_2O_3, 17,22 Cr_2O_3, 15,76 CaO, 35,41 MgO, 0,24 P_2O_5. Er näherte sich mehr dem Chromit–Magnesit-Stein als dem Chromit–Dolomit-Stein. Im MARTIN-Ofenbetrieb betrug der Verschleiß (in %) 16,5 gegen 25,6 beim Magnesitstein u. 35,6 beim Chromit–Magnesit-Stein. Der Chromit–Magnesit-Stein nahm hierbei eine zonale Struktur an. An die nicht umgewandelte Zone schloß sich eine stärkere Übergangszone sowie eine schwächere (höchstens 10—15 mm) heiße Reaktionszone an. Die mkr. u. chem. Unters. der Zonen ergab, daß in der Übergangszone eine gute Versinterung des Materials mit den Prodd. aus dem wirksamen Ofenraum erfolgte. Die Korngröße von Chromit hatte hier abgenommen, die von Periklas zugenommen. Im Silicatteil war der Forsterit vorherrschend. Monticellit war beigemischt, Mervinit fehlte. In der Reaktionszone konnten Chromit u. Periklas nicht mehr voneinander unterschieden werden. Im Silicatteil waren Forsterit u. Monticellit deutlicher zu unterscheiden. Hier war eine Umwandlung von Chromit u. Periklas in Magnesioferrit u. wahrscheinlich Magnetit erfolgt. Von den Silicaten war Monticellit vorherrschend. (Доклады Академии Наук СССР [Ber. Akad. Wiss. UdSSR] [N. S.] **86**. 161—64. 1/9. 1952.) LEBTAG. 6218

Soc. An. des Manufactures des Glaces & Produits Chimiques de Saint-Gobain, Chauny & Cirey, Paris, Frankreich, *Kontinuierliche Herstellung von Glas.* Das Glas durchläuft mehrere Räume (Schmelzraum, Läuterungsraum u. Konditionierungsraum). Dem ersten Raum wird soviel Wärme zugeführt, daß das geschmolzene Material in zusammenhängendem Strom von der Oberfläche in den oberen Teil des Läuterungsraumes übergeführt werden kann. Die Beheizung des Läuterungsraumes wird so eingestellt, daß aus seinem unteren Teil die Glasmasse in den dritten Raum übergeleitet werden kann. Die Stromzuführung wird in dem oberen Teil dieses Ofens lokalisiert, so daß der obere Teil der Schmelze wärmer ist als der untere Teil. Die Heizung erfolgt durch stangenförmige Elektroden, die ganz in die Glasschmelze eingetaucht sind. — Vorr., Zeichnung. (**Dän. P. 73 868** vom 15/9. 1948, ausg. 10/3. 1952. F. Priorr. 10/7. 1942 u. 13/4. 1944.) JÜRGEN SCHMIDT. 6169

Steatit Magnesia Akt.-Ges., Lauf, Pegnitz (Erfinder: **Ernst Albers-Schönberg**, Metuchen, N. J., V. St. A.), *Hartlötfähige Schichten auf keramischen Formteilen.* Zum Einbrennen hartlötfähiger Schichten aus Eisen auf keram., vorzugsweise Magnesiumsilicat enthaltenden Formkörpern wird so vorgegangen, daß das Metall, als feines Pulver in Suspensionsöl verteilt, aufgetragen u. der so behandelte keram. Körper einer Erhitzung unterzogen wird. Die Erhitzung erfolgt bei Atmosphärendruck in strömendem Neutralgas, z. B. Stickstoff, welches bei Zimmertemp. mit Wasserdampf von 5—15 Torr beladen wurde. — Nach Erreichen der Einbrenntemp. bei ca. 1200° wird während der Abkühlung ein Atmosphärenwechsel auf trockenes Reduktionsgas, z. B. Wasserstoff, vorgenommen. Die eingebrannten Schichten können mit Hart- u. Weichlot verbunden werden. (**D. B. P. 855 222** Kl. 80b vom 4/4. 1943, ausg. 10/11. 1952.) REINHART. 6221

Walter H. Hart, Winnetka, Ill., V. St. A., *Stärkeprodukt*, bes. geeignet als *Bindemittel für Gips.* Stärkehaltige Mehle aus Getreide, Milokorn, Tapioka u. dgl. werden in Mischung mit 0,1—2% $AlCl_3$ in einer Hammermühle fein zermahlen. (**A. P. 2 585 651** vom 2/3. 1949, ausg. 12/2. 1952.) KRANZ. 6227

Karl Niemax, Neumünster, Holst., *Mörtelmasse für Formlinge.* Portlandzement wird mit einem Gemisch aus Kieselgur, feingemahlenen Al-Silicate enthaltenden Stoffen, feinstgemahlenem Quarzsand u. organ. Stoffen, wie Holzmehl oder dgl., trocken vermengt, worauf die M. mit W. bis zur Erzielung einer erdfeuchten, krümeligen bis plast. Konsistenz versetzt u. das Ganze innig gemischt wird. (**D. B. P. 852 366** Kl. 80b vom 6/8. 1949, ausg. 13/10. 1952.) HANS HOFFMANN. 6227

Vereinigte Korkindustrie Akt.-Ges., Mannheim (Erfinder: **Karl Doehler**, Berlin), *Wärme- und Kälteschutzformstücke* aus Korkaustauschstoffen (Schlacken-, Mineral-, Glaswolle oder Fäden aus synthet. organ. Stoffen) mit capillaren Zwischenräumen. Die nach üblichen Verff. fertiggestellten Formkörper werden vor ihrer weiteren Verwendung der Diffusion von Dämpfen u. Schwelgasen, bes. Harz-, Wachs-, Paraffindämpfen bzw. anderen C-haltigen Gasen, wie Schwelgasen von Kork, unter Über- oder Unterdruck ausgesetzt. (**D. B. P. 868 348** Kl. 39b vom 30/7. 1941, ausg. 23/2. 1953.) SALZMANN. 6229

VII. Agrikulturchemie. Schädlingsbekämpfung.

Luciano Tombesi, *Beitrag zur Feststellung des Wasserverbrauchs von Gramineen in bezug zur Phosphor–Stickstoff-Versorgung des Bodens.* Bericht über Verss. mit Gerste u. Mais. Es zeigte sich, daß bei sonst gleichen Verhältnissen der Gesamtwasserverbrauch weitgehend abhängig ist vom Geh. des Bodens an P_2O_5 u. N. Mit steigendem Nährstoffgeh. nimmt der Wasserverbrauch ab. (Ann. Sperimentaz. agrar. [N. S.] **5**. 1009—20. 1951. Rom) GRIMME. 6304

J. Kauffmann, P. Toussaint und **G. Boquel**, *Über das Fixierungsvermögen tropischer Böden für atmosphärischen Stickstoff.* Durch Einsaat einer kleinen Menge Boden in ein Nährsubstrat vermag man die N-fixierende Mikrobenflora auszulösen. Die Höhe der N-Fixierung hängt ab von der Zus. des betreffenden Bodens u. von der Intensität der Belüftung der Kultur. Die Summe beider Einww. nennen Vff. die *Wirkungsschwelle.* Künstliche Zufuhr von NH_3 oder Nitrat setzt den Schwellenwert herab. (Ann. Inst. Pasteur **83**. 713—18. Nov. 1952.) GRIMME. 6304

Karl Lundblad, *Der Einfluß der Düngung auf die Vegetation und den Boden. Studien in lang dauernden Versuchen mit steigenden Mengen Phosphor und Kalium auf einer Moorwiese bei Gisselås.* Bericht über 20jährige Düngungsverss. auf einem als Wiese genutzten Niedermoorboden. Der zugeführte Überschuß an K u. P wird prakt. vollständig in der obersten, 15 cm tiefen Schicht in leichtzugänglicher Form gebunden. Je 200 kg/ha Superphosphat u. 40%ig. K-Salz ergaben eine ausgeglichene Düngung. Die K-Düngung bewirkt eine Auswaschung von Ca u. wahrscheinlich auch Fe bis auf 15 cm Tiefe. — Der Einfl. der Düngung auf die chem. u. botan. Zus. des geernteten Heues wird erörtert. (Kungl. Lantbrukshögskolan Statens Lantbruksförsök, Statens Jordbruksförsök, Medd. **1952**. Nr. 42. 1—94.) BECKMANN. 6304

Maria Perniola, *Einfluß der Stickstoffdüngung auf die Zusammensetzung der „Catalogna"-Cichorie (Cichorium Intybus).* Die Düngung betrug je 1 ha 2 dz K_2SO_4, 6 dz Superphosphat, 300 dz Stalldung sowie steigende Mengen $(NH_4)_2SO_4$ (6—12—18—24 dz); als Kulturböden diente ein Lehmboden von p_H 7,3. Es zeigte sich, daß die N-Düngung den Proteingeh. der Wurzeln erheblich steigert, ein Einfl. auf den Geh. an Trockensubstanz wurde nicht festgestellt. (Ann. Sperimentaz. agrar. [N. S.] **5.** 667—76. 1951. Bari.) GRIMME. 6304

H. V. Garner, *Wirkung von Düngemittelrückständen auf Gerste.* Auf gewissen Böden kann Gerste noch Phosphatrückstände verwerten, die nahezu 50 Jahre vorher zur Düngung gegeben wurden. Auf Feldern, die in den 26 Jahren vor 1901 mit Kartoffeln bepflanzt waren u. vor 1901 Superphosphat erhalten hatten, wurden doppelt so hohe Erträge an Gerste erhalten, wie auf gleichen Feldern ohne Superphosphatgabe (J. Inst. Brewing **58.** [N. S. 49.] 214—15. Mai/Juni 1952. Harpenden, Herts., Rothamsted Exp. Stat.) HAEVECKER. 6304

J. E. Weaver und **N. W. Rowland**, *Wirkung von übermäßig viel natürlichem Mulch auf Entwicklung, Ausbeute und Struktur von natürlichem Grasland.* Unterss. auf einer Hochlandprärie, die 15 Jahre lang weder abgemäht noch begrast oder abgebrannt worden u. von dichtem natürlichem Mulch bedeckt war, werden beschrieden u. zeigten Rückgang der Vegetation, niedrigere Bodentemp., Anreicherung der organ. Substanz u. Erträge, die hinter denen von Beständen zurückblieben, deren Mulchschicht abgehoben worden war. (Bot. Gaz. **114.** 1—19. Sept. 1952. Lincoln, Univ. of Nebraska, Dep. of Bot.) SCHLÄGER. 6304

David R. Ergle und **Wayne J. McIlrath**, *Verhalten von Baumwollpflanzen bei später und lokalisierter Anwendung von Maleinsäurehydrazid.* Anwendung von Maleinsäurehydrazid bei gipfelständigen Knospen u. Blättern in der Zeit der frühen Blüte führte zu niedrigeren Pflanzen mit längeren Fruchtzweigen, war aber ohne wesentliche Wrkg. auf Ertrag u. Fasereigenschaften. Die Keimfähigkeit der Samen wurde herabgesetzt. (Bot. Gaz. **114.** 114—21. Sept. 1952. Texas Agricult. Exp. Stat.) SCHLÄGER. 6304

Louis C. Erickson, B. L. Brannaman, Henry Z. Hield und **Milton D. Miller**, *Reagieren von Orangen- und Grapefruitbäumen auf Maleinsäurehydrazid.* Die Nützlichkeit eines Wachstumsreglers — Größe der Früchte z. B. je nach Bedarf u. Nachfrage — wird beschrieben, Material u. Methoden dargelegt, die Ergebnisse werden diskutiert u. in Tabellen u. Tafeln veranschaulicht: Die Zeit der Spritzung u. die Konz. (1000 oder 500 p.p.m., Winterspritzung) sind wichtig. (Bot. Gaz. **114.** 122—30. Sept. 1952. Riverside, Calif., Univ. of California, Citrus Exp. Stat.) SCHLÄGER. 6304

Robert J. Weaver, *Verhalten von schwarzen Korinthentrauben bei Anwendung von 4-Chlorphenoxyessigsäure.* Kompakte Trauben mit großen Beeren ohne harten Kern können erzielt werden, wenn Trauben u. Blattwerk von schwarzen Korinthentrauben mit 4-Chlorphenoxyessigsäure in Konzz. von 10—50 p.p.m. behandelt werden. (Bot. Gaz. **114.** 107—13. Sept. 1952. Davis, Calif., Univ.) SCHLÄGER. 6304

Antti Elomaa, *Ergebnisse von Beizversuchen mit Getreide in den Jahren 1928—1950.* Bericht über Feldverss. mit folgenden Beizmitteln für Saatgut: *Agrano* (holländ.); *Abavit, Ceresan, Germisan, Tutan, Uspulun* (deutsch); *Agrosan GN, Certosan, Leytosan* (engl.); *Betoxin 61, Panogen* (schwed.); *Ceresan* (amerikan.); *Jyväs, Semenon, Täyssato* (finn.); sowie 0,1%ig. Sublimatlsg. u. Beizmitteln unbekannten Ursprungs. —Durch Saatgutbeizung wurden durchscnittlich folgende Ertragssteigerungen erzielt: bei Winterroggen 18,7%, Winterweizen 4,9%, Sommerweizen 7,3%, Gerste 7,5%, Hafer 11,6%. Bei Getreide, das mit Rauch behandelt worden war, wurde durch Beizen prakt. keine Ertragssteigerung erzielt. — Vorjährige Beizung hat keine Schutzwrkg. gegen Befall mit *Fusarium*, bes. *Fusarium nivale.* (Valtion Maatalouskoetoiminnan, Tiedonantoja **1952.** Nr. 226. 1—43. Helsinki.) BECKMANN. 6312

R. Vasseur und **H. Bianchi**, *Beobachtungen über die Verwendung von Mineralölen bei der Rebenbehandlung.* Winterbehandlung der Rebstöcke mit Mineralölen führt in der Regel zu Verbrennungen, Wachstumsverschlechterung u. Ernteerniedrigung, so daß von der Behandlung abgeraten wird. (Ann. Inst. nat. Rech. agronom., Sér. C. **3.** 315—22. Juli/Aug./Sept. 1952. St.-Genis-Laval.) GRIMME. 6312

Harold Trapido, *Veränderte Reaktion von Anopheles albimanus gegenüber der DDT-Hausspritzung in Panama.* Die zur Verhinderung des Eindringens von A. albimanus in Wohnungen 1944—46 in 2 Eingeborenendörfern in Panama begonnenen Hausspritzungen mit 5% *DDT* hatten zunächst einen guten Erfolg. 1952 wurde jedoch wieder eine ansteigende Einnistung von A. albimanus beobachtet, was wahrscheinlich auf eine Resistenzentw. der Insekten zurückzuführen ist. (Amer. J. trop. Med. Hyg. **1.** 853—61. Sept. 1952. Panama, Gorgas Mem. Labor.) KRUSEN. 6312

Roy T. Orr, *Essigfliegenbekämpfung.* Die Essigfliege wird durch Versprühen von bestimmten Mineralölfraktionen (Kp. über 170° F), denen mit Vorteil Pyrethrum oder

Piperonylbutoxyd zugesetzt wird, wirkungsvoll bekämpft. (Canner **116.** Nr. 7. 22—24. 14/2. 1953.) GRIMME. 6312

—, *Die Rebenmotte.* Zur Bekämpfung der Rebenmotte (Phalaenoides glycine) werden Spritzungen mit DDT oder Pb-Arsenat empfohlen. (Agric. Gaz. New South Wales **63.** 663—64. Dez. 1952.) GRIMME. 6312

—, *Eine Büschelmotte* (*Orgyia anartoides*). Der Schädling befällt Äpfel, Aprikosen, Kirschen, Rosen. Gladiolen u. Geranien. Bekämpfung durch DDT-Spritzmittel u. -Stäube. (Agric. Gaz. New South Wales **63.** 664. Dez. 1952.) GRIMME. 6312

R. Vasseur, D. Schvester und **H. Bianchi,** *Über die aphicide Wirkung einiger Methoden der Bekämpfung der San José-Schildlaus* (*Quadraspidiotus perniciosus Comst.*). Bericht über Winterspritzungen mit 2%ig. Gelbölspritzungen gegen die St. José-Schildlaus. Dabei wurde die Beobachtung gemacht, daß diese Behandlung gleichzeitig gegen andere Schädlinge der Obstbäume wirksam ist, vor allem gegen die verschied. Blattläuse. Zugabe von 1‰ DDT erhöhte die Wrkg. noch. Einzelheiten im Original. (Ann. Inst. nat. Rech. agronom., Sér. C. **3.** 339—50. Juli/Aug./Sept. 1952. St. Genis-Laval.) GRIMME. 6312

—, *Die Heliothis-Raupe.* Der Schädling (Heliothis armigera) befällt Tomaten sowie auch Mais, Lein, Baumwolle, Tabak u. Luzerne. Bekämpfung durch DDT-Spritzung oder -Stäubung. (Agric. Gaz. New South Wales **63.** 662—63. Dez. 1952.) GRIMME. 6312

—, *Fleckenkrankheit von Karotten.* Die Krankheit wird hervorgerufen durch die Karottenblattlaus — Cavariella aegopodiin. Bei der Bekämpfung bewährten sich 0,1%ig. DDT-Spritzung oder 2%ig. DDT-Stäubung. (Agric. Gaz. New South Wales **63.** 653—54. Dez. 1952.) GRIMME. 6312

Willy Stehling, Bonn, *Düngemittel, insbesondere für Blumen, in Tablettenform.* Das oder die mineral. Düngemittel werden mit Torfmehl, bes. Weißtorfmehl (I), in einem solchen Verhältnis gemischt, daß die der Wasseraufnahmefähigkeit des I entsprechende Wassermenge zusammen mit dem Mineraldünger eine wirksame, aber unschädliche Düngelsg. ergibt. (**D. B. P. 865 745** Kl. 16 vom 28/10. 1950, ausg. 5/2. 1953.) KARST. 6275

Office National Industriel de l'Azote, Toulouse, Frankreich, *Nichthygroskopisches Calciumnitrat.* $Ca(NO_3)_2$ (I) wird zu kleinen rundlichen Granulaten von ca. 0,75—2 mm Durchmesser verarbeitet, die dann in Drehtrommeln mit ca. 3% trockener, pulvriger Kieselgur, die durch ein 200-Maschensieb geht, überzogen werden. Konz. Lsgg. von I werden z. B. bei 92° zerstäubt u. die Granulate mit dem Überzug von Kieselgur versehen. Mit hoher Geschwindigkeit rotierende Scheiben können ebenfalls verwendet werden. — Vorrichtung. (**E. P. 652 440** vom 12/5. 1948, ausg. 25/4. 1951. F. Prior. 13/2. 1948.) KARST. 6285

Ruhrchemie Akt.-Ges. (Erfinder: **Heinrich Biederbeck**), Oberhausen-Holten, *Herstellung von gekörnten Ammonnitratmischdüngern.* Wasserhaltige NH_4NO_3-Schmelzen werden mit wasserunlösl., pulverförmigem $CaCO_3$ oder anderen feinzerteilten Stoffen unter Verwendung einer stiftbesetzten waagerechten Platte, über welche ein oder mehrere stiftbesetzte Rührarme kreisen, deren Stifte in die Stiftlücken der fest angeordneten Platte passen, zu einem innigen Gemisch verarbeitet. Das Gemisch wird dann einer beheizten Drehtrommel zugeführt, in der auf die M. unter Bewegung u. Wärmezufuhr kalte oder warme konz. NH_4NO_3-Lsg. aufgesprüht wird. (**D. R. P. 747 406** Kl. 16 vom 25/7. 1942, ausg. 9/2. 1953.) KARST. 6291

Otto Rippe, Osnabrück, *Herstellung von Magnesia und Kalkammonsalpeter aus Dolomit.* Dolomit (I) wird in HNO_3 gelöst, $Mg(OH)_2$ durch gebrannten I oder NH_3 ausgefällt u. die $Ca(NO_3)_2$-Lsg. in Ggw. von NH_3 u. Einleiten der beim Lösen u. Brennen von I gewonnenen CO_2 in NH_4NO_3 u. $CaCO_3$ übergeführt, die zu Kalkammonsalpeter verarbeitet werden. (**D. B. P. 866 340** Kl. 16 vom 12/5. 1951, ausg. 9/2. 1953.) KARST. 6291

Leo Aron, Lübeck, *Herstellung eines bakterienhaltigen Düngemittels.* Aufsaugende Stoffe, wie Humus, Torf u. dgl., werden mit stark mit Bakterien angereicherten Fll., z. B. Fisch-, Fleisch- u. Darmschleimwasser, vermischt, worauf der getrockneten M. den jeweiligen Verwendungszwecken entsprechende Mengen fester, N-, P_2O_5- u. CaO-haltiger Stoffe zugesetzt werden. Das Düngemittel sichert ausreichende Pflanzenernährung u. verbessert den Boden in physikal. u. biol. Hinsicht. (**D. B. P. 866 343** Kl. 16 vom 10/2. 1951, ausg. 9/2. 1953.) KARST. 6291

Heinrich Scholler, München-Solln (Erfinder: **Walter Schoeller,** Konstanz, und **Heinrich Scholler,** München-Solln), *Herstellung von Düngemitteln.* Holzverzuckerungslignin wird mit lösl. Verbb., bes. Salzen von Spurenelementen, unter Rühren u. Kneten getränkt, das Gemisch mit alkal. Mitteln, bes. Hydroxyden des NH_4, K, Ca u. Mg im

Überschuß, vermischt, nach Entwässerung durch Abpressen getrocknet u. gemahlen. Andere Düngemittel können der M. zugesetzt werden. Die Spurenelemente werden von dem Lignin, vor dem Auswaschen geschützt, bleiben leicht assimilierbar u. werden an die Pflanze ohne schädliche Nebenwirkungen allmählich abgegeben. (**D. B. P. 866 488** Kl. 16 vom 30/6. 1949, ausg. 9/2. 1953.) KARST. 6291

Cyril James Dew, London, England, *Behandeln von Stroh zwecks Herstellung von kompostartigen Düngemitteln.* Das beim Dreschen anfallende Stroh wird in losem Zustand mit bei späterem Zutritt von W. das Verrotten fördernden Stoffen, bes. $CaCN_2$, $(NH_4)_2SO_4$ Jauche oder dgl., behandelt, zu etwa trockenen Ballen gepreßt, gelagert u. erst später durch Zugabe von W. oder dgl. zum Verrotten gebracht. Die Behandlung kann auf dem Förderband zur Ballenpreßvorr. unter Zusatz von Netz- oder Klebmitteln u. Farbstoffen erfolgen. Fl. Behandlungsstoffen oder Lsgg. werden dickfl. Stoffe zugefügt, die das Haften der Fl. an dem Stroh verbessern. (**D. B. P. 856 744** Kl. 16 vom 3/6. 1950, ausg. 24/11. 1952.) KARST. 6295

Walter Greiling, Gladenbach, Hessen, *Herstellung von Mitteln zur Förderung des Pflanzenwachstums* u. Bodenverbesserungsmitteln, dad. gek., daß Pflanzenwuchsstoffe, wie Verbb. der *Indolyl-, Naphthyl-, Pyrrol-, Phenoxy-, Naphthoxyessigsäure, -buttersäure, -propionsäure,* im Gemisch mit Pflanzenglykosiden in Lsg. gebracht u. mit ausgegorener Viehjauche verd. werden, worauf die Fl. durch Vermischen mit staubförmigem Torfmull im Verhältnis 1 : 1 aufgesaugt u. in den trockenen Zustand übergeführt wird. Der M. können noch Auszüge aus Pilzen, Hefen u. Bakterienkulturen oder synthet. wasserlösl. Vitamine zugesetzt werden. Bes. geeignet: Extrakte aus *Digitalis, Convallaria majalis* u. *Adonis vernalis.* Anregung des Wurzelwachstums u. intensivere Ausnutzung der Bodennährstoffe. (**D. B. P. 856 745** Kl. 16 vom 29/3. 1949, ausg. 24/11. 1952.) KARST. 6295

Arthur Kershaw, London, und **Jack May**, Eastbourne, England, *Gewinnung von besonders feinpulverigen Zusammensetzungen aus Calciumhydrat und anderen Substanzen.* Man mischt frisch gebranntes CaO mit Dichlordiphenyltrichloräthan oder Hexachlorcyclohexan u. fügt W. zu. (**E. P. 655 080** vom 17/2. 1948, ausg. 11/7. 1951.) NEBELSIEK. 6313

Ciba Akt.-Ges., Basel (Erfinder: **Max Geiger**, Riehen, **Eduard Usteri**, Basel, und **Andreas Ruperti**, Arlesheim), Schweiz, *Herstellung von Schädlingsbekämpfungsmitteln* durch Mischen insekticider u./oder fungicider Stoffe mit NH_3 abgebenden Stoffen u. solchen wasserunlösl. Salzen komplexbildender Metalle von Carboxylgruppen enthaltenden Kohlenhydraten, die mit den NH_3 abgebenden Stoffen wasserlösl. Komplexverbb. bilden, die sich beim Eintrocknen aus wss. Lsgg. in die unlösl. Salze u. NH_3 spalten. — Beispiele: 10 (Gewichstteile) DDT, 1 diisobutylnaphthalinsulfonsaures NH_4, 5 Mischung aus 1 Methylcellulose u. 4 Kaolin, 5 Na_2CO_3, 6 NH_4Cl, 5 Cu-Salz einer Celluloseglykolsäure, 18 Talkum, 50 Kaolin; oder: 70 S, 1 diisobutylnaphthalinsulfonsaures NH_4, 5 Mischung aus 1 Methylcellulose u. 4 Kaolin, 10 $(NH_4)_2CO_3$, 10 Cu-Salz einer Kartoffelstärkeglykolsäure, 4 Sulfitcelluloseablaugepulver. (**D. B. P. 853 840** Kl. 451 vom 25/12. 1948, ausg. 27/10. 1952. Schwz. Priorr. 15/8. 1947 u. 23/7. 1948.) DUTTENHÖFER. 6313

Imperial Chemical Industries Ltd., London (Erfinder: **Elwyn Jones**, Ardrossan, und **John Stock Flanders** ,West Kilbride, Schottland), England, *Räuchermittel zur Schädlingsbekämpfung.* Die den brennbaren Kern einer Sicherheitszündschnur umgebenden Textilhüllen werden mit therm. verdampfbaren Schädlingsbekämpfungsmitteln überzogen bzw. imprägniert, wobei mindestens eine, den brennbaren Kern umgebende Hülle die Schädlingsbekämpfungsmittel vor der direkten Berührung mit dem Kern schützt. — Beispiele für den insekticiden Überzug: 13,7% Kaolin, 54,5% DDT, 4,5% Leim, 27,3% Wasser. An Stelle von DDT kann Pentachlorphenol oder γ-Hexachlorcyclohexan verwendet werden. Der brennbare Kern kann aus einer Schwarzpulvermasse, vorteilhaft schwefelfreier Zus., bestehen. (**D. B. P. 850 679** Kl. 451 vom 31/3. 1949, ausg. 25/9. 1952. E. Prior. 19/4. 1945.) DUTTENHÖFER. 6313

Willy Ostner, Sulzbach-Rosenberg, Obpf., *Bekämpfung von Nagetieren.* Man verwendet Elektronspäne (Mg-Späne) als Räuchermittel zur Vernichtung von Feld- u. Wühlmäusen, sowie Ratten u. kleinen Raubtieren, die unter der Erdoberflächen ihren Aufenthalts- u. Zufluchtsort haben. (**D. B. P. 865 232** Kl. 451 vom 12/2. 1950, ausg. 2/2. 1953.) KARST. 6313

J. R. Geigy Akt.-Ges. (Erfinder: **Henry Martin** und **Alfred Margot**), Basel, Schweiz, *α.β-ungesättigte Carbonsäureamide* der allg. Struktur $CH_3-C(R_1)=C(R_2)-CO-N(R_3)-R_4$ [R_1 u. R_2 = H oder CH_3, R_3 = niederes Alkyl, R_4 = Benzylrest, im Benzolring durch H, Ce, CH_3, CH_3O substituiert], die man durch Rk. von α.β-ungesätt. Monocarbonsäuren oder ihren funktionellen Derivv. mit den entsprechenden Aminen erhält, sind *Desinfektions-* u. *Milbenvernichtungsmittel,* die auf oder in verschied. festen oder fl. Trägern verwendet werden. Beschrieben wird die Herst. von *Crotonsäure* (I)-*N-methylbenzylamid*, $Kp._{13}$ 173—175°, u. *Dimethylacrylsäure* (II)-*N-methylbenzylamid*, $Kp._{12}$ 170—172°. Als geeignet werden ferner genannt I-*N-äthylbenzylamid*, $Kp._{19}$ 166—167°. — I-*N-isopropylbenzylamid*. — I-*N-äthyl-p-methylbenzylamid*. — I-*N-methyl-3.4-dimethylbenzylamid*, $Kp._{0,1}$ 139—141°. — I-*N-methyl-3.4-dichlorbenzylamid*. — I-*N-methyl-α-methylbenzylamid*. — I-*N-äthyl-4-methoxybenzylamid*. — I-*N-äthyl-α-äthylbenzylamid*. — I-*N-methyl-α-propylbenzylamid*. — I-*methyl-α-äthyl-p-methylbenzylamid*. — I-*N-methyl-α-methyl-3.4-dimethylbenzylamid*. — I-*N-propyl-2.4-dimethylbenzylamid*. — II-*N-äthylbenzylamid*, $Kp._{0,1}$ 121—124°, II-*N-amylbenzylamid*. — II-*N-methyl-3.4-dimethylbenzylamid*, $Kp._{0,1}$ 136—138°. — II-*N-propyl-4-chlorbenzylamid*. — II-*N-methyl-α-methylbenzylamid*. — II-*N-methyl-α-äthylbenzylamid*. — II-*N-äthyl-α-propylbenzylamid*. — II-*N-methyl-α-methyl-p-methoxybenzylamid*. — *Trismethylacrylsäure* (III)-*N-methylbenzylamid*, $Kp._{0,2}$ 116—121°. — III-*N-äthylbenzylamid*, $Kp._{0,1}$ 115—118°. — III-*N-methyl-2.5-dimethylbenzylamid*. (**A. P. 2 541 930** vom 12/11. 1947, ausg. 13/2. 1951. Schwz. Prior. 16/11. 1946.) MÜLLER-MEININGEN. 6313

Chlodwig Kopp, Freiburg, Breisgau, *Bekämpfung der Helminthen und Ascariden*. Die Eier dieser Würmer werden auf dem Übertragungsweg, z. B. über die Dunggrube u. Jauche, durch Zugabe von Kalkstickstoff oder $CaCN_2$ u. HNO_3 vernichtet. HNO_3 wird dem $CaCN_2$ in solchen Mengen zugesetzt, daß der Geh. desselben an freiem Kalk als $Ca(NO_3)_2$ gebunden u. eine neutrale Rk. der Mischung erreicht wird. Die Eiervernichtung erfolgt durch das gebildete Cyanamid. Auf 10 m^3 Jauche werden 15 kg $CaCN_2$ u. 25 Liter konz. HNO_3 u. bei Abwasserklärschlamm 2—10% $CaCN_2$ verwendet. (**D. B. P. 866 342** Kl. 16 vom 1/11. 1949, ausg. 9/2. 1953.) KARST. 6313

Farbenfabriken Bayer (Erfinder: **Friedrich Muth, Hermann Stötter** und **Hans Maier-Bode**, Wolfen, Kr. Bitterfeld), Leverkusen, *Schädlingsbekämpfung*. Sulfone der Formel $R_1 \cdot SO_2 \cdot R_2$, in denen R_1 einen ganz oder teilweise halogensubstituierten Alkyl-, Cycloalkyl- oder Aralkylrest u. R_2 einen aromat. oder heterocycl. Rest bedeuten, der gegebenenfalls durch nicht wasserlösl. machende Gruppen substituiert sein kann, werden für sich oder im Gemisch mit anderen Stoffen zur Bekämpfung von tier. Schädlingen verwendet. — Beispiele: *Phenylchlormethylsulfon*, *Phenylchlorbenzylsulfon* u. *p-Tolylchlormethylsulfon*. Bekämpfung von Textilschädlingen, Kleiderläusen, Wanzen u. Flöhen. (**D. B. P. 866 112** Kl. 45l vom 25/12.1943, ausg. 5/2. 1953.) KARST. 6313

Sherwin-Williams Co., Cleveland, O., übert. von: **Conrad V. Coash**, Chicago, Ill., V. St. A., *DDT-Dispersionen*. Man vermischt ca. 35—50 (%) DDT, 0,25—2 eines wasserlösl. Alkalisalzes der Carboxylmethylcellulose u. ca. 45 W. u. zerkleinert die breiartige M. in einer schnell umlaufenden Reibemühle bis zu einer Teilchengröße von 10—250 Masse. Auf die gleiche Weise können z. B. *chlorierte Naphthaline*, $C_6H_6Cl_6$, *Dichlordiphenyläthan*, *Di-p-chlorphenylmethylcarbinol*, *Difluordiphenyltrichloräthan*, *Pyrethrine* u. dgl. zu Konzentraten verarbeitet werden. Die Mittel werden mit W. zu Konzz. von ca. 5% verd. u. dienen zur Bekämpfung von *Zecken*, *Läusen*, *Flöhen* u. dergleichen. (**A. P. 2 614 061** vom 3/5. 1948, ausg. 14/10. 1952.) KARST. 6313

Eugen Moegling, Kirchheim, Teck, *Schützen von Pflanzen gegen Wild und Schädlinge*. Die zu schützenden Stellen an der Oberfläche der Pflanzen werden mit einer Emulsion überzogen, die aus anorgan. Farbstoffen, anorgan. Füllstoffen, wie Sand, gemahlenen Steinen, Bimsmehl oder dgl., nicht trocknenden Bindemitteln, wie klebrigen wss. Bitumenemulsionen, u. Weichmachern, z. B. Mineralölen, hergestellt ist. Faserige Stoffe, z. B. Baumwollfasern, u. luminescierende Stoffe, wie ZnS, können noch zugefügt werden. Der ungiftige Überzug dient bes. zum Schutz von Waldbäumen gegen Wildverbiß u. Infektionen. (**D. B. P. 861 760** Kl. 451 vom 8/6. 1941, ausg. 5/1. 1953.) KARST. 6313

VIII. Metallurgie. Metallographie. Metallverarbeitung.

Jean Cournot, *Neuere Fortschritte in der Metallurgie*. Es werden u. a. behandelt: die Verss. mit O_2-angereichertem Wind im THOMAS-Prozeß, das *Gußeisen* mit Kugelgraphit, das O.F.H.C.-(oxygen free high conductivity)-*Cu* mit weniger als 0,003% O_2, die *Zn*- u. *Pb*-Metallurgie, die Erzeugung des höchstreinen *Al* mit 99,997% Al, das Stranggußverf., die Korngrößenkontrolle von Stahl, die modernen zerstörungsfreien Prüfverff., die therm. Behandlungsverff., wie die isotherme Härtung, die Warmbadhärtung, die Induktionshärtung u. die Gashärtung mit kontrollierter Atmosphäre. (Bull. techn. Bureau Veritas **33**. 227—33. Dez. 1951.) WERNER. 6350

—, *Das Gießen von Stahl in Dauerformen aus Aluminium*. Formen aus der Al-Legierung 2 C 33 mit 10—13 (%) Si, 0,1 Cu, 0,5 Mn, 0,6 Fe, 0,1 Zn, 0,2 Ti u. 0,1 Pb mit anod. oxydierter Oberfläche haben sich als bes. gut geeignet für Stahlguß erwiesen. Al leitet die

Wärme so schnell ab, daß selbst Stahl- u. Fe-Legierungen mit F. von über 2000° darin vergossen werden können. Die anodisierte Oberfläche bildet dabei infolge ihres hohen F. einen wirksamen Schutz gegen Anschmelzen der Matrize u. infolge ihrer Härte einen guten Schutz gegen Abrieb. Die Güsse zeichnen sich durch sehr gute Oberflächen aus. Ihre Festigkeit liegt bei 90% derjenigen von Schmiedeteilen. — Zahlreiche Abbildungen. (Machinery [New York] **58.** Nr. 2. 152—58. Okt. 1951.) WERNER. 6408

J. A. Cameron, *Anwendung des isothermischen Umwandlungsdiagramms auf die Normalisierung von En 40 C-Stahl.* Untersucht wird, ob die quantitative Anwendung des isotherm. Umwandlungsschaubildes eines Stahles mit 0,4 (%) C u. 3 Cr auf die Normalisierung großer Schmiedestücke möglich ist. Es zeigt sich, daß die zur Vermeidung einer Umwandlung im Perlitgebiet erforderliche Abkühlungsgeschwindigkeit aus den isotherm. Werten berechnet werden kann, jedoch sind diese Angaben von zweifelhaftem Wert für die Voraussage der zur vollständigen Umwandlung im Bainitgebiet erforderlichen Temperatur. Es wurde das Abweichen zwischen den isotherm. u. anisotherm. Werten untersucht, u. es stellte sich hierbei heraus, daß ca. 25% des Austenits mit einem C-Geh. von ca. 1,2% bei Raumtemp. in Proben, die langsam durch das Bainitgebiet abgekühlt wurden oder die von oberhalb oder unterhalb des Ms-Punktes mit W. abgeschreckt wurden, zurückgehalten werden kann. Ein Teil des zurückgehaltenen Austenits wandelt sich beim Abkühlen von Anlaßtemp. um. — Schrifttumsangaben. (J. Iron Steel Inst. **170.** 313—20. April 1952. Sheffield, Brown-Forth Res. Labor.) HOCHSTEIN. 6410

W. P. Rees und **B. E. Hopkins,** *Intergranulare Versprödung in Eisen-Sauerstoff-Legierungen.* Erörtert werden die Zugfestigkeits- u. Kerbschlagzähigkeitswerte von sehr reinem Eisen u. Fe–O-Legierungen bei verschied. Tempp. u. in Gebieten, die sich vom zähen zum spröden Zustand hin erstreckten. Ein Zusatz von mehr als 0,003% O_2 erzeugt eine intergranulare Versprödung. O_2 hat nur einen kleinen Einfl. auf den Widerstand gegen eine bleibende Verformung, jedoch einen großen Einfl. auf die Senkung der Sprödbruchfestigkeit. Eine *Mn*-Zugabe wirkt dem Einfl. des O_2 entgegen. — Schrifttumsangaben. (J. Iron Steel Inst. **172.** 403—09. Dez. 1952. Teddington, Nat. Phys. Labor.) HOCHSTEIN. 6410

André Michel, *Die Werkzeugstähle.* Umfassende Übersicht über Zus., Eigg. u. therm. Behandlung unlegierter u. legierter Werkzeugstähle, einschließlich der Schnellarbeitsstähle. Die legierten Werkzeugstähle werden in 12 Kategorien einzeln behandelt. Ein besonderer Abschnitt befaßt sich mit der Wärmebehandlung der Werkzeugstähle, der isothermen u. der Zwischenstufenhärtung (Bainithärtung). Schließlich wird noch auf das Verh. der Werkzeugstähle bei tiefen Tempp. eingegangen. (Bull. techn. Bureau Veritas **33.** 234—53. Dez. 1951.) WERNER. 6410

C. B. Post und **W. S. Eberly,** *Bildung von Austenit in hoch chromhaltigen rostfreien Stählen.* Während reine bin. hoch chromhaltige rostfreie Stähle vom Typ AISI 446 mit 24—30% Cr 100% ferrit. sind, kann bei techn. Stählen dieser Zus. mit zusätzlich 0,15 (%) *C*, 0,50 *Mn*, 0,50 *Si* bei Tempp. oberhalb 870° auch teilweise Austenit gebildet werden, der bei schneller Abschreckung auch noch bei Zimmertemp. erhalten bleibt. Diese Mischstruktur beeinflußt erheblich das Ausdehnungsverh. derartiger Stähle, so daß bei ihrer Verwendung in Glas–Metall-Verbindungen Schwierigkeiten entstehen können. Für die in derartigen techn. Legierungen vorkommenden Gehh. an C, Mn, Si, *Ni* u. *N* wird der Cr-Geh. bestimmt, der erforderlich ist, um mit Sicherheit auch bei erhöhter Temp. einen 100%ig. ferrit. Stahl zu erhalten. Je höher die Arbeitstemp. ist, desto höher muß der notwendige Cr-Geh. liegen. Der Einfl. des Cr-Geh. u. der Temp. auf die bei hohen Tempp. entstehenden Strukturen werden in einem Diagramm niedergelegt. (Trans. Amer. Soc. Metals **43.** 243—59. 1951.) WERNER. 6410

Georges Delbart und **Michael Ravery,** *Einfluß der Mikrostruktur auf das Kriechverhalten.* Die Unterss. werden an einem *Cr–Mo-Stahl* folgender Zus. ausgeführt: 0,12 (%) C, 0,02 P, 0,01 S, 0,16 Si, 0,7 Mn, 0,6 Cr, 0,65 Mo, 0,03 Al u. 0,010 Ti. Der Stahl war mit Si, Ti u. Al beruhigt. Durch Wärmebehandlung wurden in dem Stahl verschied. Gefügearten erzeugt. Das Kriechverh. wird in Abhängigkeit von der Gefügeart durch Best. der Last ermittelt, bei der zwischen der 25. u. 35. Std. ein Kriechen von $5 \cdot 10^{-4}$%/Std. beobachtet wird. Die Versuchstempp. liegen zwischen 450 u. 575°. Die Ergebnisse lassen erkennen, daß einige Gefügeformen, die bei tieferen Tempp. verhältnismäßig kriechbeständig sind, diese Beständigkeit bei höheren Tempp. verlieren. Eine durch Glühen bei 1200°, Ofenabkühlung u. anschließendes Anlassen bei 600° während 2 Std. mit anschließender Luftabkühlung hergestellte Probe, deren Gefüge aus Ferrit mit Zwischenstufengefüge (Bainit) besteht, ist bei 575° fast ebenso beständig wie bei 450°. Ähnlich verhält sich ein Gefüge, das aus Ferrit der Korngröße 7—8 u. leicht eingeformtem Perlit mit teilweisen Korngrenzenabscheidungen besteht. Die Kurzzeitverss. ergaben, daß bei 450—525° sorbit. bis bainit. Gefüge (Zwischenstufengefüge) sich günstiger verhalten, während bei 550—575° sorbit. Gefüge eher fließen als bainit. oder ferrit.-bainit. Gefüge. Langzeitverss. über 1000 Std. bestätigen im wesentlichen diese Ergebnisse. Bei 575° sind bei den unteren Belastungsstufen (15 kg/mm²) die Anlaßgefüge (körniger Ferrit) kriechbeständiger als bei höheren Belastungen (24 kg/mm²). Bei Langzeitverss. kann man keine Beständigkeit der Strukturen voraussetzen. Die Instabilität führt zu einer Änderung im Verteilungszustand der Phasen oder zu deren Veränderung. Zur Erklärung der Beobachtungen wird darauf hingewiesen, daß die in legierten Stählen auftretenden Carbide von der Temp. abhängige wechselnde Zus. haben, die sich bei Dauerstandverss. in einer Zers. dieser Cr–Mo-haltigen Fe-Carbide äußern wird. Die Überlegungen werden durch Glühverss. bei 575 u. 700° geprüft. Vff. kommen zu dem Schluß, daß das Gefüge der Stähle auf das Kriechverh. unter Umständen von größerem Einfl. sein kann als Unterschiede in der chem. Zus. bei gleicher Gefügeausbildung. (Metal Progr. **60.** Nr. 6. 62—68. Dez. 1951. St. Germain-en-Laye, Iron u. Steel Res. Inst.) WERNER. 6410

Walter Dannöhl, *Entwicklung und Stand der Dauermagnetwerkstoffe.* Schrifttumsauswertung über die Entw. in den letzten 50 Jahren. (Stahl u. Eisen **73.** 65—81. 15/1. 1953. Bochum, Deutsche Edelstahlwerke, Akt.-Ges.) HOCHSTEIN. 6410

Georg Eger, *Über den gegenwärtigen Stand der Elektrometallurgie der Nichteisenmetalle.* (Z. Erzbergbau Metallhüttenwes. **5.** 270—76. Juli. 310—14. Aug. 1952. Berlin-Charlottenburg.) HABBEL. 6420

J. Dudley Jevons, *Nichteisenmetalle und -legierungen. Tiefzieh- und Preßprobleme.* Beschreibung der Maschinen, wie Vielfachstanzpressen u. Werkzeuge. Als Tiefziehwerkzeuge für NE-Metalle sind bes. gesinterte Carbide, wie *W-Carbid,* geeignet, die ein Vielfaches der Beständigkeit von z. B. Kohlenstoffstählen, Legierungsstählen, nitrierten Stählen, Chromplattierung, Gußeisen oder Zn-Legierungen zeigen. Ausführliche Beschreibung der geeigneten Zuss. der erwähnten Werkzeugmaterialien für Tiefziehzwecke. Verwendung von Gummi u. Holz, geeignete Schmiermittel. — Krit. Kristallwachstum bei der Streckung; Beizen; Prüfung der Ziehbleche: Härte, Zugfestigkeit, Biegefestigkeit, metallograph., chem. u. Röntgenprüfung. — Reißen der Bleche; Verh. der NE-Metalle unter der Presse: Al- u. *Al*-Legierungen, *Mg* u. Mg-Legierungen, *Cu, Be–Cu, Messing, Ni* u. Ni-Legierungen, *Zn.* (Machinery Market **1951.** 29—30. 32. 26/10. 23—24. 2/11. 25—26. 38. 9/11. Joseph Lucas, Ltd.) ROTTER. 6420

Kenneth Rose, *Niederschlagen von Zinnlegierungen.* Besprechung der Arbeitsverff. u. Anwendungsgebiete für *Sn–Cu* (Speculum), *Sn–Zn* u. *Sn–Ni.* (Materials and Methods **34.** Nr. 6. 70—72. Dez. 1951.) J. FISCHER. 6428

Felice De Carli und **Nello Collari,** *Untersuchung der Oxydationsreaktionen von Metallen nach einer Wärmewägemethode.* 3. Mitt. *Kupfer–Zinn-Legierungen.* (2. vgl. C. **1953.** 2729.) Während die Cu–Sn-Legierungen bei 500°, in der Zeit t, P g O_2 je m² nach dem linearen Gesetz $P = kt + c$ aufnehmen, geschieht dies schon bei 600° u. bei 650° nach $P^2 = kt$ außer bei der Sn-reichsten Legierung; bei 700° zeigen alle untersuchten Legierungen Parabelkurven. Das Verhältnis Cu : Sn in der oxydierten Schicht steht in keiner Proportionalitätsbeziehung zu demjenigen in der Legierung. Die Herabsetzung der Oxydierbarkeit in den α-Legierungen entspricht einem festen Verhältnis Cu : Sn in der oxydierten Schicht, die aus einem Film $Cu_2O \cdot SnO_2$ (wie bei den Metastannaten 1wertiger Metalle) bestehen könnte. In den Sn-reichen Legierungen beruhen die Unterschiede der Oxydierbarkeit eher auf verschied. Verh. der Phasen als auf verschied. Natur der Schicht. Die Oxydierbarkeit ist in denjenigen Phasen vermindert, deren Bldg. zu bestimmten Gitterumwandlungen unter Verminderung der freien Energie geführt hat; dies ist bei der γ-Phase nicht der Fall, im Gegensatz zur β- u. ε-Phase. Ein geringer Temperatursprung kann durch Verschwinden einer Phase bei den Cu–Sn-Legierungen eine deutliche Änderung des Verh. bei der Oxydation bewirken. (Metallurgia ital. **44.** 1—5. Jan. 1952. Rom, Univ., Ist. die Metallurgia.) R. K. MÜLLER. 6432

—, *Das Duranickel, eine Nickel–Aluminium-Legierung, die mechanische Widerstandsfähigkeit mit Korrosionsbeständigkeit vereinigt. Duranickel* hat die Zus. 93,7% Ni, 4,4% Al, 0,5% Si, 0,35% Fe, 0,3% Mn, 0,17% C, 0,05% Cu, 0,005% S. Es ist schwachmagnet. schmiedbar, walzbar.| Die Festigkeit u. Härte steigen durch Kaltbearbeitung sowie durch strukturelle Härtung. Sein Formänderungsvermögen nimmt mit zunehmender Härte ab, doch ist es noch bis zu einer Festigkeit von 140 kg/mm² nicht brüchig. Die VICKERS-Härte steigt von 140 im geglühten Zustande auf 350 nach 70%ig. Querschnittsverminderung. D. beträgt 8,26 g/cm³, das Schmelzintervall liegt zwischen 1400 u. 1428°. Der Elastizitätsmodul beträgt 21000 kg/mm², der Torsionsmodul 7700 kg/mm².

Die beste Schmiedetemp. liegt zwischen 1260 u. 1038°. *Duranickel* wird am besten im geglühten Zustande mit einer Härte von 275 Brinell verwendet. Es hat viel Ähnlichkeit mit *Monel-K*. Man soll es nicht S-haltiger Atmosphäre aussetzen, sowie bei erhöhter Temp. mit Pb oder niedrigschm. Legierungen in Verbindung bringen. Schweißungen sollen zweckmäßig im Lichtbogen mit inertem Schutzgas ausgeführt werden. Die Korrosionsbeständigkeit ist ähnlich der des Ni. Unter dem Namen *Permametall* wird eine Legierung mit hohem Ni-Geh. u. ähnlichen mechan. Eigg. wie *Duranickel*, jedoch verbesserter elektr. Leitfähigkeit u. etwas abweichenden physikal. Konstanten hergestellt. (Usine nouv. **7.** Nr. 37. 51. 13/9. 1951.) WERNER. 6434

—, *Physikalische und mechanische Eigenschaften von Monel.* (Nickel Bull. **24.** 224—26. Nov. 1951.) WERNER. 6434

A. S. Nowick, *Unelastische Effekte, die bei Ausscheidung in Aluminium-Zink-Legierungen entstehen.* Unters. von unelast. Effekten, die bei der Ausscheidung von Zn aus einer festen Al–Zn-Lsg. mit 39,3% Zn auftreten. (J. appl. Physics **22.** 925—33. Juli 1951. Chicago, Ill., Univ., Inst. for the Study of Metals.) BLUTH. 6442

Jacques Valeur, *Die Leichtmetallegierungen für Motorkolben.* Es werden die Eigg. folgender Kolbengußlegierungen auf *Al*-Basis behandelt: die übereutekt. Legierung *A–S 20 U* mit < 0,8 (%) *Fe*, 20 *Si*, 2 *Cu*; die als *Centrasil* bezeichnete Legierung A–S 12UN mit < 0,75 Fe, 12,5 Si, 1 Cu, 1,15 *Mg* u. 1 *Ni*; ferner die Si-arme als *Centralit* bezeichnete Legierung A–U10 G mit 1 Fe, 0,8 Si, 10 Cu, 0,25 Ni; sowie die *Y-Legierung* A–U4NT mit 0,6 Fe, 0,6 Si, 4,5 Cu, 1,5 Mg, 2 Ni u. 0,1 *Ti*. Ferner werden die eutekt. oder in der Nähe der eutekt. Zus. liegenden Kolbenlegierungen mit 9—12 Si, 0,6—1 Fe, 1—2,2 Cu 1,2 Mg, 1 Ni u. 0,5 *Mn* hinsichtlich ihrer Härte, Ausdehnungskoeff., Warmhärte behandelt. In ähnlicher Weise werden dann die Kolbenknetlegierungen hinsichtlich Zus., Warmbeständigkeit u. mechan. Eigg. behandelt. In einer ausführlichen tabellar. Übersicht sind für eine größere Zahl von Dieselmotoren Kolbengrößen, Legierung, Wärmebehandlung, Verwendungsart u. Besonderheiten wiedergegeben. (Bull. techn. Bureau Veritas **33.** 269—76. Dez. 1951.) WERNER. 6442

H. K. Hardy, **E. A. G. Liddiard**, **J. Y. Higgs** und **J. W. Cuthbertson**, *Verbesserte Aluminiumlager (Al–Sn- und Al–Sn–Cu-Legierungen).* Unters. über Sn-Verteilung in der Legierung, Schmelzbedingungen, Sn-Verteilung in schmiedbaren Legierungen, Hochtemperaturzugfestigkeitsteste, schmiedbare Al–Sn–Cu-Legierungen, Ermüdungsfestigkeit, Vgl. mit Sn-bas. Lagermetall. — 12 Mikrophotographien, 7 Tabellen. (Metal Progr. **60.** Nr. 4. 97—103. 224. Okt. 1951. England, Fulmer Res. Inst. u. Tin Res. Inst.) ROTTER. 6442

—, *Charakteristiken von Aluminiumlegierungen.* Tabellar. Übersicht über Al-Gußlegierungen mit Angabe ihrer Zus. u. Eigg., sowie ihrer besonderen Anwendungsgebiete. (Amer. Foundryman **20.** 56—59. Nov. 1951.) WERNER. 6442

R. Irmann, *Knetwerkstoffe auf Aluminiumbasis und ihre Dauerfestigkeit bei erhöhten Temperaturen.* An *Al–Cu–Mg*-, *Al–Mg*-, *Al–Mg–Mn*- u. *Al–Mg–Si*-Knetlegierungen sowie an dem Sinterwerkstoff *SAP* wurde die Dauerfestigkeit bei Tempp. bis zu 500° ermittelt. (Metall **6.** 608—12. Okt. 1952. Neuhausen.) HOCHSTEIN. 6442

—, *Einfluß des Gefüges auf die Bearbeitbarkeit legierter Stähle.* (Steel. **129.** Nr. 10. 1. 3/9. 1951.) KREITZ. 6490

R. Bilfinger, *Theorie und Technik der Oberflächenveredelung metallischer Werkstoffe durch Chromüberzüge.* Nach einem Überblick über die Abscheidungsbedingungen für Glanz- u. Hartverchromung wird die Rißbldg. in *Cr*-Ndd. behandelt. Diese wird auch durch die Art der zum CrO_3-Elektrolyten zugesetzten Fremdsäure beeinflußt. Aus der Gestalt der Linien ist die Art der Fremdsäure erkennbar. Schließlich wurden die Anwendungsmöglichkeiten der porösen Cr-Schichten auf Grund ihrer guten Absorptionsfähigkeit erörtert. (Technik **7.** 483—84. Aug. 1952. Leipzig.) MARKHOFF. 6518

G. Ss. Ssamoilowitsch und **N. G. Andrejew**, *Mechanische Vorbehandlung zur Herstellung poröser Chromelektrolytüberzüge.* Die Oberfläche des zu chromierenden Gegenstandes wird vor der Elektrolyse durch eine besondere Walzrolle gleichmäßig aufgerauht; dann wird die Elektrolyse so durchgeführt, wie sie bei einer dichten Chromierung üblich ist. (Вестник Машиностроения [Nachr. Maschinenbau] **32.** Nr. 11. 49—52. Nov. 1952.) HOCHSTEIN. 6518

Jason M. Zander, *Die Verwendung von Bariumperoxyd zur Verlängerung der Lebensdauer von Nickelbädern.* Berichtet wird über den Zusatz von BaO_2 an Stelle von NaOH oder Na_2CO_3 zur Einstellung des p_H-Wertes u. der Ausfällung des sich im Bade anreichernden Fe. Durch diesen Zusatz wird die Bldg. von Na_2SO_4 vermieden, durch die die Abscheidung des Ni bei den Eintauchvernickelungsverff. gestört wird. (Better Enameling **23.** Nr. 8. 6—7. 32. Aug. 1952. Chicago, Ill., Vitreous Enemal Product Co.) MARKHOFF. 6520

H. Komusaari, *Über die Verbesserung der Eigenschaften, insbesondere des Streuvermögens, von Nickelbädern mit Hilfe von schwefliger Säure und ihrer Salze.* Beim Arbeiten eines Glanznickelbades in einer mit *Neopren* ausgekleideten Wanne ging die Streuwrkg. des Bades stark zurück. Durch Zusatz von 50—100 g/$MgSO_3$ Liter zu dem 2700 Liter-Bade in regelmäßigen Abständen wurde der Fehler behoben. Gleichzeitig gingen die H_2-Porosität u. die Spannungen im Nd. zurück. Dagegen wird die Fe-Ausfällung aus der Badlsg. erschwert. (Metalloberfläche, Ausg. B **4**. 162—63. Nov. 1952. Valmet Oy, Finnland.) MARKHOFF. 6520

A. E. Williams, *Sherardisieren. Neuere Entwicklung und Anwendung.* Überblick über die moderne Entw. u. die Anwendung des Verfahrens. Bes. hervorgehoben wird die Maßhaltigkeit der behandelten Teile gegenüber anderen Verzinkungsverfahren. (Iron and Steel **24**. 529—33. Dez. 1951.) J. FISCHER. 6522

G. B. Hatch, *Bildung von Schutzfilmen mit Phosphatgläsern.* Die Unterbindung der galvan. Korrosion von Stahl in Kontakt mit kathod. Metallen durch Phosphatgläser kommt hauptsächlich durch Polarisation der Kathode zustande, die von der Ggw. eines glasigen Phosphatfilms auf der Kathode abhängt. Ein ähnlicher Vorgang scheint sich bei nicht verbundenem Stahl zu vollziehen, wobei sich ein Phosphatfilm auf den lokalen kathod. Flächen infolge lokaler Ströme niederschlägt. Bei Ggw. des Inhibitors wird der Potentialunterschied zwischen den beiden Elektroden erniedrigt. Diese verringerte Potentialdifferenz sowie die verstärkte kathod. Polarisation wirken hauptsächlich mit bei Herabsetzung des Stromflusses in den differentiellen Belüftungszellen durch die glasigen Phosphate. (Ind. Engng. Chem. **44**. 1775—80. Aug. 1952. Pittsburgh, Pa., Calgon, Inc.) SCHEIFELE. 6538

Röchling'sche Eisen- und Stahlwerke G. m. b. H. (Erfinder: **Karl Heyden**), Völklingen, Saar, *Vorbehandlung von aus feinkörnigen Stoffen bestehenden Mischungen für die Sinterung.* Zur Vorbehandlung der aus feinkörnigen Stoffen, wie Eisenerzen, Gichtstaub, Flugstaub, bestehenden Rohmischung für die Sinterung wird diese vor ihrer Aufgabe in die Sintervorr. mit warmen oder heißen Fll., z. B. mit heißem W., benetzt oder mit Naßdampf gesättigt. Hierdurch wird bei guter Benetzung der M. die Bldg. von Staubnestern oder Schlammklumpen vermieden. (**D. B. P. 864 456** Kl. 40a vom 8/8. 1950, ausg. 26/1. 1953.) HANS HOFFMANN. 6379

Metallgesellschaft Akt.-Ges., Frankfurt/M. (Erfinder: **Carl Debusch**, Berlin), *Magnetisierende Erhitzung von Eisenerzen.* Die Fe-Oxyde der Fe-reichen Bestandteile werden unter Zuführung von Verbrennungsluft erst im mittelsten Drittel des Drehrohr- oder Schachtofens durch Verbrennung des im Gegenstrom geführten Behandlungsgases auf Reduktionstemp. erhitzt. Dann werden ohne wesentliche weitere Wärmezufuhr unter Einführung von brennbarem Gas im letzten Ofendrittel diese Oxyde zu Zwischenoxyden, die im Wüstitgebiet, d. h. zwischen Fe_3O_4 u. FeO liegen, red. bzw. oxydiert u. schließlich abgekühlt. Vorteile: niedrige Reduktionstempp. u. höhere Durchsatzleistung des Ofens. (**D. R. P. 758 641** Kl. 1b vom 28/6. 1939, ausg. 2/2. 1953.) W. HAUSWALD. 6379

Ernest Hanhart-Sauberli, Diessenhofen, Thurgau, Schweiz, *Volumenverringerung von kleinen Eisenschrotteilen.* Kleine Eisenschrotteile, wie Drehspäne u. Abfälle, werden mittels einer durchgreifenden Erhitzung in einem Ofen, der ein Holzgewölbe besitzt u. zum Teil mit Holzabfällen u. dgl. gefüllt ist, in einen plast. Zustand versetzt u. hier solange umgewälzt, bis sie in einen kompakten Zustand gelangen, worauf sie schnell abgekühlt werden. (**E. P. 662 819** vom 19/7. 1949, ausg. 12/12. 1951.) HOCHSTEIN. 6391

G. and W. H. Corson, Inc., Plymonth Meeting, übert. von: **Charles Raymond Brown**, North Wales, Pa., V. St. A., *Agglomerat.* Das als Zusatz zum Kupolofen u. bes. bei der Herst. von Schlackenwolle dienende Agglomerat von hoher Festigkeit besteht aus einem innigen Gemisch von Teilchen aus festem C-haltigen Material u. festen anorgan. Substanzen, die in einer glaukonithaltigen Grundmasse gebunden oder mit ihr überzogen sind. Die Teilchengröße des in einer Menge von 3—70% vorliegenden Glaukonits darf nicht über 100 μ liegen. Zweckmäßig enthält das Agglomerat Flugasche u. Kohlenascheschlacke in einer Menge von 5—80 (%), bes. 35—65. Für die Herst. von Schlackenwolle enthält das Agglomerat ca. 15—25 SiO_2-Sand u. 45—65 nichtkohäsive, nichtplast. Teilchen von Schlackenwolle bildenden Bestandteilen. Diese Bestandteile, in Verbindung mit ca. 8—50 Glaukonit, haben eine Zus. von 30—50 SiO_2, Spuren bis 20 Al_2O_3, Spuren bis 35 Fe-Oxyd, 10—45 CaO u. Spuren bis 25 MgO. (**A. P. 2 576 566** vom 16/8. 1948, ausg. 27/11. 1951.) HOCHSTEIN. 6401

Guaranty Investment Corp. Ltd., Montreal, Canada, übert. von: **Marvin J. Udy**, Niagara Falls, N. Y., V. St. A., *Metallurgisches Reaktionsgemisch für Guß- und Roheisen.* Das Reaktionsgemisch enthält *Si*, vorzugsweise in Form von Ferrosilicium, ein oder mehrere chem. gebundene Elemente der Erdalkaligruppe sowie NO_3^-, wobei die Komponenten des Gemisches von solcher Zus. u. in solchen Mengen vorliegen, um exotherm. bei der Berührung mit dem geschmolzenen Gußeisen unter Zers. des Nitrats u. unter Si-Oxydation zu reagieren. (**A. P. 2 610 911** vom 19/9. 1945, ausg. 16/9. 1952.) HOCHSTEIN. 6401

British Cast Iron Research Association, Alvechurch, England (Erfinder: **H. Morrogh**), *Herstellung von calciumhaltigem Gußeisen.* Man bringt geschmolzenes Eisen bei mindestens 1650° mit so viel *CaC_2* in Berührung, daß der *S*-Geh. 0,02% nicht übersteigt Man kann das CaC_2 auch in situ bilden, indem man CaO zusetzt, das mit dem Graphit zu CaC_2 reagiert. Hierbei geht man vorteilhaft von übereutekt. Eisen aus. Man erhält dann beim Gießen ein graues Gußeisen, in dem das Eisen weitgehend den freien C in Form von knötchenförmigem Graphit enthält. (**Schwed. P. 133 484** vom 25/4. 1949, ausg. 6/11. 1951. E. Prior. 26/4. 1948.) JÜRGEN SCHMIDT. 6403

Deutsche Edelstahlwerke Akt.-Ges. (Erfinder: **Hans-Joachim Rocha** und **Karl Bungardt**), Krefeld, *Stahllegierung für Vorrichtungen, Geräte u. dgl., die gegen die Fallbäder für die Viscose beständig sein müssen,* bes. keine Schwarzfärbung durch Bldg. schwarzer Sulfide zeigen dürfen. Die Stahllegierung besteht aus $<$0,07 (%) *C*, 20—30 *Cr*, 20—30 *Ni*, 0,5—3 *Mo* u. Rest *Fe* mit den üblichen Verunreinigungen. Die Stahllegierung kann auch einen 0,07 übersteigenden C-Geh. u. ferner Carbidbildner, wie *Ti*, *Ta* u. *Nb*, einzeln oder zu mehreren, in einer den C stabil abbindenden Menge enthalten. Bes. übersteigt der Geh. an Carbidbildnern, vorzugsweise an Ti, die zum stabilen Binden des C erforderliche Menge u. beträgt vorzugsweise 1,5—2,5. — Der Stahl ist bes. geeignet für Spinntöpfe. (**D. B. P. 843 556** Kl. 18d vom 28/7. 1950, ausg. 10/7. 1952.) HABBEL. 6411

Schoeller-Bleckmann Stahlwerke Akt.-Ges., Ternitz, Österreich (Erfinder: **Ludwig Grassinger,** Ternitz, und **Walter Aichholzer,** Liezen, Steiermark, Österreich), *Stahl für mit Hartmetall bestückte Werkzeuge,* die vor dem Bestücken bearbeitbar sein sollen, nach dem Bestücken jedoch hohe Festigkeit besitzen müssen, wie derartige Gesteinsbohrer. Der Stahl besteht aus 0,04—0,6 (%) *C*, 1—2,5 *Mn*, 0,5—1 *Si*, 3—6,5 *Cr*, Rest *Fe* mit den üblichen Verunreinigungen. Der Stahl kann noch carbidbildende Elemente, wie *Mo*, *W*, *V*, *Ti*, *Ta*, *Nb*, in Mengen bis zu 2% sowie eine um so viel höhere C-Menge enthalten, als der zugesetzte Carbidbildner abbindet. (**D. B. P. 844 161** Kl. 18d vom 22/4. 1941, ausg. 17/7. 1952.) HABBEL. 6411

Gebr. Böhler & Co. Akt.-Ges., Wien, Österreich (Erfinder: **Max Schmidt,** Düsseldorf), *Stahllegierung für in Wasser zu härtende Ziehwerkzeuge* besteht aus 1—1,8 (%) *C*, 1—2,5 *V*, 0—0,5 *Cr*, Rest *Fe* u. Verunreinigungen. — Hohe Verschleißfestigkeit. (**D.R.P. 766 033** Kl. 18d vom 17/8. 1940, ausg. 22/12. 1952.) HABBEL. 6411

Soc. An. des Manufactures des Glaces et Produits Chimiques de Saint-Gobain, Chauny & Cirey, Frankreich, *Kondensation von Metalldämpfen.* Um bei der Kondensation von Metalldämpfen in fl. Phase im Kondensator eine bestimmte Temp. aufrechtzuerhalten, wird zwischen der Kondensatorwand u. den zugehörigen Heiz- u. Kühlorganen ein Stoff angeordnet, welcher in der Lage ist, Wärme zu absorbieren oder gegebenenfalls abzugeben. Es kann sich hier um einen Stoff von großer Wärmekapazität oder um einen solchen handeln, der bei der aufrechtzuerhaltenden Temp. schm. oder sd.; im ersteren Falle ist z. B. ein Pb-Bad als Wärmeausgleicher, in den übrigen z. B. das bei 658° schm. Al oder das bei 650° sd. $ZnBr_2$ zur Einhaltung dieser Tempp. zu verwenden. Kondensatortempp. von ca. 650° sind bes. zur Kondensation von *Mg*-Dämpfen geeignet. — Abbildungen. (**F. P. 991 137** vom 3/4. 1944, ausg. 1/10. 1951.) HANS HOFFMANN. 6445

Handelsbolaget under Firma A. Johnson & Co., Stockholm, Schweden (Erfinder: **S. C. Pyk**), *Herstellung von zirkoniumhaltigen Magnesiumlegierungen.* Man stellt zunächst eine Legierung aus *Zr* mit *Zn* u./oder *Cd* u./oder *Ce* her u. löst in dieser Schmelze Mg auf. Im Gegensatz zu aus den entsprechenden Chloriden hergestellten Legierungen besitzen die so gewonnenen Legierungen gute Korrosionsfestigkeit u. hohe mechan. Festigkeit. (**Schwed. P. 132 174** vom 19/3. 1948, ausg. 3/7. 1951.) JÜRGEN SCHMIDT. 6445

National Research Development Corp., London, England, *Elektrolytische Erzeugung von Magnesium-Lithium-Legierungen.* Die Elektrolyse wird einem Elektrolyten aus Li-Salzen u. anderen Alkalisalzen, einer Kathode aus Mg u. vorzugsweise mit einer Graphitanode bei einer Temp. durchgeführt, die niedriger als der F. des Mg, aber höher als der F. des Li ist. Der Li-Geh. der entstehenden Legierung kann durch Variierung der Badtemp. u. der verwendeten Stromdichte in verschied. Größe erhalten werden. — Abbildung. (**E. P. 666 281** vom 27/4. 1949, ausg. 6/2. 1952.) MARKHOFF. 6445

Lech-Chemie Gersthofen, Gersthofen bei Augsburg (Erfinder: **Robert Ketzer,** Hofheim/Taunus, und **Eduard Bergheimer,** Hürth, Kr. Köln), *Herstellung von Natrium aus*

Natriumamalgam. Das Amalgam wird als Anode in einem schmelzfl. Elektrolyten aus einem tern. eutekt. Gemisch von NaOH, NaJ u. NaBr geschaltet, das bei 53 (%) NaOH, 28 NaJ u. 19 NaBr liegt. Die Elektrolysentemp. läßt sich hierdurch auf 230° senken. Dies hat auf die Beschaffenheit des abgeschiedenen Na einen günstigen Einfluß. Der Hg-Geh. liegt unter 0,5%. (**D. B. P. 862 519** Kl. 40c vom 6/5. 1943, ausg. 12/1. 1953.)
MARKHOFF. 6449

Axel Gustaf Emanuel Hultgren (Erfinder: **Axel Gustaf Emanuel Hultgren**), Djursholm, Schweden, *Wiederauffrischen eines festen Kohlungsmittels.* Einem aus C-haltigen Material u. einem Aktivator bestehenden festen Kohlungsmittel wird lediglich frisches C-haltiges Material, wie Holzkohle u./oder Koks, zugesetzt. Bei Verwendung von Holzkohle beträgt die Menge der zugesetzten Holzkohle 10 Vol.-% des Aufkohlungsmittels. Bei Anwendung des Verf. geht von dem schon gebrauchten Material nichts verloren. (**D. B. P. 853 907** Kl. 18c vom 28/10. 1949, ausg. 30/10. 1952. Schwed. Prior. 2/11. 1948.)
HOCHSTEIN. 6493

American Cyanamid Co., New York, N. Y., übert. von: **Edward N. Case,** Philadelphia, Pa., V. St. A., *Salzbad für die Wärmebehandlung von Metallen* besteht aus einem Gemisch aus 0,01—10% einer organ. N-Verb. wie Guanidinhydrochlorid, Guanidinphosphat, Chlortriazin u. Aminotriazinhydrochlorid sowie einem Rest aus einer Mischung von wenigstens 2 Alkalimetall- u. Erdalkalimetallhalogeniden, wobei die Mischung wenigstens 1%, jedoch unter 95% der angegebenen Halogenide enthält. Vorteilhaft enthält das Gemisch 0,01—1% Guanidinphosphat oder Guanidinhydrochlorid oder Melaminhydrochlorid sowie ein Gemisch aus KCl u. NaCl, wobei jedes Chlorid mindestens 40%, aber unter 60%, betragen muß. Der Zusatz der organ. Stickstoffverb. wirkt auf das Salzbad reinigend. (**A. P. 2 575 322** vom 19/11. 1948, ausg. 20/11. 1951.)
HOCHSTEIN. 6493

Rudolf Nowak, Waldbröhl (Rhld.)-Hermesdorf, **Fritz Gödel,** Immigrath (Rhld.), und **Ernst Hasse,** Düsseldorf, *Behandlung von Metalloberflächen, besonders aus Eisen und Stahl, durch Diffusion.* Flüchtige Metalloidverbb., wie Verbb. von *C, N, P, S, B, As, Sb,* werden unter Zusatz von Halogenen bei entsprechenden Tempp. mit den Metalloberflächen in Berührung gebracht, um die Metalloide in das Metall einzudiffundieren. Der Halogenzusatz wird entsprechend dem stöchiometr. Verhältnis der Reaktionskomponenten geregelt. Die Oberfläche wird vor der Diffusionsbehandlung aktiviert, z. B. durch aufeinanderfolgende Oxydation u. Reduktion. Die Platzwechsel-Rk. wird durch den Halogengeh. beschleunigt. (**D. B. P. 866 296** Kl. 48b vom 8/6. 1951, ausg. 9/2. 1953.)
MARKHOFF. 6493

Alfred Gordon Evans Robiette, London, England, *Kontinuierliche Blankglühbehandlung von Metallen.* In einem aus Vorwärm- u. Glühzone bestehenden Blankglühofen wird dem kontinuierlich durchgeführten Metall im Gegenstrom ein fl. Brennstoff u. ein mindestens 70% O_2 enthaltenes Gas zugeführt. Brennstoff u. Gas verbrennen am Ofenausgang in direkter Berührung mit dem Metall unter Bldg. einer nichtoxydierenden Atmosphäre unvollständig. Das unvollkommen verbrannte Gas wird zum Ofeneingang geleitet, wo es in direkter Berührung mit dem Metall vollkommen verbrennt u. so das Metall vorwärmt. Die Temp. am Ofenende kann durch Regelung der unvollkommenen Verbrennung auf 700—1250° eingestellt werden. Am Ofeneintritt beträgt die Vorwärmtemp. 600—650°. Das Verf. dient neben dem Blankglühen von Metallen, Stahl u. Ni-Legierungen, auch zum Entkohlen von Temperguß. (**A. P. 2 587 900** vom 26/1. 1949, ausg. 4/3. 1952. E. Prior. 28/10. 1948.) HOCHSTEIN. 6493

Karl Gerlach und **Hans Bühler,** Deutschland, *Erhöhung des Verschleißwiderstandes von Versatzrohren durch Flammenvergütung oder Flammenhärtung.* Die Rohre werden fortschreitend mit Spezialbrennern über ihren ganzen oder teilweisen Querschnitt auf Härtetemp. erhitzt, darauf geregelt abgekühlt u. gegebenenfalls noch angelassen. Die Rohre können vor dem Erhitzen auf Härtetemp. auf Tempp. unterhalb A_1 vorgewärmt werden. Zweckmäßig wird das Anlassen der Rohre bei Tempp. unterhalb A_1 in einem selbständigen oder dem gleichen Arbeitsgang wie das Härten vorgenommen. Vorzugsweise wird das Anlassen der Rohre mit Brennern von außen so durchgeführt, daß die Anlaßwrkg. in den Außenzonen der Rohre größer ist als in den Innenzonen. Nach der Innenhärtung können die Rohre noch bei Tempp. zwischen 180 u. 250° entspannt werden. Das Erhitzen auf Vorwärm-, Härte-, Anlaß- u. Entspannungstemp. kann auch in einem magnet. Wechselfeld erfolgen. (**F. P. 986 261** vom 17/5. 1949, ausg. 30/7. 1951. D. Prior. 1/10. 1948.)
HOCHSTEIN. 6493

Westinghouse Electric Corp., East Pittsburgh, Pa., übert. von: **Clarence E. Peck,** Wilkinsburg, und **John G. Hoop,** Pittsburgh, V. St. A., *Herstellen von Blankglühgas.* Ein in der Zus. veränderliches Gemisch aus Luft u. einem H_2- u. C-haltigen Heizgas wird durch einen gasdurchlässigen beheizten Katalysator aus Ni-Schrot geleitet, wobei durch Verbrennung ein Blankglühgas erzeugt u. gleichzeitig der C-Geh. des Heizgases am Katalysator niedergeschlagen wird. Wird die Gasströmung durch den Katalysator durch den niedergeschlagenen C stark gehemmt, dann wird die Zus. des Luft–Heizgas-Gemisches derart geändert, daß bei der Verbrennung der ausgeschiedene C verbraucht wird. Das Verf. ist bei Heizgasen von verschied. Zuss. anwendbar. Beschrieben wird eine Erzeugungsanlage für Blankglühgas. — Abbildungen. (**A. P. 2 546 013** vom 19/6. 1942, ausg. 20/3. 1951.) HOCHSTEIN. 6493

Oneida Ltd., Oneida, N. Y., übert. von: **Samuel E. Eaton**, Lexington, Mass., V.St.A., *Elektrolytisches Polieren von Metallen, wie Silber, Kupfer, Cadmium und deren Legierungen.* Die Gegenstände werden in einem cyankal. Elektrolyten anod. mit in der Spannung schwankenden Gleichstrom behandelt. Die Spannungsgrenzen sollen hierbei so gewählt werden, daß die untere Grenze eine Ätzwrkg., die obere eine bleibende Färbung hervorruft. So läßt man beim Polieren von Ag die Spannung von 1,1 V innerhalb von 5 Sek. aus 1,5 V ansteigen, erniedrigt dann innerhalb der nächsten 5 Sek. die Spannung auf 1,1 Sek. u. wiederholt dieses Verf. ca. 2 Min. lang. Man erhält spiegelnde Oberflächen. — Diagramme. (**A. P. 2 610 143** vom 8/2. 1947, ausg. 9/9. 1952.) MARKHOFF. 6515

American Electro Metal Corp., New York, N. Y., *V.* St. A., *Erzeugen von Metallüberzügen durch Elektrolyse im Schmelzfluß.* Metalle mit höherem F., wie *Ti, Ta, Mo* u. *W*, werden mit Metallen mit niedrigerem F., wie *Al, Ce, La* u. *Tl*, in der Weise elektrolyt. überzogen, daß ein Elektrolyt aus geschmolzenen Salzen des Überzugsmetalles verwendet wird, dessen Temp. unter dem F. des zu überziehenden Metalls, aber oberhalb des F. des Überzugsmetalles liegt. Es bildet sich eine Diffusionsschicht des Überzugsmetalles auf dem Grundmetall. — Abbildung. (**E. P. 659 927** vom 4/4. 1949, ausg. 31/10. 1951. A. Prior. 5/4. 1948.) MARKHOFF. 6517

Kenmore Metals Corp., New York, N. Y., V. St. A., *Erzeugen von mit Metallüberzügen versehenen Drähten.* Der Walzdraht wird mit einer Mehrzahl von Metallschichten in der Weise überzogen, daß nach dem elektrolyt. Aufbringen einer Schicht diese kurz der Luft ausgesetzt wird, wodurch sich eine dünne Oxydschicht bildet. Auf diese wird dann die nächste Schicht niedergeschlagen u. so fort. Es können 7—75 Schichten nacheinander aufgebracht werden. Durch diese Behandlung bilden sich beim Ziehen des Drahtes in der Überzugsschicht keine Risse. — Abbildungen. (**E. P. 663 044** vom 2/2. 1948, ausg. 12/12. 1951. A. Priorr. 1/2. u. 26/6. 1947.) MARKHOFF. 6517

Paul Mouravieff und **Gabriel Roussel**, Frankreich, *Aufbringen eines harten Metallüberzuges auf metallischen Oberflächen.* Der Überzug wird mittels eines Schweißstabes oder einer Elektrode auf die erhitzte Oberfläche aufgeschmolzen. Der Schweißstab oder die Elektrode werden in der Weise hergestellt, daß feingepulverte Carbide des W, Ti, V oder B mit einem Bindemittel, wie Co, u. geringen Mengen eines Kunstharzes zu Stäben geformt u. so hoch erhitzt werden, daß der organ. Bestandteil verbrennt. (**F. P. 1 010 681** vom 1/10. 1948, ausg. 13/6. 1952.) MARKHOFF. 6517

Magnesium Electron Ltd., Clifton Junction bei Manchester, Lancashire, und **William Frederick Higgins**, Salford, England, *Vorbehandeln von Magnesium und seinen Legierungen vor dem elektrolytischen Aufbringen von Metallüberzügen.* Die Gegenstände werden nacheinander in Zn-, Cd- oder Mn-Salzlsgg., in CrO_3-Lsg. u. in einer Hg-Salzlsg. behandelt. Danach erhält man festhaftende galvan. Metallüberzüge, z. B. *Ag*-Überzüge aus einem cyanid. Ag-Elektrolyten. (**E. P. 652 800** vom 10/6. u. 23/6. 1948, ausg. 2/5. 1951.) MARKHOFF. 6517

Ward, Blenkinsop & Co. Ltd., **Peter Paul Hopf** und **Ronald Edgar John Lishmend**, London, England, *Erzeugen einer elektrisch leitenden Metallschicht auf organischen, isolierenden Oberflächen.* Eine Aufschlämmung von Schwammsilber in 2% Glycerin enthaltendem Methanol, z. B. 80 (Gewichtsteilen) Ag u. 20 Methanol, wird auf die Oberfläche aufgespritzt u. getrocknet. Der Überzug wird dann bei erhöhter Temp. in die Unterlage eingepreßt. An Stelle von Ag können andere feinzerteilte Metalle oder Ruß sowie andere leichtflüchtige Lösungsmittel verwendet werden. Kunststoffplatten der verschiedensten Art können aus diese Weise mit einer festhaftenden leitenden Schicht überzogen werden. (**E. P. 672 260** vom 24/6. 1949, ausg. 21/5. 1952.) MARKHOFF. 6517

Deutsche Hydrierwerke Akt.-Ges. (Erfinder: **Ernst Götte** und **Alfred Kirstahler**), Düsseldorf, *Erzeugen festhaftender und glänzender galvanischer Metallüberzüge.* Den üblichen Metallsalzlsgg. werden vor oder während der Elektrolyse organ. *Disulfimide* oder deren wasserlösl. Salze neben schwermetallsalzbeständigen Netzmitteln zugesetzt, wie p-Toluoldisulfimide in Verbindung mit wasserlösl. Salzen saurer Alkylschwefelsäureester. (**D. B. P. 863 159** Kl. 48a vom 12/9. 1950, ausg. 15/1. 1953.) MARKHOFF. 6517

Badische Anilin- & Soda-Fabrik (Erfinder: **Adolf Hrubesch**, Ludwigshafen/Rhein, und **Paul Friedmann**, Kaiserslautern), *Herstellen von tantalhaltigen Überzügen auf*

Metallen. Man läßt Ta-Pulver oder mit Ta beladene feinzerteilte Trägerstoffe in zerstäubtem Zustand bei hohen Tempp., bes. nicht unterhalb 700°, auf die Metalloberfläche einwirken. — Beispiel: Ein Strom von Ar, der mit Ta-Staub beladen ist, wird bei 950° mittels einer Quarzdüse gegen eine Platte aus Ni geblasen. Nach 4 Std. erhält man eine 0,18 mm dicke Diffusionsschicht einer 40%ig. Ta-Legierung. (**D. B. P. 862 992** Kl. 48b vom 8/8. 1942, ausg. 15/1. 1953.) MARKHOFF. 6517

Ludo Hartmann, Graz, Österreich, *Metallspritzverfahren.* Das Verspritzen wird unter Ultraschalleinw. durchgeführt. Die Haftung des Überzugs wird verbessert. (**Oe. P. 171 420** vom 24/4. 1944, ausg. 26/5. 1952.) MARKHOFF. 6517

Soc. Continentale Parker, Clichy (Erfinder: **Jean Felix Henri Bary,** Neuilly-sur-Seine, und **Emile Marie Jaudon,** Colombos), Frankreich, *Phosphatieren von Metalloberflächen.* Die Gegenstände werden mit einer Lsg. von Monoalkaliphosphat u. einem Nitrat eines Reaktionsmetalles behandelt, wobei das Konzentrationsverhältnis zwischen Phosphat u. Nitrat so gewählt ist, daß der p_H-Wert der Lsg. nahe dem Mindestwert gewählt ist, der in einer Lsg. der betreffenden Salze erhalten werden kann. Bei Verwendung von $Zn(NO_3)_2$ u. NaH_2PO_4 erreicht der p_H-Wert ein Minimum bei einem Verhältnis von 2,5 zwischen der mol. Konz. des Nitrats u. des Phosphats. Die Bäder arbeiten störungsfrei, schnell u. liefern gleichmäßige Überzüge. (**D. B. P. 860 445** Kl. 48d vom 1/10. 1950, ausg. 22/12. 1952. F. Prior. 20/7. 1948.) MARKHOFF. 6533

Mario Quadrio, Rom, Italien, *Erzeugen einer Patinafärbung auf Kupfer und seinen Legierungen.* Die Gegenstände werden zunächst ca. 1 Min. in eine K_2S-Lsg. getaucht, dann in verd. H_2SO_4 ca. 5 Min., die man nach dem Herausnehmen der Teile auftrocknen läßt. Daran schließt sich eine Behandlung in NH_4Cl-Lsg., die man ebenfalls auf der Metalloberfläche auftrocknen läßt. Die trockne Oberfläche wird dann mehrfach mit einer NH_4Cl-Lsg. befeuchtet. Man erhält eine dunkelgrüne Patinafärbung mit malachitgrün gefärbten Tupfen. (**E. P. 671 862** vom 15/5. 1950, ausg. 14/5. 1952. It. Prior. 27/5. 1949.) MARKHOFF. 6535

IX. Organische Industrie.

Kinetic Chemicals, Inc., Wilmington, Del. (Erfinder: **Anthony Francis Benning,** Woodstown, N. J.), V. St. A., *Trennung der bei der Umsetzung von HF mit CCl_4 erhaltenen, aus HCl, HF, CCl_2F_2 und CCl_3F bestehenden Mischung,* dad. gek., daß diese einer wasserfreien fraktionierenden Dest. bei ca. 2,8—14 at, bes. 7 at, unterworfen wird, wobei die Temp. des Dephlegmators ca. —63 bis —20° beträgt, so daß HCl prakt. wasserfrei abdest.; hierauf wird die verbleibende Mischung einer wasserfreien fraktionierenden Dest. bei 0—7 at u. einer Dephlegmatortemp. von —32 bis 30° unterworfen, so daß eine im wesentlichen aus CCl_2F_2 u. HF bestehende Mischung übergeht. Das Destillat läßt man nach Kondensation absitzen, bis sich eine Schicht von prakt. reinem HF u. eine Schicht von reinem CCl_2F_2 gebildet hat; dann trennt man die Schichten. Der nicht übergehende Teil der Reaktionsmischung wird wieder mit HF umgesetzt. Das abgetrennte CCl_2F_2 wird von mitgerissenem HF mit W. befreit. Der Rückstand besteht aus CCl_3F u. CCl_4 u. wird in das Fluorierungsgefäß zurückgeleitet. — Zeichnung. (**D. B. P. 859 609** Kl. 12o vom 12/11. 1948, ausg. 15/12. 1952. **E. P. 648 689** vom 30/7. 1941, ausg. 10/1. 1950. Beide A. Prior. 14/2. 1945.) G. KÖNIG. H 510

Badische Anilin- & Soda-Fabrik, Ludwigshafen/Rh., *Herstellung von aliphatischen und cycloaliphatischen Nitrokohlenwasserstoffen,* durch Rk. der entsprechenden KW-stoffe mit wasserfreiem N_2O_4 bei erhöhten Tempp. u. Drucken, dad. gek., daß man unter solchen Bedingungen arbeitet, daß die Rk. in homogener Phase verläuft. Reaktionstempp. zwischen 120—250° u. entsprechende Drucke zwischen ca. 10—100 at. Dodecan mit N_2O_4 unter N_2 oder CO_2-Druck von 25 at ergeben bei 175° vorwiegend *Mononitrodecan,* neben *Dinitrodecan* u. geringen Mengen Carbonsäuren mit SZ. 255. Aus Tetradecan erhält man *Mononitro-* u. *Dinitrodecan* sowie Carbonsäuren mit SZ. 204. — Cyclohexan ergibt *Nitrocyclohexan, Adipinsäure* u. höhernitrierte Verbindungen. (**D. B. P. 864 991** Kl. 12o vom 23/8. 1944, ausg. 29/1. 1953.) G. KÖNIG. H 510

Standard Oil Development Co., übert. von: **Charles E. Morrell,** Westfield, und **Lester M. Welch,** Madison, N. J., V. St. A., *Abscheidung von C_5-Olefinen.* Um Isopren aus einer Mischung mit niedrigersd. Pentenen u. Trimethyläthylen (**I**) abzutrennen u. zu reinigen, dest. man den isoprenreichen Schnitt, der diese Pentene u. Isopentan (**II**) enthält, u. fraktioniert in der Weise, daß **I** im Rückstand des Gemisches verbleibt. **II** wird in einer Menge von mindestens 40 Mol-% der Fl. zugemischt, die man fraktionierend dest.; anschließend fraktioniert man die niedrigersd. Pentene vom isoprenreichen Schnitt in Ggw. eines polaren Lösungsm. (wss. Aceton, Glykoldiformiat, Acetonitril, Furfurol usw.) ab, welches das Isopren extrahiert. — Zeichnung. (**A. P. 2 614 969** vom 22/10. 1948, ausg. 21/10. 1952.) UNGER. H 520

Badische Anilin- & Soda-Fabrik (Erfinder: **Hellmut Giehne**, Ludwigshafen/Rh., **Adolf Gantzler**, Mannheim, **Hans Krekeler**, Bielefeld, und **Rudolf Leutner**, Gimmeldingen), *n-Butylen* erhält man durch Abspaltung von HCl aus n-Butylchlorid bei erhöhter Temp. (z. B. 550°) in der Gasphase unter erhöhtem Druck (z. B. 10 atü). Das unter Druck stehende Reaktionsgemisch wird durch Kühlen (z. B. —20°) verflüssigt u. HCl durch fraktionierte Dest. unter erhöhtem Druck (z. B. 10 atü) von n-Butylen abgetrennt. (**D. B. P. 867 390** Kl. 12o vom 17/4. 1942, ausg. 16/2. 1953.) KRAUSS. H 520

B. F. Goodrich Co., New York (Erfinder: **William Bruce Morgan**, Lewiston), N. Y., V. St. A., *Herstellung von Vinylhalogeniden* durch katalyt. Rk. von C_2H_2 mit Halogenwasserstoffen (I), z. B. HCl, in der Dampfphase, dad. gek., daß ein Gasgemisch aus C_2H_2 u. überschüssigem I durch mindestens 3 den Katalysator enthaltende, hintereinander angeordnete Reaktionskammern solange geleitet wird, bis die anfangs 100%ig. Gesamtumwandlung bis auf einen vorher bestimmten Stand gefallen ist, worauf die Einführungsstelle der Reaktionsteilnehmer in der Reihe der Reaktionskammern von der 1. Kammer zu einer in der Reihe nachgeordneten Kammer verlegt wird u. worauf mit frischem Katalysator versehene Reaktionskammern zugeschaltet u. die ersten Reaktionskammern abgeschaltet werden, so daß die Gesamtzahl der Kammern sich stetig auf mindestens 3 beläuft. — Die Umschaltung soll erfolgen, nachdem die Gesamtumwandlung auf 95% gefallen ist. Als Katalysator wird $HgCl_2$ verwendet. (**D. B. P. 863 048** Kl. 12o vom 29/9. 1950, ausg. 15/1. 1953. A. Prior. 31/1. 1945.) DERSIN. H 520

Röhm & Haas G. m. b. H. (Erfinder: **Theodor Lieser**), Darmstadt, *Acrylazid* (**I**) erhält man durch Rk. von Acrylhalogeniden mit lösl. Salzen der N_3H, zweckmäßig in Ggw. von W. u. eines organ. Lösungsmittels. — Aus Acrylchlorid u. Na-Azid erhält man unter Eiskühlung u. Extraktion mit Ae. eine ca. 13%ig. äther. I-Lösung. Führt man die Rk. in Paraffinöl durch, so erhält man nach Dest. I in langen, spitzen Nadeln, F. —32 bis —35°, mit scharfem, zu Tränen reizendem Geruch. Verwendung des I zur Herst. von *Vinylisocyanat* $CH_2{=}CH{-}NCO$ durch Erwärmen in indifferentem Medium; von *Vinylurethanen* $CH_2{=}CHNHCOOR$ durch Rk. mit Alkoholen, von *Vinylharnstoffen* $CH_2{=}CHNHCONHR$ durch Rk. mit Aminen. I kann auch mit Polyamiden u. Polyalkoholen umgesetzt werden. (**D. B. P. 860 636** Kl. 12o vom 6/6. 1943, ausg. 22/12. 1952.) KRAUSS. H 520

Distillers Co. Ltd., Edinburgh, übert. von: **Bertram E. V. Bowen** und **John Howlett**, Tonbridge, England, *Reinigen niedrigmolekularer aliphatischer Alkohole*, die bes. aus Olefinen durch Anlagerung von W. in Ggw. von H_2SO_4 gewonnen wurden, z. B. A., erfolgt durch Behandeln mit festem Cu_2O, vorteilhaft in Mengen von 0,5—1,5 Gew.-% des zu reinigenden Alkohols. Enthalten die Alkohole reichliche Mengen W., so wird dieses vorher ganz oder teilweise entfernt. (**A. P. 2 584 325** vom 7/8. 1948, ausg. 5/2. 1952. E. Prior. 25/8. 1947.) G. KÖNIG. H 560

Badische Anilin- & Soda-Fabrik, Ludwigshafen/Rh., *Hydrierende Spaltung von Acetalen*, dad. gek., daß man Acetale oder acetalhaltige Gemische zusammen mit mindestens der zur Acetalverseifung erforderlichen Menge W. in Ggw. eines Hydrierungskatalysators u. geringer Mengen einer die Verseifung der Acetalgruppe bewirkenden Säure oder ihrer sauren Salze mit H_2 behandelt. — Ein Acetale, Crotylalkohol u. Aldehyde enthaltendes Rohbutanol wird in Ggw. von H_2 bei 200° u. 300 at H-Druck über einen CuCr–H_3PO_4-Katalysator geleitet. Man erhält fast ausschließlich *Butanol*. — 1.3-Butylenglykoläthylidenacetal ergibt *1.3-Butylenglykol*, *A.* u. geringe Mengen *1-* u. *2-Butanol*. (**D. B. P. 860 347** Kl. 12o vom 1/3. 1941, ausg. 22/12. 1952.) G. KÖNIG. H 560

Badische Anilin- & Soda-Fabrik, Ludwigshafen/Rh. (Erfinder: **Walter Reppe**, Ludwigshafen/Rh., und **Fritz Kohler**, Mannheim), *Herstellung von Diacetylenglykolen* durch Behandlung von Acetylenalkoholen, die am C_2H_2–C-Atom noch ein H-Atom enthalten, mit O_2 oder O_2-haltigen Gasen in Ggw. von CuCl u. NH_4Cl in vorwiegend wss. Lsg., dad. gek., daß man den Acetylenalkohol fortlaufend nach Maßgabe seines Verbrauchs dem Reaktionsgemisch so zuführt, daß das Mol-Verhältnis Acetylenalkohol zu CuCl stets >1 ist u. gegebenenfalls auch das Reaktionsprod. laufend aus dem Reaktionsgemisch abtrennt. — Man stellt z. B. aus Propargylalkohol Hexadiin-2.4-diol-(1.6) her. (**D. B. P. 863 049** Kl. 12o vom 2/12. 1942, ausg. 15/1. 1953.) DERSIN. H 570

Badische Anilin- & Soda-Fabrik (Erfinder: **Fritz Nicolai** und **Heinz Pardon**), Ludwigshafen/Rh., *Reinigen von Trimethylpropan*, dad. gek., daß man es längere Zeit, gegebenenfalls unter Mitverwendung von W. oder Wasserdampf, auf Tempp. $>120°$ unter Bedingungen erhitzt, bei denen die reine Verb. noch nicht zers. wird u. nicht überdestilliert. (**D. B. P. 863 651** Kl. 12o vom 25/10. 1950, ausg. 19/1. 1953.) G. KÖNIG. H 580

Deutsche Gold- & Silber-Scheideanstalt vormals Roessler, Frankfurt/M. (Erfinder: **Hermann Schulz,** Konstanz), *Herstellung von 1.2.6-Hexantriol,* dad. gek., daß man Formyldihydropyran einer hydratisierenden Behandlung, in Kombination mit einer reduzierenden Behandlung, unterwirft. Die Hydratisierung des dimeren Acroleins erfolgt in Ggw. von Säuren, bes. starken organ. Säuren oder von Mineralsäuren, die Red. in Ggw. von Katalysatoren, vorteilhaft in wss. Lsg. bei p_H ca. 6. Die neue Verb. dient zur Herst. von *Weichmachern* u. *Kunststoffen,* $Kp._1$ 161—162°, n_D^{20} 1,4754, $D.^{20}_4$ 1,1049, hochviscose, farblose Flüssigkeit. (**D. B. P. 863 795** Kl. 12o vom 18/5. 1943, ausg. 19/1. 1953.) G. KÖNIG. H 580

Food Machinery & Chemical Corp., New York, N. Y., V. St. A., *Chloral* erhält man bei der Chlorierung von Acetaldehyd (I), Paraldehyd oder Metaldehyd zuerst bei Temp. <30°, bis ca. 0,5—1,3 (Mol.) Cl_2 mit 1 I reagiert haben, worauf die Temp. bis höchstens zum Kp. des Chlorals (95°) erhöht wird. Beschleuniger, wie W., Metallchloride, Chloride des P, können zugegen sein. Hält man den Cl_2-Geh. in der Atmosphäre des Reaktionsraumes <30%, so wird eine Explosion vermieden. (**E. P. 661 092** vom 11/2. 1948, ausg. 14/11. 1951. A. Prior. 10/8. 1945.) G. KÖNIG. H 670

Union Carbide & Carbon Corp., New York, N. Y. (Erfinder: **Lucian Wayne McTeer, Thomas Robert Miller** und **Helmut William Schulz,** Charleston, W.Va., V. St. A.), *Herstellung von β-Alkoxypropionaldehyden,* dad. gek., daß prim. aliphat. Alkohole u. Acrolein bzw. Methacrolein in fl. Zustand in Ggw. einer Mischung eines alkal. reagierenden Amins u. einer Carbonsäure erhitzt werden, wobei diese Mischung in einer Menge zur Anwendung kommt, die den p_H-Wert der resultierenden Mischung auf 5,9—7,5, vorteilhaft etwas unter 7,0, bringt. An Stelle der Mischung des Amins u. der Carbonsäure kann man eine amphotere Aminoverb. verwenden, z. B. Aminophenole, -säuren, Glycin. Polymerisationsverhinderer, wie Hydrochinon, können zugesetzt werden. — A. u. Acrolein (I) ergeben in Ggw. von Diäthylamin–Ameisensäure auf Siedetemp. erhitzt, *β-Äthoxypropionaldehyd.* — Aus I u. Methanol erhält man *β-Methoxypropionaldehyd.* — Butanol u. I ergeben *β-Butoxypropionaldehyd,* $Kp._2$ 35°, $Kp._{20}$ 30°, D. 0,892. Mit Allylalkohol erhält man *β-Alloxypropionaldehyd,* $Kp._2$ 42°, $D.^{20}_{30}$ 0,935. (**D. B. P. 863 039** Kl. 12o vom 4/7. 1951, ausg. 15/1. 1953. A. Prior. 6/7. 1950.) G. KÖNIG. H 690

Shell Development Co., San Francisco, Calif., übert. von: **Lloyd C. Fetterly,** Seattle, Wash., V. St. A., *Thioharnstoffaddukte von Ketonen und Ketenen* kristallisieren u. können daher leicht isoliert u. durch Erhitzen mit W. zerlegt werden. — Z. B. bringt man eine wss. 6%ig. Lsg. von Thioharnstoff mit Methyl-, Isobutyl-, Dibutyl-, Diäthyl-, Methylpropylketon oder Mesityloxyd in Kontakt, bis sich Kristalle ausscheiden. (**A. P. 2 569 985** vom 16/2. 1948, ausg. 2/10. 1951.) MÖLLERING. H 700

Consortium für elektrochemische Industrie G. m. b. H., München (Erfinder: **Paul Halbig**), *Herstellung von Buten-(1)-on-(3)* (I) durch Anlagerung von W. an Vinylacetylen (II) in Ggw. von sauren Metallkatalysatoren bei erhöhter Temp. u. Spaltung der Hydratisierungsprodd. durch Dest. ihrer Lsgg. in Ggw. von hydrolysierend wirkenden Katalysatoren, dad. gek., daß die Wasseranlagerung bei einer Säurekonz. < 10% vorgenommen wird. — Als Katalysator dient HgO in Ggw. von H_2SO_4, die Wasseranlagerung wird von vornherein in Ggw. der Hydratisierungsprodd. des II durchgeführt, das I wird durch azeotrope Dest. mit W. abgetrennt. (**D. B. P. 863 941** Kl. 12o vom 5/2. 1938, ausg. 22/1. 1953.) DERSIN. H 710

Badische Anilin- & Soda-Fabrik (Erfinder: **Walter Reppe,** Ludwigshafen/Rh., und **Hugo Kröper,** Heidelberg), *Carbonsäuregemische* erhält man durch Rk. von Olefinen (mindestens C_8) mit W. u. CO unter Druck in Ggw. von metallcarbonylbildenden Metallen oder den Verbb., mit Ausnahme von Ni- oder Co-Halogeniden oder diesen Metallen in Ggw. von Halogen oder Halogenverbindungen. (**D. B. P. 868 150** Kl. 12o vom 21/9. 1941, ausg. 23/2. 1953.) MÜLLER-MEININGEN. H 800

Badische Anilin- & Soda-Fabrik (Erfinder: **Walter Reppe,** Ludwigshafen/Rh., und **Hugo Kröper,** Heidelberg), *Gemische aus Carbonsäureamiden oder -estern* erhält man durch Rk. von Amiden oder Estern der HCOOH bei 120—300° u. 50—250 at mit Olefinen, bes. Hexylen, Octylen, Dodecylen, Octadecylen, Cyclohexen u. dgl., in Ggw. von metallcarbonylbildenden Metallen oder Metallen der 5. Gruppe des Period. Syst. oder deren Verbb., bes. unter Aufpressen von CO. (**D. B. P. 868 149** Kl. 12o vom 9/8. 1942, ausg. 23/2. 1953.) MÜLLER-MEININGEN. H 800

E. I. du Pont de Nemours & Co., übert. von: **William F. Gresham** und **William E. Grigsby,** Wilmington, Del., V. St. A., *Carbonsäureamide* mit einem tert. C-Atom am Amid-N erhält man durch Rk. von HCN oder Alkylcyaniden mit gesätt. tert. Alkoholen in Ggw. eines sauren Katalysators bei 50—250° u. einem Druck von 1—1000 lbs. sq. in.

Man erhitzt z. B. 148 (Teile) tert.-Butanol mit 54 HCN u. 4 H_2SO_4 unter Eigendruck im Autoklaven 4 Std. auf 135° u. erhält aus dem Reaktionsgemisch bei 79—83°/mm 18,9 *N-tert.-Butylformamid*, H · CO · $NH(C_4H_9)$. — tert.-Amylalkohol + CH_3CN (+ H_2O + H_2SO_4) $\xrightarrow[150-250\text{p.s.i.}]{130-140^0}$ *N-tert.-Amylacetamid*, $CH_3CO·NH·C_5H_{11}$, F. 77—78° (aus Bzl.). (**A. P. 2 601 387** vom 24/11. 1948, ausg. 24/6. 1952.) MÜLLER-MEININGEN. H 810

Röhm & Haas Co., übert. von: **Andrew Neumann**, North Hills, **Harry T. Neher**, Bristol, und **Edward H. Specht**, Philadelphia, Pa., V. St. A., *Acrylsäureester*. Zu einer Mischung aus Acetylen (I), $Ni(CO)_4$, Alkohol u. Säure gibt man bei 0—75° **I**, CO, $Ni(CO)_4$, einen Alkohol u. Säure nach dem Reaktionsschema 4 **I** + 4 C_2H_5OH + $Ni(CO)_4$ + 2 HCl → 4 $CH_2CHCOOC_2H_5$ + H_2 + $NiCl_2$. — Im Beispiel 1 wird *Methylacrylat* neben 1,7% *Methylpropionat* erhalten. — *Äthyl-, Isopropyl-, n-Propyl-, n-Butyl-, sek.-Butyl-, Isobutyl-, tert.-Butyl-, 2-Äthylhexyl-, n-Decyl-, n-Dodecyl-acrylat* ($Kp._{0,6}$ 119—122°), *Octadecyl-[2-(1.3.3-trimethylbutyl)-5.7.7-trimethyloctyl]-acrylat* ($Kp._{0,1}$ 120—130°). (**A. P. 2 582 911** vom 12/7. 1950, ausg. 15/1. 1952.) KRAUSS. H 810

Badische Anilin-& Soda-Fabrik (Erfinder: **Otto Hecht**, Philadelphia, Pa., V. St. A., **Ernst Gassenmeier**, Mannheim, und **Walter Reppe**), Ludwigshafen/Rh., *Stickstoffhaltige Acrylsäurederivate und ihre Substitutionsprodukte* erhält man durch Kondensation von CO u. Acetylen (I) oder ein- oder zweiseitig substituierten Acetylenen unter Druck in fl. oder in Gasphase, zweckmäßig bei erhöhter Temp., mit NH_3 oder Aminen mit mindestens einem freien, an N gebundenen H in Ggw. von zur Metallcarbonylbldg. befähigten Metallen oder deren Verbb. u. gegebenenfalls von anorgan. oder organ. Säuren u. zweckmäßig eines Lösungs- oder Verdünnungsmittels nach dem Reaktionsschema: CH≡CH + CO + $C_2H_5NH_2$ → H_2C = CH—$CONHC_2H_5$. — Anilin wird mit Hydrochinon u. Bzl. mit **I** u. CO in Ggw. von mit 2% NiJ imprägniertem Kieselgel bei 35 at 80 Std. auf 100 bis 170° erhitzt: ca. 43%ig. Ausbeuten *Acrylsäureanilid*, $Kp._1$ 130—136°, neben wenig Polymerisat. In einem weiteren Beispiel mit KNi-Cyanid beträgt die Ausbeute 84%. — *Acrylsäure-N-äthylamid*, $Kp._{10}$ 110—112°. — *Acrylsäure-N-butylamid*, $Kp._1$ 130—150°. — *Acrylsäure-N-diphenylamid*, $Kp._{10}$ 190—210°. — *β-Phenylacrylsäureanilid*, F. 149 bis 150°. — *Acrylsäure-N-pyrrolidid*, $Kp._5$ 70°. — *Acrylsäure-N-piperidid*, $Kp._8$ 110—116°. — *N-Monoacryl-* u. *N.N'-Diacrylhexamethylendiamidpolymere*. — 2-Phenylaminobutin-(3) → *Buten-1-phenylamino-3-carbonsäure-2-N-butylamid*. (**D. B. P. 859 611** Kl. 12o vom 15/8. 1940, ausg. 15/12. 1952.) KRAUSS. H 810

Chemische Werke Albert, Wiesbaden (Erfinder: **Johannes Reese**, Wiesbaden, und **Lambertus Pieter Edel**, Hoek van Holland, Holland), *Herstellung von γ-Ketopimelinsäureestern aus Furfuracrylsäure* (**I**). Man suspendiert z. B. 300 (Gewichtsteile) techn. **I** (SZ. 392) in 1800 Butanol, leitet unterhalb 5° u. unter kräftigem Rühren 6½ Std. HCl bis zur Sättigung ein u. fraktioniert die Lsg., wobei über 150°/5 mm 527 (84,7%) *γ-Ketopimelinsäuredibutylester*, $Kp._7$ 200—205°, erhalten werden. — *γ-Ketopimelinsäurediäthylester*, $Kp._{12}$ 171°. — Zwischenprodd. zur Herst. von Kunstharzen, Weichmachern u. dergleichen. (**D. B. P. 857 953** Kl. 12o vom 2/12. 1950, ausg. 4/12. 1952.)

MÜLLER-MEININGEN. H 870

Arthur Abbey, London, England, *α-Amino-β-oxybuttersäuren* entstehen beim Leiten von 2-Alkoxy-1-propanoldampf mit einem O_2-enthaltenden Gas über einen Ag-Kontakt bei 350—550°, Umsetzen des entstandenen α-Alkoxypropionaldehyds mit NH_4CN oder einem anderen ionisierbaren Cyanid + NH_3 u. Verseifen des entstandenen α-Amino-β-alkoxybutyronitrils mit starker Mineralsäure. — 2-Methoxy-1-propanol → α-Methoxypropionaldehyd → α-Amino-β-methoxybutyronitril ($Kp._{5-6}$ 94—98°) → *α-Amino-β-oxybuttersäure* (F. 226—227°); besteht aus etwa gleichen Mengen *dl-Threonin* + *dl-allo-Threonin*. — Entsteht analog auch aus 2-Isopropyloxy-, 2-Äthoxy- u. 2-Butyloxy-1-propanol. (**E. P. 667 786** vom 4/7. 1949, ausg. 5/3. 1951.) LANGER. H 950

Kymin Osakeyhtiö-Kymmene Aktiebolag, Kuusankoski, Finnland (Erfinder: **R. M. Örnhjelm**), *Herstellung von Alkaliphenolaten oder Alkalisalzen organischer Säuren*. Man verrührt eine Lsg. oder Suspension von Phenolen oder organ. Säuren in einem Lösungsm. mit einem alkal. Neutralisationsmittel. Dieses soll in solcher Verdünnung angewendet werden, daß die Reaktionsprodd. sich in der Fl. lösen, diese Lsg. aber in dem organ. Lösungsm. der Ausgangsstoffe unlösl. ist u. sich von diesem infolge des Dichteunterschiedes trennt u. erneut zur Lösung der Ausgangsstoffe verwendet werden kann. (**Schwed. P. 133 163** vom 21/10. 1947, ausg. 9/10. 1951.) JÜRGEN SCHMIDT. H 1060

Hercules Powder Co., übert. von: **Eugene J. Lorand** und **John E. Reese**, Wilmington, Del., V. St. A., *Oxydation alkylsubstituierter, aromatischer Verbindungen* der allg. Formel $R_2R_1CH·Ar$ zu Verbb. der allg. Formel $R_2R_1C(X)·Ar$ (R_1, R_2 = Alkyl, Ar =

Aryl oder Alkaryl, X = OH oder OOH) erfolgt mit O_2 oder O_2-haltigen Gasen in fl. Phase bei 20—95° in Ggw. von W. oder wss. Alkali (NaOH, Na_2CO_3, $NaHCO_3$, ca. 1—35%, vorzugsweise 2—8%) in An- oder Abwesenheit von Katalysatoren ($KMnO_4$, Mn- oder Co-Acetat, $FeSO_4$, Mn-Butylphthalat, -Linoleat, Aktivkohle). Man kann auch in Ggw. eines Emulgators arbeiten. — p-Cymol (n_D^{20} 1,4910) wird in W. in Ggw. von $KMnO_4$ mit Luft solange behandelt, bis n_D^{20} 1,5181 beträgt; nach dem Aufarbeiten der Ölschicht erhält man *α.α-Dimethyl-p-methylbenzylalkohol* u. *p-Methylacetophenon.* Aus der Alkalilauge kann eine Säure mit F. 103—105° gewonnen werden. — Diisopropylbenzol → *α.α.α'.α'-Tetramethyl-p-xyloldialkohol* u. *p-(α-Oxyisopropyl)-acetophenon.* — *α.α-Dimethylbenzylhydroperoxyd.* — *α.α.-Dimethyl-p-isopropylbenzolhydroperoxyd.* — *α.α.α'.α'-Tetramethyl-p-xylyldihydroperoxyd,* F. 147—152° (Zers.). (**A. P. 2 548 435** vom 1/8. 1946, ausg. 10/4. 1951.) KRAUSS. H 1070

Hercules Powder Co., übert. von: **George F. Hulse** und **Edwin J. Vandenberg**, Wilmington, Del., V. St. A., *Tertiäre Alkohole und aromatische Ketone* erhält man durch Zers. von α.α'.Dialkylarylmethylhydroperoxyden mit Verbb., die ein Standard Oxydations-Reduktions-Potential von nicht weniger als —1,0 V besitzen. Die tert. Alkohole bilden sich bevorzugt, wenn das Potential nicht weniger als —0,2 V beträgt u. die Ketone entstehen, wenn das Potential zwischen —1,0 u. —0,3 V liegt. Mischungen beider Verbb. entstehen, wenn das Potential zwischen —0,3 u. —0,2 V liegt. Die Reaktionstempp. müssen unterhalb der Zersetzungstemp. der Peroxyde liegen. Man erhält z. B. aus den Hydroperoxyden mit $Fe(OH)_2$ (Potential +0,56), Cr''-Verbb. (+0,41), Cu_2O (+0,15) oder $Co(OH)_2$ (—0,2), die entsprechenden tert. Alkohole, u. mit PbO (—0,3), CuCl (—0,566) oder Ag (—0,799) erhält man aromat. Ketone. — α.α'-Dimethylbenzylhydroxyperoxyd mit $SnCl_2 \cdot 2H_2O$ oder $CrCl_2$ behandelt, ergibt vollständige Umsetzung zu *α.α-Dimethylbenzylalkohol,* u. mit CuCl erhält man *Acetophenon.* — α.α.α'.α'-Tetramethyl-p-xylolhydroperoxyd ergibt mit $FeSO_4 \cdot 7H_2O$ *p-Acetylacetophenon,* F. 112,5—113,5°, weiße, weiche, geruchlose Kristalle. — α.α-Dimethyl-p-methylbenzylhydroperoxyd mit einer Ferrosulfatlsg. behandelt, ergibt *p-Methylacetophenon.* Vorteilhaft ist in inerter Atmosphäre zu arbeiten. Außer wss. Medium kommt auch ein organ. Medium polarer Natur (Essigsäure) in Betracht. Bevorzugte Reaktionstempp. zwischen 0 u. 100°, aber auch zwischen 0 u. —70° erfolgt die Reaktion. (**A. P. 2 557 968** vom 24/11. 1948, ausg. 26/6. 1951.) G. KÖNIG. H 1070

Sulphite Products Corp., übert. von: **Irwin A. Pearl**, Appleton, Wisc., V. St. A., *Herstellung von Vanillinsäure aus Ligninsubstanz* im Gemisch mit wss. NaOH durch Zusatz einer wss. Lsg. von $AgNO_3$ u. Ansäuern des alkal. Reaktionsgemisches mit SO_2. Das saure Reaktionsgemisch wird danach mit einem Lösungsm. für die Vanillinsäure extrahiert. (**Can. P. 476 928** vom 28/2. 1945, ausg. 11/9. 1951. A. Prior. 17/5. 1944.) M. F. MÜLLER. H 1250

M. Erlenbach und **A. Sieglitz**, Frankfurt/M.-Höchst (Erfinder: **G. Ehrhart**), *Herstellung von Acylaminoacetessigester.* Man behandelt Isonitrosoacetessigester in einer Lsg., die Kongorot blau färbt, mit einem Reduktionsmittel, wobei Aminoacetessigester erhalten wird, der sofort auf p_H ca. 3 eingestellt u. dann acyliert wird. Es wird die Herst. von *Phenacetylaminoacetessigester* beschrieben; *Semicarbazon,* F. 157—158°. (**Schwed. P. 134 023** vom 8/4. 1949, ausg. 27/12. 1951. D. Prior. 3/12. 1948.) JÜRGEN SCHMIDT. H 1270

Dow Chemical Co., übert. von: **Earl L. Pelton**, Midland, Mich., V. St. A., *2-(2-Cycloalkenyl)-cycloalkanole* erhält man durch Erhitzen eines Cycloalkanols mit einem Cycloalkanon auf 160—190° in Ggw. eines mindestens 55%ig. Alkalihydroxyds, dessen Kp. >160° liegt. — Aus Cyclohexanol u. Cyclohexanon erhält man mit 90%ig. KOH bei 170° nach 2½ Std. *2-(2'-Cyclohexenyl)-cyclohexanol,* $Kp._{20}$ 135—145°, $D.^{26}$ 0,985, das mit geschmolzenem KOH bei 360° Cyclohexanbuttersäure u. weniger 2-Cyclohexen-1-capronsäure liefert. — *2-(2'-Cyclopentenyl)-cyclopentanol.* — *2-(2'-Cyclohexenyl)-cyclopentanol.* — *2-(2'-Cyclopentenyl)-cyclohexanol.* — *2-(2'-Camphenyl)-cyclohexanol.* — *2-(2'-Fenchenyl)-cyclopentanol.* (**A. P. 2 576 078** vom 3/1. 1949, ausg. 20/11. 1951.) KRAUSS. H 1850

Röhm & Haas Co., übert. von: **Herman A. Bruson**, Philadelphia, Pa., V. St. A., *Herstellung von Äthern des Oxydihydronorpolycyclopentadiens,* welche an einem endständigen Ring eine Äthergruppe u. in dem gegenüberliegenden endständigen Ring eine olefin. Doppelbindung enthalten. — Eine Cyclopentadienverb., welche 2 Doppelbindungen u. 1—4 Endomethylenringe enthält, wird in Ggw. eines sauren Mittels kondensiert mit einer organ. Verb., welche mindestens eine alkoh. OH-Gruppe enthält. Reaktionstemp. 0—125°. (**Can. P. 477 906** vom 8/9. 1943, ausg. 16/10. 1951. A. Prior. 20/2. 1943.) M. F. MÜLLER. H 1850

International Standard Electric Corp., New York, übert. von: **Arthur J. Warner**, North Caldwell, N. J., V. St. A., *Chlorierte Indene* (I) erhält man durch Einw. von mindestens 1 (Mol) Cl_2 auf 1 Inden bei Tempp. $< 30^0$ unter Ausschluß von Licht in Ggw. eines die Kernchlorierung bevorzugenden Katalysators (II). Vorteilhaft ist die Anwendung eines inerten Lösungsmittels. Bevorzugte II sind: $FeCl_3$, J_2, $SbCl_3$. — 1.3.3-Trimethyl-1-phenylinden (III) löst man in CCl_4 u. gibt $SbCl_3$ hinzu. Man leitet Cl_2 ein u. hält die Temp. auf 15—25°. Eine fraktionierte Dest. ergibt als Hauptprod. das *Monochlorsubstitutionsprod. des* I, $Kp._{2-3}$ 156—166°, n_D^{20} 1,5742. Zur Einw. gelangten äquimol. Mengen Cl_2. — Läßt man 2 Mol. Cl_2 einwirken, erhält man *dichloriertes* I, n_D^{20} 1,5830, $D._{30}$ 1,169. — Mit 3 Mol. Cl_2 erhält man *trichloriertes* I, n_D^{20} 1,5912, $D._{21}$ 1,222. Das *tetrachlorierte* I besitzt n_D^{100} 1,5680, $D._{21}$ 1,292; das *Pentachlor*-I zeigt n_D^{100} 1,5739, $D._{21}$ 1,360; das *Hexachlor*-I besitzt n_D^{20} 1,6095, $D._{21}$ 1,428; das *Heptachlor*-I besitzt n_D^{20} 1,6150, $D._{21}$ 1,498; das *Oktachlor*-I besitzt n_D^{20} 1,6222, $D._{21}$ 1,570 u. das *Nonachlor*-I n_D^{20} 1,6278, D. 1,635. Die chlorierten I finden als Übertragungsmittel für Wärme oder für Druck Verwendung, ferner eignen sie sich als Plastifikatoren für bestimmte synthet. Harze, bes. für Celluloseester u. Polymerisationsprodd. von ungesätt. KW-stoffen, wie Polystyrol, Polyvinylchlorid, u. als Zusatzmittel für Hochtemperatur- oder Hochdruckschmiermittel. (**A. P. 2 552 607** vom 27/3. 1947, ausg. 15/5. 1951.) G. König. H 2650

Entreprise Albert Cochery (Erfinder: **Georges Benoist**), Frankreich, *Gewinnung von Naphthalin* (I) durch Kristallisation aus phenol. Ölen u. Mittelölen, welche bei der Teerdest. erhalten werden. Die Öle werden durch einen stehenden zylindr. Behälter mit Kühlmantel hindurchgeleitet u. dabei wird I in krist. Form abgeschieden. — Zeichnung. (**F. P. 986 898** vom 25/3. 1949, ausg. 6/8. 1951.) M. F. Müller. H 2700

Ciba Pharmaceutical Products, Inc., Summit, N. J., übert. von: **Frank O. Cockerille**, Greenwood, Va., V. St. A., *Einführen von Chlormethylgruppen in isocyclische oder heterocyclische Verbindungen* erfolgt durch Behandeln der aromat. Verbb. mit Paraformaldehyd (I), bes. in stöchiometr. Mengen, wss. HCl u. in Ggw. von katalyt. Mengen As_2O_3 oder $AsCl_3$, bei Tempp. $< 100^0$. Die Auskleidung der Reaktionswandungen soll frei von Metallen sein. Man gewinnt eine wss. u. eine ölige Phase. Die wss. Phase enthält HCl, CH_2O u. den Hauptteil des Katalysators. Bei Rk. von Naphthalin mit I besteht die ölige Phase aus *α-Chlormethylnaphthalin*, Kp. ca. 130°, F. ca. 33°, neben geringen Mengen *Dichlormethylnaphthalin* u. einem nichtflüchtigen Rückstand. Die wss. Phase wird in das Reaktionsgefäß zurückgeleitet. (**A. P. 2 541 408** vom 8/11. 1946, ausg. 13/2. 1951.) G. König. H 2700

Ciba Ltd., übert. von: **Fritz Oesterlein**, Basel, Schweiz, *4-Nitro-1-aminonaphthalin-5-sulfonsäure.* Aus 1-Aminonaphthalin-5-sulfonsäure u. HNO_3—H_2SO_4 bei $< -2^0$. (**A. P. 2 576 807** vom 30/1. 1950, ausg. 27/11. 1951. Schwz. Prior. 25/3. 1949.) Langer. H 2700

J. R. Geigy Akt.-Ges., übert. von: **Hans Bretscher**, Basel, Schweiz, *Oxynaphthalintetrasulfonsäure* bzw. deren esterähnliches Anhydrid der Formel I erhält man durch

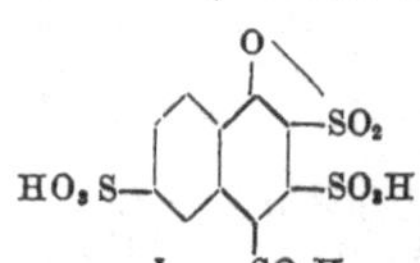

I

Sulfonieren von 1-Oxynaphthalin-3.6-disulfonsäure mit H_2SO_4 (30—66% freiem SO_3), bes. 40%ig. Oleum, bei 110—130°, bes. 120 bis 125°. I liefert bei der Chlorierung mit $SOCl_2$ bei 220—230° 1.2.3.4.6-Pentachlornaphthalin, F. 150—151°, das mit HNO_3 3.4.5.6-Tetrachlorphthalsäure gibt. Mit PCl_5 oder $POCl_3$ bildet I Chlor-1.2-naphthosultondisulfochlorid, F. 253—255°. Durch Säurehydrolyse entsteht wieder 1-Oxynaphthalin-3.6-disulfonsäure. Verwendung als Zwischenprod. für Farbstoffsynthesen. (**A. P. 2 578 967** vom 10/11. 1950, ausg. 18/12. 1951. Schwz. Prior. 2/12. 1949.) Krauss. H 2700

Badische Anilin- & Soda-Fabrik (Erfinder: **Otto Roser**), Ludwigshafen/Rh., *Alkylenoxyde* können in einfacher Weise u. mit guter Ausbeute dadurch erhalten werden, daß man α-Glykolkohlensäureester unter n. oder vermindertem Druck, bes. auf Tempp. zwischen 100 u. 200°, erhitzt. Man kann in Ggw. von Katalysatoren, wie Eisenoxyd, Silberoxyd, Nickeloxyd oder Metallsalzen, wie Silbercarbonat, oder oberflächenakt. Stoffen, wie Kieselgel oder Aktivkohle, arbeiten. Das Erhitzen kann in einem inerten Gasstrom erfolgen. — Das erhaltene Alkylenoxyd (I) kann durch Abtrennen vom CO_2 rein erhalten werden oder die erhaltenen I-CO_2-Gemische können unmittelbar, z. B. für Schädlingsbekämpfungszwecke, verwendet werden. — Durch Erhitzen von 100 (Gewichtsteilen) Äthylenglykolkohlensäureester in Ggw. von ca. 5 Silberoxyd auf ca. 100° erhält man 40 Äthylenoxyd. (**D. B. P. 845 937** Kl. 12o vom 2/4. 1939, ausg. 7/8. 1952.) Roick. H 3030

Celanese Ltd., London, England, *Katalytische Oxydation organischer Verbindungen in der Gasphase.* Durch eine Wirbelschicht eines Oxydationskatalysators (100 [Teile]

inakt. Al_2O_3, 10—70 Ag u. 0,1—2,0 CuO oder ZnO enthaltend) wird der zu oxydierende Stoff bei ca. 200—350° in Anwesenheit von ca. 8—20 Volumenteilen Luft durchgeleitet. Anwendung zur Herst. von *Äthylenoxyd* aus Äthylen. (**E. P. 657 165** vom 26/1. 1949, ausg. 12/9. 1951. A. Prior. 30/1. 1948.) Steil. H 3030

X. Färberei. Organische Farbstoffe.

W. R. Remington, *Prinzipien des Färbens der „Dacron"-Polyesterfaser.* Das Problem besteht in der Diffusion großer Farbstoffmoll. durch enge Poren zwischen den relativ unbeweglichen Polyesterketten, welches durch Träger, hohe Tempp. beim Färben oder Aufbau des endgültigen Farbstoffs erst in der Faser gelöst wird. (Amer. Dyestuff Reporter **41.** 859—60. 22/12. 1952. Wilmington, Del., E. I. du Pont de Nemours.) Zahn. 7002

—, *Neue Farbstoffe und Hilfsmittel.* Prodd. der Farbwerke Hoechst, Frankfurt/M.: *Anthrasolgrau IT* dient zum Färben von Baumwolle, Leinen, Viscose- u. Kupferreyon- bzw. -zellwolle nach dem Nitritverfahren. Die Licht-, Wasch-, Sodakoch-, Chlor- u. Superoxydechtheitseigg. sind sehr gut. — *Ramalanbrillantblau B* ist ein Säurefarbstoff einer neuen Farbstoffklasse, der sich durch ein gutes Neutralziehvermögen sowie durch gute Echtheitseigg. auszeichnet. Die neue Blaumarke ist für das Färben von loser Wolle, Kammzug, Web-, Wirk- u. Strickgarn geeignet. Ferner kann der Farbstoff im Direktdruck auf Wolle, Perlon, Naturseide sowie Acetatseide eingesetzt werden. — *Permanentrot F 4 R extra Pulver 1747* für die Druckfarbenindustrie u. für Lackfarbenerzeugnisse. Besitzt eine reinere Nuance, größere Deckkraft u. eine bessere Lösungsmittelechtheit als Permanentrot F 4 R extra Pulver ohne Zusatznummer. — *Nakoechtfarbstoffe.* Hierbei handelt es sich um ein Spezialsortiment von Küpenfarbstoffen, die für das Färben von hellen Tönen geeignet sind. — Prodd. der Farbenfabriken Bayer, Leverkusen: *Eulan FL* ist ein in heißem W. leicht lösl. Mottenschutzmittel, das in sauren u. neutralen Wollfärbebädern anwendbar ist. — *Eulan AWA hochkonz.* ist ein Mottenschutzmittel für die Nachbehandlung von Woll- u. Halbwollerzeugnissen, die im Gebrauch keiner wiederholten Naßwäsche unterworfen werden. — *Benzollichtscharlach 3 B.* Neuer substantiver Farbstoff mit recht guter Licht- u. Schweißechtheit. (Textil-Rdsch. [St. Gallen] **8.** 127—28. März 1953.) P. Eckert. 7018

Baldwin Steverlynck, *Verfahren zum Färben von Textilien in überhitzter Flotte.* Beschrieben wird eine Arbeitsweise zum Färben unter stat. Druck sowie die hierzu erforderliche Apparatur. Das Verf. gestattet nicht nur die Herabsetzung der Färbedauer, sondern es wird gleichzeitig eine Verbesserung der Egalisierung ermöglicht. Ferner lassen sich Fasern u. Mischgewebe ohne Anwendung von Spezialfarbstoffen färben. Weitere Vorteile des Verf., mehr techn. Natur, werden geschildert. (Textil-Praxis **8.** 59—62. Jan. 1953.) P. Eckert. 7020

J. Wegmann, *Zur Kenntnis der Nuancenänderungen beim Seifen von Küpenfärbungen.* (Vgl. C. **1952.** 4283.) Einleitend wird auf frühere Arbeiten über den Mechanismus der Farbumschläge beim Seifen von Küpenfärbungen eingegangen u. dann die Theorie der Küpenfärbungen sowie das dichroist. Verh. der Färbungen besprochen. In diesem Zusammenhang werden folgende Fragen erörtert: Farbe u. Dichroismus der Küpe, Dichroismus der oxydierten Färbung, Unterschiede im Dichroismus zwischen ungereifter u. gereifter Färbung, Beziehungen zwischen dem Farbstoff auf der Faser u. im Kristallsystem. An Hand einiger prakt. Beispiele u. Diagrammen werden die Farbumschläge in Lsg., die Veränderungen beim Verküpen u. Reoxydieren sowie die Erzielung der Farbumschläge auf der Faser mittels dipolarer Substanzen behandelt. Abschließend diskutiert Vf. eingehend die experimentellen Ergebnisse, wobei auch einige Echtheitseigg. der Färbungen Erwähnung finden. — 51 Literaturzitate. (Textil-Rdsch. [St. Gallen] **8.** 97—108. März. 157—65. April 1953. Basel, Wiss. Labor. des Farbendep. der Ciba AG.) P. Eckert. 7020

—, *Das kontinuierliche Färben von Nylongeweben.* Berichtet wird über erfolgreiche Verss., Nylongewebe (I) kontinuierlich zu färben, indem man mit gelösten sauren Farbstoffen mechan. imprägniert u. in den üblichen Küpenfärbeapparaten 15 Sek. dämpft u. kalt wäscht. Jeder Farbstoff spricht auf die Färbebedingungen verschied. an, so daß jeweils individuelle Rezepte ausgearbeitet werden müssen. Die chem. u. physikal. Vorgänge des Verf. werden diskutiert. In 13 Tabellen werden Farbausbeuten, Wasch- u. Lichtechtheiten, Einfl. von Säuren, wie H_2SO_4, HCOOH, Hilfsmitteln (Tannin, Phenol, Zimtsäure, Salicylsäure, Ameisensäure) u. Hitzebehandlung zusammengestellt. Färbungen im Betrieb wurden auf Farbstoffwanderung, bevorzugte Farbstoffaufnahme u. Kettstreifigkeit geprüft. Bzgl. des umfangreichen Versuchsmaterials wird auf das Original verwiesen. (Amer. Dyestuff Reporter **40.** P 14—29. 32. 8/1. 1951.) Zahn. 7020

Paul L. Meunier, *Färben der neuen synthetischen Fasern.* Diskussion über das Färben von *Orlon*-Fäden u. -stapel u. *Fiber V* als Fäden u. Stapel. (Amer. Dyestuff Reporter **40.** P 51—54. 22/1. 1951. E. I. du Pont de Nemours.) ZAHN. 7020

G. D. Fronmuller, *Einige veränderliche Faktoren beim Färben von Orlon.* Inhaltlich ident. mit der in C. **1953.** 722 referierten Arbeit. (Amer. Dyestuff Reporter **41.** P 578—80. 15/9. 1952.) P. ECKERT. 7020

R. D. Greene, A. F. Klein und **F. Fordemwalt,** *Untersuchungen über den Textildruck: Praktische Anwendungen der analytischen Methode.* In früheren Mitt. (vgl. FORDEMWALT u. WITSCHONKE, Amer. Dyestuff Reporter **39.** [1950.] 607 u. 621) wurde eine Meth. zur zahlenmäßigen Best. eines Küpendrucks beschrieben. Gemessen wird die Menge des beim Drucken aufgelagerten Farbstoffs, des Restfarbstoffs nach dem Altern, Oxydieren u. Seifen u. Farbwert des fertigen Druckes. Hieraus wird die prozentuale Fixierung, die Farb- u. Druckwirksamkeit berechnet. Prakt. Anwendung dieser Methode wird beschrieben. Verschied. Druckverdickungsmittel, Dämpfer u. Filmdruckmethoden wurden in ihrer Wirksamkeit zahlenmäßig miteinander verglichen. (Amer. Dyestuff Reporter **40.** P 127—30. 19/2. 1951. American Cyanamid, Calco Chemical Div.) ZAHN. 7022

American Cyanamid Co., New York, V. St. A., *Wässerige, gefärbte Öl-in-Wasser-Emulsion zum Drucken und Färben von Textilien.* Darin enthält die dispergierte, ölige Phase eine Lsg. eines in der Wärme härtbaren Harzes (Alkydharz, Aminoplast, Thermoplast, Kautschuk), das in W. unlösl., jedoch in organ. Lösungsmitteln lösl. ist u., auf Harztrockensubstanz bezogen, wenigstens noch 2% eines linearen, polymeren Abkömmlings eines Monomeren mit wenigstens einer $CH_2{=}CH$-Gruppe. Außerdem enthält die Emulsion noch gleiche Teile Methylcellulose u. Farbstoff oder Pigment. (**Schwz. P. 283 404** vom 3/7. 1947, ausg. 16/9. 1952. A. Prior. 10/5. 1943.) NEBELSIEK. 7007

Farbenfabriken Bayer (Erfinder: **Karl Hintzmann** und **Wilhelm Choist**), Leverkusen, *Verbesserung der Echtheit von Färbungen* mit Acetatkunstseide (**I**)-Farbstoffen auf Kunstseide aus Celluloseestern. Man behandelt die Färbungen in Bädern, die bis ca. 15 g/Liter harzbildende N-haltige Verbb. enthalten. Z. B. wird eine Färbung aus 0,4% 1.4-Di-(methylamino)-anthrachinon auf **I**-Satin mit 6 g eines in Ggw. von Triäthanolamin aus 1 (Mol) Melamin u. 4 CH_2O hergestellten Vorkondensationsprod. u. 0,1 g/Liter Glykolsäure 10 Min. bei 30° behandelt, abgequetscht u. nach einer Vertrocknung bei 70° 5 Min. bei 130° nacherhitzt. Die Färbung ist abgasecht. (**D. B. P. 865 298** Kl. 8m vom 28/3. 1944, ausg. 2/2. 1953.) v. SCHILLER. 7021

Deutsche Hydrierwerke Akt.-Ges., Düsseldorf (Erfinder: **Ernst Götte,** Dessau), *Bedrucken von Kunstseide.* Man verwendet Druckpasten, welche neben Pigmenten in Verbindung mit anion- u. kationakt. Emulgatoren Kunstharze umfassen, welche aus bas. Gruppen mit Säuren gebildete Salzgruppen enthalten u. durch Kondensation von Dicyandiamid, einem wasserlösl. Dicyandiamidinsalz u. einer Oxoverb. gebildet sind, u. die erhaltenen Drucke anschließend unlösl. machen. (**D. R. P. 761 694** Kl. 8n vom 18/8. 1939, ausg. 26/1. 1953.) v. SCHILLER. 7023

Otto Dörendahl, Berlin, *Veredlung von Fellen.* Man unterwirft die Haarseiten der Felle im luftverd. Raum der Einw. von zur Verdampfung gebrachten festen anorgan. Stoffen, z. B. Metalle oder Metalloide, u. färbt sie dadurch an. Die Behandlung kann in Ggw. von hygroskop. Stoffen erfolgen. (**D. B. P. 865 592** Kl. 8m vom 2/7. 1949, ausg. 2/2. 1953 u. **Schwz. P. 282 705** vom 15/5. 1952, ausg. 16/11. 1952.) v. SCHILLER. 7025

Farbenfabriken Bayer (Erfinder: **Werner Schleifenbaum**), Leverkusen, *Wasserunlöslicher Monoazofarbstoff.* Die Diazoverb. des 1-Amino-2-methoxy-5-sulfonsäure-4'-nitrophenylesters wird in kongosaurer Lsg. in Ggw. einer oberflächenakt. Verb. mit 1-(2'.3'-Oxynaphthoylamino)-2-methylbenzol gekuppelt. Rotes, in A., Bzl., Ölen u. Lacken lösl. Pigment, das sich zur Färbung von Kunststoffen, Öl-, Nitro- u. Kunstharzlacken mit guter Überspritzechtheit eignet. (**D. B. P. 848 149** Kl. 22a vom 24/8. 1950, ausg. 11/9. 1952.) KALIX. 7053

XIa. Farben. Anstriche. Lacke. Naturharze.

—, *Lecithin in der Industrie der Anstrich- und Druckfarben und verwandter Stoffe.* Sojalecithin dient in Anstrichstoffen als Emulgator, Schutzkoll., Schwebemittel, Antioxydans. (Peintures, Pigments, Vernis **28.** 849—52. Dez. 1952.) SCHEIFELE. 7096

Henry F. Payne, *Mischpolymere in Lacküberzügen.* 1. Mitt. *Einführung.* Überblick über die in einem Symposium über Mischpolymere in Lacküberzügen behandelten Polymerisattypen: styrolisierte Öle u. Alkyde, Polyvinylchloridacetate mit freien OH- sowie COOH-Gruppen usw. (Off. Digest Federat. Paint Varnish Product. Clubs **332.** 603—05. Sept. 1952. New York, N. Y., American Cyanamid Co.) SCHEIFELE. 7096

John W. McNabb, *Mischpolymere in Lacküberzügen.* 2. Mitt. *Definition und Theorie der Mischpolymerisation.* (1. vgl. vorst. Ref.) Ein Mischpolymeres kann aus zwei oder mehreren Monomeren durch Additionspolymerisation entstehen, wobei Aktivierung, Ketten-Rk. u. Kettenabbruch eine Rolle spielen. Die Reaktionsfähigkeit der Monomeren ist bedingt durch ster. Effekte, Resonanzstabilität u. Polarität der Doppelbindungen. — 13 Literaturzitate. (Off. Digest Federat. Paint Varnish Product. Clubs **332.** 605—11. Sept. 1952. Brooklyn, N. Y.) SCHEIFELE. 7096

John H. Daniel jr., *Mischpolymere in Lacküberzügen.* 3. Mitt. *Copolymerisierte Öle und Harze.* (2. vgl. vorst. Ref.) Behandelt werden: Darst., Eigg., Bewitterungsbeständigkeit, Lösungsmittelbeständigkeit u. Anwendung styrolisierter Öle u. Alkyde. — 14 Literaturzitate. (Off. Digest Federat. Paint Varnish Product. Clubs **332.** 611—20. Sept. 1952. Stamford, Conn., American Cyanamid Co.) SCHEIFELE. 7096

Charles H. Parker, *Mischpolymere in Lacküberzügen.* 4. Mitt. *Styrolpolymere und Copolymere in Emulsionsfarben.* (3. vgl. vorst. Ref.) Beschrieben werden 3 Typen von synthet. Latices: nichtplastifiziertes Polystyrol (*Lustrex 601–40*), vorplastifiziertes Polystyrol (*Lustrex 620*), Styrol–Butadien–Copolymerisat (*Latex 521 K, Latex 726 K, Chemigum 101 AX*) sowie deren Verarbeitung auf Emulsionsfarben unter Anwendung von Entschäumungsmitteln, Verdickungsmitteln, Weichmachern, Konservierungsmitteln. (Off. Digest Federat. Paint Varnish Product. Clubs **332.** 620—25. Sept. 1952. Springfield, Mass., Monsanto Chemical Co., Plastics Div.) SCHEIFELE. 7096

R. A. Calsibet, *Mischpolymere in Lacküberzügen.* 5. Mitt. *Vinylcopolymere.* Vinylcopolymere vereinigen in sich die günstigen Eigg. der einzelnen Komponenten, Polyvinylchloridacetate besitzen die chem. Resistenz des Polyvinylchlorids u. zugleich die gute Löslichkeit des Polyvinylacetats. Weitere Vinylcopolymere sind Polyvinylchlorid–Vinylidenchlorid, Propylacrylnitril–Vinylidenchlorid u. Polyvinylchloridacetate mit reakt. COOH- u. OH-Gruppen. Polyvinylchloridacetat–Maleinsäureharz (*VMCH*) (**I**) gibt infolge geringen COOH-Geh. haftfeste Metallüberzüge, hat eine gewisse Reaktionsfähigkeit mit anderen Harzen u. bas. Pigmenten u. ist in bestimmtem Grad härtbar. Polyvinylchlorid–Alkoholharz (*VAGH*) (**II**) hat infolge geringen OH-Geh. gute Verträglichkeit mit anderen Harzen, günstige Haftfestigkeit u. erhöhte Reißfestigkeit. Mischpolymere in Lacken erfordern 10—20% Weichmacher u. sorgfältiges Anreiben mit Pigmenten. Zn- u. Fe-Pigmente sind vorsichtig zu dosieren. Vinylcopolymere ohne polare Gruppen müssen zwecks guter Haftfähigkeit auf glatten Untergründen bei 175—190° (als Grundierung) eingebrannt werden unter Zugabe von Stabilisatoren (Bleiweiß, Epoxyde), welche die frei werdende HCl aufnehmen. Decküberzüge können bei 120 bis 150° getrocknet werden. Für lufttrocknende Überzüge auf Metall, Glas usw. dient **I**, in Mengen von 50% u. höher in Mischung mit nichtreakt. Vinylpolymeren. **I** ist mit bas. Pigmenten nicht verträglich u. der angewandte Verdünner enthält zweckmäßig Propylenoxyd. **II** zeigt gute Haftfähigkeit u. Reaktionsfähigkeit mit anderen Komponenten. Lufttrocknende Überzüge von hoher Korrosionsfestigkeit ergeben Vinylbutyral–Wash primer u. **II**-Deckanstriche. (Off. Digest Federat. Paint Varnish Product. Clubs **332.** 625—32. Sept. 1952. New York, N. Y., Bakelite Co.) SCHEIFELE. 7096

Edilio Cattaneo, *Leinölfirnis.* Behandelt werden: Eigg. u. Prüfung auf Trockenfähigkeit, Harz- u. Mineralölverschnitt von gekochtem u. sikkativiertem Leinöl (Leinölfirnis). (Pitture e Vernici **8.** Nr. 10. 531—34. Okt. 1952.) SCHEIFELE. 7106

L. Benedetti, *Die Lackierung elektrischer Haushaltsgeräte mit weißen Einbrennlacken.* Behandelt werden: Entfettung, Reinigung u. Lackierung von Heißwasserboilern u. Kühlschränken. (Pitture e Vernici **8.** Nr. 10. 545—47. Okt. 1952.) SCHEIFELE. 7106

B. Berruto, *Die Lackierung von Weißblech.* Behandelt werden: Anforderungen, Verarbeitung, Prüfung der Weißblechlacke auf Viscosität, Trockengeh., Lösungsm., Filmgeschmeidigkeit, Farbe, Härte, Abriebfestigkeit, Eigg. von Innen- u. Außenlacken für Weißblech u. deren Erzeugung. (Pitture e Vernici **8.** Nr. 10. 525—29. Okt. 1952. Milano, I. V. I.) SCHEIFELE. 7106

Erich Hezel, *Bestimmung der Bromzahl von Terpentinölen.* Inhaltlich ident. mit C. **1952.** 6136. (Verfkroniek **25.** 302—04. Nov. 1952.) WESLY. 7156

N. Montorfano, *Das Härtependel.* Beschreibung (Abb.) u. Anwendung der Pendelhärteprüfer von PERSOZ u. von SWARD. (Pitture e Vernici **8.** Nr. 10. 539—42. Okt. 1952.) SCHEIFELE. 7158

Orr's Zinc White Ltd., England (Erfinder: **Herbert Mills** und **Harold Ford**), *Herstellung eines Mischpigmentes*, bestehend aus $CaSO_4$ u. ZnS durch Fällen einer $ZnSO_4$-Lsg. mit einer Lsg. von $Ca(SH)_2$ u. Calcinieren des Niederschlages. Um ein Prod. zu erzielen, das sich im Anstrich nicht verfärbt, muß jede Spur von CaS aus dem Pigment entfernt werden. Dies wird dadurch erreicht, daß man 1. dem Prod. beim Calcinieren so viel Luft zuführt, daß zwar CaS oxydiert wird, jedoch möglichst wenig ZnO entsteht; 2. dem mit W. angeteigten Calcinationsprod. H_2SO_4 oder eine andere Mineralsäure bis zur sauren Rk. gegen Methylorange zusetzt. Die weitere Behandlung erfolgt wie üblich durch Waschen, Trocknen, Mahlen. (**F. P. 997 638** vom 15/10. 1949, ausg. 8/1. 1952. E. Priorr. 21/10. 1948 u. 5/9. 1949.) HEYNE. 7093

National Lead Co., New York (Erfinder: **Leonard Martin Kebrich**, Brooklyn), N. Y., V. St. A., *Herstellung von normalem Bleisalicylat.* Man stellt eine wss. PbO-Suspension her u. gibt unter Rühren Salicylsäure trocken oder aufgeschlämmt zu, bis der p_H-Wert der Suspension auf $<4,8$, bes. auf 4,4, gesunken ist. Verwendung als *Pigment.* (**D. B. P. 874 915** Kl. 12q vom 31/3. 1951, ausg. 27/4. 1953. A. Prior. 20/10. 1942.) FABEL. 7093

N. V. Philips' Gloeilampenfabrieken, Holland, *Anbringen eines dünnen zusammenhängenden Überzugs auf die innere nicht glatte Oberfläche eines Hohlkörpers*, wie er für die Herst. von Glühbirnen, BRAUNschen Röhren oder dgl. gebräuchlich ist. Der Hohlkörper wird mit einer Fl. wie W. etwa zur Hälfte gefüllt u. diese mit der den Überzug bildenden Lsg., z. B. einer Lsg. von Nitrocellulose in Butylacetat, gegebenenfalls in Mischung mit Xylol, überschichtet. Nach dem Verschließen des Hohlkörpers wird dieser auf den Kopf gestellt u. der an den nun von Fl. freien Wandteilen gebildete Überzug mit Hilfe von durch den Verschluß hindurchgeführten Zu- u. Abführungsrohren getrocknet. Gegebenenfalls kann man der Nitrocellulose fluorescierende Stoffe zusetzen. Auf diesen ganz glatten Überzügen ist leicht ein Metallspiegel oder ein besonderer fluorescierende Stoffe enthaltender Überzug aufzubringen. (**F. P. 973 348** vom 25/6. 1948, ausg. 9/2. 1951. Holl. Prior. 27/6. 1947.) GRÄGER. 7107

E. I. du Pont de Nemours & Co., Wilmington, Del., übert. von: **Christian C. Jassen**, Perth Amboy, N. J., V. St. A., *Bindemittel für Farben zum Auftragen auf Glas*, bestehend aus 60—85 (%) Wachs vom F. zwischen 120—212°, 3—10 Äthylcellulose, 5—25 Harz oder Harzderivv. u. 5—10 Dispersionsmittel, z. B. Lecithin. (**A. P. 2 607 701** vom 21/3. 1949, ausg. 19/8. 1952.) NEBELSIEK. 7107

E. I. du Pont de Nemours & Co., Wilmington, Del., übert. von: **Christian C. Jassen** Perth Amboy, N. J., V. St. A., *Bindemittel für Farben zum Auftragen auf Glas*, bestehend aus 30—60 (%) Stearinsäure, 15—40 hydriertem Harz, 10—30 Harzderivv., 0,1—10 Äthylcellulose u. 2—7 Dispersionsmittel, z. B. Lecithin. (**A. P. 2 607 702** vom 13/11. 1951, ausg. 19/8. 1952.) NEBELSIEK. 7107

Gulf Research & Development Co., übert. von: **Robert J. Capell**, Pittsburgh, Pa., V. St. A., *Herstellung von Wachsmischungen* für z. B. Packpapier, wasserdichte Überzüge, Schutzüberzüge für Nahrungsmittel, elektr. Isolierungen. Man fügt zu einer Bentonitverb., z. B. Dimethyldicetylammoniumbentonit, ca. 0,01—40 Gewichts-% einer aliphat., organ. Base mit wenigstens 10 C-Atomen, die in Wachs dispergiert ist, z. B. Paraffinwachs, u. läßt diese Mischung eine erhitzte Kolloidmühle passieren. (**A. P. 2 559 398** vom 16/12. 1948, ausg. 3/7. 1951.) NEBELSIEK. 7107

K. L. M. Nielsen, Charlottenlund, Dänemark, *Herstellung von mehrfarbigen Flächen* z. B. *Wänden, Tapeten* oder *Dekorationsgegenständen.* Man verwendet eine fl. Farbe, in die kleine feste Teilchen eingerührt sind, z. B. Sägespäne. Diese feinen Teile sollen eine andere Farbe als die Grundfarbe aufweisen u. diese beim Vermischen beibehalten. Z. B. färbt man die Teilchen mit spirituslösl. Anilinfarben u. verwendet als Grundfarbe eine Leimfarbe. Man kann auch verschied. gefärbte Teilchen in die gleiche Grundfarbe einrühren. Man erhält dann bes. mehrfarbige Reliefmuster. (**Schwed. P. 132 557** vom 3/5. 1946, ausg. 31/7. 1951.) JÜRGEN SCHMIDT. 7107

Visco Products Co., Houston, übert. von: **Willard H. Kirkpatrick**, Sugar Land, Tex. und **Doyne L. Wilson**, Bellflower, Calif., V. St. A., *Chemische Trocknung von Oberflächen.* Man benutzt hydrophobe organ. Lösungsmittel mit einem Geh. an öllösl. Aminsalzen polymerer Diolefine, die mit einer alkylierten polycycl. Sulfonsäure kondensiert sind. (**A. P. 2 568 737** vom 13/3. 1947, ausg. 25/9. 1951.) LÜTTGEN. 7107

Celanese Corp. of America, New York, N. Y., V. St. A., *Lacke, Filme und Fäden aus Cellulosepropionat.* Lösungsm. ist ein Gemisch aus Toluol (Xylol) u. 10—50% Propyl-, Isopropyl-, Butyl- oder Amylacetat; es bildet sich ein Cellulosepropionatgel, das wasserfeste, dicke u. zähe Überzüge (z. B. durch Tauchen) auf gegebenenfalls mit Nitrocellulose grundiertem Holz oder Metall liefert. (**E. P. 661 639** vom 19/10. 1949, ausg. 21/11. 1951. A. Prior. 19/10. 1948.) SALZMANN. 7107

Dr. Alexander Wacker, Ges. für elektrochemische Industrie G. m. b. H. (Erfinder: **Alfred Arnold** und **Ernst Schmidt**, München), *Herstellung von Überzügen auf zinkhaltigen Gegenständen*, dad. gek., daß diese vor dem Aufbringen des Polyvinylchlorids mit einem Zn-freien Überzug versehen, z. B. verchromt oder verkupfert werden. (**D. B. P. 869 166** Kl. 75c vom **14/3.** 1951, ausg. 2/3. 1953. **Zusatz zu D. B. P. 833 611; C. 1952. 7897.**) LAASS. 7107

Badische Anilin- & Soda-Fabrik, Ludwigshafen (Erfinder: **Leo Kollek** und **Fritz Mayer**, Ludwigshafen, und **Karl Craemer**, Heidelberg), *Mehrschichtige Überzüge oder Imprägnierungen* unter Verwendung einer weichmacherhaltigen Grundschicht erhält man dadurch, daß man zwischen der Grundschicht u. der Deckschicht eine Schicht aus Polyamiden oder Polyurethanen anbringt. Das Verf. eignet sich für mit Polyvinylacetat oder -chlorid (I) überzogene Gewebe, für mit I-Folien kaschierte Celluloidtafeln oder Verbandmaterial aus I-Folie u. einer Klebemasse aus Kautschuk, Polyisobutylen, Mineralöl, Harz u. ZnO. (**D. B. P. 862 506** Kl. 39b vom 5/6. 1941, ausg. 12/1. 1953.) SALZMANN. 7107

Siegfried Rühle, Radebeul, *Druckfirnis für schwach- oder nichtsaugende Untergründe* wird durch Lösen eines Polybutadiens mit mittlerem Polymerisationsgrad in geblasenem Leinöl bei erhöhter Temp. u. Verreiben des erhaltenen Firnis mit Trocken-, Farb- u. Füllstoffen hergestellt. — Herst. eines gut trocknenden Druckfirnis für Blech- oder Cellulosehydratfolien durch langsames Eintragen von 40 (Teilen) eines mit Na hergestellten *Polybutadiens* (Eigenviscosität $k = 32 \cdot 10^{-3}$) in 60 geblasenes *Leinöl* (Viscosität 50 cP/50°) bei einer Temp. zwischen 100 u. 110° u. Mischen des erhaltenen Firnis mit Trocken-, Farb- u. Füllstoffen. (**D.P. [DDR] 124** Kl. 151 vom 16/8. 1950, ausg. 17/12. 1951 [Wirtschaftspatent].) ASMUS. 7107

Hercules Powder Co., Wilmington, übert. von: **Arthur Edwin Drake**, Hockessin, Del., V. St. A., *Oxydation der Alkalisalze der Dehydroabietinsäure*, Die Oxydation wird in einer wss. Lsg. des Na-Salzes der Dehydroabietinsäure in Ggw. von $K_2S_2O_8$ — 0,05 bis 9%, bezogen auf das dehydroabietinsaure Na — u. Luft vorgenommen. Es entsteht dabei *9-Ketodehydroabietinsäure.* (**Can. P. 477 461** vom 15/7. 1946, ausg. 2/10. 1951. A. Prior. 2/2. 1946.) SCHÖNAUER. 7149

XIb. Plaste (Kunstharze. Plastische Massen).

—, *Bearbeitung von Plexiglas. Schutz der Plexiglasflächen.* Allg. Ausführungen. (Matières plast. Résines synthét. **7.** Nr. 58. 15—18. Mai/Juni 1952.) SCHEIFELE. 7172

Junji Furukawa und **Teruko Kimura**, *Hitzebeständigkeit von Polyvinylchloridharzen.* Es wird die Abspaltung von HCl aus *Polyvinylchloridharzen* verschied. Sorten bei 150 bis 200° unter verschied. Bedingungen (in H_2, Luft, N_2, O_2) untersucht u. der Einfl. von 11 verschied. Zusätzen auf die Reaktionsgeschwindigkeit festgestellt. Folgende Substanzen beschleunigen die Zers. (in der Reihenfolge): Pb-Stearat, Benzoylperoxyd, Mercaptobenzothiazol, Phenyl-β-naphthylamin. Hemmung erfolgt in zunehmendem Maße bei β-Naphthylmercaptan, Triphenylmethylchlorid, Triphenylmethan, Tetramethylthiuramdisulfid, Hydrochinon u. Xylylmercaptan. Ein Erklärungsvers. unter der Annahme des Auftretens von Radikalen wird erörtert. (J. chem. Soc. Japan, ind. Chem. Sect. [Kōgyō Kagaku Zassi] **55.** 133—34. Febr. 1952. Kyoto, Univ. [Orig.: japan.]) SCHULER. 7172

Badische Anilin- & Soda-Fabrik, Ludwigshafen/Rh., *Umsetzung von Säurehalogeniden mit Hydroxyl- oder Sulfhydrylgruppen enthaltenden Verbindungen*, dad. gek., daß man in Ggw. von großoberflächigen Stoffen bei so niedriger Temp. arbeitet, daß prakt. keine Rk. zwischen dem gebildeten Halogenwasserstoff u. den Hydroxyl- oder Sulfhydrylverbb. erfolgt. Bei Anwendung von $COCl_2$ u. $SOCl_2$ arbeitet man vorzugsweise bei —20 bis —70°, das ist unterhalb des Kp. der Reaktionsmischung. — Aus $COCl_2$ u. Nonylalkohol in Ggw. von akt. Kohle erhält man unterhalb —20° *Chlorkohlensäurenonylester.* Dieser Ester ergibt mit Phenol *Kohlensäurenonylphenylester*, viscoses Öl, *Weichmacher für Kunststoffe.* — Benzoylchlorid u. Dodecylalkohol ergeben *Benzoesäuredodecylester.* — Isoheptylalkohol u. $SOCl_2$ geben *Isoheptylschwefligsäureesterchlorid.* (**D. B. P. 857 806** Kl. 12o vom 22/5. 1943, ausg. 1/12. 1952.) G. KÖNIG. 7171

Celanese Corp. of America, New York, N. Y., V. St. A., *Emulsionspolymerisation von Vinylmethylketon.* Das Keton wird in Ggw. einer wss. Polyvinylalkohollsg. u. $K_2S_2O_8$ zu 50% polymerisiert u. nach Zugabe einer etwa gleich großen Menge zu einer 40%ig. Emulsion des Ketons fertigpolymerisiert. Verwendung als Klebmittel, Imprägniermittel, Schlichte u. Farbbindemittel. (**E. P. 678 989** vom 29/6. 1950, ausg. 10/9. 1952. A. Prior. 1/7. 1949.) SALZMANN. 7173

Badische Anilin- & Soda-Fabrik, Ludwigshafen/Rh. (Erfinder: **Wilhelm Klein**, Marl, und **Wilhelm Scriba**, Frankfurt/M.), *Kontinuierliches Trocknen von chloriertem*

Polyvinylchlorid in Flockenform, dad. gek., daß die Flocken durch Mahlen auf einem Holländer u. anschließendes Verfilzen auf einer Papiermaschine zu einem Band geformt werden, das kontinuierlich durch einen Trockner geleitet wird. (**D. B. P. 862 954** Kl. 39b vom 25/5. 1943, ausg. 15/1. 1953.) SALZMANN. 7173

A. Dawant, Saint-Ouen, und **Kurt Elias**, Paris, Frankreich, *Verarbeitung von hochmolekularen Polyvinylacetaten* (I) zu Klebmitteln, Überzügen auf Papier, Gewebe, Filz u. dgl., darin bestehend, daß man eine Mischung von I, Kolophonium u. Tetrachlornaphthalin durch Schmelzen bei 140° in den fl. Zustand überführt. (**E. P. 665 758** vom 31/3. 1949, ausg. 30/1. 1952.) SALZMANN. 7173

Le Page's, Inc., Gloucester, übert. von: **Walter G. Kunze** und **Raymond Bertram Evans**, Catonsville, Md., V. St. A., *Polyvinylacetatemulsion* (I) *für Überzüge und Klebzwecke*, bestehend aus einer 0,5—25% Bentonit, gegebenenfalls Weichmacher u. Verdickungsmittel (Polyvinylalkohol, Carboxymethylcellulose) enthaltenden 40—60%ig. wss. I-Emulsion, die zum Verkleben bzw. Aufkleben von Papier, Imprägnieren von Geweben, Herst. von Druckpasten, Folien u. Anstrichmitteln dient. (**A. P. 2 580 230** vom 24/3. 1950, ausg. 25/12. 1951.) SALZMANN. 7173

Generale Aniline & Film Corp., New York, N. Y., übert. von: **Donald E. Sargent**, Easton, Pa., V. St. A., *Polyvinylalkoholgele*, bes. auch zur Herst. von photograph. Silberhaloidemulsionen, erhält man durch den Zusatz von 1—5% Benzidin- oder 4.4'-Diaminostilben-2.2'-disulfon- oder -dicarbonsäure, in der die NH_2-Gruppen Benzoyl- oder Carbamylreste tragen. Solche Verbb. sind z. B. 4.4'-Dibenzamido- (bzw. -p-Aminobenzamido-, -p-Chlorbenzamido-, -2.5-Dimethoxybenzamido-, -Phenylureido-, -p-Methoxyphenylureido- u. dgl.) -diphenyl-2.2'-disulfonsäure. Das gefällte u. gewaschene Gel kann wieder geschmolzen werden. (**A. P. 2 580 362** vom 22/1. 1949, ausg. 25/12. 1951.) SALZMANN. 7173

Distillers Co. Ltd., Edinburgh, und **Henry Malcolm Hutchinson**, Epsom, England, *Aufarbeiten von wässerigen Emulsionspolymerisaten.* Aus dem Polymerisationsansatz von z. B. *Polystyrol* werden die Monomeren abdest., das Polymerisat (I) mit HCl ausgefällt u. die wss. Dispersion 5 Min. bei 110° u. 0,5 at erwärmt. Die Mischung wird zentrifugiert u. gibt einen I-Kuchen mit 30% Wasser. (**E. P. 674 064** vom 23/4. 1949, ausg. 18/6. 1952.) SALZMANN. 7173

Standard Oil Development Co., Del., übert. von: **William J. Sparks**, Cranford, und **Paul E. Hardy**, Elizabeth, N. J., V. St. A., *Zähes Styrol-Isobutylen-Mischpolymerisat* (1 : 1), gek. durch einen Geh. an 2—10% mikrokristallinem Paraffin (F. 65,5°). Filme daraus dienen als feuchtigkeitsdichtes Verpackungsmaterial. (**A. P. 2 580 050** vom 29/12. 1944, ausg. 25/12. 1951.) SALZMANN. 7173

Westinghouse Electric Corp., übert. von: **Herbert F. Minter**, und **Milton M. Leven**, Pittsburgh, Pa., V. St. A., *Polymerisieren von großen Kunstharzkörpern* aus Polyestern u. olefin. Verbb., die für photoelast. Studien dienen. Ein Alkydharz aus z. B. 23,3 (Mol) Diäthylenglykol, 7,125 Sebacinsäure u. 15,9 Maleinsäure wird in Styrol (oder anderen monomeren Vinylverbb.) gelöst, mit 0,1—2% eines Peroxydkatalysators versetzt, in eine runde Form aus Glas, Polyäthylen bzw. Polytetrafluoräthylen gebracht u. mit 1.5-Pentandiol abgedeckt. Die Form steht in einem Wasser- oder Ölbad, in das eine Heizspirale u. Kühlschlange eingebaut ist. Das Ganze ist von Licht u. Außentemp. abgeschlossen. Das Harz wird auf 5—18° je nach dem Formdurchmesser gekühlt, nach 4 Tagen zunächst ganz langsam auf 40°, dann weiter pro Std. um 3/4° auf 120—150° erhitzt. Bei dieser Temp. wird das Harz in 4—1 Tag auspolymerisiert. (**A. P. 2 579 596** vom 14/7. 1948, ausg. 25/12. 1951.) SALZMANN. 7173

National Aluminate Corp., übert. von: **David G. Braithwaite** und **Joseph S. D'Amico**, Chicago, Ill., V. St. A., *Phenol-Aldehyd-Amin-Anionenaustauscherharz*, das durch Rk. eines Polyalkylenpolyamins mit CH_2O in wss. Medium, Zugabe von Phenol u. Säure zur p_H-Regulierung unter Einhaltung bestimmter Temp. gewonnen wird. Dabei sollen 0,7—1,7 Mol bas. N-Atome auf 1,5 Mol CH_2O u. 1 Mol Phenol kommen. Es werden Tetraäthylenpentamin (I), Äthylendiamin mit CH_2O oder Furfural an Stelle von CH_2O mit I umgesetzt u. anschließend mit Phenol weiterverarbeitet. (**A. P. 2 582 098** vom 11/10. 1947, ausg. 8/1. 1952.) REICHELT. 7177

Imperial Chemical Industries Ltd., England (Erfinder: **Roy Hammond**), *Herstellung und Polymerisation ungesättigter Diester* der Formel $CH_2:CX\cdot COO\cdot(R\cdot COO)_n\cdot Z\cdot(OOCR')_{n-n'}\cdot OOC\cdot CX':CH_2$ (X u. X' = H, Halogen oder KW-stoffreste; R u. R' = 2wertige KW-stoffreste mit 1—2 C-Atomen; Z = 2wertiger organ. Rest, n = ganze Zahl, $n' \leq n$). Man erhält sie durch Rk. von Acryl-, Methacryl- oder α-substituierter Acrylsäure, deren Chloriden, Anhydriden oder Estern mit einem Ester aus einem oder mehreren 2wertigen Alkoholen u. einer oder mehreren Oxysäuren, wie Glykol-, Milch-, Hydracrylsäure, zweckmäßig in Ggw. eines Polymerisationsverzögerers, wie Hydrochinon oder dessen Disulfonsäure. Man erhitzt z. B. 125,6 (Gewichtsteile) Äthylenglykol u. 304 Glykolsäure im emaillierten Gefäß auf 200°, bis 73,6 W. abdest. sind, gibt 350 Trichloräthylen, 360 Methacrylsäure (die 16 W. enthält) u. 20 Hydrochinondisulfonsäure (das 2 W. enthält) zu, heizt unter Luftdurchleiten am Rückfluß, bis 90 W. abdest. sind, mischt 25 wasserfreies Na_2CO_3 zu, filtriert nach ½ Std., gibt 0,15 Hydrochinon zu dem Filtrat, dest. Trichloräthylen bei bis höchstens 80° ab u. erhält das *Äthylendiglykoldimethacrylat* als viscose Fl.; weiter ist die Herst. von Diäthylendilactyldimethylacrylat mit Diäthylenglykol als Ausgangsglykol, von Äthylendilactyldimethacrylat u. einer Mischung von niedrigmol. Estern des Methacryläthylenlactates beschrieben. Die erhaltenen Ester können in bekannter Weise allein oder mit anderen polymerisierbaren Stoffen (Vinylverbb., Styrol, Acryl-, Methacrylestern, Maleinsäure, Estern von Malein- oder Fumarsäure mit 2wertigen Alkoholen) polymerisiert werden. Man erhält harte Polymere, die sich zum Überziehen von Faserstoffen, wie fettfreier Glaswolle, u. zur Herst. von Schichtstoffen eignen. Die Polymerisation erfolgt auch in Ggw. von Luft oder Kautschuk ausreichend schnell. (**F. P. 990 722** vom 18/8. 1947, ausg. 25/9. 1951. E. Prior. 1/7. 1946.) PANKOW. 7177

Interchemical Corp., übert. von: **Joseph Nichols**, New York, N. Y., V. St. A., *Ester und wärmehärtbare Harze* erhält man durch Veresterung von Addukten aus konjugierten Dienen (Butadien, Isopren, Cyclopentadien) β.γ-ungesätt. Alkoholen (Allyl-, Methallyl-, Crotylalkohol) mit α.β-ungesätt. u. gesätt. Mono- oder Dicarbonsäuren oder deren Anhydriden. Die Ester von gesätt. Carbonsäuren dienen z. B. als *Weichmacher* für Vinylpolymere, die der ungesätt. lassen sich zu wärmehärtbaren Harzen kondensieren bzw. polymerisieren, z. B. durch Zusatz von Peroxyden. — 2.5-Endomethylen-Δ^3-tetrahydrobenzylalkohol (aus Allylalkohol + Cyclopentadien) wird mit Maleinsäureanhydrid (I) 8 Std. unter CO_2 auf 180—190° erhitzt; leicht gelbes Öl, SZ. 2, Viscosität 27 cP. Der *Ester* mit *Fumarsäure* (II) hat SZ. 2,3 u. Viscosität 28 cP, der beim Stehen krist. u. nach 3std. Erhitzen auf 200° ein Öl mit 1000 cP liefert. *Itaconsäureester*. — Butadien + Allylalkohol → 1.2.5.6-Tetrahydrobenzylalkohol, $Kp._5$ 76°, + I → Öl, SZ. 4,3, Viscosität 3,7 cP. II-*Ester*. — Allylalkohol–Isoprenaddukt + I → Öl, SZ. 8, Viscosität 8,8 cP. — Cyclopentadien–Allylalkoholaddukt + Sebacinsäure bzw. Azelainsäure. Die Ester sind mit Alkydharzen, Lacken u. Firnissen verträglich. (**A. P. 2 557 136** vom 6/3. 1948, ausg. 19/6. 1951.) KRAUSS. 7177

Imperial Chemical Industries Ltd., London, übert. von: **Owen Burchell Edgar** und **Eric Ellery**, Blackley, Manchester, England, *Filme aus Alkydharzen*. Man erhält zähe, transparente Filme, die erst bei tiefen Tempp. spröde werden, aus Polyestern aus Äthylenglykol, Terephthalsäure u. Sebacinsäure im Mol-Verhältnis 1 : 2,4, bes. 1,5 : 2,4 der beiden Säuren zueinander u. einem Mol.-Gew. von wenigstens 10000. (**Can. P. 483 236** vom 8/10. 1949, ausg. 13/5. 1952. E. Prior. 8/10. 1948.) PANKOW. 7177

Quaker Oats Co., N. J., übert. von: **Andrew P. Dunlop**, Riverside, und **Paul R. Stout**, Chicago, Ill., V. St. A., *Partielle Polymerisation von Furfurylalkohol im kontinuierlichen Verfahren*. Eine wss. Lsg. eines sauren Katalysators, bes. einer anorgan. Säure, wird in eine stehende Röhre eingefüllt u. auf 50—110°, bes. auf 90°, erwärmt. Man leitet am oberen Ende Furfurylalkohol ein u. zieht nach einer Verweilzeit von 45—90 Min. am unteren Ende das ausfallende, granulierende u. zusammenfließende Polymerisat ab. Die bei der Kondensation gebildeten Mengen W. werden durch Temperaturführung der Rk. verdampft u. abgeführt. Als Katalysatorlsg. geeignet ist z. B. eine ca. 10%ig. Lsg. von H_3PO_4. — Abbildung. (**A. P. 2 570 027** vom 2/7. 1947, ausg. 2/10. 1951.) MÖLLERING. 7177

Imperial Chemical Industries Ltd., London, übert. von: **Gordon Howard Foxon**, Norton-on-Tees, County of Durham, England, *Verharzen von Furfurylalkohol*. Man gibt zu Furfurylalkohol etwas Salz einer schwachen Säure als Puffer u. eine stärkere Säure zur Verharzung, die mit Alkali abgebrochen wird. Als Salze schwacher Säuren sind Mg-Acetat u. Na-Lävulinat genannt. (**Can. P. 483 238** vom 9/9. 1950, ausg. 13/5. 1952. E. Prior. 29/9. 1949.) PANKOW. 7177

E. I. du Pont de Nemours & Co., Wilmington, Del., V. St. A., *Herstellung von Formkörpern aus Acrylsäurenitrilpolymerisat oder Mischpolymerisaten* mit mindestens 85% Acrylsäurenitrilpolymerisat. Man löst die Polymerisate, bes. solche mit Mol.-Gew. 15000—250000, in Nitrilen der allg. Formel $C_p(CH—C{=}N)_q$ (p ist ganze Zahl ≧2, q ganze Zahl), bes. in Succinonitril. Ferner sind geeignet 1.2.3-Tricyancyclopropan, 1.2.3-Tricyanpropan, α.β'-Dicyandiäthyläther, Thiodiglykolsäurenitril, Äpfelsäurenitril, 1.1.2-Tricyanpropan usw. Die Viscosität der Lsgg. soll 25—750 betragen. Die Lsgg.

werden wie üblich auf Formkörper verarbeitet. (**Dän. P. 73 352** vom 23/10. 1946, ausg. 12/11. 1951. A. Prior. 4/11. 1944.) JÜRGEN SCHMIDT. 7205

Farbenfabriken Bayer (Erfinder: **Leonhard Goerden**, Oedt, und **Karl Hamann**, Krefeld-Uerdingen), *Formmassen aus Polyvinylchlorid*, gek. durch einen Geh. an Harzsäurenitrilen u. Antioxydantien. Herst. von Folien, Rohren, Kämmen, elektr. Schaltern, Puppenköpfen u. Schaumkörpern. (**D. B. P. 862 369** Kl. 39b vom 1/8. 1950, ausg. 8/1. 1953.) SALZMANN. 7205

Badische Anilin- & Soda-Fabrik (Erfinder: **Heinrich Jacqué**), Ludwigshafen/Rh., *Mehrschichtige Formkörper* aus Polyvinylchloridfolien u. -platten erhält man durch Anwendung von Klebe- bzw. Quellmitteln (Cyclohexanon), indem man sie gegebenenfalls auch nur durch geringe Erwärmung u. Druck leicht verklebt u. dann durch Erhitzen ohne Druck fest miteinander verbindet. (**D. B. P. 862 507** Kl. 39b vom 13/10. 1950, ausg. 12/1. 1953.) SALZMANN. 7205

Brown, Boveri & Cie. Akt.-Ges., Mannheim-Käfertal, *Herstellung von bedruckten Platten aus geschichteten Kunststoffen.* Der oberste Bogen des Schichtstoffes aus Harnstoff-Formaldehyd-Kondensationsprodd. wird bedruckt, darüber ein aus einer Cellulose bestehender harzgetränkter Bogen gelegt u. das Ganze unter der Presse zur fertigen Platte zusammengepreßt. Es ist auch möglich, den bedruckten Bogen zunächst allein durch Pressen oder Vorwärmen mit dem übrigen Schichtstoffpaket zu verbinden u. dann erst den harzgetränkten Cellulosebogen aufzulegen u. in einen zweiten Preßvorgang die Herst. der Platte zu vollenden. Der Cellulosebogen erhält im verpreßten Zustand eine so hohe Transparenz, daß der unter ihm liegende Farbdruck klar durchscheint. (**D. B. P. 825 093** Kl. 15k vom 21/12. 1949, ausg. 17/12. 1951.) BAUR. 7205

Lockheed Aircraft Corp., Burbank, übert. von: **Eli Simon**, Los Angeles, und **Frank W. Thomas**, Burbank, Calif., V. St. A., *Poröse Masse*, die bei n.Temp. selbständig aufschäumt, bestehend aus 100 (Teilen) eines Alkydharzes (Verhältnis OH : COOH = 3 : 1 bis 4 : 5) mit 0,1—2,5% W. u. SZ. 5—80, das mit 35—150 m-Toluyldiisocyanat, 0,21 bis 16,5 Zn-, Al-, Ca-, Mg-Stearat (bzw. -laurat oder -oleat) u. 0,21—16,5 blättchenförmigem Al-, Bronze-, Cu-, Pb-, Ni-, Ag-, Au- oder Stahlpulver vermischt ist. Die auch als *Anstrichmittel* verwendbare M. kann angewärmt werden. (**A. P. 2 577 280** vom 18/9. 1948, ausg. 4/12. 1951.) SALZMANN. 7205

Emerik Imre Valyi, New York, V. St. A., *Gießmodell für Metall-Präzisionsguß.* Cellulosederivv., Stärkeacetat oder Vinylharze werden mit 50—150 g Holzmehl oder gebleichtem Zellstoff u. gegebenenfalls Ricinusöl, Campher oder einem Esterweichmacher unter Druck u. Wärme in einer Metallform verpreßt. Die M. kann zur Erhöhung ihrer Feuchtigkeitsbeständigkeit Öl, Wachs oder Nitrocellulose enthalten oder damit überzogen werden. Ein Zusatz von Nitrobenzol fördert die Verbrennung des in einer Porzellanform auf ca. 500° erhitzten Formkerns. — Als Abformmassen eignen sich Mischungen von härtbaren Harzen, SiO_2, MgO, ZrO_2 oder $ZrSiO_4$ u. H_3PO_4, die mit W. angeteigt werden. Nach dem Antrocknen u. Herausschmelzen des Kerns wird die Form bei 850° gehärtet. (**E. PP. 649 770** vom 18/12. 1946, ausg. 31/1. 1951. A. Prior. 24/7. 1945 u. **644 994** vom 18/12. 1946, ausg. 25/10. 1950. A. Prior. 30/1. 1946.) SALZMANN. 7205

Shawinigan Products Corp., New York, N. Y., übert. von: **George O. Morrison**, Milltown, N. J., und **George Frederick Metz**, Diamond Point, N. Y., V. St. A., *Plastische Masse* für Formkörper, bes. Schallplatten, aus einem tern. Harzgemisch, das überwiegend aus oxydierter Abietinsäure („Vinsol“, F. 90—121° bzw. Teer-Pech-Mischung „Carbonex“, Hartholzpech „Demigum“, hydrierter Harzsäure „Staibilite“, Teer-Gasanstaltspech-Mischung „Transphalt 115“), ferner aus Polyvinylacetat (Viscosität mindestens 40 cP) u. Yaccaharz besteht. Pigmente, Füllstoffe u. Gleitmittel werden nach Bedarf zugesetzt. (**E. P. 649 001** vom 8/4. 1948, ausg. 17/1. 1951. A. Prior. 9/4. 1947.) SALZMANN. 7205

Bakelite G. m. b. H., Frankfurt/M. (Erfinder: **Otto Süssenguth**, Letmathe, Westf., und **Gertrud Zienert**, Bregenz, Bodensee), *Herstellung eines harzartigen Bindemittels* durch Ausfällung von mit Alkali (**I**), gegebenenfalls unter Druck erhitzter Sulfitablauge (**II**) mittels Säure, dad. gek., daß die der **I**-Kochung unterworfene **II** stark angesäuert u. bis zur Abscheidung einer harzartigen, bei n. Temp. festen M., gekocht wird, die nach Auswaschen u. Trocknen mit einem Härtungsmittel, z. B. Hexamethylentetramin, vermischt wird. Die **I**-Kochung kann mit Phenolen, die Säurekochung mit Aldehyden oder Ketonen durchgeführt werden. Für *Preßmassen u. Kunststoffe*. (**D. B. P. 865 977** Kl. 39c vom 1/1. 1943, ausg. 9/2. 1953.) SCHINDLER. 7205

XII. Kautschuk. Guttapercha. Balata.

C. Falconer Flint, *Eigenschaften, Anwendungen und Verwendung von Latex.* Fortschrittsbericht 1951. — 69 Literaturhinweise. (Annu. Rep. Progr. Rubber Technol. **15.** 19—27. 1951.) Winiker. 7222

M. Pike und **W. F. Watson,** *Kautschukabbau während der Mastifikation.* Im Gegensatz zu Unterss. von Cotton u. Lee (C. **1952.** 5987) zeigen Vff., daß die Plastifikation beim Mastifizieren des Kautschuks nach dem von Kauzman u. Eyring (J. Amer. chem. Soc. **62.** [1940.] 3113) vorgeschlagenen Mechanismus (Aufspaltung prim. Kautschukbindungen durch Scherkräfte u. Bldg. von Radikalen) verläuft. Für die Plastifikation beim Heißverwalzen ist ein anderer Mechanismus (oxydative Ketten-Rk.) verantwortlich. (India Rubber J. **120.** 11. 30/6. 1951. Welwyn Garden City, Brit. Rubber Prod. Res. Assoc.) Schäff. 7222

John Watts, *Synthetischer Kautschuk.* Fortschrittsbericht 1951. — 61 Literaturhinweise. (Annu. Rep. Progr. Rubber Technol. **15.** 36—44. 1951.) Winiker. 7224

C. H. Birkitt, *Mischungsbestandteile.* Fortschrittsbericht 1951. Behandelt werden: Verstärkende Füllstoffe, Vulkanisationsagentien, Beschleuniger, Antioxydantien, Vulkanisationsverzögerer, Blähmittel, Faktisse. — 46 Literaturhinweise. (Annu. Rep. Progr. Rubber Technol. **15.** 54—57. 1951.) Winiker. 7228

L. Mullins, *Physikalische und chemische Eigenschaften von vulkanisiertem Kautschuk.* Fortschrittsbericht 1951. Behandelt werden: Alterung, Elastizität, dynam. Eigg., Verh. bei tiefen Tempp. u. dielektr. Eigenschaften. — 29 Literaturhinweise. (Annu. Rep. Progr. Rubber Technol. **15.** 66—70. 1951.) Winiker. 7228

E. C. Woods, *Autoreifen.* Fortschrittsbericht 1951. — 54 Literaturhinweise. (Annu. Rep. Progr. Rubber Technol. **15.** 71—74. 1951.) Winiker. 7230

W. H. Reece, *Medizinische Gummiwaren.* Fortschrittsbericht 1951. — 14 Literaturhinweise. (Annu. Rep. Progr. Rubber Technol. **15.** 106—07. 1951.) Winiker. 7230

A. Cooper, *Schaumgummi.* Fortschrittsbericht 1951. — 54 Literaturhinweise. (Annu. Rep. Progr. Rubber Technol. **15.** 111—16. 1951.) Winiker. 7230

B. L. Davies, *Hartgummi.* Fortschrittsbericht 1951. — 11 Literaturhinweise. (Annu. Rep. Progr. Rubber Technol. **15.** 117—19. 1951.) Winiker. 7230

Metallgesellschaft Akt.-Ges. (Erfinder: **Hermann Clasen**), Frankfurt/M., *Herstellung von Kautschuk- oder Kunststoffschäumen.* Die wss. Dispersionen des Kautschuks oder Kunststoffs u. der üblichen Zusatzstoffe werden vor dem Vermischen getrennt verschäumt. (**D. B. P. 861 925** Kl. 39b vom 23/12. 1950, ausg. 8/1. 1953.) Overbeck. 7227

C. Albert Schneider, Wedel (Holst.), *Schuhstoff.* Zwei oder mehr Gewebebahnen werden doubliert, indem für jede Doublierung auf eine oder beide Bahnen vorher, z. B. mittels Spritzpistole, eine Mischung aus Kautschukmilch u. einer Polymerisationskunstharzdispersion aufgebracht u. getrocknet wird. (**D. B. P. 860 547** Kl. 39b vom 31/5. 1950, ausg. 22/12. 1952.) Overbeck. 7227

Wingfoot Corp., Akron, O., V. St. A., *Thiocarbamylthiazylmonosulfide,* die als *Vulkanisationsbeschleuniger* verwendet werden, erhält man durch Rk. eines Thiuramdisulfids mit einem Thiazyldisulfid in Ggw. eines Alkalicyanids; aus Tetraäthylthiuramdisulfid u. 2.2′-Dibenzothiazyldisulfid in Ggw. von KCN z. B. eine Verb. der Formel I vom F. 80°. Aus Tetramethylthiuramdisulfid erhält man analog *2-Benzothiazyldimethylthiocarbamylsulfid,* F. 122°. — Ferner werden dargestellt: *6-Benzothiazyl-(2)-diäthylthiocarbamylsulfid,* F. 123°, u. *2-Benzothiazylisopropylmethylthiocarbamylsulfid,* F. 121°. (**E. P. 675 450** vom 21/9. 1950, ausg. 9/7. 1952. A. Prior. 6/5. 1950.) Brösamle. 7229

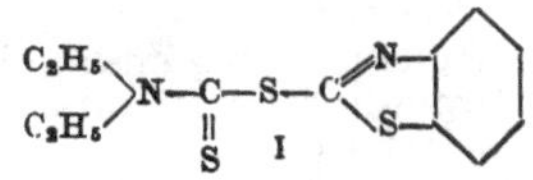

American Cyanamid Co., New York, N. Y., übert. von: **David W. Jayne jr.,** Old Greenwich, und **Harold M. Day,** Cos Cob, Conn., V. St. A., *Kautschukartige Polyester.* Eine gesätt. aliphat. Dicarbonsäure (I) mit mindestens 4 C-Atomen zwischen den Carboxylgruppen (Adipin-, Azelain-, Sebacin-, Pimelin-, Korksäure), 2—6 Mol-% Diäthylenglykol, berechnet auf eine α.β-ungesätt. Dicarbonsäure (II) (Maleinsäure u. dgl.) u. 2—3 Mol-% (berechnet auf I + II) eines 3wertigen Alkohols werden mit einem organ. Peroxyd u. $CaSiO_3$ bzw. einem Gemisch von $CaSiO_3$ u. $MgCO_3$ gemischt u. geschmolzen. Die Prodd. können mit Kautschuk, ölmodifizierten Alkydharzen u. härtbaren Harzen verarbeitet werden; infolge ihrer hohen Zähigkeit (beständig gegen PAe., Fett u. Öl) eignen sie sich für Schuhsohlen u. -absätze, Dichtungsringe, Druckwalzenbelag (für Schreibmaschinen), Imprägnierungen von Textilien u. dergleichen. (**A. P. 2 577 618** vom 18/12. 1946, ausg. 4/12. 1951.) Salzmann. 7239

XIV. Zucker. Kohlenhydrate. Stärke.

H. Lüdecke und **M. Nitzsche**, *Über den Einfluß von Natriumchlorid und Natriumsulfat auf den Ertrag und die Beschaffenheit von Zuckerrüben.* Gefäßverss. (Sandkulturmeth.) zur Klärung der Frage, ob K durch Na bei der Ernährung der Zuckerrüben ersetzt werden kann u. inwieweit Cl- bzw. Sulfationen die Erträge beeinflussen, führten zu folgenden Ergebnissen: Steigende Natron (I)-Gaben bewirkten sowohl in den Chlorid- als auch in den Sulfatreihen eine Erhöhung der Trockenstoffernten. Da aber mit der Zunahme von I gleichzeitig eine Vermehrung der Chlorid- bzw. Sulfationen einhergeht, kann dieser Zuwachs an Trockensubstanz nicht ohne weiteres dem I allein zugeschrieben werden. Eine Aufteilung der Versuchsglieder nach der erzeugten Substanz ergab eine Gliederung der Verss. in eine Kali (II)- u. eine I-Gruppe. Diese unterschieden sich außer in der Trockensubstanz vor allem in den Polarisationen. Der Zuckergeh. der I-Gruppe war allg. niedriger als der der II-Gruppe, aber auch da, wo nur geringe Mengen II gegeben wurden, trat meist eine Erhöhung des Zuckergeh. ein. Bei n. II-Düngung erhöhte sich bei Zugabe von äquivalenten Mengen an I ebenfalls noch die Polarisation. Zweijährige Feldverss. auf verhältnismäßig II-reichen Lehmböden erbrachten keine eindeutige Klärung der Frage, ob ein Ersatz der II-Düngung durch reine NaCl-Düngung eine Steigerung des Rüben- bzw. Zuckerertrages sowie der Krauternten bewirkt. (Zucker **5.** 457—64. 15/10. 1952. Holtensen über Göttingen, Mitt. der Forschungsstelle für Zuckerrübenanbau.) WINIKER. 7406

Alberto Trentin, *Versuche über die Behandlung von Zuckerrübensamen vor der Aussaat mit hexachlorcyclohexanhaltigen Stäuben.* Bericht über Laboratoriums- u. Feldverss. über die Vorbehandlung von Zuckerrübensaat mit HCH-Stäuben. Es wurde ein gewisser Rückgang der Keimkraft festgestellt. (Ann. Sperimentaz. agrar. [N. S.] **5.** 1223—40. 1951. Rovigo.) GRIMME. 7406

Hans Wegner, *Qualitätsbeurteilung und Qualitätssteigerung von Stärke und Stärkeerzeugnissen.* Bei Kartoffelmehl, Stärkesirup u. Dextrin wird gezeigt, daß die geltenden Gütevorschriften nicht ausreichend sind. (Stärke **4.** 114—17. Mai 1952. Berlin, Forschungsinst. für Stärkefabrikation.) ULMANN. 7448

E. Lindemann, *Bewertung des Reinheitsgrades von Stärken nach Punkten.* Vorschlag, die Einteilung der Stärken nach Güteklassen auf Grund eines Punktsyst. vorzunehmen u. Aufstellung von Bewertungsskalen für Kartoffel- u. Maisstärke. (Stärke **4.** 109—13. Mai 1952. Detmold, Bundesanst. für Getreideverarbeitung.) ULMANN. 7448

L. Schmiedel, *Eine neue Trennschleuder und ihr Arbeitsgebiet.* Beschreibung des Arbeitsprinzips einer Zweistoffschleuder, die es ermöglicht, aus einer Suspension, in der 2 Feststoffe mit verschied. Sinkgeschwindigkeit u. Absetzfähigkeit enthalten sind, diese getrennt auszuscheiden. In der Kartoffelstärkeindustrie kann durch diese Schleuder eine kontinuierliche Stärkeschlammaufbereitung durchgeführt werden, wobei die dabei gewonnene Stärke der Kernstärke zugesetzt u. der Faserschlamm separat ausgewaschen wird. In der Maisstärkeindustrie dient die Schleuder zur Rückgewinnung der Stärke aus dem Kleberwasser. (Stärke **4.** 127—31. Mai 1952. Wunstorf, Hannover.) ULMANN. 7448

Carlo Antonelli, *Neue Möglichkeiten zur Feststellung des Stickstoffbedarfes der Zuckerrübe mit dem Reagens nach Bray.* Das BRAYsche Reagens, ein Gemisch aus 100 g $BaSO_4$, 10 g $MnSO_4$, 2 g Zn-Staub, 75 g Citronensäure, 4 g Sulfanilsäure u. 2 g α-Naphthylamin, gibt mit Nitrat in kurzer Zeit eine charakterist. Rotfärbung. Zur Feststellung des Nitratbedarfes der Zuckerrübe arbeitet man am besten mit dem Blattpreßsaft. Vf. berichtet über orientierende Verss. mit Rüben verschied. Düngung. Die Meth. lieferte bisher nur qualitative Werte. (Ind. saccarif. ital. **45.** 344—53. Sept./Okt. 1952.) GRIMME. 7472

W. Schoch, *Über den Einfluß der Wasserstoffionenkonzentration auf die Inversion der Saccharose bei der Bestimmung des Zuckergehaltes von Futter- und Zuckerrüben.* Unterss. an wss. Lsgg. von Rohrzucker sowie von Zuckern aus Zuckerrüben, Futterrüben, Karotten u. Melasse bestätigten, daß zur Saccharoseinversion je nach dem Pufferungsvermögen der betreffenden Lsg. Zusätze verschied. Säuremengen bei sonst gleichen Bedingungen benötigt werden. Die notwendige Wasserstoffionenkonz. liegt zwischen p_H 1 u. 2. (Mitt. Gebiete Lebensmittelunters. Hyg. **42.** 242—50. 1951. Liebefeld-Bern.) LIEBNER. 7488

Karl E. Slevogt, *Wasserbestimmung mit Hilfe der DK-Methode.* Beschreibung der Anwendungsmöglichkeiten des *Dekameters* der WISS.-TECHN. WERKSTÄTTEN in Wessobrunn zur Schnellwasserbest. bei *Stärken*, wobei nach einer direkten Meth. oder auch indirekt unter Verwendung von Dioxan als Medium gearbeitet werden kann. (Stärke **4.** 117—20. Mai 1952. Wessobrunn, Obb.) ULMANN. 7490

Blattmann & Co. (Erfinder: **Max Stärkle** und **Emil Meier**), Wödenswil, Schweiz, *Stärkeabbauprodukte,* wie Puddingpulver, Stärkesirup, Stärkezucker. — Stärke von z. B. 20% Wassergeh. wird mit stärkeabbauenden Stoffen, wie HCl, unter erhöhtem, vom Dampfdruck unabhängigem Druck unter Erwärmen des Autoklaven auf z. B. 55° Außentemp. behandelt. (**D. B. P. 860 593** Kl. 53k vom 30/11. 1949, ausg. 22/12. 1952. Schwz. Priorr. 4/4. 1946 u. 27/2. 1947.) KRANZ. 7443

Usines de Melle Soc. An., Frankreich, *Herstellung von Milchzucker aus Milchserum unter Abscheidung von Eiweißstoffen in zwei Fällungen.* Die Ausfällung der Eiweißstoffe erfolgt zunächst durch Kochen bei p_H 3—5 in 5—15 Min. u. dann bei p_H 7—8. Das ausgeschiedene Eiweiß wird abgetrennt u. anschließend aus dem Serum der Milchzucker durch Einengen gewonnen. (**Dän. P. 73 860** vom 30/8. 1948, ausg. 3/3. 1952. F. Prior. 5/9. 1947.) JÜRGEN SCHMIDT. 7445

Norman Evans & Rais Ltd., Manchester, England, *Zuckersirup.* Stärke oder stärkehaltige Mehle werden zunächst mit einem diastat. Enzympräp., wie Bacterase oder Malzmehl, bei ca. 75—80° verflüssigt, dann nach Abkühlung auf ca. 50—65° bei p_H 5 bis 5,6 mit einem maltasehaltigen Enzympräp., das z. B. aus einer Kultur von Aspergillus niger, Penicillium oder Mucor gewonnen ist, behandelt. Das konz. Prod. wird mit W. verd., filtriert u. erneut konzentriert. (**E. P. 652 194** vom 30/10. 1948, ausg. 18/4. 1951.) KRANZ. 7447

XVI. Nahrungs-, Genuß- und Futtermittel.

H. Zeumer, *Einfluß der Schädlingsbekämpfungsmittel auf den Geschmack der Obst- und Gemüsekonserven.* Vf. wendet sich gegen die im Schrifttum aufgestellte Behauptung, daß Konserven infolge Vorhandenseins von Insekticiden Geschmacksveränderungen aufweisen. (Ind. Obst- u. Gemüseverwert. **37.** 416—17. 4/12. 1952. Braunschweig, Biol. Bundesanst. für Land- u. Forstwirtschaft.) LIEBNER. 7630

Ernst Berliner und **Walter Kipper,** *Die Verwendung von infraroten Strahlen zur Trocknung von gewaschenem Getreide.* Den Unterss. der Vff. zufolge kann die Verwendung infraroter Strahlen zur Trocknung von gewaschenem Getreide (I) als techn. u. wirtschaftlich vorteilhaft bezeichnet werden. Auch für die Trocknung von naturfeuchtem I liegen bereits zufriedenstellende Ergebnisse vor. (Müllerei **6.** 199—200. 4/4. 1953. Darmstadt-Eberstadt, Inst. für Getreidechemie.) WINIKER. 7664

G. Bodenstein, *Kontaktinsekticide — Eine Hilfe oder eine Gefahr?* Vf. vertritt die Ansicht, daß die Verwendung der neueren Insekticide auf Basis chlorierter KW-stoffe, z. B. Lindan (I), als Getreideeinstäubemittel bei Einhaltung der üblichen Konzz. in hygien.-toxikolog. Hinsicht als unbedenklich anzusehen ist. Auch sonstige ungünstige Nebenwirkungen (Beeinträchtigung der Qualität u. Ausbeute der Mehle sowie der Keimfähigkeit von Braugerste oder des Biercharakters usw.) wurden bei Anwendung von I nicht beobachtet. (Müllerei **6.** Nr. **17.** wiss. Müllerei Nr. 4. 25—27. 25/4. 1953. Ingelheim/Rh.) WINIKER. 7664

B. Maymone und **M. Tiberio,** *Untersuchungen über die chemische Zusammensetzung die Verdaulichkeit und den Nährwert einiger Abfälle der Bananenkultur (Musa sapientum L., M. Cavendishii usw.).* An der Sonne getrocknete grüne Bananen ergaben bei der chem. Analyse (in %) 13,73 W., 4,56 Rohprotein, 4,35 Reineiweiß, 1,24 Rohfett, 4,01 Rohfaser, N-freie Extraktstoffe, deren Verdaulichkeit (in %) 81,9 organ. Substanz, 90,4 N-freie Extraktstoffe, 17,3 Rohprotein, 12,5 Reineiweiß, 24,5 Fett, 31,1 Rohfaser betrug. Der Nährwert war 66 kg Stärkewert/100 kg. Die grünen Schalen unreifer Bananen, die gelben Schalen reifer u. überreifer Bananen unterschieden sich in der chem. Zus. kaum voneinander; gefunden wurden folgende Mittelwerte: 7,7 Rohprotein, 6,7 Reineiweiß, 6,0 Rohfett, 13,0 Rohfaser, 16,5 Asche, 56,8 N-freie Extraktstoffe. Verdaulichkeit: 66 organ. Substanz, 22 Rohprotein, 16,0 Reineiweiß, 28 Rohfett, 74 Rohfaser, 79 N-freie Extraktstoffe, Nährwert 46,1 kg Stärkewert/100 kg. Der Geh. an Vitaminen der frischen Schalen betrug je 100 g Trockensubstanz: β-Carotin ca. 1660 γ, α-Tocopherol ca. 3 mg, Thiamin nachweisbar, Riboflavin Spuren, Niacin 5 mg, Ascorbinsäure ca. 138 mg. (Ann. Sperimentaz. agrar. [N. S.] **5.** 133—56. 1951. Rom.) GRIMME. 7688

A. Pelizziari und **G. Delindati,** *Versuche zur Entsäuerung von Tomatensaft mit Ionenaustauschharzen.* (Vorl. Mitt.) Bericht über Verss. mit Anionenaustauschern *Amberlit I A 4 B* u. *Activit Imac.* Zur Herst. von Tomatenmark wird nur $^1/_3$—$^1/_4$ des Gesamtsaftes total entsäuert u. dann mit Frischsaft auf die gewünschte Acidität eingestellt. (Ind. ital. Conserve **27.** 50—54. März/April 1952.) GRIMME. 7688

Walter Durach, *Zum Problem des Weichwerdens von Sauerkraut.* Auf Grund von Verss. führt Vf. das Weichwerden des Sauerkrautes zurück auf: Auflsg. des Pektins der Zellwände u. autolyt.-enzymat. Prozesse während der Gärung, aber kaum auf Zerstörung des Gewebes durch bakterielle Einwirkung. Offenbar sind die Ursachen des Weichwerdens auf das Rohmaterial zurückzuführen, wie das auch in Verss. u. durch die Praxis bestätigt wird. Das Reaktionsoptimum für pektolyt. Enzyme liegt bei p_H 3,8 bis 4,5, also dem bei der Sauerkrautgärung vorhandenem Bereiche; der optimale Wert kann jedoch nicht erreicht werden, da das Temperaturoptimum bei 55° liegt. Zusatz pektinspaltender Enzyme (Filtragol) zu Weißkraut klärte dann auch die Abhängigkeit der pektolyt. Wrkg. (mit u. ohne Gärung) vom p_H-Wert u. von der Temperatur. — 49 Schrifttumshinweise. (Ind. Obst- u. Gemüseverwert. **37.** 417—23. 4/12. 1952. München, TH in Weihenstephan, Botan. Inst.) LIEBNER. 7690

D. M. Graham, F. E. Nelson und **C. E. Parmelee,** *Die Anwesenheit und Persistenz von Bakteriophagen in kommerziellen Milchsäurekulturen.* In einigen kommerziellen Kulturen von Streptococcus lactis konnten Vff. Bakteriophagen nachweisen, die in Molkereiprodd. eine Verzögerung der Säurebldg. verursachen. Die Dauerhaftigkeit der Bakteriophagen war sehr unterschiedlich; während einige Gruppen schon nach 1 bis 2 Überimpfungen inakt. wurden, blieben andere noch nach 42—71 Transferierungen wirksam. Da die einzelnen Stämme der Milchsäurebakterien auch unterschiedlich empfindlich zu sein scheinen, kann über die prakt. Bedeutung der Bakteriophagen noch nichts ausgesagt werden. (Milk Plant Monthly **41.** Nr. 12. 22—24. Dez. 1952. Ames, Iowa, Agric. Exp. Stat.) KRUSEN. 7756

Georg Roeder, *Gedanken über die Milcherhitzung und ihren Einfluß auf die Qualität der Milch.* An Hand der Literatur (15 Hinweise) behandelt Vf. das Für u. Wider der Milcherhitzung. (Molkerei- u. Käserei-Ztg. **4.** 672—74. 28/5. 1953. Gießen, Justus-Liebig-Hochsch.) WINIKER. 7756

H. Mohler, *Uperisation der Milch.* Vf. berichtet über die techn. Grundlagen des Verf. u. einige schweizer. Gutachten über uperisierte Milch (I). Diesen Gutachten zufolge vereinigt die uperisierte I die Vorteile der pasteurisierten u. sterilisierten I, ohne mit den Nachteilen dieser I-Sorten behaftet zu sein. (Chimia [Zürich] **6.** 212—17. 15/9. 1952.) WINIKER. 7756

A. Lembke und **H. Gantz,** *Theorie und Praxis der Keimvernichtung mittels UV-Strahlen.* Allg. Ausführungen unter besonderer Berücksichtigung der Entkeimung von Milch. — 20 Literaturhinweise. (Molkerei- u. Käserei-Ztg. **4.** 668—71. 28/5. 1953. Kiel, Bakteriol. Inst. der Bundes-Versuchs- u. Forschungsanst. für Milchwirtschaft.) WINIKER. 7756

Heinz Schade, *Über Alginate als Stabilisatoren für Eiskrem.* Überblick über Gewinnung u. Eigg. der Alginate nebst prakt. Hinweisen für ihre Verwendung als Bindemittel für Eismix. (Molkerei- u. Käserei-Ztg. **4.** 698—700. 28/5. 1953. Oldenburg.) WINIKER. 7756

W. Godbersen, *Ausformen und Butterqualität.* Die Art der Wasserverteilung in der Butter (I) ist von ausschlaggebender Bedeutung für ihre Haltbarkeit. So wird beim Ausformen die Qualität nachteilig beeinflußt, wenn hierbei eine Vergröberung der Wasserverteilung stattfindet. — 27 Literaturhinweise. (Molkerei- u. Käserei-Ztg. **4.** 678—85. 28/5. 1953. Bonn.) WINIKER. 7758

Fritz Moser, *Die Herstellung von Speisequark im Steinecker-Käsefertiger.* (Molkerei- u. Käserei-Ztg. **4.** 692—97. 28/5. 1953. Nürnberg.) WINIKER. 7760

J. Jordan, *Die Holländer und Butterkäserei mit dem Steinecker-Käsefertiger-System Zeiler-Lenz.* (Molkerei- u. Käserei-Ztg. **4.** 864—65. 18/6. 1953.) WINIKER. 7760

Ettore Carbone, *Einfluß von Silofutter auf die Herstellung von Bra-Käse.* Eingehende Verss. zeigten, daß Kuhfütterung mit Wiesensilage mit Wassergeh. zwischen 40 u. 77% kaum einen Einfl. auf den Säuregrad der Milch, ihre Reduktaseprobe sowie das Gärungs- u. Käsebildungsvermögen ausübt. Die Verarbeitung solcher Milch beeinträchtigt die Käseausbeute nicht, noch dessen chem. Zus. u. Calorienwert, jedoch zeigt sich eine unangenehme Quellung des Käses u. ein schlechtes Aussehen. (Ann. Sperimentaz. agrar. [N. S.] **5.** 577—92. 1951. Turin.) GRIMME. 7760

Wilbur A. Gould, *Konsistenzmessung bei Lebensmitteln.* Besprechung des BOSTWICK- u. des ADAMS-Konsistometers. (Food Packer **34.** 44. 66. 70. März 1953. Ohio State Univ.) FRESENIUS. 7788

W. Stoldt, *Vorschlag zur Vereinheitlichung der Fettbestimmung in Lebensmitteln.* Es wird eine Einheitsmeth. zur Fettbest. in Lebensmitteln vorgeschlagen, die mit einer Fehlergenauigkeit von $\pm 0,04\%$ für alle Lebensmittel angewendet werden kann. (Fette Seifen einschl. Anstrichmittel **54.** 206—07. April 1952.) PESCHKE. 7788

—, *Zur Mikroskopie des Getreides und seiner Produkte.* Allg. Ausführungen. (Müllerei **6.** Nr. 17. Wiss. Müllerei Nr. 4. 28—32. 25/4. 1953.) WINIKER. 7796

Georg Demmler, *Erfahrungen mit der Reduktaseprobe zur Qualitätsbeurteilung der Anlieferungsmilch.* Die Resazurinprobe ermöglicht mit ausreichender Genauigkeit die Qualitätsermittlung der Anlieferungsmilch u. damit eine Qualitätssteigerung der pasteurisierten Trinkmilch. Bei der Beurteilung dieser Meth. ist jedoch zu beachten, daß dieses Reduktionsverf. weder qualitativ noch quantitativ eine Best. des Keimgeh. ermöglicht. (Molkerei- u. Käserei-Ztg. **4.** 665—68. 28/5. 1953. Stuttgart, Labor. der Württ. Milchverwertung Akt.-Ges.) WINIKER. 7856

Omer C. Sieverding und **Barbara G. Lang,** *Die Wirkung von Zeit und Temperatur nach dem Zusatz von Folinreagens in der Phosphatasebestimmung.* Ausgehend von der Beobachtung, daß bei Durchführung der *Phosphatase*-Best. nach KAY-GRAHAM in der Modifikation nach GILCREAS-DAVID während der Sommermonate höhere Werte als n. gefunden wurden, konnten Vff. in zahlreichen Verss. zeigen, daß nach Zusatz von Folinreagens u. vor Einbringen in das Wasserbad sowohl die Raumtemp. als auch die Zeitdauer das Ergebnis beeinflussen. In prakt. Schlußfolgerungen wird darauf hingewiesen, daß die Proben nicht länger als 30 Min. bei n. Raumtemp. stehenbleiben sollen. (J. Milk Food Technol. **15.** 282—84. Nov./Dez. 1952. Hartford, Conn., State Dep. of Health.) KRUSEN. 7856

Mark Keeney, *Chromatographische Bestimmungen von Buttersäure und die Feststellung der Verfälschung von Milchfett.* Verfälschung von Milchfett durch Fremdfett wird an Hand des Buttersäuregeh. festgestellt. Das Fett wird nach SAGER u. SANDERS oder nach der MOJONNIER-Modifikation der Extraktion nach ROESE-GOTTLIEB abgetrennt. Es folgt Verseifung mit alkoh. KOH, Zers. der Seife mit H_2SO_4, Aufnahme der Fettsäuren in Hexan u. Verteilungschromatographie an einer Kieselsäuresäule mit Äthylenglykol. Die beiden erhaltenen Fraktionen werden titriert. Das Verf. soll die REICHERT-MEISSL-Zahl ersetzen. Bei Mischmilch kann eine Verfälschung mit 10% Fremdfett, bei Milch aus bekannten Quellen mit 5% erfaßt werden. (Ice Cream Trade J. **49.** 30—31. 34. 36. 106—08. Febr. 1953. Univ. of Maryland, Dairy Dep.) FRESENIUS. 7856

Pomosin-Werke G. m. b. H., Frankfurt/M. (Erfinder: **Ditmar Bachmann,** Oberliederbach, **Werner Reichardt,** Lübeck, und **Gisela Koch,** Düsseldorf), *Herstellung konzentrierter Pektinzubereitungen.* Aus niedrigveresterten Trockenpektinen oder Pektinaten werden, gegebenenfalls unter Zusatz von Lösungsvermittlern, Erdalkalisalz, organ. Säuren u. Zucker, gelierte oder fl. wss. Konzentrate hergestellt, die im verschlossenen Gefäß aufbewahrt werden können. Zur Verwendung wird mit W., Fruchtsaft, Milch u. dgl. verrührt. (**D. B. P. 871 879** Kl. 53k vom 6/3. 1951, ausg. 26/3. 1953.) KRANZ. 7703

Wallace & Tiernan Products, Inc., Belleville, übert. von: **Henry C. Marks,** Glon Ridge, und **Donn H. Horchler,** Pompton Plains, N. J., V. St. A., *Konservierung von Fruchtsäften und pflanzlichen Erzeugnissen* durch Behandlung mit einem vollständig halogenierten KW-stoff, in dem das Halogen ein At.-Gew. >35 hat. Ein Teil des Halogens muß J sein. Z. B. *Tetrajodäthylen.* (**A. P. 2 604 408** vom 2/3. 1951, ausg. 22/7. 1952.) MAASS. 7707

Castelver Soc. An., Veyrier, Schweiz, *Coffeinfreier Kaffee-Extrakt.* Durch wss. Extraktion von Röstkaffee u. Eindampfen des Extrakts erhaltenes Kaffee-Extraktpulver wird mit einem aromat. KW-stoff, wie Bzl., Chlf. oder Trichloräthylen, bis zur Entfernung des Coffeins behandelt, vom Lösungsm. abgetrennt u. getrocknet. (**Schwz. P. 283 040** vom 18/11. 1949, ausg. 1/9. 1952.) KRANZ. 7721

Albert Heijn N. V. Akt.-Ges., Zaandam (Erfinder: **Gerrit Heijn,** Aerdenhout), Holland, *Kaffee-Ersatzstoff.* Magermilch- oder Molkenpulver wird bis zur Kaffeefarbe geröstet. Weiterer Zusatz von geröstetem bitteren Lupinenpulver. (**D. B. P. 861 635** Kl. 53d vom 1/10. 1950, ausg. 5/1. 1953. Holl. Priorr. 16/10. u. 23/10. 1940.) KRANZ. 7723

Degrophot Delta Großphotogesellschaft zur Werbung m. b. H. (Erfinder: **Konstantin Skumburdis**), Berlin, *Entgiften von Tabakrauch.* Als Einlage in die Rauchkanäle von Rauchwaren, Pfeifen oder Zigarren- u. Zigarettenspitzen wird ein Kieselsäuregel verwendet, dessen Benetzungswärme gegenüber W. nicht kleiner als 14 cal/g u. nicht größer als 28 cal/g ist. Der W.-Geh. soll mindestens 3% seines Gew. betragen. (**D. B. P. 868 570** Kl. 79c vom 20/4. 1938, ausg. 26/2. 1953.) KRANZ. 7735

Et Ab Hac Salus S. a. r. l. (Erfinder: **Giuseppe Fachini** und **Manlio Runza**), Mailand, *Entgiften von Tabakrauch.* Dem Tabak oder der Umhüllung wird ein Stoff zugesetzt, der bei der Verbrennungstemp. sublimiert, eine der Dampfspannung des Nicotins u. der Pyridinbasen vergleichbare Dampfspannung besitzt u. der bei den Tempp., die im Verbrennungsherd der Mischung vorkommen, nicht zersetzbar ist. Beispiel: 3-Pyridincarbonsäure u. ihre Derivate. (**D. B. P. 871 718** Kl. 79c vom 8/6. 1951, ausg. 26/3. 1953. It. Prior. 21/9. 1950.) KRANZ. 7735

Elisabeth Herzog-Pach (Erfinder: **Hans Herzog**), Zürich, Schweiz, *Filterkörper zum Entnicotisieren von Tabakrauch*, mindestens teilweise bestehend aus einer durch partielle Oxydation eines Kohlenhydrates erhältlichen Substanz, die in ihrem Mol. wenigstens eine Carboxylgruppe aufweist, z. B. Cellulosefasern, die oberflächlich mindestens zum Teil aus Oxycellulose bestehen. (**D. B. P. 871 719** Kl. 79c vom 3/10. 1950, ausg. 26/3. 1953. Schwz. Prior. 30/5. 1944.) KRANZ. 7735

XVII. Fette. Seifen. Wasch- u. Reinigungsmittel. Wachse. Bohnermassen usw.

Hiroshi Sakurai, *Untersuchungen über Reisöl*. 8. Mitt. *Trennung von Reisölfettsäuren mittels Harnstoffaddukten*. 2. Teil. *Bildung der Addukte bei gewöhnlicher Temperatur*. (7., 1. Teil, vgl. J. chem. Soc. Japan, ind. Chem. Sect. [Kogyo Kagaku Zassi] **55.** [1952.] 16.) Während die Fettsäuren (**I**) des sogenannten *Reis-(kleie-)öls* mit CH_3OH als Lösungsm. mit Harnstoff (**II**) eine homogene Fl. bilden u. bzgl. der **II**-Adduktbldg. keine auswählende Wrkg. erkennen lassen, ist eine solche Wrkg. bei Verwendung der Methylester unter Bldg. von 2 Fl.-Schichten zu beobachten (durch die JZ.). Bei Anwendung der **I** ohne Lösungsm. zur Rk. mit wss. **II**-Lsg. ist die JZ. des adduktbildenden Anteils gleich der unter Benutzung eines Lösungsm., aber die Ausbeute an diesem Anteil u. damit die Wirksamkeit der Trennung steigt. (J. chem. Soc. Japan, ind. Chem. Sect. [Kógyó Kagaku Zassi] **55.** 80—82. Febr. 1952. Osaka, Univ. [Orig.: japan.]) SCHULER. 7894

R. Neu, *Glycerin-Reinigung ohne Destillation*. Beschreibung eines Verf. zur Reinigung von Glycerinen durch Behandlung mit Kationen- u. Anionenaustauschern. In gewissen Fällen, z. B. bei Geh. an Estern oder Acrolein, muß dem Ionenaustausch eine Behandlung mit H_2SO_4 geeigneter Konz. vorangehen. (Fette Seifen einschl. Anstrichmittel **53.** 205—07. Apr. 1951.) GERHARD GÜNTHER. 7908

Guido Coatti, *Seifen und Seifenersatzstoffe*. Sammelbericht über Herst. u. Wirkung. (Riv ital. Essenze, Profumi, Piante officin., Olii veget., Saponi **34.** 553—55. 15/11. 1952.) GRIMME. 7910

Franzke, *Zur Fettanalytik*. 1. Mitt. *Die Rhodanometrie*. Voraussetzung für den Erfolg dieser Meth. ist exakte Best. der JZ. u. Rhodan (**I**)-Zahl (RhZ.) nach KAUFMANN. Beschreibung der Best. der RhZ., Herst. der **I**-Lsg. u. Wiedergabe der Gleichungen für die Berechnung des prozentualen Anteils an einzelnen Komponenten im Fett- bzw. Fettsäure (**II**)-Gemisch. Es wird empfohlen, die Best. der JZ. u. RhZ. nicht am Fett selbst, sondern an den in üblicher Weise abgetrennten **II** vorzunehmen, damit ein unkontrollierbarer Verbrauch an J bzw. **I** (infolge Geh. an hochgesättigten Verbb. im Unverseifbaren) vermieden wird. (Lebensmittel-Ind. Ausg. B. **3.** 103—04. Okt. 1951.) RANG. 7932

Federico Arborio Mella, *Beitrag zur stalagmometrischen Wertbestimmung von Seifen und synthetischen Waschmitteln in Lösung*. Der Stalagmometer nach TRAUBE u. seine Handhabung werden besprochen (Olii minerali, Grassi Saponi, Colori Vernici **29.** 102—103. Sept. 1952.) GRIMME. 7938

Aktiebolaget Separator, Stockholm, Schweden, *Raffination von fetten Ölen*. Man führt die Raffination in 2 Stufen durch, indem zunächst mit starker Lauge in ungenügender Menge raffiniert u. zentrifugiert wird, worauf Raffination mit restlicher Lauge erfolgt. (**E. P. 684 035** vom 17/2. 1950, ausg. 10/12. 1952. Schwed. Priorr. 2/3. 1949 u. 5/1. 1950.) LÜTTGEN. 7875

Catalytic Chemicals-Division of E. F. Drew & Co., New York, N. Y., übert. von: **Seymour Faulkner**, Summit, N. J., V. St. A., *Katalysator für die Fetthärtung*. 48—70(%) Fett (F. 105—150° F.), 20—32 feinverteiltes Ni u. 10—20 eines feinverteilten Filterhilfsmittels werden warmgemischt u. in 1—3 Zoll dicke Blöcke gegossen. — Zeichnung. (**A. P. 2 609 346** vom 1/9. 1948, ausg. 2/9. 1952.) LÜTTGEN. 7881

A. E. Staley Mfg. Co., übert. von: **Ralph A. Marmor** und **Wendell W. Moyer**, Decatur, Ill., V. St. A., *Entfärben von Miscella*. Die bei der Extraktion von Sojaöl mit Hexan anfallenden Lsgg. werden bei $<50°$ mit Bleicherden entfärbt. (**A. P. 2 608 566** vom 17/6. 1947, ausg. 26/8. 1952.) LÜTTGEN. 7895

Kraft Foods Co., übert. von: **Clarence E. Nelson**, Chicago, und **Edward K. Kuhles**, Wilmette, Ill., V. St. A., *Herstellung einer genießbaren öligen plastischen Substanz*, welche bei n. Temp. über 80% nichtfl. Fett enthält. Man erhitzt das Material bis zur Verflüssigung des Fettes, mischt es mit einer Fl., z. B. fl. CO_2, unter Druck, sprüht die Mischung in eine unter Druck stehende Kammer, erniedrigt gleichzeitig die Temp. unter den Verflüssigungspunkt des Fettes u. vereinigt die entstandenen feinverteilten festen Bestandteile mechan. zu einem zusammenhängenden plast. Masse. — Vorrichtung. (**A. P. 2 557 135** vom 10/2. 1945, ausg. 19/6. 1951.) MAASS. 7901

Lever Brothers & Unilever Ltd., Port Sunlight, England, *Kontinuierliche Herstellung von Margarine.* Man mischt die fettigen u. wss. Bestandteile der Margarine im erwünschten Verhältnis, kühlt gleichzeitig u. kontinuierlich schnell ab, emulgiert die Mischung u. homogenisiert das gekühlte u. emulgierte Material unter Passieren mehrerer Maschensiebe) in einem kontinuierlichen Strom. Beim Passieren von einem Sieb zum anderen läßt man die Substanz eine andere Richtung einschlagen. — Vorrichtung. (**E. P. 650 482** vom 25/4. 1949, ausg. 28/2. 1951.) MAASS. 7901

Henkel & Cie. G. m. b. H. (Erfinder: **Ludwig Mannes** und **Walter Pack**), Düsseldorf, *Herstellung von Seifen,* dad. gek., daß man höhere aliphat. Aldehyde, die z. B. aus Co, N_2 u. Olefinen erhältlich sind, mit Alkali- oder Erdalkalihydroxyden in der Hitze evtl. unter Druck, behandelt. (**D. B. P. 864 594** Kl. 23e vom 12/4. 1940, ausg. 26/1. 1953.) LÜTTGEN. 7911

„Chimiotechnic", Union Chimique du Nord & du Rhône Akt.-Ges., Rhône, Frankreich, *Netz- und Reinigungsmittel für Industriezwecke.* Man blockiert zunächst die saure Funktion einer Fettsäure mit mindestens einer Doppelbindung in der C-Atom-Kette durch Substitution (Chlorieren, Aminieren oder Verestern der Säure oder Einwirkenlassen eines Amins auf das neutrale Säureglycerid), macht die so erhaltene Verb. durch Oxychlorieren der Doppelbindung mittels NaOCl oder Cl_2 in Ggw. von W. lösl. u. führt sie gegebenenfalls mittels eines alkal. Bisulfites ($NaHSO_3$) in der Wärme in ein sulfoniertes Deriv. über. Die so erhaltenen Verbb. sind gute Reinigungs- u. Entfettungsmittel für die Textil- u. Lederindustrie sowie für den Haushalt. (**F. P. 978 996** vom 15/1. 1942, ausg. 20/4. 1951.) RAETZ. 7913

Scottish Oils Ltd., Glasgow, Schottland, *Herstellung von Reinigungsmitteln.* Man sulfoniert eine *Schieferölfraktion* vom Kp. 270—360° bes. mit 96—100%ig. Schwefelsäure u. neutralisiert das Reaktionsprod. mit einer Metallbase. (**N. P. 79 850** vom 15/9. 1949, ausg. 10/3. 1952. E. Prior. 15/9. 1948.) JÜRGEN SCHMIDT. 7917

S. Balstad, Oslo, Norwegen, *Herstellung von durchscheinend wirkenden Kerzen.* Man versieht die Kerzen mit einer porösen Außenschicht aus durchsichtigem u. schmelzbarem Material, z. B. porösem Stearin oder Paraffin. Die Porosität dieser Schicht wird durch Hindurchblasen von Luft beim Erstarren erzeugt. (**Schwed. P. 133 347** vom 29/9. 1950, ausg. 23/10. 1951.) JÜRGEN SCHMIDT. 7921

Badische Anilin- & Soda-Fabrik, Ludwigshafen/Rh. (Erfinder: **Karl Behringer**, Mannheim), *Herstellung von praktisch neutralen Wachspasten für die Putzmittelindustrie.* Man verseift die zu verwendenden Fettsäuren, Wachssäuren oder Wachsgemische mit einem Überschuß an Alkali u. neutralisiert dann die erhaltenen Mischungen in Ggw. eines in saurer Fl. wirksamen Emulgierungsmittels (wie durch Anlagerung von Äthylenoxyd an höhermol. aliphat. Alkohole oder alkylierte Phenole erhältlichen Verbb.) mit einer verd. wss. Lsg. einer schwachen Säure, z. B. Essig-, Propion- oder Weinsäure. (**D. B. P. 863 977** vom 4/3. 1943, ausg. 22/1. 1953.) GRÄGER. 7925

XVIII a. Holz. Cellulose. Zellstoff. Papier. Papierdruck. Celluloid. Linoleum.

Saara Asunmaa und **Paul W. Lange**, *Die Veresterung der Kohlenhydrate in der pflanzlichen Zellwand mit p-Phenylazobenzoylchlorid für die mikroskopische Untersuchung.* Um die Kohlenhydrate in der lingninfreien Zellwand mit mikrospektrograph. Methh. untersuchen zu können, muß in die Zellwand eine lichtabsorbierende Komponente eingeführt werden, welche mit den Kohlenhydraten quantitativ reagiert. Hierfür geeignet ist *p-Phenylazobenzoylchlorid,* welches mit der Faser quantitativ einen Ester bildet, wobei die Faserstruktur im wesentlichen unverändert bleibt. Die Lichtabsorption des Faseresters ist nahezu ident. mit der lichtabsorbierenden Komponente in Lösung. Das Max. der Absorptionskurve des Faseresters ist nur unbedeutend gegen längere Wellenlängen hin verschoben. Die Anwesenheit von Restlignin in der Zellwand kann nachgewiesen werden. (Svensk Papperstidn. **56.** 85—90. 15/2. 1953. [Orig.: engl.]) P. ECKERT. 7952

J. Farrar, S. M. Neale und **G. R. Williamson**, *Gebundenes Wasser im System Cellulose-wässrige Salzlösung.* Vff. wenden sich gegen das von HERMANS vorgeschlagene Verf., Messungen des spezif. Vol. zur Best. des in Cellulose fest gebundenen W. zu verwenden. Sie weisen nach, daß diese Aufnahme je nach der Art der im W. gelösten Stoffe sehr verschied. Werte annehmen kann. So ergibt der Zusatz von Sucrose, Na-Thiosulfat, Na-Sulfat u. einer Reihe anderer Stoffe positive Werte für fest gebundenes W., während der Zusatz von Alkalihalogeniden negative Werte erzielt. (Nature [London] **167.** 524. 31/3. 1951. Manchester, College of Technology.) v. SCHIESZL. 7954

Edgar J. Pagé, *Die Fraktionierung von Cellulose.* Es werden die integralen Verteilungskurven von verschied. Cellulosen (Zellstoff u. Reyon) vor u. nach der Einw. von UV-Licht ermittelt. Hierbei wurde gefunden, daß die Verteilungskurven bei beiden

Cellulosen durch den Abbau eine völlig andersartige Verteilung bzgl. ihrer Mol.-Gewichte aufweisen. Der experimentelle Teil ist ausführlich beschrieben. (Textile Res. J. **23.** 28—33. Jan. 1953. Putnam, Conn., Res. Div., Belding Heminway Corticelli.)
H. G. FRÖHLICH. 7954

J. Foster, *Die Entfernung von Schmutz aus ungebleichtem Sulfitzellstoff.* Bei der Herst. ungebleichten Sulfitzellstoffs bereitet die Entfernung der fettigen Schmutzteile erhebliche Schwierigkeiten. Geeignete Maßnahmen zur Entfernung werden beschrieben. (Pulp Paper Mag. Canada **53.** 259—63. 1952.) HEINRICHS. 7962

J. H. E. Herbst, *Herstellung von Chlorit-Holocellulose.* Vf. läßt auf Birkenholz-Sägespäne (18,0% Lignin, 0,1% Asche, 6,04% OCH_3) u. Rottannenholz-Sägespäne (27,0% OCH_3) bei Zimmertemp. schwach saure (p_H 4—5 u. 6—7) Lsgg. von *Na-Chlorit* 1 bis 6 Wochen lang einwirken, um das Lignin zu entfernen. Die unlösl. u. die lösl., nicht dialysierbare Fraktion werden isoliert u. gewogen. Es wird eine Beziehung zwischen OCH_3-Geh., UV-Absorption u. Cl-Geh. festgestellt, die auf die Ggw. eines chlorierten Ligninbruchstückes hinweist; ferner wurde bewiesen, daß in der lösl., nicht dialysierbaren Fraktion ein gegen Chlorit resistenter Lignin-Anteil vorhanden ist, der bei Birkenholz 2,5—3%, bei Rottannenholz 5,5—5% beträgt. (Canad. J. Chem. **30.** 668—78. Sept. 1952. Toronto, Ont., Ontario Res. Foundat., Dep. of Chem.) FAHRNLAENDER. 7964

—, *Die Überwachung der industriellen Nitrocellulosen.* Beschreibung der bei der fabrikationsmäßigen Herst. von Nitrocellulosen angewendeten Prüf- u. Überwachungsmethoden zur Charakterisierung der Prodd., wie z. B. Best. der Stabilität, Viscosität, Löslichkeit, des Stickstoffgeh., Reinheitsgrades u. des Geh. an flüchtigen Bestandteilen. (Ind. Plast. mod. **3.** Nr. 4. 25—27. Apr. 1951.) DALL'ASTA. 7970

A. J. M. Draper, *Einige Eigenschaften gewisser Farbstoffe und ihre Beziehungen zur Doppelseitigkeit des Papiers.* Bestimmte saure Farbstoffe, die zur Färbung von Papier dienen, zeigen an mit ihnen gefärbten Bögen eine Tendenz zur Wanderung an die erhitzte Oberfläche des Papiers, wenn das letztere mit Hilfe metall. Flächen getrocknet wurde. Dadurch entsteht ein zweiseitiger Effekt, der bei gleichen, aber an der Luft getrockneten Bögen nicht auftritt. Einige Eigg. der Farbstoffe bzgl. des Papierrohmaterials werden untersucht, ferner ihre Rk. mit Leim–Al-Verbb. geprüft, wobei erkannt wird, daß der Effekt mit wachsendem Aggregationsgrad des Farbstoffes kleiner wird. Verantwortlich für das Auftreten des Effektes sind folgende Faktoren: Löslichkeit, Capillaraktivität, Temp. u. die Anwesenheit von Al-Resinat. (Proc. techn. Sect., Brit. Paper Board Makers' (Inc.) Assoc. **32.** 751—67. Dez. 1951. Taunton.) WITTWER. 7980

J. D. Pelgroms, *Untersuchung der Papierstruktur durch weiche Röntgenstrahlen.* Inhaltlich ident. mit der in C. **1952.** 7435 referierten Arbeit. (Pulp Paper Mag. Canada **52.** 124—29. Sept 1951.) HEINRICHS. 7984

Kurt Schwabe und Horst Frind, *Eine Schnellmethode zur Bestimmung des leicht zugänglichen Anteils von Cellulosen.* In der vorliegenden Arbeit wird eine Meth. beschrieben, die unter Vermeidung der bisher notwendigen Hydrolysierzeiten u. der umständlichen Bestimmungen der hydrolysierten Cellulosen rasch u. einfach verläßliche Aussagen über die leicht zugänglichen Anteile der verschied. Cellulosematerialien zu machen gestattet. Verwendet wird die nasse Verbrennung der Kohlenhydrate mit Chromschwefelsäure. Die mathemat. Auswertung der Hydrolyse-Zeit-Kurven liefert eine empir. Beziehung, die aus einer einzigen Best. des durch Hydrolyse des gelösten Anteils nach 1,5 std. Hydrolysendauer den leicht zugänglichen (amorphen) Anteil zu ermitteln erlaubt u. nur eine Gesamtuntersuchungsdauer von 2 Std. erfordert. Die Hydrolysen-Zeit-Kurven folgen dem Zeitgesetz einer Rk. 1. Ordnung. Die Geschwindigkeitskonstanten sind im allgemeinen unabhängig vom Ausgangsmaterial. Weitere Einzelheiten werden besprochen. — 50 Literaturzitate. (Faserforsch. u. Textiltechn. **4.** 91—99. März 1953.) P. ECKERT. 8006

—, *Konsistenzbestimmung von Faserbrei.* Für die techn. Durchführung der Papierherst. ist die größtmögliche Genauigkeit der Konsistenzbest. des Faserbreies notwendig. Vff. geben mehrere Methh. bekannt, mit deren Hilfe je nach der Konz. des Faserbreies ausreichend übereinstimmende Resultate erhalten werden können. (Pulp Paper Mag. Canada. **52.** 112—15. Sept. 1951. Testing Committee, Techn. Sect., C. P. P. A.)

HEINRICHS. 8010

Farbwerke Hoechst, vormals Meister Lucius & Brüning, Frankfurt/M.-Höchst (Erfinder: **Karl Daimler,** Ehl-Malten, Taunus, und **Viktor Lorenz,** Bad Soden), *Holzschutzmittel.* Zur Imprägnierung von Holz werden wasserlösl. Salze der Amidosulfosäure, bes. rohes amidosulfosaures NH_4, als fungicid wirkende Mittel verwendet. Konz. ca. 0,5%. Die Salze sind für Mensch u. Tier nicht schädlich. (**D. B. P. 864 743** Kl. 38h vom 19/9. 1950, ausg. 26/1. 1953.) KARST. 7953

Aktiebolaget Defibrator, übert. von: **Gunnar Magnuson,** Stockholm, Schweden, *Verbesserter Zellstoffaufschluß.* Holzschnitzel, Strohhäcksel usw. werden 2—28 Std. in beliebiger Kochlauge bei Zimmertemp. gleichmäßig durchtränkt, in eine Dampfatmosphäre von 150—170°, z. B. in den Vorwärmer eines ASPLUND-Defibrators, übergeführt u. nach dem Aufweichen der Mittellamelle in der gleichen Atmosphäre sofort zerfasert. Das Verf. vermeidet stärkere chem. Rkk., z. B. Hydrolyse, u. liefert trotzdem einen, z. B. für Papier, genügend entlignifizierten Stoff. (**A. P. 2 610 119** vom 14/9. 1946, ausg. 9/9. 1952.) G. VOGEL. 7965

Eastman Kodak Co., Rochester, N. J., übert. von: **William A. Resch** und **Josef S. Carruthers**, Kingsport, Tenn., V. St. A., *Herstellung von Lösungen von Celluloseacetat* (I) *in Essigsäure* (II). Man verwendet S-freies I mit einem CH_3CO-Geh. von 42,5 bis 44%, löst bei 130—140° u. setzt der heißen Lsg. 1—10% (bes. auf I) $MgSO_4$ als Peptisiermittel zu. Verhältnis I:II=1:6—20, W.-Geh. von II: 3—20%. Herst. von Filmen, Fäden u. dgl. (**A. P. 2 607 703** vom 23/11. 1949, ausg. 19/8. 1952.) MÜLLER-MEININGEN. 7971

Hercules Powder Co. (Erfinder: **Eugene David Klug** und **Howard Gorddon Tennent**), Wilmington, Del., V. St. A., *Herstellung von Celluloseäthern*. Zerkleinerte Cellulose wird mit einem sek. oder tert. aliphat. Alkohol mit 3—5 C-Atomen (bes. Isopropanol, tert.-Butanol, tert.-Pentanol) in Ggw. von Alkali vermischt u. mit einem Oxalkylierungsmittel (Äthylen-, Propylenoxyd, Äthylenchlorhydrin) umgesetzt. (**D. B. P. 874 902** Kl. 12 q vom 3/11. 1950, ausg. 27/4. 1953. A. Prior. 4/11. 1949.) FABEL. 1089

R. T. Vanderbilt Co., Inc., New York, N. Y., übert. von: **William Lutton Craig**, Westport, Conn., V. St. A., *Herstellung von stark gefülltem Zellstoff*. Eine Mischung von mindestens 1 (Teil) Trockenzellstoff u. 5—10 $CaCl_2$ in 100 W. wird solange aufgeschlagen, bis die Fasern gelatinieren, u. das Ca, z. B. mit Na_2CO_3 oder Na_2SO_4, als feines Pigment in u. auf den Fasern gefällt. Statt Ca kann auch Ba oder Zn anwesend sein. Das Prod. dient nach Auswaschen des NaCl u. gegebenenfalls nach dem Trocknen als Holländerzusatz bei der Herst. n. gefüllter Papiere. (**A. P. 2 583 548** vom 17/3. 1948, ausg. 29/1. 1952.) G. VOGEL. 7979

Union Carbide & Carbon Corp., New York, übert. von: **Victor H. Turkington**, Mountain Lakes, und **Leon Shechter**, East Orange, N. J., V. St. A., *Beschichten von Papier und Textilien mit Kunststoffen*, die als Tapeten, Tischdecken oder dergleichen verwendet werden, u. gegen Seifenlsgg., Fruchtsäuren, organ. Lösungsmm. u. kochendes W. unempfindlich sind, mittels härtbarer Polyester-Harze aus mehrwertigen Alkoholen, wie Glykol, Glycerin, Sorbit, Mannit, u. einbas. Säuren, die 2—4 konjugierte Doppelbindungen u. eine von diesen in Konjugation mit der Säuregruppe besitzen, z. B. β-Vinylacrylsäure, Sorbinsäure, β-Styrylacrylsäure, ferner α.β-Isopropylidenpropionsäure, α-Vinylzimtsäure u. dgl. Z. B. wird Leinen wiederholt nach kurzem Zwischentrocknen mit einer Lsg. von Glykolsorbat in Toluol imprägniert u. dann zwischen Cellophan u. Metallplatten ca. 18 Std. bei 116° gepreßt. (**A. P. 2 589 459** vom 4/9. 1946, ausg. 18/3. 1952.) LAASS. 7987

Dynamit-Akt.-Ges., vorm. Alfred Nobel & Co. (Erfinder: **Ernst Becker**), Troisdorf, *Rohpapier für die Vulkanfiberfabrikation*, bestehend aus unveredeltem, zweckmäßig gebleichtem Sulfitzellstoff mit einem Zusatz von ca. 10—75% kaltveredeltem Natronzellstoff. (**D. B. P. 865 802** Kl. 39b vom 25/7. 1944, ausg. 5/2. 1953.) SALZMANN. 7987

Lloyd Warren Conklin, Toronto, Ont., Canada, *Verfahren zum Härten von Druckwalzen aus Leim–Glycerin-Massen*. Die Druckwalzen werden ca. 30 Tage lang der Einw. einer M. aus 6 (Teilen) Lanolin, 2 Glycerin u. 1 Hexamethylentetramin unterworfen. (**A. P. 2 598 761** vom 9/11. 1948, ausg. 3/6. 1952.) LAASS. 7989

E. I. du Pont de Nemours & Co., Wilmington, Del. (Erfinder: **Aurelius Franklin Chapman**, Kenmore, N. Y., V. St. A.), *Verpackungsmaterial aus Cellulosehydratfolien*. Ein Film aus Cellulosematerial wird mit einem wasserlösl., teilweise kondensierten Guanidincarbamidaldehydharz getränkt, welches durch die Rk. eines Aldehyds (I) mit Guanidin (II) u. einem Harnstoff (III) im Verhältnis von 1—4 (Mol) I u. 0,02—0,25 II pro Mol III erhalten wird. Der getrocknete Film wird alsdann mit einem wasserdichten Überzug, z. B. einem Nitrocellulose, Kolophonium, Paraffin, Weichmacher u. Lösungsm. sowie Maleinsäure (als Katalysator für den Aminoplasten) enthaltenden Lack versehen. (**D. B. P. 862 500** Kl. 39b vom 5/4. 1950, ausg. 12/1. 1953. A. Prior. 15/5. 1949.) SALZMANN. 7995

XVIIIb. Textilfasern.

Charles L. Kloss, *Die Theorie der Enzymentschlichtung von Textilien*. In einer kurzen Abhandlung wird darauf hingewiesen, daß für das erfolgreiche Entschlichten mit Enzymen die folgenden Faktoren ausschlaggebend sind: p_H-Optimum, richtige Temp., Behandlungsdauer u. Enzymkonz. sowie ein ausreichender Kontakt des Enzyms mit der

Schlichte (Stärke oder Leim). Ferner wird noch die apparative Seite der Entschlichtung besprochen. (Rayon synthet. Textiles 32. Nr. 1. 81—82. 92. Jan. 1951.)

H. G. FRÖHLICH. 8030

L. A. Fluck, G. F. Keppler, T. F. Cooke und **C. L. Zimmermann,** *Geruchsverhinderung bei mit Kunstharzen behandelten Geweben.* Textilien entwickeln nach Behandlung mit härtbaren Aminoplasten (Harnstoff- bzw. Melamin-CH_2O) häufig Fischgeruch. Dieser beruht auf der Bldg. von Aminen, die nach Ansicht der Vff. folgendermaßen entstehen: 1. durch Rk. zwischen NH_4^+ der Ammonsalzkatalysatoren u. aus den Harzen beim Härten abgespaltenem CH_2O, 2. durch Rk. zwischen NH_3 (aus NH_4^+-Verbb. oder aus NH_3-freien N-haltigen Katalysatoren) u. CH_2O, 3. durch Zers. des NH_3-freien, jedoch N-enthaltenden Katalysators direkt zu geruchsbildenden Aminen, bestätigt durch Laborverss., an harzfreien Geweben, welche mit Ammonsulfat, CH_2O u. Hexamethylentetramin imprägniert u. 5 Min. auf 150° erhitzt wurden. Die Geruchsbldg. wird in der Praxis begünstigt durch Trocknen in zu feuchter Atmosphäre, zu langes Härten, Unterlassung einer alkal. Wäsche (p_H 9—10 im 1. Bad, p_H 8 im 2. Bad). Die Zugabe eines CH_2O-Acceptors, wie Harnstoff oder Dicyandiamid, z. B. 20% bezogen auf den Festkörperanteil des Melaminharzes, zum Harzbad verhindert die Geruchsbldg., in den ausgerüsteten Geweben. Harzausrüstungen auf Wolle mit *Aerotex M-3* (methyliertes Trimethylolmelamin) u. Diammonphosphat entwickeln keinen Fischgeruch, weil hier Wolle selbst als CH_2O-Acceptor wirkt. Es wird weiter gezeigt, daß die Stabilisierung der Vorkondensationslsg. durch NH_3 schädlich ist u. durch Triäthanolamin erfolgen soll. Auch Formiate sollen in Kombination mit Kunstharzausrüstungen nicht verwendet werden. Zum Nachw. der Geruchsbldg. in Textilien wird folgende Meth. vorgeschlagen: Man walkt ein feuchtes Gewebestückchen mit den Händen u. riecht an den Händen, während diese an der Luft trocknen. Oder man arbeitet in das Gewebe eine kleine Menge Pufferlsg. (p_H 9) ein u. riecht an dem trockenen Gewebe. (Amer. Dyestuff Reporter **40.** P. 154—60. 5/3. 1951. American Cyanamid Comp.) ZAHN. 8032

Ss. A. Kuraitiss, I. A. Chochlow und **M. A. Russinowa,** *Methode zum Bleichen von Borsten mit Wasserstoffperoxyd.* Vff. untersuchen das Bleichen von Borsten mit H_2O_2 unter verschied. Bedingungen u. empfehlen folgende Arbeitsweise: Waschen in 5 Bädern 1. W. 40—45°, Flottenverhältnis (FV) 1:10; 2. u. 3. Soda (4—5 g/l) u. Seife (2 g/l), FV 1:10; 4. W. 40—45° FV 1:10; 5. kaltes W. mit 2% Essigsäure. Dauer eines jeden Bades 10—15 Minuten. Bleichen in Holzbottichen bei 20—25°. FV 1:10, H_2O_2 25 g/l, Dauer 48 Stunden. Nachbehandlung: 3—4maliges Auswaschen mit warmem W. (25 bis 30°) u. Trocknen nicht über 50—60°. Das Bleichbad kann nach Ergänzung bis zur vorgeschriebenen Konz. 20—30mal benutzt werden. (Легкая Промышленность [Leicht-ind.] **11.** Nr. 12. 27/28. Dez. 1951.) STSCHERBINA. 8032

S. M. Mukherjee, *Stuktur der Cellulosefasern unter dem Elektronenmikroskop.* Inhaltlich ident. mit der in C. **1953.** 628 referierten Arbeit.(Sci. and Cult. **18.** 215—17. Nov. 1952. Calcutta, Indian Jute Mills Assoc. Res.) P. ECKERT. 8040

J. M. Preston und **S. P. Gundavda,** *Einige Gesichtspunkte des Trocknens und Erhitzens von Textilien.* 7. Mitt. *Die Stabilität thermischer Modifikationen von Fasern gegen nachfolgende Behandlungen.* (6. vgl. C. **1951. II.** 3111.) Die Quellung erhitzter Fasern wird nach PRESTON, NIMKAR u. GUNDAVKA stark herabgesetzt. Um die Permanenz dieses Effektes zu prüfen, wurden konditionierte Viscose, Cuprammonium- u. Seidenfasern 1 Std. auf 100 u. 135° erhitzt. Der Einfl. von 1std. Kochungen der erhitzten Fasern in W., HCl (p_H 1,8—4,6) verd. Alkali (p_H 10—12) auf die Quellung wurde untersucht. Die Quellung der regenerierten Fasern ändert sich wenig, die von Seide nähert sich dem Wert der unbehandelten Fasern. (J. Soc. Dyers Coulorists **68.** 511. Dez. 1952. Manchester, Univ., Coll. of Technol.) ZAHN. 8040

Sachindra Kumar Datta, *Die chemische Zusammensetzung von Jutestengel.* Um einen Einblick in die chem. Zus. von Jutestengeln zu erhalten, wurden vom Vf. die Feuchtigkeit, der Geh. an Asche, Lignin, Pentosan, Hemicellulose, Furfurol u. der Gesamt-N ermittelt. In diesem Zusammenhang werden die verschied. Bestimmungsmethoden experimentell beschrieben. (J. Indian chem. Soc., ind. News Edit. **14.** 41—44. 1951. Calcutta, Bose Res. Inst., Dep. of Chem.) H. G. FRÖHLICH. 8052

G. J. Schuringa, C. J. Schooneveldt und **A. J. Ultée jr.,** *Die chemische Zusammensetzung der Epicuticula der Wolle.* 2. Mitt. *Quervernetzung im Epicuticulaprotein.* (1. vgl. C. **1953.** 3819.) 10 mg Epicuticula (**I**) wurde mit HCl hydrolysiert u. absteigend in Phenol $+NH_3$ sowie Butanol + Essigsäure chromatographiert u. die meisten in n. Wolle (**II**)-Hydrolysaten vorkommenden Aminosäuren wurden gefunden. **I** aus bromierter **II** enthält Cysteinsäure u. bromierte Tyrosin- u. Histidinderivv. **I** aus Na_2S-**II** enthält 3,5% Cystin, Lanthionin, Tyrosin, weniger Serin als **II**, mehr Histidin u. Lysin als **II**. Um die Frage der Unlöslichkeit von **I** an Modellpräpp. zu klären, wurden die Löslichkeiten von mit KCN behandelter **II** in Na_2S u. Papainlsg. bestimmt. Obwohl die Resistenz der Lanthionin-**II** gegen Papain erhöht ist, ist es unwahrscheinlich, daß diese Aminosäure für die Unlöslichkeit von **I** in Na_2S verantwortlich ist. Als Meth. zur Best. des Lanthionin in KCN-**II** wurde die Abnahme des Gesamt-S u. Cystin-S sowie die Menge des gebildeten Rhodanins erfaßt. Danach enthält mit 0,1 m. KCN-Lsg. gekochte **II** 7,9% Lanthionin. Eierschalenmembranen lösen sich nicht leicht in Na_2S u. gleichen hierin **I.** Im Hydrolysat wurden in Ergänzung zu Literaturangaben wenig Tyrosin, viel Serin, Threonin, Valin u. Histidin gefunden. (Biochim. biophysica Acta [Amsterdam] **9.** 506—14. Nov. 1952. Delft, Niederlande, Vetelinstitut T. N. O.) ZAHN. 8060

A. C. Goodings, *Beobachtungen über die Eigenschaften der Wolle, unter besonderer Berücksichtigung des Waschens.* Diskutiert werden D., Feinbau von Wolle, Seide u. Nylon u. einige Waschverss. geschmälzter Wolle. (Amer. Dyestuff Reporter **40.** P55—60. 22/1. 1951. Toronto, Can., Ontario Res. Found.) ZAHN. 8060

H. C. Borghetty, W. N. Pardey und **O. L. Sherburne,** *Mottenschutz mit Waschmittelkombinationen.* Vff. schlagen die Anwendung von 3.4-Dichlorbenzyltriphenylphosphoniumchlorid (*Eulan NK extra conc.*) (6 Teile salzfrei) kombiniert mit einem nichtion. Waschmittel, wie $C_8H_{17}-C_6H_4-O(C_2H_4O)_9H$ (34 Teile) u. 60 Teilen W. zum Mottenfestmachen von Wolle beim Waschen vor. Die Waschechtheit dieser Ausrüstung gegen Seife befriedigt nicht voll. Beschrieben werden die Durchführung des Verf. in Betrieb u. Haushalt u. die Echtheiten dieser sowie einer n. *Eulan NK*-Behandlung u. einer Ausrüstung mit einem Färbeeulan nach bis zu 20 Wäschen in Seife, nichtion. Waschmittel sowie Trockenreinigung. Zur Beurteilung dienten Fraßverss. mit Teppichkäferlarven auf der Basis des Gewichtes der Exkremente. (Amer. Dyestuff Reporter **40.** P119—21. 19/2. 1951. General Dyestuff Corp.) ZAHN. 8060

Howard S. Bunn, *Neue synthetische Faserstoffe. Bemerkungen über Rohstoffe, Fabrikationsmöglichkeiten und Kosten.* Übersicht mit besonderer Berücksichtigung neuerer Fortschritte in den Vereinigten Staaten. (Euclides [Madrid] **12.** 515—24. Dez. 1952.) R. K. MÜLLER. 8070

C. S. Grove jr., Joseph L. Vodonik und **Robert S. Casey,** *Fasern.* Zusammenfassender Überblick an Hand von 174 Literaturzitaten. Besprochen werden in erster Linie Chemiefasern. (Ind. Engng. Chem. **44.** 2318—24. Okt. 1952.) P. ECKERT. 8070

Masao Horio und **Michihoro Takahama,** *Über das kontinuierliche Herstellungsverfahren für Viscose.* 1. Mitt. *Über die kontinuierliche Mercerisierung.* Die folgende Meth. eignet sich zur Herst. einer Aufschlämmung von Alkalicellulose im Verlauf der kontinuierlichen Herst. der Alkalicellulose mittels der Schneckenpresse. Beim Passieren des Faserbreies mit einer bestimmten Menge Alkalilsg. durch einen zylindr. Hohlraum, in dem eine Welle mit mehreren Seitenarmen in schneckenförmiger Anordnung rotiert, bildet sich eine Aufschlämmung, die direkt auf eine Schneckenpresse aufgegeben werden kann. (Bull. Inst. chem. Res., Kyoto Univ. [Kagaku Kenkyusho Hokoku] **24.** 89—90. März 1951. Horio Labor.) SCHÄFF. 8074

V. B. Nicolaysen und **Gerd Lystad Borgin,** *Die Filtration der Viscose. Der Einfluß des Druckes, der Gelpartikelchen und der Mischgeschwindigkeit auf den Filtrationswert Kf.* An Hand zahlreicher Verss., deren Ergebnisse kurvenmäßig wiedergegeben werden, wurde gefunden, daß der Filtrationswert Kf vom Filtrationsdruck abhängig ist, u. zwar derart, daß Kf mit sinkendem Filtrationsdruck ansteigt. Es hat sich weiter gezeigt, daß bei einem niedrigen Filtrationsdruck (0,5—1 kg/cm^2) die Reproduzierbarkeit zu wünschen übrig läßt. Wird der Druck jedoch auf 2 kg/cm^2 erhöht, dann ist eine Korrektur nicht mehr erforderlich. In diesem Fall beträgt die Reproduzierbarkeit $\pm 5\%$. Ursache der Verstopfung der Filter sind bei einer gut filtrierbaren Viscose die Gelteilchen, die durch Quellung aus xanthogenierten Cellulosefasern entstehen. Darauf hingewiesen wird, daß gerade die am besten gereinigten Cellulosen zur Gelbldg. neigen. Es wird angenommen, daß hierfür die Brückenbindungen in der Cellulose, die im Verlaufe ihrer Herst. entstehen u. durch die Löslichkeit herabgesetzt oder verhindert wird, verantwortlich zu machen sind. Durch das Mischen bei hohen Geschwindigkeiten wird die Filtration infolge der Verminderung des Anteiles an Gelpartikelchen verbessert. (Norsk Skogind. **6.** 338—41. Nov. 1952. [Orig.: engl.]) P. ECKERT. 8074

H. Mark, *Einfluß der Molekularstruktur auf Eigenschaften.* Zusammenfassender Überblick an Hand der Literatur (15 Zitate) über die Entw. guter faserbildender Eigg. von Polymeren. (Ind. Engng. Chem. **44.** 2110—14. Sept. 1952. Brooklyn, N. Y., Polytechn. Inst. of Brooklyn.) P. ECKERT. 8080

Kiyoshi Hirabayashi und **Jun Hiramatsu,** *Über die thermische Zersetzung der Polyvinylalkoholfaser.* Der Vorgang der therm. Zers. der Polyvinylalkoholfaser wurde durch

Röntgenunterss. verfolgt. Nach einer Wärmeeinw. von 200° (7 Min.) wurde die Faser 24 Std. bei 110° getrocknet u. in einem elektr. Ofen therm. bei 150—415° in konstant gedehntem Zustand zersetzt. Zwischen 150 u. 200° tritt Kristallitwachstum ein, bei 200—250° desorientieren sich diese Kristallite, schm. u. zers. sich bei 250—350° u. veraschen oberhalb 350°. Die Dehydratisierungsgeschwindigkeit war zwischen 250 u. 300° am größten. (Bull. Inst. chem. Res., Kyoto Univ. [Kagaku Kenkyusho Hokoku] **24.** 93. März 1951. Sakurada Labor.) SCHÄFF. 8080

S. Kündig, *Zur quantitativen Kunstharzbestimmung: Die Kunstharzverluste bei der Vorbehandlung von Gewebemustern.* In der Ausrüstung werden häufig Appreturen, um diese wasserecht zu machen, z. B. Stärke, Dextrin u. a., mit Carbamid (I) oder Melaminharzen (II) behandelt. Um das Verh. der für Textilmaterial erwähnten angewandten Harze bei einigen in der Appretur häufig vorkommenden Behandlungen zu ermitteln, wurden folgende Verss. durchgeführt: Behandlung der mit I u. II imprägnierten Cellulosefasern, um die gegebenenfalls vorhandene Färbung zu entfernen. Die Arbeitsweise wird beschrieben. Zum Abziehen wurde Hydrosulfit verwendet. Es hat sich gezeigt, daß mit I imprägnierte Fasern durch die Behandlung die gesamte Appretur verloren. Weitere Einzelheiten können aus einer Tabelle entnommen werden. Weiter untersucht werden die Harzverluste, die bei der Reinigung der imprägnierten Gewebe entstehen, u. zwar die II-Verluste sowie das Verh. der I bei der Vorbehandlung des Gewebes für die Appreturanalyse. Es wurde gefunden, daß das Alter der Flotte keinen Einfl. auf die Kunstharzverluste hat, dagegen ist die Härtungstemp. von ausschlaggebender Bedeutung. Genaue Angaben hierüber werden gemacht. Die Best. der Harzverluste erfolgt durch Wägen des Prüflings vor u. nach der Behandlung u. Ermittlung des N-Geh. des Harzes. (Textil-Rdsch. [St. Gallen] **8.** 153—56. April 1953.) P. ECKERT. 8098

Ciba Akt.-Ges., Basel (Erfinder: **Franz Ackermann,** Binningen), Schweiz, *Derivate der 4.4-Diaminostilbendisulfonsäure-(2.2')* (**I**). Durch Rk. von 4.4'-Bis-[2-äthylamino-4-chlor-1.3.5-triazyl-(6)-amino]-stilbendisulfonsäure-(2.2') [hergestellt durch Kondensation von 2 (Mol) Cyanurchlorid mit 1 **I** u. 2 Monoäthylamin] mit o-Chloranilin (**II**) erhält man *4.4'-Bis-[2-äthylamino-4-o-chloranilino-1.3.5-triazyl-(6)-amino]-stilbendisulfonsäure-(2.2')*, deren Na-Salz ein in W. lösl., hellgelbes Pulver darstellt, das als *Aufhellmittel* für *Textilien* verwendbar ist. Statt **II** kann auch Anilin, o- bzw. p-Anisidin, Methylamin (**III**) usw. verwendet werden. — Durch Rk. von 1 4-Amino-4'-[2-äthylamino-4-(o-anisidino)-1.3.5-triazyl-(6)-amino]-stilbendisulfonsäure-(2.2') mit 1 Cyanurchlorid 1 **III** u. 1 Äthanolamin erhält man *4-[2-Methylamino-4-(β-oxyäthylamino)-1.3.5-triazyl-(6)-amino]-4'-[2-äthylamino-4-(o-anisidino)-1.3.5-triazyl-(6)-amino]-stilbendisulfonsäure-(2.2').* (**D. B. P. 870 263** Kl. 12p vom 1/5. 1951, ausg. 12/3. 1953.) BRÖSAMLE. 8027

E. I. du Pont de Nemours & Co., Wilmington, übert. von: **Stanley Earl Krahler,** Holly Oak Terrace, Del., V. St. A., *Optisches Bleichmittel für Cellulosetextilien,* bestehend aus einem Gemisch aus 50—90 (Teilen) *4.4'-Bis-(2.4-dimethoxybenzoylamino)-stilben-2.2'-di-(Na-sulfonat)* u. 40—10 *4.4'-Bis-(3-methoxy-2-naphthoylamino)-stilben-2.2'-di-(Na-sulfonat).* (**A. P. 2 600 004** vom 18/6. 1951, ausg. 10/6. 1952.) MÜLLER-MEININGEN. 8029

Tootal Broadhurst Lee Co. Ltd., übert. von: **Robinson Percy Foulds,** Manchester, England, *Nylonisieren von Textilgeweben.* Lineare Polyamide, bes. Polyalkylendiamin-Adipinsäureamide werden in H_2SO_4 gelöst auf das Gewebe aufgebracht u. dann durch Behandlung mit W. ausgefällt. Man verwendet z. B. eine Lsg. von 2 (Teilen) Polyhexamethylendiamin-Adipinsäureamid (F. 278°) in 27 H_2SO_4 von 70° Tw., zieht durch die Lsg. ein Baumwoll- oder Zellwollgewebe, quetscht ab, wäscht mit W., neutralisiert u. trocknet. (**A. P. 2 610 927** vom 29/7. 1947, ausg. 16/9. 1952. E. Prior. 8/3. 1943.) MÖLLERING. 8033

N. V. de Bataafsche Petroleum Mij., Den Haag, Holland (Erfinder: **Thomas Eugene Reamer,** Emeryville, Calif., V. St. A.), *Schützen von Textilien gegen den Angriff durch Schimmel und Bakterien.* Die Textilien werden mit hochmol. Cl-haltigen Aminen, die durch partielle Ammonolyse chlorierter aliphat. oder cycloaliphat., mindestens 12 C-Atome pro Mol. enthaltender KW-stoffe hergestellt worden sind oder mit deren Salzen behandelt. Die bes. aus natürlichem Paraffin hergestellten Cl-haltigen Amine sollen in den Materialien zu 2—10% enthalten sein. Bes. geeignet zur Behandlung von Baumwolle, Leinen, Jute, Bagasse, Wolle. (**D. B. P. 865 231** Kl. 45l vom 22/9. 1950, ausg. 2/2. 1953. A. Prior. 27/3. 1944.) KARST. 8037

Harry Hopkinson, Lawrenceville, N. J., V. St. A., *Flammfestmachen von Textilien, Papier oder Kunstleder.* Man imprägniert mit einer Dispersion, die SnO_2, ZnO, MgO, Fe_2O_3, TiO_2 usw., ferner eine als Bindemittel dienende chlorierte organ. Verb., wie Chlorkautschuk, Polyvinylchlorid, Methylpentachlorstearat, chloriertes Diphenyl oder

Paraffin, u. ein Borat, Silicat oder Phosphat eines Harzamins oder des Octadecylamins enthält. (**A. P. 2 610 920** vom 1/11. 1948, ausg. 16/9. 1952.) MÖLLERING. 8037

Ciba Akt.-Ges., Basel, Schweiz, *4.4'-Diaminostilbendisulfonsäurederivat zum Bleichen von Wolle.* — Man setzt 1 (Mol) Di-Na-Salz der 4.4'-Bis-[2.4-dichlor-1.3.5-triazyl-(6)-amino]-stilbendisulfonsäure-(2.2') mit 2 Phenol um u. läßt auf das entstandene Di-Na-Salz der *4.4'-Bis-[2-phenoxy-4-chlor-1.3.5-triazyl-(6)-amino]-stilbendisulfonsäure-(2.2')* 2 Monoäthanolamin einwirken. (**Schwz. P. 281 400** vom 14/10. 1949, ausg. 16/6. 1952.) LANGER. 8061

Farbenfabriken Bayer, Leverkusen, *Herstellung von acetonlöslichem Celluloseacetatformiat* mit $>$58% Säuregeh. [als Essigsäure (I) berechnet]. Lsgg. von Cellulosetriacetat (61—62,5% I) in HCOOH werden mit nur so viel verd. wss. Mineralsäure (H_2SO_4) versetzt, daß keine Ausscheidung erfolgt, längere Zeit stehengelassen u. dann gefällt. Geeignet zur Herst. von *Fäden* u. *Filmen.* (**D. B. P. 874 440** Kl. 12o vom 3/7. 1941, ausg. 23/4. 1953.) FABEL. 8075

Soc. „Rhodiaceta", Paris, Frankreich, *Bügelfeste Textilien aus Celluloseestern* erhält man durch eine Behandlung während oder nach der Verarbeitung mit einer Lsg. von Siliciumtetrachlorid, -tetraacetat, -tetrabutyrat oder -dichlordiacetat in Bzl., Xylol, Perchloräthylen oder Allylchlorid. (**E. P. 672 716** vom 21/6. 1949, ausg. 28/5. 1952. F. Prior. 21/6. 1948.) SALZMANN. 8077

XIX. Brennstoffe. Erdöl. Mineralöle.

Jean Chéreau, *Über eine Anomalie der isotherm registrierten thermogravimetrischen Kurven bei einer an Luft erhitzten Kohle.* In Fortsetzung früherer Verss. (vgl. C. **1953.** 4181) untersucht Vf. die Oxydationsanomalie von *Steinkohle* bei der isothermen Erhitzung an Luft in Abhängigkeit von der Zeit, Temp. u. Korngröße. Die thermogravimetr. Kurven zeigen nach dem Austreiben der Feuchtigkeit je nach Kornfeinheit u. Temp. mehr oder weniger ausgeprägt eine kurze Gewichtszunahme u. -abnahme, die beim Erhitzen in N_2 nicht auftritt. Die Erscheinung wird an Hand der graph. dargestellten Ergebnisse als Oberflächensensibilisierung bei der mechan. Zerkleinerung diskutiert. (C. R. hebd. Séances Acad. Sci. **234.** 1368—70. 24/3. 1952.) WEITBRECHT. 8126

G. Noetzlin, *Temperatur- und Verbrennungsverlauf im Feuerraum eines Schmelztrichterkessels.* An einer bestehenden Kesselanlage wurden Unterss. über Temperaturverlauf, Feuerraumaustrittstemp., Verbrennungsablauf u. Flammenstrahlung durchgeführt mit dem Ziel, eine Klärung von spontan auftretenden Verschlackungen der ersten Berührungsheizfläche zu geben, die bei der Verfeuerung ganz bestimmter Kohlenarten auftraten u. die nicht nur durch die Höhe der Aschenerweichungspunkte bzw. die Höhe der Sinterstufen zu erklären waren. (Mitt. Vereinig. Großkesselbesitzer **1953.** 300—20. Hüls.) SCHÖBERL. 8128

Paul Zurcher, *Schwefel aus Industriegasen.* Literaturübersicht. (Petroleum Processing **7.** 333—38. März 1952.) STEINER. 8130

K. Martini, *Die neuesten Ergebnisse der Sichtung der Lias-Kohlen Ungarns.* Vgl. der techn. u. wirtschaftlichen Vor- u. Nachteile der nassen u. trockenen Kohleaufbereitung. Bes. ausführlich wird die theoret. Grundlage der Kohleaufbereitung auf dem Luftherd nach MARTINI behandelt. Die Ergebnisse mit der Kohle von Komlo u. aus anderen Vorkk. werden mit denen anderer trockener u. nasser Setzverff. verglichen. (Acta techn. Acad. Sci. hung. **5.** 91—124. 1952.) LEBTAG. 8134

Josip Vučković, *Die Berechnung des Gasvorrats in einer Schicht.* Beispiele für die Berechnung von Naturgasvork. bei Bohrlöchern. (Nafta [Zagreb] **2.** Nr. 10. 10—15. Okt. 1951. Zagreb, Hauptverwaltung für Erdöl u. Gas.) BECKMANN. 8186

G. M. Ssucharew, *Beurteilung der voraussichtlichen Erdölfündigkeit nach hydrochemischen und Temperaturmerkmalen.* Untersuchungsbefunde der hydrochem. u. der Temperaturverhältnisse von mesozoischen u. tert. Ablagerungen, können, unter Berücksichtigung ihrer strukturellen Besonderheiten u. der litholog. Eigg., als Orientierung zum richtigen Ansatz von Mutungsarbeiten auf Erdöl oder Erdgas dienen. (Доклады Академии Наук СССР [Ber. Akad. Wiss. UdSSR] [N. S.] **77.** 645—47. 1/4. 1951. Grosny, Wiss. Erdöl-Forschungsinst.) v. MICKWITZ. 8188

Clyde Berg, *Das Kobaltmolybdat-Verfahren zur Raffination von hochschwefelhaltigen Ausgangsölen.* Das unter H_2-Druck arbeitende Hydroforming-Verf. wird an Hand von Fließdiagrammen beschrieben u. gezeigt, wie S-, N- u. O-Verbb. in KW-stoffe umgewandelt werden. (Petroleum Processing **7.** 186—89. Febr. 1952. Union Oil Co. of California.) K. O. MÜLLER. 8200

Masayasu Takao und **Shinichi Tomiyama,** *Herstellung von Diffusionspumpenöl aus höheren Alkoholen.* (Vgl. KUWATA, TOMIYAMA u. TAKAO, Bull. chem. Soc. Japan **22.**

[1949.] 66.) Durch katalyt. Kondensation (mittels Kaolin, 20—25% des Alkohols) von 1 Mol eines höheren, durch Druckhydrierung aus Pottwalölen gewinnbaren Alkohols mit 2 Mol Naphthalin bei 180—200° in 30—60 Min. werden in 57—59% (der Theorie) Ausbeute *Monoalkylnaphthaline* erhalten, die nach sorgfältiger Fraktionierung, auch in techn. Maßstab, in 38—40% (der Theorie von den Alkoholen berechnet) Ausbeute, ein oxydationsbeständiges hochqualifiziertes Diffusionspumpenöl für $6-8 \cdot 10^{-7}$ mm Hg liefern. (J. chem. Soc. Japan, ind. Chem. Sect. [Kōgyō Kagaku Zassi] **55.** 98—100. Febr. 1952. [Orig.: japan.]) SCHULER. 8220

H. Mallison, *Oberflächenerscheinungen auf Straßenteeren.* Vf. schildert das verschied. Verh. der Oberflächen von Straßenteeren, wenn diese in dünner Schicht auf Glasplatten der Lufteinw. überlassen wurden, wobei in einem Fall der Teer nicht erwärmt, im anderen Fall auf 100° vorerhitzt war. Einer blanken Oberfläche stand im zweiten Fall eine matte Oberfläche gegenüber. Vf. erklärt dieses Phänomen dadurch, daß der Teer bei Zimmertemp. ein von dispersem gequollenem u. gelöstem hochmol. Teerharz erfülltes Kolloidsyst. darstellt, wobei die Teeröle das Medium bilden. Wird der Teer auf 100° erhitzt, so quellen gewisse Teerharze u. nehmen durch Solvatisierung Teeröle auf. Wird dann der Teer abgekühlt, dann geben die Teerharze das in der Wärme aufgenommene Teeröl wieder ab, u. es tritt eine labile Kolloidstruktur ein. Die Labilität kann nach Ansicht des Vf. auch so erklärt werden, daß bei gewöhnlicher Temp. feste KW-stoffe, die sich im eutekt. Gemisch gegenseitig in Lsg. halten, bei Verdunsten von z. B. Naphthalin an diesem Stoff verarmen u. daß dieser KW-stoff dem Eutektikum mit Anthracen usw. dann fehlt. Infolgedessen kann an der Oberfläche eine Ausscheidung von Anthracen erfolgen, so daß eine matte Oberfläche entsteht. Diese Oberflächenerscheinungen, die auf Teerschichten als Folge von Teerölverdunstung, Oxydation u. Gelharzschichtbldg. auftreten, kann man durch Zusatz einer geringen Menge „Synokoll" verzögern. Prakt. Bedeutung für den Teerstraßenbau wird erläutert. (Bitumen, Teere, Asphalte, Peche verwandte Stoffe **3.** 315—16. Dez. 1952. Bochum, Verkaufsvereinigung für Teererzeugnisse Akt.-Ges.) K. O. MÜLLER. 8236

C. E. Spooner, *Anwendung von Mikromethoden auf technische Produkte der Kohleindustrie.* Es wird ein Verf. zur Mikrobest. wichtiger Bestandteile in einer einzigen Einwaage angegeben: Man verschiebt das Pt-Schiffchen mit der eingebrachten Probe von 5—10 mg Kohle in einem Porzellanrohr derart, daß es zunächst, während trockene, vorgewärmte O_2 durchgeleitet wird, in einem Al-Block nur auf 110° erhitzt u. die innerhalb 5 Min. abgespaltene Feuchtigkeit in einem mit Anhydron gefüllten Absorptionsgefäß, das sich am anderen Ende des Ofens befindet, aufgefangen wird. Nach Abschaltung u. Wägung des letzten werden die üblichen Absorptionsgefäße für das bei der Verbrennung entstehende CO_2 u. *W.* an seine Stelle gebracht, während ein Ag-Drahtnetz zur Absorption von S-Oxyden ins Ende des Verbrennungsrohrs kommt. Das Schiffchen wird bei weiterem Durchleiten des O_2 langsam innerhalb 6 Min. in den vom Widerstandsofen umgebenen Teil des Rohrs geschoben u. dort 4 Min. weiter erhitzt: auf 1350°, wenn auch der S vollständig verbrannt werden soll, auf 800°, wenn auf S-Best. verzichtet wird. Die *Asche* wird im Schiffchen gewogen, das auf dem Ag-Drahtnetz haftende Ag_2SO_4 gelöst u. der Gewichtsverlust des Netzes als *S* in Rechnung gestellt, oder dieser wird aus der Titration der Ag_2SO_4-Lsg. ermittelt. Der *P*-Geh. der Asche wird nach BELCHER colorimetriert. — CO-Best. im Grubengas: Die Empfindlichkeit der auf dem Nachw. von J_2, das aus J_2O_5 durch CO freigemacht wird, beruhenden CO-Best. wird dadurch gesteigert, daß das freigemachte J_2 erst in einem Röhrchen mit 50 mg trockenem Silicagel absorbiert u. dieses mit 0,07 ml einer 1%ig. Stärkelsg., die 0,1% KJ enthält, behandelt wird, so daß das J_2 in einem viel kleineren Vol. als sonst mit 0,002 n $Na_2S_2O_3$-Lsg. titriert wird. Nachweisgrenze: 0,0001% CO in 300 ml Luftprobe. (Mikrochem. verein. Mikrochim. Acta **36/37.** 1106—13. 1951. Manchester, Nat. Coal Board, Centr. Labor.) METZENER. 8242

J. D. Gilchrist und **J. Taylor,** *Die Bestimmung des Porenvolumens bei metallurgischen Koksen.* Es wird ein auf Best. der scheinbaren D. beruhendes Verf. beschrieben. Metallurg. Kokse weisen zwei Porengrößen auf, 0,05—0,5 mm u. 1,0—2,0 mm. Schott. Kohlen geben Kokse mit großen, Kohlen von Durham u. Wales Kokse mit kleinem Porenvolumen. (J. Inst. Fuel **24.** 207—11. Sept. 1951. Glasgow, Royal Techn. Coll.) STEINER. 8246

G. W. Cherry und **E. Haden,** *Die Bestimmung von Wasser im Teernebel im Auspuff von Entteerern mittels des Fischerschen Reagenses.* Die Genauigkeit der Teerbest. hängt eng mit der Genauigkeit der Wasserbest. zusammen. Der App. wird beschrieben (Abb.). Die Probe mit dem FISCHERschen Reagens wird in eine Bürette gepumpt u. dann in einem Gefäß elektrometr. titriert. Solange W. vorhanden ist, sind die Pt-Elektroden polarisiert, später bei J-Überschuß gibt das Galvanometer einen großen Ausschlag. Die Titration ist beendet, wenn der Ausschlag 30 Sek. konstant bleibt. Der App. wurde mit bekannten Wassermengen geeicht. Der Fehler betrug dabei im Mittel ±0,006 g W. bei bestimmten Wassermengen von 0,05—0,98 g. Die Versuchsergebnisse einer Titration sind wiedergegeben. (Chem. and Ind. **1952.** Nr. 32. 780. 9/8.) MIETHING. 8248

Richard A. Patton und **Joseph H. Lieblich**, *Modifizierte Methode zum Schätzen der Korrosion, die durch freien Schwefel und Schwefelverbindungen in Ölen hervorgerufen wird.* Die vorläufige ASTM-Meth. *D 130–50 T* (Best. des freien u. korrosiven S in Erdölprodd.) wird einer krit. Betrachtung hinsichtlich der Kupferstreifenmeth. zur Abschätzung der korrosiven Natur von Ölen unterzogen u. gefunden, daß diese Anlauffarben keine eindeutigen Werte ergeben. — Zahlreiches Versuchsmaterial. (ASTM Bull. **1952.** Nr. 186. 59—66. Dez. Pittsburgh, Pa., Mellon Inst., Dep. of Res. Chem. Phys.) K. O. MÜLLER. 8252

H. W. Kellogg, **E. F. Mahlke** und **J. T. Jones**, *Zeitsparende Bleitetraäthylanalyse in Benzin mit Hilfe des Röntgenstrahlenphotometers.* Versuchsanwendung u. -durchführung der schnellen u. genauen Bleitetraäthylbest. in Benzinen. Verwendet wird der General Electric Röntgenstrahlen-Photometer Modell 532–8350 G 1. — Analysenanordnung. (Petroleum Processing **7.** 1430—32. Okt. 1952. Yonkers, N. Y., Gasoline Testing Div., Ethyl Corp.) K. O. MÜLLER. 8254

Sinclair Refining Co., New York, N. Y., übert. von: **Leroy K. Cheney**, Lansing, Ill., V. St. A., *Pyrolytische Umwandlung von Ölschiefer.* Der Ölschiefer wird gemahlen, mit W. aufgeschlämmt u. der entstandene Brei mit 0,5—6% HF unter gutem Durchmischen behandelt, wobei sich ein Fluorkatalysator bildet. Man filtriert den Brei, um das überschüssige W. zu entfernen, trocknet den abfiltrierten Ölschiefer u. erhitzt ihn in einer Retorte, um Schieferöl zu gewinnen. — Zeichnung. (**A. P. 2 609 331** vom 17/6. 1947, ausg. 2/9. 1952.) UNGER. 8181

Socony-Vacuum Oil Co., Inc., New York, N. Y., übert. von: **Euclid V. Watts**, South Pasadena, und **Bert Folda jr.**, Los Angeles, Calif., V. St. A., *Leistungssteigerung bei Ölpumpen.* Zur Verhinderung des Schäumens des zu pumpenden Öles setzt man den Ölsonden in dem Zwischenraum zwischen Bohrloch u. Rohrleitung geringe Mengen Dimethylsilicon [0,5—5 (Teile) : 1000000 Öl] zu. (**A. P. 2 585 522** vom 8/3. 1947, ausg. 12/2. 1952.) DERSIN. 8191

Texaco Development Corp., New York, übert. von: **Wynkoop Kiersted jr.**, Scarsdale, und **Howard H. Gross**, Pleasantville, N. Y., V. St. A., *Trennung von Öl und Wachs durch kontinuierliche Filtration.* Man führt einen Strom der Öl–Paraffin-Mischung (enthaltend n. u. isoparaffin. Bestandteile) mit einem Lösungsm. bei 0° F zu einer 1. Filtrierzone, wobei man als Filtrat paraffinfreies Öl, gelöst in dem Lösungsm., u. einen Paraffinkuchen erhält. Man entfernt das Filtrat u. den Wachskuchen u. filtriert letzteren in Ggw. eines Lösungsm. bei höherer Temp., die aber immer noch unter n. Temp. liegt, in einer 2. Zone. Das 2. Filtrat enthält weiche Isoparaffine u. einen Paraffinkuchen, der hauptsächlich aus n. Paraffinen besteht. Einen Teil des n. Paraffins gibt man zu der Paraffinmischung, die der 1. Filtrationszone zugeführt wird. Als Lösungsm. verwendet man im allg. eine Mischung aus 45% Methyläthylketon u. 55% Handelsbenzol. — Zeichnung. (**A. P. 2 612 465** vom 29/6. 1948, ausg. 30/9. 1952.) UNGER. 8193

Anglo-Iranian Oil Co. Ltd., London, **John Welford Hyde** und **Frederick William Bertram Porter**, Sunbury-on-Thames, England, *Entfernen von Vanadium aus Petroleumprodukten* (**I**). V-Verbb. enthaltende **I**, bes. Öle für Gasturbinen, werden in fl. Phase in Ggw. S-beständiger Katalysatoren, z. B. Co-Molybdat auf Kieselgur, mit H_2 behandelt. (**E. P. 682 387** vom 22/6. 1949, ausg. 12/11. 1952.) LÜTTGEN. 8195

Badische Anilin- & Soda-Fabrik (Erfinder: **Kurt Berger**), Ludwigshafen/Rh., *Kontinuierliche Druckhydrierung von Kohlen, Teeren oder Mineralölen* in der fl. Phase. Sie wird wärmeökonom. durchgeführt, indem man die fl. oder angeteigten Ausgangsstoffe im freien Reaktionsraum zirkulieren läßt. — Zeichnung. (**D. B. P. 868 145** Kl. 12o vom 20/2. 1944, ausg. 23/2. 1953.) G. KÖNIG. 8199

Badische Anilin- & Soda-Fabrik (Erfinder: **Arno Scheuermann** und **Klaus Meisenheimer**), Ludwigshafen/Rh., *Herstellung von insbesondere leichtsiedenden flüssigen Kohlenwasserstoffen* durch Rk. von CO u. H_2 bei n. oder wenig erhöhtem Druck in Ggw. von Co enthaltenden Katalysatoren, die durch allmähliches Fällen leicht reduzierbarer Co-Verbb. aus Lsgg. von Co-Salzen hergestellt wurden, dad. gek., daß man in Ggw. solcher Co-Katalysatoren arbeitet, die unter Einhalten einer Fällungszeit von mehr als 3 Std. hergestellt wurden. Neben Co können unter den Reaktionsbedingungen nicht reduzierbare Metalloxyde, wie ThO_2, MgO, Al_2O_3, zugesetzt werden. Trägerstoffe, wie

Kieselgur, gelten nicht als Zusatzstoffe. (**D. B. P. 863 935** Kl. 12o vom 12/2. 1939, ausg. 22/1. 1953.) G. KÖNIG. 8201

Ruhrchemie Akt.-Ges. (Erfinder: **Otto Roelen** und **Walter Rottig**), Oberhausen-Holten, *Katalytische Hydrierung von CO* in Ggw. von Co-Katalysatoren bei n. oder erhöhtem Druck, dad. gek., daß man im Synthesegas ein CO : H_2-Verhältnis aufrecht erhält, das mindestens dem H-Bedarf entspricht, der für die ausschließliche Überführung des Sauerstoffs des CO in W. erforderlich ist.Das CO : H_2-Verhältnis kann mehr als 1 : 2,23 betragen. Man arbeitet bei möglichst niedrigen, mindestens um 10—15° tieferen Tempp. als den üblichen u. senkt die Gasbelastung bis auf 50% der normalen. (**D. B. P. 866 785** Kl. 12o vom 14/10. 1948, ausg. 12/2. 1953.) G. KÖNIG. 8201

Standard Oil Development Co., Del., übert. von: **Edward A. Hunter**, Baton Rouge, La., V. St. A., *Katalysatoren für katalytisches Isomerisieren, Reformieren, Hydrieren, Spalten* sind anorgan. Gele, z. B. SiO_2, SiO_2–Al_2O_3, SiO_2–Al_2O_3–MgO, die mit Metalloxyden, bes. Al_2O_3, imprägniert sind. Die Metalloxyde werden als Alkoholate auf die 2—20, bes. 7—12 Gew.-% Feuchtigkeit enthaltenden Gele aufgebracht, wobei eine Rk. zum Metallhydroxyd unter Rückbldg. des Alkohols erfolgt. Anschließend wird getrocknet u. calciniert. Das Regenerieren des 2—20 Gew.-% Feuchtigkeit enthaltenden Katalysators erfolgt mit einer Lsg. eines Metallalkoholats in einem KW-stoff, Entfernen des zurückgebildeten Alkohols, Trocknen u. Calcinieren. Den verbrauchten Katalysator kann man auch mit einer wss. Lsg. eines Halogenwasserstoffs digerieren, auf den Feuchtigkeitsgeh. von 2—20 Gew.-% bringen u. mit Alkoholaten umsetzen. (**A. P. 2 582 254** vom 7/5. 1949, ausg. 15/1. 1952.) G. KÖNIG. 8201

Badische Anilin- & Soda-Fabrik, Ludwigshafen/Rh. (Erfinder: **Willy Hirschberger**, Ludwigshafen/Rh., und **Theodor Lajus**, Sao Paolo, Brasilien), *Lagerbeständiges Benzin.* Verbesserung von Benzinen, dad. gek., daß man ihnen aliphat. Alkohole, Ketone, Aldehyde oder Lactone mit mindestens 4 C-Atomen im Mol in Mengen von <1% zusetzt, bes. solche mit verzweigter Kette, die bei der CO-Hydrierung entstanden sind. (**D. B. P. 864 640** Kl. 46a[6] vom 25/7. 1941, ausg. 26/1. 1953.) DERSIN. 8205

Anglo-Iranian Oil Co. Ltd., London (Erfinder: **Harold John Alty**, Sunbury-on-Thames, England), *Stabilisierung von Bleitetraäthyl enthaltenden Treibstoffen* für Vergasermotoren, dad. gek., daß dem Treibstoff eine geringe Menge, bes. <1% eines Alkylsulfats, z. B. Dimethyl-, Dipropyl- oder Dibutylsulfat, zugesetzt wird. (**D. B. P. 864 777** Kl. 46a[6] vom 1/1. 1949, ausg. 29/1. 1953. E. Prior. 19/2. 1945.) DERSIN. 8205

Badische Anilin- & Soda-Fabrik, Ludwigshafen/Rh. (Erfinder: **Mathias Pier**, Heidelberg, **Ernst Donath**, Pittsburgh, Pa., V. St. A., und **Gerhard Free**, Ludwigshafen/Rh.), *Herstellung klopffester Benzine* durch Behandlung von Schwerbenzin oder Mittelöl bei Tempp. von 420—550° u. einem Gesamtdruck von mehr als 5 at, höchstens jedoch 100 at, in Ggw. von H_2 mit einem Partialdruck, der ca. 20—80% des Gesamtdruckes beträgt u. unter ca. 50 at liegt, wobei ein aus einem oxyd. Träger u. einem katalyt. wirkenden Stoff bestehender Katalysator, der gegebenenfalls noch ein oder mehrere Oxyde von Metallen der 5. oder 6. Gruppe des Period. Syst. enthält, in feinstverteilter Form im Schwebezustand zusammen mit dem dampfförmigen Ausgangsstoff durch den Reaktionsraum bewegt u. dann von den Reaktionsprodd. abgeschieden wird u. die den Reaktionsraum verlassenden H_2-haltigen Gase ohne weitere Zugabe von frischem H_2 in einer Menge von 0,3—4,5 m^3/kg Ausgangsstoff in den Reaktionsraum zurückgeführt werden, dad. gek., daß man als katalyt. wirkenden Stoff ein Metallfluorid (I) verwendet. Als I eignen sich vorteilhaft die alkalifreien Metallfluoride des Fe, Ni, Co, Mn, Cr, Mo, W, Cd, Zn, Cu, Al oder Mg, oder Mischungen dieser Metalle in Mengen von 0,05—20% der Mischung. Das Verf. kann in mehreren Stufen bei steigenden Tempp. ausgeführt werden. (**D. B. P. 863 037** Kl. 12o vom 17/7. 1941, ausg. 15/1. 1953.) G. KÖNIG. 8207

Badische Anilin- & Soda-Fabrik, Ludwigshafen/Rh. (Erfinder: **Walter Krönig**, Hamburg), *Gewinnung flüssiger Kohlenwasserstoffe aus Asphalten*, die mittels verflüssigter, bei n. Temp. gasförmiger KW-stoffe (I) aus asphalthaltigen Ölen ausgefällt wurden. Die Asphalte werden bei 10 at so lange auf 420—470° erhitzt, daß eine Aufspaltung eines wesentlichen Teiles der bei 12 mm Hg über 325° sd. Anteile erfolgt. Nach Abkühlung u. Entspannung wird das Zwischenprod. mit I auf *Heizöl, Dieselöl* oder *Schmieröl* aufgearbeitet. (**D. B. P. 845 089** Kl. 23b vom 24/1. 1939, ausg. 28/7. 1952.) v. HUHN. 8217

Standard Française des Petroles, Paris, Frankreich, *Schmieröle.* Man alkyliert aromat. KW-stoffe, z. B. Rohbenzol, durch Einw. von gasförmigen Olefinen oder Dichloräthan in Ggw. von $AlCl_3$ u. läßt weiter durch Cracken von Paraffin in der Dampfphase bei 480° erhaltene fl. Olefine in Ggw. von $AlCl_3$ einwirken, die polymerisiert werden,

u. die partiell alkylierten aromat. KW-stoffe weiter reagieren. Man erhält viscose Öle. (**E. P. 666 209** vom 30/12. 1947, ausg. 6/2. 1952. F. Prior. 24/9. 1946.) DERSIN. 8221

Standard Française des Petroles, Paris, Frankreich, *Hochdruckschmierölmischung.* Mineralschmierölen, die mit ca. 10% chlorierten Paraffin-KW-stoffen, z. B. Gasöl mit 40% Cl, vermischt sind, setzt man 1—25% Schieferöle, die von 250—300° sd. u. 13 bis 25% S als hochmol. Alkylthiophene enthalten, u. 0,5—5% Triphenyl- oder Trikresylphosphat zu. Die Schieferöle können auch noch chloriert oder durch Erhitzen mit P_2S_5 phosphorisiert sein. (**E. P. 676 548** vom 3/1. 1950, ausg. 30/7. 1952. F. Priorr. 3/3. u. 21/3. 1949.) DERSIN. 8221

Waggonfabrik Uerdingen Akt.-Ges. (Erfinder: **Wilhelm Klougt**), Krefeld-Uerdingen, *Hochdruckfeste Schmierstoffe,* bes. für Ringfedern, bestehend aus einer Fettgrundlage u. einem Zusatz von Kunstharzen, welche ölquellbar, öllösl. u. gegebenenfalls härtbar sind, z. B. Phenol- oder Polyvinylchloridharz. — Beispiel: 95—99,5 (%) kaliverseiftes, fadenziehendes Fett, 5—0,5 Kunstharz u. gegebenenfalls noch 2—10 Graphit. (**D. B. P. 865 174** Kl. 23c vom 13/10. 1951, ausg. 29/1. 1953.) DERSIN. 8223

Standard Oil Development Co., Elizabeth, N. J., V. St. A., *Synthetische Schmierstoffe* erhält man durch Rk. von 10—48 (Mol) Propylenoxyd mit 1 eines Esters einer aliphat. Oxycarbonsäure $C_1—C_{20}$, die 1—3 COOH- u. 1 oder mehrere OH-Gruppen enthält, z. B. Milch-, Citronen-, Glykol-, Hydracryl-, Oxybutter-, Oxystearin-, Ricinolsäure u. dgl., bei 35—45° in Ggw. von 0,1—0,5 $SnCl_4$ oder BF_3 je OH-Gruppe. (**E. P. 664 992** vom 23/9. 1948, ausg. 16/1. 1952. A. Prior. 31/12. 1947.) MÜLLER-MEININGEN. 8223

Union Oil Co. of California, Los Angeles, übert. von: **Peter Stanley Backlund,** Long Beach, und **Paul L. Polizotto,** Inglewood, Calif., V. St. A., *Bleichen von Erdölwachs durch Extraktion der Asphalt- und Harzverbindungen.* Zusatz von 10—20 Gew.-% MgO, Erwärmung auf 300—400° F. Nach einer Einwirkungsdauer von 15—30 Min. wird auf 200—240° F abgekühlt u. mit einem <6 C-Atome enthaltenden Alkohol, Keton oder Äther das gebleichte Wachs herausgelöst. (**A. P. 2 586 198** vom 5/1. 1948, ausg. 19/2. 1952.) v. HUHN. 8227

Maurice Moulin, Pétrole, propriétés et utilisations. T. IV. Le pétrole, source de produits chimiques. Paris: Soprodoc (112 S. m. 10 Abb.) fr. 880,—.

XXIV. Photographie.

Oszkár Szimán und **Ferenc Evva,** *Untersuchungen über die physikalische Reifung photographischer Emulsionen in binären Lösungen von Polyvinylalkohol–Gelatine mit der Amman-Brass'schen Methode.* Es wurde die physikal. Reifung von AgCl-Emulsionen in wss. Polyvinylalkohol (I) bzw. I-Gelatine-Lsgg. nach AMMAN-BRASS untersucht. Gefunden wurde, daß in reinen I-Lsgg. das Wachstum der AgCl-Körner prakt. ausbleibt, u. daß in den bin. Gemischen die Eigg. der Gelatine vorherrschen. In verd. Lsgg. (1%) ist eine kleinere Gelatinemenge (10—20% der gesamten Schutzkolloidmenge) ausreichend. Hierbei wurde angenommen, daß der I, obwohl dessen Adsorptionsfähigkeit geringer ist als die der Gelatine, sie doch wegen ihres einfacheren ster. u. elektrostat. Aufbaues eine viel dichtere Solcathülle bildet. Ferner hat sich ergeben, daß bei höheren Gemischkonzz. (5,8%) ein der Synärese ähnlicher Effekt beobachtet werden kann. Aus dem Gemisch scheidet sich die AgCl-Gelatine aus, u. man kann die I-Lsg. von dem Gel isolieren. (Magyar Kémiai Folyóirat [Ung. Z. Chem.] **58.** 306—09. Okt. 1952.) P. ECKERT. 8600

Johannes Rzymkowski, *Über die Herstellung photographischer Entwickler und ihre Regenerierung auf elektrolytischem Wege. Bemerkungen zu einer Veröffentlichung gleichen Inhalts von P. Roman.* (Vgl. ROMAN, C. **1953.** 3988.) Vf. bringt die Unterss. von RUTTER (Diss. Leipzig 1906) über die katalyt. Eigg. der V-Salze u. die Eignung von V^{2+} als Reduktionsmittel für AgBr in Erinnerung u. weist auf seine eigenen Arbeiten zwischen 1935 u. 1941 hin, die die elektrolyt. Herst. von photograph. Entwicklern zum Gegenstand hatten. — 9 Literaturangaben. (Sci. Ind. photogr. [2] **24.** 43—45. Febr. 1953. Beuel.) W. GÜNTHER. 8618

A.-H. Cuisinier, *Die Vorteile der Zweibadentwicklung.* Vf. bespricht die Vorteile der Zweibadentwicklung. — Rezeptangaben. (Photographe **42.** 22—23. 20/1. 1953.) W. GÜNTHER. 8618

Telefunken, Ges. für drahtlose Telegraphie m. b. H., Berlin (Erfinder: **Ludwig Wesch,** Heidelberg), *Ultrafeinkornleuchtschichten* mit Korngrößen unter 10^{-3} mm können auf beliebigen Unterlagen niedergeschlagen werden, indem man die festen Partikel zunächst in positiv geladenem Zustande in einer Fl. suspendiert, die eine höhere DK. als die Partikel hat; der Fl. werden dann Elektrolyte, z. B. NH_3, in solcher Menge zugesetzt, daß einige Partikel nicht die bei der Elektrophorese in einer solchen Fl. übliche negative Aufladung annehmen, sondern positiv bleiben. In die so vorbereitete Suspension wird der als Träger für die Partikel vorgesehene Körper eingesetzt u. als Kathode geschaltet u. außerdem eine Anode eingesetzt. Schließlich werden die Partikel durch Elektrophorese mit geringer Stromdichte auf dem Träger niedergeschlagen. (**D. B. P. 866 459** Kl. 57b vom 14/1. 1941, ausg. 9/2. 1953.) KALIX. 8601

Mimosa Akt.-Ges., Hannover (Erfinder: **Heinz Kiesar**, Dresden), *Trocknen von photographischen Papieren und Filmen bei ihrer Herstellung.* Die mit der lichtempfindlichen Emulsion begossenen Papier- oder Filmbahnen werden in einen Spiraltrockner geleitet u. dort im ersten Drittel des Umlaufs mit trockner Kaltluft von 20°, im nächsten Drittel mit Luft von 25—30° u. im letzten Drittel mit Luft von 40—50° behandelt u. dann aufgerollt (**D. R. P. 763 663** Kl. 57b vom 27/2. 1942, ausg. 22/12. 1952.) KALIX. 8603

Retheto-Filmpflegeanstalt Theilemann & Co., K.-G. (Erfinder: **Horst Theilemann**), Bad Oeynhausen, *Filmschutzschicht.* Auf die Blankseite von Filmen, deren vollständige Entregnung nicht möglich ist, weil die Blankseite irgendwie präpariert ist, wird eine Lsg. von alkohollösl. Collodiumwolle oder von Kunstharzen in einem Lösungsm. aufgetragen, das die Filmcellulose nicht angreift. (**D. B. P. 848 912** Kl. 57b vom 26/11. 1948, ausg. 8/9. 1952. **Zusatz zu D. B. P. 807 892; C. 1951. II. 2412.**) KALIX. 8613

Cassella Farbwerke Mainkur, Frankfurt/M. (Erfinder: **Hanns Rein**, Offenbach/M.), *Ultrarotfilter.* Folien, z. B. aus Cellophan, werden mit hoch lichtechten, schwermetallfreien, wasserunlösl. Farbstoffen, z. B. Indanthrenschwarz BGA oder Indanthrenscharlach R, gefärbt. Sie können zu mehreren übereinander gelegt oder mit bekannten Ultrarotfiltern anderer Art, z. B. dem SCHOTT-Ultrarotfilter RG7, kombiniert werden. (**D. R. P. 767 467** Kl. 57b vom 25/10. 1938, ausg. 8/9. 1952.) KALIX. 8613

Cinema Television Ltd. (Erfinder: **Richard Beaumont Head**), London, England, *Leuchtschirm.* Der Leuchtstoff wird auf den Träger aufgestreut u. dann das Bindemittel (I) aus einer gasförmigen Suspension in Ggw. von $>1\%$ fl. Verdünnungsmittel niedergeschlagen. Als I werden z. B. gut getrocknete H_3PO_4 oder Phosphate verwendet. (**D. B. P. 857 735** Kl. 57b vom 3/10. 1950, ausg. 1/12. 1952. E. Priorr. 15/6. 1944 u. 18/5. 1945.) KALIX. 8613

Willy Salchow, Reinfeld (Holst.), *Kopierverfahren.* Als Lichtquelle wird möglichst kaltes Licht benutzt, z. B. eine Hg-Dampf-Niederdrucklampe, auf deren Innenwandung ein Leuchtstoff für Gelbgrün aufgetragen ist, der das ausgestrahlte Licht von 254 mμ in aktin. Licht von 540 mμ umwandelt, das zum Kontakt- oder Reflexkopieren auf Halogensilberschichten geeignet ist. (**D. B. P. 854 887** Kl. 57b vom 4/7. 1950, ausg. 6/11. 1952.) KALIX. 8625

Kodak Aktieselskab, Frederiksberg, Dänemark, *Herstellung von hochempfindlichen Silberhalogenidemulsionen für die Farbenphotographie.* Man setzt der fertigen Emulsion ein *Metallthiocyanat*, bes. Na-, K-, Ca-, Ag- oder NH_4-Thiocyanat, in Mengen von 0,05—3, bes. 0,5—2 Vol.-% zu, bezogen auf Ag-Halogenid. (**Dän. P. 73 508** vom 14/8. 1946, ausg. 10/12. 1951. A. Prior. 2/2. 1939.) JÜRGEN SCHMIDT. 8631

I. G. Farbenindustrie Akt.-Ges., Frankfurt/M., *Farbige Entwicklung von belichteten Halogensilber.* Man verwendet als Entwickler Derivv. des p-Phenylendiamins (I), die in einem, mit einem N-Atom verbundenen positiven Rest SO_3H- oder COOH-Gruppen enthalten, oder Reaktionsprodd. von unsubstituiertem oder wie oben substituiertem I mit Äthylenoxyd, wodurch mehrere OH-Gruppen eingeführt werden. Diese Verbb. besitzen eine erheblich höhere Wasser- u. Alkalilöslichkeit als unsubstituiertes I. — Beispiele: p-Amino-N-methylanilin-(oder -N-äthylanilin-)ω-sulfosäure, 4-Amino-N-benzylanilin-4'-sulfosäure u. $p\text{-}NH_2-C_6H_4-N(C_2H_5)-CH_2CH_2O-CH_2CH_2OH$. (**D. R. P. 767 652** Kl. 57b vom 27/5. 1936, ausg. 2/3. 1953.) KALIX. 8631

Herausgeber u. verantwortlich für den Inhalt: Prof. Dr. Maximilian Pflücke, Berlin W 8, Jägerstraße 22/23, Fernsprecher: 200481, 201464. Redaktion: Chefredakteure Dr. Eugen Klever und Prof. Dr. Maximilian Pflücke. Verlag: Akademie-Verlag GmbH, Berlin NW 7, Schiffbauerdamm 19 (Fernsprecher 425571, Postscheckkonto Berlin 35021) u. Verlag Chemie, GmbH, Weinheim/Bergstraße (Postscheckkonto Frankfurt/M. 145314 u. Berlin [West] 7430, Fernsprecher: Weinheim 2017). Bestell- u. Verlags-Nr. dieses Heftes: 1007/124/33. Das Chemische Zentralblatt erscheint wöchentlich. Satz u. Druck: VEB Leipziger Druckhaus, Leipzig, III/18/203. VIII. 53.
Veröffentlicht unter der Lizenznummer 1212 des Amtes für Literatur und Verlagswesen der Deutschen Demokratischen Republik.
Printed in Germany.

Zeitfracht Medien GmbH
Ferdinand-Jühlke-Straße 7
99095 Erfurt, Deutschland
produktsicherheit@kolibri360.de